实例名称　利用“渐变填充”打造立体球图像

•视频位置：多媒体教学\3.4.7 实战案例 利用“渐变填充”打造立体球图像.avi

•技术点：渐变填充的应用

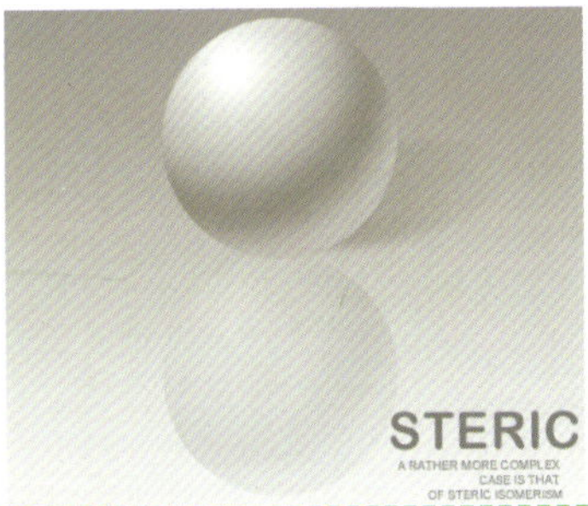

实例名称　利用“渐变填充”制作游戏光线背景

•视频位置：多媒体教学\3.4.8 实战案例利用“渐变填充”制作游戏光线背景.avi

•技术点：“云彩”“铜版雕刻”“径向模糊”“旋转扭曲”等滤镜的使用

实例名称　使用“背景橡皮擦工具”将小女孩抠出

•视频位置：多媒体教学\4.1.7 实战案例 使用“背景橡皮擦工具”将小女孩抠出.avi

•技术点：“背景橡皮工具”的使用

实例名称　利用“定义画笔”命令制作飘舞的泡泡

•视频位置：多媒体教学\4.2.3 实战案例 利用“定义画笔”命令制作飘舞的泡泡.avi

•技术点：“定义画笔”命令的使用

实例名称　以简单笔刷描绘毛线文字

•视频位置：多媒体教学\4.2.13 实战案例 以简单笔刷描绘毛线文字.avi

•技术点：“画笔”面板的使用

实例名称　整体图案的定义

•视频位置：多媒体教学\4.3.1 实战案例 整体图案的定义.avi

•技术点：“定义图案”命令的使用

实例名称　利用“定义图案”命令制作抽丝艺术照

•视频位置：多媒体教学\4.3.3 实战案例 利用“定义图案”命令制作抽丝艺术照.avi

•技术点：“定义图案”及“填充”命令的使用

实例名称　选区复制塑造个性水果壁纸

•视频位置：多媒体教学\5.1.3 实战案例 选区复制塑造个性水果壁纸.avi

•技术点：“矩形选框工具”的使用及图形复制

实例名称　利用“磁性套索工具”将气球抠图

•视频位置：多媒体教学\5.1.6 实战案例 利用“磁性套索工具”将气球抠图.avi

•技术点：“磁性套索工具”的使用

实例名称　配合不透明度打造艺术照片

•视频位置：多媒体教学\7.1.2 实战案例 配合不透明度打造艺术照片.avi

•技术点：“不透明度”属性的应用

实例名称　利用图层样式打造花朵雕刻效果

•视频位置：多媒体教学\7.7.7 实战案例 利用图层样式打造花朵雕刻效果.avi

•技术点：“投影”和“斜面和浮雕”样式的应用

实例名称　利用通道打造梦幻浅色调

•视频位置：多媒体教学\8.2.6 实战案例 利用通道打造梦幻浅色调.avi

•技术点：“通道”的使用

实例名称　使用“污点修复画笔工具”去除黑痣

•视频位置：多媒体教学\9.1.2 实战案例 使用“污点修复画笔工具”去除黑痣.avi

•技术点：“污点修复画笔工具”的使用

实例名称　利用“取样”功能去除人物文身

•视频位置：多媒体教学\9.1.4 实战案例 利用“取样”功能去除人物文身.avi

•技术点：“修复画笔工具”的取样功能

实例名称　利用“图案”功能修复照片污渍

•视频位置：多媒体教学\9.1.5 实战案例 利用“图案”功能修复照片污渍.avi

•技术点：“修复画笔工具”的“图案”功能

实例名称　利用“源”功能修补照片墨滴

•视频位置：多媒体教学\9.1.7 实战案例 利用“源”功能修补照片墨滴.avi

•技术点：“修补工具”的“源”功能

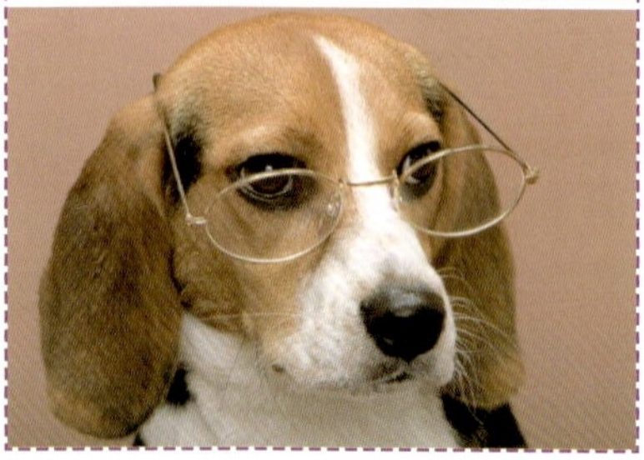

实例名称　利用“目标”功能去除面部装饰

•视频位置：多媒体教学\9.1.8 实战案例 利用“目标”功能去除面部装饰.avi

•技术点：“修补工具”的“目标”功能

实例名称　使用“内容感知移动工具”制作双胞胎

•视频位置：多媒体教学\9.1.10 实战案例 使用“内容感知移动工具”制作双胞胎.avi

•技术点：“内容感知移动工具”的使用

实例名称　使用“红眼工具”去除人物红眼

•视频位置：多媒体教学\9.1.12 实战案例 使用“红眼工具”去除人物红眼.avi

•技术点：“红眼工具”的使用

实例名称　使用“仿制图章工具”为人物祛斑

•视频位置：多媒体教学\9.2.2 实战案例 使用“仿制图章工具”为人物祛斑.avi

•技术点：“仿制图章工具”的使用

实例名称　使用“图案图章工具”为照片替换背景

•视频位置：多媒体教学\9.2.4 实战案例 使用“图案图章工具”为照片替换背景.avi

•技术点：“图案图章工具”的使用

实例名称　使用“模糊工具”制作景深效果

•视频位置：多媒体教学\9.3.2 实战案例 使用“模糊工具”制作景深效果.avi

•技术点：“模糊工具”的使用

实例名称　使用“锐化工具”清晰丽人

•视频位置：多媒体教学\9.3.4 实战案例 使用“锐化工具”清晰丽人.avi

•技术点：“锐化工具”的使用

实例名称　使用“涂抹工具”书写牙膏字

•视频位置：多媒体教学\9.3.6 实战案例 使用“涂抹工具”书写牙膏字.avi

•技术点：“涂抹工具”的使用

实例名称 使用"减淡工具"制作明亮眼睛

•视频位置：多媒体教学\9.4.2 实战案例 使用"减淡工具"制作明亮眼睛.avi
•技术点："减淡工具"的使用

实例名称 使用"加深工具"画出浓黑眉毛

•视频位置：多媒体教学\9.4.4 实战案例 使用"加深工具"画出浓黑眉毛.avi
•技术点："加深工具"的使用

实例名称 使用"海绵工具"制作局部留色特效

•视频位置：多媒体教学\9.4.6 实战案例 使用"海绵工具"制作局部留色特效.avi
•技术点："海绵工具"的使用

实例名称 使用"亮度对比度"命令调出冰爽饮料效果

•视频位置：多媒体教学\10.2.5 实战案例 使用"亮度对比度"命令调出冰爽饮料效果.avi
•技术点："亮度/对比度"命令的使用

实例名称 使用"色阶"命令调出鲜艳玩偶

•视频位置：多媒体教学\10.2.7 实战案例 使用"色阶"命令调出鲜艳玩偶.avi
•技术点：图层混合模式和"色阶"命令的使用

实例名称 使用"曲线"命令调出湖泊美景

•视频位置：多媒体教学\10.2.11 实战案例 使用"曲线"命令调出湖泊美景.avi
•技术点："曲线"命令的使用

实例名称 使用"曝光度"命令挽救曝光不足的照片

•视频位置：多媒体教学\10.2.13 实战案例 使用"曝光度"命令挽救曝光不足的照片.avi
•技术点："曝光度"命令的使用

实例名称 使用"阴影与高光"命令展现图像细节

•视频位置：多媒体教学\10.2.15 实战案例 使用"阴影与高光"命令展现图像细节.avi
•技术点："阴影/高光"命令的使用

实例名称 使用"HDR色调"命令打造惊艳黄昏风景

•视频位置：多媒体教学\10.2.17 实战案例 使用"HDR色调"命令打造惊艳黄昏风景.avi
•技术点："HDR色调"命令的使用

实例名称 使用"自然饱和度"命令调出美丽花朵

•视频位置：多媒体教学\10.3.2 实战案例 使用"自然饱和度"命令调出美丽花朵.avi
•技术点："自然饱和度"命令的使用

实例名称 使用"色相/饱和度"命令调出质感汽车

•视频位置：多媒体教学\10.3.4 实战案例 使用"色相/饱和度"命令调出质感汽车.avi
•技术点："色相/饱和度"命令的使用

实例名称 使用"色相/饱和度"命令调整天空颜色

•视频位置：多媒体教学\10.3.5 实战案例 使用"色相/饱和度"命令调整天空颜色.avi
•技术点："色相/饱和度"命令的使用

实例名称　使用“色彩平衡”命令修正偏色照片

- 视频位置：多媒体教学\10.3.7 实战案例 使用“色彩平衡”命令修正偏色照片.avi
- 技术点：“色彩平衡”命令的使用

实例名称　使用“通道混合器”命令调出艺术色彩效果

- 视频位置：多媒体教学\10.3.9 实战案例 使用“通道混合器”命令调出艺术色彩效果.avi
- 技术点：“通道混合器”命令的使用

实例名称　使用“可选颜色”命令调出可爱娃娃

- 视频位置：多媒体教学\10.3.11 实战案例 使用“可选颜色”命令调出可爱娃娃.avi
- 技术点：“可选颜色”命令的使用

实例名称　使用“替换颜色”命令替换花朵颜色

- 视频位置：多媒体教学\10.3.15 实战案例 使用“替换颜色”命令替换花朵颜色.avi
- 技术点：“替换颜色”命令的使用

实例名称　使用“黑白”命令将彩色图像变单色

- 视频位置：多媒体教学\10.4.2 实战案例 使用“黑白”命令将彩色图像变单色.avi
- 技术点：“黑白”命令的使用

实例名称　使用“照片滤镜”命令打造暖色调

- 视频位置：多媒体教学\10.4.4 实战案例 使用“照片滤镜”命令打造暖色调.avi
- 技术点：“照片滤镜”命令的使用

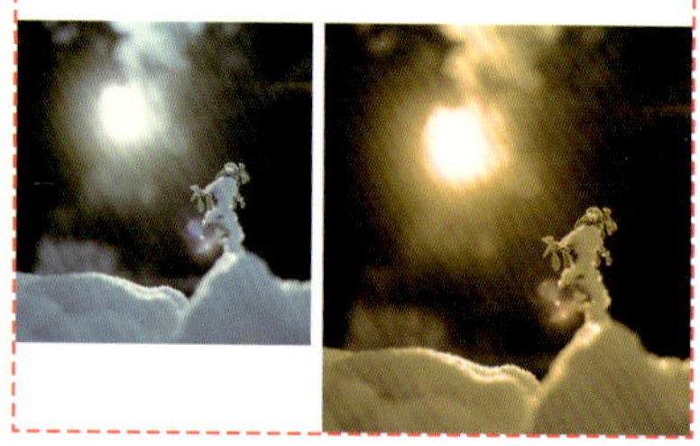

实例名称　使用“反相”命令制作紫色调

- 视频位置：多媒体教学\10.4.6 实战案例 使用“反相”命令制作紫色调.avi
- 技术点：“反向”命令的使用

实例名称　使用“色调分离”命令打造油画效果

- 视频位置：多媒体教学\10.4.8 实战案例 使用“色调分离”命令打造油画效果.avi
- 技术点：“色调分离”命令的使用

实例名称　使用“阈值”命令制作插图效果

- 视频位置：多媒体教学\10.4.10 实战案例 使用“阈值”命令制作插图效果.avi
- 技术点：“阈值”命令的使用

实例名称　使用“渐变映射”命令快速为黑白图像着色

- 视频位置：多媒体教学\10.4.12 实战案例 使用“渐变映射”命令快速为黑白图像着色.avi
- 技术点：“渐变映射”命令的使用

实例名称　使用“去色”命令制作局部留色效果

- 视频位置：多媒体教学\10.4.14 实战案例 使用“去色”命令制作局部留色效果.avi
- 技术点：“去色”命令的使用

实例名称　利用“查找边缘”滤镜制作丝线般润滑效果

- 视频位置：多媒体教学\11.3.2 实战案例 利用“查找边缘”滤镜制作丝线般润滑效果.avi
- 技术点：“点状化”“中间值”和“查找边缘”命令的使用

实例名称　利用“凸出”滤镜打造水晶放射视觉效果

- 视频位置：多媒体教学\11.3.10　实战案例　利用“凸出”滤镜打造水晶放射视觉效果.avi
- 技术点：“镜头光晕”“壁画”和“凸出”命令的使用

实例名称　利用“照亮边缘”滤镜打造冰上划痕的自然特效

- 视频位置：多媒体教学\11.3.12　实战案例　利用“照亮边缘”滤镜打造冰上划痕的自然特效.avi
- 技术点：“分层云彩”“塑料包装”和“照亮边缘”命令的使用

实例名称　利用“动感模糊”滤镜制作拉丝艺术字

- 视频位置：多媒体教学\11.4.3　实战案例　利用“动感模糊”滤镜制作拉丝艺术字.avi
- 技术点：“添加杂色”“动感模糊”和图层样式的使用

实例名称　利用“径向模糊”滤镜打造编织效果的藤蔓纹理

- 视频位置：多媒体教学\11.4.8　实战案例　利用“径向模糊”滤镜打造编织效果的藤蔓纹理.avi
- 技术点：“云彩”“马赛克”和“径向模糊”命令的使用

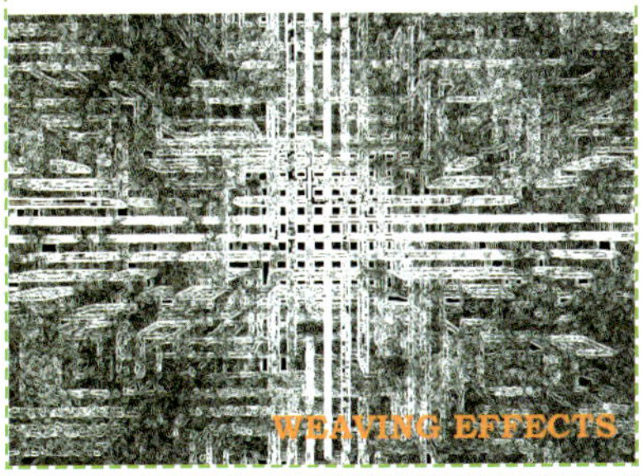

实例名称　利用“波浪”滤镜打造雪景光线四射影像

- 视频位置：多媒体教学\11.6.2　实战案例　利用“波浪”滤镜打造雪景光线四射影像.avi
- 技术点：“波浪”“极坐标”和“波浪”命令的使用

实例名称　利用“极坐标”滤镜打造浪漫蓝色条纹

- 视频位置：多媒体教学\11.6.5　实战案例　利用“极坐标”滤镜打造浪漫蓝色条纹.avi
- 技术点：“高斯模糊”和“极坐标”命令的使用

实例名称　利用“玻璃”滤镜制作仿真玻璃砖墙纹理

- 视频位置：多媒体教学\11.6.13　实战案例　利用“玻璃”滤镜制作仿真玻璃砖墙纹理.avi
- 技术点：“云彩”和“玻璃”命令的使用

实例名称　利用“马赛克”滤镜打造艺术栅格

- 视频位置：多媒体教学\11.9.7　实战案例　利用“马赛克”滤镜打造艺术栅格.avi
- 技术点：“马赛克”命令的使用

实例名称　利用“光照效果”滤镜表现深度的三维管道纹理

- 视频位置：多媒体教学\11.10.3　实战案例　利用“光照效果”滤镜表现深度的三维管道纹理.avi
- 技术点：“添加杂色”“光照效果”和“高斯模糊”命令的使用

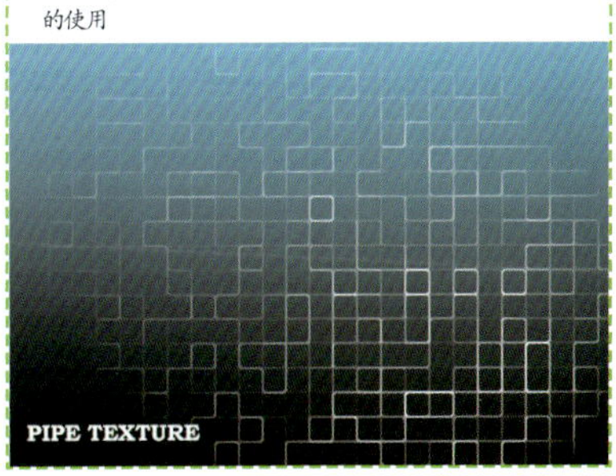

实例名称　利用“半调图案”滤镜制作编织抽象方格背景

- 视频位置：多媒体教学\11.14.2　实战案例　利用“半调图案”滤镜制作编织抽象方格背景.avi
- 技术点：“云彩”“高斯模糊”和“半调图案”命令的使用

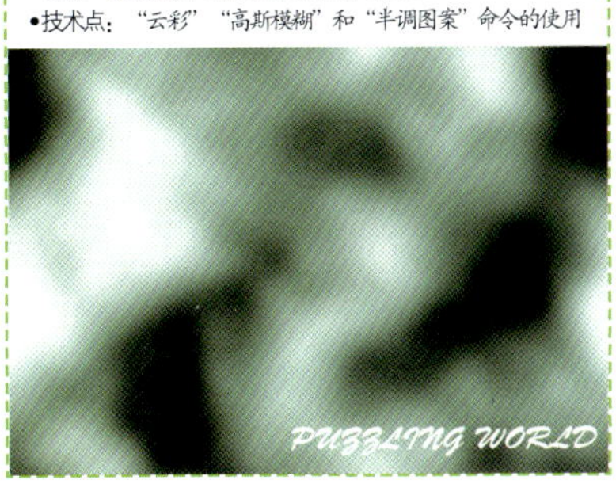

实例名称　利用“龟裂缝”滤镜制作具有古董风格的龟裂纹效果

- 视频位置：多媒体教学\11.15.2　实战案例　利用“龟裂缝”滤镜制作具有古董风格的龟裂纹效果.avi
- 技术点：“龟裂缝”命令命令的使用

实例名称　利用“纹理化”滤镜制作个性的麻布背景纹理效果

- 视频位置：多媒体教学\11.15.8　实战案例　利用“纹理化”滤镜制作个性的麻布背景纹理效果.avi
- 技术点：“纹理化”命令命令的使用

实例名称　利用字母组合具有艺术效果的文字设计

• 视频位置：多媒体教学\12.1.6 实战案例 利用字母组合具有艺术效果的文字设计.avi
• 技术点："矩形选框工具"和"横排文字工具"的使用

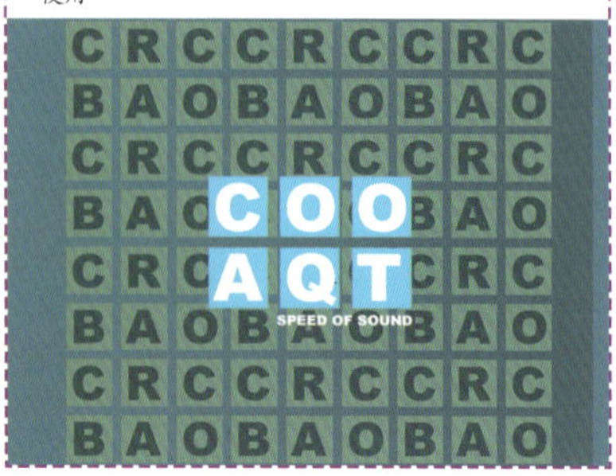

实例名称　利用"变形"功能打造扭曲艺术文字

• 视频位置：多媒体教学\12.5.7 实战案例 利用"变形"功能打造扭曲艺术文字.avi
• 技术点："云彩""铬黄渐变"和"变形"命令的使用

实例名称　鳞状背景设计

• 视频位置：多媒体教学\15.1.1 鳞状背景设计.avi
• 技术点："圆角矩形工具"和复制图形的使用

实例名称　仿真百叶窗效果

• 视频位置：多媒体教学\15.1.2 仿真百叶窗效果.avi
• 技术点："矩形选框工具"和"投影"样式的使用

实例名称　打造粉色诱人唇彩效果

• 视频位置：多媒体教学\15.2.1 打造粉色诱人唇彩效果.avi
• 技术点："套索工具"和"柔光"模式的使用

实例名称　让头发充满光泽

• 视频位置：多媒体教学\15.2.2 让头发充满光泽.avi
• 技术点："颜色减淡"模式和"画笔工具"的使用

实例名称　打造彩色眼影效果

• 视频位置：多媒体教学\15.2.3 打造彩色眼影效果.avi
• 技术点："钢笔工具"和"叠加"模式的使用

实例名称　冰块质感清凉结冰字

• 视频位置：多媒体教学\15.3.1 冰块质感清凉结冰字.avi
• 技术点："投影""描边"和"斜面和浮雕"的使用

实例名称　奶牛风格的斑点牛奶文字

• 视频位置：多媒体教学\15.3.2 奶牛风格的斑点牛奶文字.avi
• 技术点："钢笔工具""投影"和"渐变工具"的使用

实例名称　真实铸铁卷边字

• 视频位置：多媒体教学\15.3.3 真实铸铁卷边字.avi
• 技术点："旋转扭曲"及图层样式的使用

实例名称　邮箱登录控件

• 视频位置：多媒体教学\15.4.1 邮箱登录控件.avi
• 技术点："圆角矩形工具""直线工具"和图层样式的使用

实例名称　电量管理图标

• 视频位置：多媒体教学\15.4.2 电量管理图标.avi
• 技术点："椭圆工具"及"创建剪贴蒙版"命令的使用

实例名称　超质感麦克风图标

•视频位置：多媒体教学\15.4.3 超质感麦克风图标.avi

•技术点：“渐变叠加”“内阴影”和“高斯模糊”命令的使用

实例名称　撕裂旧照片特效

•视频位置：多媒体教学\15.5.1 撕裂旧照片特效.avi

•技术点：“色相/饱和度”“色彩平衡”“渐变工具”和“照片滤镜”的使用

实例名称　音乐播放界面设计

•视频位置：多媒体教学\15.4.4 音乐播放界面设计.avi

•技术点：“椭圆工具”及“直接选择工具”命令的使用

实例名称　运动数据界面设计

•视频位置：多媒体教学\15.4.5 运动数据界面设计.avi

•技术点：“矩形工具”“椭圆工具”和“渐变叠加”命令的使用

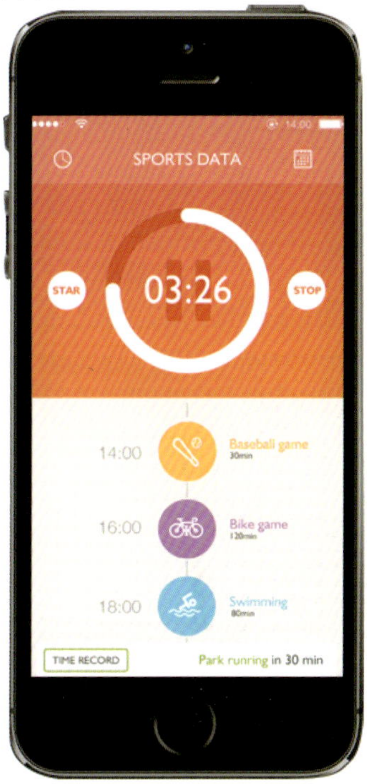

实例名称　怒放的油漆特效

•视频位置：多媒体教学\15.5.2 怒放的油漆特效.avi

•技术点：“添加杂点”“色相/饱和度”和“光照效果”滤镜的使用

实例名称　爆裂特效艺术表现

•视频位置：多媒体教学\15.5.3 爆裂特效艺术表现.avi

•技术点：“动感模糊”“通道混合器”和“定义画笔预设”命令的使用

实例名称　神秘亚马逊展开面设计

•视频位置：多媒体教学\15.6.1 神秘亚马孙展开面设计.avi
•技术点："创建剪贴蒙版""色相/饱和度"和"钢笔工具"的使用

实例名称　神秘亚马孙立体展示

•视频位置：多媒体教学\15.6.2 神秘亚马孙立体展示.avi
•技术点："矩形选框工具""自由变换"和图层样式的使用

实例名称　DJ海报设计

•视频位置：多媒体教学\15.7.1 DJ海报设计.avi
•技术点："矩形工具""文字工具"和图层样式的使用

实例名称　激情时代房产海报设计

•视频位置：多媒体教学\15.7.2 激情时代房产海报设计.avi
•技术点："画笔工具"和图层蒙版的使用

实例名称　地瓜干包装设计

•视频位置：多媒体教学\15.8.1 地瓜干包装设计.avi
•技术点："矩形选框工具""自定形状工具"和"加深工具"的使用

实例名称　酸奶包装设计

•视频位置：多媒体教学\15.8.2 酸奶包装设计.avi
•技术点："渐变工具""创建文字变形"和"自由变换"的使用

全彩超值版

Photoshop CC 2015 从入门到精通

水木居士 编著

人民邮电出版社
北京

图书在版编目（CIP）数据

Photoshop CC 2015从入门到精通 ： 全彩超值版 / 水木居士编著. -- 北京 : 人民邮电出版社, 2018.6
ISBN 978-7-115-48277-8

Ⅰ. ①P… Ⅱ. ①水… Ⅲ. ①图象处理软件 Ⅳ. ①TP391.413

中国版本图书馆CIP数据核字(2018)第075810号

内 容 提 要

本书以理论与实例操作相结合的形式，详细介绍 Photoshop CC 2015 软件的使用方法和技巧，根据作者多年的教学经验和实战经验编写而成。全书共分为 15 章，前 14 章主要讲解 Photoshop 的基础知识，包括 Photoshop CC 2015 基础入门、画布及文档的管理、单色及渐变填充、绘画功能、选区的选择、路径和形状工具、图层及图层样式、通道和蒙版、照片修饰与美化工具、图像调色、滤镜特效、文字的运用、Web 设计应用、输出打印与印刷知识等；最后一章以全实例的形式，由浅入深地详细讲解 Photoshop 的基础实例进阶、照片处理秘技、文字的艺术设计、UI 设计、特效合成表现、书籍装帧设计、商业海报设计和商品包装设计等平面艺术创意和设计思想，使读者在掌握软件应用的同时还得到设计理念的培养。在介绍案例设计时，深入剖析利用 Photoshop CC 2015 进行各种设计创意的方法和技巧，使读者尽可能多地掌握设计中的关键技术与设计理念。

本书附赠教学资源，包括所有演示案例的教学视频，以及案例在制作过程中用到的素材文件和源文件，方便读者学习。

本书适合学习 Photoshop 的初级用户，从事平面广告设计、工业设计、CIS 企业形象策划、产品包装造型设计、印刷制版等工作的人员，以及计算机美术爱好者阅读。也可作为社会培训机构、大中专院校相关专业的教学参考书或上机实践指导书。

◆ 编　　著　水木居士
　责任编辑　张丹阳
　责任印制　陈　犇
◆ 人民邮电出版社出版发行　　北京市丰台区成寿寺路 11 号
　邮编　100164　　电子邮件　315@ptpress.com.cn
　网址　http://www.ptpress.com.cn
　北京画中画印刷有限公司印刷
◆ 开本：787×1092　1/16　　彩插：4
　印张：27.5　　2018 年 6 月第 1 版
　字数：887 千字　　2018 年 6 月北京第 1 次印刷

定价：99.00 元

读者服务热线：(010) 81055410　印装质量热线：(010) 81055316
反盗版热线：(010) 81055315
广告经营许可证：京东工商广登字 20170147 号

前言

Preface

本书是作者从多年的教学实践中汲取宝贵经验编写而成的，主要是为准备学习Photoshop的初学者、平面广告设计者以及计算机美术爱好者编写的，针对这些群体的实际需求，本书以讲解命令为主，全面、系统地讲解了图像处理过程中所用到的工具、命令以及它们的使用方法。

在内容的讲解上按照由浅入深的顺序安排，将每个实例与知识点的应用结合讲解，让读者在学习基础知识的同时，掌握设计创意的技巧，并将实例按照设计作品编辑的一般思路安排全文，在本书的最后，设置了一章综合实例进阶，包括大量商业性质的广告实例，每一个实例都渗透了设计理念、创意思想和Photoshop的操作技巧，不仅详细地介绍了实例的制作技巧和不同效果的实现，还为读者展示了诸如输出打印的基本知识、印刷的知识、照片处理、商业包装和商业海报设计等综合创意效果，为读者提供了一个较好的"临摹"蓝本。读者只要能够耐心地按照书中的步骤去完成每一个实例，就会提高Photoshop的实践技能，提高艺术审美能力，同时也能获知一些深层次的设计理论，让初学者晋升为设计高手。

本书五大特色

1.全新写作模式。"命令讲解+详细文字讲解+实例演示"，使读者能够以全新的感受掌握软件应用方法和技巧。

2.全程多媒体视频教学。包括书中所有基础内容及实例的多媒体视频教学，不仅详细演示了Photoshop的基础使用方法，还一步步教读者完成书中所有实例的制作，使读者身在家中也能享受到专业老师"面对面"的讲解。

3.丰富的技巧提示。作者根据多年的教学经验，将Photoshop中常见的问题及解决方法以提示和技巧的形式显现出来，并以技术延伸的形式将全书知识进行联系处理，让读者轻松轻掌握软件的核心技法。

4.实用性强，易于获得成就感。本书对于每个重点知识都安排了一个案例，每个案例列出一个小问题或介绍一个小技巧，案例典型，任务明确，活学活用，帮助读者在短时间内掌握操作技巧，并应用在实践工作中解决问题，从而产生成就感。

5.软件技巧与设计理念并重。本书在帮助读者全面掌握软件使用方法和技巧的同时，还帮助读者掌握专业设计知识与设计创意手法，从零到专，迅速提高，让一个初学者快速入门，进而创作出好的作品。

本书附赠教学资源，包括书中所有案例的素材与源文件，以及所有案例的教学视频，读者可扫描"资源下载"二维码，获得下载方法。

资源下载

本书由水木居士编著，在此感谢所有创作人员对本书付出的艰辛。在创作的过程中，由于时间仓促，不妥之处在所难免，希望广大读者批评指正。如果在学习过程中发现问题，或有更好的建议，欢迎发邮件到bookshelp@163.com与我们联系。

编者

2018年1月

目录
CONTENTS

第 03 章 单色及渐变填充

第 04 章 强大的绘画功能

第 05 章 选区的选择艺术

第 06 章 路径和形状工具

第 07 章 图层及图层样式

第 08 章 通道和蒙版操作

第 09 章 照片修饰与美化工具

第 10 章 调色辅助与色彩校正

第 11 章 神奇的滤镜特效

第 12 章 掌握文字的运用

第 13 章 Web设计应用

第 14 章 输出打印与印刷知识

第 15 章 综合实例进阶

第 01 章

Photoshop CC 2015 基础入门

内容摘要

本章从Photoshop CC 2015的基础知识入手，详细讲解Photoshop CC 2015的新增功能和基本操作技巧，让读者在掌握Photoshop CC 2015软件前，对其有个基本的了解，为以后更深入的学习打下坚实的基础。

教学目标

了解Photoshop CC 2015的新增功能
认识Photoshop工作区
了解参数命令设置
掌握图像的查看技巧
掌握辅助功能的使用
了解Photoshop的系统设置

1.1 Photoshop应用范围

Photoshop是一个在平面设计中应用最广泛、功能最强大的设计软件之一。在设计服务业中，Photoshop是所有设计的基础。平面设计已经成为现代销售推广不可缺少的一个平面媒体广告设计方式，所以Photoshop软件在设计中的地位也越来越高，应用越来越广，Photoshop的应用主要体现在以下几个方面。

1. 广告创意设计

广告创意设计是平面软件应用最为广泛的领域之一，无论是大街上看到的招贴、海报、POP，还是拿在手中的书籍、报纸、杂志等，基本上都应用了平面设计软件进行处理。图1.1所示为Photoshop软件在广告创意设计中的应用效果。

图1.1 广告创意设计

2. 数码照片处理

Photoshop具有强大的图像修饰功能。利用这些功能，可以快速修复一张破损的老照片，也可以修复人脸上的斑点等缺陷，还可以完成照片的校色、修正、美化肌肤等。图1.2所示为数码照片处理效果。

图1.2 数码照片处理效果

3. 影像创意合成

Photoshop软件还可以将多个影像进行创意合成，将原本风马牛不相及的对象组合在一起，也可以使用“狸猫换太子”的手段使图像发生面目全非的巨大变化。图1.3所示为Photoshop在影像创意合成中的应用。

图1.3 影像创意合成设计

4. 插画设计

插画，英文为illustration，源自于拉丁文illustraio，意指照亮之意，插画在中国被人们俗称为插图。今天通行于国外市场的商业插画包括出版物插图、卡通吉祥物、影视与游戏美术设计和广告插画4种形式。实际在中国，插画已经遍布于平面和电子媒体、商业场馆、公众机构、商品包装、影视演艺海报、企业广告甚至T恤、日记本、贺年片。图1.4所示为插画设计效果。

图1.4 插画设计效果

5. 网页设计

网站是企业向用户和网民提供信息的一种方式，是企业开展电子商务的基础设施和信息平台，离开网站去谈电子商务是不可能的。使用平面设计软件不但可以处理网页所需的图片，还可以制作整个网页版面，并可以为网页制作动画效果。图1.5所示为网页设计效果。

6. 特效艺术字

艺术字广泛应用于宣传、广告、商标、标语、黑板报、企业名称、会场布置、展览会及商品包装和装潢，各类广告、报纸杂志和书籍的装帖上等，越来越被大众喜欢。艺术字是经过专业的字体设计师艺术加工的汉字变形字体，字体特点符合文字含义、具有美观有趣、易认易识、醒目张扬等特性，是一种有图案意味或装饰意味的字体变形。利用平面设计软件可以制作出许多美妙奇异的特效艺术字来。图1.6所示为特效艺术字效果。

图1.5 网页设计效果

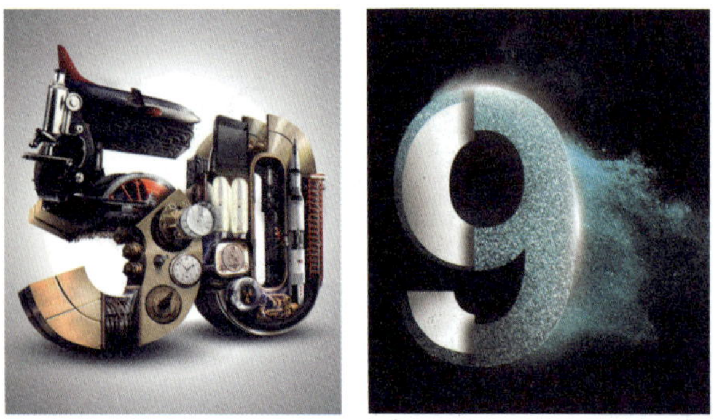

图1.6 特效艺术字效果

7. 室内外效果图后期处理

现在的装修效果图已经不是原来那种只把房子建起，东西摆放就可以的时代了，随着三维技术软件的成熟，从业人员的水平越来越高，现在的装修效果图基本可以与装修实景图媲美。效果图通常可以理解为对设计者的设计意图和构思进行形象化再现的形式。现在多见到的是手绘效果图和电脑效果图。在制作建筑效果图时，许多的三维场景是利用三维软件制作出来的，但其中的人物及配景，还有场景的颜色通常是通过平面设计软件后期添加的，这样不但节省了大量的渲染输出时间，也可以使画面更加美化、真实。图1.7所示为室内外效果图后期处理效果。

图1.7 室内外效果图后期处理效果

8. 绘制和处理游戏人物或场景贴图

现在几乎所有的三维软件贴图，都离不开平面软件，特别是Photoshop。像3ds Max、Maya等三维软件的人物或场景模型的贴图，通常都是使用Photoshop中进行绘制或处理后应用在三维软件中的，如人物的面部、皮肤贴图，游戏场景的贴图和各种有质感的材质效果都是使用平面软件绘制或处理的。图1.8所示为游戏人物和场景贴图效果。

图1.8 游戏人物或场景贴图效果

1.2 Photoshop CC 2015 新增功能

Adobe公司出品的Photoshop CC 2015软件是图形图像处理领域中使用最为广泛的一个软件，它以功能强大，操作灵活性及层出不穷的艺术效果，被广泛地应用于各个设计工作领域中，包括广告、摄影、网页动画和印刷等，几乎占领了平面设计领域，成为平面设计师们最得力的助手。最新发布的Photoshop CC 2015 增加了一系列新的功能，方便用户的编辑、管理、设计数字图片。

Photoshop CC 2015较之前的版本有较大的提升，增加了很多更加人性化的功能，不但界面进行了大的改变，而且添加了许多新的功能，下面来介绍几项新增功能。

1.2.1 多画板整合

在最新的Photoshop CC 2015中为用户提供了多画板功能，在新版的Photoshop中，可以在新建文档类型里选择画板，那么在画板里就有多种屏幕尺寸大小的画布可供筛选，还可以在图层面板中，单击右上方的小图标，出现下拉选项，在选项中选择“新增画板”。Photoshop已经内置了默认的多种设备的尺寸，选项中一应俱全，如果还有其他的需求，可以自行设定，不同于过去保存多个尺寸的PSD，现在可以使用多画板功能来保存一个PSD，这在针对不同屏幕尺寸或文件进行设计时显得特别有用，新建画板对话框如图1.9所示。

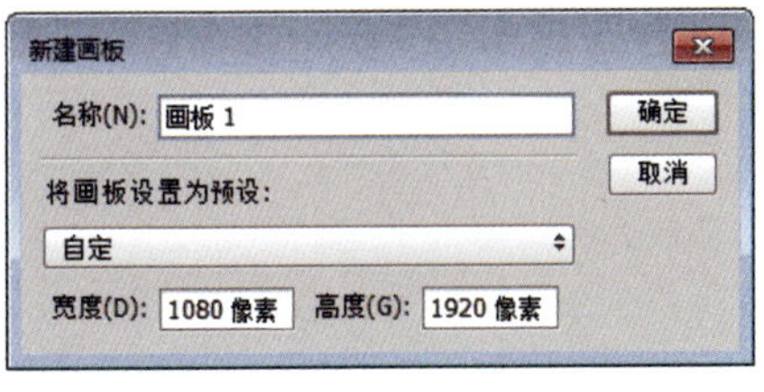

图1.9　新建画板对话框

在“新建画板”对话框中可以选择多种画板预设，针对不同的需求可以直接选择当前预设值进行新建画板，如图1.10所示。

图1.10　新建画板预设值

1.2.2 多重图层样式效果

在以往版本中，增加图层样式时只能添加一个，比如为当前图层添加投影，只能添加一次，现在新的功能中提供多重图层样式，可以通过单击当前图层样式名称右侧⊞图标，在当前图层样式位置再次添加相同的图层样式，相当于在已有的图层样式效果上再增加一次相同的图层样式效果，同样的操作可以执行10次，直观来讲，可以为当前对象添加10个相同的图层样式，如图1.11所示。

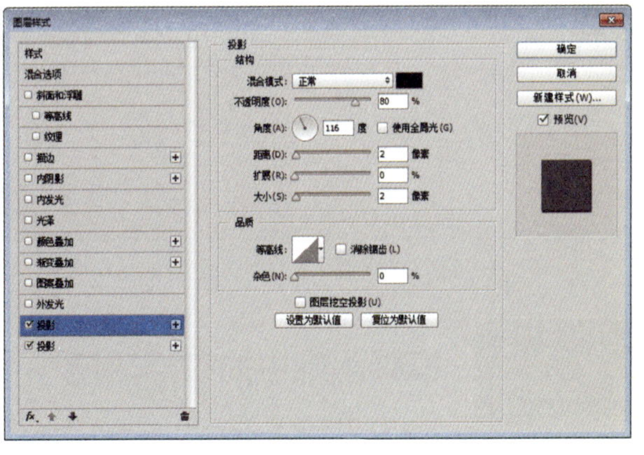

图1.11　图层样式对话框

1.2.3 按Esc键放弃文本输入

在此之前的Photoshop中，按Esc键将应用文本输入，而在CC 2015中，按Esc键，则会放弃文本输

入，假如不想要这一功能，可以执行菜单栏中的“编辑”|“首选项”命令，在弹出的对话框中选择左侧“文字”，再取消勾选“使用Esc键来提交文本”复选框，如图1.12所示。

图1.12 设置使用Esc键来提交文本

1.2.4 更加快速地导出图像

经过重新设计的导出功能，在执行导出命令时，只需单击一次即可导出单个图层、画板或整个文档，还可以使用更好的压缩功能、包含画布大小的高级预览选项及增强的资源提取功能。这是一种现代化的“存储为Web所用格式”体验，执行菜单栏中的“编辑”|“首选项”命令，在弹出的对话框中可以选择快速导出的格式及位置，如图1.13所示。

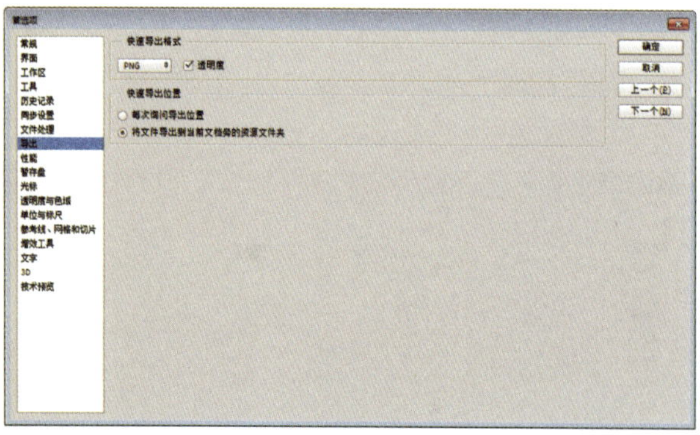

图1.13 设置快速导出对话框

1.2.5 模糊画廊中的杂点功能

在Photoshop CC 2015中，添加模糊画廊中的任意一种模糊命令，可以在“杂色”面板中为模糊效果添加杂点，添加的杂点有3种形式供选择，包括“高斯分布”“平均”及“颗粒”，同时还可以对选项进行详细的设置，原图、未添加杂点、添加杂点的效果对比如图1.14所示。

图1.14 原图、未添加杂点、添加杂点的效果对比

1.2.6 内容感知移动工具的改进

在使用内容感知移动工具对图像进行处理时，当移动选区中图像区域至另外一侧，将自动出现变换框，对新选区中的图像进行缩放以适应新的周边图像，如图1.15所示。

图1.15 处理效果

1.2.7 移动设备的实时预览

该功能可在iOS设备上实时预览App设计效果，该功能尚不支持Android设备，即使是iOS，也仅仅支持iOS 8或更高版本，要使用这个功能，首先就要在手机设备上安装Preview CC应用，同时保持联网状态。

1.2.8 通过云联系的图像关联

通过云联系的图像关联，可以方便快捷地存储和访问图像，创建一个可修改的云联系的图像关联，如果对那个图像进行了修改，那么PSD也将自动更新，它的工作原理与“链接的智能对象”类似，但是它是存储在创意云上的。

1.2.9 为界面UI设计而生的新设计空间

新设计空间是Photoshop CC 2015面向网页设计、UX、App设计的一次尝试，它拥有一个UI设计的专属操作界面，包括很多标准接口和代替HTML5/CSS/JS的图层，目前新设计空间仅仅只是一个预览版，尚未面向所有电脑发布，目前支持Mac OS X 10.10、64位Windows 8.1或更高版本的操作系统，只有英语版本，

在上述平台上要使用它，执行菜单栏中的“编辑”|“首选项”命令，在弹出的对话框中选择“技术预览”。

1.2.10 更少的电量占用

以前版本的Photoshop，即使是处于任务空闲时，也会耗掉不少电量。而Photoshop CC 2015的改进大大减少了电量使用，任务空闲时，电量损耗减少甚至高达80%，这一项改进对于使用笔记本电脑或者平板电脑（surface等）用户来说无疑是一项重大进步。

1.3 Photoshop CC 2015的工作区

可以使用各种元素，如面板、栏及窗口等来创建和处理文档和文件。这些元素的任何排列方式称为工作区。可以通过从多个预设工作区中进行选择或创建自己的工作区来调整各个应用程序。

Photoshop的工作区主要由应用程序栏、菜单栏、选项栏、选项卡式文档窗口、工具箱、面板组和状态栏等组成，如图1.16所示。

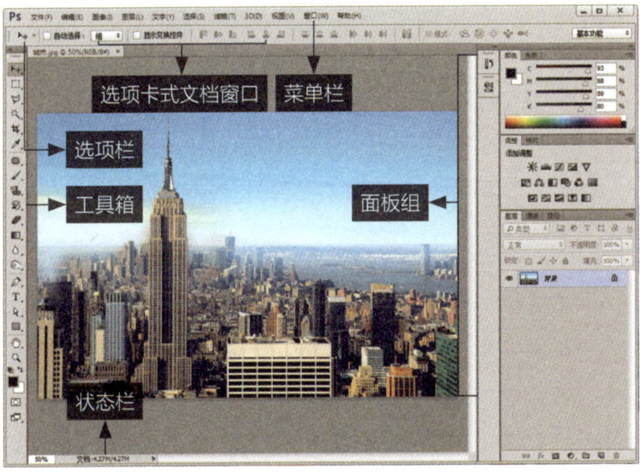

图1.16 Photoshop的工作区

1.3.1 管理文档窗口

Photoshop可以对文档窗口进行调整，以满足不同用户的需要，如浮动或合并文档窗口、缩放或移动文档窗口等。

1. 浮动或合并文档窗口

默认状态下，打开的文档窗口处于合并状态，可以通过拖动的方法将其变成浮动。当然，如果当前窗口处于浮动状态，也可以通过拖动将其变成合并状态。将光标移动到窗口选项卡位置，即文档窗口的标题栏位置。按住鼠标左键向外拖动，以窗口边缘不出现蓝色边框为限，释放鼠标左键即可将其由合并变成浮动状态。合并变浮动窗口操作过程如图1.17所示。

图1.17 合并变浮动窗口操作过程

当窗口处于浮动状态时，将光标旋转在标题栏位置，按住鼠标左键将其向工作区边缘靠近，当工作区边缘出现蓝色边框时，释放鼠标左键，即可将窗口由浮动变成合并状态。操作过程如图1.18所示。

图1.18 浮动变合并窗口操作过程

图1.18 浮动变合并窗口操作过程（续）

提示

文档窗口不但可以和工作区合并，还可以将多个文档窗口进行合并，操作方法相同，这里不再赘述。

技术延伸 快速浮动或合并文档窗口

除了使用前面讲解的利用拖动方法来浮动或合并窗口外，还可以使用菜单命令来快速合并或浮动文档窗口，执行菜单栏中的“窗口”|“排列”命令，在其子菜单中选择“在窗口中浮动”“使所有内容在窗口中浮动”或“将所有内容合并到选项卡中”命令，可以快速将单个窗口浮动、所有文档窗口浮动或所有文档窗口合并，如图1.19所示。

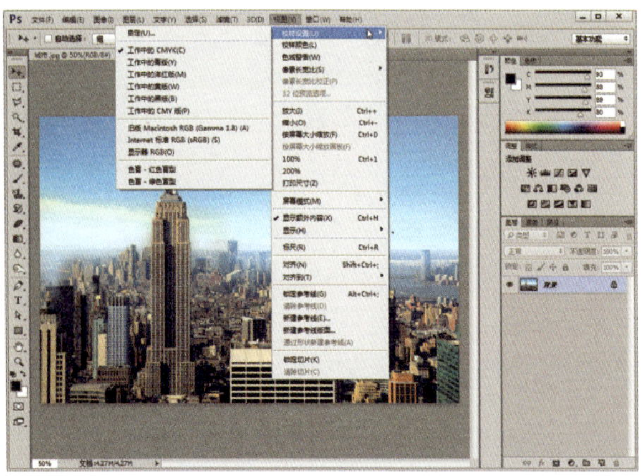

图1.19 “排列”子菜单

2. 移动文档窗口的位置

为了操作的方便，可以将文档窗口随意移动，但需要注意的是，文档窗口不能处于选项卡式或最大化，处于选项卡式或最大化的文档窗口是不能移动的。将光标移动到标题栏位置。按住鼠标左键将文档窗口向需要的位置拖动，到达合适的位置后释放鼠标左键即可完成文档窗口的移动。移动文档窗口的位置操作过程如图1.20所示。

图1.20 移动文档窗口的位置操作过程

技巧

在移动文档窗口时，经常会不小心将文档窗口与工作区或其他文档窗口合并，为了避免这种现象发生，可以在移动位置时按住 Ctrl 键。

3. 调整文档窗口大小

为了操作的方便，还可以调整文档窗口的大小，将光标移动到窗口的右下角位置，光标将变成一个双箭头。如果想放大文档窗口，按住鼠标左键向右下角拖动，即可将文档窗口放大。如果想缩小文档窗口，按住鼠标左键向左上方拖动，即可将文档窗口缩小。缩小文档窗口操作过程如图1.21所示。

图1.21 缩小文档窗口操作过程

图1.21 缩小文档窗口操作过程（续）

提示

缩放文档窗口时，不但可以放在右下角，也可以放在比如左上角、右上角、左下角、上、下、左、右边缘位置。只要注意光标变成双箭头即可拖动调整。

1.3.2 操作面板组

默认情况下，面板是以面板组的形式出现，位于Photoshop CC 2015界面的右侧，主要用于对当前图像的颜色、图层、信息导航、样式以及相关的操作进行设置。Photoshop的面板可以任意进行分离、移动和组合。首先以“色板”面板为例讲解面板的基本组成，如图1.22所示。

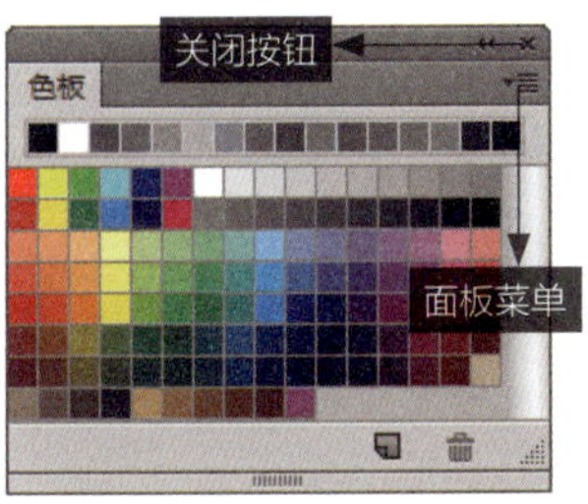

图1.22 面板的基本组成

技巧

按 Tab 键可以隐藏或显示所有面板、工具箱和选项栏；按 Shift + Tab 组合键可以只隐藏或显示所有面板，不包括工具箱和选项栏。

面板有多种操作，各种操作方法如下。

1. 打开或关闭面板

在“窗口”菜单中选择不同的面板名称，可以打开或关闭不同的面板，也可以单击面板右上方的关闭按钮来“关闭”该面板。

2. 显示面板内容

在多个面板组中，如果想查看某个面板内容，可以直接单击该面板的选项卡名称。如单击“色板”选项卡，即可显示该面板内容。其操作过程如图1.23所示。

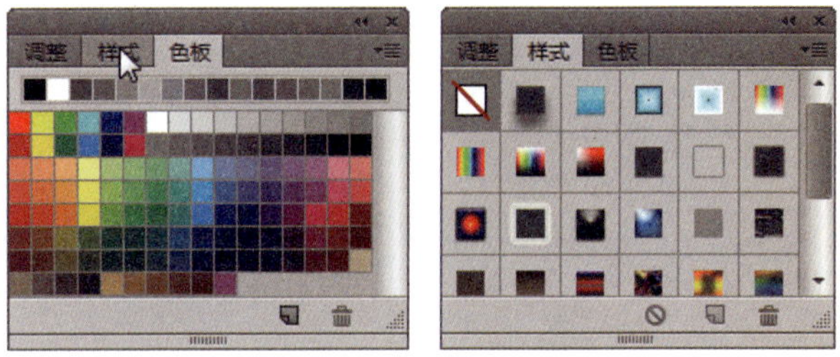

图1.23 显示“样式”面板内容的操作过程

3. 移动面板

在移动面板时，可以看到蓝色突出显示的放置区域，可以在该区域中移动面板。例如，通过将一个面板拖动到另一个面板上面或下面的窄蓝色放置区域中，可以在停放中向上或向下移动该面板。如果拖动到的区域不是放置区域，该面板将在工作区中自由浮动。

- 要移动单独某个面板，可以拖动该面板顶部的标题栏或选项卡位置。
- 要移动面板组或堆叠的浮动面板，需要拖动该面板组或堆叠面板的标题栏。

4. 分离面板

在面板组中，在某个选项卡名称处按住鼠标左键向该面板组以外的位置拖动，即可将该面板分离出来。操作过程如图1.24所示。

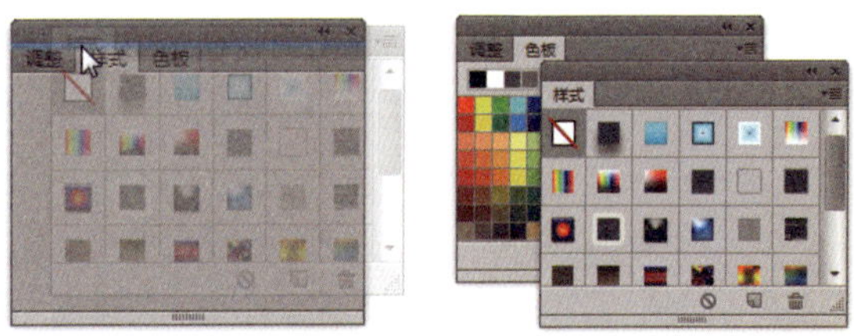

图1.24 分离面板效果

5. 组合面板

在一个独立面板的选项卡名称位置按住鼠标左键，然后将其拖动到另一个浮动面板上，当另一个面板周围出现蓝色的方框时，释放鼠标左键即可将面板组合在一起，操作过程及效果如图1.25所示。

6. 停靠面板组

为了节省空间，还可以将组合的面板停靠在右侧软件的边缘位置，或与其他的面板组停靠在一起。

拖动面板组上方的标题栏或选项卡位置，将其移动到另一组或一个面板边缘位置，当看到一条垂直的蓝色线条时，释放鼠标左键即可将该面板组停靠在其他面板或面板组的边缘位置，操作过程及效果如图1.26所示。

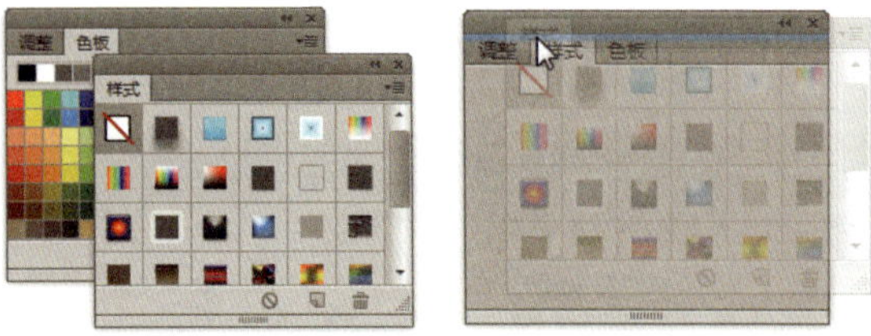

图1.25 组合面板操作过程及效果

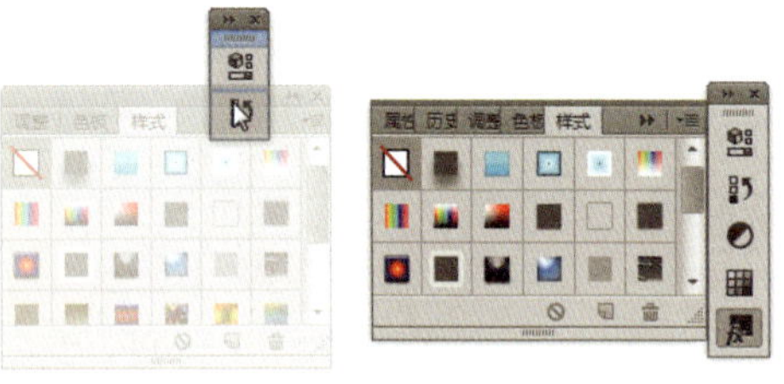

图1.26 停靠面板操作过程及效果

技巧

可以将面板或面板组从停靠的面板或面板组中分离出来，只需要拖动选项卡或标题栏位置，将其拖走，即可将其拖动到另一个位置停靠，或使其变为自由浮动面板。

7. 堆叠面板

当将面板拖曳出停放但并不将其放入放置区域时，面板会自由浮动。可以将浮动的面板放在工作区的任何位置。也可以将浮动的面板或面板组堆叠在一起，以便在拖动最上面的标题栏时将它们作为一个整体进行移动。堆叠不同于停靠，停靠是将面板或面板组停靠在另一面板或面板组的左侧或右侧，而堆叠则是将面板或面板组堆叠起来，形成上下的面板组效果。

要堆叠浮动的面板，拖动面板的选项卡或标题栏位置到另一个面板底部的放置区域，当面板的底部产生一条蓝色的直线时，释放鼠标左键即可完成堆叠。要更改堆叠顺序，可以向上或向下拖移面板选项卡。堆叠面板操作过程及效果如图1.27所示。

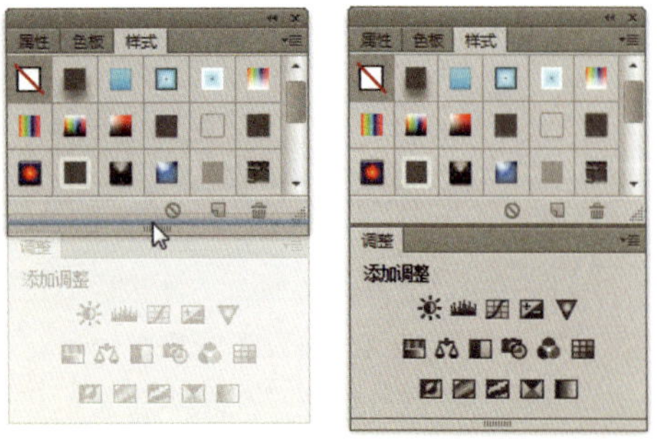

图1.27 堆叠面板操作过程及效果

技巧

如果想从堆叠中分离出面板或面板组使其自由浮动，可以拖动其选项卡或标题栏到面板以外位置即可。

8. 折叠面板组

为了节省空间，Photoshop 提供了面板组的折叠操作，可以将面板组折叠起来，以图标的形式来显示。

单击折叠为图标按钮，可以将面板组折叠起来，以节省更大的空间，如果想展开折叠面板组，可以单击展开面板按钮，将面板组展开，如图1.28所示。

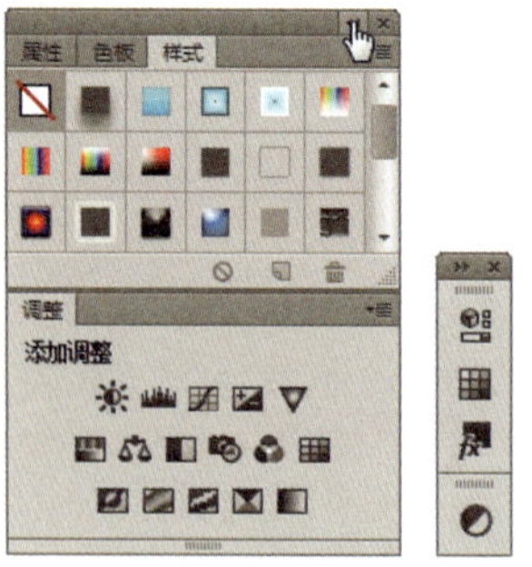

图1.28 面板组折叠效果

1.3.3 认识选项栏

选项栏也叫工具选项栏，默认位于菜单栏的下方，用于对相应的工具进行各种属性设置。选项栏内容不是固定的，它会随所选工具的不同而改变，在工具箱中选择一个工具，选项栏中就会显示该工具对应的属性设置，例如，在工具箱中选择了“矩形选框工具”，选项栏的显示效果如图1.29所示。

图1.29 选项栏

技巧

在选项栏处于浮动状态时，在选项栏的左侧有一个黑色区域，这个黑色区域叫手柄区，可以通过拖动手柄区移动选项栏的位置。

技术延伸 复位工具和复位所有工具

在选项栏中设置完参数后，如果想将该工具选项栏中的参数恢复为默认，可以在工具选项栏左侧的工具图标处单击鼠标右键，从弹出的菜单中选择“复位工具”命令，即可将当前工具选项栏中的参数恢复为默认值。如果想将所有工具选项栏的参数恢复为默认，可选择“复位所有工具”命令，如图1.30所示。

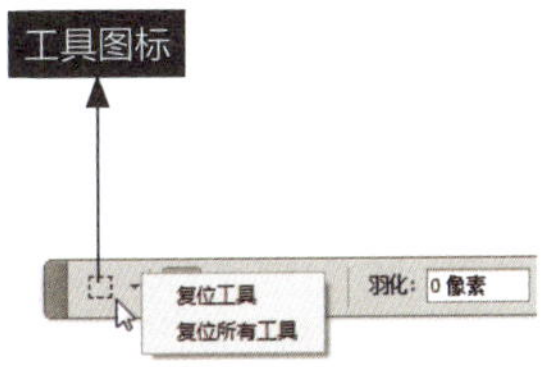

图1.30 菜单

1.3.4 认识工具箱

工具箱在初始状态下一般位于窗口的左侧，当然也可以根据自己的习惯拖动到其他的位置。利用工具箱中所提供的工具，可以进行选择、绘画、取样、编辑、移动、注释和查看图像等操作。还可以更改前景色和背景色以及进行图像的快速蒙版等操作。

若想知道各个工具的快捷键，可以将鼠标指针指向工具箱中某个工具按钮图标，如“快速选择工具”，稍等片刻后，即会出现一个工具名称的提示，提示括号中的字母即为该工具的快捷键，如图1.31所示。

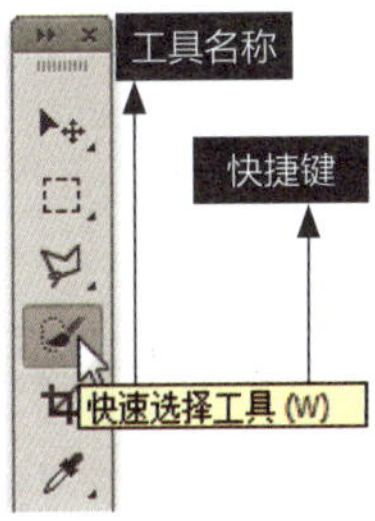

图1.31 工具提示效果

> **提示**
>
> 工具提示右侧括号中的字母为该工具的快捷键，有些处于一个隐藏组中的工具有相同的快捷键，如“魔棒工具”和“快速选择工具”的快捷键都是 W，此时可以按 Shift + W 组合键，在工具中进行循环选择。

工具箱中工具的展开效果如图1.32所示。

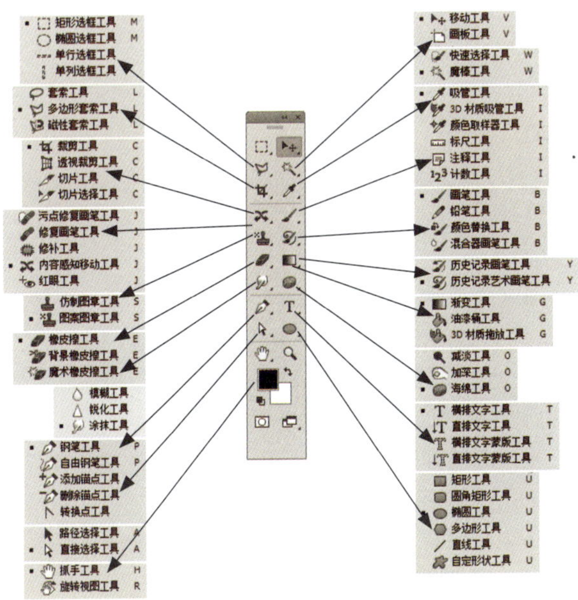

图1.32 工具箱中工具的展开效果

> **技巧**
>
> 在英文输入法状态下，选择带有隐藏工具的工具后，按住 Shift 键的同时，连续按下所选工具的快捷键，可以依次选择隐藏的工具。

1.3.5 隐藏工具的操作技巧

在工具箱中没有显示出全部工具，有些工具被隐藏起来了。只要细心观察，会发现有些工具图标中有一个小三角的符号，这表明在该工具中还有与之相关的其他工具。要打开这些工具，有两种方法。

- 方法1：将鼠标指针移至含有多个工具的图标上，按住鼠标左键不放，此时出现一个工具选择菜单，然后拖动鼠标左键至想要选择的工具处释放鼠标左键即可。如选择“标尺工具”的操作效果如图1.33所示。

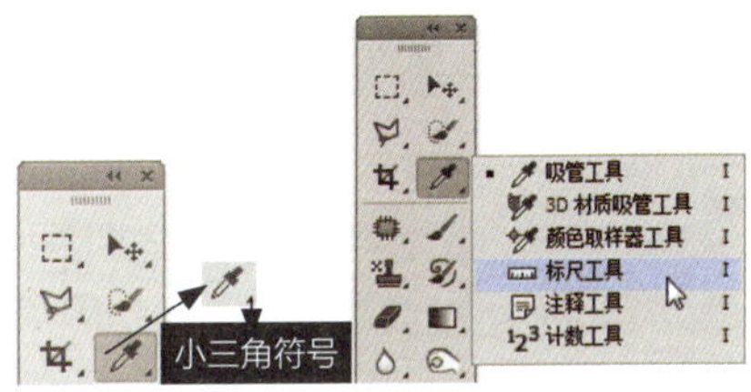

图1.33 选择“铅笔工具”的操作效果

- 方法2：在含有多个工具的图标上单击鼠标右键，就会弹出工具选项菜单，单击选择相应的工具即可。

1.4 常用参数命令设置

在Photoshop中有多种参数设置及菜单显示形式，为了方便读者学习，这里将介绍常用参数和菜单的显示及使用方法。

1.4.1 常用参数设置

Photoshop中参数设置有多种选项，如文本框、下拉菜单、小滑块、滑块和转盘等，下面来讲解这些参数的设置方法。

1. 在选项栏中输入值

图1.34所示为选择“矩形选框工具”工具时选项栏中相关参数显示。

图1.34 “矩形选框工具”选项栏

要修改相关参数，可以进行以下操作。

- 在文本框中键入一个值，然后按 Enter 键。
- 将光标放在滑块和弹出式滑块的标题上之前，小滑块处于隐藏状态。将光标移到滑块或弹出滑块的标题上，当光标变为指向手指时，将小滑块向左或向右拖动即可改变参数。在拖动的同时按住 Shift 键可以以 10 为增量进行加速。
- 单击文本框，然后使用键盘上的向上箭头键和向下箭头键来增大或减小值。
- 单击菜单箭头，从弹出的下拉菜单中选择一个选项或命令。

2. 在对话框或面板中输入值

图1.35所示为“图层”面板及“投影”对话框中相关参数显示。

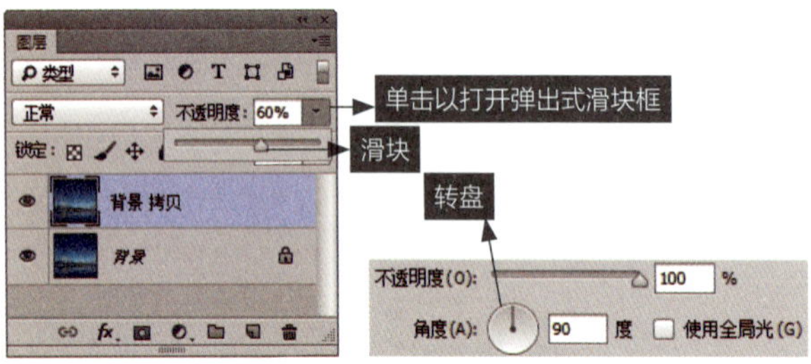

图 1.35 “图层”面板及参数

要修改相关参数，可以进行以下操作。

- 某些面板、对话框和选项栏包含使用弹出式滑块的设置，如“图层”面板中的“不透明度”。如果文本框旁边有三角形，则可以通过单击该三角形来激活弹出式滑块。通过拖动上面的滑块来修改当前参数，在滑块框外单击或按 Enter 键关闭滑块框。如果要取消更改，请按 Esc 键。
- 某些对话框或选项栏中包括转盘，如“投影”对话框，将光标放置在转盘上，按住鼠标左键拖动，即可改变当前参数。
- 要在弹出式滑块框处于打开状态时，按住Shift 键并按向上或向下箭头键，可以以 10% 的增量增大或减小参数。

3. 使用弹出式面板

在Photoshop中包含了多个弹出式面板，如画笔、色板、渐变、样式、图案、等高线和形状等，当然面板是一个统称，有些时候软件根据系统会显示不同的名称，比如使用画笔时显示的是选取器，使用渐变时显示的是拾色器等，虽然名称不同，但打开方式和操作方法基本一样，通过访问这些面板可以快速选择需要的选项，还可以对选项进行重命名和删除操作。比如通过载入、存储或替换命令，可以自定义弹出式面板项目内容。当然也可以修改面板的显示，如仅文本、缩览图或列表等。下面以画笔工具为例为讲解弹出式面板的使用。

在工具箱中选择“画笔工具”，在选项栏中单击“点按可打开‘画笔预设’选取器”按钮，打开“‘画笔预设’选取器”，在其中单击就可以选择某个项目。画笔弹出面板和菜单效果如图1.36所示。

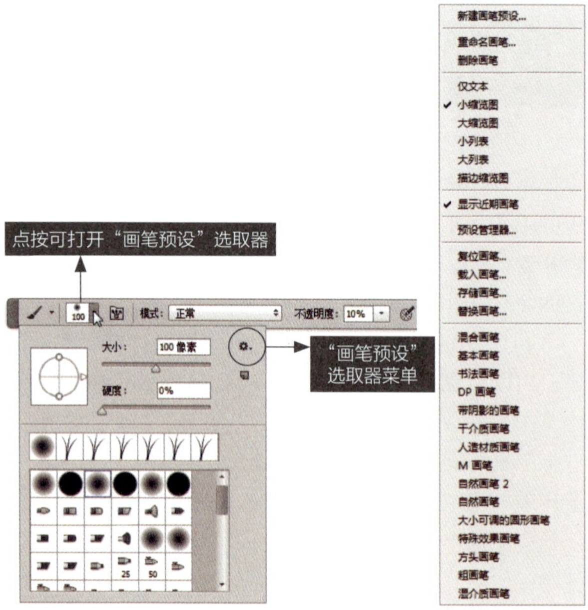

图1.36 画笔弹出面板及菜单

“画笔预设”选取器菜单中的常用选项介绍如下。

- “重命名画笔”：如果要对某个画笔重命名，单击选择该画笔，单击弹出式面板右上角的三角形，从弹出的面板菜单中选择“重命名画笔”命令，输入新名称即可。
- “删除画笔”：如果要删除某个画笔，选择该画笔后，从弹出的面板菜单中选择“删除画笔”命令即可。

技巧

按住 Alt 键的同时，单击要删除的画笔也可以快速删除画笔。

- “复位画笔”：选择该命令，可以替换当前选取器列表，或将默认库添加到当前选取器列表。
- “载入画笔”：选择该命令，可以将外部画笔库载入到当前选取器列表中。
- “存储画笔”：选择该命令，可以将当前画笔选取器中的画笔保存起来，以备后用。
- “替换画笔”：选择该命令，可以选择一个画笔库替换当前选取器列表中的画笔。
- “默认画笔库”：Photoshop为用户提供了多种默

认画笔库，直接选择该命令即可将其打开，在打开时将弹出一个询问对话框，单击“确定”按钮替换当前选取器列表；单击“追加”按钮将其添加到当前选取器列表。

- “显示方式”：可以在该区域选择一个视图选项，如仅文本、小缩览图、大列表和描边缩览图等。

1.4.2　菜单命令设置

Photoshop为用户提供了不同的菜单命令显示效果，以方便用户的使用，不同的显示标记含有不同的意义。Photoshop 的菜单大体可以分为三类：应用程序菜单、面板菜单和快捷菜单，各菜单都有相同的操作技巧，下面来讲解这些相同操作技巧。

- 子菜单：在菜单栏中，有些命令的后面有右指向的黑色三角形箭头▸，当光标在该命令上稍停片刻后，便会出现一个子菜单。例如，执行菜单栏中的“图像”|“模式”命令，可以看到“模式”命令下一级子菜单，如图1.37所示。

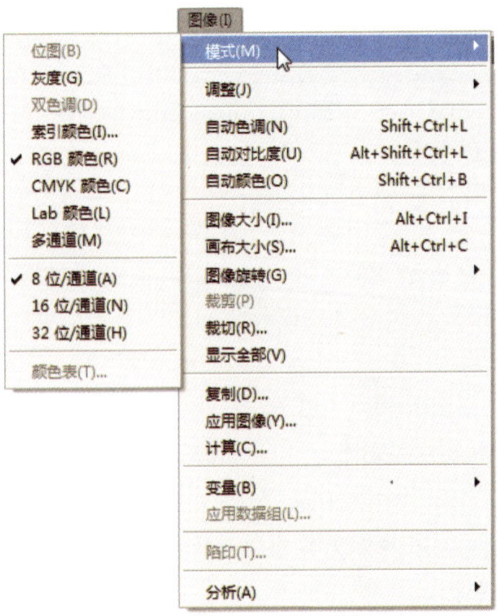

图1.37　“新建”子菜单

- 执行命令：在菜单栏中，有些命令被选择后，在前面会出现对号✔标记，表示此命令为当前执行的命令。例如，“窗口”菜单中已经打开的面板名称前出现的对号✔标记，如图1.38所示。

- 快捷键：在菜单栏中，菜单命令还可使用快捷键的方式来选择。在菜单栏中有些命令后面有英文字母组合，如菜单“文件”|“打开”命令的后面有Ctrl + O组合键，如图1.39所示，表示的就是打开命令的快捷键。如果想执行打开命令，可以直接按键盘上的Ctrl + O 组合键，即可启用打开命令。

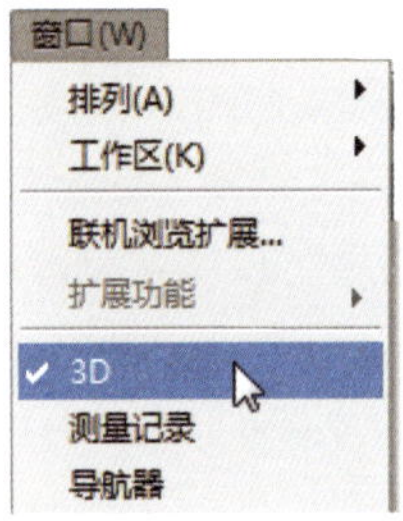

图1.38　执行命令

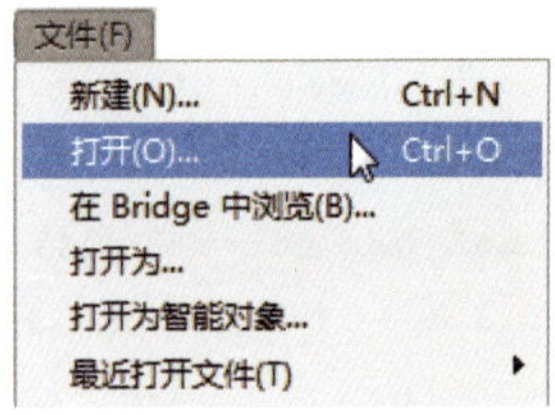

图1.39　快捷键

- 对话框：在菜单栏中，有些命令的后面有省略号“…”标记，表示选择此命令后将打开相应的对话框。例如，执行菜单栏中的“图像”|“图像大小”命令，将打开“图像大小”对话框，操作效果如图1.40所示。

图1.40　对话框操作效果

提示

在菜单栏中，对于当前不可操作的命令，将以灰色显示，表示无法进行选取，如图 1.41 所示。对于包含子菜单的菜单命令，如果不可用，则不会弹出子菜单。

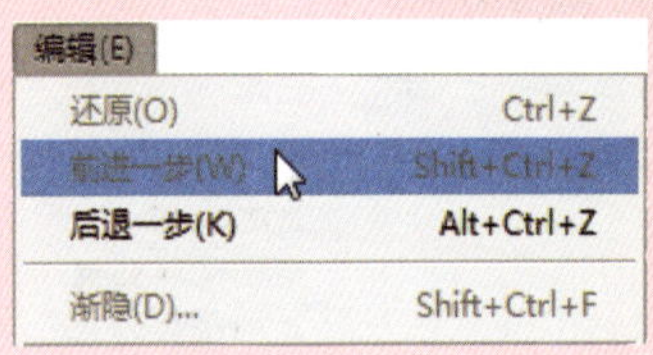

图1.41　不可操作的菜单命令

1. 应用程序菜单

Photoshop的应用程序菜单就是菜单栏，位于应用程序栏的下方，如图1.42所示。菜单栏通过各个命令菜单提供对Photoshop的绝大多数操作及窗口的定制，包括“文件”“编辑”“图像”“图层”“文字”“选择”“滤镜”“3D”“视图”“窗口”和“帮助”11个菜单命令。

图1.42 Photoshop的菜单栏

2. 面板菜单

面板菜单就是Photoshop各面板所显示的菜单，图1.43所示为“颜色”面板及面板菜单显示效果。

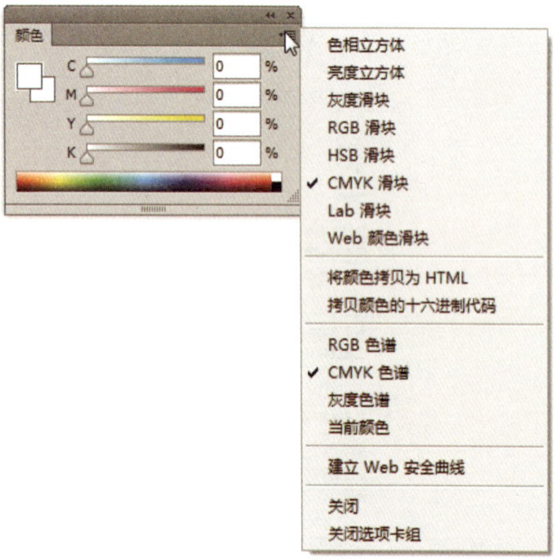

图1.43 “颜色”面板及面板菜单显示效果

3. 快捷菜单

快捷菜单也叫右键菜单，它与工作区顶部的菜单不同，一般常用于快捷操作。如在应用“自由变换”命令后，在画布中单击鼠标右键所弹出的菜单就叫快捷菜单，如图1.44所示。

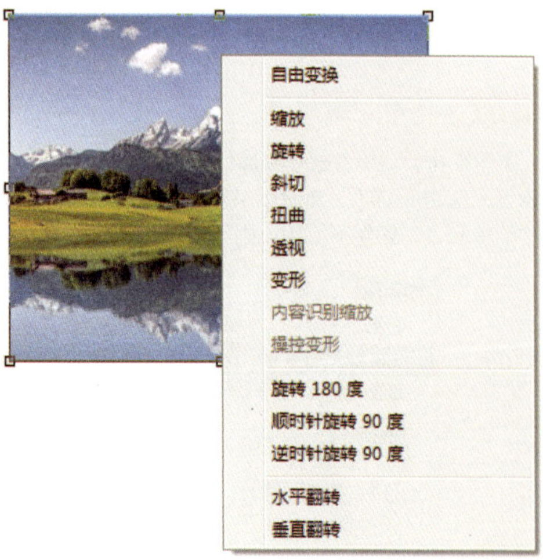

图1.44 自由变换的快捷菜单

4. 自定义菜单

自定义菜单主要是对菜单的可见性、颜色和快捷键进行自定义。对于一个成熟的设计师来说，掌握快捷键是非常必要的。不但要掌握系统默认的快捷键，还要掌握自定义菜单命令快捷键的方法。打开“键盘快捷键和菜单”对话框有如下几种操作方法，如图1.45所示。

- 执行菜单栏中的“编辑”|“菜单”命令。
- 执行菜单栏中的“窗口”|“工作区”|“键盘快捷键和菜单”命令，然后单击“菜单”选项卡。
- 按Alt + Shift + Ctrl + K组合键。

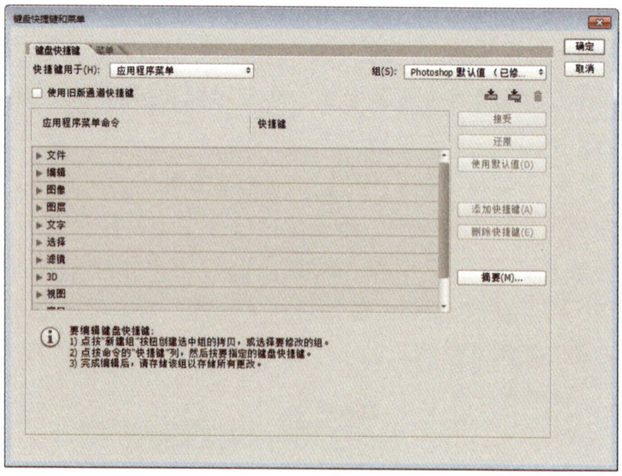

图1.45 “键盘快捷键和菜单”对话框

“菜单”选项卡中各选项含义说明如下。

- “组”：指定要基于当前菜单组创建的组。要存储对当前菜单组所做的所有更改，可以单击“存储组”按钮，将其进行保存；要基于当前的菜单组创建新的组，可以单击“存储新组”按钮。
- “菜单类型”：指定要修改的菜单类型。包括应用程序菜单和面板菜单。
- “应用程序菜单命令”：该选项会随着“菜单类型”选择的不同而发生变化。其下显示相关的菜单命令，单击菜单命令左侧的三角箭头▶，可以展开菜单或折叠菜单。
- “可见性”：指定菜单项的可见性。单击可见性按钮，将其图标中的眼睛隐藏，变成□按钮，即可将该菜单项隐藏。再次单击将眼睛显示，即可将隐藏的菜单项显示。
- “颜色”：指定菜单项底纹的显示颜色。单击颜色栏，从下拉菜单中选择一种颜色即可。如果不想使用彩色效果，请选择无。

1.4.3 菜单设置注意事项

隐藏菜单项目注意事项。

- 要隐藏菜单项目，请单击“可见性”按钮。

设置完隐藏菜单后，“显示所有菜单项目”将会追加到包含隐藏项目的菜单底部。

- 要暂时看到隐藏的菜单项目，执行菜单栏中的“编辑”|“显示所有菜单项目”命令，或按住Ctrl键的同时单击菜单。

为菜单项目着色注意事项。

- 要给菜单项目添加颜色，请单击“颜色”栏。
- 要关闭菜单颜色，可以执行菜单栏中的“编辑”|“首选项”|“界面”命令，在打开的对话框的“常规”选项组中，撤选“显示菜单颜色”复选框。

1.4.4 实战案例：自定义彩色菜单命令

- **素材位置** | 无
- **案例位置** | 无
- **视频位置** | 多媒体教学\1.4.4实战案例 自定义彩色菜单命令.avi
- **难易指数** | ★☆☆☆☆

本例主要讲解自定义彩色菜单命令的操作方法。最终效果如图1.46所示。

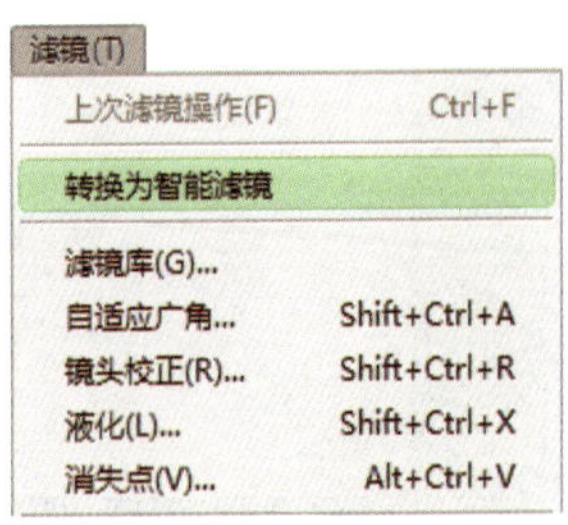

图1.46 最终效果

操作步骤

01 执行菜单栏中的“编辑”|“菜单”命令，打开“键盘快捷键和菜单”对话框。

02 在“键盘快捷键和菜单”对话框中的“菜单类型”下拉菜单中选择“应用程序菜单”命令，以确定修改应用程序菜单。然后单击“滤镜”左侧的三角箭头▶，展开其菜单，单击“打开为智能对象”右侧的颜色栏，从弹出的下拉菜单中选择一种颜色，比如“黄色”，如图1.47所示。

03 设置完成后，单击“确定”按钮，即可将“滤镜”菜单中的“打开为智能滤镜”命令变成黄色底纹菜单效果，如图1.48所示。

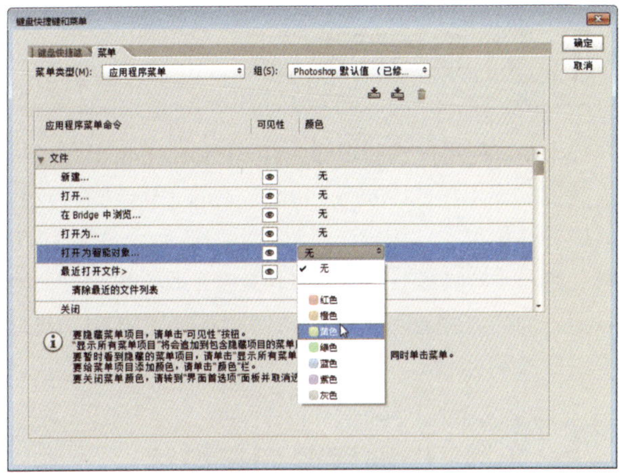

图1.47 修改颜色

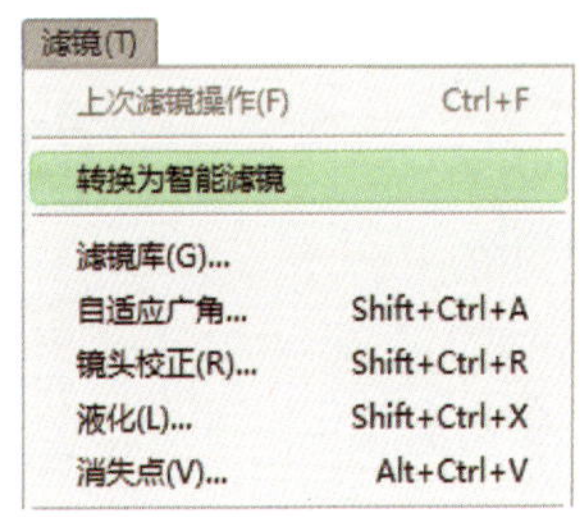

图1.48 彩色菜单效果

> **提示**
>
> 在“键盘快捷键和菜单”对话框中，也可以从“菜单类型”下拉菜单中选择“面板菜单”，对面板菜单进行彩色化修改，设置方法与“应用程序菜单”的方法相同，这里不再赘述。

1.4.5 显示与隐藏菜单颜色

设置完菜单颜色后，如果看不到彩色菜单，请执行菜单栏中的“编辑”|“首选项”|“界面”命令，打开“首选项”对话框，在“常规”选项组中选中“显示菜单颜色”复选框，如图1.49所示。如果不想显示菜单颜色，取消该复选框即可。

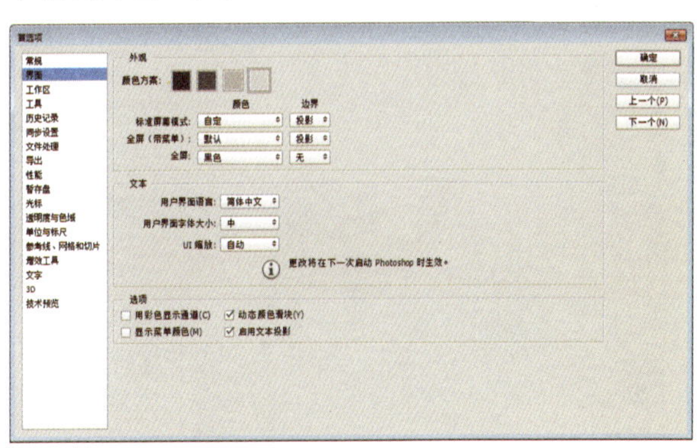

图1.49 “首选项”对话框

1.5 查看图像

为了方便用户查看图像内容，Photoshop可以通过更改屏幕显示模式，更改Photoshop工作区域的外观。同时，还提供了“缩放工具”、缩放命令、“抓手工具”和“导航器”面板等多种查看工具，可以方便地按照不同的放大倍数查看图像，并可以利用抓手工具查看图像的不同区域。

1.5.1 切换屏幕显示模式

Photoshop中有3种不同的屏幕显示模式，如图1.50所示，执行菜单栏中的“视图”|“屏幕模式”下的子菜单来完成，这些命令分别是“标准屏幕模式”“带有菜单栏的全屏模式”和“全屏模式”。

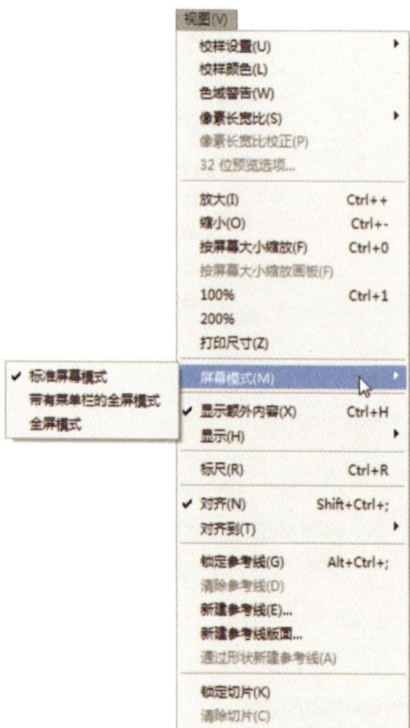

图1.50 屏幕模式菜单

1. 标准屏幕模式

在这种模式下，Photoshop的所有组件，如菜单栏、工具栏、标题栏和状态栏都将被显示在屏幕上，这也是Photoshop的默认效果，如图1.51所示。

图1.51 标准屏幕模式

2. 带有菜单栏的全屏模式

选择“带有菜单栏的全屏幕式”命令，屏幕显示模式切换为带有菜单栏的全屏显示模式。该模式下，只显示带有菜单栏和50%背景，但没有文档窗口标题栏和滚动条的全屏窗口，如图1.52所示。

图1.52 带有菜单栏的全屏模式

3. 全屏模式

选择全屏模式命令，可以把屏幕显示模式切换到全屏显示模式。显示没有标题栏、菜单栏和滚动条，只有黑色背景的全屏窗口，以获得图像的最大显示空间，如图1.53所示。

图1.53 全屏模式

1.5.2 实战案例：使用“缩放工具”查看图像

- **素材位置**｜无
- **案例位置**｜无
- **视频位置**｜多媒体教学\1.5.2 实战案例 使用“缩放工具”查看图像.avi
- **难易指数**｜★☆☆☆☆

本例主要讲解使用“缩放工具”查看图像的方法。

处理图像时，可能需要进行精细的调整，此时常常需要将文件的局部放大或缩小；当文件太大而不便于处理时，需要缩小图像的显示比例；当文件太小而不容易操作时，又需要在显示器上扩大图像的显示范围。

技巧

如果想放大所有窗口，可以在按住 Shift 键的同时单击放大；如果想缩小所有窗口，可以在按住 Shift + Alt 组合键的同时单击缩小。

1. 放大图像

放大图像有多种操作方法，具体方法如下。

- 方法1：单击放大。单击工具箱中的“缩放工具”按钮，或按键盘中的Z键，将光标移动到想要放大的图像窗口中，此时光标变为状，在要放大的位置单击，即可将图像放大。每单击一次，图像就会放大一个预定的百分比。

提示

图像最大可以放大到 3200%，此时光标将变成状，表示不能再进行放大。

- 方法2：快捷键放大。直接按Ctrl + +组合键，可以对选择的图像窗口进行放大。多次按该组合键，图像将按预定的百分比进行逐次放大。

2. 缩小图像

缩小图像有多种操作方法，具体方法如下。

- 方法1：单击缩小。单击工具箱中的“缩放工具”按钮，或按键盘中的Z键，将光标移动到想要缩小的图像窗口中，按下键盘上的Alt键，此时光标变为状，在要缩小的位置单击，即可将图像缩小。每单击一次，图像就会缩小一个预定的百分比。

提示

当图像到达最大放大级别 3200% 或最小尺寸 1 像素时，放大镜看起来是空的。

- 方法2：快捷键缩小。直接按Ctrl + -组合键，可以对选择的图像窗口进行缩小。多次按该组合键，图像将按预定的百分比进行逐次缩小。

3. 缩放工具选项栏

在选择“缩放工具”时，工具选项栏也将变化，显示出缩放工具属性设置，如图1.54所示。

图1.54 缩放工具选项栏

缩放工具选项栏中各选项的含义如下。

- 放大：单击该按钮，然后在图像窗口中单击，可以将图像放大。
- 缩小：单击该按钮，然后在图像窗口中单击，可以将图像缩小。
- “调整窗口大小以满屏显示”：勾选该复选框，在应用放大或缩小命令时，图像的窗口将随着图像进行放大缩小处理。
- “缩放所有窗口”：勾选该复选框，在应用放大或缩小命令时，将缩放所有图像窗口大小。
- “细微缩放”：勾选该复选框，在图像中向左拖动可以缩小图像，向右拖动可以放大图像。
- “100%”按钮：单击该按钮，图像将以100%的比例显示。
- “适合屏幕”按钮：单击该按钮，图像窗口将适合当前屏幕的大小进行显示。
- “填充屏幕”：单击该按钮，图像窗口将根据当前屏幕空间的大小，进行全空白填充。

1.5.3 实战案例：使用“抓手工具”查看图像

- **素材位置** | 无
- **案例位置** | 无
- **视频位置** | 多媒体教学\1.5.3 实战案例 使用“抓手工具”查看图像.avi
- **难易指数** | ★☆☆☆☆

本例主要讲解使用“抓手工具”查看图像的方法。

如果打开的图像很大，或者操作中将图像放大，以至于窗口中无法显示完整的图像时，要查看图像的各个部分，可以使用“抓手工具”来移动图像的显示区域。

技巧

选择抓手工具并拖动以平移图像。要在已选定其他工具的情况下使用抓手工具，在图像内拖移时需按住空格键。

当整个图像放大到出现滑块时，在工具箱中单击“抓手工具”按钮，然后将鼠标指针移至图像窗口中，按住鼠标左键，然后将其拖动到合适的位置释放鼠标左键即可。图1.55所示为拖动前的效果，图1.56所示为拖动后的效果。

图1.55 拖动前的效果

图1.56 拖动后的效果

技巧

在选择抓手工具时，工具选项栏中有 4 个按钮与缩放工具相同，使用方法可参考本章使用“缩放工具”查看图像内容讲解。还有一个“滚动所有窗口”复选框，如果勾选该复选框，使用抓手工具移动图像时，将同时移动其他所有打开的窗口图像。

1.5.4 使用“旋转视图工具”查看图像

“旋转视图工具”可以在不破坏图像的情况下旋转画布，而且不会使图像变形，就像平时写生时为了方便不同角度的绘制，转动画板那样从另一个角度来修改图像，以方便不同角度的修改。旋转画布在很多情况下很有用，能使绘画或绘制更加省事。

使用“旋转视图工具”查看图像的步骤如下。

提示

要想应用旋转视图功能，需要启用显卡的 OpenGL 绘图功能。

01 执行菜单栏中的“文件”|“打开”命令，打开“跑车.jpg”文件，选择工具箱中的“旋转视图工具”，如图1.57所示，将光标移动到画布中，此时光标将变成状，如图1.58所示。

图1.57 选择工具

图1.58 光标效果

02 此时，按下鼠标左键，可以看到一个罗盘效果，并且无论怎样旋转，红色的指针都指向正北方，如图1.59所示。

03 按住鼠标左键拖动，即可旋转当前的画面，并在工具选项栏中，可以看到“旋转角度”的值随着拖动旋转进行变化，当然，直接在“旋转角度”文本框中输入数值，也可以旋转画面。旋转效果如图1.60所示。

图1.59 罗盘效果

提示

如果勾选选项栏中的“旋转所有视图”复选框，则在旋转当前图像时，也将同时旋转所有其他文档窗口中的图像。

图1.60 旋转效果

技巧

要将画布恢复到原始角度，可以单击选项栏中的“复位视图”按钮。

1.5.5 使用“导航器”面板查看图像

执行菜单栏中的“窗口”|“导航器”命令，将打开“导航器”面板，如图1.61所示。利用该面板可以对图像进行快速的定位和缩放。

图1.61 “导航器”面板

“导航器”面板中各项含义如下。

- 面板菜单：单击将打开面板菜单。通过菜单中的“面板选项”命令，可以打开“面板选项”对话框，如图1.62所示，可以修改图片缩览图中代理预览区显示框的显示颜色。也可以关闭面板或选项卡组。

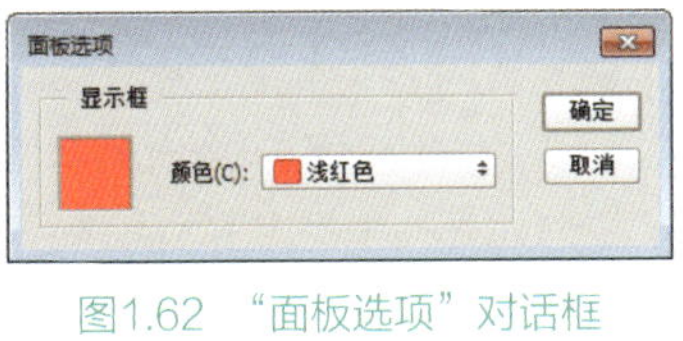

图1.62 “面板选项”对话框

- 图片缩览图：显示整个图像的缩览图，并可以通过拖动预览区域中的显示框，快速浏览图像的不同区域。
- 代理预览区：该区域与文档窗口中的图像相对应，代理预览区显示的图像，即显示框中的图像，会在文档窗口的中心位置显示。将光标移动到代理预览区中，光标将变成手形，按住鼠标左键可以移动图像的预览区域，并在文档窗口中同步显示出来。移动预览画面效果如图1.63所示。

图1.63 移动预览画面效果

- 缩小按钮：单击该按钮，可以将图像按一定的比例缩小。
- 缩放滑块：拖动上面的缩放滑块，可以快速地放大或缩小当前图像。
- 放大按钮：单击该按钮，可以将图像按一定的比例放大。

1.5.6 在文档窗口中查看图像

状态栏位于Photoshop文档窗口的底部，用来缩放和显示当前图像的各种参数信息以及当前所用的工具信息。

在缩放比例文本框中输入要缩放的数值，然后按Enter键，即可缩放当前文档。在状态栏位置单击按住鼠标左键片刻，将弹出一个信息框，显示当前文档的宽度、高度、通道和分辨率的相关信息，如图1.64所示。

图1.64 状态栏

单击状态栏中的三角形▶按钮，可以弹出一个如图1.65所示的菜单。从中可以选择在状态栏要提示的信息项。

图1.65 状态栏及选项菜单

选项菜单中的相关选项使用说明如下。

- Adobe Drive：显示 Adobe Drive工作组状态。Adobe Drive可以集中管理共享的项目文件、使用直观的版本控制系统与他人齐头并进、使用注释跟踪文件状态、使用 Adobe Bridge 可视查找文件、搜索 XMP 元数据和托管 Adobe PDF 审阅。
- “文档大小”：显示当前图像文件的大小。左侧的数字表示合并图层后的文件大小；右侧数据表示未合并图层时的文件大小。如图中文档：3.07M/0，表示合并图层文件后的大小为3.07M，未合并图层时的文件大小为0。
- “文档配置文件”：显示当前图像文件的特征信息，如图像模式等。
- “文档尺寸”：当前图像文件尺寸，具体用长×宽进行表示。
- “测量比例”：显示使用测量时所用的比例。
- “暂存盘大小”：显示有关用于处理图像的 RAM 量和暂存盘的信息。左边的数字表示在显示所有打开的图像时程序所占用的内存，右侧数据表示系统的可用内存数。
- “效率”：以百分数表示图像的可用内存大小。显示执行操作所花时间的百分比，而非读写暂存盘所花时间的百分比。如果此值低于 100%，则Photoshop 正在使用暂存盘，因此操作速度会较慢。
- “计时”：显示上一次操作所使用的时间。
- “当前工具”：显示当前正在使用的工具名称。
- “32位曝光”：用于调整预览图像，以便在计算机显示器上查看32位/通道高动态范围 (HDR) 图像的选项。只有当文档窗口显示HDR 图像时，该滑块才可用。
- “存储进度”：可以显示当前文档的存储进度信息。
- “智能对象”：用于查看当前智能对象的编辑信息。

1.6 标尺、网格和参考线

标尺和参考线主要用来辅助作图，是精确制作中不可或缺的功能。它们可帮助精确定位图像或元素。

1.6.1 使用标尺

标尺用来显示当前鼠标指针所在位置的坐标。使用标尺可以更准确地对齐对象和精确选取一定范围。

1. 显示或隐藏标尺

执行菜单栏中的“视图”|“标尺”命令，可以看到在“标尺”命令的左侧出现一个对号✔，即可启动标尺。标尺显示在当前文档中的顶部和左侧。

当标尺处于显示状态时，执行菜单栏中的“视图”|“标尺”命令，可以看到在“标尺”命令的左侧看到对号✔消失，表示标尺隐藏。

2. 更改标尺原点

标尺的默认原点位于文档标尺左上角（0，0）的位置，将鼠标光标移动到图像窗口左上角的标尺交叉处，然后按住鼠标左键向外拖动。此时，跟随鼠标指针会出现一组十字线，释放鼠标左键后，标尺上的新原点就出现在刚才释放鼠标左键的位置。其操作过效果，如图1.66所示。

图1.66 更改标尺原点操作效果

3. 还原标尺原点

在图像窗口左上角的标尺交叉处双击，即可将标尺原点还原到默认位置。

4. 标尺的设置

执行菜单栏中的“编辑”|“首选项”|“单位与标尺”命令，或在图像窗口中的标尺上双击，即可打开“首选项”对话框，在此对话框中可以设置标尺的单位等参数。

> **提示**
>
> 如果想以最小刻度为单位移动标尺原点，在拖曳标尺原点的过程中按住 Shift 键即可。如果要将标尺原点恢复为默认位置，双击横向标尺和纵向标尺的交接处即可。

1.6.2 用标尺工具定位

标尺工具可以度量图像任何两点之间的距离，也可以度量物体的角度。利用它还可以校正倾斜的图像。

1. 测量长度

单击工具箱中的“吸管工具”按钮选择“标尺工具”，然后在图像文件中需要测量长度的开始位置单击鼠标左键，然后按住鼠标左键拖曳指针到结束的位置释放鼠标左键即可。测量完成后，从选项栏和“信息”面板中，可以看到测量的结果如图1.67所示。

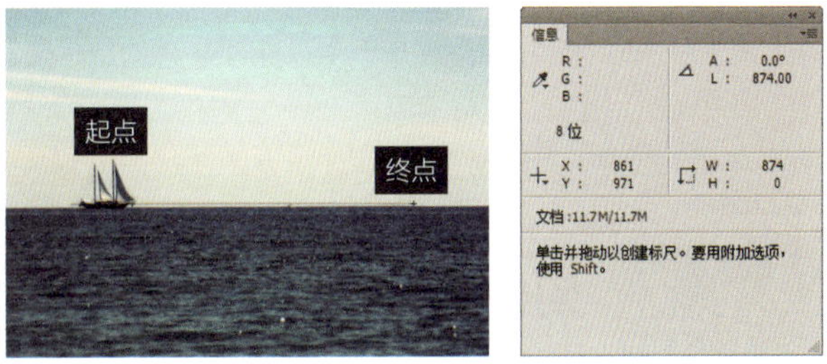

图1.67 测量长度效果

2. 测量角度

单击工具箱中的“吸管工具”|“标尺工具”按钮，在要测量角度的一边按下鼠标左键，然后拖动出一条直线，绘制测量角度的其中一条线，然后按住键盘中的Alt键，将光标移动到要测量角度的测量线顶点位置，当光标变成状时，按下鼠标左键拖动绘制出另一条测量线，两条测量线便形成一个夹角，如图1.68所示。

图1.68 测量角度效果

测量完成后，从选项栏和“信息”面板中，可以看到测量的角度信息。分别如图1.69和图1.70所示。

图1.69 工具“选项”栏

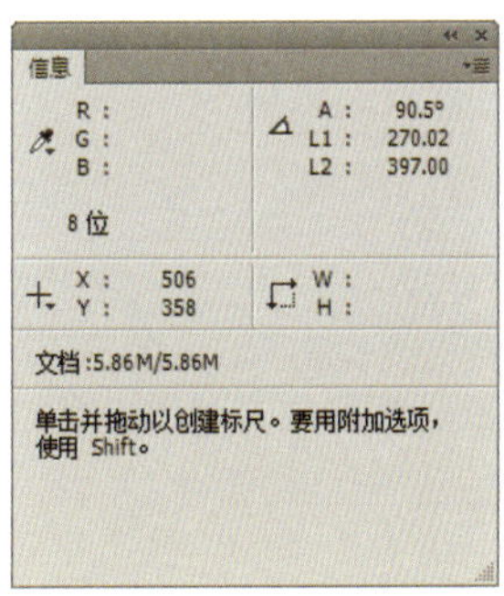

图1.70 “信息”面板

工具“选项”栏和“信息”面板中各参数的含义如下。

- “A”：显示测量的角度值。
- “L1”：显示第1条测量线的长度。
- “L2”：显示第2条测量线的长度。
- “X”和“Y”：显示测量时当前鼠标指针的坐标值。
- “W”和“H”：显示测量开始位置和结束位置的水平和垂直距离。用于水平或垂直距离的测试时使用。

1.6.3 网格的使用

网格的主要用途是对齐参考线，以便在操作中对齐物体，方便做图中位置排放的准确操作。

1．显示网格

执行菜单栏中的“视图”|“显示”|“网格”命令，可以看到在“网格”命令左侧出现的对号✔标志，即可在当前图像文档中显示网格。网格在默认情况下显示为灰色直线效果，显示网格前后的效果对比，如图1.71所示。

图1.71 显示网格效果

2．隐藏网格

当网格处于显示状态时，执行菜单栏中的“视图”|“显示”|“网格”命令，可以看到在“网格”命令左侧出现的对号✔消失，表示网格隐藏。

3．对齐网格

执行菜单栏中的“视图”|“对齐到”|“网格”命令后，可以看到在“网格”命令的左侧出现一个对号✔标志，表示启用了网格对齐命令，当在该文档中绘制选区、路径、裁切框、切片或移动图形时，都会与网格对齐。再次执行菜单栏中的“视图”|“对齐到”|“网格”命令，可以看到在“网格”命令的左侧的对号✔标志消失，表示关闭了对齐网格命令。

4．网格的设置

执行菜单栏中的“编辑”|“首选项”|“参考线、网格和切片”命令，将打开“首选项”对话框，在该对话框的网格设置选项组中，可以设置网格的颜色、样式、网格线间隔及子网格的数目。

1.6.4 使用参考线

参考线是辅助精确绘图时用来作为参考的线，它只是显示在文档画面中方便对齐图像，并不参加打印。可以移动或删除参考线，或者也可以锁定参考线，以免不小心移动它。它的优点在于可以任意设定它的位置。

创建参考线

要想创建参考线，首先要启动标尺，可以参考前面读过的方法来打开标尺，然后将鼠标光标移动到水平标尺上，按住鼠标左键向下拖动，即可创建一条水平参考线；将鼠标光标移动到垂直标尺上，按住鼠标左键向下拖动，即可创建一条垂直参考线。添加水平和垂直参考线的效果，如图1.72所示。

图1.72 水平和垂直参考线效果

> **提示**
>
> 按住 Alt 键，从垂直标尺上拖动可以创建水平参考线，从水平标尺上拖动可以创建垂直参考线。

1.6.5 精确创建参考线

如果想精确地创建参考线，可以执行菜单栏中的“视图”|“新建参考线”命令，打开“新建参考线”对话框，在该对话框中选择“水平”或“垂直”取向，然后在“位置”右侧的文本框中输入参考线的位置，单击“确定”按钮即可精确创建参考线，如图1.73所示。

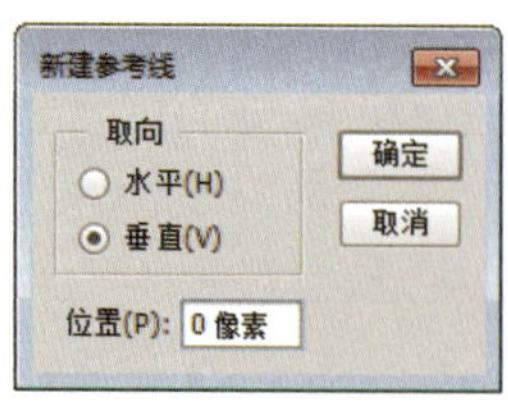

图1.73 “新建参考线”对话框

1. 隐藏参考线

当创建完参考线后，如果暂时用不到参考线，又不想将其删除，为了不影响操作，可以将参考线隐藏。执行菜单栏中的“视图”|“显示”|“参考线”命令，即可将其隐藏。

2. 显示参考线

将参考线隐藏后，如果想再次应用参考线，可以将隐藏的参考线再次显示出来。执行菜单栏中的“视图”|“显示”|“参考线”，即可显示隐藏的参考线。

> **提示**
> 如果没有创建过参考线，参考线命令将变成灰色的不可用状态，此时不能显示和隐藏参考线。

3. 移动参考线

创建完参考线后，如果对现存的参考线位置不满意，可以利用移动工具来移动参考线的位置。单击工具箱中的“移动工具”按钮，然后将光标放到参考线上，如果当前参考线是水平参考线，光标呈状；如果当前参考线是垂直参考线，光标呈状，此时按住鼠标左键拖动，到达合适的位置后释放鼠标左键，即可移动参考线的位置。水平移动参考线的操作过程，如图1.74所示。

图1.74 水平移动参考线效果

> **技巧**
> 按住 Alt 键单击参考线，可将参考线从水平改为垂直，或从垂直改为水平。

4. 删除参考线

创建了多个参考线后，如果想删除其中的某条参考线，可以将鼠标光标移动到该参考线上，按住鼠标左键拖动该参考线到文档窗口之外，即可将该参考线删除，用同样的方法，可以删除其他不需要的参考线。

如果想删除文档中所有的参考线，可以执行菜单栏中的“视图”|“清除参考线”命令，即可将全部参考线删除。

5. 开启和关闭对齐参考线

执行菜单栏中的“视图”|“对齐到”|“参考线”命令后，当该命令的左侧出现对号✔时，表示开启了对齐参考线命令，当在该文档中绘制选区、路径、裁切框、切片或移动图形时，都将对齐参考线；再次执行菜单栏中的“视图”|“对齐到”|“参考线”命令，当该命令的左侧的对号✔消失时，即可将对齐参考线设置关闭。

6. 锁定和解锁参考线

为了避免在操作中误移动参考线，可以将参考线锁定，锁定的参考线将不能再进行编辑操作。执行菜单栏中的“视图”|“锁定参考线”命令，可以将参考线锁定。如果想解除锁定，可以再次执行菜单栏中的“视图”|“锁定参考线”命令，即可解除参考线的锁定。

7. 参考线的设置

执行菜单栏中的“编辑”|“首选项”|“参考线、网格和切片”命令，将打开“首选项”对话框，在该对话框的参考线选项组中，可以设置参考线的颜色和样式。

1.7 Photoshop的系统设置

每个人工作习惯一般都是不同的，因此Photoshop提供的参数设定功能，可以按照自己的喜好来设置选项，以适合自己个性化的图像编辑环境，从而帮助用户提高工作效率。

Photoshop的参数设定在“编辑”|“首选项”子菜单中。其中的设置包括“常规”“界面”“文件处理”“性能”“光标”“透明度与色域”“单位与标尺”和“3D”等选项。按Ctrl + K组合键也可以弹出参数设置对话框。

> **提示**
> 对“首选项”设置所做的任何改变，在每次退出Photoshop时，软件都会自动存储下来，以方便以后的使用。

1.7.1 “常规”设置

执行菜单栏中的“编辑”|“首选项”|“常规”命令，可以打开“首选项”|“常规”对话框，如图1.75所示。

“常规”选项主要对Photoshop的拾色器、图像插值和历史记录等信息进行设置。

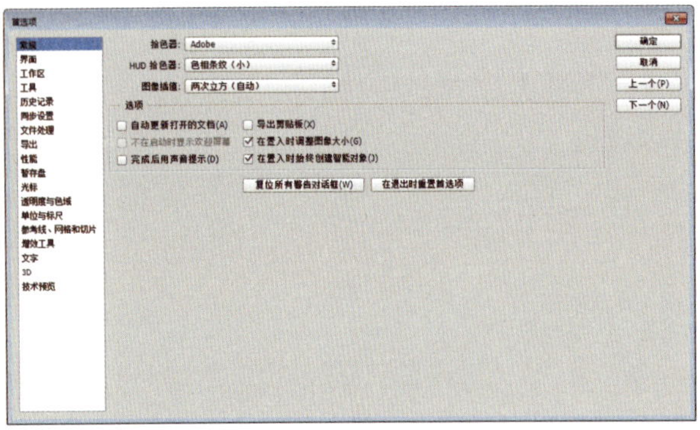

图1.75 “首选项”|“常规”选项

技巧

按Ctrl + K组合键，可以快速打开“首选项”|“常规”对话框。

1. 拾色器

设置Photoshop的默认拾色器，包括Windows和Adobe拾色器。在拾色器中可以直接从色谱中选取颜色，也可以用数值定义颜色，选取前景色和背景色。默认情况下，程序使用的是Adobe的拾色器。两种拾色器的不同显示效果分别如图1.76和图1.77所示。

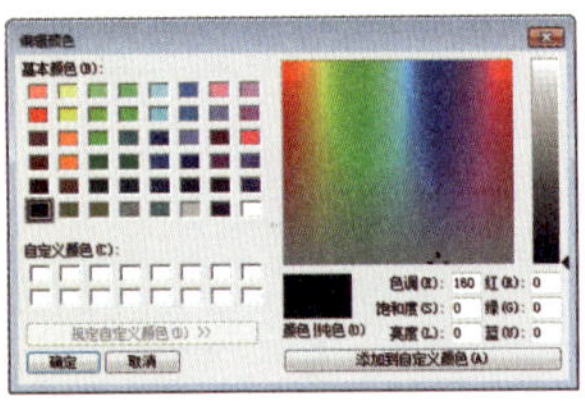

图1.76 Windows拾色器

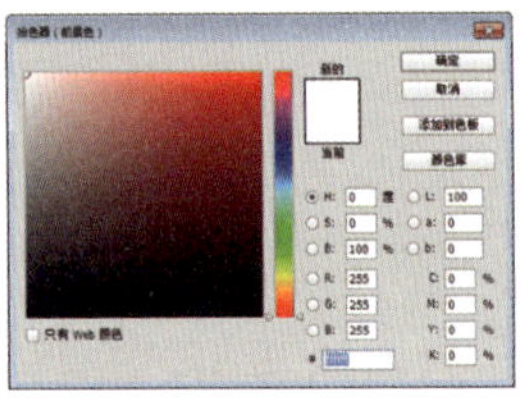

图1.77 Adobe拾色器

提示

Windows的拾色器是一个比较简单的、适合非专业用户的拾色器。它可以从光谱中选择颜色，或者使用基于HSB、RGB的颜色模型定义16种颜色，添加到“自定义颜色表”中。但是，Windows的拾色器对于不可打印的颜色不会出现警告提示，所以建议将拾色器设为Adobe。

2. HUD拾色器

HUD是Head Up Display的简称，即平视显示器，用来设置平视显示器的拾色器。可以从右侧的下拉菜单中，选择一种拾色器。

3. 图像插值

通常在Photoshop中使用“图像大小”或者“变换”命令来重定义图像像素时，Photoshop根据图像中当前像素的颜色值，使用插值的方法来将颜色值分配给所有新的像素。而这个像素分配的过程是依据“图像插值”选项中的设定来实现的。插值方式越复杂，从原始图像中保留的品质和精度就越高。

- “临近（保留硬边缘）”：它是这几种插值方式中速度最快的一种，但也是质量最低的一种；它使修改后的图像选择区域呈现锯齿，外观精确度较低。
- “两次线性”：它是用于中等品质的方式，是个速度和质量的折中，一些应用程序在缩放图像时都使用双线性插值方式。
- “两次立方（适用于平滑渐变）”：这个插值方式是最具美学欣赏性、最精确的像素重新分配算法，通过它可以得到非常平滑的色调渐变，但是速度比较慢。
- “两次立方 平滑（适用于扩大）”：这个插值主要用在放大图像时进行像素重新分配算法，通过它可以得到较平滑的效果。
- “两次立方 清晰（适用于减少）”：这个插值主要用在缩小图像时进行像素重新分配算法，通过它可以得到较锐利的效果。
- “自动两次（自动）”：这个插值会根据图像的性质自动进行计算。

4. 选项

- “自动更新打开的文档”：选中该复选框，在应用其他程序修改并保存了正在Photoshop中编辑的图像时，Photoshop将自动更新修改的图像。否则不发生变化。
- “不在启动时显示欢迎屏幕”：选中该复选框，Photoshop在启动时不会显示欢迎屏幕。
- “完成后用声音提示”：选中该复选框，Photoshop在执行完某项任务后发出提示音。
- “导出剪贴板”：选中该复选框，在Photoshop中，按Ctrl+C组合键复制图像到剪贴板上后，在其他程序中按Ctrl + V组合键，可以将其粘贴过去。否则将只能在Photoshop中进行粘贴。
- “在置入时调整图像大小”：选中该复选框，在应用置入命令置入图像时，置入的图像将根据当前画布的大小自动调节以适合目标区域。
- “在置入时始终创建智能对象”：勾选该复选框，置入或直接拖动到当前画布中的图像将自动变成智能对象。
- “复位所有警告对话框”：单击该按钮，可以将所有对话框中的数值或选项复位为默认状态。
- “在退出时重置首选项”：单击该按钮，可以将所有对话框中的数值或选项复位为默认状态。

1.7.2 “界面”设置

执行菜单栏中的“编辑”|“首选项”|“界面”命令，可以打开“首选项”|“界面”对话框，在其右侧将显示“界面”设置的相关参数，如图1.78所示。“界面”选项主要对Photoshop的外观、显示菜单颜色、显示工具提示和自动折叠图标面板等信息进行修改。

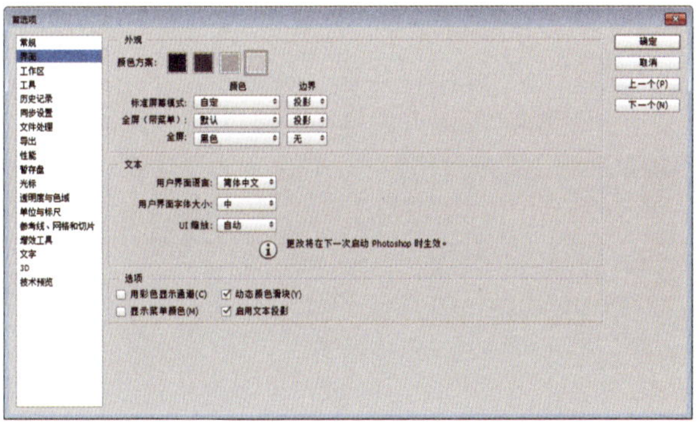

图1.78　“首选项”|“界面”选项

1. 外观

- 颜色方案：提供了4种深浅不一的颜色供用户选择。
- 标准屏幕模式/全屏（带菜单）/全屏：设置3种屏幕显示模式下，屏幕的颜色和边界的效果。边界效果包括“直线”“投影”和“无”3个选项。不同的边界显示效果如图1.79所示。

直线　　投影　　无

图1.79　不同的边界显示效果

2. 选项

- “用彩色显示通道”：选中该复选框，在通道面板中，将根据当前图像的颜色模式，在通道中以彩色的形式显示当前通道颜色，否则以灰度形式显示。灰色与彩色显示通道效果对比如图1.80所示。

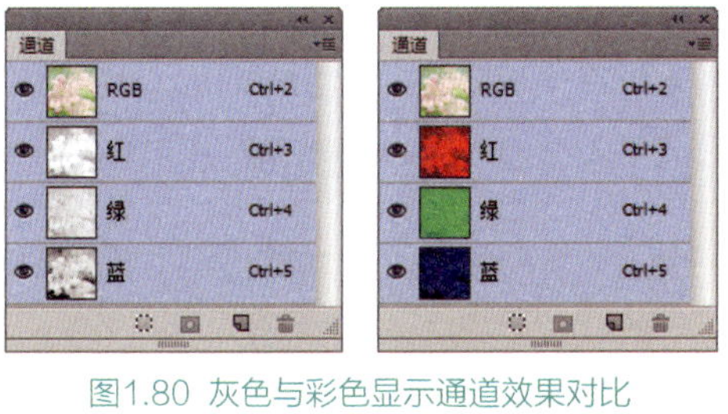

图1.80　灰色与彩色显示通道效果对比

- “显示菜单颜色”：选中该复选框，将显示菜单背景颜色。
- “动态颜色滑块”：选中该复选框，可以将滑块以动态颜色显示。
- “启用文本投影”：选中该复选框，将显示文本投影。

1.7.3 “工作区”设置

执行菜单栏中的“编辑”|“首选项”|“工作区”命令，可以打开“首选项”|“工作区”对话框，在其右侧将显示“工作区”设置的相关参数，如图1.81所示。“工作区”选项主要对Photoshop的工作区等信息进行修改。

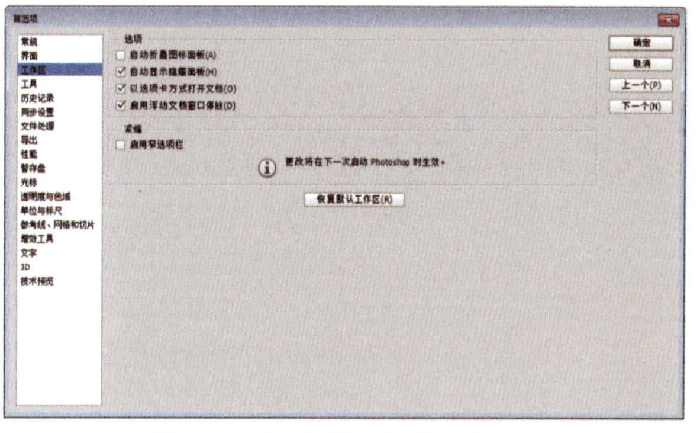

图1.81　“首选项”|“工作区”选项

- “自动折叠图标面板”：选中该复选框，在单击应用程序的其他位置时，将自动折叠打开的图标面板。
- “自动显示隐藏面板”：选中该复选框，可以启动面板的自动显示与隐藏功能。当面板隐藏后，鼠标指针滑过时将显示面板。
- “以选项卡方式打开文档”：选中该复选框，当打开文档时，所有文档将以选项卡的形式进行排列，只显示其中的一个图像。通过单击选项卡标签可以在不同的图像间进行切换。
- “启用浮动文档窗口停放”：选中该复选框，可以通过拖曳选项卡标签将文档窗口单独提取出来显示在窗口中。
- “启用窄选项栏”：选中该复选框，可以启用窄边选项栏。
- “恢复默认工作区”：单击该按钮，可以将所有已经删除的默认工作区恢复过来。

1.7.4 “工具”设置

执行菜单栏中的“编辑”|“首选项”|“工具”命令，可以打开“首选项”|“工具”对话框，在其右侧将显示“工具”设置的相关参数，“工具”选项主要对工具信息进行修改，如图1.82所示。

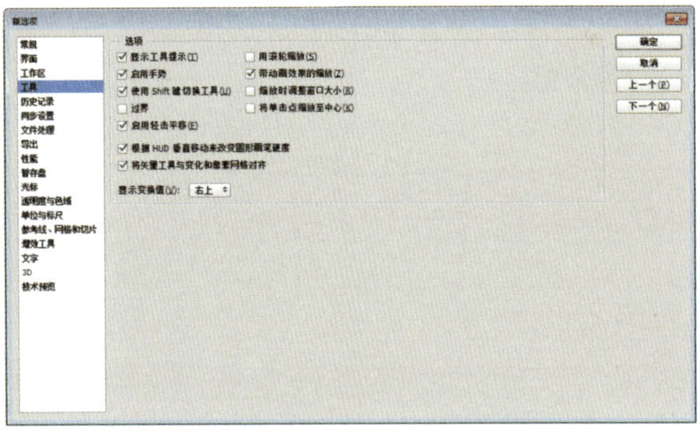

图1.82 “首选项”|“工具”选项

- “显示工具提示”：选中该复选框，将光标放置在工具上停留片刻，就会出现该工具的名称。
- “启用手势”：选中该复选框，可以启用触控手势。
- “使用Shift键切换工具”：选中该复选框，可以通过按Shift键在一组隐藏的工具中进行循环选择。否则可以直接通过按工具快捷键在一组隐藏的工具中进行循环选择。
- “过界”：选中该复选框，可允许滚动操作越过窗口的正常边界。
- “启用轻击平移”：选中该复选框，在使用“抓手工具”移动图像时，图像会产生滑动的动态效果。
- “根据HUD垂直移动来改变圆形画笔硬度”：选中该复选框，在使用“画笔工具”时，垂直移动HUD时圆形画笔的硬度或者不透明度会发生变化。
- “将矢量工具与变化和像素网格对齐”：选中该复选框，确定矢量工具和变换是否将自动使形状与像素网格对齐。
- “用滚轮缩放”：选中该复选框，可以滚动鼠标上的滚轮来缩放当前画面的大小，默认为取消状态。如果想使用该功能，可以在按住Alt键的同时，利用鼠标滚轮来缩放图像大小。
- “带动画效果的缩放”：选中该复选框，当对图像进行缩放处理时，将产生平滑的动态缩放效果。
- “缩放时调整窗口大小”：选中该复选框，放大或缩小图像时，文档窗口会随之调整大小。
- “将单击点缩放至中心”：选中该复选框，可以将鼠标单击点自动缩放到画布的中心位置。
- “显示变换值”：选中该复选框，可以更改显示变换值的位置。

1.7.5 “历史工具”设置

执行菜单栏中的“编辑”|“首选项”|“历史工具”命令，可以打开“首选项”|“历史工具”对话框，在其右侧将显示“历史工具”设置的相关参数，如图1.83所示。

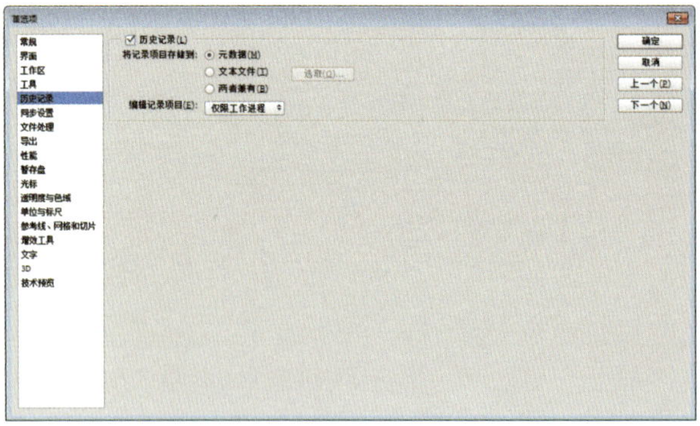

图1.83 “首选项”|“历史工具”选项

- “将记录项目存储到”：设置历史记录存储的方式和位置，可以是“元数据”“文本文件”和“两者兼有”。
- “编辑记录项目”：选择用于编辑记录的项目，包括“仅限工作进程”“简明”和“详细”3个选项。

1.7.6 “同步设置”设置

执行菜单栏中的“编辑”|“首选项”|“同步设置”命令，可以打开“首选项”|“同步设置”对话框，在其右侧将显示“同步设置”设置的相关参数，如图1.84所示。

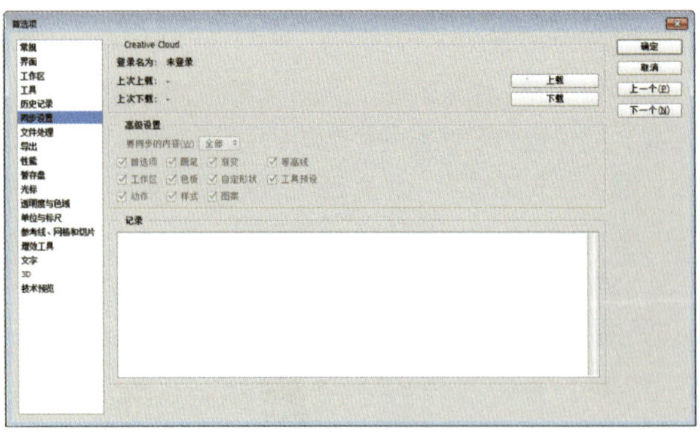

图1.84 “首选项”|“同步设置”选项

1.7.7 “文件处理”设置

执行菜单栏中的“编辑”|“首选项”|“文件处理”命令，可以打开“首选项”|“文件处理”对话框，在其右侧将显示“文件处理”设置的相关参数，如图1.85所示。“文件处理”选项主要对Photoshop的图像预览、文件扩展名、文件兼容性和近期文件列表等进行修改。

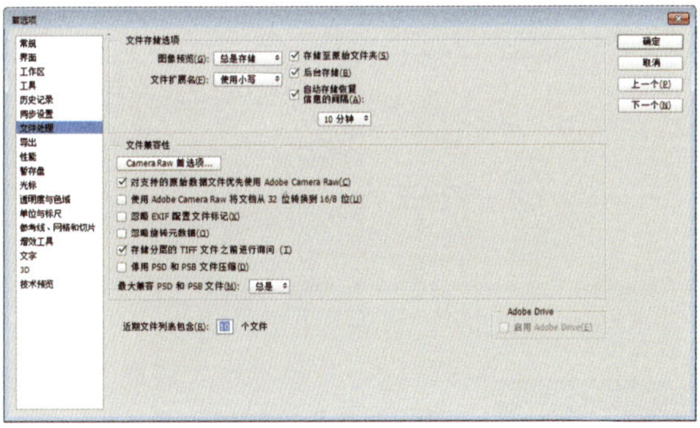

图1.85 “首选项”|“文件处理”选项

1. 文件存储选项

- “图像预览”：该选项设置在存储图像时，是否存储预览缩略图。包括“总不存储”“总是存储”“存储时询问”3个选项。默认选择的是“总是存储”。存储预览图会相应的增大图像的容量，但对于预览图像内容很有帮助。
- “文件扩展名”：该选项设置存储图像扩展名的大小写。包括“使用小写”和“使用大写”两个选项。通常使用小写扩展名。
- “存储至原始文件夹”：勾选该复选框，可以确定“存储为”选项的默认文件夹。
- “后台存储”：勾选该复选框，在后台存储时，还可以继续工作。
- “自动存储恢复信息的间隔”：勾选该复选框，可以选择自动存储的时间间隔。

2. 文件兼容性

- “Gamera Raw 首选项”：单击该按钮，将打开“Gamera Raw 首选项”对话框，在该对话框中，可以对Gamera Raw 首选项进行详细设置，如对DNG、JPEG和TIFF文件的处理方式。
- “对支持的原始数据文件优先使用Adobe Camera Raw”：选中该复选框，对支持的原始数据文件优先使用Adobe Camera Raw打开进行处理。
- “使用Adobe Camera Raw 将文档从32位转换到16/8位”，选中该复选框，可以在将32位文档转换为16或者8位文档时，使用Adobe Camera Raw进行HDR色调调整。
- “忽略EXIF配置文件标记”：选中该复选框，将忽略EXIF预置标签。
- “忽略旋转元数据”：选中该复选框，在打开文件时会忽略图像旋转元数据。
- “存储分层的TIFF文件之前进行询问”：设置存储具有多层TIFF格式的文件之前是否出现询问对话框。勾选该复选框将出现询问对话框。
- “使用PSD和PSB文件压缩”：选中该复选框，可以压缩PSD和PSB文件，达到快速存储的目的。
- “最大兼容PSD和PSB文件”：打开一些早期的Photoshop版本时，是否出现询问对话框。包括“总不”“总是”和“询问”3个选项。
- “近期文件列表包含”，可以更改显示最近打开的文件数量。
- “Adobe Drive”，选中该复选框，可以启用Adobe Drive连接。

1.7.8 “导出”设置

执行菜单栏中的“编辑”|“首选项”|“导出”命令，可以打开“首选项”|“导出”对话框，在其右侧将显示“导出”设置的相关参数，如图1.86所示。“导出”选项主要对Photoshop的文件导出信息进行设置。

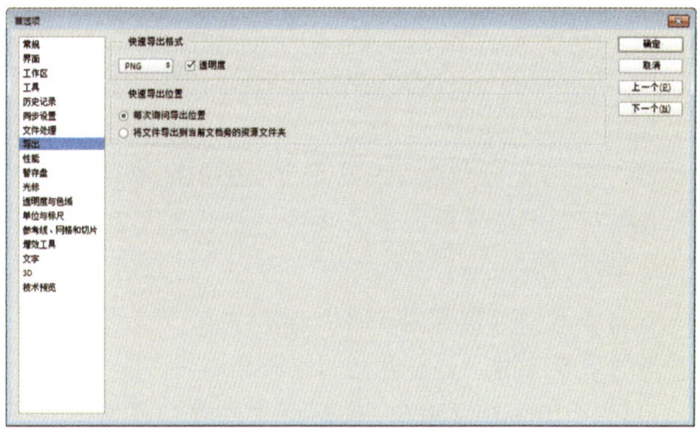

图1.86 “首选项”|“导出”选项

1. 快速导出格式

单击PNG按钮，在弹出的选项中可以选择导出的格式，包括PNG、JPG、PNG-8、GIF及SVG，选中“透明度”复选框，在导出文件时可以以透明度背景显示。

2. 快速导出位置

可以选择在每次导出时进行询问，还可更改为将文件导出到当前文档旁的资源文件夹。

1.7.9 “性能”设置

执行菜单栏中的“编辑”|“首选项”|“性能”命令，可以打开“首选项”|“性能”对话框，在其右侧将显示“性能”设置的相关参数，如图1.87所示。“性能”选项主要对Photoshop的内存使用情况、历史记录状态、高速缓存级别、暂存盘等信息进行设置。

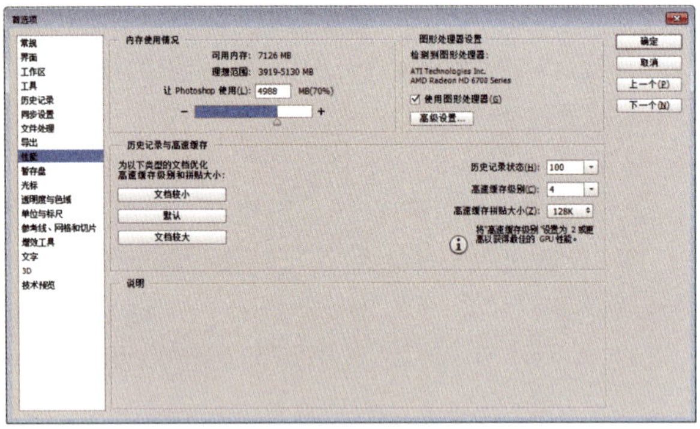

图1.87 “首选项”|“性能”选项

1. 内存使用情况

显示“可用内存”和“理想范围”信息，并可以通过“让Photoshop使用”右侧的文本框来设置分配给Photoshop的内存量，一般不建议设置数值过大，因为那样程序会运行缓慢。

2. 历史记录与高速缓存

- “为以下类型的文档优化调整缓存级别和拼贴大小”：可以选择“文档较小”“默认”，或者是“文档较大”。
- “历史记录状态”：设置在“历史记录”面板中所能保存的历史记录的最大数量，默认值为20，表示可以保存20步的历史记录信息。用户可以根据需要进行增加或减少。但建议不要设置得太高，否则会占用更多的系统空间，影响程序的运行速度。
- “高速缓存级别”：设置图像数据的高速缓存级别的数量。用于提高屏幕重绘和直方图速度。选择的高速缓存级别越多，则速度越快；选择的高速缓存级别越少，则品质越高。
- “高速缓存拼贴大小”：可以更改高速缓存拼贴的大小。

1.7.10 “暂存盘”设置

执行菜单栏中的“编辑”|“首选项”|“暂存盘”命令，可以打开“首选项”|“暂存盘”对话框，在其右侧将显示“暂存盘”设置的相关参数，如图1.88所示。

指定Photoshop的暂存盘。一般在内存不足的情况下设置，当内存不足时，可以通过增加暂存盘来解决不足。Photoshop会将指定的硬盘空间作为内存使用，建议用户选择C盘以外的硬盘，并选择空间相对较大的硬盘。

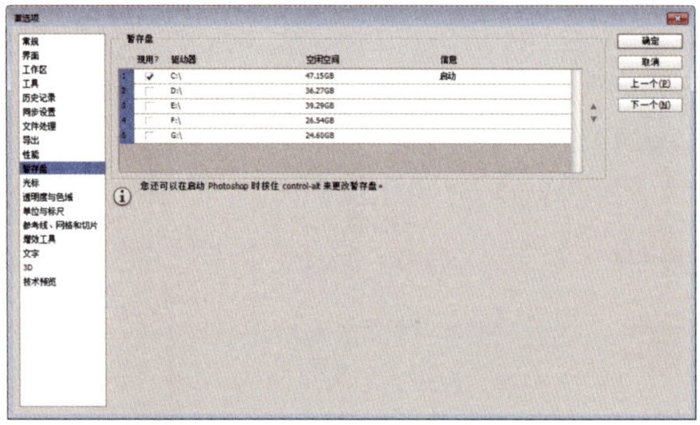

图1.88 “首选项”|“性能”选项

1.7.11 “光标”设置

执行菜单栏中的“编辑”|“首选项”|“光标”命令，可以打开“首选项”|“光标”对话框，如图1.89所示，“光标”选项主要对Photoshop的绘画光标和其他光标进行修改。下面详细介绍对话框中的内容设置。

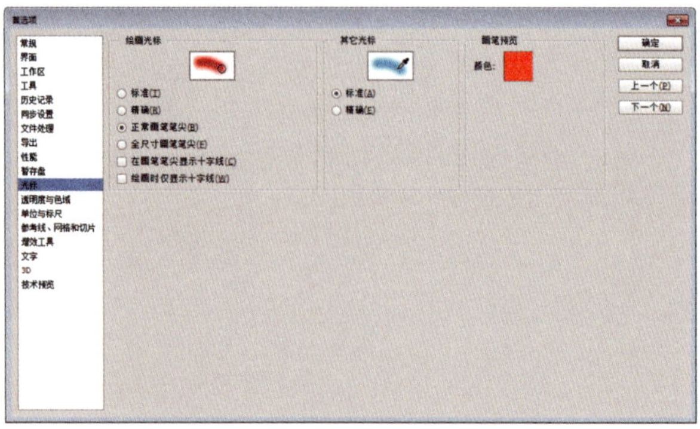

图1.89 “首选项”|“光标”选项

1. 绘画光标

绘画光标包括画笔工具、铅笔工具、颜色替换工具、图章工具、历史画笔工具、橡皮擦工具、渐变填充工具、模糊工具、锐化工具、涂抹工具、减淡工具、加深工具、海绵工具、直线工具等绘画光标。绘画光标有6种选项。

- “标准”：选择该单选按钮，光标显示的是当前使用工具的图标，绘图时精确度不高。
- “精确”：选择该单选按钮，光标显示为十字线光标，可以获得较高的精确度。
- “正常画笔笔尖”：选择该单选框，光标显示一个圆形光标，它显示了所用画笔实际尺寸的一半。

- “全尺寸画笔笔尖”：选择该单选按钮，光标显示一个圆形光标，它显示了所用画笔的实际尺寸。
- “在画笔笔尖显示十字光标”：选中该复选框，可以在画笔的笔尖位置显示一个十字线，以确定中心点。
- “绘画时仅显示十字线”：选中该复选框，可以在绘画时切换到仅显示十字线，以提高大画笔的性能。

提示

“绘画光标”是 Photoshop 根据绘图时的不同需要为使用者设计的，可以用键盘上的 Caps Lock 键来进行不同图标的切换。如果选择“标准”选项，在使用工具时按下键盘上的 Caps Lock 键，使用的绘图工具就会变成“精确”选项的设定；如果选择“精确”选项，按下 Caps Lock 键，使用的绘图工具就会变成“画笔大小”选项的设定。

2. 其他光标

其他光标包括套索工具、多边形套索工具、磁性套索工具、快速选择工具、魔棒工具、钢笔工具、裁剪工具、拾色器工具、油漆桶工具、度量工具等图标。它有两个选项：“标准”和“精确”。它们的用法和“绘画光标”的前两项是相同的。

3. 画笔预览

该选项组只有一个“颜色”选项，用于指定画笔预览的颜色，可以通过单击“颜色”右侧的色块，打开“选择画笔预览颜色”对话框，来指定画笔预览的颜色。

1.7.12 “透明度与色域”设置

执行菜单栏中的“编辑”|“首选项”|“透明度与色域”命令，可以打开“首选项”|“透明度与色域”对话框，在其右侧将显示“透明度与色域”设置的相关参数，如图1.90所示。“透明度与色域”选项主要对Photoshop的透明区域和色域警告进行设置。

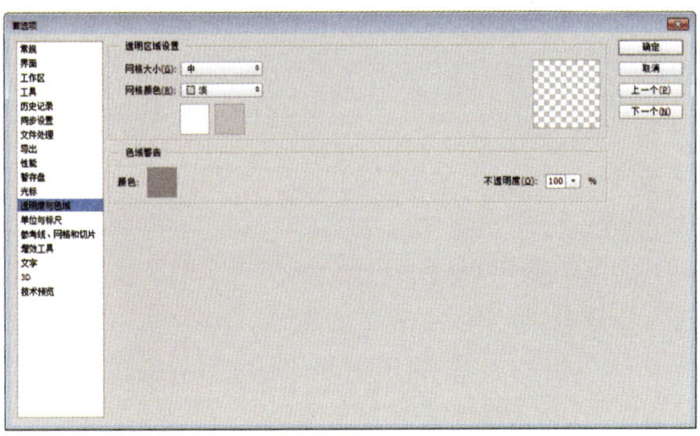

图1.90 “首选项”|“透明度与色域”选项

1. 透明区域设置

- “网格大小”：此选项用来设置图像中透明区域的栅格大小，包括“无”“小”“中”“大”4种，默认设置为“中”。
- “网格颜色”：此选项用来设置图像中透明区域的栅格颜色。分为3类：第1类为“自定”，选择该命令后将打开“选择透明网格颜色”对话框，在该对话框中选择一种自定义的颜色即可；第2类包括“淡”“中”“黑色”3个选项；第3类包括“红色”“橙色”“绿色”“蓝色”“紫色”5个颜色选项。通过单击下方的两个色块，也可以更改当前透明区域的栅格颜色。

2. 色域警告

“色域警告”是某个可被显示或打印的颜色系统的颜色范围。因为RGB颜色模式的颜色范围比较宽，常用屏幕显示，而打印颜色CMYK模式的颜色范围比较小，所以，制作的图像会有一些颜色不能打印出来，将不能打印出来的颜色称为“溢色”，而“色域警告”就是警告当前图像中有多少“溢色”。

如果想查看当前图像有多少超出色域的颜色，可执行菜单栏中的“视图”|“色域警告”命令。把图像转换成CMYK颜色模式时，Photoshop将自动把超出色域的颜色替换为相近的打印颜色，但是会和原来的图像颜色有一定的误差，不能符合最初要求的颜色。

Photoshop色域警告默认的颜色是灰色，如果和当前图像颜色相近，对比不够明显，可以单击它，在弹出的拾色器中选取自己满意的颜色。“不透明度”用以设置使用颜色的不透明度。

1.7.13 “单位与标尺”设置

执行菜单栏中的“编辑”|“首选项”|“单位与标尺”命令，可以打开“首选项”|“单位与标尺”对话框，在其右侧将显示“单位与标尺”设置的相关参数，如图1.91所示，“单位与标尺”选项主要对Photoshop的单位、列尺寸、新文件预设分辨率、点/派卡大小等进行修改。下面详细介绍对话框中的内容设置。

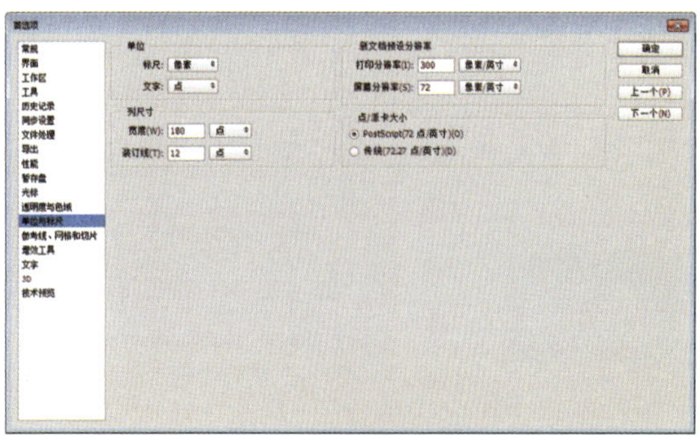

图1.91 “首选项”|“单位与标尺”选项

1. 单位

- “标尺”：设置标尺的单位，包括像素、英寸、厘米、毫米、点、派卡、百分比。通常使用像素、英寸和厘米作为标尺的计量单位。
- “文字”：设置文字的单位，包括像素、点和毫米。

在实际设计制图中，一般都不在首选项中设置标尺的单位，而是在文档窗口中直接修改。首先按Ctrl+R组合键打开标尺，然后在水平或垂直标尺位置单击鼠标右键，可以看到一个快捷菜单，显示了一些单位，选择要修改的单位命令，即可修改标尺单位，如图1.92所示。

图1.92 修改标尺单位

2. 列尺寸

- “宽度”：设置裁切和图像大小所用的列宽和单位。
- “装订线”：用来设置裁切和图像大小所用的装订线宽度和单位。

3. 新文档预设分辨率

- “打印分辨率”：设置文档的打印分辨率，默认为300像素/英寸。
- “屏幕分辨率”：设置文档的屏幕分辨率，默认为72像素/英寸。

4. 点/派卡大小

其中有两个单选按钮：“PostScript”和“传统”。当图像中含有TrueType型文字并从PostScript打印机输出时，选择PostScript较好；如果需要按照传统方式来指定图像的大小，则应选择“传统”。

1.7.14 “参考线、网格和切片”设置

执行菜单栏中的“编辑”|“首选项”|“参考线、网格和切片”命令，可以打开“首选项”|“参考线、网格和切片”对话框，在其右侧将显示“参考线、网格和切片”设置的相关参数，如图1.93所示。“参考线、网格和切片”选项主要对Photoshop的参考线、网格和切片等进行设置。

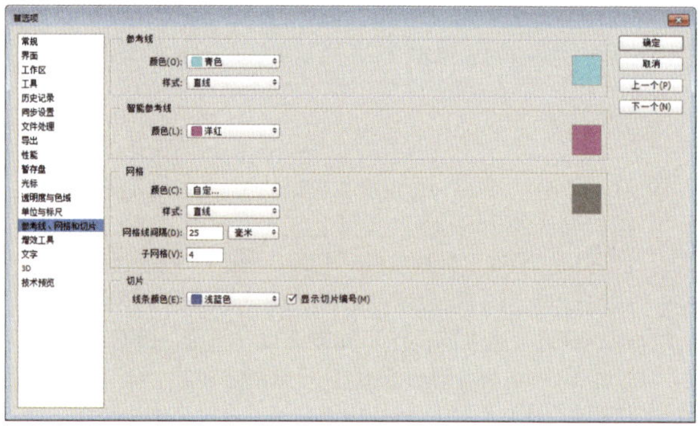

图1.93 “首选项”|“参考线、网格和切片”选项

1. 参考线

参考线是一种辅助制图的直线，用于在实际的工作过程中对图像进行精确定位和对齐。可以从标尺上直接拖出，不会被打印出来。

- “颜色”：设置参考线所使用的颜色，包括“自定”“浅蓝色”“浅红色”“绿色”“中度蓝色”“黄色”“洋红”“青色”“浅灰色”“黑色”。还可以单击右侧的色块打开“选择参考线颜色”对话框来修改参考线的颜色，默认颜色为青色。
- “样式”：设置参考线所使用的线型样式，包括“直线”和“虚线”两种线型。

提示

智能参考线与参考线的设置方法相同，这里不再赘述。

2. 智能参考线

智能参考线与一般参考线的最大区别是，在进行图形图像创作过程中，移动对象将自动出现智能参考线，方便观察对象之间距离，设置参考线所使用的颜色，包括“自定”“浅蓝色”“浅红色”“绿色”“中度蓝色”“黄色”“洋红”“青色”“浅灰色”“黑色”。还可以单击右侧的色块打开“选择参考线颜色”对话框来修改参考线的颜色，默认颜色为青色。

3. 网格

网格也是用来辅助绘图的网格状辅助线，它位于图像的最上层，不会被打印。通过执行菜单栏中的“视图”|“显示”|“网格”命令，可以显示或隐藏网格。设置不同的网络间隔与子网格效果，如图1.94所示。

间隔为25，子网格为4　　间隔为50，子网格为6

图1.94 设置不同的网络间隔与子网格效果

- “颜色”：设置网格的颜色。“颜色”选项和“参考线”选项组中的“颜色”选项设置方法相同。
- “样式”：设置网格的线型样式。包括“直线”“虚线”和“网点”3种线型。
- “网格线间隔”：设置主网格线的间距值和单位。
- “子网格”：设置次网格线的密度。

4. 切片

- “线条颜色”：设置切片上的线条颜色。
- “显示切片编号”：选中该复选框，在应用切片时，会在当前切片图形上显示切片的编号。

1.7.15 “增效工具”设置

执行菜单栏中的“编辑”|“首选项”|“增效工具”命令，可以打开“首选项”|“增效工具”对话框，如图1.95所示。“增效工具”是由Systems或Systems和第三方软件商开发的，基于 Photoshop环境中工作的，为Photoshop提供输入、输出、自动化和特殊效果增效工具的软件程序。在默认状态下，大多数的第三方特殊效果增效工具都安装在“Plug-Ins”文件夹中。

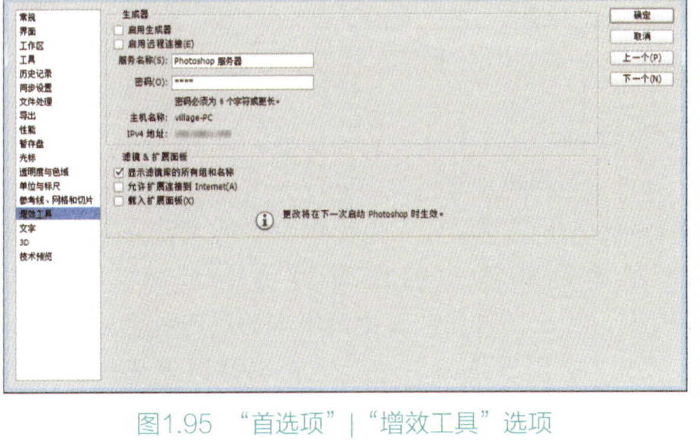

图1.95 “首选项”|“增效工具”选项

1. 生成器

- “启用生成器”：选中该复选框，可以启用生成器增效工具。
- “启用远程连接”：选中该复选框，在“服务名称”和“密码”后方的文本框中输入名称及密码，即可启用远程连接。

2. 滤镜&扩展面板

用来设置扩展面板，包括“显示滤镜库的所有组和名称”“允许扩展连接到Internet”“载入扩展面板”3个选项，选中“允许扩展连接到Internet”复选框，表示允许Photoshop 扩展面板连接到Internet ，以获取新内容和更新程序；选中“载入扩展面板”复选框，表示启动时载入已经安装的扩展面板；选中“显示滤镜库的所有组和名称”复选框，将在应用程序栏。

1.7.16 “文字”设置

执行菜单栏中的“编辑”|“首选项”|“文字”命令，可以打开“首选项”|“文字”对话框，在其右侧将显示“文字”设置的相关参数，如图1.96所示。“文字”选项主要对Photoshop的文字相关内容进行设置。

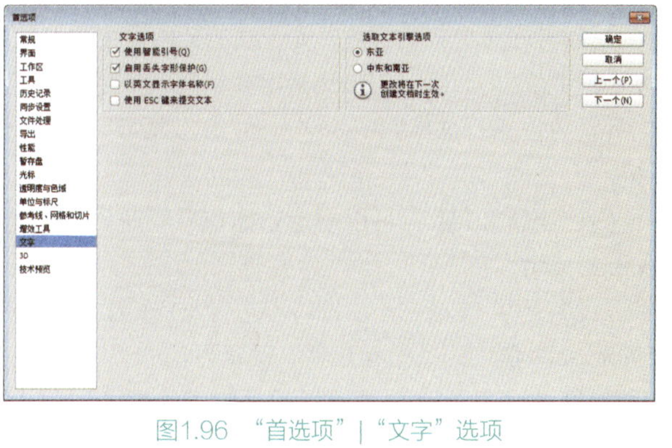

图1.96 “首选项”|“文字”选项

“首选项”|“文字”选项中各选项的含义如下。

- “使用智能引号”：选中该复选框，在使用文字工具键入文字时，将自动替换左右引号。
- “启用丢失字形保护”：选中该复选框，当文件中的字体丢失时，允许使用其他字形进行自动字体替换。
- “以英文显示字体名称”：设置是否使用罗马名称显示非罗马字体。
- “使用Esc键来提交文本”：选中该复选框，可以在输入文字过程中随时按Esc键取消文本输入。

1.7.17 “3D”设置

执行菜单栏中的“编辑”|“首选项”|“3D”命令，可以打开“首选项”|“3D”对话框，如图1.97所示。“3D”选项主要对Photoshop的3D相关功能进行设置。

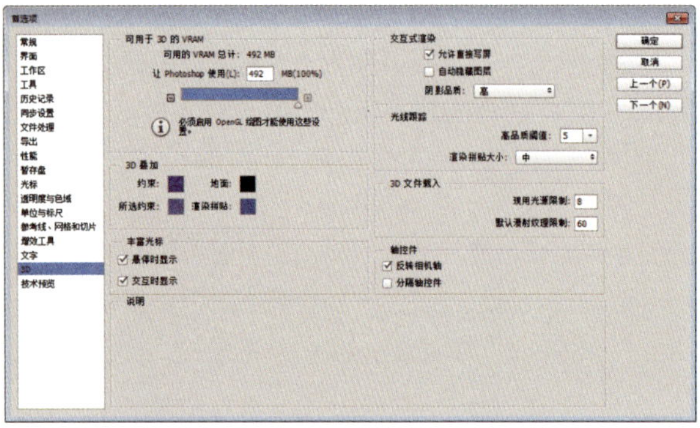

图1.97 “首选项”|“3D”对话框

“首选项”|“3D”选项中各选项的含义如下。

- “可用于3D的VRAM”：该选项用于3D的Photoshop 3D引擎可以使用的显存量。设置3D允许使用的最大显存量。使用较大的显存量有助于进行快速的3D交互，尤其是处理高分辨率的网格和纹理时。但这可能会与其他启用GPU的应用程序竞争资源。
- “3D叠加”：指定各种参考线的颜色以在进行3D操作时高亮显示可用的3D场景组件。要切换这些额外内容，可以执行菜单栏中的“视图”|“显示”子菜单命令。
- “丰富光标”：可以指定光标在悬停时显示或者交互时显示。
- “交互式渲染”：指定进行3D对象交互时Photoshop渲染选项的首选项。设置为OpenGL将在与3D对象进行交互时始终使用硬件加速。对于某些如“3D场景”面板中显示的，一些依赖于光线跟踪（如阴影、光源折射和内反射）的高级渲染功能在交互时将不可见。设置为“光线跟踪”将在与3D对象进行交互时，使用Adobe Ray Tracer。如果要在交互期间查看阴影、反射和折射，则启用这些选项。启用这些选项将会降低性能。
- “光线跟踪”：当3D场景面板中的“品质”菜单设置为“光线跟踪最终效果”时定义光线跟踪渲染的图像品质阈值。如果使用较小的值，则在某些区域如柔和阴影、景深模糊中的图像品质降低时，将立即自动停止光线跟踪。渲染时，始终可以通过单击鼠标左键或按键盘上的键手动停止光线跟踪。
- “3D文件载入”：指定3D文件载入时的行为。“现用光源限制”用来设置现用光源的初始限制。如果即将载入的3D文件中的光源数量超过该限制，则某些光源在一开始会被关闭。用户仍然可以使用“场景”视图中的光源对象这边的眼睛图标在3D面板中打开这些光源。“默认漫射纹理限制”用来设置漫射纹理不存在时，Photoshop将在材质上自动生成的漫射纹理的最大数量。如果3D文件具有的材质数超过此数量，则Photoshop将不会自动生成纹理。
- “轴控件”：指定轴的控制形式，以反转相机轴或者分隔轴控件控制。

1.7.18 “技术预览”设置

执行菜单栏中的“编辑”|“首选项”|“技术预览”命令，可以打开“首选项”|“技术预览”对话框，如图1.98所示。“技术预览”选项主要对Photoshop的技术预览相关功能进行设置。

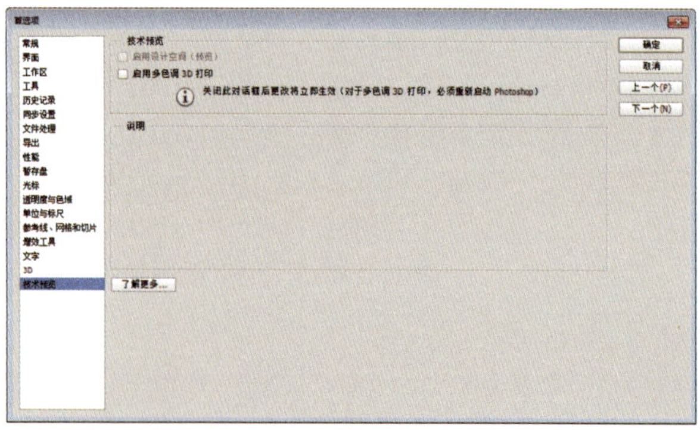

图1.98 “首选项”|“技术预览”对话框

技术预览

- “启用设计空间”：选择该复选框，可以为Web和移动应用程度设计人员提供全新的设计界面，需要注意的是此项功能仅适用于Mac OS X10.10和Windows 8.1 64位或者更高版本的操作系统。
- “启用多色调3D打印”：选择该复选框，可以使用多色调的3D打印功能。

第 02 章

画布及文档的管理

内容摘要

本章首先从图像的基础知识讲起，让读者对位置和矢量图有个深刻的了解，然后详细讲解了图像的调整及画布大小的设置方法，并详细讲解了裁剪工具及命令的使用，最后还讲解工作环境的创建方法，让读者能很好地掌握画布、图像的控制及工作环境的创建技巧。

教学目标

了解位图和矢量图
了解像素尺寸和打印图像分辨率
学习图像及画布大小的设置
学习图像的裁剪技巧
掌握工作环境的创建方法

2.1 图像基础知识

Photoshop的基本概念主要包括位图、矢量图和分辨率的知识，在使用软件前了解这些基本知识，有利于后期的设计制作。

2.1.1 位图和矢量图

平面设计软件制作的图像类型大致分为两种：位图与矢量图。Photoshop虽然可以置入多种文件类型包括矢量图，但是还不能处理矢量图。不过Photoshop在处理位图方面的能力是其他软件不能及的，这也正是它的成功之处。下面对这两种图像进行逐一介绍。

1. 位图图像

位图图像在技术上称作栅格图像，它使用像素表现图像。每个像素都分配有特定的位置和颜色值。在处理位图时所编辑的是像素，而不是对象或形状。位图图像与分辨率有关，也可以说位图包含固定数量的像素。因此，如果在屏幕上放大比例或以低于创建时的分辨率来打印它们，则将丢失其中的细节使图像产生锯齿现象。

- 位图图像的优点：位图能够制作出色彩和色调变化丰富的图像，可以逼真地表现自然界的景象，同时也可以很容易地在不同软件之间交换文件。
- 位图图像的缺点：它无法制作真正的3D图像，并且图像缩放和旋转时会产生失真的现象，同时文件较大，对内存和硬盘空间容量的需求也较高，用数码相机和扫描仪获取的图像都属于位图图像。

图2.1和图2.2所示为位图及其放大后的效果图。

图2.1 位图放大前

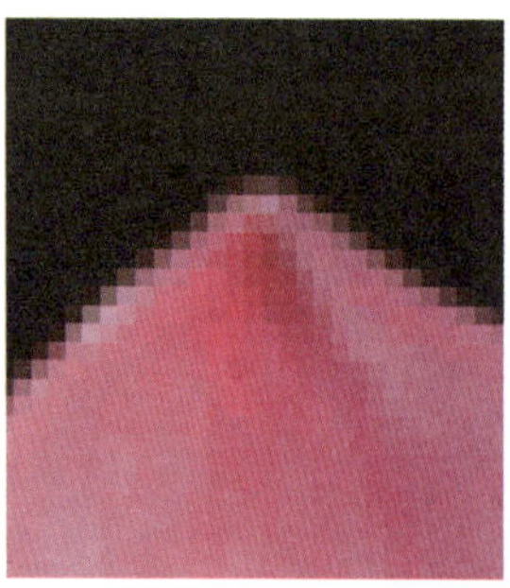
图2.2 位图放大后

2. 矢量图图像

矢量图形有时称作矢量形状或矢量对象，是由称作矢量的数学对象定义的直线和曲线构成的。矢量根据图像的几何特征对图像进行描述，基于这种特点，矢量图可以任意移动或修改，而不会丢失细节或影响清晰度，因为矢量图形是与分辨率无关的，即当矢量图放大时将保持清晰的边缘。因此，对于将在各种输出媒体中按照不同大小使用的图稿（如徽标），矢量图形是最佳选择。

- 矢量图像的优点：矢量图像也可以说是向量式图像，用数学的矢量方式来记录图像内容，以线条和色块为主。例如，一条线段的数据只需要记录两个端点的坐标、线段的粗细和色彩等，因此它的文件所占的容量较小，也可以很容易地进行放大、缩小或旋转等操作，并且不会失真，精确度较高并可以制作3D图像。
- 矢量图像的缺点：不易制作色调丰富或色彩变化太多的图像，而且绘制出来的图形不是很逼真，无法像照片一样精确地描写自然界的景象，同时也不易在不同的软件间交换文件。

图2.3和图2.4所示为一个矢量图放大前后的效果图。

图2.3 矢量图放大前

图2.4 矢量图放大后

提示

因为计算机的显示器是通过网格上的“点”显示来成像，因此矢量图形和位图在屏幕上都是以像素显示的。

2.1.2 位深度

位深度也叫色彩深度，用于指定图像中的每个像素可以使用的颜色信息数量。计算机之所以能够表示图形，是采用了一种称作“位”（bit）的记数单位来记录所表示图形的数据。当这些数据按照一定的编排方式被记录在计算机中，就构成了一个数字图形的计算机文件。“位”（bit）是计算机存储器里的最小单元，它用来记录每一个像素颜色的值。图形的色彩越丰富，“位”的值就会越大。每一个像素在计算机中所使用的这种位数就是“位深度”。例如，位深度为1的图像的像素有两个可能的值：黑色和白色。位深度为8的图像有2^8（2的8次幂即256）个可能的值。位深度为8的灰度模式图像有256个可能的灰色值。24位颜色可称之为真彩色，位深度是24，它能组合成2的24次幂种颜色，即16777216种颜色（或称千万种颜色），超过了人眼能够分辨的颜色数量。Photoshop不但可以处理8位/通道的图像，还可以处理包含16位/通道或32位/通道的图像。

在Photoshop中可以轻松在8位/通道、16位/通道和32位/通道中进行切换，执行菜单栏中的“图像”|“模式”，然后在子菜单中选择8位/通道、16位/通道或32位/通道即可完成切换。

2.1.3 像素尺寸和打印图像分辨率

像素尺寸和分辨率关系到图像的质量和大小，像素和分辨率是成正比的，像素越大，分辨率也越高。

1. 像素尺寸

要想理解像素尺寸，首先要认识像素，像素（pixel）是图形单元（picture element）的简称，是位图图像中最小的完整单位。这种最小的图形的单元能在屏幕上显示通常是单个的染色点，像素不能再被划分为更小的单位。像素尺寸其实就是整个图像总的像素数量。像素越大，图像的分辨率也越大，打印尺寸在不降低打印质量的同时也越大。

2. 打印的分辨率

分辨率就是指在单位长度内含有的点（即像素）的多少。打印的分辨率就是每英寸图像含有多少个点或者像素，分辨率的单位为dpi，如72dpi就表示该图像每英寸含有72个点或者像素。因此，当知道图像的尺寸和图像分辨率的情况下，就可以精确地计算得到该图像中全部像素的数目。每英寸的像素越多，分辨率越高。

在数字化图像中，分辨率的大小直接影响图像的质量，分辨率越高，图像就越清晰，所产生的文件就越大，在工作中所需的内存和CPU处理时间就越长。所以在创作图像时，不同品质、不同用途的图像就应该设置不同的图像分辨率，这样才能最合理地制作生成图像作品。例如，要打印输出的图像分辨率就需要高一些，若仅在屏幕上显示使用就可以低一些。

另外，图像文件的大小与图像的尺寸和分辨率息息相关。当图像的分辨率相同时，图像的尺寸越大，图像文件的大小也就越大。当图像的尺寸相同时，图像的分辨率越大，图像文件的大小也就越大。图2.5所示为两幅相同的图像，分辨率分别为72像素/英寸和300像素/英寸，缩放比例为200时的不同显示效果。

图2.5　分辨率不同显示效果

2.1.4 认识图像的存储格式

图像的格式决定了图像的特点和使用，不同格式的图像在实际应用中区别非常大，不同的用途决定使用不同的图像格式，下面来讲解不同格式的含义及应用。

1. PSD格式

这是Adobe公司的图像处理软件Photoshop的专用格式Photoshop Document（PSD）。PSD其实是Photoshop进行平面设计的一张“草稿图”，它里面包含有各种图层、通道、遮罩等多种设计的样稿，以便于下次打开时可以修改上一次的设计。在Photoshop所支持的各种图像格式中，PSD的存取速度比其他格式快很多，功能也很强大。由于Photoshop越来越广泛地应用，所以我们有理由相信，这种格式也会逐步流行起来。

2. EPS格式

PostScript可以保存数学概念上的矢量对象和光栅图像数据。把PostScript定义的对象和光栅图像存放在组合框或页面边界中，就成了EPS（Encapsulated PostScript）文件。EPS文件格式是Photoshop可以保存的其他非自身图像格式中比较独特的一个，因为它可以包容光栅信息和矢量信息。

Photoshop保存下来的EPS文件可以支持除多通道之外的任何图像模式。尽管EPS文件不支持Alpha通道，但它的另外一种存储格式DCS（Desktop Color Separations）可以支持Alpha通道和专色通道。EPS格式支持剪切路径并用来在页面布局程序或图表应用程序中为图像制作蒙版。

Encapsulate PostScript文件大多用于印刷及在Photoshop和页面布局应用程序之间交换图像数据。当保存EPS文件时，Photoshop将出现一个“EPS 选项”对话框，如图2.6所示。

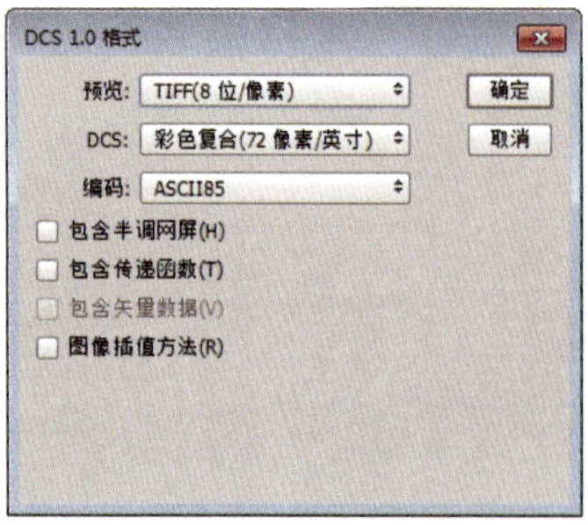

图2.6 “EPS选项”对话框

在保存EPS文件时指定的“预览”方式决定了要在目标应用程序中查看的低分辨率图像。选取“TIFF”，可在Windows和Mac OS系统之间共享EPS文件。8位预览所提供的显示品质比1位预览高，但文件大小也更大。也可以选择“无”。在编码中ASCII是最常用的格式，尤其是在Windows环境中，但是它所用的文件也是最大的。“二进制”的文件比ASCII要小一些，但很多应用程序和打印设备都不支持。该格式在Macintosh平台上应用较多。JPEG编码使用JPEG压缩，这种压缩方法要损失一些数据。

3. PDF格式

PDF（Portable Document Format）是Adobe Acrobat所使用的格式，这种格式是为了能够在大多数主流操作系统中查看该文件。

尽管PDF格式被看作保存包含图像和文本图层的格式，但是它也可以包含光栅信息。这种图像数据常常使用JPEG压缩格式，同时它也支持ZIP压缩格式。以PDF格式保存的数据可以通过万维网（World Wide Web）传送，或传送到其他PDF文件中。以Photoshop PDF格式保存的文件可以是位图、灰阶、索引色、RGB、CMYK及Lab颜色模式，但不支持Alpha通道。

4. Targa（*.TGA;*.VDA;*.ICB;*.VST）格式

Targa格式专用于电视广播，此种格式广泛应用于PC机领域，用户可以在3DS中生成TGA文件，在Photoshop、Freehand、Painter等应用程序软件将此种格式的文件打开，并可以对其进行修改。该格式支持一个Alpha通道32位RGB文件和不带Alpha 通道的索引颜色、灰度、16位和24位RGB文件。

5. TIFF格式

TIFF（Tagged Image File Format）是应用最广泛的图像文件格式之一，运行于各种平台上的大多数应用程序都支持该格式。TIFF能够有效地处理多种颜色深度、Alpha通道和Photoshop的大多数图像格式。TIFF格式的出现是为了便于应用软件之间进行图像数据的交换。

TIFF文件支持位图、灰阶、索引色、RGB、CMYK和Lab等图像模式。RGB、CMYK和灰阶图像中都支持Alpha通道，TIFF文件还可以包含文件信息命令创建的标题。

TIFF支持任意的LZW压缩格式，LZW是光栅图像中应用最广泛的一种压缩格式。因为LZW压缩是无损失的，所以不会有数据丢失。使用LZW压缩方式可以大大减小文件的大小，特别是包含大面积单色区的图像。但是LZW压缩文件要花很长的时间来打开和保存，因为该文件必须要进行解压缩和压缩。图2.7所示为进行TIFF格式存储时弹出的“TIFF选项”对话框。

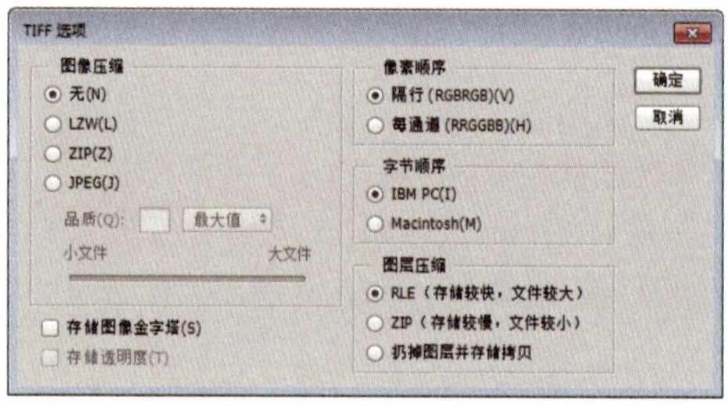

图2.7 “TIFF选项”对话框

Photoshop将会在保存时提示用户选择图像的“压缩方式”，以及是否使用IBM PC机或Macintosh机上的“字节顺序”。

由于TIFF格式已被广泛接受，而且TIFF可以方便地进行转换，因此该格式常用于出版和印刷业中。另外，大多数扫描仪也都支持TIFF格式，这使得TIFF格式成为数字图像处理的最佳选择。

6. PCX

PCX文件格式是由Zsoft公司在20世纪80年代初期设计的，当时是专用于存储该公司开发的PC Paintbrush绘图软件所生成的图像画面数据；在DOS系统时代，MS-DOS平台下的绘图、排版软件多用PCX格式。进入Windows操作系统后现在它已经成为PC端上较为流行的图像文件格式。

提示

Photoshop 的存储格式还包括 JPEG、GIF、PNG 和 BMP。

2.2 图像和画布大小的调整

图像大小是指图像尺寸，当改变图像大小时，当前图像文档窗口中的所有图像会随之发生改变，这也会影响图像的分辨率。除非对图像进行重新取样，否则当更改像素尺寸或分辨率时，图像的数据量将保持不变。例如，如果更改文件的分辨率，则会相应地更改文件的宽度和高度以便使图像的数据量保持不变。

2.2.1 实战案例：修改图像大小和分辨率

- **素材位置** | 无
- **案例位置** | 无
- **视频位置** | 多媒体教学\2.2.1　实战案例　修改图像大小和分辨率.avi
- **难易指数** | ★☆☆☆☆

本例主要讲解图像大小及分辨率的修改方法。

在制作不同需求的设计时，有时要重新修改图像的尺寸，图像的尺寸和分辨率息息相关，同样尺寸的图像，分辨率越高的图像就会越清晰。在 Photoshop 中，可以在“图像大小”对话框中查看图像大小和分辨率之间的关系。执行菜单栏中的“图像”|“图像大小”命令，会打开“图像大小”对话框，如图2.8所示。可在其中改变图像的尺寸、分辨率及图像的像素数目。

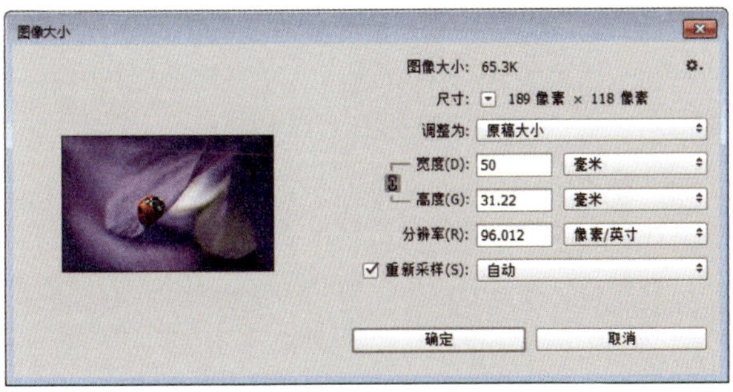

图2.8　“图像大小”对话框

> **提示**
>
> 按 Alt + Ctrl + I 组合键，可以快速打开“图像大小”对话框。

1. “像素大小”选项组

修改像素大小其实就是代表性图像的大小。在“像素大小”选项组中，可修改图像的宽度和高度像素值。可以直接在文本框中输入数值，并可从右侧的下拉列表框中选择单位，以修改像素大小。如果在对话框底部勾选“约束比例”复选框，在“宽度”和“高度”值的右侧将显示一个链接图标，则修改参数时会按比例进行修改。等比与非等比缩放的显示效果如图2.9所示。

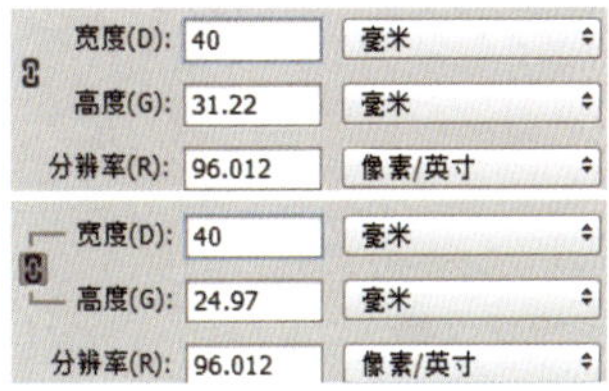

图2.9　等比与非等比缩放的显示效果

2. 缩放样式

为了保证图像缩放的同时，图像所添加的各种样式，比如图层样式也进行按比例缩放，请单击右上角图标，在弹出的选项中勾选。

3. 重新采样

“重新采样”可以指定重新取样的方法，如果不勾选此复选框，调整图像大小时，像素的数目固定不变，当改变尺寸时，分辨率将自动改变；当改变分辨率时，图像尺寸也将自动改变。不勾选“重新采样”修改文档大小效果对比如图2.10所示。

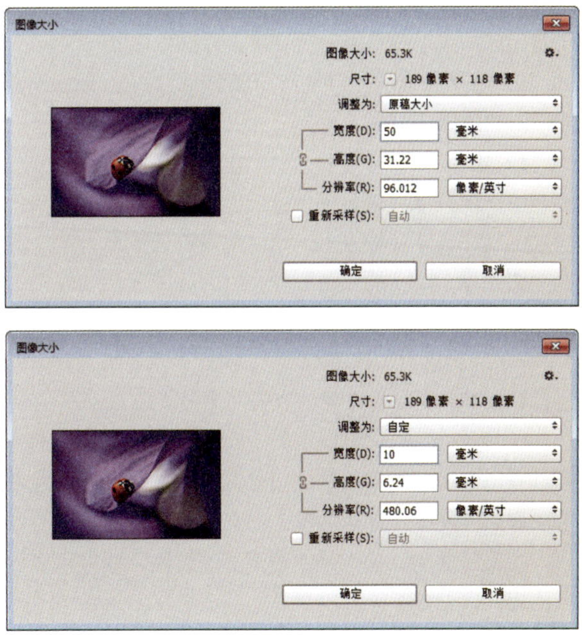

图2.10 不勾选“重新采样”修改文档大小

勾选此复选框，则在改变图像的尺寸或者分辨率时，图像的像素数目会随之改变，此时则需要重新取样。勾选“重新采样”修改文档大小效果对比如图2.11所示。

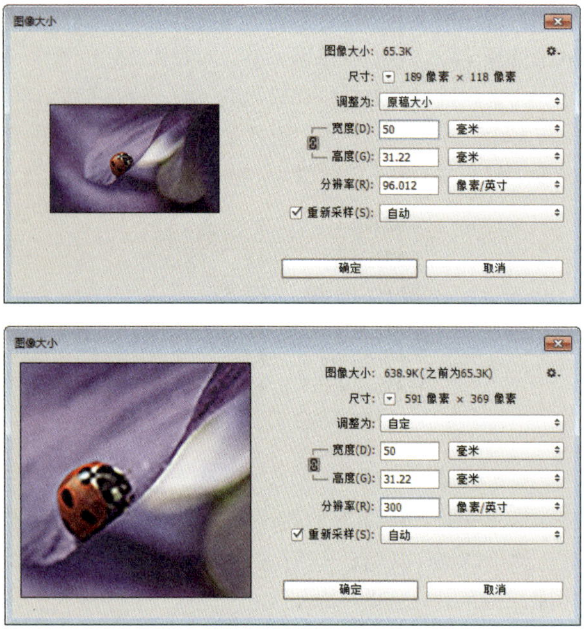

图2.11 勾选“重新采样”修改文档大小

如果勾选了“重新采样”复选框，则可以从下方的下拉菜单中，选择一个重新取样的选式。

- “邻近”：选择该项，Photoshop会以邻近的像素颜色插入，其结果不太精确，且可能会造成锯齿效果。在对图像进行扭曲或缩放时或在某个选区上执行多次操作时，这种效果会变得非常明显，但执行速度较快。
- “两次线性”：它是一种通过平均周围像素颜色值来添加像素的方法。该方法可生成中等品质的图像。
- “两次立方”：一种将周围像素值分析作为依据的方法，插补像素时会依据插入点像素的颜色变化情况插入中间色，速度较慢，但精度较高。两次立方使用更复杂的计算，产生的色调渐变，比邻近或两次线性更为平滑。
- “两次立方（较平滑）”：是一种基于两次立方插值且旨在产生更平滑效果的有效图像放大方法。
- “两次立方（较锐利）”：一种基于两次立方插值且具有增强锐化效果的有效图像减小方法。此方法在重新取样后的图像中保留细节。如果使用两次立方（较锐利）会使图像中某些区域的锐化程度过高，读者可以尝试使用两次立方。

> **提示**
> 如果想在不改变图像像素数量的情况下，重新设置图像的尺寸或分辨率，注意取消“重定图像像素”复选框。

2.2.2 实战案例：修改画布大小

- **素材位置** | 无
- **案例位置** | 无
- **视频位置** | 多媒体教学\2.2.2 实战案例 修改画布大小.avi
- **难易指数** | ★☆☆☆☆

本例主要讲解画布大小的修改方法。

画布大小指的是整个文档的大小，包括图像以外的文档区域。需要注意的是，当放大画布时，对图像的大小是没有任何影响的；只有当缩小画布并将多除部分修剪时，才会影响图像的大小。

执行菜单栏中的“图像”|“画布大小”，打开“画布大小”对话框，通过修改宽度和高度值来修改画布的尺寸，如图2.12所示。

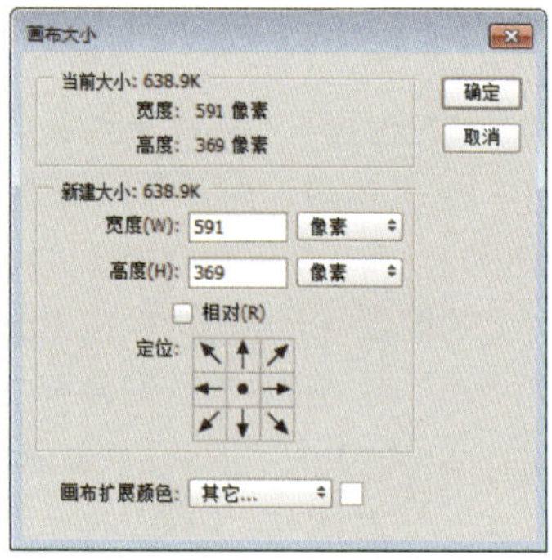

图2.12 “画面大小”对话框

1. 当前大小

显示出当前图像的宽度和高度大小和文档的实际大小。

2. 新建大小

在没有改变参数的情况下，该值与当前大小是相同的。可以通过修改“宽度”和“高度”的值来设置画布的修改大小。如果设定的宽度和高度大于图像的尺寸，Photoshop就会在原图的基础上增加画布尺寸，如图2.13所示，反之，将缩小画布尺寸。

图2.13 扩大画布后的效果

3. 相对

勾选该复选框，将在原来尺寸的基础上修改当前画布大小，即只显示新画布在原画布基础上放大或缩小的尺寸值。正值表示增加画布尺寸，负值表示缩小画布尺寸。

4. 定位

在该显示区中，通过选择不同的指示位置，可以确定图像修改后在画布中的相对位置，有9个指示位置可以选择，默认为水平、垂直居中。不同定位效果如图2.14所示。

图2.14　不同定位效果

5. 画面扩展颜色

“画面扩展颜色”用来设置画布扩展后显示的背景颜色。可以从右侧的下拉菜单中选择一种颜色，也可以自定义一种颜色，还可以单击右侧的颜色块，打开“选择画布扩展颜色”对话框来设置颜色。不同画布扩展颜色显示效果如图2.15所示。

图2.15　不同画布扩展颜色显示效果

2.3 裁剪图像

除了利用“图像大小”和“画布大小”修改命令修改图像，还可以使用裁剪的方法来修改图像。裁剪可以剪切掉部分图像以突出构图效果。可以使用“裁剪工具”和“裁剪”命令裁剪图像，也可以使用“裁剪并修齐”及“裁切”命令来裁切像素。

2.3.1 “裁剪工具”选项含义

要使用“裁剪工具”裁剪图像，首先来了解“裁剪工具”选项栏各属性含义。选择工具箱中的“裁剪工具”后，选项栏显示如图2.16所示。

图2.16　“裁剪工具”选项栏

“裁剪工具”选项栏的使用方法如下。

- 要裁剪图像而不重新取样，不要在“分辨率”文本框中输入任何数值，即“分辨率”文本框是空白的。可以单击“清除”按钮清除所有文本框参数。
- 要裁剪图像并进行重新取样，可以在“宽度”“高度”文本框中输入数值，要交换“宽度”和“高度”参数，可以单击“高度和宽度互换”图标。
- 如果想基于某一图像的尺寸和分辨率对图像进行重新取样，可以选择那幅图像，然后选择“裁剪工具”并单击选项栏中的“复位裁剪框、图像旋转以及长宽比设置”按钮。

选择工具箱中的“裁剪工具”后，单击选项栏中“设置其它裁剪项”图标，将显示选项如图2.17所示。

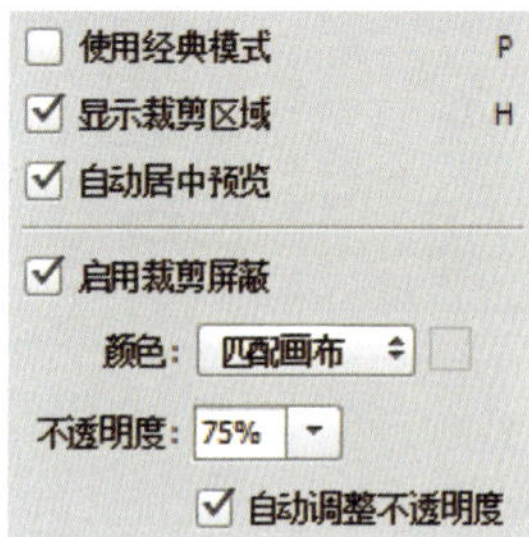

图2.17　设置其他裁剪项的选项

- “使用经典模式”：勾选此项后，将以过往版本的裁剪视角对图像进行裁剪。
- “显示裁剪区域”：勾选此项后，将出现想要裁剪的区域视角。
- “自动居中预览”：勾选此项后，将自动将裁剪效果以居中形式存在。
- “启用裁剪屏蔽”：勾选此项后，在裁剪过程中自动屏蔽不想要的原始图像，如图2.18所示。

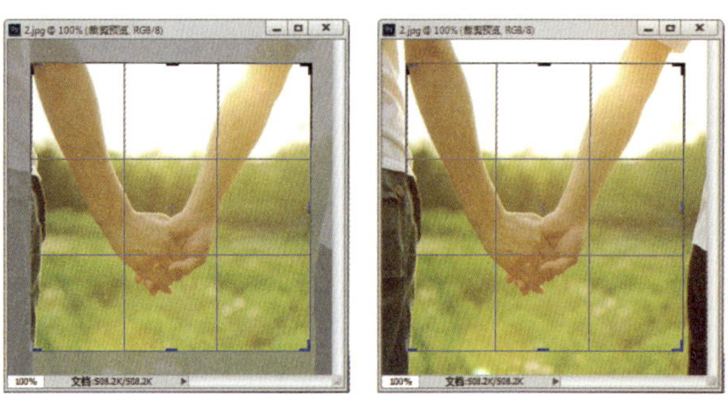

图2.18　勾选与撤选显示效果

选择工具箱中的“裁剪工具”后，单击选项栏中“设置裁剪工具的叠加选项”图标，将显示叠加选项，如图2.19所示。

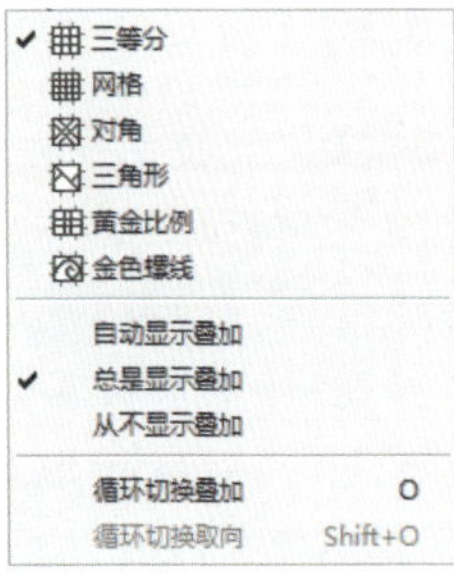

图2.19 设置裁剪工具的叠加选项

- “三等分”：勾选此项后，将显示三等分参考线，方便利用三等分原理裁剪图像。
- “网格”：勾选此项后，可以根据裁剪大小显示具有间距的固定参考线。

选择不同裁剪参考线显示效果如图2.20所示。

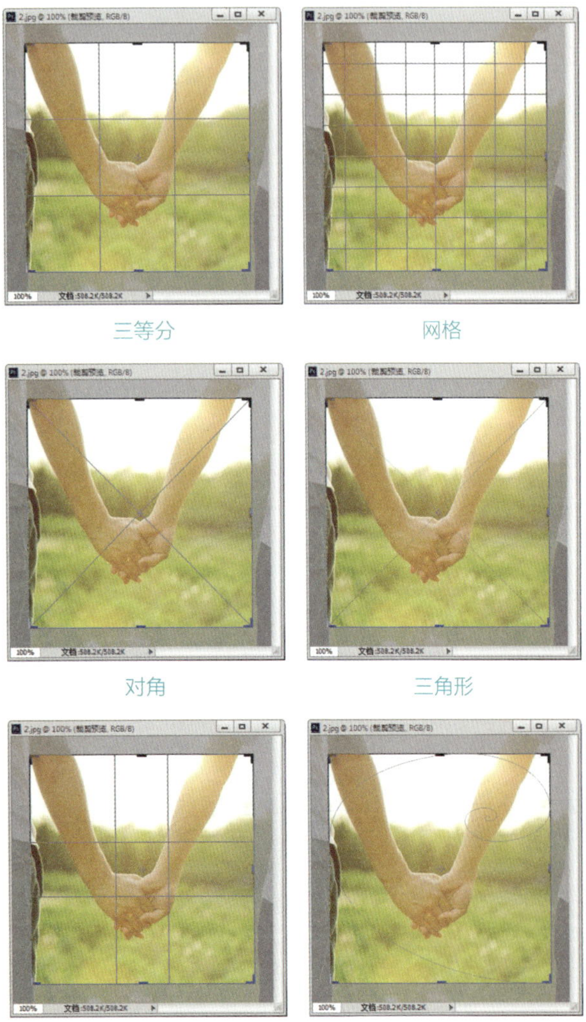

三等分　网格

对角　三角形

黄金比例　金色螺线

图2.20 不同裁剪参考线显示效果

2.3.2 实战案例：使用“裁剪工具”裁剪图像

- **素材位置** | 素材文件\第2章\裁剪图像.jpg
- **案例位置** | 案例文件\第2章\使用“裁剪工具”裁剪图像.jpg
- **视频位置** | 多媒体教学\2.3.2 实战案例 使用“裁剪工具”裁剪图像.avi
- **难易指数** | ★★☆☆☆

使用“裁剪工具”裁剪图像比“图像大小”和“画布大小”修改图像更加灵活，不仅可以自由控制裁切范围的大小和位置，还可以在裁切的同时对图像进行旋转、透视等操作。

操作步骤

01 执行菜单栏中的“文件”|“打开”命令，打开“裁剪图像.jpg”文件，选择工具箱中“裁剪工具”，如图2.21所示。

02 移动鼠标指针到图像窗口中，在合适的位置按住鼠标左键并拖动绘制一个剪切区域，拖动过程如图2.22所示。

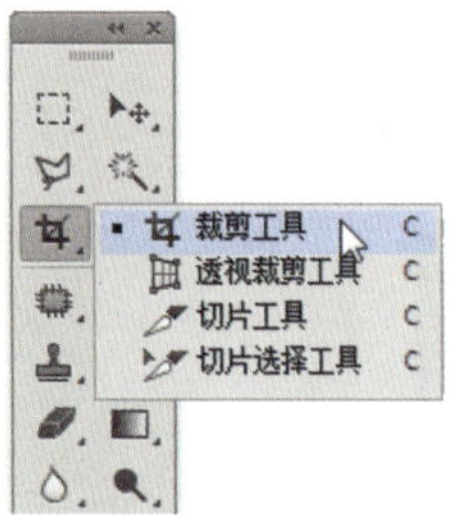

图2.21 选择“裁剪工具”

图2.22 拖动剪切过程

03 释放鼠标左键后，会出现一个四周有8个控制点的裁剪框，并重点显示剪切区域，剪切外的区域将以更深的颜色显示，如图2.23所示。

04 移动裁剪框位置。将鼠标光标移动到裁剪框内，光标将变成▶状，按住鼠标左键拖动，可以移动图像位置，以匹配裁剪区域，移动过程如图2.24所示。

图2.23 裁剪框效果

图2.24 移动裁剪框

05 旋转图像。将光标放在裁剪框的外面，当光标变成↰状时，按住鼠标左键拖动，就可以旋转图像，旋转效果如图2.25所示。

06 缩放裁剪框，将光标放在8个控制点的任意一个上，当光标变为双箭头时，按住鼠标左键拖动，就可以把裁切范围放大或缩小，图2.26所示为放大效果。

07 设置完成后，按Enter键即可完成裁剪。

图2.25 旋转裁剪框

图2.26 放大裁剪框

技巧

在裁剪画布时，按 Enter 键，可快速提交当前裁剪操作；按 Esc 键，可快速取消当前裁剪操作。

技术延伸 使用“裁剪”命令裁剪图像

“裁剪”命令主要是基于当前选区对图像进行裁剪，使用方法相当的简单，只需要使用选区工具选择要保留的图像区域，然后执行菜单栏中的“图像”|“裁剪”命令即可。使用“裁剪”命令裁剪图像操作效果如图2.27所示。

图2.27 使用“裁剪”命令裁剪图像操作效果

2.3.3 使用“裁切”命令裁剪图像

“裁切”命令与“裁剪”命令有所不同，裁剪命令主要通过选区的方式来修剪图像，而“裁切”命令主要通过图像周围透明像素或指定的颜色背景像素来裁剪图像。

执行菜单栏中的“图像”|“裁切”命令，打开“裁切”对话框，如图2.28所示。

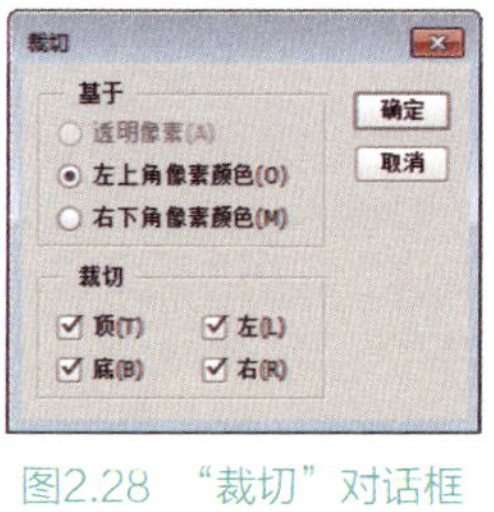

图2.28 “裁切”对话框

“裁切”对话框中各选项参数含义如下。

- “基于”：设置裁切的依据。选择“透明像素”单选按钮，将裁剪掉图像边缘的透明区域，保留包含非透明像素的最小图像；选择“左上角像素颜色”单选按钮，将裁剪掉与左上角颜色相同的颜色区域；选择“右下角像素颜色”单选按钮，将裁剪掉与右下角颜色相同的颜色区域。不过，后两项多适用于单色区域图像，对于复杂的图像颜色就显得无力。图2.29所示为选择“左上角像素颜色”单选按钮后裁剪的前后效果对比。
- “裁切”：指定裁剪的区域。可以指定一个也可以同时指定多个，包括“顶”“底”“左”或“右”4个选项。

图2.29 裁剪的前后效果对比

2.4 创建工作环境

在这一小节中，将详细介绍有关Photoshop的一些基本操作，包括图像文件的新建、打开、存储和置入等基本操作，为以后的深入学习打下一个良好的基础。

2.4.1 实战案例：创建新文档

- **素材位置** | 无
- **案例位置** | 无
- **视频位置** | 多媒体教学\2.4.1 实战案例 创建新文档.avi
- **难易指数** | ★☆☆☆☆

本例主要讲解文档的新建方法。最终效果如图2.30所示。

图2.30 最终效果

操作步骤

01 执行菜单栏中的“文件”|“新建”命令，打开“新建”对话框。

> **技巧**
>
> 按键盘中的 Ctrl + N 组合键，可以快速打开“新建”对话框。

02 在“名称”文本框中输入新建的文件的名称，其默认的名称为“未标题-1”，比如这里输入名称为“插画”。

03 可以从“预设”下拉菜单中选择新建文件的图像大小，也可以在“宽度”和“高度”文本框中直接输入大小。需要注意的是，要先改变单位再输入大小，不然可能会出现错误。比如设置“宽度”的值为10厘米，“高度”的值为20厘米，如图2.31所示。

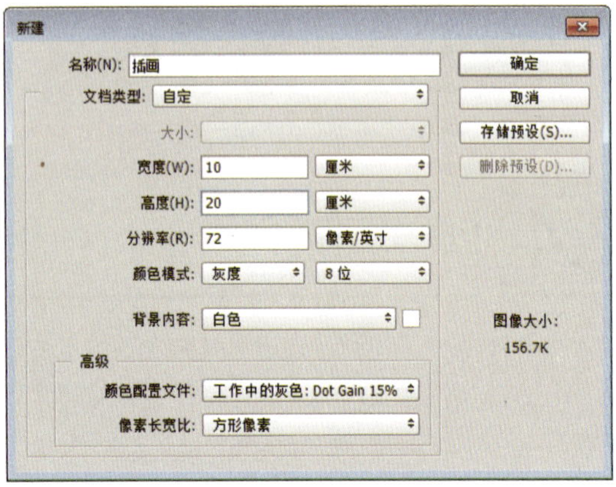

图2.31 设置宽度和高度

04 在“分辨率”文本框中设置适当的分辨率。一般用于彩色印刷的图像分辨率应达到300；用于报纸、杂志等一般印刷的图像分辨率应达到150；用于网页、屏幕浏览的图像分辨率可设置为72，单位通常采用“像素/英寸”。

05 在“颜色模式”下拉菜单中选择图像所要应用的颜色模式。可选的模式有：“位图”“灰度”“RGB颜色”“CMYK颜色”“Lab颜色”及“1位”“8位”“16 位”和“32位”4个通道模式选项。根据文件输出的需要可以自行设置，一般情况下选择“RGB颜色”和“CMYK颜色”模式以及“8位”通道模式。另外，如果用于网页制作，要选择“RGB颜色”模式，如果要印刷一般选择“CMYK颜色”模式。这里选择“CMYK颜色”模式。

06 在“背景内容”下拉菜单中，选择新建文件的背景颜色，如选择白色。

技术延伸 设置背景内容

在“新建”对话框的“背景内容”下拉菜单中包括3个选项。选择“白色”选项，则新建的文件背景色为白色；选择“背景色”选项，则新建的图像文件以当前的工具箱中设置的颜色作为新文件的背景色；选择“透明”选项，则新创建的图像文件背景为透明，背景将显示灰白相间的方格。选择不同背景内容创建的画布效果，如图2.32所示。

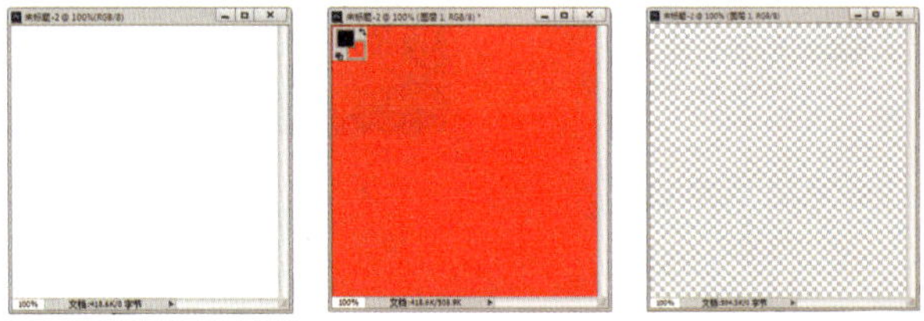

白色　　背景色　　透明

图2.32 选择不同背景内容创建的画布效果

07 设置好文件参数后，单击“确定”按钮，即可创建一个用于印刷的新文件，如图2.33所示。

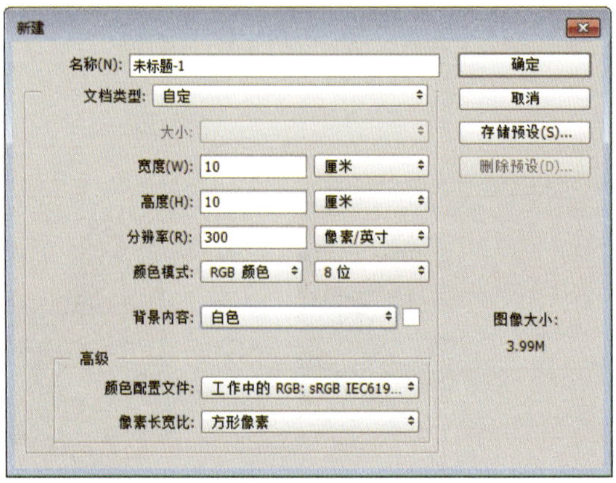

图2.33 创建的新文件效果

> **技巧**
>
> 在新建文件时，如果用户希望新建的图像文件与工作区中已经打开的一个图像文件的参数设置相同。在执行菜单栏中的“文件”|“新建”命令后，执行菜单栏中的“窗口”命令，然后在弹出的菜单底部选择需要与之匹配的图像文件名称即可。

提示

如果将图像复制到剪贴板中，然后执行菜单栏中的“文件”|“新建”命令,则弹出的“新建”对话框中的尺寸、分辨率和色彩模式等参数与复制到剪贴板中的图像文件的参数相同。

2.4.2 实战案例：打开图像

- **素材位置** | 素材文件\第 2 章\图表.jpg
- **案例位置** | 无
- **视频位置** | 多媒体教学\2.4.2 实战案例 打开图像.avi
- **难易指数** | ★☆☆☆☆

本例主要讲解图像的打开方法。“打开”对话框如图 2.34 所示。

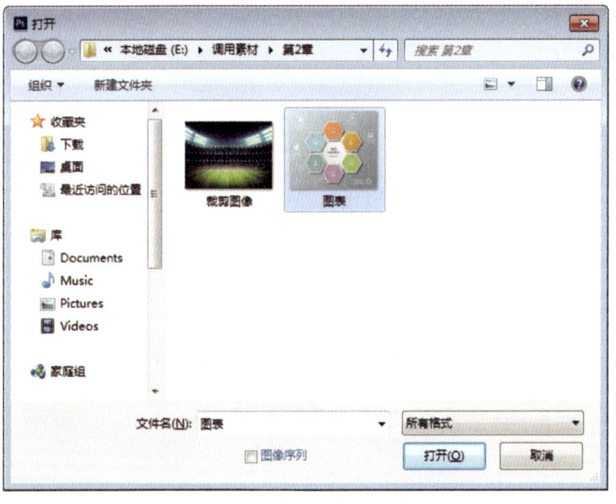

图2.34 “打开”对话框

操作步骤

01 执行菜单栏中的“文件”|“打开”命令，或在工作区空白处双击，弹出“打开”对话框。

技巧

按 Ctrl + O 组合键，可以快速启动“打开”对话框。

02 单击选择要打开的图像文件，比如执行菜单栏中的“文件”|“打开”命令，打开“图表.jpg”文件，如图 2.35所示。

03 单击“打开”按钮，即可将该图像文件打开，打开的效果如图2.36所示。

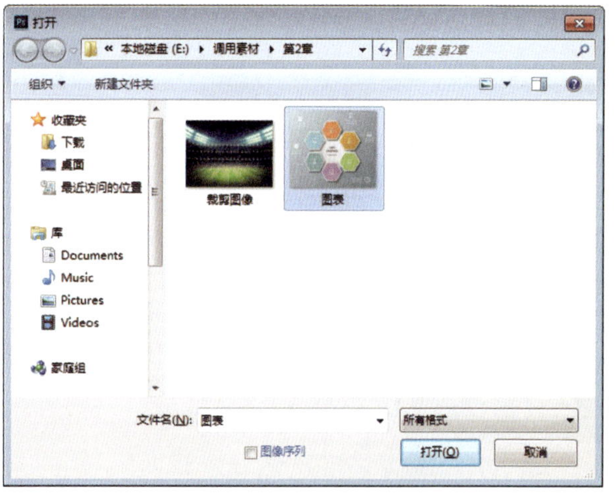

图2.35 选择图像文件

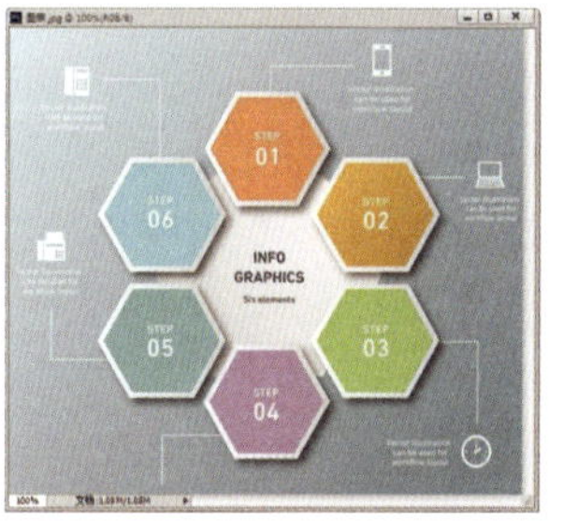

图2.36 打开的图像

提示

除了使用“打开”命令，还可以使用“打开为”命令打开文件。“打开为”命令与“打开”命令不同之处在于，该命令可以打开一些使用“打开”命令无法辨认的文件，例如，某些图像从网络下载后在保存时如果以错误的格式保存，使用“打开”命令则有可能无法打开，此时可以尝试使用“打开为”命令。

技术延伸 打开最近使用的文件

在“文件”|“最近打开文件”子菜单中显示了最近打开过的10个图像文件，如图2.37所示。如果要打开的图像文件名称显示在该子菜单中，选中该文件名即可打开该文件，省去了查找该图像文件的烦琐操作。

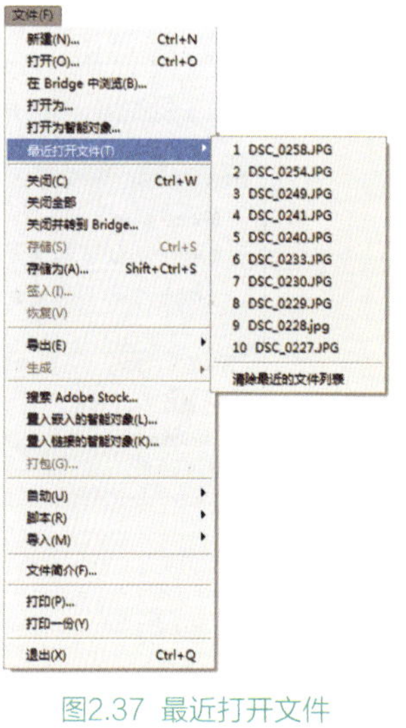

图2.37 最近打开文件

技巧

如果要清除“最近打开文件”子菜单中的选项命令，可以执行菜单栏中的“文件”|“最近打开文件”|“清除最近”命令即可。

如果要同时打开相同存储位置下的多个图像文件时，按住Ctrl键单击所需要打开的图像文件，单击“打开”按钮即可。在选取图像文件时，按住Shift键可以连续选择多个图像文件。

2.4.3 打开EPS文件

EPS格式文件是PostScript的简称，可以表示矢量数据和位图数据，在设计中应用相当广泛，几乎所有的图形、插画和排版软件都支持这种格式。EPS格式文件主要是Illustrator软件生成的。当打开包含矢量图片的EPS文件时，将对它进行栅格化，矢量图片中经过数学定义的直线和曲线会转换为位图图像的像素或位。要打开EPS文件可执行如下操作。

01 执行菜单栏中的“文件”|“打开”命令，在“打开”对话框中选择一个EPS文件，比如执行菜单栏中的“文件”|“打开”命令，打开“EPS素材.eps”文件，如图2.38所示。单击“打开”按钮，此时将弹出“栅格化EPS格式”对话框，如图2.39所示。

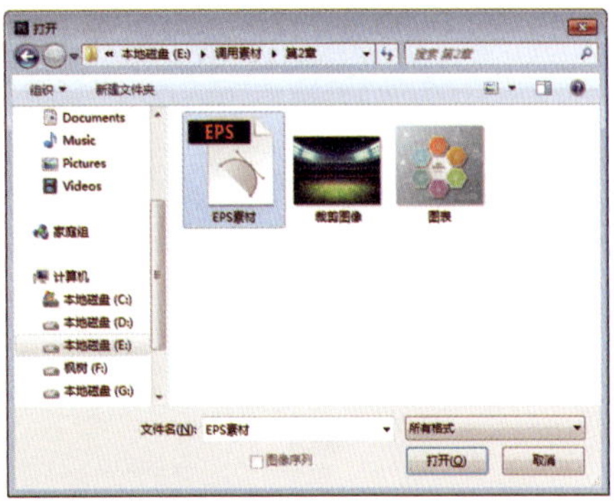

图2.38 “打开”对话框

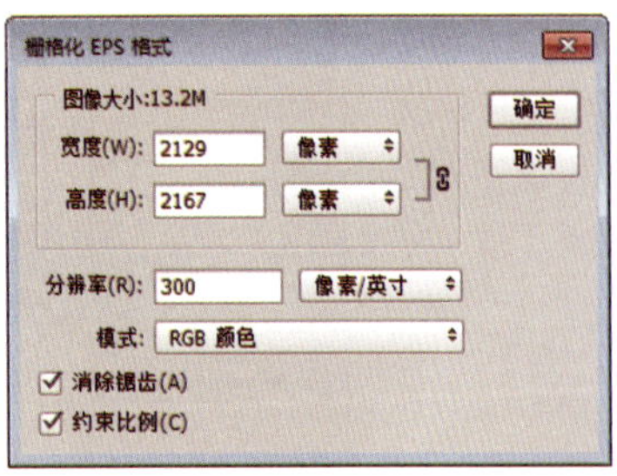

图2.39 “栅格化EPS格式”对话框

02 指定所需要的尺寸、分辨率和模式。如果要保持高宽比例，可以勾选“约束比例”复选框，如果想最大限度减少图片边缘的锯齿现象，可以勾选“消除锯齿”复选框。设置完成后单击“确定”按钮，即可将其以位图的形式打开。

2.4.4 置入AI矢量素材

Photoshop中可以置入其他程序设计的矢量图形文件和PDF文件，如Illustrator图形处理软件设计的AI格式的文件，还有其他符合需要格式的位图图像及PDF文件。置入的矢量素材将以智能对象的形式存在，对智能对象进行缩放、变形等操作不会对图像造成质量上的影响。其中包括“置入嵌入的智能对象”“置入链接的智能对象”，置入素材操作方法如下。

01 要想使用“置入”命令要有一个文件，所以首先随意创建一个新文件，这样才可以使用“置入”命令。比如按Ctrl＋N组合键，创建一个新文件。执行菜单栏中的“文件”|“置入嵌入的智能对象”命令，打开“置入”对话框，选择要置入的矢量文件，比如执行菜单栏中的“文件”|“打开”命令，打开“矢量素材.ai”文件，如图2.40所示。

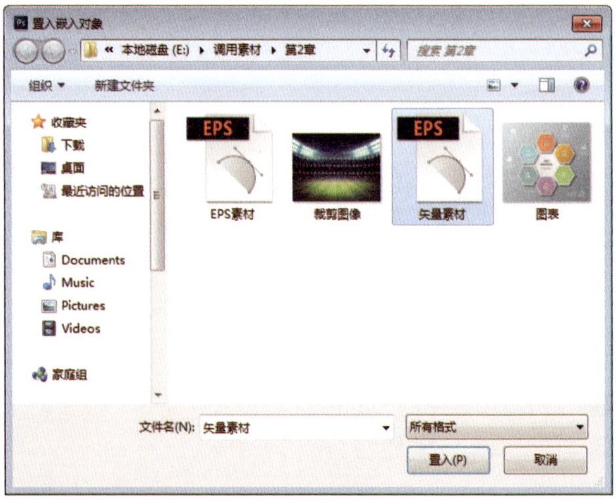

图2.40 选择素材

02 单击“置入”按钮，图像将被置入，同时可以看到，在图像的周围显示一个变换框，如图2.41所示。

图2.41 置入效果

03 拖动变换框的8个控制点的任意一个，可以对置入的图像进行放大或缩小操作，缩小操作如图2.42所示。

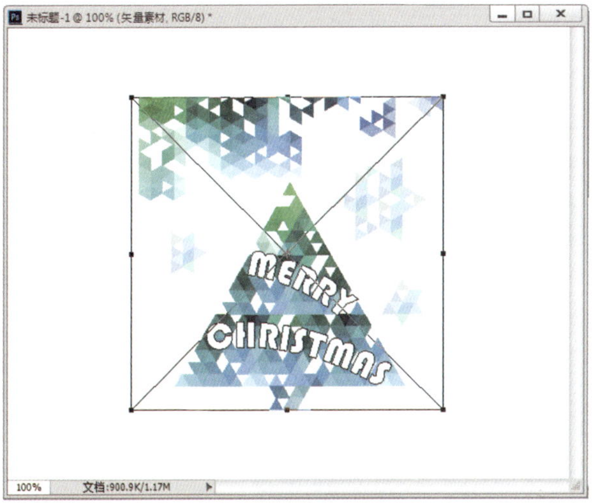

图2.42 拖动缩小

05 按键盘上的Enter键，或在变换框内双击鼠标左键，即可将矢量文件置入。置入的文件自动变成智能对象，在“图层”面板中将产生一个新的图层，并在该层缩览图的右下角显示一个智能对象缩览图，如图2.43所示。

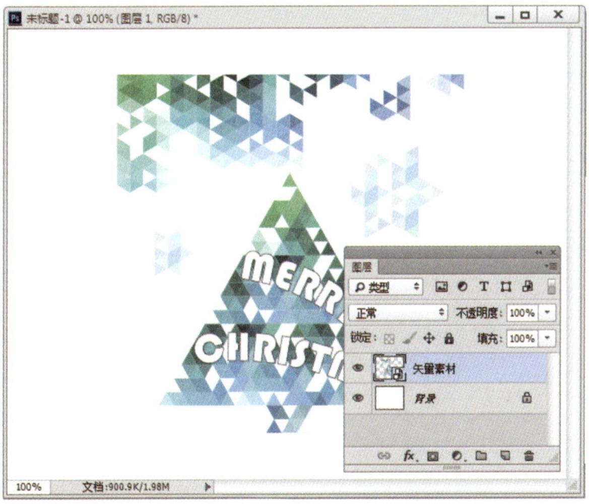

图2.43 置入后的图像及图层显示

提示

置入与打开非常相似，都是将外部文件添加到当前操作中，但打开命令所打开的文件单独位于一个独立的窗口中；而置入的图片将自动添加到当前图像编辑窗口中，不会单独出现窗口。

2.4.5 将分层素材存储为JPG格式

当完成一件作品或者处理完成一幅打开的图像时，需要将完成的图像进行存储，这时就可应用存储命令，存储文件时格式非常关键，下面以实例的形式来讲解文件的保存。

01 首先打开一个分层素材。执行菜单栏中的“文件”|“打开”命令，打开“科技峰会海报背景设计.psd”文件。打开该图像后，可以在图层面板中看到当前图像的分层效果，如图2.44所示。

图2.44 打开的分层图像

02 执行菜单栏中的“文件”|“存储为”命令，打开“存储为”对话框，指定保存的位置和文件名后，在“格式”下拉菜单中，选择jpeg格式，如图2.45所示。

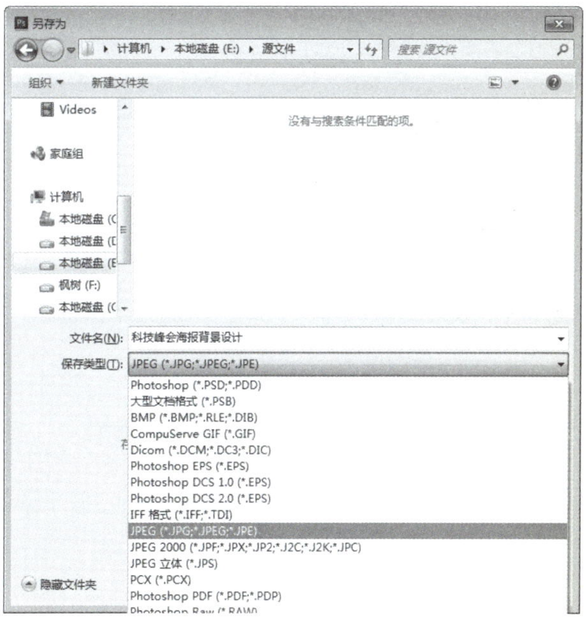

图2.45 选择jpeg格式

技巧

"存储"的快捷键为 Ctrl + S；"存储为"的快捷键为 Ctrl + Shift + S。

03 单击"保存"按钮，将弹出"JPEG选项"对话框，可以对图像进行品质、基线等设置，然后单击"确定"按钮，如图2.46所示，即可将图像保存为JPG格式。

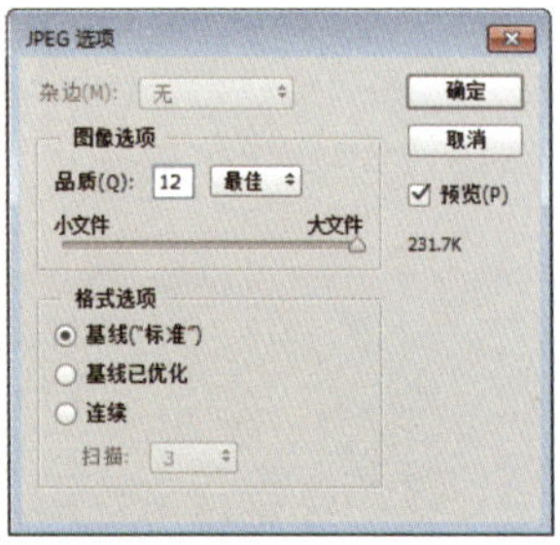

图2.46 "JPEG选项"对话框

提示

JPG 和 JPEG 是完全一样的图像格式，只是一般习惯将 JPEG 简写为 JPG。

04 保存完成后，使用"打开"命令，打开刚保存的JPG格式的图像文件，可以在"图层"面板中看到当前图像只有一个图层，如图2.47所示。

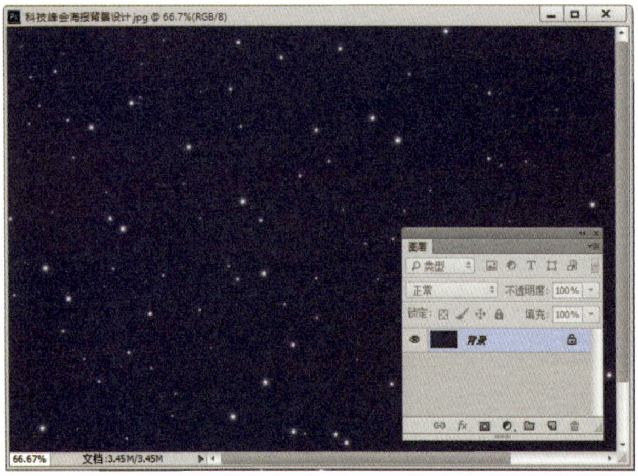

图2.47 JPG图像效果

技术延伸 "存储"与"存储为"命令的区别

在"文件"菜单下面有两个命令可以将文件进行存储，分别为"文件"|"存储"和"文件"|"存储为"命令。

当应用新建命令，创建一个新的文档并进行编辑后，要将该文档进行保存。这时，应用"存储"和"存储为"命令性质是一样的，都将打开"存储为"对话框，将当前文件进行存储。

当对一个新建的文档应用过保存后，或打开一个图像进行编辑后，再次应用"存储"命令时，不会打开"存储为"对话框，而是直接将原文档覆盖。

如果不想将原有的文档覆盖，就需要使用"存储为"命令。利用"存储为"命令进行存储，无论是新创建的文件还是打开的图片都可以弹出"存储为"对话框，如图2.48所示，将编辑后的图像重新命名进行存储。

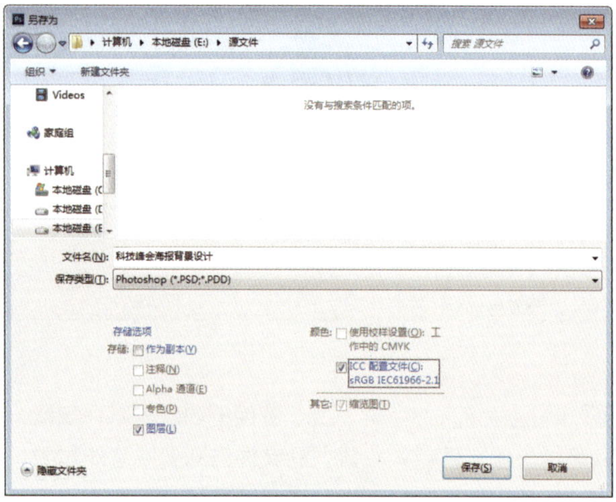

图2.48 "存储为"文件对话框

"存储为"对话框中各选项的含义分别如下。

- "文件名"：可以在其右侧的文本框中，输入要保存文件的名称。
- "保存类型"：可以从右侧的下拉菜单中选择要保存的文件格式。一般默认的保存格式为PSD格式。
- "存储选项"：如果当前文件具有通道、图层、路径、专色或注解，而且在"格式"下拉列表框中选择了支持保存这些信息的文件格式时，对话框中的"Alpha通道""图层""注释""专色"等复选框被激活。"作为拷贝"可以将编辑的文件作为拷贝进行存储，保留原文件。"注释"用来设置是否将注释保存，勾选该复选框表示保存批注，否则不保存。勾选"Alpha通道"选项将Alpha通道存储。如果编辑的文件中设置有专色通道，勾选"专色"选项，将保存该专色通道。如果编辑的文件中，包含有多个图层，勾选"图层"复选框，可将分层文件进行分层保存。
- "缩览图"：为存储的文件创建缩览图。默认情况下，Photoshop软件自动为其创建。

提示

如果图像中包含的图层不止一个，或对背景层重命名，必须使用 Photoshop 的 PSD 格式才能保证不会丢失图层信息。如果要在不能识别 Photoshop 文件的应用程序中打开该文件，那么必须将其保存为该应用程序所支持的文件格式。

第03章

单色及渐变填充

内容摘要

颜色是制图的关键，本章以颜色控制为基础，详细讲解了颜色的基本原理与概念，并通过色彩模式的详细阐述，讲解色彩模式在制图中的作用和转换技巧，最后从Photoshop的功能出发，讲解了在Photoshop中各种颜色的设置技巧，让读者学习颜色设置的同时，感受一个多彩的Photoshop 世界。

教学目标

了解颜色的基本原理与概念
了解色彩模式的含义及转换
学习前景色和背景色的不同设置方法
掌握色板、颜色面板的使用
掌握吸管工具的使用技巧
掌握渐变的编辑及使用方法

3.1 颜色的基本原理与概念

颜色是设计中的关键元素，本节将详细讲解色彩的原理，色调、色相、饱和度和对比度的概念以及色彩模式。

3.1.1 色彩原理

黄色是由红色和绿色构成的，没有用到蓝色；因此，蓝色和黄色便是互补色。绿色的互补色是洋红色，红色的互补色是青色。这就是为什么能看到除红、绿、蓝三色外其他颜色的原因。把光的波长叠加在一起时，会得到更明亮的颜色。所以原色被称为加色。将光的所有颜色都加到一起，就会得到最明亮的光线白光。因此，当看到1张白纸时，所有的红、绿、蓝波长都会反射到人眼中。当看到黑色时，光的红、绿、蓝波长都完全被物体吸收了，因此就没有任何光线反射到人眼中。

在颜色轮中，颜色排列在1个圆中，以显示彼此之间的关系，如图3.1所示。

原色沿圆圈排列，彼此之间的距离完全相等。每种次级色都位于两种原色之间。在这种排列方式中，每种颜色都与自己的互补色直接相对，轮中每种颜色都位于产生它的两种颜色之间。

通过颜色轮可以看出将黄色和洋红色加在一起便产生红色。因此，如果要从图像中减去红色，只需减少黄色和洋红色的百分比即可。要为图像增加某种颜色，其实是减去它的互补色。例如，要使图像更红一些，实际上是减少青色的百分比。

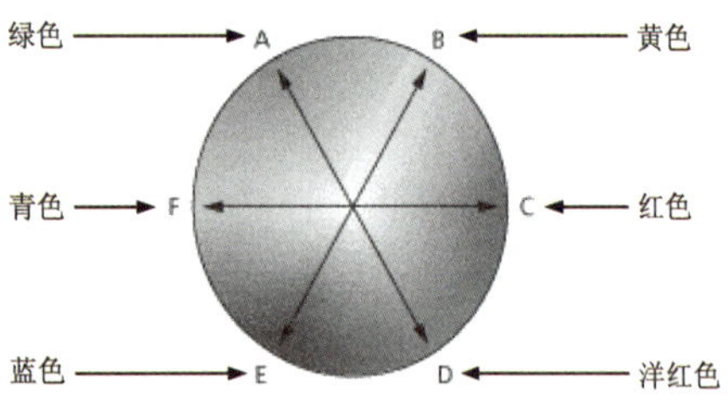

图3.1 色轮的显示

3.1.2 原色

原色，又称为基色，三基色（三原色）是指红（R）、绿（G）、蓝（B）三色，是调配其他色彩的基本色。原色的色纯度最高，最纯净、最鲜艳。可以调配出绝大多数色彩，而其他颜色不能调配出三原色。

加色三原色基于加色法原理。人的眼睛是根据所看见的光的波长来识别颜色的。可见光谱中的大部分颜色可以由三种基本色光按不同的比例混合而成，这三种基本色光的颜色就是红（Red）、绿（Green）、蓝（Blue）三原色光。这三种光以相同的比例混合，且达到一定的强度，就呈现白色；若三种光的强度均为零，就是黑色。这就是加色法原理，加色法原理被广泛应用于电视机、监视器等主动发光的产品中。其示意图原理如图3.2所示。

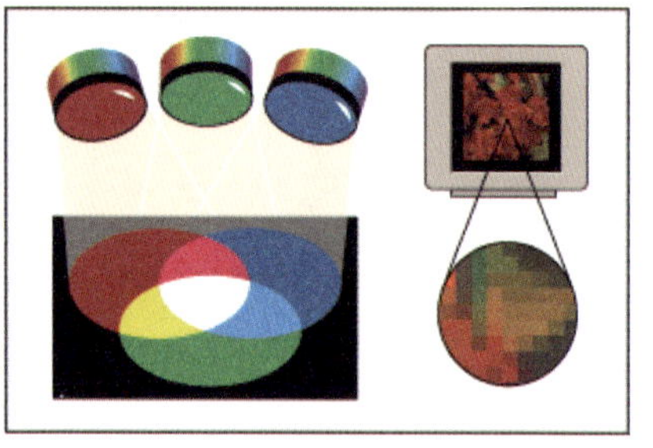

图3.2 RGB色彩模式的色彩构成示意图

减少原色是指一些颜料，当按照不同的组合将这些颜料添加一起时，可以创建一个色谱。减少原色基于艰涩发原理。与显示器不同，在打印、印刷、油漆、绘画等介质表面的反射被动发光的场合，物体所呈现的颜色是光源中被颜料吸收后所剩的部分，所以其成色的原理叫作减色法原理。打印机使用减色原色（青色、洋红色、黄色和黑色颜料），并通过减色混合来生成颜色。减色法原理被广泛应用于各种被动发光的场合。在减色法原理中的三原色颜料分别是青（Cyan）、品红（Magenta）和黄（Yellow）。通常所说的CMYK模式就是基于这首原理，其原理如图3.3所示。

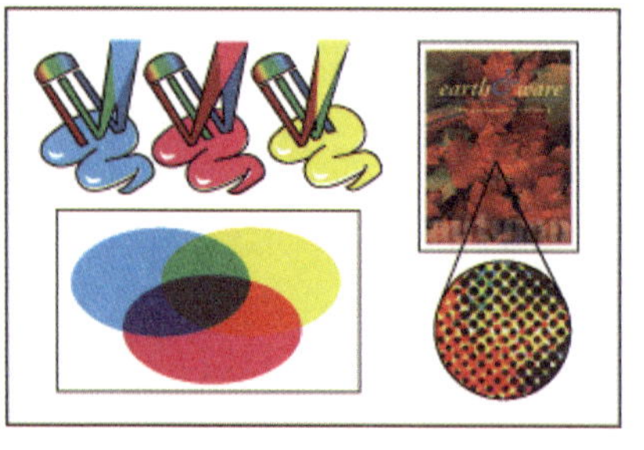

图3.3 CMYK色彩模式的色彩构成示意图

3.1.3 色调、色相、饱和度和对比度的概念

在学习使用Photoshop处理图像的过程中，常接触到有关图像的色调、色相（Hue）、饱和度（Saturation）和对比度（Brightness ）等基本概念，HSB颜色模型如图3.4所示。下面对它们进行简单介绍。

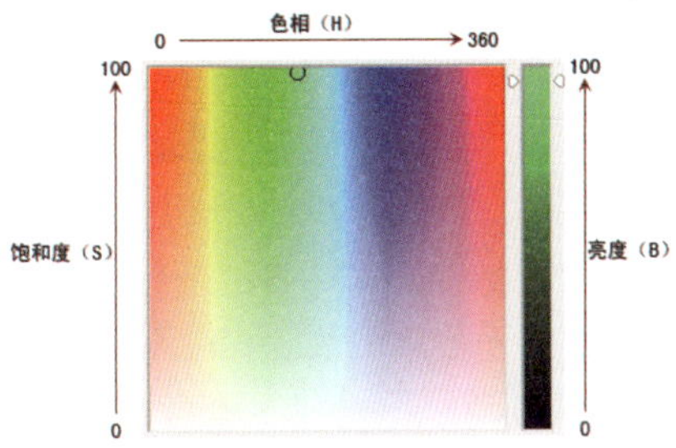

图3.4 HSB颜色模型

1. 色调

色调是指图像原色的明暗程度。调整色调就是指调整其明暗程度。色调的范围为0~255，共有256种色调。图3.5所示的灰度模式，就是将黑色到白色之间连续划分成256个色调，即由黑到灰，再由灰到白。

图3.5 灰度模式

2. 色相

色相，即各类色彩的相貌称谓。色相是一种颜色区别于其他颜色最显著的特性，在0~360°的标准色轮上，按位置度量色相。它用于判断颜色是红、绿或其他的色彩感觉。对色相进行调整是指在多种颜色之间变化。

3. 饱和度

饱和度是指色彩的强度或纯度，也称为彩度或色度。对色彩的饱和度进行调整也就是调整图像的彩度。饱和度表示色相中灰色分量所占的比例，它使用从0（灰色）至100%的百分比来度量，当饱和度降低为0时，则会变成一个灰色图像，增加饱和度会增加其彩度。在标准色轮上，饱和度从中心到边缘递增。饱和度受到屏幕亮度和对比度的双重影响，一般亮度好对比度高的屏幕可以得到很好的色饱和度。

4. 对比度

对比度是指不用颜色之间的差异。调整对比度就是调整颜色之间的差异。提高对比度，则两种颜色之间的差异会变得很明显。通常使用从0（黑色）至100%（白色）的百分比来度量。例如，提高一幅灰度图像的对比度，将使其黑白分明，达到一定程度时将成为黑、白两色的图像。

3.1.4 色彩模式

在Photoshop中色彩模式用于决定显示和打印图像的颜色模型。Photoshop默认的色彩模式是RGB模式，但用于彩色印刷的图像色彩模式却必须使用CMYK模式。其他色彩模式还包括“位图”“灰度”“双色调”“索引颜色”“Lab颜色”和“多通道”模式。

图像模式之间可以相互转换，但需要注意的是，如果从色域空间较大的图像模式转换到色域空间较小的图像模式时常常会有一些颜色丢失。色彩模式命令集中于“图像”|“模式”子菜单中，下面分别介绍各色彩模式的特点。

1. 位图模式

位图模式的图像也叫作黑白图像或1位图像，其位深度为1，因为它只使用两种颜色值，即黑色和白色来表现图像的轮廓，黑白之间没有灰度过渡色。使用位图模式的图像仅有两种颜色，因此此类图像占用的内存空间也较少。

2. 灰度模式

灰度模式的图像是由256种颜色组成，因为每个像素可以用8位或16位来表示，因此色调表现得比较丰富。

将彩色图像转换为灰度模式时，所有的颜色信息都将被删除。虽然Photoshop允许将灰度模式的图像再转换为彩色模式，原来已丢失的颜色信息不能再返回。因此，在将彩色图像转换为灰度模式之前，可以利用“存储为”命令保存一个备份图像。

提示

通道可以把图像从任何一种彩色模式转换为灰度模式，也可以把灰度模式转换为任何一种彩色模式。

3. 双色调模式

双色调模式是在灰度图像上添加一种或几种彩色的油墨，以达到有彩色的效果，但比起常规的CMYK4色印刷，其成本大大降低。

4. RGB模式

RGB模式是Photoshop默认的色彩模式。这种色彩模式由红（R）、绿（G）和蓝（B）3种颜色的不同颜色值组合而成。

RGB色彩模式使用RGB模型为图像中每一个像素的RGB分量分配一个0~255范围内的强度值。例如，纯红色R值为255，G值为0，B值为0；灰色的R、G、B值相等（除了0和255）；白色的R、G、B值都为255；黑色的R、G、B值都为0。RGB图像只使用三种颜色，就可以使它们按照不同的比例混合，在屏幕上重现16777216种颜色，因此RGB色彩模式下的图像非常鲜艳。

提示

由于 RGB 色彩模式所能够表现的颜色范围非常宽广，因此将此色彩模式的图像转换成为其他包含颜色种类较少的色彩模式时，则有可能丢色或偏色。这也就是为什么 RGB 色彩模式下的图像在转换成为 CMYK 并印刷出来后颜色会变暗发灰的原因。所以，对要印刷的图像，必须依照色谱准确地设置其颜色。

5. 索引模式

索引模式与RGB和CMYK模式的图像不同，索引模式依据一张颜色索引表控制图像中的颜色，在此色彩模式下图像的颜色种类最高为256，因此图像文件小，只有同条件下RGB模式图像的1/3，从而可以大大减少文件所占的磁盘空间，缩短图像文件在网络上的传输时间，因此被较多地应用于网络中。

但对于大多数图像而言，使用索引色彩模式保存后可以清楚地看到颜色之间过渡的痕迹，因此在索引模式下的图像常有颜色失真的现象。

可以转换为索引模式的图像模式有RGB色彩模式、灰度模式和双色调模式。选择索引颜色命令后，将打开如图3.6所示的“索引颜色”对话框。

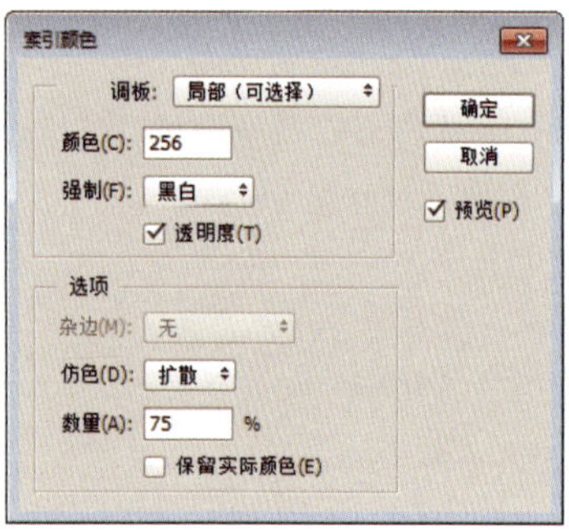

图3.6 “索引颜色”对话框

提示

将图像转换为索引颜色模式后，图像中的所有可见图层将被合并，所有隐藏的图层将被扔掉。

“索引颜色”对话框中各选项的含义说明如下。

- “调板”：在“调板”下拉列表中选择调色板的类型。
- “颜色”：在“颜色”数值框中输入需要的颜色过渡级，最大为256级。
- “强制”：在“强制”下拉列表框中选择颜色表中必须包含的颜色，默认状态选择“黑白”选项，也可以根据需要选择其他选项。
- “透明度”：选择“透明度”复选项转换模式时，将保留图像透明区域，对于半透明的区域以杂色填充。
- “杂边”：在“杂边”下拉列表框中可以选择杂色。
- “仿色”：在“仿色”下拉列表中选择仿色的类型，其中包括“扩散”“图案”和“杂色”3种类型，也可以选择“无”，不使用仿色。使用仿色的优点在于，可以使用颜色表内部的颜色模拟不在颜色表中的颜色。
- “数量”：如果选择“扩散”选项，可以在“数量”数值框中设置颜色抖动的强度，数值越大，抖动的颜色越多，但图像文件所占的内存也越大。
- “保留实际颜色”：勾选“保留实际颜色”复选项，可以防止抖动颜色表中的颜色。

对于任何一个索引模式的图像，执行菜单栏中的“图像”|“模式”|“颜色表”命令，在打开如图3.7所示的“颜色表”对话框中应用系统自带的颜色排列，或自定义颜色，如图所示。在“颜色表”下拉列表中包含有“自定”“黑体”“灰度”“色谱”“系统（Mac OS）”和“系统（Windows）”6个选项，除“自定”选项外，其他每一个选项都有相应的颜色排列效果。选择“自定”选项，颜色表中显示为当前图像的256种颜色。单击一个色块，在弹出的拾色器中选择另一种颜色，以改变此色块的颜色，在图像中此色块所对应的颜色也将被改变。

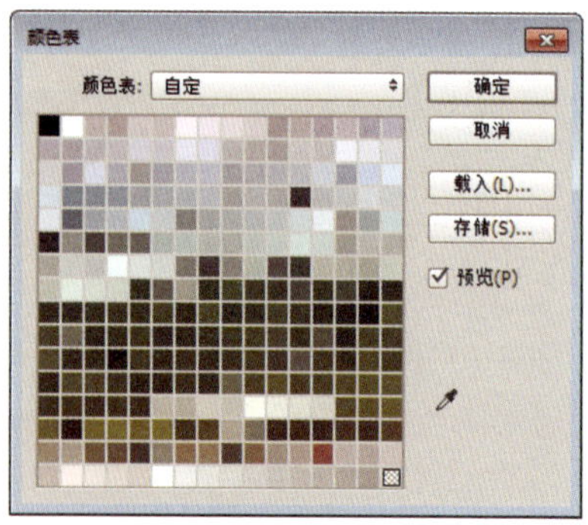

图3.7 “颜色表”对话框

将图像转换为索引模式后，对于被转换前颜色值多于256种的图像，会丢失许多颜色信息。虽然还可以从索引模式转换为RGB、CMYK的模式，但Photoshop无法找回丢失的颜色，所以在转换之前应该备份原始文件。

提示

转换为索引模式后，Photoshop 的滤镜及一些命令就不能使用，因此，在转换前必须做好相应的操作。

6. CMYK模式

CMYK模式是标准的用于工业印刷的色彩模式，即基于油墨的光吸收/反射特性，眼睛看到颜色实际上是物体吸收白光中特定频率的光而反射其余的光的颜色。如果要将RGB等其他色彩模式的图像输出并进行彩色印刷，必须要将其模式转换为CMYK色彩模式。

CMYK色彩模式的图像由4种颜色组成，青（C）、洋红（M）、黄（Y）和黑（K），每一种颜色对应于一个通道及用来生成4色分离的原色。根据这4个通道，输出中心制作出青色、洋红色、黄色和黑色4张胶版。每种 CMYK四色油墨可使用从0至100%的值。为最亮颜色指定的印刷色油墨颜色百分比较低，而为较暗颜色指定的百分比较高。例如，亮红色可能包含2%青色、93%洋红、90%黄色和0黑色。在印刷图像时将每张胶版中的彩色油墨组合起来以产生各种颜色。

7. Lab色彩模式

Lab色彩模式是Photoshop在不同色彩模式之间转换时使用的内部安全格式。它的色域能包含RGB色彩模式和CMYK色彩模式的色域。因此，要将RGB模式的图像转换成CMYK模式的图像时，Photoshop会先将RGB模式转换成Lab模式，然后由Lab模式转换成CMYK模式，只不过这一操作是在内部进行而已。

8. 多通道模式

在多通道模式中，每个通道都合用256灰度级存放着图像中颜色元素的信息。该模式多用于特定的打印或输出。当将图像转换为多通道模式时，可以使用下列原则：原始图像中的颜色通道在转换后的图像中变为专色通道；通过将 CMYK 图像转换为多通道模式，可以创建青色、洋红、黄色和黑色专色通道；通过将 RGB 图像转换为多通道模式，可以创建青色、洋红和黄色专色通道；通过从 RGB、CMYK 或 Lab 图像中删除一个通道，可以自动将图像转换为多通道模式；若要输出多通道图像，请以 Photoshop DCS 2.0 格式存储图像；对有特殊打印要求的图像非常有用。例如，如果图像中只使用了一两种或两三种颜色时，使用多通道颜色模式可以减少印刷成本。

提示

索引颜色和 32 位图像无法转换为多通道模式。

3.2 转换颜色模式

针对图像不同的制作目的，时常需要在各种颜色模式之间进行转换，在Photoshop中转换颜色模式的操作方法很简单，下面来详细讲解。

3.2.1 转换另一种颜色模式

在打开或制作图像过程中，可以随时将原来的模式转换为另一种模式。当转换为另一种颜色模式时，将永久更改图像中的颜色值。在转换图像之前，最好执行下列操作。

- 建议尽量在原图像模式下编辑制作，没有特别情况不转换模式。
- 如果需要转换为其他模式，在转换前可以提前保存一个副本文件，以便出现错误时丢失原始文件，可以使用副本文件。
- 在实行模式转换前拼合图层。因为当模式更改时，图层的混合模式也会更改。

要进行图像模式的转换，执行菜单栏中的“图像”|“模式”，然后从子菜单中选取所需的模式。不可用于现用图像的模式在菜单中呈灰色。图像在转换为多通道、位图或索引颜色模式时应进行拼合，因为这些模式不支持图层。

3.2.2 将图像转换为位图模式

如果要将一幅彩色的图像转换为位图模式，应该先执行菜单栏中的“图像”|“模式”|“灰度”命令，然后再执行菜单栏中的“图像”|“模式”|“位图”命令；如果该图像已经是灰度，则可以直接执行菜单栏中的“图像”|“模式”|“位图”命令，在打开如图3.8所示的“位图”对话框中，设置转换模式时的分辨率及转换方式。

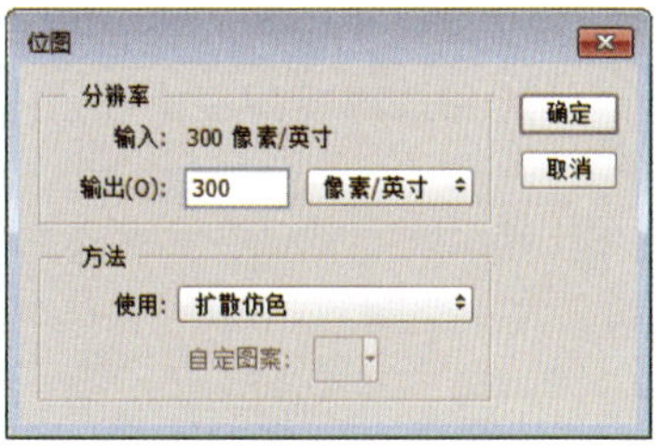

图3.8 “位图”对话框

“位图”对话框中各选项的含义说明如下。

- “输入”：在“输入”右侧显示图像原来的分辨率。
- “输出”：在“输出”数值框中可以输入转换生成的位图模式的图像分辨率，输入的数值大于原数值则可以得到一张较大的图像，反之得到比图像小的图像。
- “使用”：在“使用”下拉列表框中可以选择转换

为位图模式的方式，每一种方式得到的效果各不相同。“50%阈值”选项最常用，选择此选项后，Photoshop将具有256级灰度值的图像中高于灰度值128的部分转换为白色，将低于灰度值128的部分转换为黑色，此时得到的位图模式的图像轮廓黑白分明；选择“图案仿色”选项转换时，系统通过叠加的几何图形来表示图像轮廓，使图像具有明显的立体感；选择“扩散仿色”选项转换时，根据图像的色值平均分布图像的黑白色；选择“半调网屏”选项转换时，将打开“半调网屏”对话框，其中以半色调的网点产生图像的黑白区域；选择“自定图案”选项，并在下面的“自定图案”下拉列表中选择一种图案，以图案的色值来分配图像的黑白区域，并叠加图案的形状。转换为位图模式的图像可以再次转换为灰度，但是图像的轮廓仍然只有黑、白两种色值。原图与5种不同方法转换位图的效果如图3.9所示。

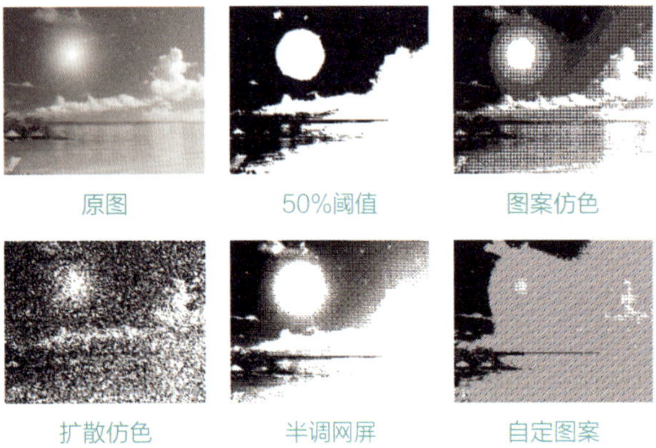

图3.9 原图与5种不同方法转换位图的效果

提示

将图像转换为位置模式之前，必须先将图像转换为灰度模式。

3.2.3 将图像转换为双色调模式

要得到双色调模式的图像，应该先将其他模式的图像转换为灰度模式，然后执行菜单栏中的“图像”|“模式”|“双色调”命令；如果该图像本身就是灰度模式，则可以直接执行菜单栏中的“图像”|“模式”|“双色调”命令，此时将打开“双色调选项”对话框，如图3.10所示。

图3.10 “双色调选项”对话框

“双色调选项”对话框中各选项的含义说明如下。

- “类型”：设置色调的类型。从右侧的下拉列表中，可以选择一种色调的类型，包括“单色调”“双色调”“三色调”和“四色调”4种类型。选择“单色调”选项，将只有“油墨1”被激活，此选项生成仅有一种颜色的图像；选择“双色调”选项，则激活“油墨1”和“油墨2”两个选项，此时可以同时设置两种图像色彩，生成双色调图像；选择“三色调”选项，激活3个油墨选项，生成具有3种颜色的图像；选择“四色调”选项，激活4个油墨选项，可以生成具有4种颜色的图像。
- “双色调曲线”：单击该区域，将打开“双色调曲线”对话框，可以编辑曲线以设置油墨所定义的油墨在图像中的分布。
- “选择油墨颜色”：单击该色块，将打开“选择油墨颜色”对话框，即拾色器对话框，设置当前油墨的颜色。

彩色图像转换为双色调模式前后效果对比如图3.11所示。

图3.11 双色调模式转换前后效果对比

3.3 设置单色

在进行绘图前，首先学习绘画颜色的设置方法，在Photoshop中，设置颜色通常指设置前景色和背景色。设置前景色和背景色方法很多，比较常用的分别为利用“工具箱”设置颜色、利用“颜色”面板设置、利用“色板”设置、利用“吸管工具”设置指定前景色或背景色。下面分别介绍这些设置前景色和背景色的方法。

3.3.1 初识前景和背景色

前景色一般应用在绘画、填充和描边选区上，比如使用“画笔工具”绘图时，在画布中拖动绘制的颜色即为前景色，如图3.12所示。

背景色一般可以在擦除、删除和涂抹图像时显示，比如在使用“橡皮擦工具”在画布中拖动擦除图像，显示出来的颜色就是背景色，如图3.13所示。在某些滤镜特效中，也会用到前景色和背景色。

图3.12 前景色效果

图3.13 背景色效果

3.3.2 实战案例：在“工具箱”中设置前景色和背景色

- **素材位置**｜无
- **案例位置**｜无
- **视频位置**｜多媒体教学\3.3.2 实战案例 在“工具箱”中设置前景色和背景色.avi
- **难易指数**｜★☆☆☆☆

本例主要讲解前景色与背景色的设置方法。

在“工具箱”的底部，有一个颜色设置区域，利用该区域，可以进行前景色和背景色的设置，默认情况下前景色显示为黑色，背景色显示为白色，如图3.14所示。

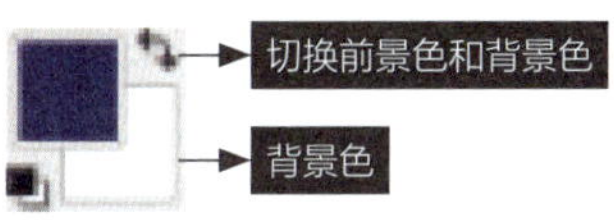

图3.14 颜色设置区域

技巧

单击工具箱中的“切换前景色和背景色”按钮，按键盘上的X键，可以切换前景色和背景色。单击工具箱中的“默认前景色和背景色”按钮，或按键盘上的D键，可以将前景色和背景色恢复默认效果。

更改前景色或背景色的方法很简单，在“工具箱”中只需要在代表前景色或背景色的颜色区域内单击鼠标左键，即可打开“拾色器”对话框。在“拾色器”中颜色域中单击即可选择所需的颜色。

技术延伸 认识“拾色器”对话框

在“拾色器”对话框中，可以使用4种颜色模型来拾取颜色：HSB、RGB、Lab和CMYK。使用“拾色器”可以设置前景色、背景色和文本颜色。也可以为不同的工具、命令和选项设置目标颜色。“拾色器”对话框如图3.15所示。

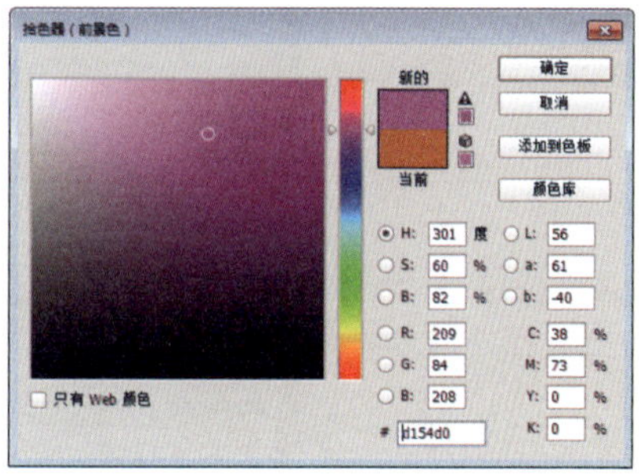

图3.15 “拾色器”对话框

在颜色预览区域的右侧，根据选择颜色的不同，会出现“打印时颜色超出色域”和“不是Web安全颜色”标志，这是因为，用于印刷的颜色和浏览器显示的颜色有一定的显示范围造成的。

当选择的颜色超出印刷色范围时，将出现“打印时颜色超出色域”标志以示警告。并在其下面的颜色小方块中显示打印机能识别的颜色中与所选色彩最接近的颜色。一般它比所选的颜色要暗一些。单击“打印时颜色超出色域”标志或下方的颜色小方块，即可将当前所选颜色置换成与之相对应的打印机所能识别的颜色。

当选择的色彩超出浏览器支持的色彩显示范围时，将出现“不是Web安全颜色”标志以示警告。并在其下方的颜色小方块中显示浏览器支持的与所选色彩最接近的颜色。单击“不是Web安全颜色”标志或下方的颜色小方块，即可将当前所选颜色置换成与之相对应的Web安全色，以确保制作的Web图片在256色的显示系统上不会出现仿色。

在对话框右下角，还有9个单选框，即HSB、RGB、Lab色彩模式的三原色按钮，当选中某单选框时，滑杠即成为该颜色的控制器。例如，单击选中R单选按钮，即滑竿变为控制黄色，然后在颜色域中选择决定G与B颜色值，如图3.16所示。因此，通过调整滑竿并配合颜色域即可选择成千上万种颜色。每个单选框所代表控制的颜色功能分别为：“H”－色相、“S”－饱和度、“B”－亮度、“R”－红、“G”－绿、“B”－蓝、“L”－明度、“a”－由绿到鲜红、“b”－由蓝到黄。

另外，在“拾色器”对话框的左侧底部，有一个

“只有Web颜色”复选框，选择该复选框后，在颜色域中就只显示Web安全色，便于Web图像的制作，如图3.17所示。

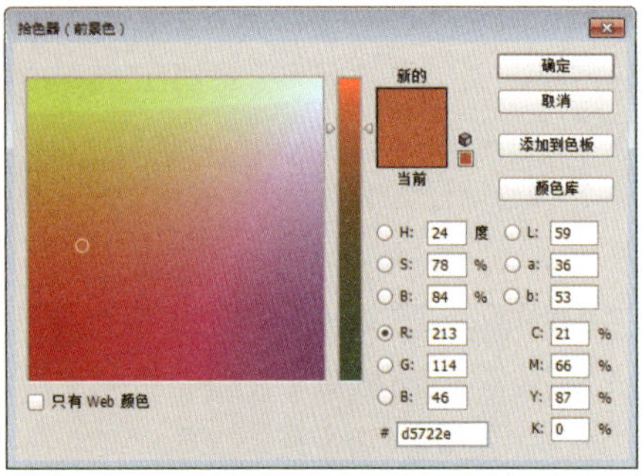

图3.16 选择R效果

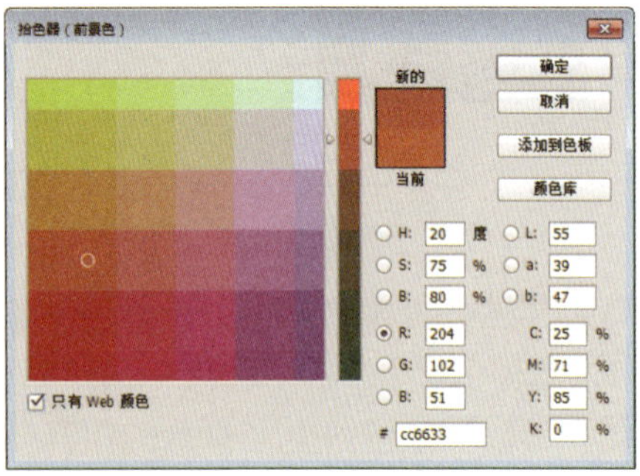

图3.17 只有Web颜色

提示

在“拾色器”对话框中，单击“添加到色板”命令，将打开“色板名称”对话框，输入一个新的颜色名称后，单击“确定”按钮，可以为色板添加新的颜色。

在“拾色器”对话框中单击“颜色库”按钮，将打开“颜色库”对话框，如图3.18所示，通过该对话框，可以从“色库”下拉菜单中选择不同的色库，颜色库中的颜色将显示在其下方的颜色列表中；也可以从颜色条位置选择不同的颜色，在左侧的颜色列表中显示相关的一些颜色，单击选择需要的颜色即可。

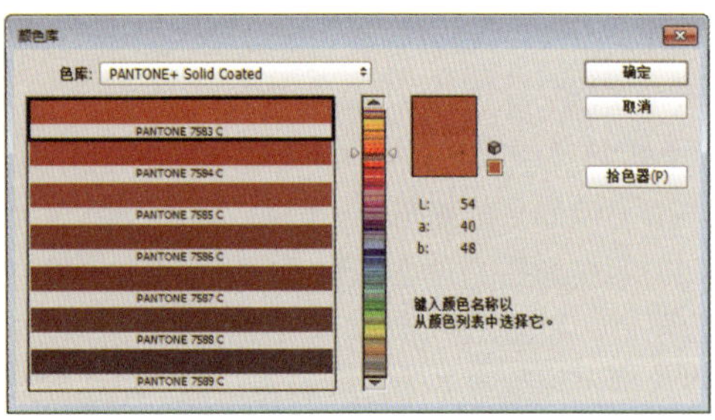

图3.18 “颜色库”对话框

3.3.3 使用“色板”设置颜色

Photoshop提供了一个“色板”面板，如图3.19所示，“色板”由很多颜色块组成，单击某个颜色块，可快速选择该颜色。该面板中的颜色都是预设好的，不需要进行配置即可使用。当然，如果用户需要，还可以在“色板”面板中添加自己常用的颜色，比如使用“创建前景色的新色板”创建新颜色，或使用“删除色板”按钮，删除一些不需要的颜色。使用色板菜单，还可以修改色板的显示效果、复位、载入或存储色板。

图3.19 “色板”面板

要使用色板，首先执行菜单栏中的“窗口”|“色板”命令，将“色板”面板设置为当前状态，然后移动鼠标光标至“色板”面板的色块中，此时光标将变成吸管形状，单击即可选定当前指定颜色。通过“色板”的相关命令，用户还可以修改“色板”面板中的颜色，其具体操作方法如下。

1. 添加颜色

如果要在“色板”面板中添加颜色，将鼠标光标移至“色板”面板的空白处，当光标变成油漆桶状时，单击鼠标左键打开“色板名称”对话框，输入名称后单击“确定”按钮即可添加颜色，添加的颜色为当前工具箱中的前景色。直接单击添加颜色的操作过程如图3.20所示。

图3.20 直接单击添加颜色的操作过程

提示

使用“色板”面板下方的“创建前景色的新色板”按钮或单击“色板”面板右上的按钮，从弹出的面板菜单中，选择“新建色板”命令，都可以添加颜色。

2. 删除颜色

如果要删除“色板”面板中的颜色按住Alt键，将光标放置在不需要的色块上，当光标变成剪刀状时单击，即可删除该色块，如图3.21所示。

图3.21　辅助键删除色块操作过程

提示

在“色板”中，拖动不需要的色块到“删除色板”按钮上，也可以删除色块。

3.3.4 使用“颜色”面板

使用“颜色”面板选择颜色，如同在“拾色器”对话框中选色一样轻松。在“颜色”面板中不仅能显示当前前景色和背景色的颜色值，而且使用“颜色”面板中的颜色滑块，可以根据几种不同的颜色模式编辑前景色和背景色。也可以从显示在面板底部的色谱条中选取前景色或背景色。

执行菜单栏中的“窗口”|“颜色”命令，将“颜色”面板设置为当前状态。单击其右上角的按钮，在弹出的面板菜单中还可以选择不同的色彩模式和色谱条显示，如图3.22所示。

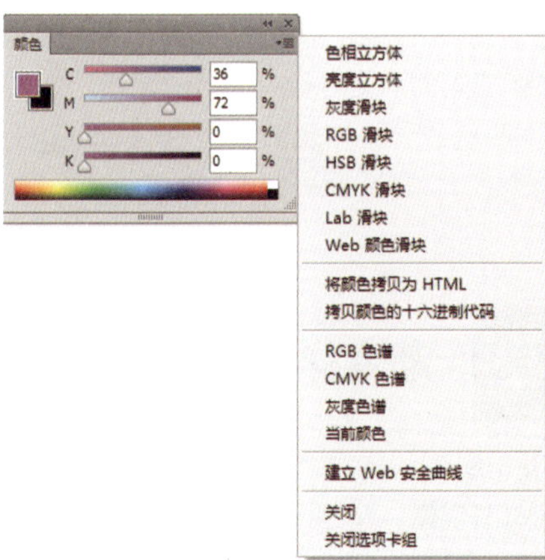

图3.22　“颜色”面板与面板菜单

单击选择前景色或背景色区域，选中后该区域将有黑色的边框显示。将鼠标光标移动到右侧的“C”“M”“Y”或“K”任一颜色的滑块上按住鼠标左键左右拖动，比如“Y”下方的滑块，或在最右侧的文本框中输入相应的数值，即可改变前景色或背景色的颜色值；也可以选择要修改的前景色或背景色区域后，在底部的色谱条中直接单击，选择前景色或背景色。如果想设置白色或黑色，可以直接单击色谱条右侧的白色或黑色区域，直接选择白色或黑色，如图3.23所示。

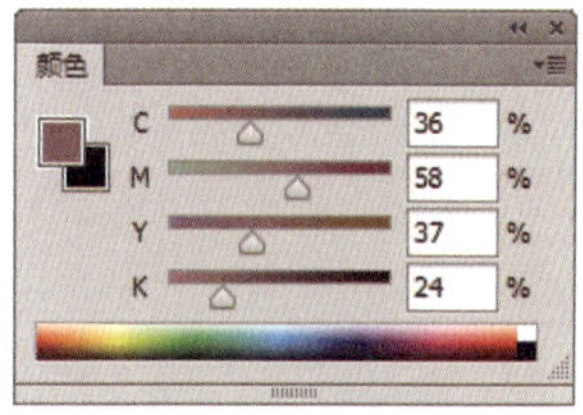

图3.23　滑块与数值

3.3.5 实战案例：使用“吸管工具”吸取颜色

- **素材位置**｜无
- **案例位置**｜无
- **视频位置**｜多媒体教学\3.3.5 实战案例 使用“吸管工具”吸取颜色.avi
- **难易指数**｜★☆☆☆☆

本例主要讲解“吸管工具”的使用方法。

使用工具箱中的“吸管工具”，在图像内任意位置单击，可以吸取前景色；或者将指针放置在图像上，按住鼠标左键在图像上任何位置拖动，前景色范围框内的颜色会随着光标的移动而发生变化，释放鼠标左键，即可采集新的颜色，如图3.24所示。

图3.24　使用吸管工具选择颜色

技巧

在图像上采集颜色时，直接在需要的颜色位置单击，可以改变前景色；按住键盘上的 Alt 键，在需要的颜色位置单击，可以改变背景色。

选择“吸管工具”后，在选项栏中，不但可以设置取样大小，还可以指定图层或显示取样环，选项栏如图3.25所示。

图3.25 取样大小菜单

选项栏中各选项含义说明如下。

- “取样大小”：指定取样区域。包含7种选择颜色的方式；选择“取样点”表示读取单击像素的精确值；选取“3×3平均”表示在单击区域内以3×3像素范围的平均值作为选取的颜色。

提示

除了“3×3平均”取样外，还有“5×5平均”“11×11平均”……，用法和含义与“3×3平均”相似，这里不再赘述。

- “样本”：指定取样的样本图层。选择“当前图层”表示从当前图层中采集色样；选择“所有图层”表示从文档中的所有图层中采集色样。
- “显示取样环”：勾选该复选框，可预览取样颜色的圆环，以更好地采集色样。显示取样环效果如图3.26所示。

图3.26 显示取样环效果

提示

要使用“显示取样环”功能，需要勾选“首选项”|“性能”|“GPU设置”选项栏中的“启用OpenGL设置”复选框。

3.4 设置渐变颜色

渐变工具可以创建多种颜色的逐渐混合效果。选择“渐变工具”后，在选项栏中设置需要的渐变样式和颜色，然后在画布中按住鼠标左键拖动，就可以填充渐变颜色。“渐变工具”选项栏如图3.27所示。

图3.27 “渐变工具”选项栏

3.4.1 使用“渐变工具”面板

在工具箱中选择“渐变工具”后单击工具选项栏中右侧的“点按可打开‘渐变’拾色器”三角形按钮，将弹出“‘渐变’拾色器”。从中可以看到现有的一些渐变，如果想使用某个渐变，直接单击该渐变即可。

单击“‘渐变’拾色器”的右上角的三角形图标按钮，将打开“‘渐变’拾色器”菜单，如图3.28所示。

图3.28 “‘渐变’拾色器”及菜单

“‘渐变’拾色器”菜单各命令的含义说明如下。

- “纯文本”“小缩览图”“大缩览图”“小列表”和“大列表”：用来改变“‘渐变’拾色器”中渐变的显示方式。
- “复位渐变”：将“‘渐变’拾色器”中的渐变恢复到默认状态。
- “替换渐变”与“载入渐变”相似，将其他的渐变添加到当前“‘渐变’拾色器”中，不同的是“替换渐变”将新载入的渐变替换掉原有的渐变。
- “协调色1”“协调色2”“杂色样本”……：选取不同的命令，在“‘渐变’拾色器”中，将显示与其对应的渐变。

3.4.2 渐变样式的设置

在Photoshop中包括5种渐变样式，分别为线性渐变、径向渐变、角度渐变、对称渐变和菱形渐变。5种渐变样式具体的效果和应用方法介绍如下。

- “线性渐变”：单击该按钮，在图像或选区中拖动，将从起点到终点产生直线型渐变效果，拖动线及渐变效果，如图3.29所示。
- “径向渐变”：单击该按钮，在图像或选区中拖动，将以圆形方式从起点到终点产生环形渐变效果，拖动线及渐变效果，如图3.30所示。

图3.29　线性渐变

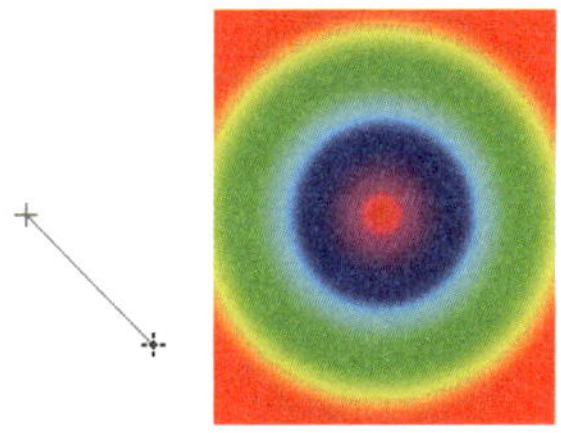

图3.30　径向渐变

- “角度渐变”：单击该按钮，在图像或选区中拖动，以逆时针扫过的方式围绕起点产生渐变效果，拖动线及渐变效果，如图3.31所示。
- “对称渐变”：单击该按钮，在图像或选区中拖动，将从起点的两侧产生镜向渐变效果，拖动线及渐变效果，如图3.32所示。

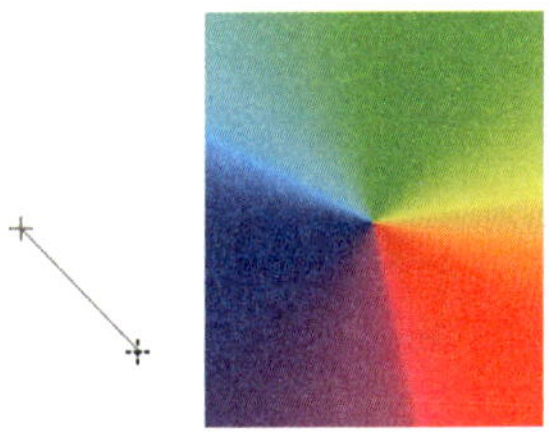

图3.31　角度渐变

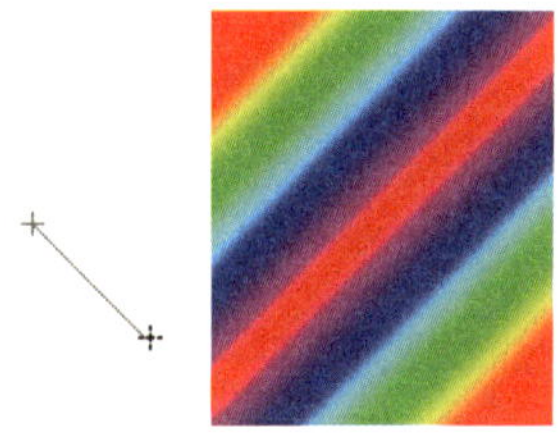

图3.32　对称渐变

> **提示**
>
> “对称渐变”如果对称点设置在画布外，将产生与“线性渐变”一样的渐变效果。所以在某些时候，“对称渐变”可以代替“线性渐变”来使用。

- “菱形渐变”：单击该按钮，在图像或选区中拖动，将从起点向外形成菱形的渐变效果，拖动线及渐变效果，如图3.33所示。

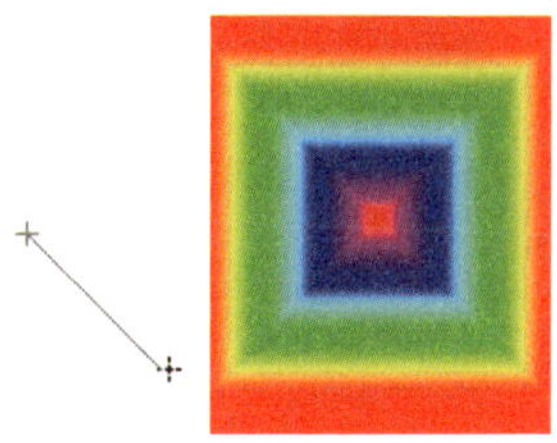

图3.33　菱形渐变

> **提示**
>
> 在进行渐变填充时，如果按住 Shift 键拖动填充，可以将线条的角度限定为 45 度。

3.4.3　渐变工具选项栏

“渐变工具”选项栏除了“‘渐变’拾色器”和渐变样式选项外，还包括“模式”“不透明度”“反向”“仿色”和“透明区域”5个选项，如图3.34所示。

图3.34　其他选项

其他选项具体的应用方法介绍如下。

- “模式”：设置渐变填充与图像的混合模式。
- “不透明度”：设置渐变填充颜色的不透明程度，值越小越透明。原图、不透明度为30%和不透明度为60%的不同填充效果，如图3.35所示。渐变效果，如图3.32所示。

原图　　不透明度为30%　　不透明度为60%

图3.35　不同不透明度填充效果

- “反向”：勾选该复选框，可以将编辑的渐变颜色的顺序反转过来。比如黑白渐变可以变成白黑渐变。
- “仿色”：勾选该复选框，可以使渐变颜色间产生较为平滑的过渡效果。
- “透明区域”：该项主要用于对透明渐变的设置。勾选该复选框，当编辑透明渐变时，填充的渐变将产生透明效果。如果不勾选该复选框，填充的透明渐变将不会出现透明效果。

3.4.4　渐变编辑器

在工具箱中选择“渐变工具”后，单击选项栏中的“点按可编辑渐变”区域，将打开“渐变编辑器”对话框，如图3.36所示。通过“渐变编辑器”可以选择需要的现有渐变，也可以创建自己需要的新渐变。

图3.36　“渐变编辑器”对话框

“渐变编辑器”对话框各选项的含义说明如下。

- “预设”：显示当前默认或载入的渐变，如果需要使用某个渐变，直接单击即可选择。要使新渐变基于现有渐变，可以在该区域选择一种渐变。
- “渐变菜单”：单击该三角形按钮，将打开面板菜单，可以对渐变进行预览、复位、替换和载入等操作。
- “名称”：显示当前选择的渐变名称。也可以直接输入一个新的名称，然后单击右侧的“新建”按钮，创建一个新的渐变，新渐变将显示在“预设”栏中。
- “渐变类型”：从弹出的菜单中，选择渐变的类型，包括“实底”和“杂色”两个选项。
- “平滑度”：设置渐变颜色的过渡平滑，值越大，过渡越平滑。
- “渐变条”：显示当前渐变效果，并可以通过下方的色标和上方的不透明度色标来编辑渐变。

提示

在渐变条的上方和下方都有编辑色彩的标志，上面的叫不透明度色标，用来设置渐变的透明度，与不透明度控制区对应；下面的叫色标，用来设置渐变的颜色，与颜色控制区对应。只有选定相应色标时，对应选项才可以编辑。

1. 添加/删除色标

将鼠标光标移动到渐变条的上方，当光标变成手形标志时单击鼠标左键，可以创建一个不透明度色标；将鼠标光标移动到渐变条的下方当光标变成手形标志时单击鼠标左键，可以创建一个色标。多次单击可以添加多个色标，添加色标前后的效果如图3.37所示。

图3.37 色标添加前后效果

如果想删除不需要的色标或不透明度色标，选择色标或不透明度色标后，单击“色标”选项组对应的“删除”按钮即可；也可以直接将色标或不透明度色标拖动到“渐变编辑器”对话框以外，释放鼠标左键即可将选择的色标或不透明度色标删除。当然也可以选择该色标或不透明度色标后，直接按Delete键将其删除。

2. 编辑色标颜色

单击渐变条下方的色标，该色标上方的三角形变黑，表示选中了该色标，可以使用如下方法来修改色标的颜色。

- 方法1：双击法。在需要修改颜色的色标上，双击鼠标左键，打开“选择色标颜色”对话框，选择需要的颜色后，单击“确定”按钮即可。

提示

“选择色标颜色”对话框与前面讲解的“拾色器”对话框用法相同，这里不再赘述。

- 方法2：利用“颜色”选项。选择色标后，在“色标”选项组中，激活颜色控制区，单击“颜色”右侧的“更改所选色标的颜色”区域，打开“选择色标颜色”对话框，选择需要的颜色后，单击“确定”按钮即可。
- 方法3：直接吸取。选择色标后，将光标移动到“颜色”面板的色谱条或打开的图像中需要的颜色上，单击鼠标左键即可采集吸管位置的颜色。

3. 移动或复制色标

直接左右拖动色标，即可移动色标的位置。如果在拖动时按住Alt键，可以复制出一个新的色标。移动色标的操作效果，如图3.38所示。

图3.38 移动色标操作效果

如果要精确移动色标，可以选择色标或不透明度色标后，在“色标”选项组中，修改颜色控制区中的“位置”参数，精确调整色标或不透明度色标的位置，如图3.39所示。

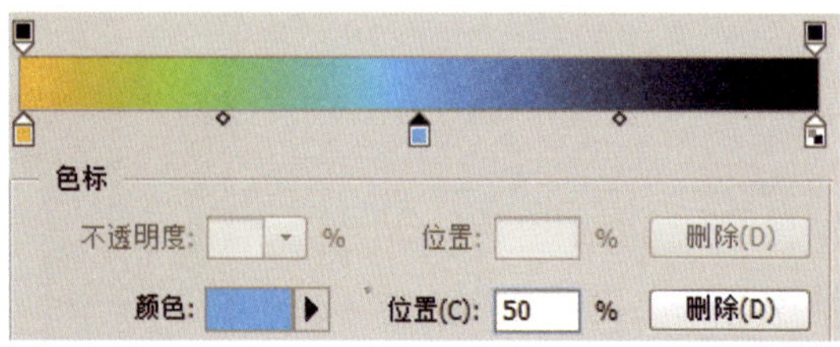

图3.39 精确移动色标

4. 编辑色标和不透明度色标中点

当选择一个色标时，在当前色标与临近的色标之间将出现一个菱形标记，这个标记称为颜色中点，拖动该点，可以修改颜色中点两侧的颜色比例，操作效果如图3.40所示。

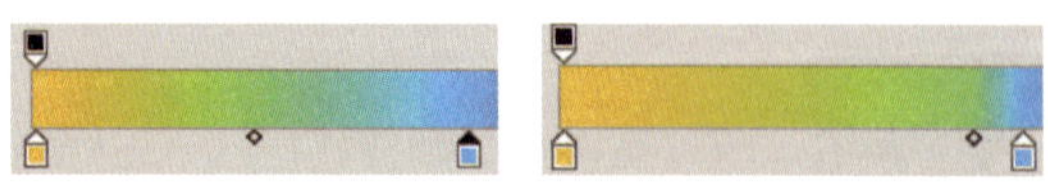

图3.40 编辑中点

位于“渐变条”上方的色块叫作不透明度色标。同样，当选择一个不透明度色标时，在当前不透明色标与临近的不透明度色标之间将出现一个菱形标记，这个标记称为不透明度中点，拖动该点，可以修改不透明度中点两侧的透明度所占比例，操作效果如图3.41所示。

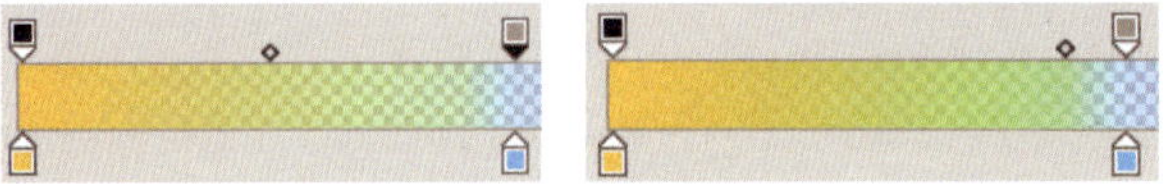

图3.41　编辑不透明度中点

3.4.5 创建透明渐变

利用“渐变编辑器”不但可以制作出实色的渐变效果，还可以制作出透明的渐变填充，具体的设置方法如下。

01 在工具箱中选择“渐变工具”后，单击选项栏中的“点按可编辑渐变”区域，打开“渐变编辑器”对话框。在“预设”栏中单击选取一个渐变，如选择“黑，白渐变”，如图3.42所示。

图3.42 选择“黑，白渐变”

02 首先来改变渐变的颜色。双击渐变条下方右侧的色标，打开“选择色标颜色”对话框，并设置颜色为红色，如图3.43所示。

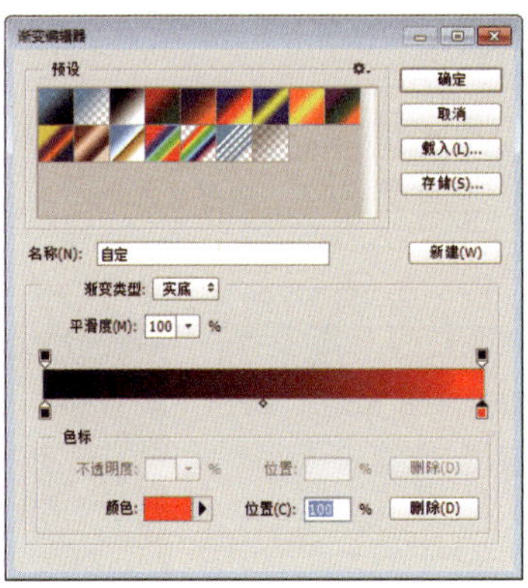

图3.43　设置色标颜色

> **技巧**
>
> 在编辑渐变时，最好将不透明度渐变的色标颜色与它临近的颜色设置为一致，这样才不至于在过渡中产生其他颜色。

03 单击选择渐变条上方左侧的不透明度色标，然后在“色标”选项组中，修改“不透明度”的值为0，使其完全透明，并修改“位置”为50%，此时从“渐变条”中可以看到颜色出现了透明效果，位置也发生了变化，如图3.44所示。

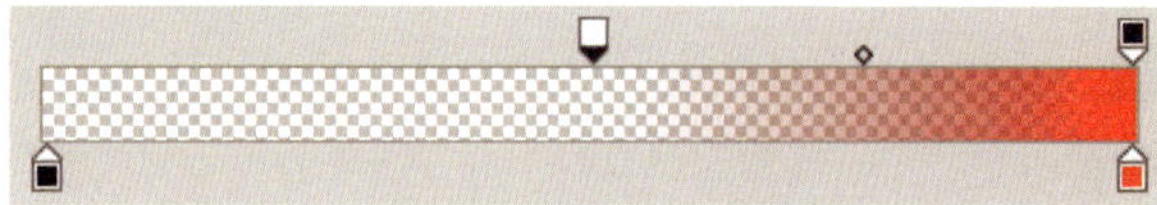

图3.44　修改不透明度和位置

> **技巧**
>
> 如果想删除不需要的不透明度色标，首先选择该不透明度色标，然后单击“删除”按钮即可，也可以直接拖动该不透明度色标到“渐变条”以外的区域，释放鼠标左键即可将其删除。需要注意的是，不透明度色标至少要保持两个。

04 设置完成后，单击“确定”按钮，完成透明渐变的编辑。为了更好地说明效果，这里执行菜单栏中的“文件”|“打开”命令，打开图像“湖泊.jpg”。

05 选择工具箱中的“椭圆选框工具”，按住Shift键的同时，绘制一个圆形选区，如图3.45所示。

06 在“图层”面板中，单击底部的“创建新图层”按钮，创建一个新的图层，如图3.46所示。

图3.45　绘制圆形选区

图3.46　创建新图层

07 选择工具箱中的“渐变工具”，编辑白色到白色的渐变，将第2个白色色标“不透明度”更改为0，在选项栏中单击“线段渐变”按钮。从圆形选区的合适位置，按住鼠标左键拖动，如图3.47所示。

08 释放鼠标左键即可为其填充渐变，执行菜单栏中的“选择”|“取消选择”命令，将选区取消，填充后的效果，如图3.48所示。

图3.47 拖动效果

图3.48 填充渐变

09 使用“选择工具”将图像适当移动，效果如图3.49所示。

10 选中图像所在图层，降低其透明度数值，效果如图3.50所示。

图3.49 调整图像位置

图3.50 降低不透明度

3.4.6 创建杂色渐变

除了创建上面的实色渐变和透明渐变外，利用“渐变编辑器”对话框还可以创建杂色渐变，具体的创建方法如下。

01 在工具箱中选择“渐变工具”，单击选项栏中“点按可编辑渐变”区域，打开“渐变编辑器”面板，然后选择一种渐变，比如选择“色谱”渐变。在“渐变类型”下拉列表中，选择“杂色”选项，此时渐变条将显示杂色效果，如图3.51所示。

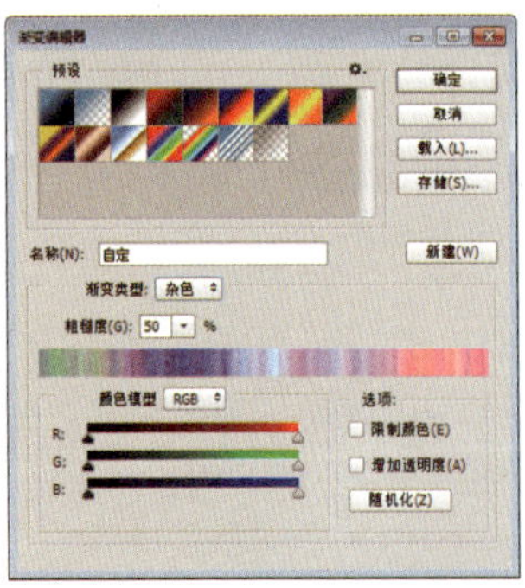

图3.51 “渐变编辑器”面板

> **提示**
>
> 杂色渐变效果与选择的预设或自定义渐变无关，即不管开始选择的什么渐变，选择“杂色”选项后，显示的效果都是一样的。要修改杂色渐变，可以通过“颜色模型”和相关的参数值来修改。

选择杂色渐变后各选项含义说明如下。

- “粗糙度”：设置整个渐变颜色之间的粗糙程度。可以在文本框中输入数值，也可以拖动弹出式滑块来修改数值。值越大，颜色之间的粗糙度就越大，颜色之间的对比度就越大。不同的值将显示不同的粗糙程度。
- “颜色模型”：设置不同的颜色模式。包括RGB、HSB和LAB3种颜色模式。选择不同的颜色模式，其下方将显示不同的颜色设置条，拖动不同颜色滑块，可以修改颜色的显示，以创建不同的杂色效果。
- “限制颜色”：勾选该复选框，可以防止颜色过度饱和。
- “增加透明度”：勾选该复选框，可以向渐变中添加透明杂色，以制作带有透明度的杂色效果。
- “随机化”：单击该按钮，可以在不改变其他参数的情况下，创建随机的杂色渐变。

02 读者可以根据上面的相关参数，自行设置一个杂色渐变。利用“渐变工具”进行填充，填充几种不同渐变样式的杂色渐变效果，如图3.52所示。

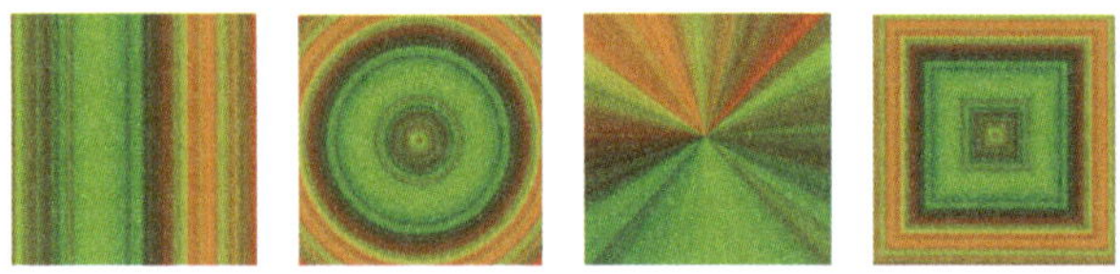
图3.52 填充几种不同渐变样式的杂色渐变效果

3.4.7 实战案例：利用“渐变填充”打造立体球图像

- **素材位置** | 无
- **案例位置** | 案例文件\第3章\利用【渐变填充】打造立体球图像.psd
- **视频位置** | 多媒体教学\3.4.7 实战案例 利用“渐变填充”打造立体球图像.avi
- **难易指数** | ★★☆☆☆

本例讲解利用“渐变填充”打造立体球图像的效果。最终效果如图3.53所示。

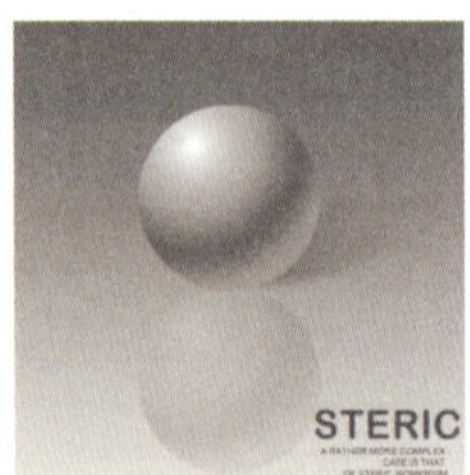

图3.53 最终效果

操作步骤

01 执行菜单栏中的“文件”|“新建”命令，打开“新建”对话框，设置“宽度”为400像素，“高度”为400像素，“分辨率”为300像素，“颜色模式”为RGB颜色，“背景内容”设置为白色的画布。

02 选择工具箱中的“渐变工具”，将其填充一个从灰色（R：114，G：113，B：113）到灰色（R：239，G：239，B：239）的线性渐变。按住鼠标左键从画布的上方向下方拖动填充渐变，如图3.54所示。

图3.54 填充渐变

03 在“图层”面板中创建一个新图层——图层1，如图3.55所示。选择“椭圆选框工具”，在按住Shift键的同时在画布中绘制一个圆形选区，如图3.56所示。

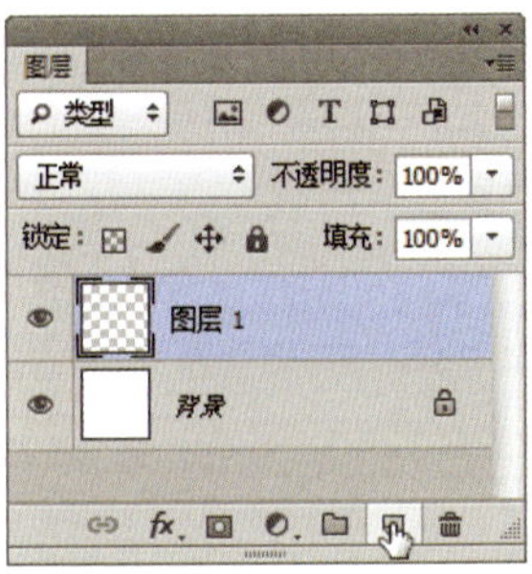

图3.55 新建图层

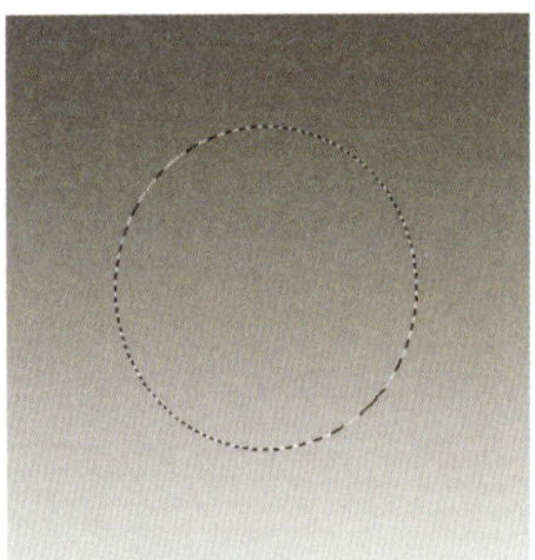

图3.56 绘制选区

04 选择工具箱中的“渐变工具”，在选项栏中单击“点按可编辑渐变”区域，打开“渐变编辑器”对话框，添加色标设置颜色白色、灰色（R：220，G：221，B：221）、灰色（R：181，G：181，B：182）、灰色（R：114，G：113，B：113）到灰色（R：181，G：181，B：182）的渐变。从选区的左上方向右下方拖动，为选区填充径向渐变，如图3.57所示。

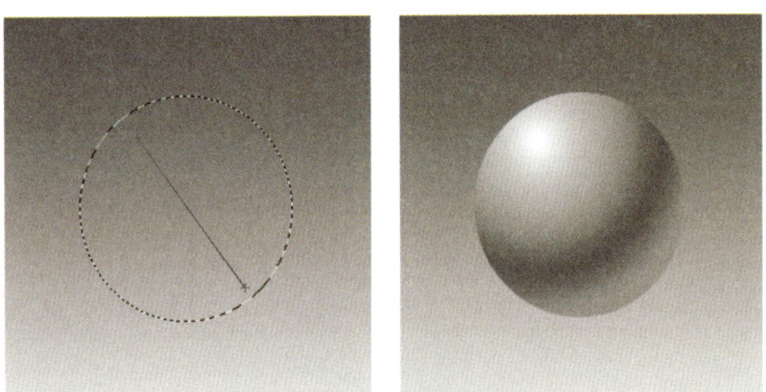

图3.57 填充渐变过程

05 将“图层1”复制一份，然后按住Shift键的同时将圆向下移动一段距离，修改该图层的“不透明度”为20%，如图3.58所示。

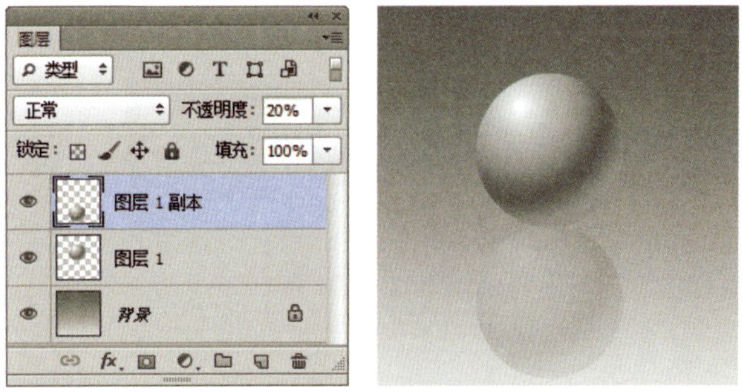

图3.58 复制图层并调节不透明度

06 在“图层”面板中创建一个新的图层——图层2，选择工具箱中的“椭圆选框工具”，绘制一个椭圆形选区，如图3.59所示。

07 将其填充一个从灰色（R：114，G：113，B：113）到透明的线性渐变，并将该图形进行适当的旋转，然后将该层拖动到“图层 1”的下方，如图3.60所示。

图3.59 绘制选区

图3.60 拖动图层

08 最后再配上相关的装饰，完成本例的制作，如图3.61所示。

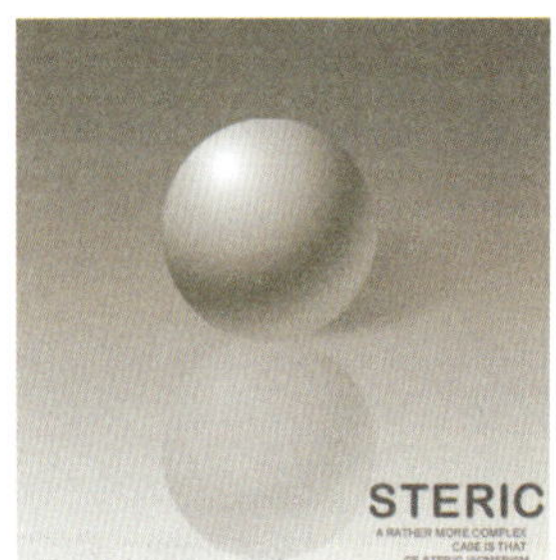

图3.61 完成效果

3.4.8 实战案例：利用“渐变填充”制作游戏光线背景

- **素材位置** | 无
- **案例位置** | 案例文件\第3章\利用“渐变填充”制作游戏光线背景.psd
- **视频位置** | 多媒体教学\3.4.8 实战案例 利用“渐变填充”

制作游戏光线背景.avi

● **难易指数** | ★★☆☆☆

本例讲解利用“渐变填充”制作游戏光线背景的制作。最终效果如图3.62所示。

图3.62 最终效果

操作步骤

01 执行菜单栏中的“文件”|“新建”命令，打开“新建”对话框，设置“宽度”为640像素，“高度”为480像素，“分辨率”为300像素，“颜色模式”为RGB颜色，“背景内容”设置为白色的画布。

02 设置前景色为黑色，背景色为白色。执行菜单栏中的“滤镜”|“渲染”|“云彩”命令，添加“云彩”滤镜，如图3.63所示。

图3.63 “云彩”滤镜

03 执行菜单栏中的“滤镜”|“像素化”|“铜版雕刻”命令，打开“铜版雕刻”对话框，设置“类型”为中长描边。单击“确定”按钮确认，效果如图3.64所示。

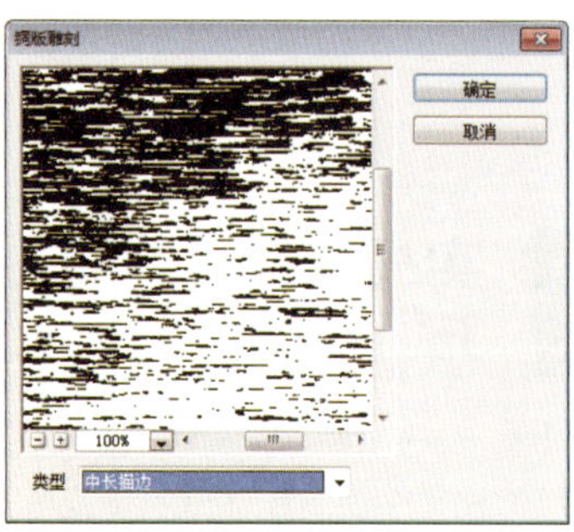

图3.64 “铜版雕刻”设置与效果

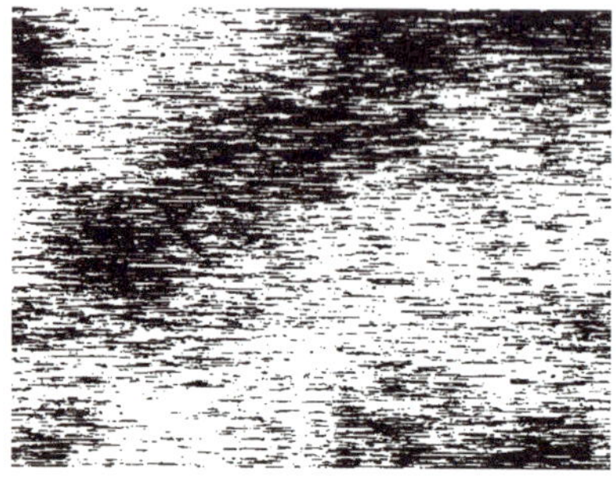

图3.64 “铜版雕刻”设置与效果（续）

04 执行菜单栏中的“滤镜”|“模糊”|“径向模糊”命令，打开“径向模糊”对话框，设置“数量”为100，勾选“缩放”单选按钮。单击“确定”按钮确认，如图3.65所示。多次按Ctrl + F组合键以重复应用径向模糊将其加强，如图3.66所示。

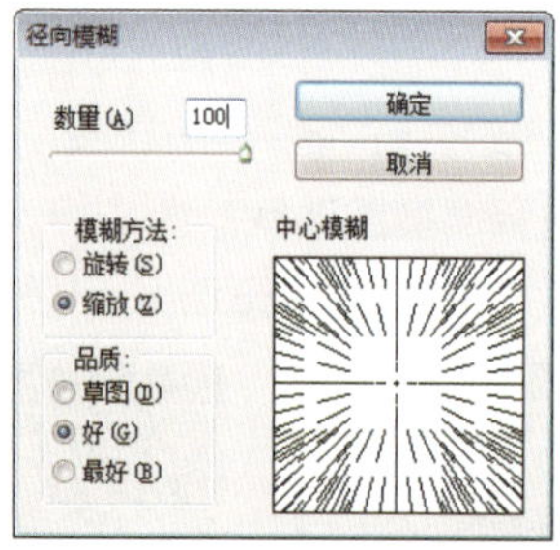

图3.65 “径向模糊”

图3.66 多次“径向模糊”

05 执行菜单栏中的“滤镜”|“扭曲”|“旋转扭曲”命令，打开“旋转扭曲”对话框，设置“角度”为125度。单击“确定”按钮确认，如图3.67所示。

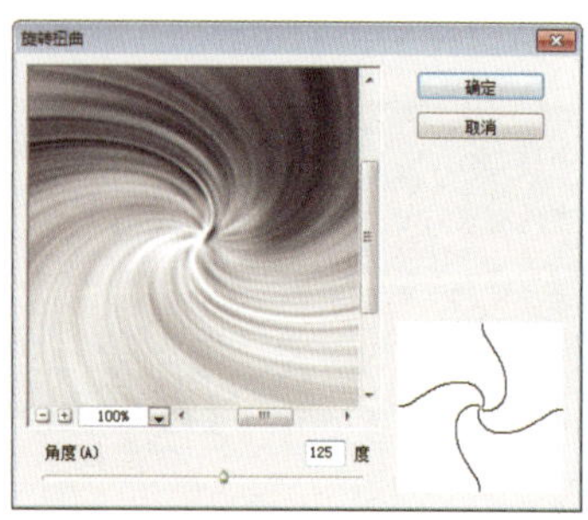

图3.67 “旋转扭曲”设置与效果

图3.67 “旋转扭曲”设置与效果（续）

06 在“图层”面板中将“背景”图层复制一份“背景 副本”图层，如图3.68所示。执行菜单栏中的“滤镜”|“扭曲”|“旋转扭曲”命令，打开“旋转扭曲”对话框，设置“角度”为-180度。单击“确定”按钮确认，如图3.69所示。

图3.68 复制图层

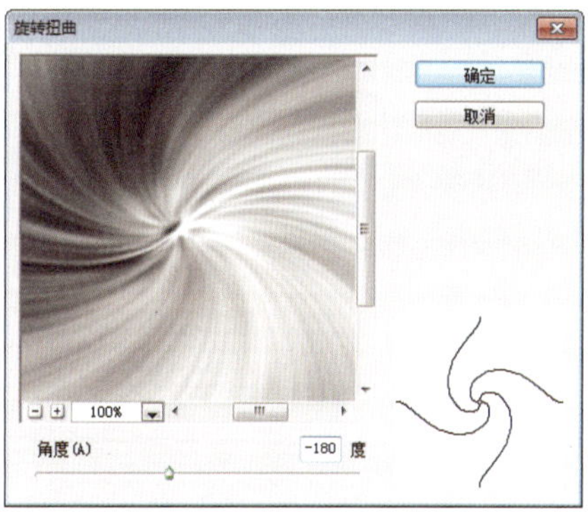

图3.69 “旋转扭曲”设置

07 在“图层”面板中，将“背景 副本”图层的混合模式设置为“变亮”，如图3.70所示。将“背景”和“背景 副本”图层合并，如图3.71所示。

图3.70 设置混合模式

图3.71 合并图层

08 单击“图层”面板下方的“创建新的填充或调整图层”◐按钮，在弹出的菜单中选择“渐变填充”命令，打开“渐变”对话框，在“渐变”下拉菜单中选择“色谱”，将“样式”设置为径向，“缩放”设置为150%，单击“确定”按钮确认，如图3.72所示。

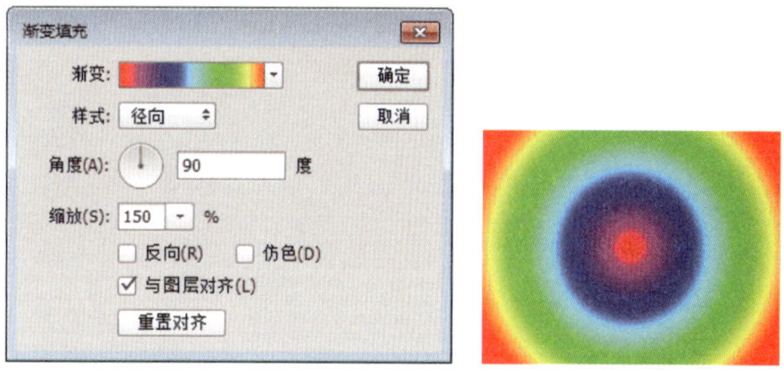

图3.72 渐变填充

09 在“图层”面板中，将“渐变填充1”图层的混合模式设置为“柔光”，如图3.73所示。最后再配上相关的装饰，完成本例的制作，如图3.74所示。

图3.73 设置图层混合模式

图3.74 完成效果

第 04 章

强大的绘画功能

内容摘要

本章以绘画为基础，详细向读者讲述了Photoshop强大的绘画功能。不但讲解了常用绘画工具的使用，详细讲解了其参数设置，还讲解了图案的创建与填充技能，让读者在掌握工具使用的同时，掌握利用不同参数绘制不同图像的方法。

教学目标

学习和掌握画笔工具的使用
掌握画笔面板参数的使用方法和技巧
掌握图案的创建及填充

4.1 认识绘画工具

Photoshop为用户提供了多个绘画工具。主要包括如“画笔工具”、“铅笔工具”、“混合器画笔工具”、“历史记录画笔工具”、“历史记录艺术画笔工具”、“橡皮擦工具”、“背景橡皮擦工具”和“魔术橡皮擦工具”。

4.1.1 绘画工具选项

在使用绘画工具进行绘图前，首先来了解一下绘画工具选项栏的相关选项，以更好地使用这些绘画工具进行绘图操作。绘画工具选项有很多是相同的，下面以“画笔工具”选项栏为例进行详解。选择工具箱中的“画笔工具”后，选项栏显示如图4.1所示。

图4.1 “画笔工具”选项栏

“画笔工具”选项栏中各选项的含义说明如下。

- “点按可打开‘画笔预设’选取器”：单击该区域，将打开“画笔预设”选取器，如图4.2所示。“画笔预设”选取器用来设置笔触的大小、硬度或选择不同的笔触。
- “切换画笔面板”：单击该按钮，可以打开“画笔”面板，如图4.3所示。

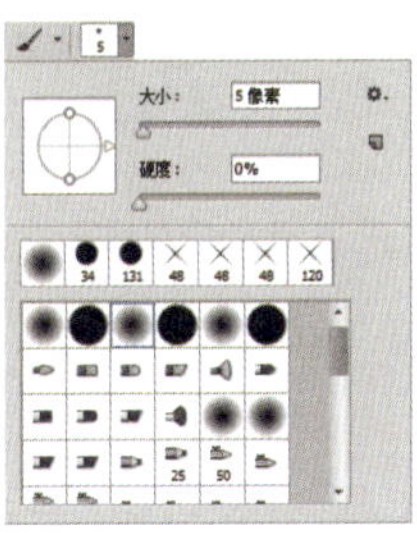

图4.2 “画笔预设”选取器

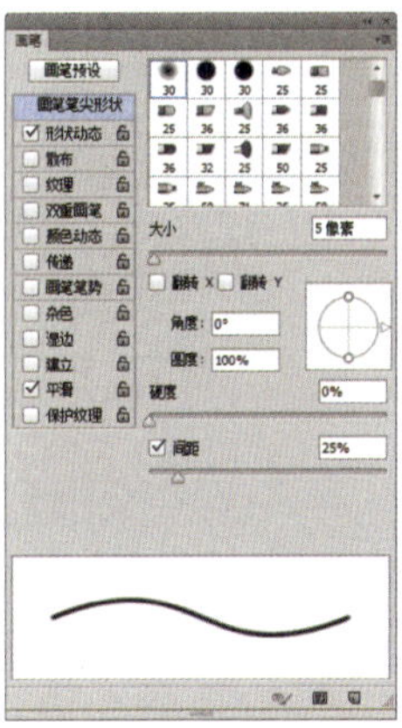

图4.3 “画笔”面板

- “模式”：单击“模式”选项右侧的 正常 区域，将打开模式下拉列表，从该下拉列表中，选择需要的模式，然后在画面中绘图，可以产生神奇的效果。
- “不透明度”：单击“不透明度”选项右侧的三角形按钮，将打开弹出式滑块框，通过拖动上面的滑块来修改笔触不透明度，也可以直接在文本框中输入数值修改不透明度。当值为100%时，绘制的颜色完全不透明，将覆盖下面的背景图像；当值小于100%时，将根据不同的值透出背景中的图像，值越小，透明性越大，当值为0时，将完全显示背景图像。不同透明度绘画效果如图4.4所示。

值为100%　　值为60%　　值为10%

图4.4 不同透明度的绘画效果

- “绘图板压力控制不透明度”：单击该按钮，使用波多黎各压力可覆盖“画笔”面板中的不透明度设置。
- “流量”：表示笔触颜色的流出量，流出量越大，颜色越深，说白了就是流量可以控制画笔颜色的深浅。在画笔选项栏中，单击“流量”选项右侧的按钮，将打开弹出式滑块框，通过拖动上面的滑块来修改笔触流量，也可以直接在文本框中输入数值修改笔触流量。值为100%时，绘制的颜色最深最浓；当值小于100%时，绘制的颜色将变浅，值越小，颜色越淡。不同流量所绘制的效果，如图4.5所示。

值为100%　　值为70%　　值为20%

图4.5 不同流量所绘制的效果

- “启用喷枪模式”：单击该按钮将启用喷枪模式。喷枪模式在硬度值小于100%时，即使用边缘柔和度大的笔触时，按住鼠标左键不动时，喷枪可以连续喷出颜料，扩充柔和的边缘。单击此按钮可打开或关闭此选项。
- “绘图板压力控制大小”：单击该按钮，使用光笔压力可覆盖“画笔”面板中的大小设置。

4.1.2 使用画笔或铅笔工具绘画

“画笔工具”和“铅笔工具”可在图像上绘制当前的前景色。不过，“画笔工具”创建的笔触较柔和，而“铅笔工具”创建的笔触较生硬。要使用“画笔工具”或“铅笔工具”进行绘画，可执行如下操作。

01 首先在工具箱中设置一种前景色。

02 选择“画笔工具”或“铅笔工具”，在选项栏的“‘画笔预设’选取器”或“画笔”面板中选择合适的画笔，并设置“模式”和“不透明度”等选项。

03 在画布中直接单击拖动即可进行绘画。使用“画笔工具”和“铅笔工具”不同绘画效果分别如图4.6和图4.7所示。

图4.6 画笔工具效果

图4.7 铅笔工具效果

技巧

要绘制直线，可以在画布中单击起点，然后按住 Shift 键并单击终点。

4.1.3 使用“混合器画笔工具”绘画

“混合器画笔工具”，它可以模拟真实的绘画技术，比如混合画布上的颜色、组合画笔上的颜色或绘制过程中使用不同的绘画湿度等。

“混合器画笔工具”有两个绘画色管：一个是储槽、另一个是拾取器。储槽色管存储最终应用于画布的颜色，并且具有较多的油彩容量。拾取色管接收来自画布的油彩；其内容与画布颜色是连续混合的。“混合器画笔工具”选项栏如图4.8所示。

图4.8 “混合器画笔工具”选项栏

“混合器画笔工具”选项栏各选项含义说明如下。

- “当前画笔载入”：可以单击色块，将打开“选择绘画颜色”对话框，设置一种纯色。单击三角形按钮，将弹出一个菜单，选择“载入画笔”命令，将使用储槽颜色填充画笔；选择“清理画笔”命令将移去画笔中的油彩。如果要在每次描边后执行这些操作，可以单击“每次描边后载入画笔”或“每次描边后清理画笔”按钮。

技巧

按住 Alt 键的同时单击画布或直接在工具箱中选取前景色，可以直接将油彩载入储槽。当载入油彩时，画笔笔尖可以反映出取样区域中的任何颜色变化。如果希望画笔笔尖的颜色均匀，可从“当前画笔载入”菜单中选择“只载入纯色”命令。

- “潮湿”：用来控制画笔从图像中拾取的油彩量。值越大，拾取的油彩量越多，产生越长的绘画条痕。“潮湿”值分别为0和100%时产生的不同绘画效果如图4.9所示。

图4.9 0和100%时产生的不同绘画效果

- “载入”：指定储槽中载入的油彩量大小。载入速率越低，绘画干燥的速度就越快。“载入”值越小，绘图过程中油彩量减少量越快。“载入”值分别为1%和100%时产生的不同绘画效果如图4.10所示。

图4.10 1%和100%时产生的不同绘画效果

- “混合”：控制画布油彩量同储槽油彩量的比例。当比例为0时，所有油彩都来自储槽；比例为100%时，所有油彩将从画布中拾取。不过，该项会受到“潮湿”选项的影响。
- “对所有图层取样”：勾选该复选框，可以拾取所有可见图层中的画布颜色。

4.1.4 使用“历史记录艺术画笔工具”

“历史记录艺术画笔工具”可以使用指定历史记录状态或快照中的源数据，以风格化笔触进行绘画。通过尝试使用不同的绘画样式、区域和容差选项，可以用不同的色彩和艺术风格模拟绘画的纹理，以产生各种不同的艺术效果。

与“历史记录画笔工具”相似，“历史记录艺术画笔工具”也可以用指定的历史记录源或快照作为源数据。但是，“历史记录画笔工具”是通过重新创建指定的源数据来绘画，而“历史记录艺术画笔工具”在使用这些数据的同时，还加入了为创建不同的色彩和艺术风格设置的效果。其选项栏如图4.11所示。

图4.11 “历史记录艺术画笔工具”选项栏

历史记录艺术画笔工具中各选项的含义说明如下。

- “样式”：设置使用历史记录艺术画笔绘画时所使用的风格。包括绷紧短、绷紧中、绷紧长、松散中等、松散长、轻涂、绷紧卷曲、绷紧卷曲长、松散卷曲、松散卷曲长10种样式，使用不同的样式绘图所产生的不同艺术效果如图4.12所示。

原图　绷紧短效果　绷紧中效果　绷紧长效果

松散中等效果　松散长效果　轻涂效果　绷紧卷曲效果

绷紧卷曲长效果　松散卷曲效果　松散卷曲长效果

图4.12 不同的样式绘图所产生的不同艺术效果

- “区域”：设置历史艺术画笔的感应范围，即绘图时艺术效果产生的区域大小。值越大，艺术效果产生的区域也越大。
- “容差”：控制图像的色彩变化程度，取值范围为0~100%。值越大，所产生的效果与原图像越接近。

4.1.5 使用“橡皮擦工具”

选择“橡皮擦工具”后，其选项栏如图4.13所示，包括“画笔”“模式”“不透明度”“流量”和“抹到历史记录”等。

图4.13 “橡皮擦工具”选项栏

“橡皮擦工具”选项栏各选项的含义说明如下。

- “模式”：选择橡皮的擦除方式，包括“画笔”“铅笔”和“块”3种方式。3种方式不同的擦除效果如图4.14所示。

画笔方式　铅笔方式　块方式

图4.14 不同模式的橡皮擦除效果

- “抹到历史记录”：勾选该复选框后，在“历史记录”面板中可以设置擦除的历史记录画笔位置或历史快照位置，擦除时可以将擦除区域恢复到设置的历史记录位置。

技巧

在使用橡皮擦工具时，按住键盘中的Shift键在图像中拖动，可以沿水平或垂直方向擦除图像；按住Shift键在图像中多次单击，可以连续擦除图像。

“橡皮擦工具”的使用方法很简单，首先在“工具箱”中选择“橡皮擦工具”，然后在工具选项栏中设置合适的橡皮擦参数，然后将鼠标光标移动到图像中，在需要的地方按住鼠标左键拖动擦除即可。在应用橡皮擦工具时，根据图层的不同，擦除的效果也不同，具体的擦除效果如下。

- 如果正在背景中或在透明被锁定的图层中擦除时，被擦除的部分将显示为背景色。擦除的效果如图4.15所示。
- 在背景层上双击鼠标左键，将背景层转换为普通层。当在没有被锁定透明的普通层中擦除时，被擦除的部分将显示为透明，擦除的效果如图4.16所示。

图4.15 在背景层上擦除

图4.16 在普通层上擦除

4.1.6 使用“背景橡皮擦工具”

“背景橡皮工具” 选项栏如图4.17所示，其中包括“画笔”“取样”“限制”“容差”和“保护前景色”。“背景橡皮擦工具” 无论在背景层还是普通层上擦除，都将直接擦除到透明效果，还可以通过指定不同的取样和容差选项，精确控制擦除的区域。

图4.17 “背景橡皮擦工具”选项栏

“背景橡皮擦工具”选项栏各选项的含义说明如下。

- “取样：连续” ：用法等同于橡皮擦工具，在擦除过程随着拖动连续采取色样，可以擦除拖动光标经过的所有图像像素。
- “取样：一次” ：擦除前先进行颜色取样，即光标定位的位置颜色，然后按住鼠标左键拖动，可以在图像上擦除与取样颜色相同或相近的颜色，而且每次单击取样的颜色只能做一次连续的擦除，如果释放鼠标左键后想继续擦除，需要再次单击重新取样。
- “取样：背景色板” ：在擦除前先设置好背景色，即设置好取样颜色，然后可以擦除与背景色相同或相近的颜色。
- “限制”：控制背景橡皮擦工具擦除的颜色界限。包括3个选项，分别为“不连续”“连续”和“查找边缘”。选择“不连续”选项，在图像上拖动可以擦除所有包含取样点颜色的区域；选择“连续”选项，在图像上拖动只擦除相互连接的包含取样点颜色的区域；选择“查找边缘”选项，将擦除包含取样点颜色的相互连接区域，可以更好地保留形状边缘的锐化程度。
- “容差”：控制擦除颜色的相近范围。输入值或拖移滑块可以修改图像颜色的精度，值越大，擦除相近颜色的范围就越大；值越小，擦除相近颜色的范围就越小。
- “保护前景色”：勾选该复选框，在擦除图像时，可防止擦除与工具箱中的前景色相匹配的颜色区域。使用“背景橡皮擦工具”并按下“取样：连续”按钮进行擦除。图4.18所示为设置绿色前景色的原始图像效果；图4.19所示为不勾选“保护前景色”复选框的擦除效果；图4.20所示为选中“保护前景色”的擦除效果。

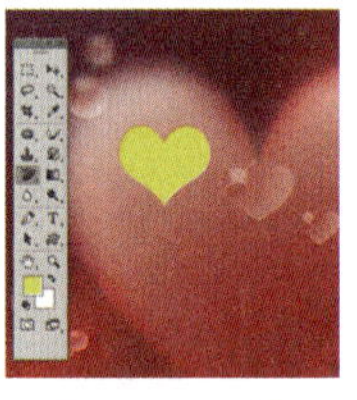

图4.18 原始

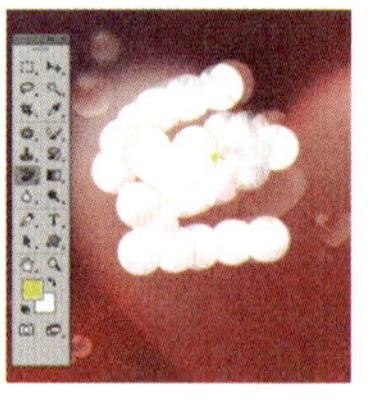

图4.19 不使用

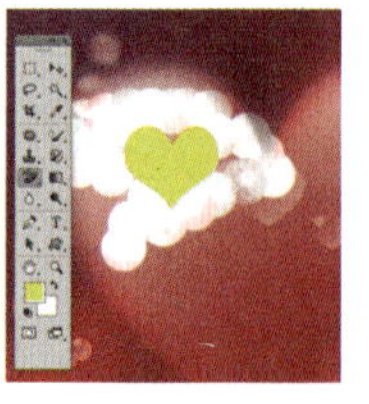

图4.20 使用

4.1.7 实战案例：使用“背景橡皮擦工具”将小女孩抠出

- **素材位置** | 素材文件\第4章\小女孩.jpg
- **案例位置** | 案例文件\第4章\使用“背景橡皮擦工具”将小女孩抠出.psd
- **视频位置** | 多媒体教学\4.1.7 实战案例 使用“背景橡皮擦工具”将小女孩抠出.avi
- **难易指数** | ★★☆☆☆

“背景橡皮擦工具” 采集画笔中心的色样，并删除在画笔内的任何位置出现的该颜色。下面以实例的形式来讲解“背景橡皮工具” 的使用。最终效果如图4.21所示。

图4.21 最终效果

操作步骤

01 执行菜单栏中的“文件”|“打开”命令，打开“小女孩.jpg”文件，选择工具箱中的“背景橡皮擦工具”，在选项栏中设置画笔的“大小”为30像素，“硬度”为100%，“间距”为25%，并单击“取样：一次”按钮，其他参数设置如图4.22所示。

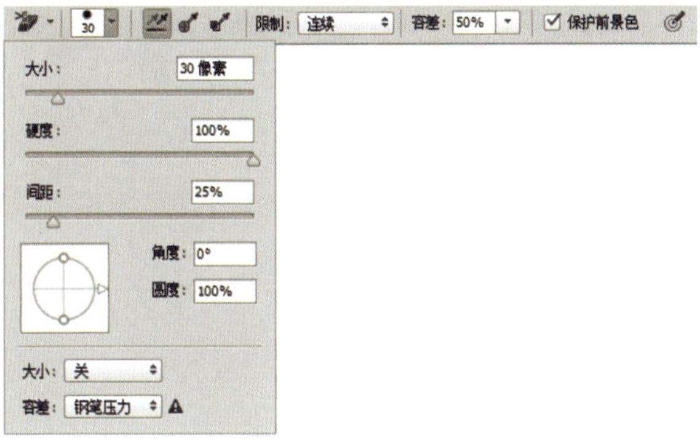

图4.22 选项栏参数设置

02 将光标移动到图像中，确定光标在背景颜色位置，以指定取样点的颜色，如图4.23所示。

03 按住鼠标左键拖动，可以看到擦除的效果，背景颜色图像被擦除了，而其他的颜色没有任何的变化，如图4.24所示。

图4.23 取样点的位置

图4.24 擦除蓝色背景

> **提示**
>
> 在设置完取样点拖动擦除时，鼠标要一直保持按下状态，如果在没有达到要求时就释放了鼠标左键，再次擦除时需要重新设置取样点。

04 在擦除过程中可以看到心形区域圆形部分是没有擦除的，下面来擦除心形区域背景。首先释放鼠标左键，将光标放置在心形区域背景位置，以指定取样点的颜色，如图4.25所示。

05 按住鼠标左键拖动，可以看到心形区域背景在拖动中被擦除，如图4.26所示。

图4.25 取样点位置

图4.26 擦除白色背景

06 用同样的方法，在其他蓝色区域取样，将下方的浅蓝背景擦除，擦除后的效果如图4.27所示。

07 这里在擦除过程中只擦除了美女边缘的颜色，并没有将其他位置的背景颜色擦除，因为笔者认为那样费时费力，可以使用更好的方法来解决，下面来将其他背景颜色删除。选择工具箱中的“套索工具”，沿美女的边缘将美女选中，如图4.28所示。

图4.27 擦除浅蓝色背景

图4.28 选中美女

08 执行菜单栏中的“选择”|“反向”命令，将选区反选，这样正好可以将背景中的其他颜色选中，如图4.29所示。

09 按Delete键将选区中的图像删除，然后按Ctrl + D组合键取消选区，抠像完成效果如图4.30所示。

图4.29 反选选区

图4.30 抠像完成效果

4.1.8 魔术橡皮擦工具

“魔术橡皮擦工具”的用法与“魔棒工具”相

似，使用“魔术橡皮擦工具”在图像中单击，可以擦除图像中与光标单击处颜色相近的像素。

如果在锁定了透明的图层中擦除图像时，被擦除的像素会更改为背景色；如果在背景层或普通层中擦除图像时，被擦除的像素会显示为透明效果。原图与不锁定透明像素和锁定透明像素的不同擦除效果如图4.31所示。

原图

不锁定透明像素

锁定透明像素

图4.31 不同设置擦除效果

“魔术橡皮擦工具”选项栏主要包括“容差”“消除锯齿”“连续”“对所有图层取样”和“不透明度”几个选项，如图4.32所示。

图4.32 “魔术橡皮擦工具”选项栏

“魔术橡皮擦工具”选项栏各选项的含义说明如下。

- “容差”：控制擦除的颜色范围。在其右侧的文本框中输入容差数值，值越大，擦除相近颜色的范围就越大；值越小，擦除相近颜色的范围就越小。取值范围为0~255的整数。不同的容差值擦除的效果，如图4.33所示。

原图

容差值为20

容差值为100

图4.33 不同容差值的擦除效果

- “消除锯齿”：勾选该复选框，可使擦除区域的边缘与其他像素的边缘产生平滑过渡效果。
- “连续”：勾选该复选框，将擦除与鼠标单击点颜色相似并相连接的颜色像素；取消该复选框，将擦除与鼠标单击点颜色相似的所有颜色像素。原图、勾选与不勾选“连续”复选框的擦除效果如图4.34所示。

原始图像

勾选“连续”

不勾选“连续”

图4.34 勾选与不勾选“连续”复选框的擦除效果

- “对所有图层取样”：勾选该复选框，在擦除图像时，将对所有的图层进行擦除；取消勾选该项，在擦除图像时，只擦除当前图层中的图像像素。
- “不透明度”：指定被擦除图像的透明程度。100%的不透明度将完全擦除图像像素；较低的不透明度参数，将擦除的区域显示为半透明状态。不同透明度擦除图像的效果如图4.35所示。

10%

50%

90%

图4.35 不同透明度擦除图像的效果

技巧

Caps Lock键可以在标准光标和十字线之间切换。

技术延伸 调整绘图光标大小和硬度

通过在图像中拖动，可以调整绘图光标的大小或更改绘图光标的硬度。要调整绘图光标大小，在按住Alt键的同时按住鼠标右键左右拖动即可；要调整绘图光标的硬度，按住鼠标右键上下拖动即可。

4.2 “画笔”面板

执行菜单栏中的“窗口”|“画笔”命令，或在画笔选项栏的右侧，单击“切换画笔面板”按钮，都可以打开“画笔”面板。Photoshop 为用户提供了非常多的画笔，可以选择现有预设画笔，并可以修改预设画笔

设计新画笔；也可以自定义创建属于自己的画笔。

在“画笔”面板的左侧是画笔设置区，选择某个选项，可以在面板的右侧显示该选项相关的画笔选项；在面板的底部，是画笔笔触预览区，可以显示当使用当前画笔选项时绘画描边的外观。另外，单击面板菜单按钮▤，可以打开“画笔”面板的菜单，以进行更加详细的参数设置，如图4.36所示。

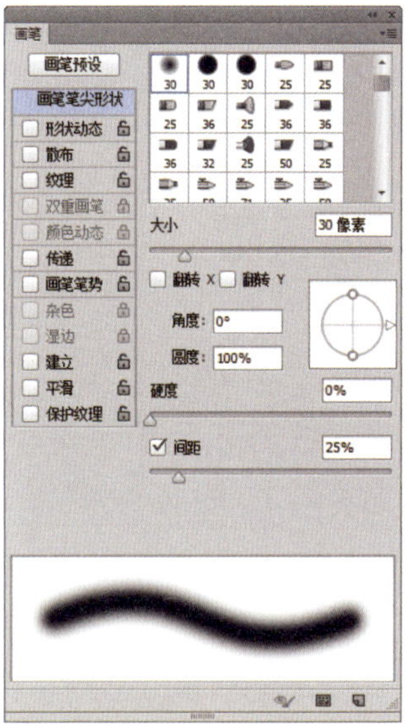

图4.36　“画笔”面板

技巧

单击选项组左侧的复选框可在不查看选项的情况下启用或停用这些选项。

4.2.1　设置画笔预设

画笔预设其实就是一种存储画笔笔尖，带有诸如大小、形状和硬度等定义的特性。画笔预设存储了Photoshop提供的众多画笔笔尖，当然也可以创建属于自己的画笔笔尖。在“画笔”面板中，单击“画笔预设”按钮，即可打开如图4.37所示的“画笔预设”面板。

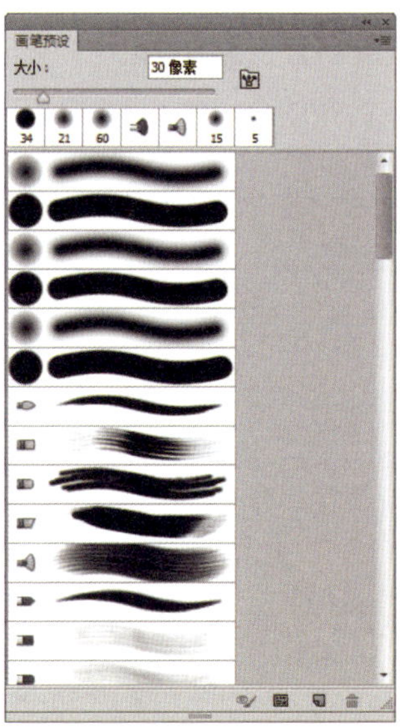

图4.37　“画笔预设”面板

1．选择预设画笔

在工具箱中选择一种绘画工具，在选项栏中单击“点按可打开‘画笔预设’选取器”区域，打开“画笔预设”选取器，从画笔笔尖形状列表中单击选择预设画笔，如图4.38所示。这是最常用的一种选择预设画笔的方法。

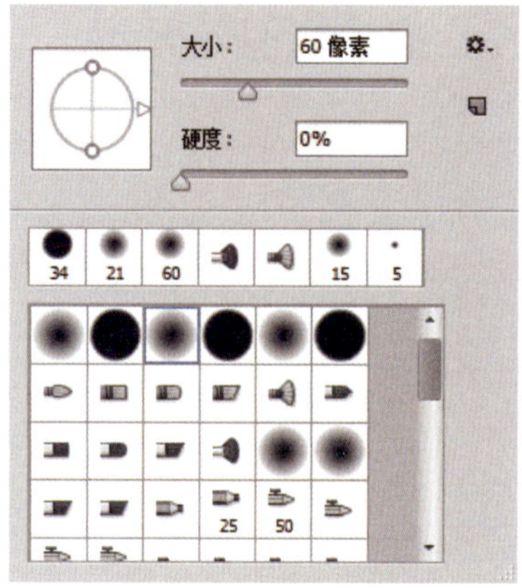

图4.38　选择预设画笔

提示

除了使用上面讲解的选择预设画笔的方法，还可以从“画笔”或“画笔预设”面板中选择预设画笔。

2．更改预设画笔的显示方式

从“画笔预设”面板菜单⚙中选择显示选项：共包括6种显示：仅文本、小缩览图、大缩览图、小列表、大列表和描边缩览图。

- 仅文本：以纯文本列表形式查看画笔。
- 小缩览图或大缩览图：分别以小或大缩览图的形式查看画笔。
- 小列表或大列表：分别以带有缩览图的小或大列表的形式查看画笔。
- 描边缩览图：不但可以查看每个画笔的缩览图，而且还可以查看样式画笔描边效果。

3．更改预设画笔库

通过“画笔预设”面板菜单▤，还可以更改预设画笔库。

- “载入画笔”：将指定的画笔库添加到当前画笔库。
- “替换画笔”：用指定的画笔库替换当前画笔库。
- 预设库文件：位于面板菜单的底部，共包括15个，如混合画笔、基本画笔、方头画笔等。在选择库文件时，将弹出一个询问对话框，单击“确定”按钮，将以选择的画笔库替换当前的画笔库；单击“追加”按钮，可以将选择的画笔库添加到当前的画笔库中。

技巧

如果想返回到预设画笔的默认库，可以从“画笔预设”面板菜单中选择“复位画笔”命令。可以替换当前画笔库或将默认库追加到当前画笔库中。当然，如果想将当前画笔库保存起来，可以选择“存储画笔”命令。

4.2.2 自定义画笔预设

前面讲解了画笔预设的应用，可以看到，虽然Photoshop为用户提供了许多的预设画笔，但还远远不能满足用户的需要，下面来讲解自定义画笔预设的方法。

01 执行菜单栏中的“文件”|“打开”命令，打开“花瓣.psd”文件，如图4.39所示。

02 执行菜单栏中的“编辑”|“定义画笔预设”命令，打开如图4.40所示的“画笔名称”对话框，为其命名，比如“花瓣”，然后单击“确定”按钮，即可将素材定义为画笔预设。

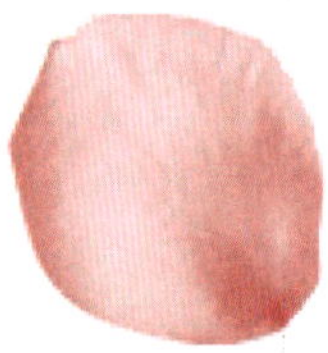

图4.39 打开图片

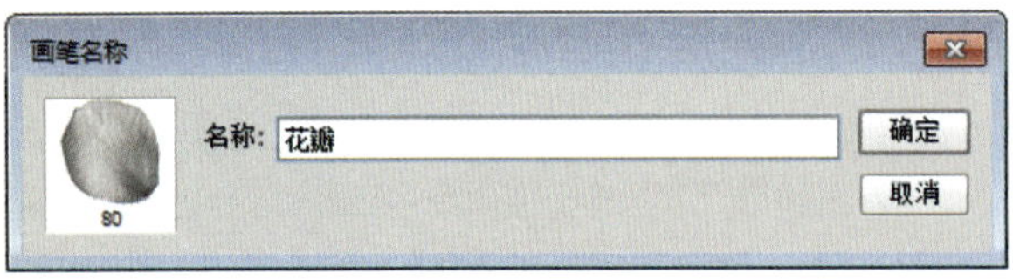

图4.40 “画笔名称”对话框

03 选择“画笔工具”后，在工具选项栏中，单击“画笔”选项右侧的“点按可打开‘画笔预设’选取器”区域，打开“画笔预设”选取器，在笔触选择区的最后将显示出刚定义的画笔笔触——花瓣，效果如图4.41所示。

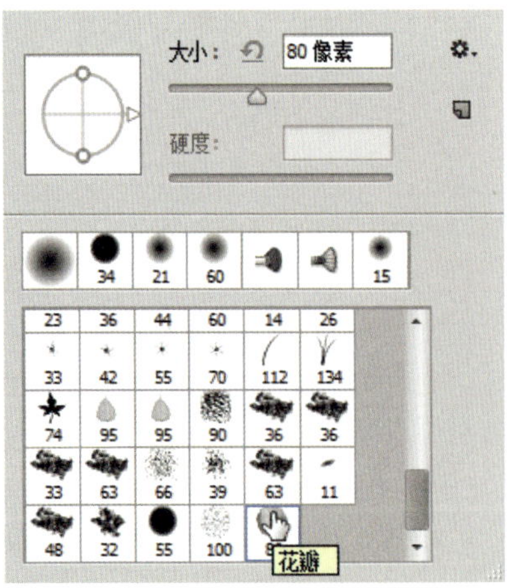

图4.41 创建的画笔笔触效果

04 为了更好地说明笔触的使用，下面设置花朵笔触的不同参数，以绘制漂亮的图案效果。单击选项栏中的“切换画笔面板”按钮，打开“画笔”面板，分别设置画笔的参数，如图4.42所示。

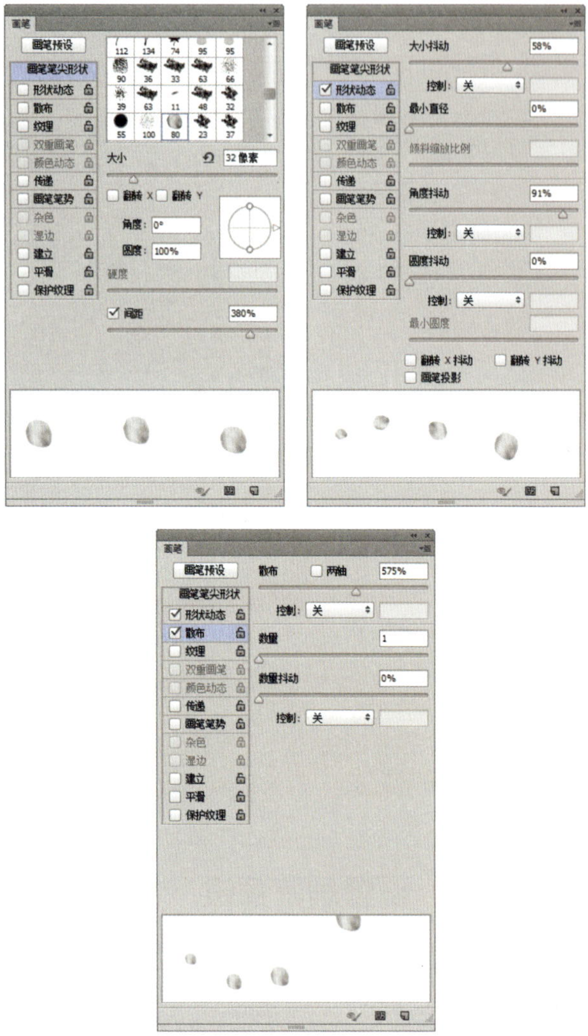

图4.42 画笔参数设置

05 参数设置完成后，执行菜单栏中的“文件”|“打开”命令，打开“花.jpg”文件，如图4.43所示。

06 将前景色设置为和背景相似的紫色，使用设置好参数的“画笔工具”，在图片中拖动绘图，绘制完成的效果如图4.44所示。

图4.43 打开的图片

图4.44 绘制后的效果

4.2.3 实战案例：利用“定义画笔”命令制作飘舞的泡泡

- **素材位置** | 素材文件\第4章\泡泡背景.jpg
- **案例位置** | 案例文件\第4章\利用“定义画笔”命令制作飘舞的泡泡.psd
- **视频位置** | 多媒体教学\4.2.3 实战案例 利用“定义画笔”命令制作飘舞的泡泡.avi
- **难易指数** | ★★☆☆☆

本例讲解利用“定义画笔”命令制作飘舞的泡泡的制作。最终效果如图4.45所示。

图4.45 飘舞的泡泡最终效果

操作步骤

01 执行菜单栏中的“文件”|“新建”命令，打开“新建”对话框，可以任意新建一个画布，如640像素×480像素，将“颜色模式”设置为RGB模式，“分辨率”设置为300像素/英寸，“背景内容”设置为白色的画布，如图4.46所示。

02 设置前景色为黑色，然后按Alt + Delete组合键填充前景色，如图4.47所示。

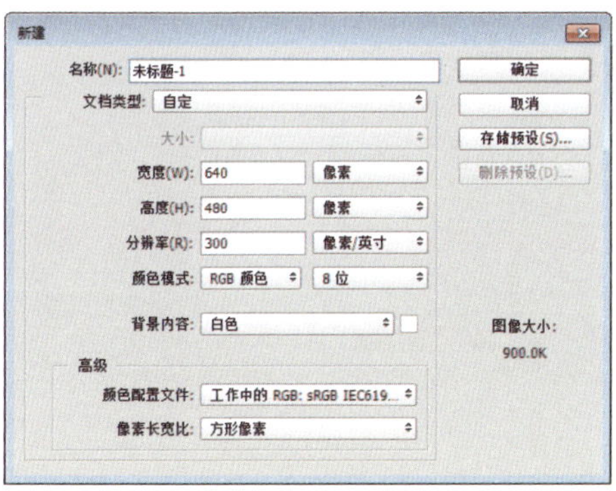

图4.46 新建文件

图4.47 填充前景色

03 新建1个图层“图层 1”，选择工具箱中的“椭圆选框工具”，在画布中绘制一个圆形选区，如图4.48所示。

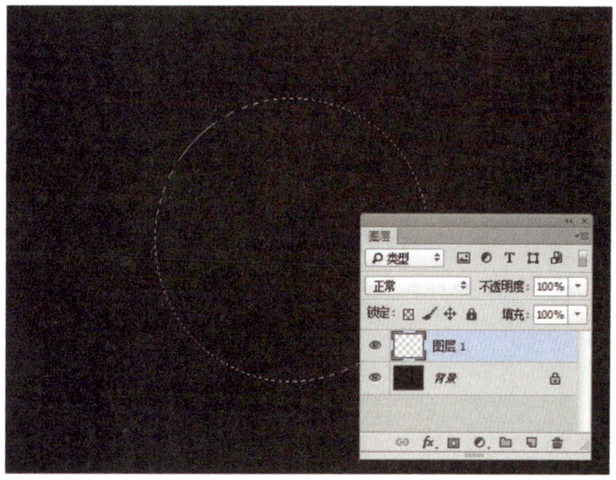

图4.48 绘制选区

04 设置前景色为白色，然后按Alt + Delete组合键填充选区，如图4.49所示。

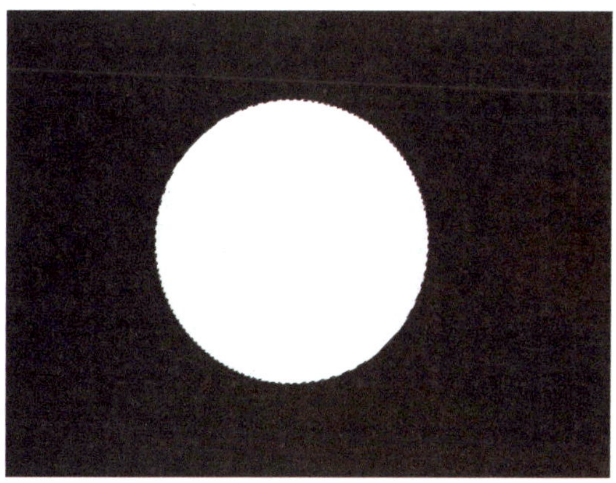

图4.49 填充选区

05 按Shift + F6组合键，打开“羽化”对话框，将“羽化半径”设置为8像素。单击“确定”按钮确认，如图4.50所示。羽化后按Delete键将白色区域删除，就出现一个空心圆形，如图4.51所示。

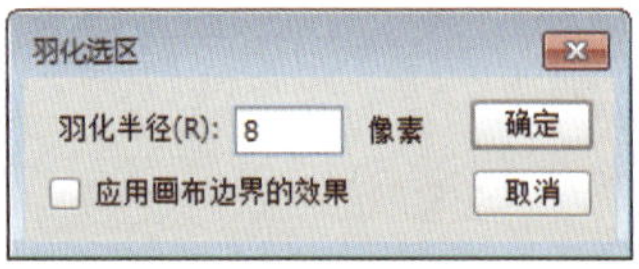

图4.50 羽化选区

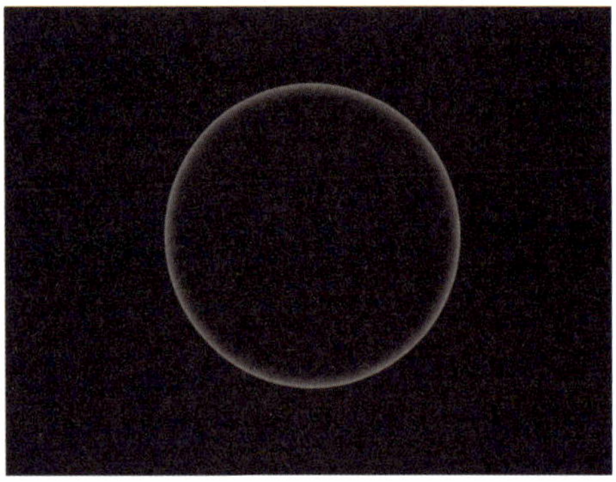

图4.51 删除图像

06 将选区取消。使用“画笔工具”并设置不同的笔触大小，将不透明度设置为40%，在泡泡上添加高光，如图4.52所示。

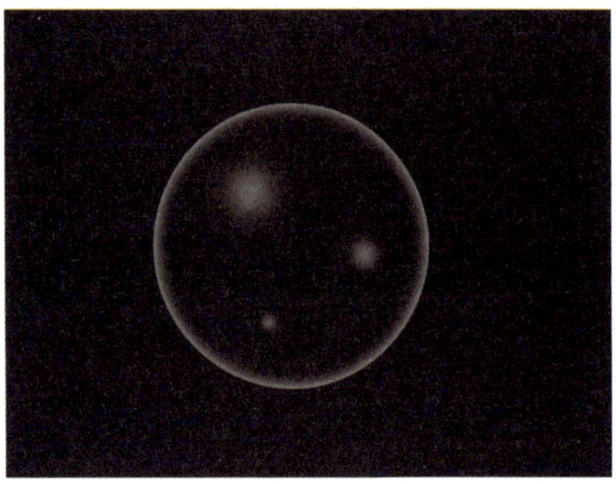

图4.52 绘制高光

07 在“图层”面板中，将“背景”层和“图层 1”全部选中，按Ctrl + E组合键将图层合并，如图4.53所示。

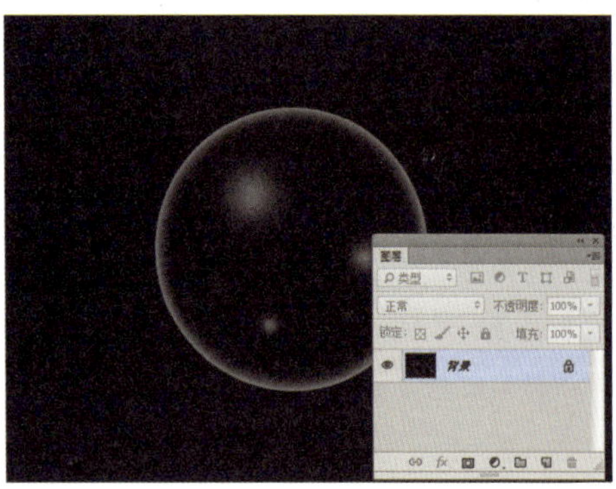

图4.53 合并图层

08 执行菜单栏中的“图像”|“调整”|“反相”命令，如图4.54所示。

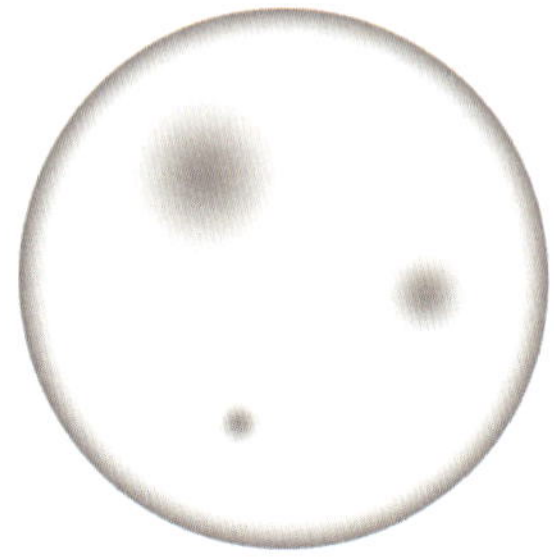

图4.54 反相

09 执行菜单栏中的“编辑”|“定义画笔预设”命令，打开“画笔名称”对话框，将“名称”设置为泡泡，如图4.55所示。

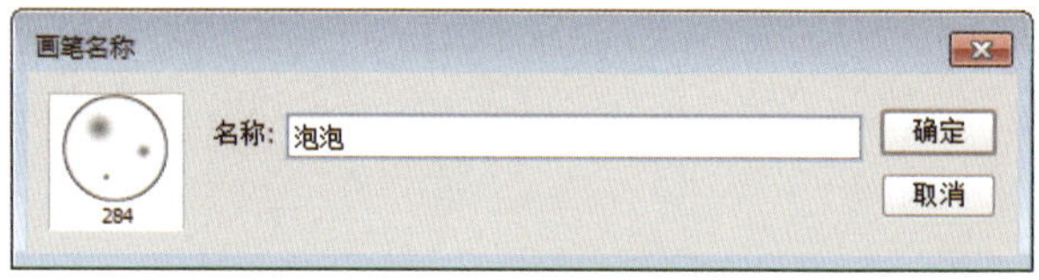

图4.55 定义画笔预设

10 选择工具箱中的“画笔工具”，单击选项栏中的“切换画笔面板”按钮，打开“画笔”面板，分别设置“画笔笔尖形状”“形状动态”和“散布”参数，如图4.56所示。

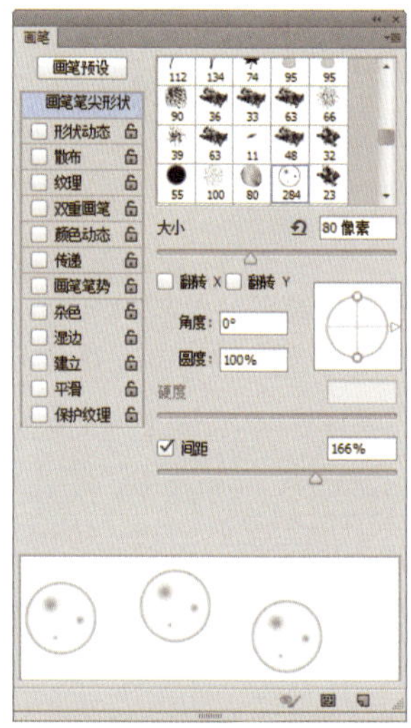

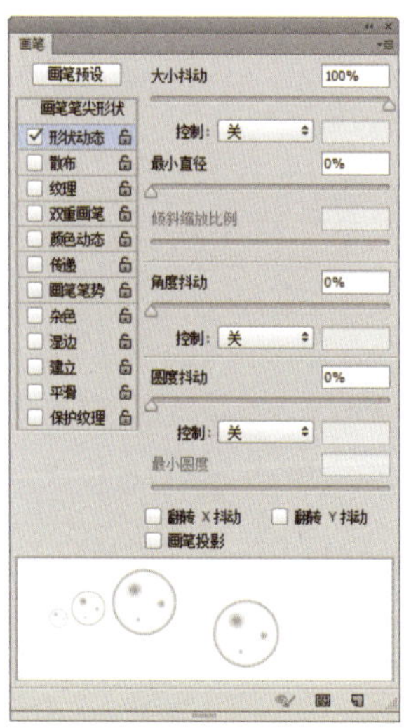

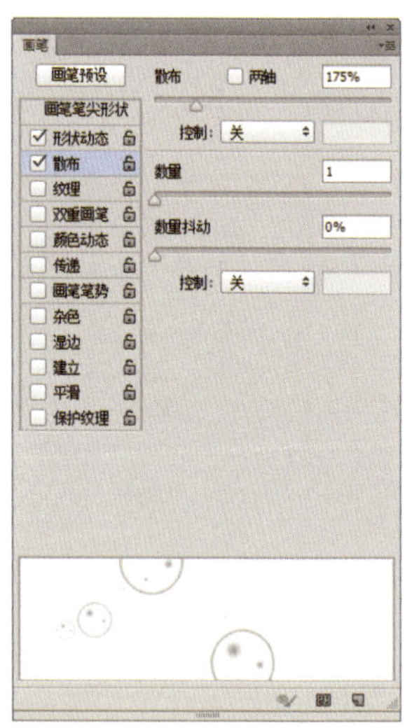

图4.56 设置画笔参数

11 执行菜单栏中的“文件”|“打开”命令，打开“泡泡背景.jpg”，在“图层”面板中，单击“创建新图层”按钮新建一个图层。将前景色设置为白色，使用“画笔工具”在画布中拖动绘制泡泡，如图4.57所示。

12 修改“图层 1”的图层混合模式为“叠加”，完成效果制作，如图4.58所示。

图4.57 绘制气泡

图4.58 完成效果

4.2.4 标准画笔笔尖形状选项

在“画笔”面板的左侧的画笔设置区中，单击选择“画笔笔尖形状”选项，在面板的右侧将显示画笔笔尖形状的相关画笔参数，包括大小、角度、圆度和间距等参数设置，如图4.59所示。

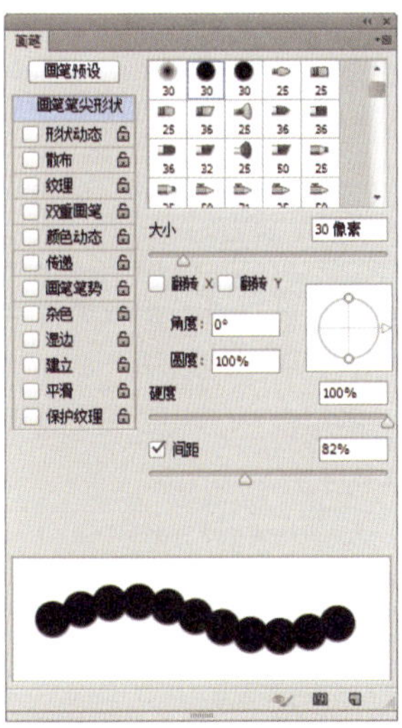

图4.59 “画笔”|“画笔笔尖形状”选项

“画笔”|“画笔笔尖形状”各选项的含义说明如下。

- “大小”：调整画笔笔触的直径大小。可以通过拖动下方的滑块来修改直径，也可以在右侧的文本框中输入数值来改变直径大小。值越大，笔触也越粗。具有不同大小值的画笔描边效果如图4.60所示。

图4.60 具有不同大小值的画笔描边效果

- “翻转X”“翻转Y”：控制画笔笔尖的水平、垂直翻转。勾选“翻转X”复选框，将画笔笔尖水平翻转；勾选“翻转Y”复选框，将画笔笔尖垂直翻转。图4.61所示为原始画笔、“翻转X”和“翻转Y”的效果对比。

原始效果　　翻转X　　翻转Y

图4.61 原始画笔、“翻转X”和“翻转Y”

- “角度”：设置笔尖的绘画角度。可以在其右侧的文本框中输入数值，也可以在笔尖形状预览窗口中，拖动箭头标志来修改画笔的角度值，不同角度值绘制的形状效果，如图4.62所示。

图4.62 不同角度值绘制的形状效果

- “圆度”：设置笔尖的圆形程度。在其右侧文本框中输入数值，也可以在笔尖形状预览窗口中，拖动控制点来修改笔尖的圆度。当值为100%时，笔尖为圆形；当值小于100%时，笔头为椭圆形。不同圆角度绘画效果如图4.63所示。

图4.63 不同圆角度绘画效果

- “硬度”：设置画笔笔触边缘的柔和程度。在其右侧文本框中输入数值，也可以通过拖动其下方的滑块来修改笔触硬度。值越大，边缘越生硬；值越小，边缘柔化程度越大。不同硬度值绘制出的形状，如图4.64所示。

硬度值为100%　　硬度值为50%　　硬度值为0

图4.64 不同硬度值绘画的效果

- “间距”：设置画笔笔触间的间距大小。值越小，所绘制的形状间距越小；值越大，所绘制的形状间距越大。不同间距大小绘画描边效果如图4.65所示。

间距值为25%　　间距值为100%　　间距值为150%

图4.65 不同间距大小绘画描边效果

4.2.5 硬毛刷笔尖形状选项

硬毛刷可以通过硬毛刷笔尖指定精确的毛刷特性，从而创建十分逼真、自然的描边。硬毛笔刷位于默认的画笔库中，在画笔笔尖形状列表单击选择某个硬毛笔刷后，在画笔选项区将显示硬毛笔刷的参数，如图4.66所示。

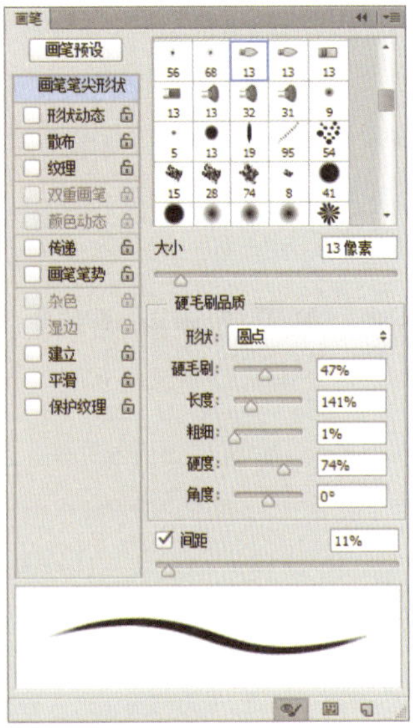

图4.66 硬毛笔刷的参数

硬毛笔刷的参数含义说明如下。

- “形状”：指定硬毛笔刷的整体排列。从右侧的下拉菜单中，可以选择一种形状，包括圆点、圆钝形、圆曲线、圆角、圆扇形、平点、平钝形、平曲线、平角和平扇形10种形状。不同形状笔刷效果如图4.67所示。

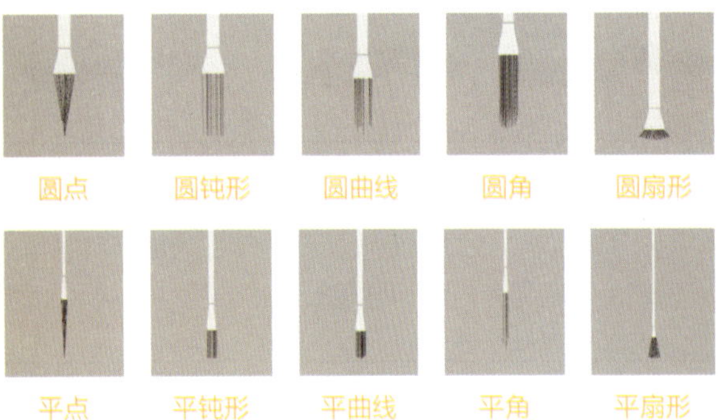

图4.67 不同形状笔刷效果

- “硬毛刷”：指定硬毛刷的整体的毛刷密度。值越大，毛刷的密度就越大。不同硬毛刷值的绘画效果如图4.68所示。

图4.68 不同硬毛刷值的绘画效果

- “长度”：指定毛刷刷毛的长度。不同长度值的硬毛刷效果如图4.69所示。

图4.69 不同长度值的硬毛刷效果

- “粗细”：指定各个硬毛刷的宽度。
- “硬度”：指定毛刷的强度。值越大，绘制的笔触越浓重；如果设置的值较低，则画笔绘画时容易发生变形。
- “角度”：指定使用鼠标绘画时的画笔笔尖角度。
- “间距”：指定描边中两个画笔笔迹之间的距离。如果取消选择此复选框，则使用鼠标拖动绘画时，光标的速度将决定间距的大小。

技术延伸 硬毛笔刷预览

在“画笔”面板的底部有一个“切换实时笔尖画笔预览”图标，通过单击该图标，可以启用或关闭硬毛笔刷在画布中的预览效果。不过需要注意的是，如果想使用该功能，需要在“首选项”对话框中，勾选“性能”选项中的“启用OpenGL绘图”复选框。启用硬毛刷画笔预览效果如图4.70所示。

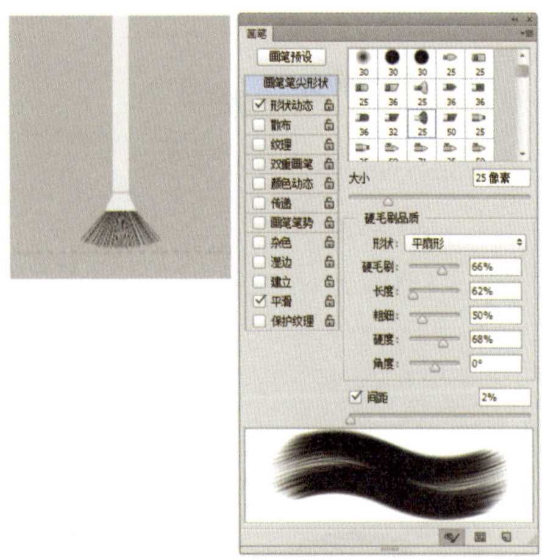

图4.70 启用硬毛刷画笔预览效果

4.2.6　画笔形状动态选项

在“画笔”面板的左侧的画笔设置区中，单击选择“形状动态”选项，在面板的右侧将显示画笔笔尖形状动态的相关参数设置选项，包括大小抖动、最小直径、倾斜缩放比例、角度抖动、圆度抖动和最小圆度等参数的设置，如图4.71所示。

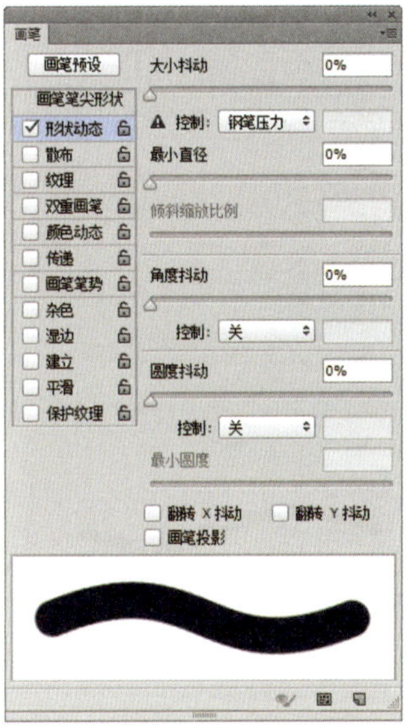

图4.71　“画笔”|“形状动态”选项

“画笔”|“形状动态”各选项的含义说明如下。

- “大小抖动”：设置笔触绘制的大小变化效果。值越大，大小变化越大，在下方的“控制”选项中，还可以控制笔触的变化形式，包括关、渐隐、钢笔压力、钢笔斜度和光笔轮5个选项。大小抖动的不同显示效果如图4.72所示。

抖动值为0　　抖动值为50%　　抖动值为100%

图4.72　不同大小抖动值绘画效果

- “最小直径”：设置画笔笔触的最小显示直径。当使用“大小抖动”时，使用该值，可以控制笔触的最小笔触的直径。
- “倾斜缩放比例”：设置画笔笔触的倾斜缩放比例大小。只有在“控制”选项中选择了“钢笔斜度”命令后，此项才可以应用。
- “角度抖动”：设置画笔笔触的角度变化程度。值越大，角度变化也越大，绘制的形状越复杂。不同角度抖动值绘制的形状效果如图4.73所示。

抖动值为0　　抖动值为30%　　抖动值为80%

图4.73　不同角度抖动值绘画效果

- “圆度抖动”：设置画笔笔触的圆角变化程度。可以从下方的“控制”选项中，选择一种圆度的变化方式。不同圆度抖动值绘制的形状效果如图4.74所示。

圆度抖动0　　圆度抖动50%　　圆度抖动100%

图4.74　不同圆度抖动值绘制的形状效果

- “最小圆度”：设置画笔笔触的最小圆度值。当使用“圆度抖动”时，该项才可以使用。值越小，圆度抖动的变化程度越大。

> **提示**
>
> “翻转X抖动”和“翻转Y抖动”与“画笔笔尖形状”选项中的“翻转X”“翻转Y”用法相似，不同的是，前者在翻转时不是全部翻转，而是随机性的翻转。

4.2.7　画笔散布选项

画笔散布选项设置可确定在绘制过程中画笔笔迹的数目和位置。在“画笔”面板的左侧的画笔设置区中，单击选择“散布”选项，在面板的右侧将显示画笔笔尖散布的相关参数设置选项，包括散布、数量和数量抖动等参数项，如图4.75所示。

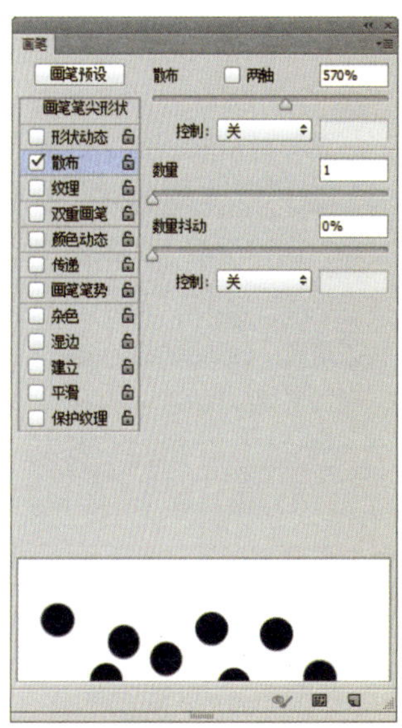

图4.75　“画笔”|“散布”选项

“画笔”|“散布”各选项的含义说明如下。

- “散布”：设置画笔笔迹在绘制过程中的分布方式。当勾选“两轴”复选框时，画笔的笔迹按水平方向分布，当取消“两轴”复选框时，画笔的笔迹按垂直方向分布。在其下方的“控制”选项中可以设置画笔笔迹散布的变化方式。不同散布参数值绘画效果如图4.76所示。

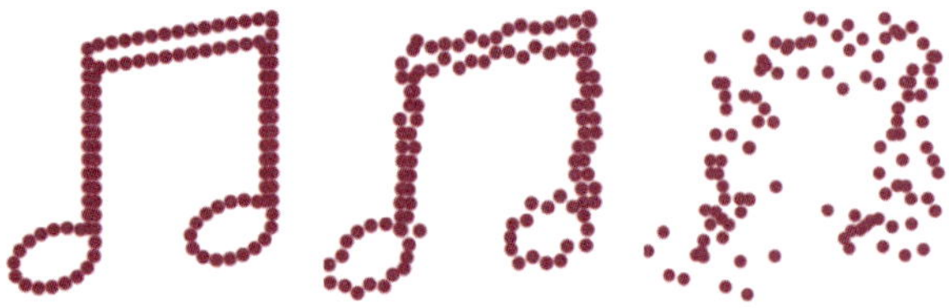

图4.76 不同散布参数值绘画效果

- “数量”：设置在每个间距间隔中应用的画笔笔迹散布数量。需要注意的是，如果在不增加间距值或散布值的情况下增加数量，绘画性能可能会降低。不同数量值绘画效果如图4.77所示。

图4.77 不同数量值绘画效果

- “数量抖动”：设置在每个间距间隔中应用的画笔笔迹散布的变化百分比。在其下方的“控制”选项中可以设置以何种方式来控制画笔笔迹的数量变化。

4.2.8 画笔纹理选项

纹理画笔利用添加的图案使画笔绘制的图像，看起来像是在带纹理的画布上绘制的一样，产生明显的纹理效果。在“画笔”面板的左侧的画笔设置区中，单击选择“纹理”选项，在面板的右侧将显示纹理的相关参数设置选项，包括缩放、模式、深度、最小深度和深度抖动等参数项，如图4.78所示。

“画笔”|“纹理”各选项的含义说明如下。

- “图案拾色器”：单击“点按可打开‘图案’拾色器”区域，将打开“‘图案’拾色器”，从中可以选择所需的图案，可以通过“‘图案’拾色器”菜单，打开更多的图案。
- “反相”：勾选该复选框，图案中的亮暗区域将实行反转。图案中的最亮区域转换为暗区域，图案中的最暗区域转换为亮区域。
- “缩放”：设置图案的缩放比例。键入数字或拖动滑块来改变图案大小的百分比值。不同缩放效果如图4.79所示。

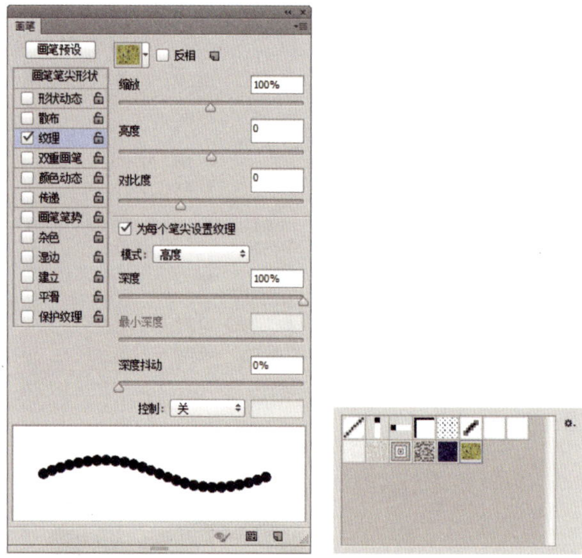

图4.78 “画笔”|“纹理”选项

缩放=1%　缩放=30%　缩放=100%

图4.79 不同缩放效果

- “亮度”：可以更改画笔的亮度。
- “对比度”：可以更改画笔的对比度。
- “为每个笔尖设置纹理”：勾选该复选框，在绘画时，为每个笔尖都应用纹理。如果不勾选该复选框，则无法使用下面的“最小深度”和“深度抖动”两个选项。
- “模式”：设置画笔和图案的混合模式。使用不同的模式，可以绘制出不同的混合笔迹效果。
- “深度”：设置图案油彩渗入纹理的深度。键入数字或拖动滑块渗入的程度，值越大，渗入的纹理深度越深，图案越明显。不同深度值绘图效果如图4.80所示。

图4.80 不同深度值绘图效果

- “最小深度”：当勾选“为每个笔尖设置纹理”复选框并将“控制”选项设置为渐隐、钢笔压力、钢笔斜度、光笔轮选项时，此参数决定了图案油彩渗入纹理的最小深度。
- “深度抖动”：设置图案渗入纹理的变化程度。当勾选“为每个笔尖设置纹理”复选框时，拖动其下方的滑块或在其右侧的文本框中输入数值，可以在其下方的“控制”选项中设置以何种方式控制画笔笔迹的深度变化。

提示

为当前工具指定纹理时，可以将纹理的图案和比例复制到支持纹理的所有工具。例如，可以将画笔工具使用的当前纹理图案和比例复制到铅笔、仿制图章、图案图章、历史画笔、艺术历史画笔、橡皮擦、减淡、加深和海绵等工具。从“画笔”面板菜单中选择“将纹理拷贝到其他工具”命令，可以将纹理图案和比例复制到其他绘画和编辑工具。

4.2.9 双重画笔选项

双重画笔模拟使用两个笔尖创建画笔笔迹，产生两种相同或不同纹理的重叠混合效果。在“画笔”面板的左侧的画笔设置区中，单击选择“双重画笔”选项，就可以绘制出双重画笔效果，如图 4.81 所示。

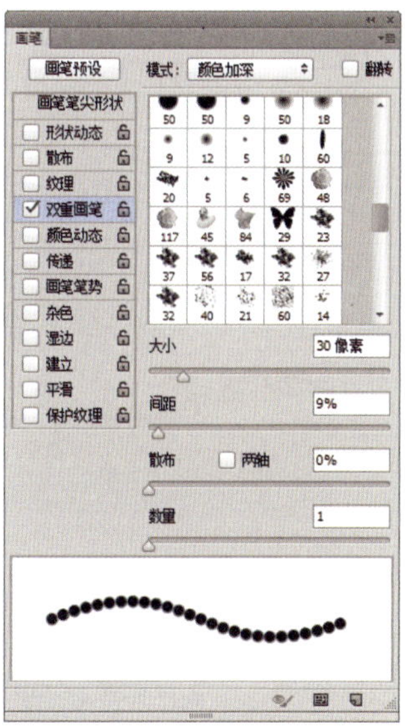

图4.81 “画笔”|“双重画笔”选项

“画笔”|“双重画笔”各选项的含义说明如下。

- “模式”：设置双重画笔间的混合模式。使用不同的模式，可以制作出不同的混合笔迹效果。
- “翻转”：勾选该复选框，可以启用随机画笔翻转功能，产生笔触的随机翻转效果。
- “大小”：控制双笔尖的大小。
- “间距”：设置画笔中双笔尖画笔笔迹之间的距离。键入数字或拖动滑块来改变笔尖的间距大小。不同间距的绘画效果如图 4.82 所示。

图4.82 不同间距的绘画效果

- “散布”：设置画笔中双笔尖画笔笔迹的分布方式。当勾选“两轴”复选框时，画笔笔迹按水平方向分布。当取消勾选“两轴”复选框时，画笔笔迹按垂直方向分布。
- “数量”：设置在每个间距间隔应用的画笔笔迹的数量。键入数字或拖动滑块来改变笔迹的数量。

4.2.10 画笔颜色动态选项

颜色动态控制笔画中油彩色相、饱和度、亮度和纯度等的变化，在“画笔”面板的左侧的画笔设置区中，单击选择“颜色动态”选项，在面板的右侧将显示颜色动态的相关参数设置选项，如图 4.83 所示。

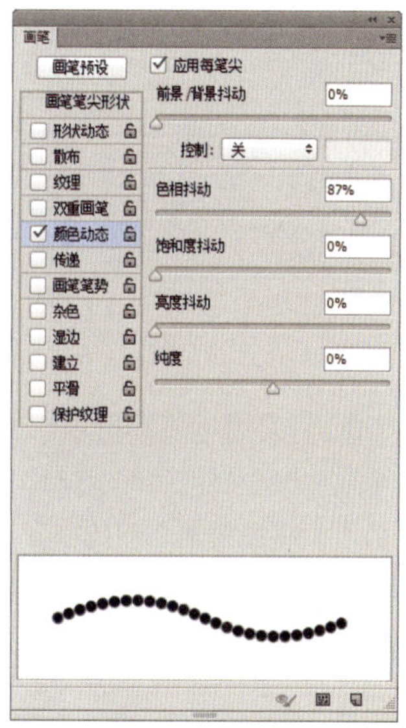

图4.83 “画笔”|“颜色动态”选项

“画笔”|“颜色动态”各选项的含义说明如下。

- “前景/背景抖动”：键入数字或拖动滑块，可以设置前景色和背景色之间的油彩变化方式。在其下方的“控制”选项中可以设置以何种方式控制画笔笔迹的颜色变化。不同前景/背景抖动值绘画效果如图4.84所示。

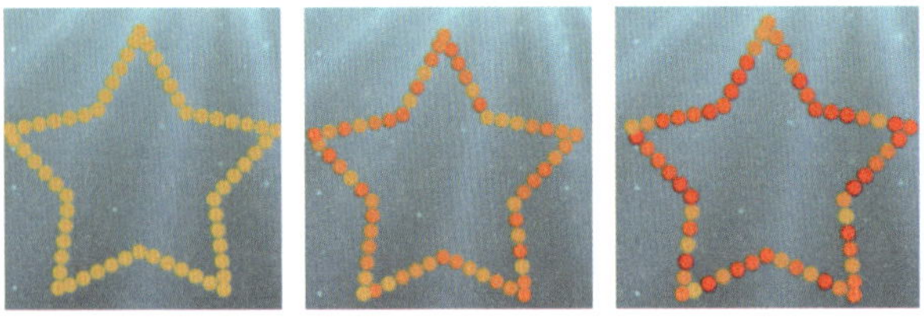

前景/背景抖动=0　前景/背景抖动=50%　前景/背景抖动=100%

图4.84　不同前景/背景抖动值绘画效果

- "色相抖动"：键入数字或拖动滑块，可以设置在绘制过程中颜色色彩的变化百分比。较低的值在改变色相的同时保持接近前景色的色相。较高的值增大色相间的差异。不同色相抖动绘画效果如图4.85所示。

色相抖动=20%　色相抖动=50%　色相抖动=100%

图4.85　不同色相抖动绘画效果

- "饱和度抖动"：设置在绘制过程中颜色饱和度的变化程度。较低的值在改变饱和度的同时保持接近前景色的饱和度。较高的值增大饱和度级别之间的差异。不同饱和度抖动绘图效果如画4.86所示。

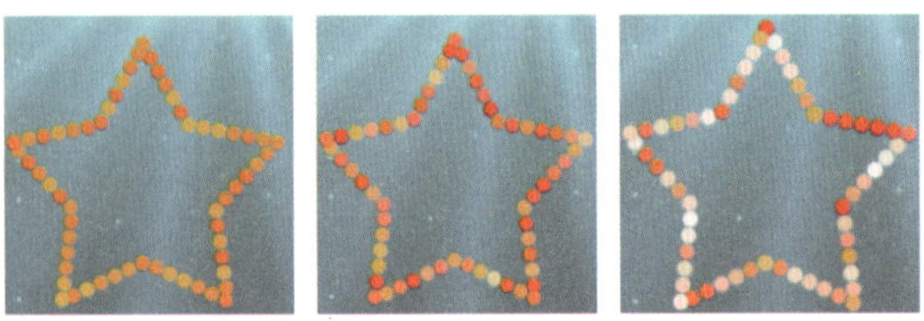

饱和度抖动=0　饱和度抖动=50%　饱和度抖动=100%

图4.86　不同饱和度抖动绘画效果

- "亮度抖动"：设置在绘制过程中颜色明度的变化程度。较低的值在改变亮度的同时保持接近前景色的亮度。较高的值增大亮度级别之间的差异。不同亮度抖动绘画效果如图4.87所示。

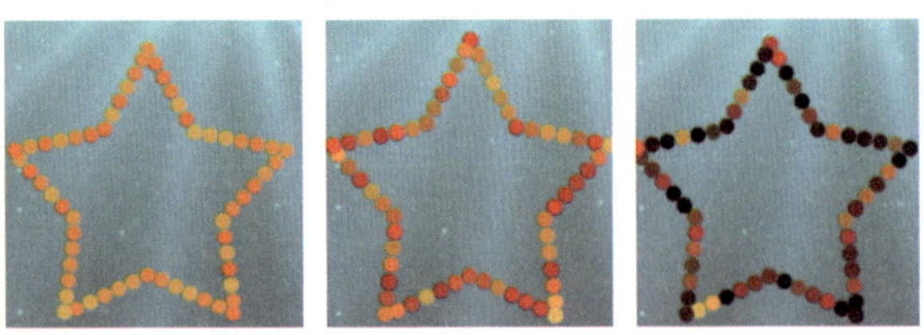

亮度抖动=0　亮度抖动=20%　亮度抖动=100%

图4.87　不同亮度抖动绘画效果

- "纯度"：设置在绘制过程中，颜色深度的大小。如果该值为-100，则颜色将完全去色；如果该值为100，则颜色将完全饱和。不同纯度绘画效果如图4.88所示。

纯度=-100%　纯度=-50%　纯度=100%

图4.88　不同纯度绘画效果

4.2.11　画笔传递选项

画笔的传递用来设置画笔不透明度抖动和流量抖动。在"画笔"面板的左侧的画笔设置区中，单击选择"传递"选项，在面板的右侧将显示传递的相关参数设置选项，参数设置及绘图效果如图4.89所示。

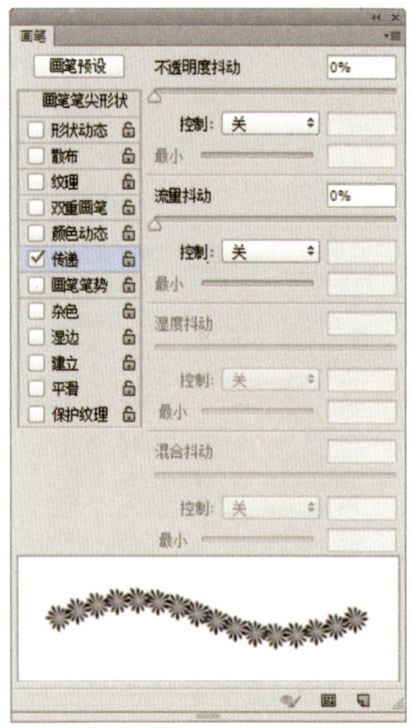

图4.89　"画笔"|"传递"选项参数

"画笔"|"传递"各选项的含义说明如下。

- "不透明度抖动"：设置画笔绘画时不透明度的变化程度。键入数字或拖动滑块，可以设置在绘制过程中颜色不透明度的变化百分比。在其下方的"控制"选项中可以设置以何种方式来控制画笔笔迹颜色的不透明度变化。不同不透明度抖动绘画效果如图4.90所示。

不透明度抖动=0　　不透明度抖动=50%　　不透明度抖动=100%

图4.90 不同不透明度抖动绘图效果

• “流量抖动”：设置画笔绘图时油彩的流量变化程度。键入数字或拖动滑块，可以设置在绘制过程中颜色流量的变化百分比。在其下方的“控制”选项中可以设置以何种方式来控制画笔颜色的流量变化。

4.2.12 其他画笔选项

在“画笔”面板的左侧底部，还包含一些选项，如图4.91所示。勾选这些选项，可以为画笔添加特效效果。勾选某个选项的复选框，即可为当前画笔设置添加该特效。

图4.91 其他选项

其他选项的含义说明如下。

• “杂色”：勾选该复选框，可以为个别的画笔笔尖添加随机的杂点。当应用于柔边画笔笔触时，此选项最有效。应用“杂点”特效画笔的前后效果，如图4.92所示。

图4.92 应用“杂点”特效画笔的前后效果

• “湿边”：勾选该复选框，可以沿绘制出的画笔笔迹边缘增大油彩量，从而出现水彩画润湿边缘扩散的效果。应用“湿边”特效画笔的前后效果，如图4.93所示。

图4.93 应用“湿边”特效画笔的前后效果

• “喷枪”：勾选该复选框，可以使画笔在绘制时模拟传统的喷枪手法。

> **提示**
>
> “画笔”面板中的“喷枪”选项与工具选项栏中的喷枪按钮在使用上是完全一样的。

• “平滑”：勾选该复选框，可以使画笔绘制出的颜色边缘较平滑。当使用光笔进行快速绘画时，此选项最有效；但是它在笔画渲染中可能会导致轻微的滞后。

• “保护纹理”：勾选该复选框，可对所有具有纹理的画笔预设应用相同的图案和比例。当使用多个纹理画笔笔触绘画时，勾选此选项，可以模拟绘制出一致的画布纹理效果。

> **提示**
>
> 如果设置了较多的画笔选项，想一次取消选中状态，可以从“画笔”面板菜单中选取“清除画笔控制”命令，可以轻松地清除所有画笔选项。

4.2.13 实战案例：以简单笔刷描绘毛线文字

- **素材位置** | 素材文件\第4章\泡泡图像.jpg
- **案例位置** | 案例文件\第4章\以简单笔刷描绘毛线文字.psd
- **视频位置** | 多媒体教学\4.2.13 实战案例 以简单笔刷描绘毛线文字.avi
- **难易指数** | ★★☆☆☆

本例讲解以简单笔刷描绘毛线文字的制作。最终效果如图4.94所示。

图4.94 毛线文字最终效果

操作步骤

01 执行菜单栏中的“文件”|“打开”命令，打开“泡泡图像.jpg”文件，如图4.95所示。

02 选择工具箱中的“横排文字工具”T，在画布中输入文字，如图4.96所示。

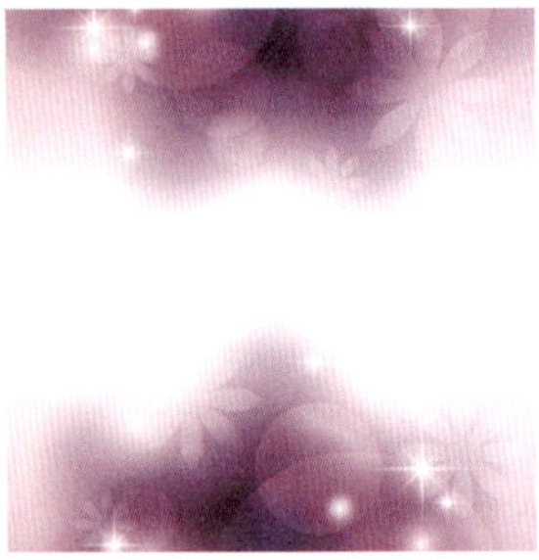

图4.95 打开素材

图4.96 输入文字

03 在“图层”面板中，新建图层——图层1。选择工具箱中的“画笔工具”，按F5打开“画笔”面板，在“画笔”面板中选择“Dune Grass”笔触，设置“大小”为25像素，“间距”为37%；勾选“形状动态”复选框，设置“大小抖动”为100%，“最小直径”为7%；勾选“散布”复选框，设置“散布”为153%，“数量”为13，“数量抖动”为98%，如图4.97所示。

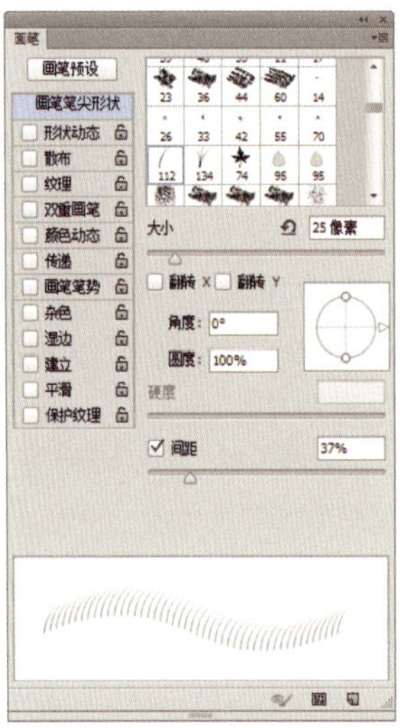

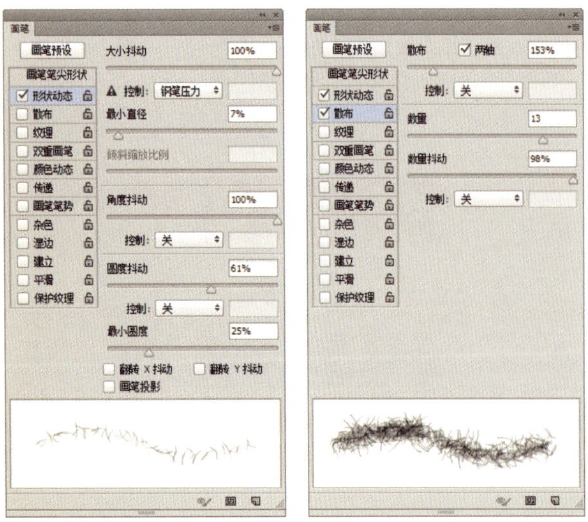

图4.97 设置画笔参数

04 设置前景色为洋红色（R：230，G：46，B：139），使用“画笔工具”在“图层 1”上，以文字为依据绘制文字效果，如图4.98所示。最后添加装饰物，完成该效果制作，如图4.99所示。

图4.98 使用画笔

图4.99 完成效果

4.3 图案的创建

在应用填充工具进行填充时，除了单色和渐变，还可以填充图案。图案是在绘图过程中被重复使用或拼接粘贴的图像，Photoshop为用户提供了各种默认图案。在Photoshop中，也可以自定义创建新图案，然后将它们存储起来，供不同的工具和命令使用。

4.3.1 实战案例：整体图案的定义

- **素材位置** | 素材文件\第4章\定义图案.jpg
- **案例位置** | 案例文件\第4章\整体图案的定义.jpg
- **视频位置** | 多媒体教学\4.3.1 实战案例 整体图案的定义.avi
- **难易指数** | ★☆☆☆☆

整体定义图案，就是将打开的图片素材整个定义为图案，以填充其他画布制作背景或其他用途。最终效果如图4.100所示。

图4.100 最终效果

操作步骤

01 执行菜单栏中的“文件”|“打开”命令，打开“定义图案.jpg”文件，如图4.101所示。

图4.101　打开的图片

02 执行菜单栏中的“编辑”|“定义图案”命令，打开“图案名称”对话框，为图案进行命名，如“四叶草”，如图4.102所示，然后单击“确定”按钮，完成图案的定义。

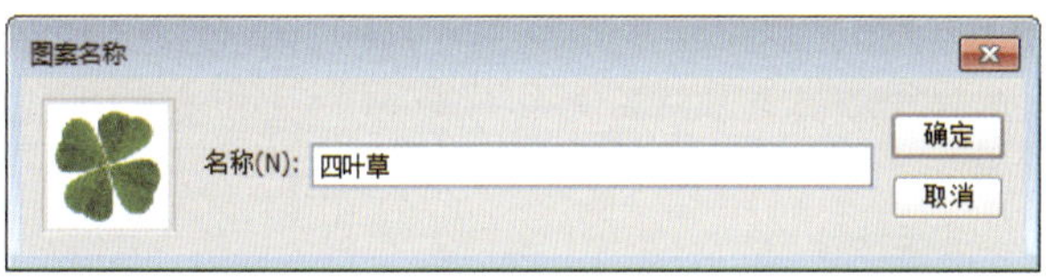

图4.102　对话框

03 按Ctrl + N组合键，创建一个画布。然后执行菜单栏中的“编辑”|“填充”命令，打开“填充”对话框，设置“内容”为图案，并单击“自定图案”右侧的“点按可打开‘图案’拾色器”区域，打开“‘图案’拾色器”，选择刚才定义的“整体图案”图案，如图4.103所示。

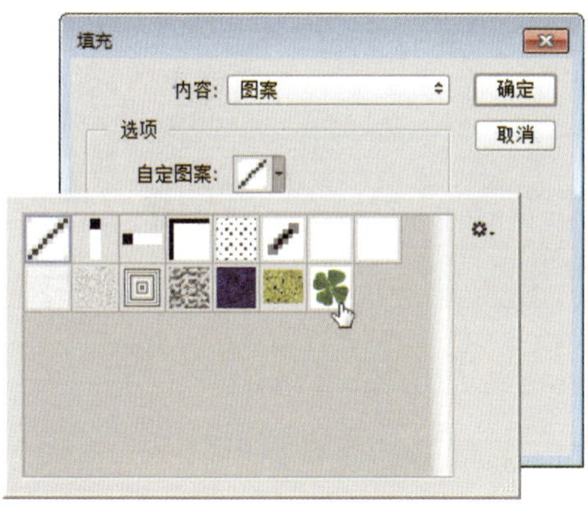

图4.103　“填充”对话框

> **提示**
>
> 按 Shift + F5 组合键，可以快速打开“填充”对话框。

> **提示**
>
> “填充”对话框中的“点按可打开‘图案’拾色器”与使用“油漆桶工具”时，工具选项栏中的图案相同。

04 设置完成后，单击“确定”按钮，按钮确认图案填充，即可将选择的图案填充到当前的画布中，填充后的效果，如图4.104所示。

图4.104　图案填充效果

4.3.2 实战案例：局部图案的定义

- **素材位置** | 素材文件\第 4 章\定义局部图案.jpg
- **案例位置** | 案例文件\第 4 章\局部图案的定义.jpg
- **视频位置** | 多媒体教学\4.3.2　实战案例　局部图案的定义.avi
- **难易指数** | ★☆☆☆☆

整体定义图案是将打开的整个图片定义为一个图案，这就局限了图案的定义。而Photoshop为了更好地定义图案，提供了局部图案的定义方法，即可以选择打开图片中的任意喜欢的局部效果，将其定义为图案。最终效果如图 4.105 所示。

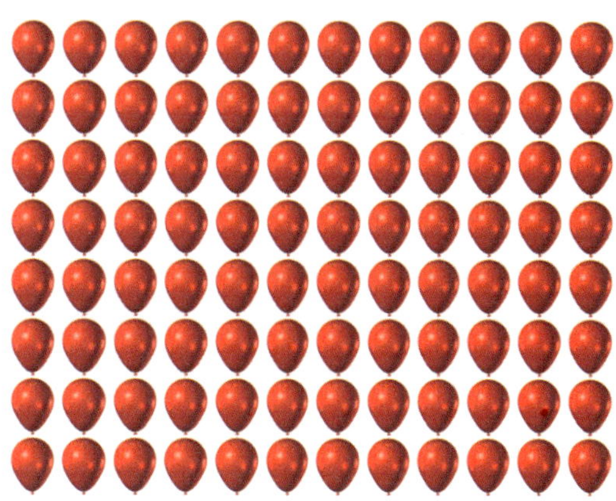

图4.105　最终效果

操作步骤

01 执行菜单栏中的“文件”|“打开”命令，打开“定义局部图案.jpg”文件，如图4.106所示。

02 下面将右下角的红色气球定义为图案。单击工具箱中的“矩形选框工具”按钮，在图像中合适位置按住鼠标左键拖动，绘制一个矩形的选区，选中红色气球，效果如图4.107所示。

图4.106 打开的图片

图4.107 选区选择效果

03 选择图案后，执行菜单栏中的“编辑”|“定义图案”命令，打开“图案名称”对话框，为图案进行命名，如图4.108所示，然后单击“确定”按钮，完成图案的自定义。此时，从“图案”拾色器中，可以看到新创建的自定义图案效果，如图4.109所示。

图4.108 对话框

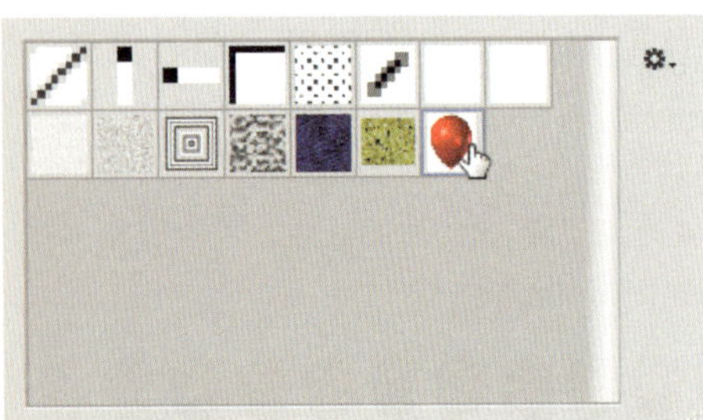
图4.109 局部定义

04 创建一个新的画布，然后应用填充命令中的图案填充，选择刚定义的局部定义图案，即可应用刚创建的图案进行填充了，如图4.110所示。

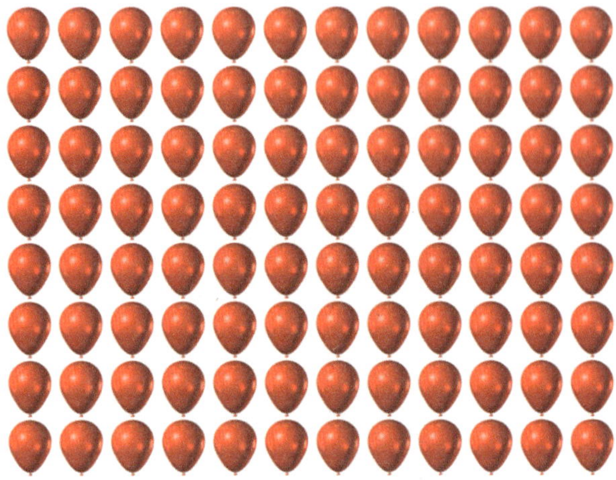
图4.110 图案填充效果

4.3.3 实战案例：利用“定义图案”命令制作抽丝艺术照

- **素材位置** | 素材文件\第4章\抽丝背景.jpg
- **案例位置** | 案例文件\第4章\利用“定义图案”命令制作抽丝艺术照.psd
- **视频位置** | 多媒体教学\4.3.3 实战案例 利用“定义图案”命令制作抽丝艺术照.avi
- **难易指数** | ★★☆☆☆

本例讲解利用“定义图案”命令制作抽丝艺术照的制作。最终效果如图4.111所示。

图4.111 最终效果

操作步骤

01 执行菜单栏中的“文件”|“新建”命令，打开“新

建”对话框，设置“宽度”的值为2像素，“高度”的值为1像素，“分辨率”为300像素/英寸，“颜色模式”为RGB颜色，如图4.112所示。

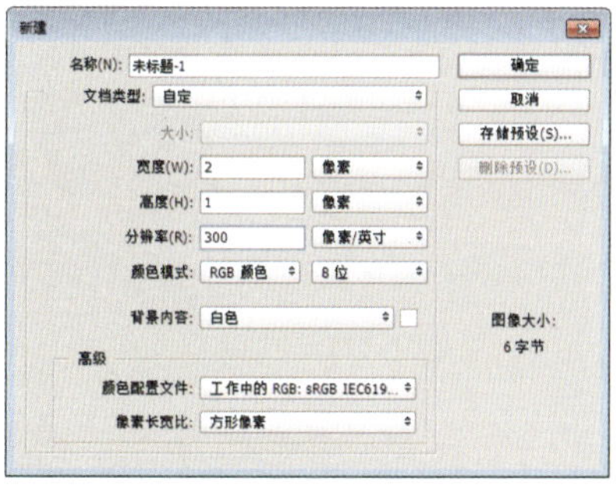

图4.112　新建文件

02 将画布放大到最大。选择工具箱中的“矩形选框工具”⬚，在画布中拖动将画布的左半部分选中。将前景色设置为黑色，然后按Alt + Delete组合键，将选区填充为黑色，按Ctrl + D组合键取消选区，如图4.113所示。

图4.113　填充选区

03 执行菜单栏中的“编辑”|“定义图案”命令，打开“图案名称”对话框，设置“名称”为抽丝，如图4.114所示。

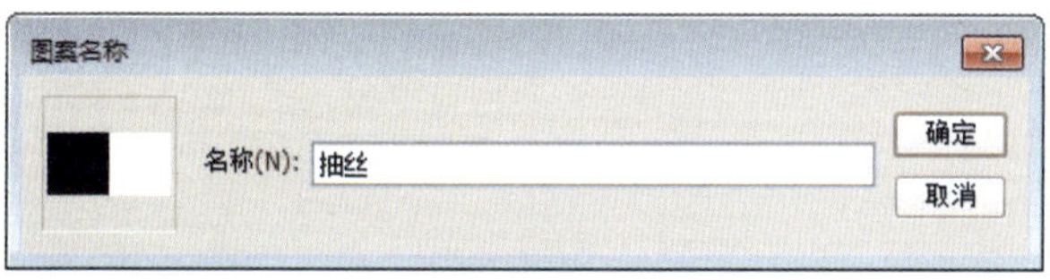

图4.114　定义图案

04 执行菜单栏中的“文件”|“打开”命令，打开“抽丝背景.jpg”，如图4.115所示。

图4.115　打开素材

05 在“图层”面板中，创建一个新的图层——图层1，执行菜单栏中的“编辑”|“填充”命令，打开“填充”对话框，设置参数，单击“确定”按钮确认，如图4.116所示。

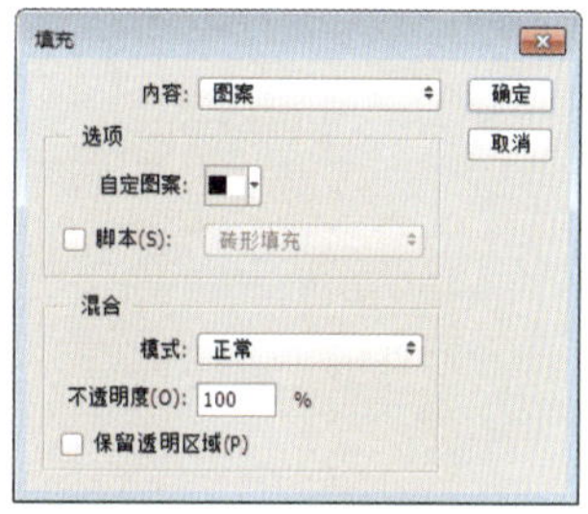

图4.116　填充图案

06 在“图层”面板中，将“图层1”的图层混合设置为“柔光”，完成该效果的制作，如图4.117所示。

图4.117　设置混合模式

第 05 章

选区的选择艺术

内容摘要

在图形的设计制作中，经常需要确定一个工作区域，以便处理图形中的不同位置，这个区域就是选框或套索工具所确定的选区。本章对Photoshop中选框和套索工具各种变化操作以及选取范围的高级操作技巧等作了较为详尽的讲解，如对选区的羽化设置、保存和载入进行了讲解。

教学目标

学习选框、套索和魔棒工具的使用
学习运用色彩范围命令选取图像的方法
掌握调整选取的方法
掌握选区的羽化及调整方法

5.1 关于选区

选区主要用于选择图像中一个或多个部分。通过选择指定区域，可以编辑指定区域或对指定区域应用滤镜效果，同时保持未选定区域不会被改动。

Photoshop 提供了单独的工具组，用于建立像素选区和矢量数据选区。例如，若要选择像素，可以使用选框工具或套索工具。可以使用“选择”菜单中的命令选择全部像素、取消选择或重新选择。要选择矢量数据，可以使用钢笔工具或形状工具，这些工具将生成名为路径的精确轮廓，当然可以将路径转换为选区或将选区转换为路径。

5.1.1 选区选项栏

使用任意一个选区工具，在选项栏中将显示该工具的属性。选框工具组中，相关选框工具的选项栏内容是一样的，主要有“羽化”“消除锯齿”“样式”等选项，下面以“矩形选框工具”选项栏为例来讲解各选项的含义及用法，如图5.1所示。

图5.1 “矩形选框工具”选项栏

“矩形选框工具”选项栏各选项的含义及用法介绍如下。

- “新选区”：单击该按钮，将激活新选区属性，使用选区工具在图形中创建选区时，新创建的选区将替代原有的选区。
- “添加到选区”：单击该按钮，将激活添加到选区属性，使用选框工具在画布中创建选区时，如果当前画布中存在选区，鼠标光标将变成双十字形状，表示添加到选区。此时绘制新选区，新建的选区将与原来的选区合并成为新的选区，操作步骤及效果如图5.2所示。

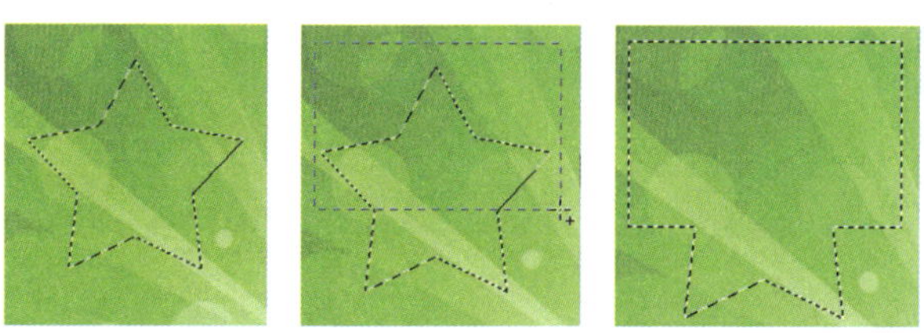

图5.2 添加到选区操作步骤及效果

- “从选区减去”：单击该按钮，将激活从选区减去属性，使用选框工具在图形中创建选区时，如果当前画布中存在选区，鼠标光标将变成十_状，如果新创建的选区与原来的选区有相交部分，将从原选区中减去相交的部分，余下的选择区域作为新的选区，操作步骤及效果如图5.3所示。

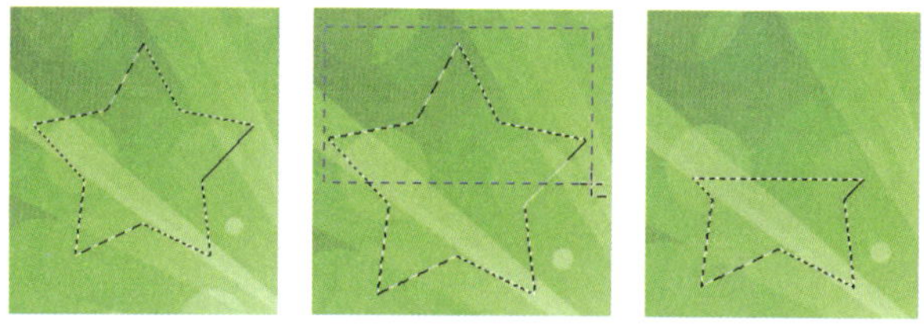

图5.3 从选区中减去操作步骤及效果

- “与选区交叉”：单击该按钮，将激活与选区交叉属性，使用选框工具在图形中创建选区时，如果当前画布中存在选区，鼠标光标将变成$+_{\times}$状，如果新创建的选区与原来的选区有相交部分，结果会将相交的部分作为新的选区，操作步骤及效果如图5.4所示。

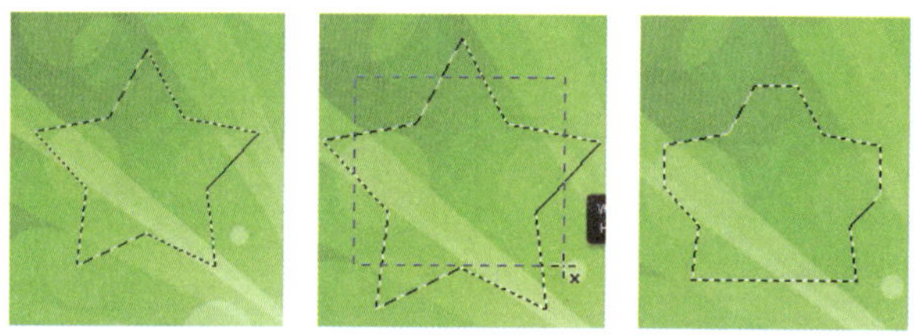

图5.4 与选区交叉操作步骤及效果

> **提示**
>
> 在进行选区交叉操作的时候，当两个选区没有出现交叉而释放鼠标左键，将会出现一个对话框，表示不能完成保留交叉选区的操作，这时的工作区域将不保留任何选区。

- “羽化”：在“羽化”文本框中输入数值，可以设置选区的羽化程度。对被羽化的选区填充颜色或图案后，选区内外的颜色柔和过渡，数值越大，柔和效果越明显。
- “消除锯齿”：图像是由像素点构成，而像素点是方形的，所以在编辑和修改圆形或弧形图形时，其边缘会出现锯齿效果。勾选该复选框，可以消除选区锯齿，平滑选区边缘。
- “样式”：在“样式”下拉列表中可以选择创建选区时选区样式。包括“正常”“固定比例”和“固定大小”3个选项。“正常”为默认选项，可在操作文件中随意创建任意大小的选区；选择“固定比例”选项后，“宽度”及“高度”文本框被激活，在其中输入选区“高度”和“宽度”的比例，可以得到宽度和高度成比例的不同大小的选区；选择“固定大小”选项后，“宽度”及“高度”文本框被激活，在其中输入选区“高度”和“宽度”的像素值，可以得到宽度和高度都相同的选区。

> **提示**
>
> 以上这些在“样式”项中包含的样式，只适用于矩形和椭圆形选框工具，单行、单列选框没有此功能。

5.1.2 选框工具

选框工具主要包括“矩形选框工具”、“椭圆选框工具”、“单行选框工具”和“单列选框工具”。

对于“矩形选框工具”和“椭圆选框工具”而言，直接将鼠标光标移动到当前图形中，在合适的位置按下鼠标左键，在不释放鼠标左键的情况下拖动鼠标左键，拖动到合适的位置后，释放鼠标左键即可创建一个矩形或椭圆选区。创建的矩形和椭圆选区效果如图5.5所示。

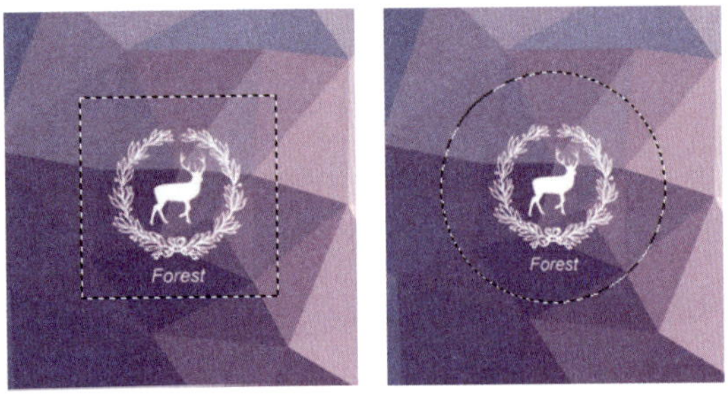

图5.5 矩形和椭圆选区

> **技巧**
>
> 在绘制选区时，按住Shift键可以绘制正方形或圆形选区；按住Alt键可以鼠标单击点为中心绘制矩形或椭圆选区；按住Alt + Shift组合键可以鼠标单击点为中心绘制正方形或圆形选区。

对于“单行选框工具”和“单列选框工具”工具，选择该工具后在画布中直接单击鼠标左键，即可创建宽度为1个像素的行或列选区。如果看不见选区，可能是由于画布视图太小，将图像放大倍数即可。单行和单列选区效果如图5.6所示。

图5.6 单行和单列选区效果

> **技巧**
>
> 在绘制矩形、椭圆、单行或单列选框时，如果想调整位置，可以在不释放鼠标左键的情况下按下空格键并拖动鼠标左键来完成；如果想继续绘制，可以松开空格键并拖动鼠标左键。

5.1.3 实战案例：选区复制塑造个性水果壁纸

- **素材位置** | 素材文件\第5章\水果背景.jpg
- **案例位置** | 案例文件\第5章\选区复制塑造个性水果壁纸.psd
- **视频位置** | 多媒体教学\5.1.3 实战案例 选区复制塑造个性水果壁纸.avi
- **难易指数** | ★☆☆☆☆

本例主要讲解利用选区制作水果壁纸。首先打开背景图片，再利用椭圆选框工具将水果选中，将其复制多份，最后添加文字，制作出个性水果壁纸效果。最终效果如图5.7所示。

图5.7 最终效果

操作步骤

01 执行菜单栏中的“文件”|“打开”命令，打开“水果背景.jpg”文件。

02 选择工具箱中的“椭圆选框工具”，将图像中水果选中，按Ctrl + J组合键将选中的图像复制出来，如图5.8所示。

图5.8 打开文件

03 按Alt键将“图层1”复制多份，然后缩小并分别放置到画布不同的位置，如图5.9所示。

图5.9 复制图层

04 在“图层”面板中，单击底部的“创建新图层”按钮，创建一个新的图层——图层2，如图5.10所示。

图5.10 新建图层

05 选择工具箱中的“矩形选框工具”，在画布中绘制一个矩形选区。设置前景色为橙色（R：254，G：164，B：0），按Alt+ Delete组合键填充选区，如图5.11所示。

图5.11 填充选区

06 最后再配上相关的装饰，完成本例的制作，完成效果如图5.12所示。

图5.12 完成效果

技术延伸　选择、取消选择和重新选择像素

执行菜单栏中的“选择”|“全部”命令，可以选择整个图层上的全部图像像素；如果要取消选择，可以执行菜单栏中的“选择”|“取消选择”命令；如果想重新选择最近建立的选区，可以执行菜单栏中的“选择”|“重新选择”命令；如果将选择的范围反选，可以执行菜单栏中的“选择”|“反向”命令。

另外，按Ctrl + A组合键可以快速执行“全部”命令；按Ctrl + D组合键可以快速执行“取消选择”命令；按Shift + Ctrl + D组合键可以快速执行“重新选择”命令；按Shift + Ctrl + I组合键可以快速执行“反向”命令。

5.1.4 “套索工具”

“套索工具”也叫自由套索工具，之所以叫自由套索工具，是因为这个工具在使用上非常的自由，可以比较随意地创建任意形状的选区。具体的使用方法如下。

01 在工具箱中单击选择“套索工具”。

02 将鼠标光标移至图像窗口，在需要选取图像处按住鼠标左键并拖动鼠标光标选取需要的范围。

03 当鼠标光标拖回到起点位置时，释放鼠标左键，即可将图像选中，选择图像的过程如图5.13所示。

提示

使用套索工具可以随意创建自由形状的选区，但对于创建精确度要求较高的选区，使用该工具会很不方便。

图5.13 利用套索工具选择

技巧

在使用“套索工具”时，按住 Alt 键可以在手绘线与直线段间切换；按下 Delete 键可以删除最近绘制的直线段；要闭合选区，在未按住 Alt 键时释放鼠标左键即可。

5.1.5 实战案例：利用“多边形套索工具”选择图形

● **素材位置** | 素材文件\第5章\多边形.jpg

● **案例位置** | 无

● **视频位置** | 多媒体教学\5.1.5 实战案例 利用“多边形套索工具”选择图形.avi

● **难易指数** | ★☆☆☆☆

如果要将不规则的直边图像从复杂背景中抠出来，使用“套索工具”可能就无法得到比较理想的选区，那么“多边形套索工具”就是最佳的选择工具了，如三角形、五角星等。最终效果如图5.14所示。

图5.14 最终效果

操作步骤

01 执行菜单栏中的“文件”|“打开”命令，打开“多边形.jpg”文件。在工具箱中选择“多边形套索工具”。

02 将光标移动到文档操作窗口中，在靠近多边形的顶点位置单击鼠标左键以确定起点，移动鼠标光标到下一个顶点位置，再次单击鼠标左键。

03 以相同的方法，直到选中所有的范围并回到起点，当“多边形套索工具”光标的右下角出现一个小圆圈时单击，即可封闭并选中该区域，选择图像的操作效果如图5.15所示。

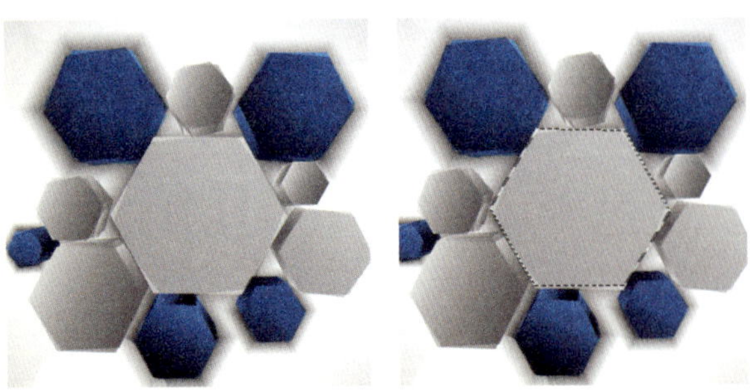

图5.15 利用多边形套索工具选择

> **技巧**
>
> 按住Shift键单击可以绘制一条角度为45度倍数的直线；按住Alt键并拖动，可以手绘选区；按Delete键可以删除最近绘制的直线段。直接双击鼠标左键或按住Ctrl键单击，可以快速封闭选区。

技术延伸 “磁性套索工具”选项栏

“磁性套索工具”选项栏中的参数极为丰富，如图5.16所示，合理设置这些参数可以更加精确地确定选区。

图5.16 “磁性套索工具”选项栏

选项栏中部分选项本章前面已经讲解，可以参考本章前面相关内容的介绍，其他选项设置所代表的具体含义如下。

● “宽度”：确定磁性套索工具自动查寻颜色边缘的宽度范围。该文本框中的数值越大，所要查寻的颜色就越相似。

> **技巧**
>
> 按右方括号键 [可将磁性套索边缘宽度增大1像素；按左方括号键 [可将宽度减小1像素。

● “对比度”：在该文本框中输入百分数，用于确定边缘的对比度。该文本框中的数值越大，磁性套索工具对颜色对比度反差的敏感程度就越低。

● “频率”：确定磁性套索工具在自动创建选区时插入节点的数量。该文本框中的数值越大，所插入的节点就越多，而最终得到的选择区域也就越精确。

● “使用绘图板压力以更改钢笔宽度”：在使用光笔绘图板时使用，按住该按钮可以增加光笔压力，使边缘宽度减小。

5.1.6 实战案例：利用“磁性套索工具”将气球抠图

● **素材位置** | 素材文件\第5章\气球.jpg

● **案例位置** | 案例文件\第5章\利用“磁性套索工具”将气球抠图.psd

● **视频位置** | 多媒体教学\5.1.6 实战案例 利用“磁性套索工具”将气球抠图.avi

● **难易指数** | ★★☆☆☆

“磁性套索工具”是一款半自动化的选取工具，其优点是能够非常迅速、方便地选择边缘颜色对比度较强的图像。最终效果如图5.17所示。

图5.17　最终效果

操作步骤

01 执行菜单栏中的“文件”|“打开”命令，打开“气球.jpg”文件。

02 在工具箱中选择“磁性套索工具”。将鼠标光标移动到文档操作窗口中，在需要选择图像合适的边缘位置单击以设置第一个点。

> **技巧**
>
> 在使用“磁性套索工具”选择时，按住 Alt 键并按住鼠标左键拖动，可以切换成套索工具；按住 Alt 键并单击，可以切换成多边形套索工具。

03 沿着要选取的物体边缘移动鼠标光标，当鼠标光标返回到起点位置时，光标右下角会出现一个小圆圈，此时单击即可完成选取，选择图像的操作效果如图5.18所示。

> **技巧**
>
> 按 Enter 键可以用磁性线段闭合选区；按住 Alt 键并双击，可以用直线段闭合选区。

图5.18　利用磁性套索工具选择图像的操作效果

04 为了更好地说明选择，执行菜单栏中的“图层”|“新建”|“通过拷贝的图层”命令，将其以选区为基础复制一个新的图层。然后在“图层”面板中，将背景层隐藏，如图5.19所示。此时可以清楚地看到抠像后的效果，如图5.20所示。

图5.19　隐藏图层

图5.20　抠像后的效果

技术延伸　“快速选择工具”选项栏

在工具箱中单击选择“快速选择工具”，其选项栏如图5.21所示。掌握选项设置可以更好地控制快速选择工具的选择功能。

图5.21　“快速选择工具”选项栏

“快速选择工具”选项栏中有些选项设置可以参考本章前面相关内容的介绍，其他选项设置所代表的具体含义如下。

“新选区”：该按钮为默认选项，用来创建新选区。当使用“快速选择工具”创建选区后，此项将自动切换到“添加到选区”。

“添加到选区”：该项可以在原有选区的基础上，通过单击或拖动来添加更多的选区。

“从选区减去”：该项可以在原有选区的基础上，通过单击或拖动减去当前绘制选区。

“对所有图层取样”：勾选该复选框，可以基于所有图层创建选区，而不是仅基于当前选定图层。

“自动增强”：勾选该复选框，可以减少选区边界的粗糙度和块效应。可以通过“自动增强”将选区向图像边缘进一步流动并应用一些边缘调整，也可以通过“调整边缘”对话框中使用“平滑”“对比度”和“半径”选项手动应用这些边缘调整。

5.1.7　实战案例：利用“快速选择工具”将心形抠像

- **素材位置** | 素材文件\第5章\表情玩偶.jpg
- **案例位置** | 案例文件\第5章\利用“快速选择工具”将心形抠像.psd
- **视频位置** | 多媒体教学\5.1.7　实战案例　利用“快速选择工具”将心形抠像.avi
- **难易指数** | ★★☆☆☆

“快速选择工具”是Photoshop最近几个版本中新增加的一个选择工具，它可以调整画笔的笔触而快速通过单击创建选区，拖动时，选区会向外扩展并自动查找和跟随图像中定义的边缘。最终效果如图5.22所示。

图5.22 最终效果

操作步骤

01 执行菜单栏中的“文件”|“打开”命令，打开“表情玩偶.jpg”图片，如图5.23所示。在工具箱中选择“快速选择工具”，如图5.24所示。

图5.23 打开图片

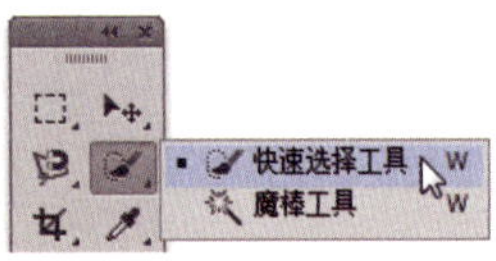

图5.24 选择“快速选择工具”

02 在工具选项栏中单击“新选区”按钮，设置画笔的“大小”为40像素，“硬度”为100%，如图5.25所示。

图5.25 选项栏参数设置

03 然后将鼠标光标移动到图像中要选择的图像位置，如图5.26所示，单击鼠标左键即可选择与鼠标拖动区域颜色相似的图像范围，如图5.27所示。

> **技巧**
>
> 在建立选区时，按右方括号键] 可增大快速选择工具画笔笔尖的大小；按左方括号键 [可减小快速选择工具画笔笔尖的大小。

图5.26 光标位置

图5.27 选择效果

04 如果释放鼠标左键，在选项栏中，可以看到“新选区”自动切换到“添加到选区”，用同样的方法在其他区域单击鼠标左键或拖动鼠标光标，即可将另外1个心形选中，如图5.28所示。

> **技巧**
>
> 按住 Alt 键可以临时在“添加到选区”或“从选区减去”模式之间切换。

05 按Ctrl +J组合键应用“通过拷贝的图层”命令，将心形抠像，在“图层”面板中将背景图层隐藏，抠像后的效果如图5.29所示。

图5.28 选中后的效果

图5.29 抠像后的效果

技术延伸 “魔棒工具”选项栏

在工具箱中选择“魔棒工具”，工具选项栏如图5.30所示，各选项设置可以更好地控制魔棒工具的选择。

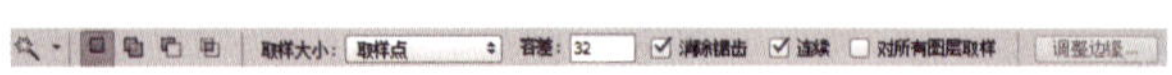

图5.30 “魔棒工具”选项栏

工具选项栏左侧的选项设置可以参考本章前面相关内容的介绍，其他选项设置所代表的具体含义如下。

- “容差”：在“容差”文本框中的数值大小可以确定魔棒工具选取颜色的容差范围。该数值越大，则所选取的相邻颜色就越多。图5.31所示为“容差”值为30时的效果；图5.32所示为“容差”值为80时的效果。

图5.31 "容差"为30

图5.32 "容差"为80

● "消除锯齿"：勾选该复选框，可以创建较平滑选区边缘。

● "连续"：勾选"连续"复选项，则只选取与单击处相邻的、容差范围内的颜色区域；不勾选"连续"复选项，则整个图像或图层中容差范围内的颜色区域均被选中，勾选与不勾选"连续"复选框的不同选择效果如图 5.33 所示。

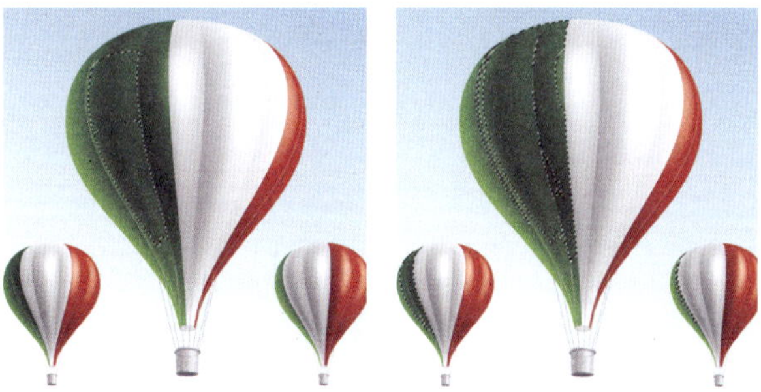

勾选"连续"复选框　　　　不勾选"连续"复选框

图5.33 勾选与取消"连续"的不同选择效果

● "对所有图层取样"：勾选该复选项，将在所有可见图层中选取容差范围内的颜色区域；否则，魔棒工具只选取当前图层中容差范围内的颜色区域。

5.1.8 实战案例：利用"魔棒工具"将樱桃抠像

- **素材位置** | 素材文件\第 5 章\樱桃 .jpg
- **案例位置** | 案例文件\第 5 章\利用"魔棒工具"将樱桃抠像 .psd
- **视频位置** | 多媒体教学\5.1.8 实战案例 利用"魔棒工具"将樱桃抠像 .avi
- **难易指数** | ★★☆☆☆

"魔棒工具"根据颜色进行选取，用于选择图像中颜色相同或者相近的区域，是一款非常有用的选取工具。使用魔棒工具时，在图像中的某一种颜色处单击，即可选取该颜色一定容差值范围内的相邻颜色区域。最终效果如图 5.34 所示。

图5.34 最终效果

操作步骤

01 执行菜单栏中的"文件" | "打开"命令，打开"樱桃.jpg"图片，如图5.35所示。在工具箱中选择"魔棒工具"，如图5.36所示。

图5.35 打开的图片

图5.36 选择"魔棒工具"

02 在工具选项栏中设置"容差"的值为40，并勾选"连续"复选框，参数设置如图5.37所示。

图5.37 参数设置

03 然后将鼠标光标移动到图像中，单击鼠标左键即可选择颜色容差相似的颜色范围，如图5.38所示，从选区中可以看到，有些部分并没有选中，单击选项栏中的"添加到选区"，可以看到魔棒的左下角多出一个"十"字形，此时在要添加的颜色位置单击，如图5.39所示。

图5.38 选择效果

图5.39 添加选区

04 使用同样的方法，将没有选中的部分单击加选，即可将背景选取，如图5.40所示。此时并没有选择樱桃，

执行菜单栏中的“选择”|“反向”命令，即可将图像选取，选取后的效果如图5.41所示。

图5.40 选择背景效果

图5.41 反选后的效果

05 为了更好地说明选择，执行菜单栏中的“图层”|“新建”|“通过拷贝的图层”命令，将其以选区为基础复制一个新的图层。然后在“图层”面板中，将背景层隐藏，如图5.42所示。此时可以清楚地看到抠像后的效果，如图5.43所示。

图5.42 隐藏背景层

图5.43 抠图效果

5.1.9 “色彩范围”命令

使用“色彩范围”命令也可以创建选区，其选取原理也是以颜色作为依据，有些类似于魔棒工具，但是其功能比魔棒工具更加强大。

执行菜单栏中的“文件”|“打开”命令，打开“鸽子.jpg”图片，如图5.44所示。执行菜单栏中的“选择”|“色彩范围”命令，打开“色彩范围”对话框，在该对话框中部的矩形预览区可显示选择范围或图像，如图5.45所示。

图5.44 打开的图片

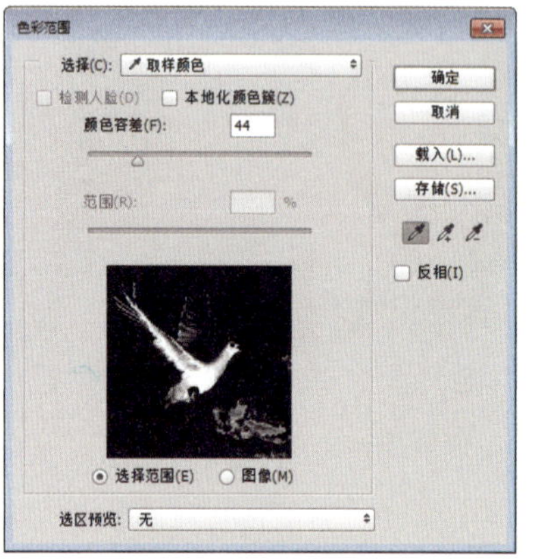

图5.45 “色彩范围”对话框

该对话框中主要有“选择”“本地化颜色簇”“颜色容差”“范围”“预览区”“吸管”和“反相”等选项设置，它们的作用及使用方法如下。

1. 选择

在“选择”命令下拉列表中包含有“取样颜色”“红色”“黄色”“绿色”“青色”“蓝色”“洋红”“高光”“中间调”“暗调”“肤色”和“溢色”等命令，如图5.46所示。

对这些命令的选择可以实现图形中相应内容的选择，例如，若要选择图形中的高光区，可以选择“选择”命令下拉列表中的“高光”选项，单击“确定”按钮后，图形中的高光部分就会被选中。

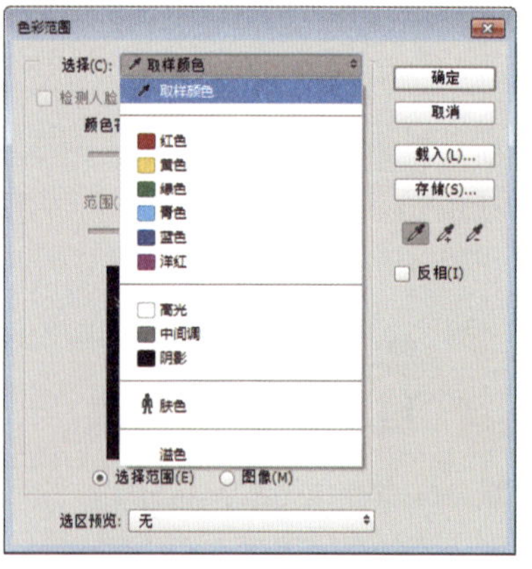

图5.46 “选择”中的选项

“选择”中的选项使用方法说明如下。

- “取样颜色”：可以使用吸管进行颜色取样，利用鼠标左键在图像页面内单击选择颜色；在色彩范围预视窗口单击来选取当前的色彩范围。取样颜色可以配合“颜色容差”进行设置，颜色容差中的数值越大，则选取的色彩范围也就越大。

- “红色”“黄色”“绿色”……：指定图像中的红色、黄色、绿色成分的色彩范围。选择该选项后，“颜色容差”就会失去作用。
- “高光”：选择图像中的高光区域。
- “中间调”：选择图像中的中间调区域。
- “阴影”：选择图像中的阴影区域。
- “肤色”：自动识别图像中的皮肤颜色。
- “溢色”：该项可以将一些无法印刷的颜色选出来。但该选项只适用于RGB和Lab模式。

2. 本地化颜色簇

如果正在图像中选择多个颜色范围，则勾选“本地化颜色簇”复选框来构建更加精确的选区。如果已勾选“本地化颜色簇”复选框，则使用“范围”滑块以控制要包含在蒙版中的颜色与取样点的最大和最小距离。例如，图像在前景和背景中都包含一束黄色的花，但只想选择前景中的花。对前景中的花进行颜色取样，并缩小范围，以避免选中背景中有相似颜色的花。

3. 颜色容差

颜色容差主要是设置选择颜色的差别范围，拖动下面的滑块，或直接在右侧的文本框中输入数值，可以对选择的范围设置大小，值越大，选择的颜色范围越大。颜色容差值分别为30和50的不同选择效果，如图5.47所示。

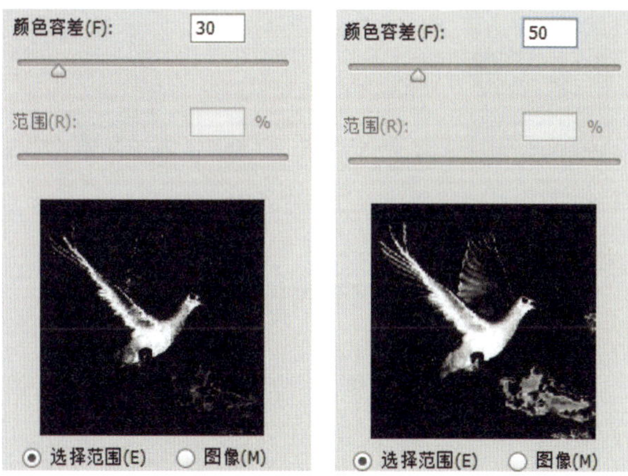

图5.47 颜色容差值为30和50的不同选择效果

4. 预览区

预览区用来显示当前选取的图像范围和对图像进行选取的操作。默认情况下，白色区域是选定的像素，黑色区域是未选定的像素，而灰色区域则是部分选定的像素。预览框的下方有两个单选按钮可以选择不同的预览方式。不同预览效果如图5.48所示。

- “选择范围”：选择该项，预览区以灰度的形式显示图像，并将选中的图像以白色显示。
- “图像”：选择该项，预览区中显示全部图像，没有选择区域的显示，所以一般不常用。

图5.48 不同预览效果

> **技巧**
>
> 按住 Ctrl 键，可以在“选择范围”和“图像”预览之间切换。

5. 选区预览

在“选区预览”下拉列表中包含有无、灰度、黑色杂边、白色杂边、快速蒙版5个选项，如图5.49所示。通过选择不同的选项，可以在文档操作窗口中查看原图像的显示方式。

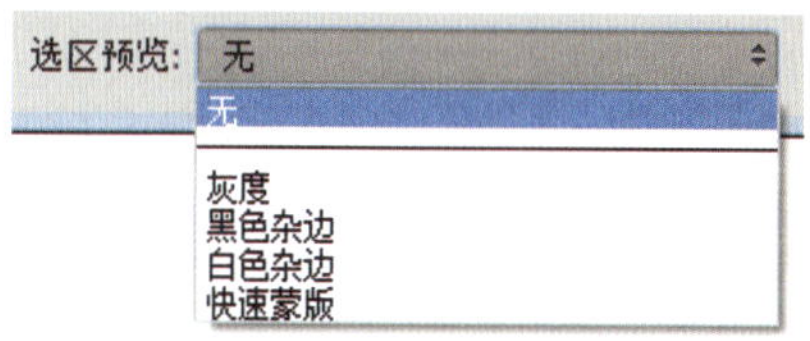

图5.49 选区预览下拉列表

选区预览下拉列表中各选项的含义说明如下。

- “无”：选择此选项，文档操作窗口中的原图像不显示选区预览效果。
- “灰度”：选择此选项，将以灰度的形式在文档操作窗口中，显示原图像的选区效果。
- “黑色杂边”：选择此选项，在文档操作窗口中，以黑色来显示原图像中未被选取的图像区域。
- “白色杂边”：选择此选项，在文档操作窗口中，以白色来显示原图像中未被选取的图像区域。
- “快速蒙版”：选择此选项，在文档操作窗口中，以蒙版的形式显示原图像中未被选取的图像区域。

6. 吸管工具

吸管工具包括3个吸管，如图5.50所示，主要用来设置选取的颜色。使用第1个“吸管工具”在图像中单击，即可选择相对应的颜色范围；选择带有“+”号的吸管“添加到取样”，在图像中单击可以增加选取范围；选择带有“-”号的吸管“从取样中减去”，在图像中单击可以减少选取范围。

图5.50 吸管工具

7. 反相

反相复选框的作用是可以在选取范围和非选取范围之间切换。功能类似于菜单栏中的“选择”|“反向”命令。

> **提示**
>
> 对于创建好的选区，单击“色彩范围”对话框中的“存储”按钮，可以将其存储起来；单击“载入”按钮，可以将存储的选区载入来使用。

5.2 调整选区

有时对所创建的复杂选区不太满意，但只要通过简单的调整即可满足要求，此时就可以使用Photoshop提供的修改选区的多种方法来调整。

5.2.1 移动选区

选区的移动非常简单，重点是要选择正确的移动工具，它不像图像一样，不能使用“移动工具”来移动选区。

选择工具箱中的任何一个选框或套索工具，在工具选项栏中单击“新选区”按钮，将光标置于选区中，此时光标变为，按住鼠标左键向需要的位置拖动，即可移动选区，移动选区操作效果如图5.51所示。

图5.51 选区的移动操作效果

> **提示**
>
> 要将方向限制为45度的倍数，请开始拖动，然后再按住Shift键时继续拖动；使用键盘上的方向键可以以1个像素的增量移动选区；按住Shift键并使用键盘上的方向键，可以以10个像素的增量移动选区。

5.2.2 在选区边界创建一个选区

有时需要将选区变为选区边界，此时可以在现有选区的情况下，执行菜单栏中的“选择”|“修改”|“边界”命令，并在弹出的“边界选区”对话框中输入数值，比如为10像素，即可将当前选区改变为边界选区。创建边界选区的操作过程如图5.52所示。

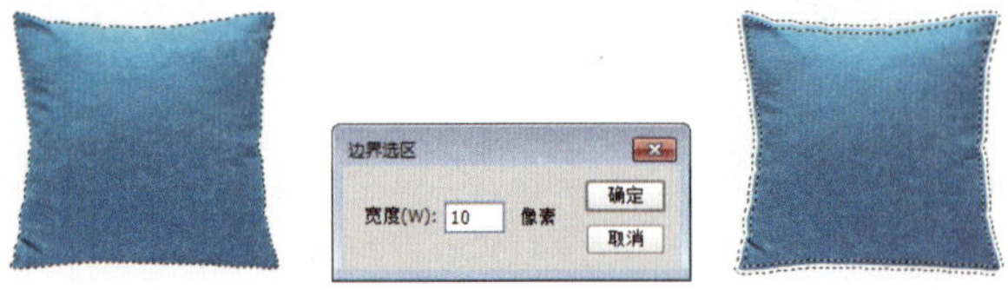

图5.52 创建边界选区的操作过程

5.2.3 清除杂散或尖突选区

当使用选框工具或其他选区命令选取时容易得到比较细碎或尖突的选区，该选区存在严重的锯齿状态。执行菜单栏中的“选择”|“修改”|“平滑”命令，在打开的“平滑选区”对话框中，设置“取样半径”的值，比如为10像素，即可使选区的边界平滑。选区平滑的操作过程如图5.53所示。

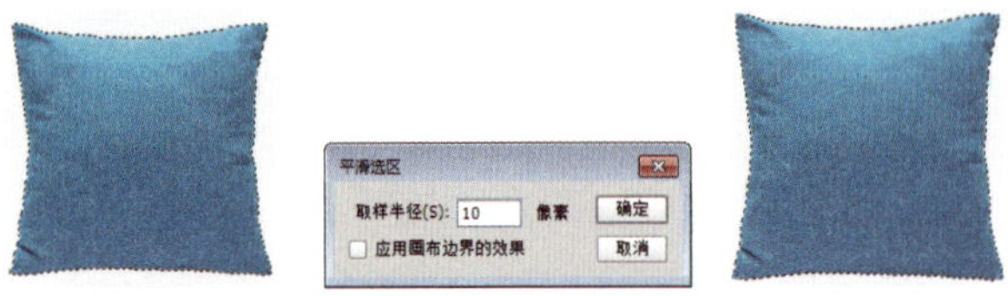

图5.53 平滑选区操作过程

5.2.4 按特定数量扩展选区

当需要将选区的范围进行扩展操作时，可以执行菜单栏中的“选择”|“修改”|“扩展”命令，打开“扩展选区”对话框，设置选区的“扩展量”，比如设置“扩展量”的值为10像素，然后单击“确定”按钮，即可将选区的范围向外扩展10像素。扩展选区的操作过程如图5.54所示。

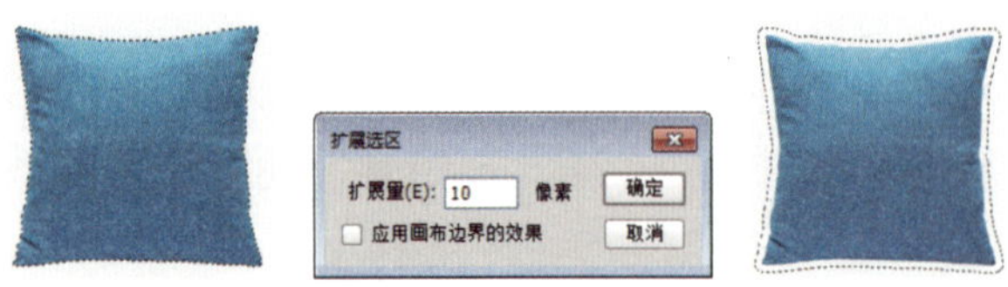

图5.54 扩展选区的操作过程

5.2.5 按特定数量收缩选区

选区的收缩与选区的扩展正好相反，选区的收缩是将选区的范围进行收缩处理。确认当前有一个要收缩的选区，然后执行菜单栏中的“选择”|“修改”|“收缩”命令，打开“收缩选区”对话框，在“收缩量”文本框中，输入要收缩的量，比如输入10像素，即可使得选区向内收缩相应数值的像素。收缩选区的操作过程如图5.55所示。

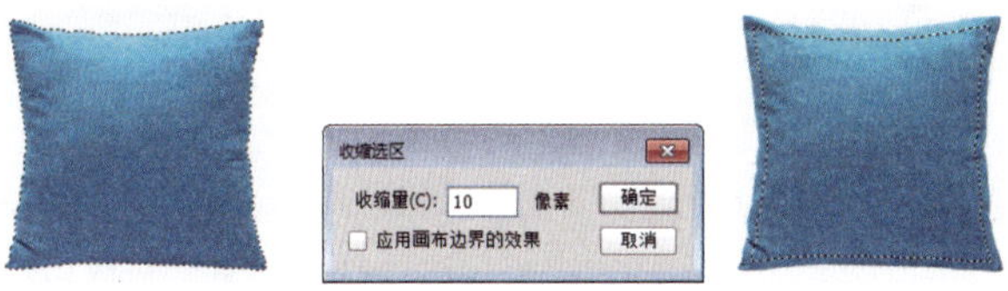

图5.55 收缩选区的操作过程

5.2.6 扩大选取和选取近似

执行菜单栏中的“选择”|“修改”|“扩大选取”或“选取相似”命令有助于其他选区工具的选区设置，一般常与“魔棒工具”配合使用。

执行菜单栏中的“选择”|“扩大选取”命令，可以使得选区在图像中进行相邻的扩展，类似于容差设置增大的魔棒工具使用。

执行菜单栏中的“选择”|“选取相似”命令，可以使得选区在整个图像中进行不连续的扩展，但是选区中的颜色范围基本相近，类似于在使用“魔棒工具”时，在工具选项栏中取消勾选“连续”复选框的应用。

利用魔棒工具在图像上单击以确定选区，如果执行菜单栏中的“选择”|“扩大选取”命令，得到的选区扩大选择范围效果；而执行菜单栏中的“选择”|“选取相似”命令，得到的相似颜色全部选中的效果。原图与扩大选取和选取相似的效果，如图5.56所示。

提示

无法在位图模式的图像或 32 位 / 通道的图像上使用“扩大选取”和“选取相似”命令。

图5.56 原图与扩大选取和选取相似的效果

提示

“扩大选取”和“选取相似”命令可以多次执行，以扩大更多的选区或选择更多的颜色范围。

5.2.7 调整选区边缘

“调整边缘”选项可以提高选区边缘的品质，并允许对照不同的背景查看选区，以便轻松编辑选区。还可以使用“调整边缘”选项来调整图层蒙版。

提示

在前面讲解的选框或套索等选区工具时，其选框栏中都有一个共同的“调整边缘”按钮，这里要讲的就是这个按钮的使用。

使用任意一种选择工具创建选区，单击选项栏中的“调整边缘”按钮，或执行菜单栏中的“选择”|“调整边缘”命令，打开“调整边缘”对话框，如图5.57所示。

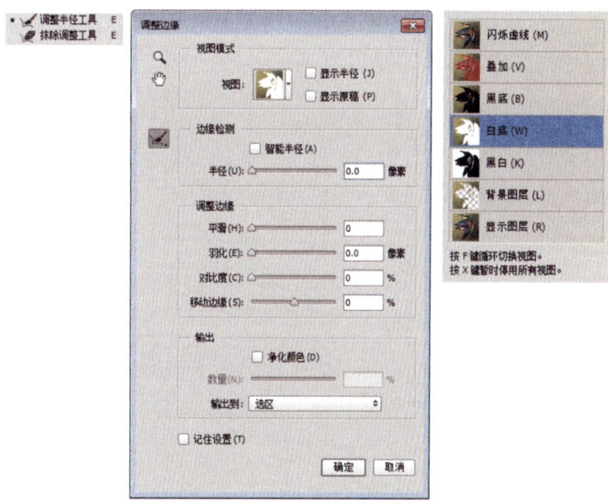

图5.57 “调整边缘”对话框

技巧

按 Alt + Ctrl + R 组合键，可以快速打开“调整边缘”对话框。

“调整边缘”对话框中各选项的含义说明如下。

- “视图模式”：从右侧下拉菜单中，选择一个模式以更改选区的显示方式。勾选“显示半径”复选框，将在发生边缘调整的位置显示选区边框；勾选“显示原稿”复选框，将显示原始选区以进行对比。

技巧

关于每种模式的使用信息，可以将光标放置在该模式上，稍等片刻将出现一个工具提示。

- “调整半径工具”和“抹除调整工具”：使用这两种工具可以精确调整选区的边缘区域，以增加选择或抹除选择。

技巧

按 Alt 键可以在“调整半径工具”和“抹除调整工具”两个工具之间切换。如果想修改画笔大小，可以按方括号键。

- “智能半径”：勾选该复选框，可以自动调整边界区域中发现的硬边缘和柔化边缘的半径。如果边框一律是硬边缘或柔化边缘，或者要控制半径设置并且更精确地调整画笔，则取消选择此选项。
- “半径”：半径决定选区边界周围的区域大小，将在此区域中进行边缘调整。增加半径可以在包含柔化过渡或细节的区域中创建更加精确的选区边界，如短的毛发中的边界，或模糊边界。对锐边使用较小的半径，对较柔和的边缘使用较大的半径。值越大，选区边界的区域就越大。取值范围为0~250的数值。
- “平滑”：减少选区边界中的不规则区域，以创建更加平滑的轮廓。值越大，越平滑。取值范围为0~100的整数。
- “羽化”：可以在选区及其周围像素之间创建柔化边缘过渡。值越大，边缘的柔化过渡效果越明显。取值范围为0~250的数值。
- “对比度”：对比度可以锐化选区边缘并去除模糊的不自然感。增加对比度，可以移去由于“半径”设置过高而导致在选区边缘附近产生的过多杂色。取值范围为0~100的整数。通常情况下，使用“智能半径”选项和调整工具效果会更好。
- “移动边缘”：使用负值向内移动柔化边缘的边框，或使用正值向外移动这些边框。向内移动这些边框有助于从选区边缘移去不想要的背景颜色。
- “净化颜色”：将彩色边替换为附近完全选中的像素的颜色。颜色替换的强度与选区边缘的软化度是成比例的。
- “数量”：更改净化和彩色边替换的程度。
- “输出到”：决定调整后的选区是变为当前图层上的选区或蒙版，还是生成一个新图层或文档。
- “缩放工具”和“抓手工具”：使用“缩放工具”，可以在调整选区时将其放大或缩小；使用“抓手工具”，可调整图像的位置。

5.3 柔化选区边缘

羽化效果就是让图片产生渐变的柔和效果，可以在选项栏中的羽化后的文本框中，输入不同数值，来设定选取范围的柔化效果，也可以使用菜单中的羽化命令来设置羽化。另外，还可以使用消除锯齿选项来柔化选区。

5.3.1 利用消除锯齿柔化选区

通过“消除锯齿”选项可以平滑较硬的选区边缘。消除锯齿主要是通过软化边缘像素与背景像素之间的颜色过渡效果，使选区的锯齿状边缘平滑。由于只有边缘像素发生变化，因此不会丢失细节。消除锯齿在剪切、复制和粘贴选区以创建复合图像时非常有用。

消除锯齿适用于“椭圆选框工具”、“套索工具”、“多边形套索工具”、“磁性套索工具”或“魔棒工具”。消除锯齿显示在这些工具的选项栏中。要应用消除锯齿功能可进行如下操作。

01 利用“椭圆选框工具”、“套索工具”、“多边形套索工具”、“磁性套索工具”或“魔棒工具”进行选择。

02 在选项栏中勾选“消除锯齿”复选框。

5.3.2 为选择工具定义羽化

在前面所讲述的若干创建选区工具选项栏中基本都有“羽化”选项，在该文本框中输入数值即可创建边缘柔化的选区。

只要在“羽化”文本框中输入数值就可以对选区进行柔化处理。数值越大，柔化效果越明显，同时选区形状也会发生一定变化。选项栏中羽化设置如下。

提示

要应用选项栏中的“羽化”功能，要注意在绘制选区前就要设置羽化值，如果绘制选区后再设置羽化值是不起作用的。

01 选择任一套索或选框工具，比如选择“椭圆选框工具”，如图5.58所示。

图5.58 “椭圆选框工具”选项栏

02 确认在“羽化”文本框中数值为0像素，在画布中创建椭圆选区，将前景色设置为白色，按Alt + Delete组合键进行前景色填充，此时的图像效果如图5.59所示。

03 按两次Alt + Ctrl + Z组合键，将前面的填充和选区撤销。然后在“羽化”文本框中输入数值为30像素，在图像中绘制椭圆选区，并按Alt + Delete组合键进行前景色填充，此时的图像效果如图5.60所示。

图5.59 羽化为0

图5.60 羽化为30像素

5.3.3 为现有选区定义羽化边缘

利用菜单中的“羽化”命令，与选项栏中的在应用上正好相反，它主要对已经存在的选区设置羽化。具体使用方法如下。

01 确认在图像中创建一个选区。

02 执行菜单栏中的“选择”|“修改”|“羽化”命令，打开“羽化选区”对话框，设置“羽化半径”的值然后单击“确定”按钮确认。

不带羽化和带羽化使用图案填充同一选区的不同效果如图5.61所示。

> **提示**
>
> 如果选区小而羽化半径设置得太大，则看不到选区，因此不可选。

不带羽化填充图案

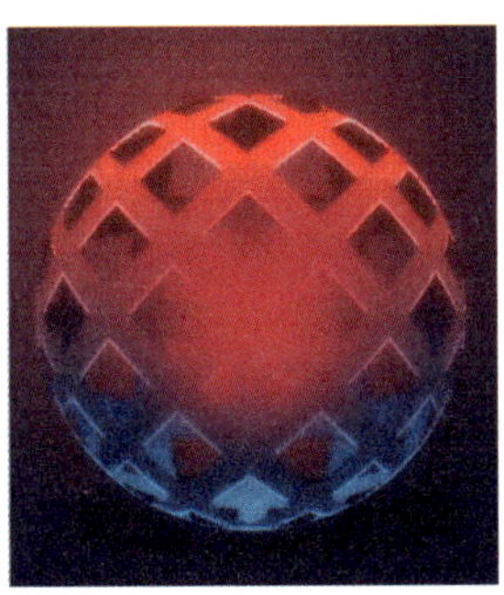

带羽化填充图案

图5.61 填充效果对比

5.3.4 从选区中移去边缘像素

利用魔棒工具、套索工具等选框工具创建选区时，Photoshop可能会包含选区边界上的额外像素，当移动该选区中的像素时，就能查看到这些像素的存在。将明亮的图像移到黑暗的背景中或将黑暗的图像移到明亮的背景中时，这种现象就特别明显。这些额外的像素通常是Photoshop中消除锯齿功能所产生的，该功能可使边缘像素部分模糊化，同时也会使得边界周围的额外像素添加到选区中。执行菜单栏中的“图层”|“修边”命令，就可以删除这些不想要的像素。

1. 消除粘贴图像的边缘效应

执行菜单栏中的“图层”|“修边”|“去边”命令，可删除边缘像素中不想要的颜色，采用与选区边界内最相近的颜色取代该选区边缘的颜色。使用“去边”命令时，应该将要消除边缘效应的区域位于已移动的选区中，或位于有透明背景的图层中。选择“去边”命令时会打开“去边”对话框，如图5.62所示，允许用户指定要去边的边缘区域的宽度。

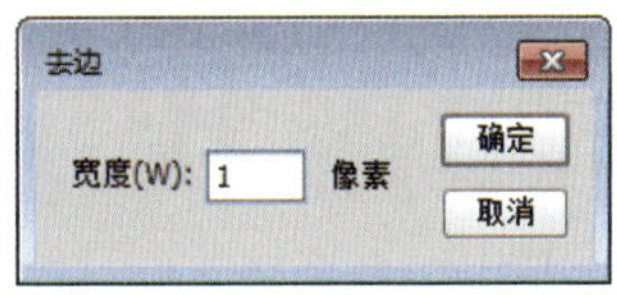

图5.62 “去边”对话框

2. 移去黑色（或白色）杂边

如果在黑色背景中选择图像，可在菜单栏中的“图层”|“修边”子菜单中选择“移去黑色杂边”命令，删除边缘处多余的黑色像素。如果是在白色背景中选择图像，可在菜单栏中的“图层”|“修边”子菜单中选择“移去白色杂边”命令，删除边缘处多余的白色像素。

第06章

路径和形状工具

内容摘要

路径是Photoshop中的重要工具，其主要用于进行图像选择及辅助抠图，绘制平滑线条，定义画笔等工具的绘制轨迹，输出输入路径及和选择区域之间转换。本章详细讲解路径的各种应用，读者可能会觉得它与选区非常相似，但在辅助抠图上路径突出显示了强大的可编辑性，具有特有的光滑曲率属性，所以掌握路径功能是绘图与抠像的必需。

教学目标

学习钢笔工具的使用方法
学习路径的选取与编辑
掌握路径面板的使用
掌握路径与选区之间的转换方法
掌握形状工具的使用方法

6.1 钢笔工具

钢笔工具是创建路径的最基本工具，使用该工具可以创建各种精确的直线或曲线路径，钢笔工具是制作复杂图形的一把利器，它几乎可以绘制任何图形。

6.1.1 路径和形状的绘图模式

路径是利用“钢笔工具”或形状工具的路径工作状态制作的直线或曲线，路径其实是一些矢量线条，此线条无论图像缩小或放大，都不会影响其分辨率或平滑程度。编辑好的路径可以保存在图像中（保存为*.psd或是*.tif文件），也可以单独输出为路径文件，然后在其他的软件中进行编辑或使用。钢笔工具可以和路径面板一起工作。通过路径面板可以对路径进行描边、填充或将之转变为选区。

使用形状或钢笔工具时，可以在选项栏中选择三种不同的模式进行绘制。在选定形状或钢笔工具时，可通过选择选项栏中的图标来选取一种模式，如图6.1所示。

图6.1 路径和形状工具选项栏

下面来详细讲解3种绘图模式的使用方法。

- “形状”：选择该按钮，将在单独的图层中创建形状，可以使用形状工具或钢笔工具来创建形状图层。形状图层包含定义形状颜色的填充图层以及定义形状轮廓的链接矢量蒙版。形状轮廓是路径，它出现在“路径”面板中。形状图层绘图效果如图6.2所示。

图6.2 形状图层绘图效果

- “路径”：选择该按钮，在使用钢笔或形状工具绘制图形时，可以绘制出路径效果，并在“路径”面板中以工作路径的形式存在，但“图层”面板不会有任何的变化。路径绘图效果如图6.3所示。

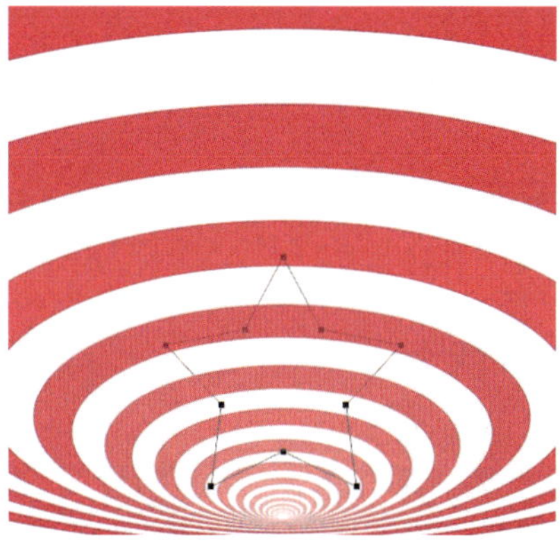

图6.3 路径绘图效果

- “像素”：在选择钢笔工具时，该按钮是不可用的，只有选择形状工具时，该按钮才可以使用。选择该按钮，在使用形状工具绘制图像时，在“图层”面板中不会产生新的图层，也不会在“路径”面板中产生路径，它只能在当前图层中，以前景色为填充绘制一个图形对象，覆盖当前层中的重叠区域。填充像素绘图效果如图6.4所示。

图6.4 填充像素绘图效果

6.1.2 使用“钢笔工具”绘制直线段

使用“钢笔工具”可以绘制最简单的路径是直线，通过两次不同位置的单击可以创建一条直线段，继续单击可创建由角点连接的直线段组成的路径。

01 选择“钢笔工具”。

02 移动光标到文档窗口中，在合适的位置单击确定路径的起点，可绘制第1个锚点。然后单击其他要设置锚点的位置可以得到第2个锚点，在当前锚点和前一个锚点之间会以直线连接。

> **提示**
>
> 在绘制直线段时，注意单击时不要拖动鼠标，否则将绘制出曲线效果。

03 用同样的方法，多次单击可以绘制更多的路径线段和锚点。如果要封闭路径，请将光标移动到起点附近。当光标右下方出现一个带有小圆圈的钢笔标志时，单击就可以得到一个封闭的路径。绘制直线路径效果如图6.5所示。

图6.5 绘制直线路径效果

技巧

在绘制路径时，如果中途想中止绘制，可以按住 Ctrl 键的同时在文档窗口中路径以外的任意位置单击鼠标左键，绘制出不封闭的路径；按住 Ctrl 键光标将变成直接选择工具形状，此时可以移动锚点或路径线段的位置；按住 Shift 键进行绘制，可以绘制成 45 度角倍数的路径。

技术延伸 钢笔工具选项

在工具箱中选“钢笔工具”后，选项栏中将显示出“钢笔工具”的相关属性，如图 6.6 所示。

图6.6 “钢笔工具”选项栏

提示

在英文输入法下按 P 键，可以快速选择“钢笔工具”。如果按 Shift + P 组合键，可以在钢笔工具和自由钢笔工具之间进行切换。

“钢笔工具”选项栏各选项的含义说明如下。

- “橡皮带”：单击图标，勾选“橡皮带”复选框，在绘制路径时，则光标和刚绘制的锚之间会有一条动态变化的直线或曲线，表明若在光标处设置锚点会绘制什么样的线条，可以对绘图起辅助作用。
- “自动添加/删除”：勾选该复选框，在使用钢笔工具绘制路径时，钢笔工具不但具有绘制路径的功能，还可以添加或删除锚点。将光标移动到绘制的路径上，在光标右下角将出现一个“+”加号，单击鼠标左键可以在该处添加一个锚点；将光标移动到绘制路径的锚点上，在光标的右下角将出现一个“-”减号，单击鼠标左键即可将该锚点删除。
- “路径操作”：这些按钮主要是用来指定新路径与原路径之间的关系，比如相加、相减、相交或排除运算，它与前面讲解过的选区的相加减应用相似。“新建图层”表示开始创建新路径区域；“合并形状”表示将现有路径或形状添加到原路径或形状区域中；“减去顶层形状”表示从现有路径或形状区域中减去与新绘制重叠的区域；“与形状区域相交”表示将保留原区域与新绘制区域的交叉区域；“排除重叠形状”表示将原区域与新绘制的区域相交叉的部分排除，保留没有重叠的区域。

6.1.3 使用“钢笔工具”绘制曲线

绘制曲线相对来说比较复杂一点，在曲线改变方向的位置添加一个锚点，然后拖动构成曲线形状的方向线。方向线的长度和斜度决定了曲线的形状。

01 选择“钢笔工具”。

02 将钢笔工具定位到曲线的起点，并按住鼠标按钮拖动，以设置要创建的曲线段的斜度，然后松开鼠标按钮，操作效果如图6.7所示。

03 创建C形曲线。将光标移动到合适的位置，按住鼠标左键向前一条方向线相反的方向拖动鼠标，绘制效果如图6.8所示。

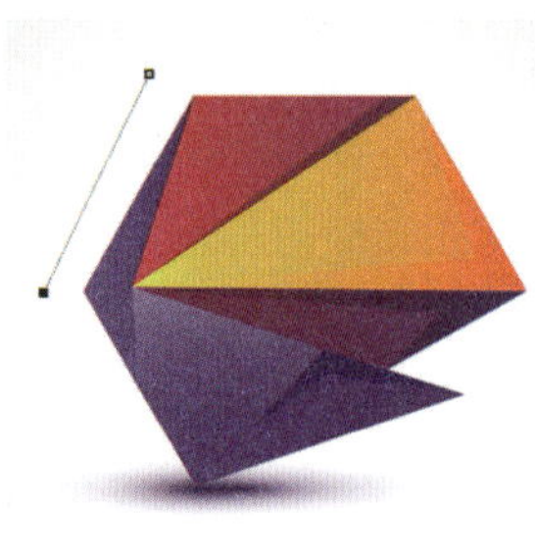

图6.7 拖动绘制第一曲线点

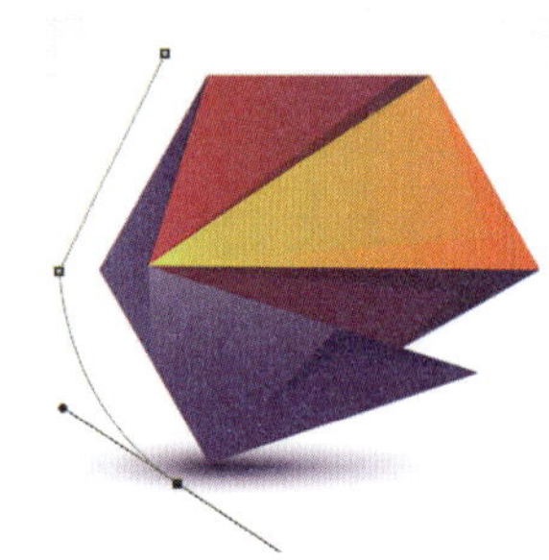

图6.8 绘制C形曲线

04 绘制S形曲线。将光标移动到合适的位置，按住鼠标左键向前一条方向线相同的方向拖动鼠标，绘制效果如图6.9所示。

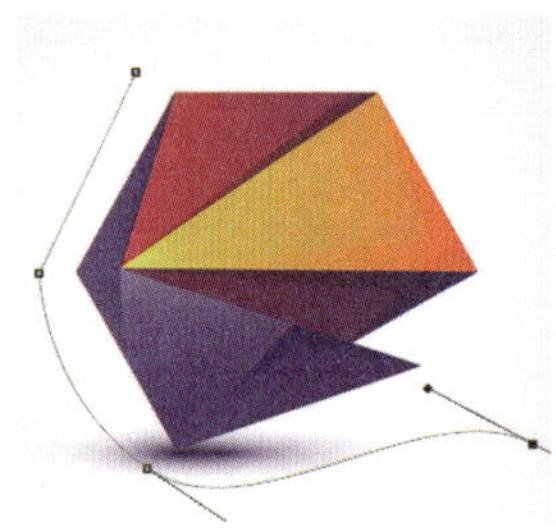

图6.9 绘制S形曲线

技巧

在绘制曲线路径时，如果要创建尖锐的曲线，即在某锚点处改变切线方向，请先释放鼠标左键，然后按住 Alt 键的同时拖动控制点改变曲线形状；也可以在按住 Alt 键的同时拖动该锚点，拖动控制线来修改曲线形状。

6.1.4 直线和曲线混合绘制

“钢笔工具”除了可以绘制直线和曲线外，还可以绘制直线和曲线的混合线，如可以绘制有曲线的直线、有直线的曲线或由角点连接的两条曲线段，具体绘制方法如下。

01 选择“钢笔工具”。

02 如果想在直线后绘制曲线，使用钢笔工具单击两个位置以创建直线段。将钢笔工具放置在所选锚点上，钢笔工具旁边将出现一条小对角线或斜线，此时按住鼠标左键向外拖动，此时将拖出一个方向线，释放鼠标左键，然后在其他位置单击或拖动鼠标，即可创建出一条曲线。在直线后绘制曲线操作过程如图6.10所示。

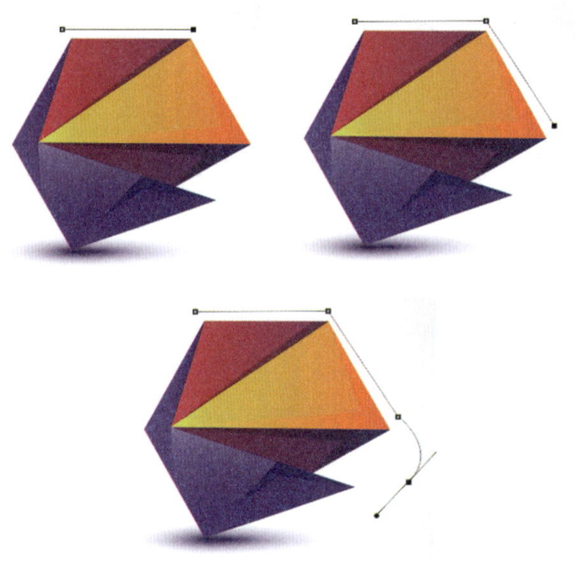

图6.10 在直线后绘制曲线的操作过程

03 如果想在曲线后绘制直线，首先利用前面讲过的方法绘制一条曲线并释放鼠标左键。按住Alt键时将钢笔工具更改为“转换锚点工具”，然后单击选定的锚点可将该锚点从平滑点转换为拐角点，然后释放Alt键和鼠标左键，在合适的位置单击，即可创建出一条直线。在曲线后绘制直线操作过程如图6.11所示。

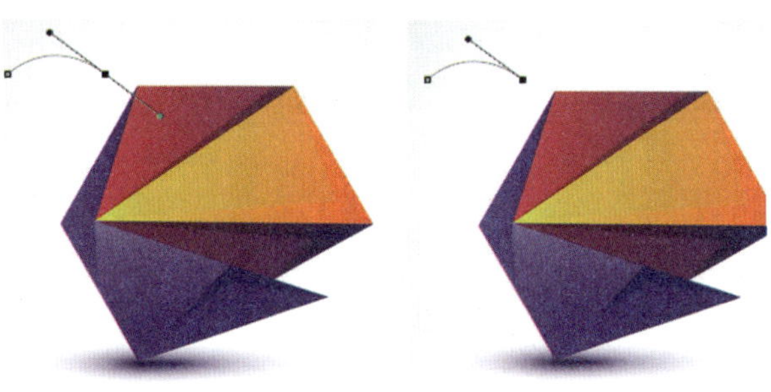

图6.11 在曲线后绘制直线的操作过程

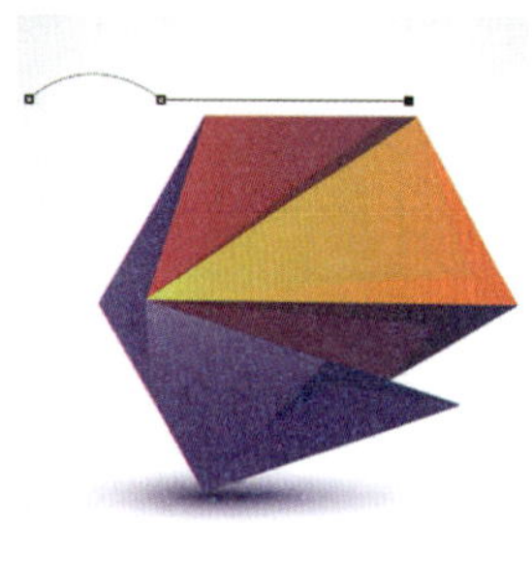

图6.11 在曲线后绘制直线的操作过程（续）

04 如果想在曲线后绘制曲线，首先利用前面讲过的方法绘制一条曲线并释放鼠标左键。按住Alt键将一端的方向线向相反的一端拖动，将该平滑点转换为角点，然后释放Alt键和鼠标左键，在合适的位置按住鼠标左键拖动完成第二条曲线。在曲线后绘制曲线的操作过程如图6.12所示。

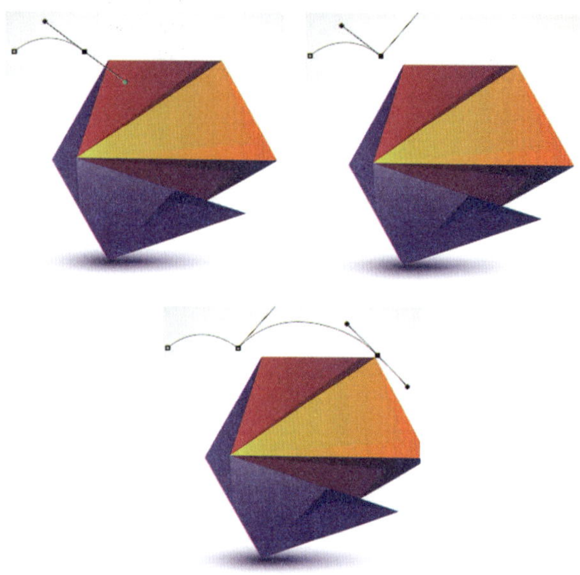

图6.12 在曲线后绘制曲线的操作过程

6.1.5 使用自由钢笔工具

自由钢笔工具在使用上分为两种情况：一种是自由钢笔工具；另一种是磁性钢笔工具。自由钢笔工具带有很大的随意性，可以像画笔一样进行随意的绘制，在使用上类似套索工具。应用自由钢笔工具进行路径绘制的具体步骤如下。

01 选择“自由钢笔工具”。

02 在需要进行绘制的起始位置处按住鼠标左键确定起点，在不释放鼠标左键的情况下随意拖动鼠标，在拖动时可以看到一条尾随的路径效果，释放鼠标左键即可完成路径的绘制。

03 如果要创建闭合路径，可以将光标拖动到路径的起点位置，光标右下方出现一个带有小圆圈的标志，此时释放鼠标左键就可以得到一个封闭的路径。

技巧

要停止路径的绘制，只要释放鼠标左键即可使路径处于开放状态。如果要从停止的位置处继续创建路径，可以先使用直接选择工具单击开放路径，再切换到自由钢笔工具将光标置于开放路径的一端的锚点处，当光标右下角显示减号标志，按住鼠标左键继续拖动即可。如果在中途想闭合路径，可以按住 Ctrl 键，此时光标的右下角将出现一个小圆圈，释放鼠标左键即可在当前位置和路径起点之间自动生成一个直线段，将路径闭合。

技术延伸 “自由钢笔工具”选项详解

“自由钢笔工具”选项栏如图6.13所示。

图6.13 “自由钢笔工具”选项栏

“自由钢笔工具”选项栏中各选项的含义说明如下。

- “曲线拟合”：该参数控制绘制路径时对鼠标移动的敏感性，输入的数值越高，所创建的路径的锚点越少，路径也就越光滑。
- “磁性的”：该复选框等同于工具“选项”栏中的“磁性的”复选框。但是在弹出面板中同时可以设置“磁性的”选项中的各项参数。
- “宽度”：确定磁性钢笔探测的距离，在该文本框中可输入1~40的像素值。该数值越大磁性钢笔探测的距离就越大。
- “对比”：确定边缘像素之间的对比度，在该文本框中可输入0 ~ 100%的值。值越大，对对比度要求越高，只检测高对比度的边缘。
- “频率”：确定绘制路径时设置锚点的密度，在该文本框中可输入0 ~ 100的值。该数值越大，则路径上的锚点数就越多。
- “钢笔压力”：只在使用绘图压敏笔时才有用，勾选该复选框，会增加钢笔的压力，可以使钢笔工具绘制的路径宽度变细。

技巧

在使用“磁性钢笔工具”绘制路径时，按左方框 [键，可将磁性钢笔的宽度值减小 1 像素；按右方框] 键，可将磁性钢笔的宽度增加 1 像素。

6.1.6 实战案例：使用“磁性钢笔工具”将茶杯抠像

- **素材位置** | 素材文件\第6章\茶杯.jpg
- **案例位置** | 案例文件\第6章\使用“磁性钢笔工具”将茶杯抠像.psd
- **视频位置** | 多媒体教学\6.1.6 实战案例 使用“磁性钢笔工具”将茶杯抠像.avi
- **难易指数** | ★★☆☆☆

“磁性钢笔工具”与“磁性套索工具”在选择上非常相似，唯一的不同点就是“磁性钢笔工具”创建的是路径，而“磁性套索工具”创建的是选区，而路径有最大的编辑灵活性，选区则没有，所以在实际工作中使用“磁性钢笔工具”的机会更大，下面以实例来讲解“磁性钢笔工具”的使用。最终效果如图6.14所示。

图6.14 最终效果

操作步骤

01 执行菜单栏中的“文件”|“打开”命令，打开“茶杯.jpg”图片，如图6.15所示。

02 选择“自由钢笔工具”，在选项栏中单击“路径”，并勾选“磁性的”复选框，此时“自由钢笔工具”就转换为“磁性钢笔工具”，在茶杯的边缘位置单击鼠标，然后在释放鼠标左键的情况下沿茶杯边缘移动光标，随着光标的移动，锚点逐个分布在光标移动的轨迹上，如图6.16所示。

图6.15 打开的图片

图6.16 移动光标选择

提示

在确定起点后，移动选择图像时，不用按住鼠标左键，只需要释放鼠标左键移动光标选择即可。

技巧

利用“磁性钢笔工具”绘制路径时，锚点的自动设置是由相关选项设置确定的。在绘制路径时，如果路径偏移了图像的边缘，这时可以按 Backspace 或 Delete 键，删除刚绘制的锚点，多次按删除键，可以依次删除锚点。可以在要吸附的图像位置单击鼠标左键，以手动添加锚点的方式来确定吸附位置。如果想在中途闭合路径，可以双击鼠标左键；如果按 Enter 键，可以创建开放的路径。

03 当光标移动到起点位置时，光标的右下角会显示小圆圈，单击即可使得整个路径封闭，选择茶杯效果如图6.17所示。

04 下面来选择茶杯的手柄位置。单击选项栏中的“减去顶层形状”按钮，然后沿茶杯的手柄将多余的部分选中，以将此图像减选，选择后的效果如图6.18所示。

图6.17　封闭路径

图6.18　选择手柄空间图像

技巧

利用“磁性钢笔工具”绘制路径时，按住 Alt 键并单击鼠标左键，可绘制出直线路径，如果直接拖动则可以绘制自由路径。

05 从选择的路径来看，有些地方的选择并不理想，比如茶杯边缘位置，如图6.19所示。选择“直接选择工具”，通过调整锚点位置，对其进行编辑，完成效果如图6.20所示。

图6.19　不理想的选择

图6.20　调整路径

技巧

在查看路径或编辑路径时，可以将图像放大来操作，这样会更加容易操作。

06 用同样的方法对其他位置的路径进行调整，使路径选择更加完善。然后按Ctrl+ Enter组合键将路径转换为选区，按Ctrl + J组合键应用“通过拷贝的图层”命令，在“图层”面板中将背景图层隐藏，如图6.21所示。茶杯的抠像效果如图6.22所示。

图6.21　隐藏背景图层

图6.22　茶杯抠像效果

6.2 选择和移动路径

路径的强大之处在于，它具有灵活的编辑功能，对应的编辑工具也相当丰富，所以，路径是绘图和选择图像中非常重要的一部分。

6.2.1 认识路径

路径可以是一个点、一条直线或一条曲线，但它通常是锚点连接在一起的一系列直线段或曲线段。因为路径没有锁定在屏幕的背景像素上，所以它们很容易调整、选择和移动。同时，路径也可以存储并输出到其他应用程序中。因此，路径不同于Photoshop描绘工具创建的任何对象，也不同于Photoshop选框工具创建的选区。

绘制路径时的单击鼠标确定的点，叫作锚点。可以用来连接各个直线或曲线段。在路径中，锚点可分为平滑点和曲线点。路径由很多的部分组成，了解这些组成才可以更好地编辑与修改路径。路径组成如图6.23所示。

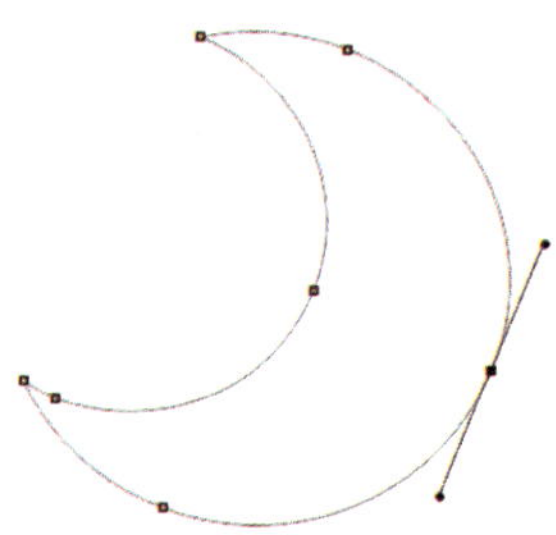

图6.23　路径组成

路径组成部分的说明如下。

- “角点”：角点两侧的方向线并不处于同一直线上，拖动其中一条控制点时，另一条控制点并不会随之移动，而且只有锚点的一侧的路径线发生相应的调整。有些角点的两侧没有任何方向线。
- “方向线”：在锚点一侧或两侧显示一条或两条线，这条线就叫作方向线，这条线是一般曲线型路径在该平滑点处的切线。
- “平滑点”：平滑点只产生在曲线型路径上，当选择该点后，在该点的两侧将出现方向线，而且该点两侧的方向线处于同一直线上，拖动其中的一条方向线，另一条方向线也会相应移动，同时锚点两侧的路径线也发生相应的调整。
- “方向点”：在方向线的终点处有一个端点，这个点就叫作方向点。通过拖动该方向点，可以修改方向线的位置和方向，进而修改曲线型路径的弯曲效果。

6.2.2 选择、移动路径

如果要选择整个路径，则先选中工具箱中的“路径选择工具”，然后直接单击需要选择的路径即可。当整个路径选中时，该路径中的所有锚点都显示为黑色方块。选择路径后，按住鼠标左键拖动即可移动路径的位置。如果路径由几个路径组件组成，则只有指针所指的路径组件被选中。

如果要选择路径段或锚点，可以使用工具箱中的“直接选择工具”，单击需要选择的锚点；如果要同时选中多个锚点，可以在按住Shift键的同时逐个单击要选择的锚点。选择锚点后，按住鼠标左键拖动，即可移动锚点的位置。选择锚点并移动锚点，效果如图6.24所示。

> **技巧**
>
> 如果要使用直接选择工具选择整个路径锚点，可以在按住 Alt 键的同时在路径中单击，即可将全部路径锚点选中。

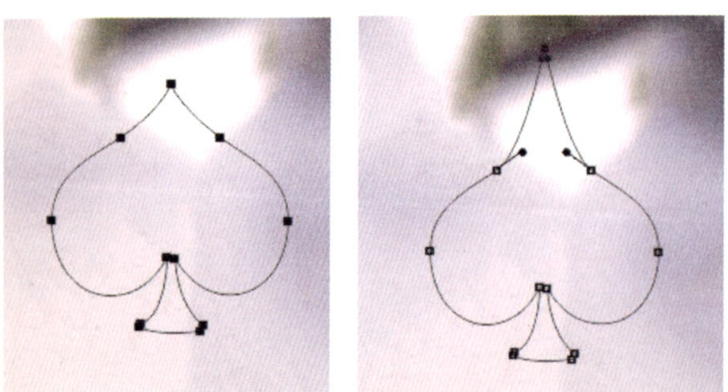

图6.24 选择锚点并移动

> **技巧**
>
> 使用路径选择工具或直接选择工具，利用拖动框的形式也可以选择多个路径或路径锚点。

6.2.3 调整方向点

在工具箱中，单击选择“直接选择工具”，在角点或平滑点上单击鼠标左键，可以将该锚点选中，在该锚点的一侧或两侧显示方向点，将光标放置在要修改的方向点上，拖动鼠标左键即可调整方向点。调整方向点操作效果如图6.25所示。

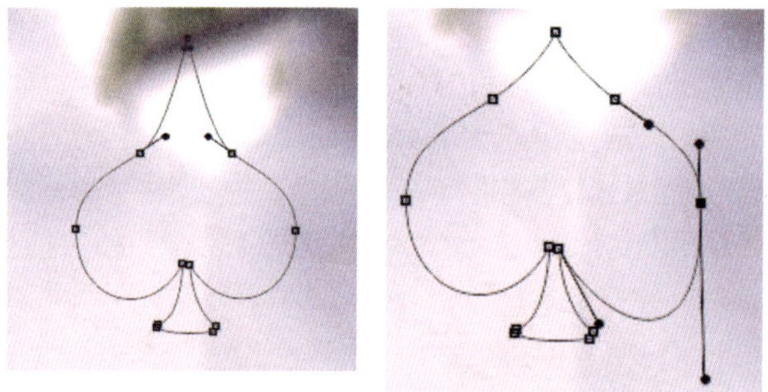

图6.25 调整方向点操作效果

6.3 添加或删除锚点

绘制好路径后，不但可以使用路径选择工具和直接选择工具选择和调整路径锚点。还可以利用“添加锚点工具”和“删除锚点工具”对路径添加或删除锚点。

6.3.1 添加锚点

使用“添加锚点工具”在路径上单击，可以为路径添加新的锚点，具体添加锚点的操作方法如下。

选择“添加锚点工具”，然后将光标移动到文档窗口中要添加锚点的路径位置，此时光标的右下角将出现一个“+”加号标志，单击鼠标左键即可在该路径位置添加一个锚点。用同样的方法可以添加更多的锚点。如果在添加锚点时按住鼠标左键拖动，还可以改变路径的形状。添加锚点操作效果如图6.26所示。

图6.26　添加锚点操作效果

6.3.2 删除锚点

选择“删除锚点工具”，将光标移动到路径中想要删除的锚点上，此时光标的右下角将出现一个“-”减号标志，单击鼠标左键即可将该锚点删除。删除锚点后路径将根据其他的锚点重新定义路径的形。删除锚点的操作效果如图6.27所示。

图6.27　删除锚点的操作效果

6.4 在平滑点和角点之间进行转换

使用“转换点工具”不但可以将角点转换为平滑点，还可以将角点转换为拐角点，将拐角点转换为平滑点；还可以对路径的角点、拐角点和平滑点之间进行不同的切换操作。

6.4.1 将角点转换为平滑点

选择“转换点工具”，将光标移动到路径上的角点处，按住鼠标左键拖动即可将角点转换为平滑点。操作效果如图6.28所示。

图6.28　角点转换平滑点操作效果

6.4.2 将平滑点转换为具有独立方向的角点

首先利用“直接选择工具”选择某个平滑点，并使其方向线显示出来。选择“转换点工具”，将光标移动到平滑点一侧的方向点上，按住鼠标左键拖动该方向点，将方向线转换为独立的方向线，这样就可以将方向线连接的平滑点转换为具有独立方向的角点。操作效果如图6.29所示。

图6.29　将平滑点转换为具有独立方向的角点

6.4.3 将平滑点转换为没有方向线的角点

选择“转换点工具”，将光标移动到路径上的平滑点处，单击鼠标左键即可将平滑点转换为没有方向线的角点。将平滑点转换为没有方向线的角点操作效果如图6.30所示。

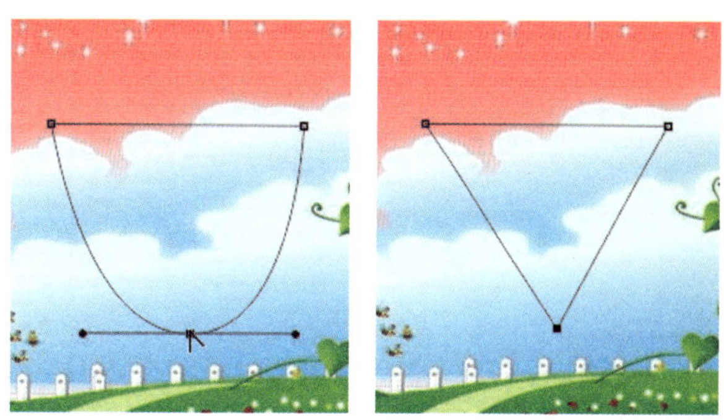

图6.30　将平滑点转换为没有方向线的角点操作

6.4.4 将没有方向线的角点转换为有方向线的角点

选择“转换点工具”，将光标移动到路径上的角点处，按住Alt键的同时拖动，可以从该角点一侧拉出一条方向线，通过该方向线可以修改路径的形状，并将该点转换为有方向线的角点。操作效果如图6.31所示。

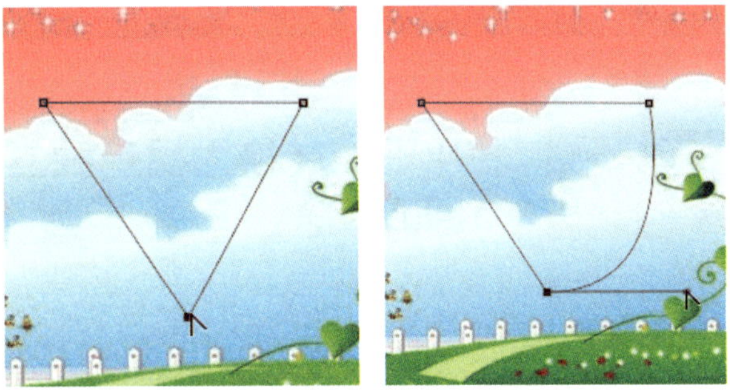

图6.31 将没有方向线的角点转换为有方向线的角点

> **提示**
>
> 在使用“钢笔工具”时，按住Alt键将光标移动到锚点上，此时“钢笔工具”将切换为“转换点工具”，此时可以修改锚点；如果当前使用的是“转换点工具”，按住Ctrl键，可以将“转换点工具”切换为“直接选择工具”，可以对锚点或路径线段进行选择修改。

6.5 路径组件的重叠模式

在路径选择工具选项栏中，Photoshop提供了4种不同方式的组合路径按钮，它们分别是“合并形状”按钮、“减去顶层形状”按钮、“与形状区域相交”按钮和“排除重叠形状”按钮。在同一个路径层中，存在两个或两个以上的路径时，就可以按不同的方式进行组合。

6.5.1 添加到形状区域

选择其中一条路径，单击“合并形状”按钮，再单击“组合”按钮，即可将当前路径层中的所有路径进行组合，其效果是将新路径添加到原路径中，如图6.32所示。

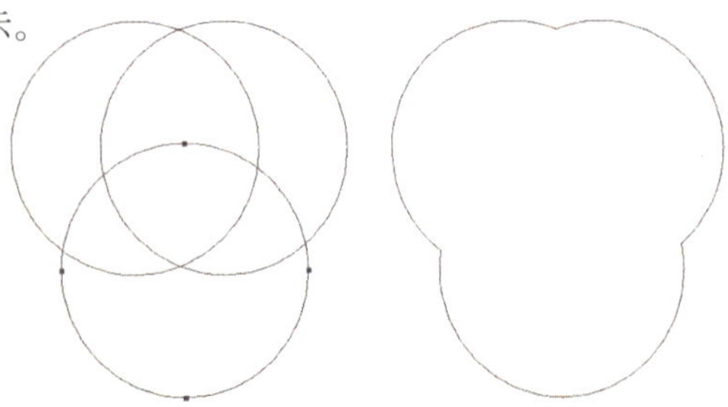

图6.32 添加到形状区域效果

6.5.2 从形状区域减去

选择其中一条路径，单击“减去顶层形状”按钮，再单击“组合”按钮，即可将当前路径层中的所有路径进行修剪，其效果是以新路径为基础，删除与原路径重叠的区域，如图6.33所示。

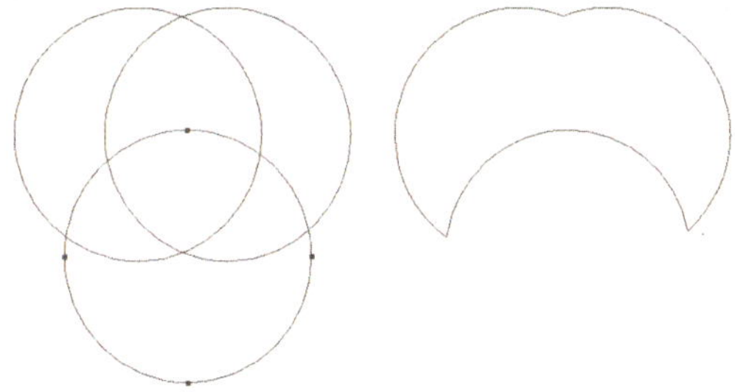

图6.33 从形状区域减去效果

6.5.3 交叉形状区域

选择其中一条路径，单击“与形状区域相交”按钮，再单击“组合”按钮，即可将当前路径层中的所有路径进行交叉修剪，其效果是保留新路径与原路径的交叉区域，如图6.34所示。

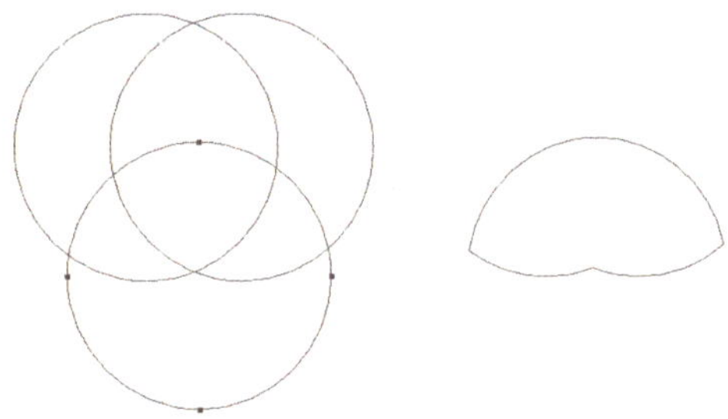

图6.34 交叉形状区域效果

6.5.4 重叠形状区域除外

选择其中一条路径，单击“排除重叠形状”按钮，再单击“组合”按钮，即可将当前路径层中的所有路径进行排除修剪，其效果是排除新路径与原路径的重叠区域，如图6.35所示。

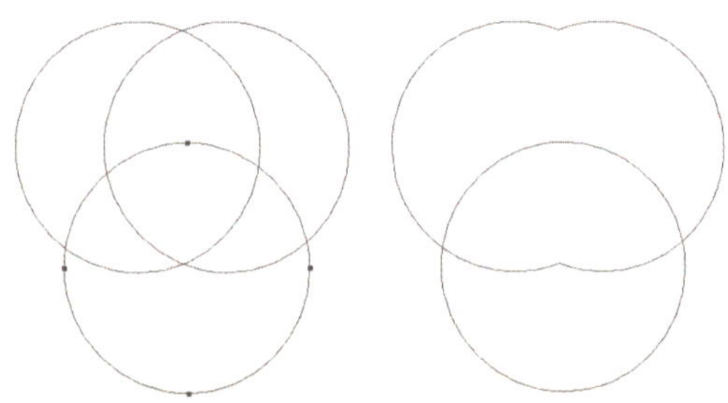

图6.35 重叠形状区域除外效果

6.6 管理路径

创建路径后，所有的路径都自动保存在“路径”面板中。利用“路径”面板可以对创建的路径进行细致的管理，对路径进行填充或描边，还可以将路径转化为选区或将选区转化为路径操作。

执行菜单栏中的“窗口”|“路径”命令，将打开“路径”面板。“路径”面板中的相关说明如图6.36所示。

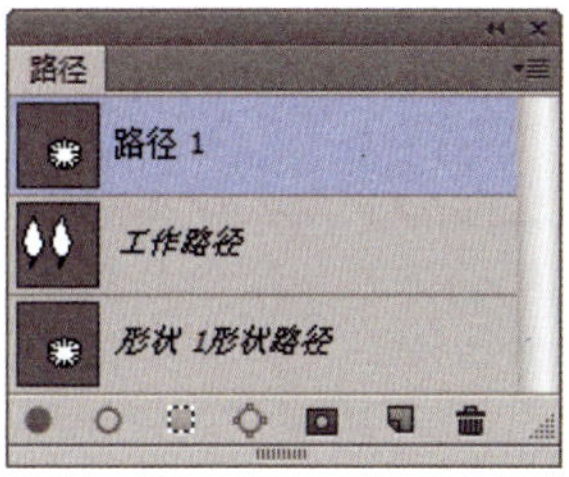

图6.36　“路径”面板

> **提示**
>
> 当前文档中正在创建或编辑的路径为“工作路径”。“路径”面板中可以保存很多路径，但只有一个工作路径。

6.6.1 创建新路径

为了不在一个路径层中绘制路径，可以创建新的路径层，以放置不同的路径。在“路径”面板中，单击底部的“创建新路径”按钮，即可创建一个新的路径层，使用相关的路径工具，即可在其上创建路径了。使用“创建新路径”按钮创建的路径名称是系统自动命名的。操作效果如图6.37所示。

> **提示**
>
> 创建新路径还可以从“路径”面板菜单中，选择“新建路径”命令，打开“新建路径”对话框。可以通过“名称”右侧的文本框自行设置路径的名称。创建新路径操作效果如图 6.37 所示。

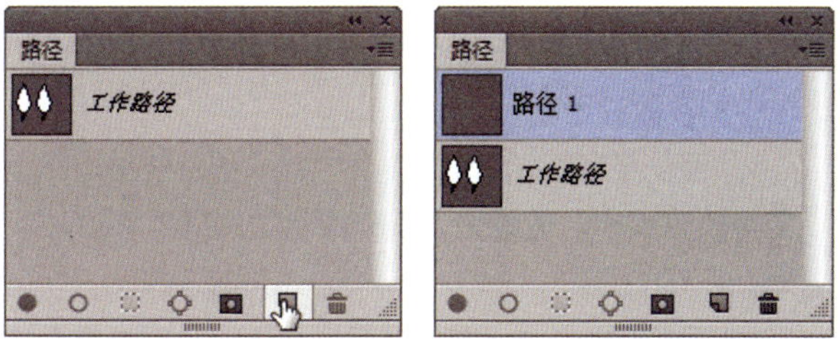

图6.37　创建新路径操作效果

> **提示**
>
> 如果当前路径层为工作路径，在创建新路径时，新的路径会替换原来的工作路径，这里要特别注意。如果不想替换，可以双击工作路径，将其存储起来即可。

技术延伸　查看路径

路径不同于图层图像，在“图层”面板中，不管当前选择的是哪个图层，在文档窗口中的图像除了隐藏的都将显示出来。而路径则不同，位于不同路径层上的路径不会同时显示出来，只会显示当前选择的路径层上的路径。

不管路径是否显示在文档窗口中，都不会被打印出来。它就像网格和辅助线一样，只起到辅助作图的作用，对图像的实际内容不会有任何的影响。

选择“路径1”文档窗口中将显示树叶路径；选择“路径2”文档窗口中将显示花朵路径，而树叶路径消失了。选择不同路径的显示效果如图6.38所示。

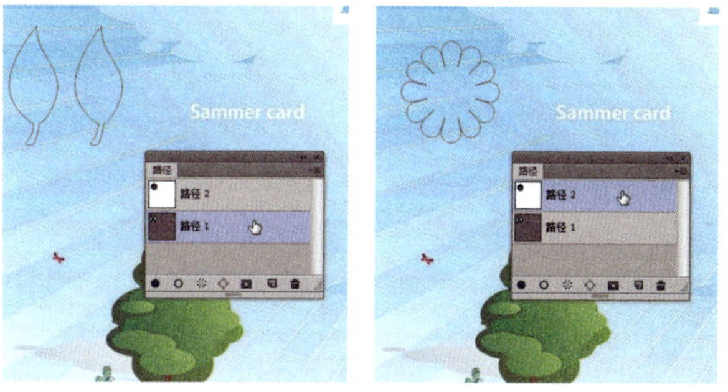

图6.38　选择不同路径显示的效果

有时由于选中的路径，在图像上显示出路径效果，这样会影响对图像的编辑，所以需要将路径隐藏，要想隐藏某个路径，只需要不选择该路径就可以了。如果想隐藏所有的路径，在“路径”面板中单击空白区域即可。

> **技巧**
>
> 如果想隐藏某路径层上的路径显示，可以在按住 Shift 键的同时，单击该路径层，即可将其隐藏。

6.6.2 重命名路径

为了更好地区别路径，可以对路径层重新命名。在“路径”面板中，直接双击要重新命名的路径层，激活当前名称区域，使其处于可编辑状态，然后输入新的路径名称，按Enter键即可完成命名。重命名操作效果如图6.39所示。

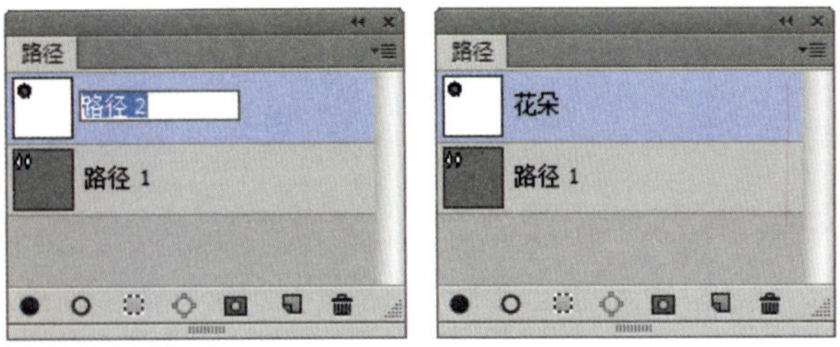

图6.39 重命名路径操作效果

6.6.3 删除路径

在“路径”面板中，单击选择要删除的路径层，然后将其拖动到“路径”面板底部的“删除当前路径”按钮上，释放鼠标左键即可将该路径删除。删除路径的操作效果如图6.40所示。

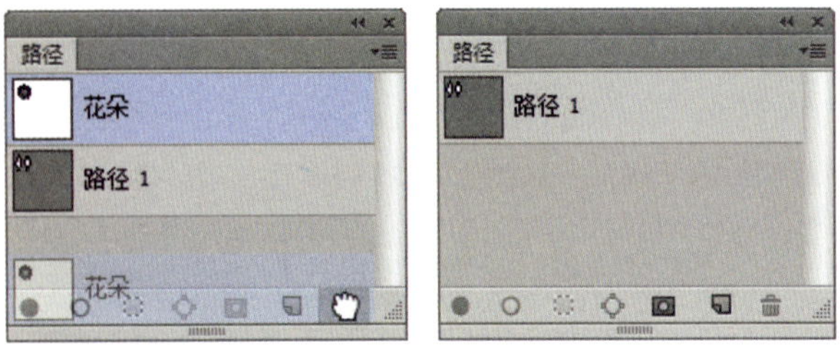

图6.40 删除路径的操作效果

> **技巧**
>
> 在“路径”面板中，单击选择要删除的路径层后，单击面板底部的“删除当前路径”按钮，将弹出一个询问对话框，如果单击“是”按钮，也可以将路径删除。如果不想弹出询问对话框，可以在选择要删除的路径层后，按住“Alt”键单击“删除当前路径”按钮。

6.7 为路径添加颜色

Photoshop允许使用前景色、背景色或图案以各种混合模式填充路径，也允许使用绘图工具描边路径。对路径进行描边或填充时，该操作是针对整个路径的，包括所有子路径。

6.7.1 填充路径

填充路径功能类似于填充选区，完全可以在路径中填充上各种颜色或图案。在工具箱中，设置前景色为绿色（也可以设置为其他颜色），选中“路径”面板中的路径后，单击“路径”面板底部“用前景色填充路径”按钮，即可将路径填充为绿色。填充操作效果如图6.41所示。

图6.41 用前景色填充路径

> **提示**
>
> 在填充路径时，填充的颜色并不是填充在路径层上，而是填充在当前选择的图层上，所以在填充颜色之前，要在“图层”面板中设置好要填充的图层，以免产生错误的图层填充。

利用单击“用前景色填充路径”按钮填充路径，只能使用前景色进行填充，也就是只能填充单一的颜色。如果要填充图案或其他内容，可以在“路径”面板菜单中，选择“填充路径”命令，打开如图6.42所示的“填充路径”对话框，对路径的填充进行详细的设置。

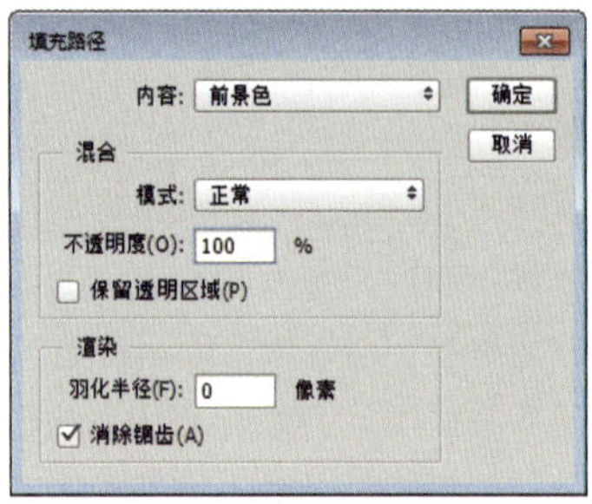

图6.42 “填充路径”对话框

> 按住Alt键单击“用前景色填充路径”按钮，或在“路径”面板中，在当前路径层上单击鼠标右键，从弹出的菜单中，选择“填充路径”命令，也可以打开“填充路径”对话框。

在“填充路径”对话框中，在此重点介绍“渲染”区域中的参数设置。

- “羽化半径”：在该文本框中输入数值使得填充边界变得较为柔和。值越大，填充颜色边缘的柔和度也就越大。
- “消除锯齿”：勾选该复选框可以消除填充边界处的锯齿。

提示

在“图层”面板中，如果当前图层处于隐藏状态，则不能使用填充或描边路径命令；如果文档窗口中有选区存在，也不能使用填充或描边路径命令。

6.7.2 描边路径

路径的描边功能类似于选区的描边。但比选区的描边要复杂一些。要进行描边路径，首先要确定描边的工具，并设置该工具的笔触参数后才可以进行描边。描边的具体操作步骤如下。

01 在“图层”面板中确定要描边的图层。然后在“路径”面板中选择要进行描边的路径层。

01 选择“画笔工具”（也可以选择其他的绘图工具），并设置合适的画笔笔触和其他参数。然后将前景色设置为一种需要的颜色，比如这里设置为红色。

提示

在进行描边路径之前，首先要设置好图层，并在要使用工具的属性栏中设置好笔头的粗细和样式。否则，系统将按使用工具当前的笔头大小对路径进行描绘，还要注意描边必须选择一种绘图工具。

03 在“路径”面板中，单击面板底部的“用画笔描边路径”按钮，即可使用画笔将路径描边。描边路径的操作效果如图6.43所示。

图6.43 描边路径的操作效果

如果对路径描边时需要选择描边工具，可以在选中路径后，按住Alt键单击“用画笔描边路径”按钮，或在“路径”面板菜单中，选择“描边路径”命令，打开“描边路径”对话框，如图6.44所示，在工具下拉列表框中可以选择进行描边的工具。

“描边路径”对话框中各选项的含义说明如下。

- “工具”：在右侧的下拉列表中，可选择要使用的描边工具。可以是铅笔、画笔、橡皮擦、仿制图章、涂抹等多种绘图工具。
- “模拟压力”：勾选该复选框，则可以模拟绘画时笔尖压力起笔时从轻变重，提笔时从重变轻的变化。勾选与取消该复选框描边的不同效果如图6.45所示。

图6.44 “描边路径”对话框

图6.45 有无模拟压力的描边效果

6.8 路径与选区的转换

前面讲解了路径的填充，但无论使用哪种填充方法，都只能填充单一颜色或图案，如果想填充渐变颜色，最简单的方法就是将路径转换为选区之后，应用渐变填充。当然，有时选区又不如路径的修改方便，这时可以将选区转换为路径进行编辑。下面来详细讲解路径和选区的转换操作。

6.8.1 填充路径

不但可以从封闭的路径创建选区，还可以将开放的路径转换为选区，从路径创建选区的操作方法有几种，下面来讲解不同的创建选区的方法。

1. 按钮法建立选区

在“路径”面板中，选择要转换为选区的路径层，然后单击“路径”面板底部的“将路径作为选区载入”按钮，即可从当前路径建立一个选区。操作效果如图6.46所示。

图6.46 按钮法建立选区操作效果

提示

从路径建立选区后，原路径并没有消失，还将保留在“路径”面板中，并可以进行其他的编辑操作。

2. 菜单法建立选区

在“路径”面板中，选择要建立选区的路径，然后在“路径”面板菜单中，选择“建立选区”命令，打开“建立选区”对话框，如图6.47所示。可以对要建立的选区进行相关的参数设置。

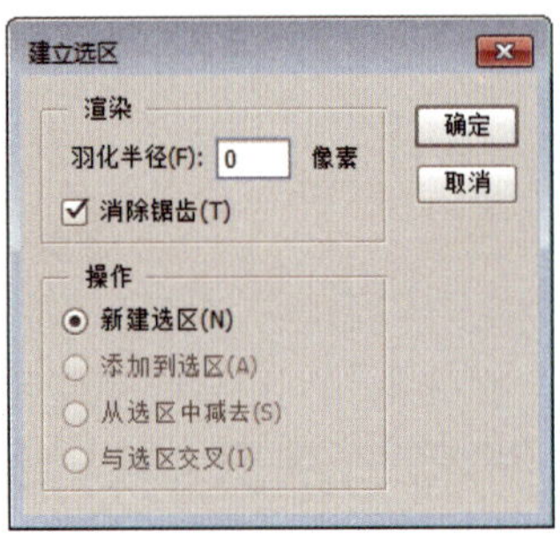

图6.47 “建立选区”对话框

“建立选区”对话框中各选项的含义说明如下。

- “羽化半径”：在该文本框中输入数值使得填充边界变得较为柔和。值越大，填充颜色边缘的柔和度也就越大。
- “消除锯齿”：勾选该复选框可以消除填充边界处的锯齿。
- “操作”：设置新建选区与原有选区的操作方式。

技巧

在当前路径层上单击鼠标右键，从弹出的快捷菜单中，选择“建立选区”命令；或在按住Alt键的同时，单击“路径”面板底部的“将路径作为选区载入”按钮，同样可以打开“建立选区”对话框。

3. 快捷键法建立

在“路径”面板中，按住Ctrl键的同时，单击要建立选区的路径层，即可从该路径建立选区。

在创建路径的过程中，如果想将创建的路径转换为选区，可以按Ctrl + Enter组合键，快速将当前文档窗口中的路径转换为选区，这样就不需要在“路径”面板中进行转换了。

6.8.2 从选区建立路径

Photoshop不但可以从路径建立选区，还可以从选区建立路径，将现有的选区通过相关的命令，转换为路径，以更加方便编辑操作。下面来讲解几种不同从选区建立路径的方法。

1. 按钮法建立路径

在文档窗口中，利用相关的选区或套索命令，创建一个选区。确认当前文档窗口中存在选区后，在“路径”面板中，单击“路径”面板底部的“从选区生成工作路径”按钮，即可从当前选区中建立一个工作路径。操作效果如图6.48所示。

图6.48 按钮法建立路径操作效果

2. 菜单法建立路径

确认当前文档窗口中存在选区后，在“路径”面板菜单中，选择“建立工作路径”命令，打开“建立工作路径”对话框，如图6.49所示，可以对要建立的路径设置它的“容差”值。容差用来控制选区转换为路径后的平滑程度，变化范围为0.5~8.0像素，该值越小则产生的锚点就越多，线条也就越平滑。

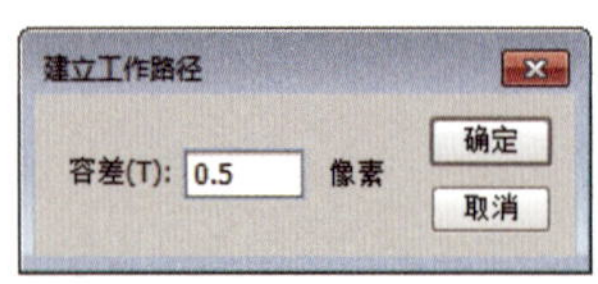

图6.49 “建立工作路径”对话框

技巧

在按住Alt键的同时，单击“路径”面板底部的“从选区生成工作路径”按钮，同样可以打开“建立工作路径”对话框。

6.9 形状工具的使用

形状工具可以绘制出各种简单的形状图形或路径。在工具箱中，默认情况下显示的形状工具为“矩形工具”■，在该按钮上按住鼠标左键稍等片刻或单击鼠标右键，可以打开该工具组，将其他形状工具显示出来。该工具组中包括矩形、圆角矩形、椭圆、多边形、直线和自定形状6种工具，配合“选项”栏可以绘制出各种形状的图形。

技巧

按 U 键可以快速选择当前形状工具；按 Shift + U 组合键可以在 6 种形状工具之间进行切换选择。

6.9.1 形状工具的使用

形状工具的应用非常相似，首先选择形状工具，然后可以在选项栏中进行参数设置，然后在文档窗口中直接拖动即可进行绘制，不同形状工具的绘图效果如图6.50所示。

图6.50 不同形状工具的绘图效果

6.9.2 形状工具选项

每个形状工具都提供了一个选项子集，要访问这些选项，在选项栏中单击形状按钮行右侧的箭头，比如“矩形工具”■的选项子集效果如图6.51所示。

图6.51 “矩形工具”■的选项子集效果

形状工具选项含义说明如下。

- “不受约束”：允许通过拖动设置矩形、圆角矩形、椭圆或自定形状的宽度和高度。
- “方形”：选择该单选按钮，在文档窗口中拖动光标，可将矩形或圆角矩形约束为方形。
- “固定大小”：基于创建自定形状时的大小对自定形状进行绘制。选择该单选按钮，可以在“W”中输入宽度值，在“H”中输入高度值。
- “比例”：选择该单选框，在“W”中输入水平比例，在“H”中输入垂直比例，然后在文档窗口中拖动光标，将矩形、圆角矩形或椭圆绘制为成比例的形状。
- “从中心”：选择该单选框，从中心开始绘制矩形、圆角矩形、椭圆或自定形状。该选项与按住Alt键绘制相同。
- “对齐边缘”：选择该单选框，在文档窗口中绘制时，可使矩形或圆角矩形的边缘对齐像素边界。

6.9.3 编辑自定形状拾色器

选择“自定形状工具”，在选项栏中单击“点按可打开‘自定形状’拾色器”按钮，即可打开自定形状拾色器，如图6.52所示。

图6.52 自定形状拾色器

下面来讲解自定形状拾色器菜单中命令的使用方法。

1. 重命名形状

在“自定形状”拾色器中，选择要进行重命名的自定形状，然后选择该命令，将打开“形状名称”对话框，如图6.53所示。在该对话框的左侧将显示当前形状的缩览图，在“名称”右侧的文本框中，输入新的形状名称，单击“确定”即可完成重命名。

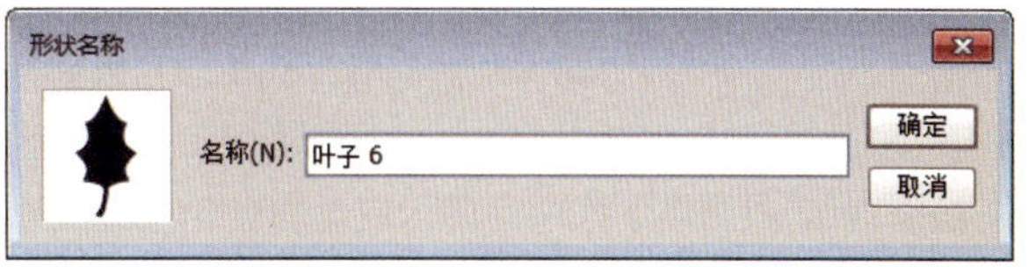

图6.53 “形状名称”对话框

2. 删除形状

要删除“自定形状”拾色器中的形状，可以在“自定形状”拾色器中单击选择要删除的形状，然后选择“删除形状”命令，即可将其删除。

> **提示**
>
> 删除形状只是将该形状从“自定形状”拾色器显示中删除，如果该形状属于其个库，当复位或重新载入形状时，还可以将其复位或载入。

3. 更改形状显示

“自定形状”拾色器中的形状可以以多种方式显示，默认情况下为“小缩览图”方式，还可以选择“纯文本”“大缩览图”“小列表”和“大列表”方式。

4. 复位形状

“复位形状”命令可以将“自定形状”拾色器中的形状恢复到Photoshop默认的效果。当选择“复位形状”命令后，将打开一个询问对话框，询问是否用默认的形状替换当前的形状，如图6.54所示。如果单击“确定”按钮，将“自定形状”恢复到默认效果；如果单击“追加”按钮，将会把默认的形状添加到当前“自定形状”拾色器中。原“自定形状”拾色器中的形状将保留下来。

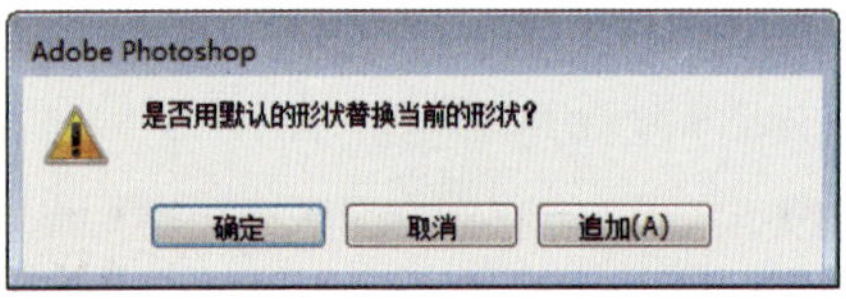

图6.54 询问对话框

5. 载入形状

“载入形状”命令可以将Photoshop自带的形状库载入到当前“自定形状”拾色器中，也可以将其他Photoshop版本中的自定形状载入到当前拾色器中，或将其他的自定形状库载入到当前拾色器中。选择该命令后，将打开“载入”对话框，选择自定形状库载入即可。

6. 存储形状

“存储形状”命令可以将自定义的形状保存起来，以便在日后的设计中使用。如果新创建的形状不进行保存，则下次打开Photoshop时，将会丢失这些形状。选择该命令后，将打开“存储”对话框，选择形状库的位置并设置好名称后，单击“保存”按钮即可。形状库的后缀名为.CSH。当下次使用时，只需要使用“载入形状”命令，将其载入即可。

7. 替换形状

“自定形状”拾色器显示的是默认的形状库，如果想显示其他库而又不想显示默认的形状，可以使用“替换形状”命令，使用新的自定形状来替换当前的自定形状。选择“替换形状”命令后，将打开“载入”对话框，选择要用来替换的形状库，单击“载入”按钮即可。在“自定形状”菜单底部列表中，选择不同的形状库，也可以替换当前的形状库。

6.9.4 实战案例：创建自定形状

- **素材位置** | 素材文件\第6章\蝴蝶.jpg
- **案例位置** | 无
- **视频位置** | 多媒体教学\6.9.4 实战案例 创建自定形状.avi
- **难易指数** | ★☆☆☆☆

为了方便用户使用不同的自定形状，Photoshop为用户提供了创建自定形状的方法，利用“编辑”菜单中的“定义自定形状”命令，可以创建一个属于自己的自定形状。下面来讲解具体创建自定形状的方法。最终效果如图6.55所示。

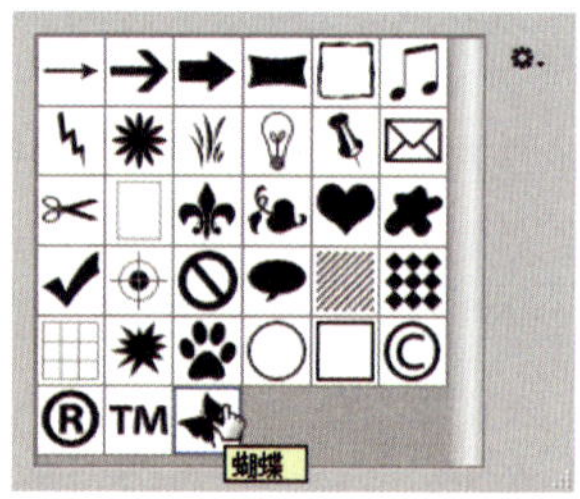

图6.55 最终效果

操作步骤

01 执行菜单栏中的“文件”|“打开”命令，打开“蝴蝶.jpg”文件，将图片打开如图6.56所示。

02 选择“魔棒工具”，在图片的背景区域单击鼠标左键，将背景选中，如图6.57所示。

图6.56 打开的图片

图6.57 选中背景

03 因为此时选择的是背景，所以执行菜单栏中的“选择”|“反向”命令，或按Shift + Ctrl + I组合键，将选区反选，将蝴蝶选中，如图6.58所示。

04 打开“路径”面板，单击“路径”面板底部的“从选区生成工作路径”按钮，即可从当前选区中建立一个工作路径，如图6.59所示。

图6.58 选中蝴蝶

图6.59 创建工作路径

提示

选区创建路径后，有些区域可能会发生较大变化，可以利用前面讲过的调整路径的方法对其进行调整，以使形状更加平滑。

05 执行菜单栏中的“编辑”|“定义自定形状”命令，打开“形状名称”对话框，设置形状的“名称”为“蝴蝶”，如图6.60所示。

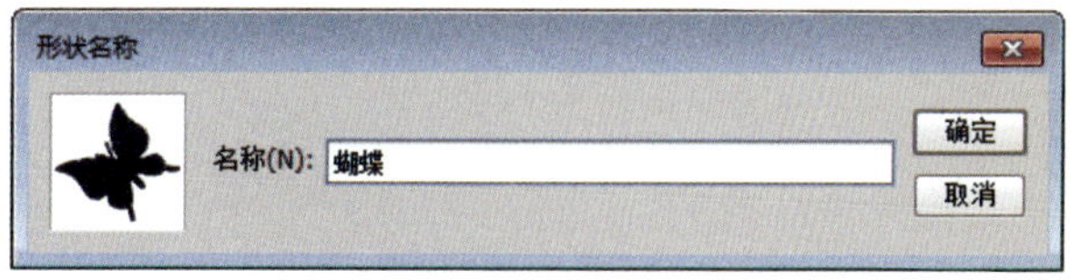

图6.60 “形状名称”对话框

06 设置好名称后，单击“确定”按钮即可创建一个自定形状。在工具箱中选择“自定形状工具”，单击“点按可打开‘自定形状’拾色器”按钮，即可打开自定形状拾色器，可以在形状的最后看到刚创建的自定“蝴蝶”形状，如图6.61所示。这样就可以像其他形状一样使用了。

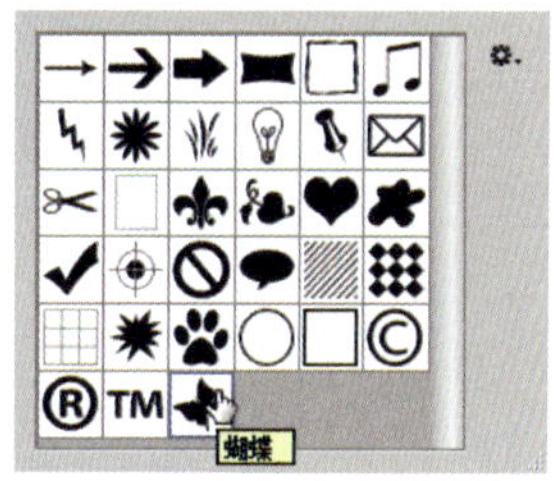

图6.61 自定“蝴蝶”形状

第 07 章

图层及图层样式

内容摘要

图层是Photoshop中非常重要的概念，本章从图层的基本概念入手，由浅入深地介绍了图层相应的“图层”面板、图层的基本操作和图层的对齐与分布的使用方法等内容，还讲解了图层样式的应用。读者在学习完本章后，应当能够掌握图层的相关知识及操作技巧、图层样式的含义及使用方法，熟练掌握图层及图层样式的使用，在图像处理工作中更加得心应手。

教学目标

学习图层面板的使用
学习图层混合模式的应用
掌握图层的基本操作技巧
掌握分布与对齐图层的方法
学习图层样式的使用
掌握图层样式的编辑方法

7.1 “图层”面板

Photoshop的图层就如同堆叠在一起的透明纸张，通过图层的透明区域可以看到下面图层的内容，并可以通过图层移动来调整图层内容，也可以通过更改图层的不透明度使图层内容变透明。

7.1.1 认识“图层”面板

“图层”面板显示了图像中的所有图层、图层组和图层效果。可以使用“图层”面板来创建新图层以及处理图层组。还可以利用“图层”面板菜单对图层进行更详细的操作。

执行菜单栏中的“窗口”|“图层”命令，即可打开“图层”面板。在“图层”面板中，图层的属性主要包括“混合模式”“不透明度”“锁定”及“填充”属性，如图7.1所示。

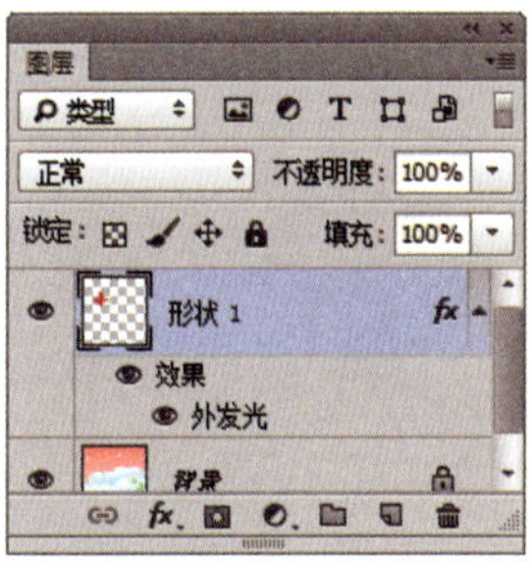

图7.1 “图层”面板

1. 图层混合模式

在“图层”面板顶部的下拉列表中可以调整图层的混合模式。图层混合模式决定这一图层的图像像素如何与图像中的下层像素进行混合。

> **提示**
>
> 关于混合模式的详细讲解，请参考本章图层混合模式中相关的内容。

2. 图层不透明度

通过直接输入数值或拖动不透明度滑块，可以改变图层的总体不透明度。不透明度的值越小，当前选择层就越透明；值越大，当前选择层就越不透明；当值为100%时，图层完全不透明。图7.2所示为不透明度分别为100%、70%和30%时的不同效果。

图7.2 不透明度分别为100%、70%和30%

3. 锁定设置

Photoshop提供了锁定图层的功能，可以全部或部分锁定某一个图层和图层组，以保护图层相关的内容，使它的部分或全部在编辑图像时不受影响，给编辑图像带来方便，如图7.3所示。

图7.3 图层锁定

当使用锁定属性时，除背景层外，当显示为黑色的锁标记时，表示图层的属性完全被锁定；当显示为灰色空心的锁标记时，表示图层的属性部分被锁定。下面具体讲解锁定的功能。

- “锁定透明像素”：按下该按钮，锁定当前层的透明区域，可以将透明区域保护起来。在使用绘图工具时，只对不透明部分起作用，而对透明部分不起作用。
- “锁定图像像素”：按下该按钮，将当前图层保护起来，除了可以移动图层内容外，不受任何填充、描边及其他绘图操作的影响。在该图层上无法使用绘图工具，绘图工具在图像窗口中将会显示为禁止图标。
- “锁定位置”：按下该按钮，将不能够对锁定的图层进行旋转、翻转、移动和自由变换等编辑操作。但能够对当前图层进行填充、描边和其他绘图操作。
- “锁定全部”：按下该按钮，将完全锁定当前图层。任何绘图操作和编辑操作均不能够在这一图层上使用。而只能够在“图层”面板中调整该图层的叠放次序。

> **提示**
>
> 对于图层组的锁定，与图层锁定相似。锁定图层组后，该图层组中的所有图层也会被锁定。当需要解除锁定时，只需再次单击其相应的锁定按钮，即可解除图层属性的锁定。

4. 填充不透明度

填充不透明度与不透明度类似，但填充不透明度只影响图层中绘制的像素或图层上绘制的形状，不影响已经应用在图层中的图层效果，如外发光、投影、描边等。

如图7.4所示，为应用描边和投影样式后的原图效果与修改不透度和填充值为30%后的效果对比。

图7.4 原图与修改不透度和填充值为30%后的效果

7.1.2 实战案例：配合不透明度打造艺术照片

- **素材位置** | 素材文件\第7章\窗台.jpg
- **案例位置** | 案例文件\第7章\配合不透明度打造艺术照片.psd
- **视频位置** | 多媒体教学\7.1.2 实战案例 配合不透明度打造艺术照片.avi
- **难易指数** | ★☆☆☆☆

本例讲解配合不透明度打造艺术照片的制作。最终效果如图7.5所示。

图7.5 最终效果

操作步骤

01 执行菜单栏中的“文件”|“打开”命令，打开“窗台.jpg”文件。单击“图层”面板下方的“创建新图层”按钮，新建图层——“图层1”，如图7.6所示。

图7.6 新建图层

02 选择工具箱中的“矩形选框工具”，在画布中绘制一个矩形选区，如图7.7所示。

图7.7 绘制选区

03 设置前景色为白色，然后按Alt + Delete组合键填充选区。按Ctrl + D组合键取消选区，如图7.8所示。

图7.8 填充选区

04 在“图层”面板中，将“图层1”的不透明度设置为50%，如图7.9所示。最后再配上相关的装饰，完成本例的制作，如图7.10所示。

图7.9 调整图层不透明度

图7.10 完成效果

7.1.3 图层混合模式

在Photoshop中，混合模式应用于很多地方，比如画笔、图章和图层等，具有相当重要的作用，模式的不同得到的效果也不同，利用混合模式，可以制作出许多意想不到的艺术效果。下面来详细讲解图层混合模式相关命令的使用技巧。首先了解一下当前层（即使用混合模式的层）和下面图层（即被作用层）的关系，如图7.11所示。图层的混合模式有以下几种。

图7.11 层的分布效果

1. 正常

这是Photoshop的默认模式，选择此模式当前层上的图像将覆盖下层图像，只有修改不透明度的值，才可以显示出下层图像。正常模式效果如图7.12所示。

图7.12 正常模式

2. 溶解

当前层上的图像呈点状粒子效果，在不透明度小于100%时，效果更加明显。溶解模式效果如图7.13所示。

图7.13 溶解模式

3. 变暗

当前层中的图像颜色值与下面层图像的颜色值进行混合比较，比混合颜色值亮的像素将被替换，比混合颜色值暗的像素将保持不变，最终得到暗色调的图像效果。变暗模式效果如图7.14所示。

图7.14 变暗模式

4. 正片叠底

当前层图像颜色值与下层图像颜色值相乘，再除以数值255，得到最终像素的颜色值。任何颜色与黑色混合将产生黑色。当前层中的白色将消失，显示下层图像。正片叠底模式效果如图7.15所示。

图7.15 正片叠底模式

5. 颜色加深

该模式可以使图像变暗，功能类似于加深工具。在该模式下利用黑色绘图将抹黑图像，而利用白色绘图将不起任何作用。颜色加深模式效果如图7.16所示。

图7.16 颜色加深模式

6. 线性加深

该模式可以使图像变暗，与颜色加深有些类似，不同的是该模式通过降低各通道颜色的亮度来加深图像，而颜色加深是增加各通道颜色的对比度来加深图像。在该模式下使用白色描绘图不会产生任何作用。线性加深模式效果如图7.17所示。

图7.17 线性加深模式

7. 深色

该模式通过比较混合色与当前图像的所有通道值的总和并显示值较小的颜色。深色不会生成第3种颜色，因为它将从当前图像和混合色中选择最小的通道值为创建结果颜色。深色模式效果如图7.18所示。

图7.18 深色模式

8. 变亮

该模式可以将当前图像或混合色中较亮的颜色作为结果色。比混合色暗的像素将被取代，比混合色亮的像素保持不变。在这种模式下，当前图像中的黑色将消失，而白色将保持不变。变亮模式效果如图7.19所示。

图7.19 变亮模式

9. 滤色

该模式与正片叠底效果相反，通常会显示一种图像被漂白的效果。在滤色模式下使用白色绘画会使图像变为白色，使用黑色则不会发生任何变化。滤色模式效果如图7.20所示。

图7.20 滤色模式

10. 颜色减淡

该模式可以使图像变亮，其功能类似于减淡工具。它通过减小对比度使当前图像变亮以反映混合色，在图像上使用黑色绘图将不会产生任何作用，使用白色可以创建光源中心点极亮的效果。颜色减淡模式效果如图7.21所示。

图7.21 颜色减淡模式

11. 线性减淡（添加）

该模式通过增加各通道颜色的亮度加亮当前图像。与黑色混合将不会发生任何变化，与白色混合将显示白色。线性减淡模式效果如图7.22所示。

图7.22 线性减淡模式

12. 浅色

该模式通过比较混合色和当前图像所有通道值的总和并显示值较大的颜色。浅色不会生成第3种交叠，因为它将从当前图像颜色和混合色中选择最大的通道值为创建结果颜色。浅色模式效果如图7.23所示。

图7.23 浅色模式

13. 叠加

该模式可以复合或过滤颜色，具体取决于当前图像的颜色。当前图像在下层图像上叠加，保留当前颜色的明暗对比。当前颜色与混合色相混合以反映原色的亮度或暗度。叠加后当前图像的亮度区域和阴影区将被保留。叠加模式效果如图7.24所示。

图7.24 叠加模式

14. 柔光

该模式可以使图像变亮或变暗，具体取决于混合色。此效果与发散的聚光灯照射在图像上相似。如果混合色比50%灰色亮，则图像变亮，就像被减淡了一样；如果混合色比50%灰色暗，则图像变暗，就像被加深了一样。用黑色或白色绘图时会产生明显较暗或较亮的区域，但不会产生纯黑色或纯白色。柔光模式效果如图7.25所示。

图7.25 柔光模式

15. 强光

该模式可以产生一种强烈的聚光灯照射在图像上的效果。如果当前层图像的颜色比下层图像的颜色更淡，则图像发亮；如果当前层图像的颜色比下层图像的颜色更暗，则图像发暗。在强光模式下使用黑色绘图将得到黑色效果，使用白色绘图则得到白色效果。强光模式效果如图7.26所示。

图7.26 强光模式

16. 亮光

该模式通过调整对比度加深或减淡颜色。如果混合色比50%灰度要亮，就会降低对比度使图像颜色变浅；反之会增加对比度使图像颜色变深。亮光模式效果如图7.27所示。

图7.27 亮光模式

17. 线性光

该模式通过调整亮度加深或减淡颜色。如果混合色比50%灰度要亮，图像将通过增加亮度使图像变浅，反之会降低亮度使图像变深。线性光模式效果如图7.28所示。

图7.28 线性光模式

18. 点光

该模式通过置换像素混合图像，如果混合色比50%灰度亮，则比当前图像暗的像素将被取代，而比当前图像亮的像素保持不变。反之，比当前图像亮的像素将被取代，而比当前图像暗的像素保持不变。点光模式效果如图7.29所示。

图7.29 点光模式

19. 实色混合

该模式将混合颜色的红色、绿色和蓝色通道值添加到当前的RGB值。如果通道的结果总和大于或等于255，则值为255；如果小于255，则值为0。因此，所有混合像素的红色、绿色和蓝色通道值要么是0，要么是255。这会将所有像素更改为原色：红色、绿色、蓝色、青色、黄色、洋红、白色或黑色。实色混合模式效果如图7.30所示。

图7.30 实色混合模式

20. 差值

当前像素的颜色值与下层图像像素的颜色值差值的绝对值就是混合后像素的颜色值。与白色混合将反转当前色值，与黑色混合则不发生变化。差值模式效果如图7.31所示。

图7.31 差值模式

21. 排除

该模式与差值模式非常相似，但得到的图像效果比差值模式更淡。与白色混合将反转当前颜色，与黑色混合不发生变化。排除模式效果如图7.32所示。

图7.32 排除模式

22. 减去

该模式通过查看每个通道中的颜色信息，并从基色中减去混合色。在 8 位和 16 位图像中，任何生成的负片值都会剪切为零。减去模式效果如图7.33所示。

图7.33 减去模式

23. 划分

该模式可以查看每个通道中的颜色信息，并从基色中分割混合色。划分模式效果如图7.34所示。

图7.34 划分模式

24. 色相

该模式可以使用当前图像的亮度和饱和度以及混合色的色相创建结果色。色相模式效果如图7.35所示。

图7.35 色相模式

25. 饱和度

该模式可以通过当前图像的色相值与下层图像的亮度值和饱和度值创建结果色。在无饱和度的区域上使用此模式绘图不会发生任何变化。饱和度模式效果如图7.36所示。

图7.36 饱和度模式

26. 颜色

当前图像的亮度以及混合色的色相和饱和度创建结果色。这样可以保留图像中的灰阶，并且对于给单色图像上色和给彩色图像着色都会非常有用。颜色模式效果如图7.37所示。

图7.37 颜色模式

27. 明度

该模式可以使用当前图像的色相和饱和度以及混合色的亮度创建最终颜色。此模式创建与颜色模式相反的效果。明度模式效果如图7.38所示。

图7.38 明度模式

7.2 各种图层的创建

除了背景图层和文本图层之外，可以通过“图层”面板创建前面所介绍的各种图层，还可以创建图层组、剪贴组等。具体操作介绍如下。

7.2.1 创建新图层

空白图层是最普通的图层，在处理或编辑图像的时候经常要建立空白层。在“图层”面板中，单击底部的“创建新图层”按钮，将创建一个空白图层，如图7.39所示。

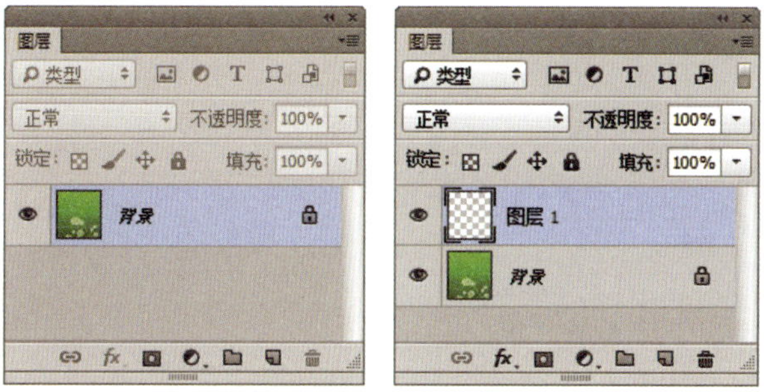

图7.39 创建图层过程

技巧

执行菜单栏中的“图层”|“新建”|“图层”命令，或选择“图层”面板菜单中的“新建图层”命令，打开“新建图层”对话框，设置好参数后，单击“确定”按钮，即可创建一个新的图层。

技术延伸　背景层与普通层的转换技能

在新建文档时，系统会自动创建一个背景图层。背景图层在默认状态下是全部锁定的，是对原图像的一种保护，默认的背景层不能进行图层不透明度、混合模式和顺序的更改，但可以复制背景图层。

- 背景层转换为普通层。在背景图层上双击鼠标左键，将弹出一个“新建图层”对话框，指定相关的参数后，单击“确定”按钮，即可将背景层转换为普通层。将背景层转换为普通层的操作过程如图7.40所示。

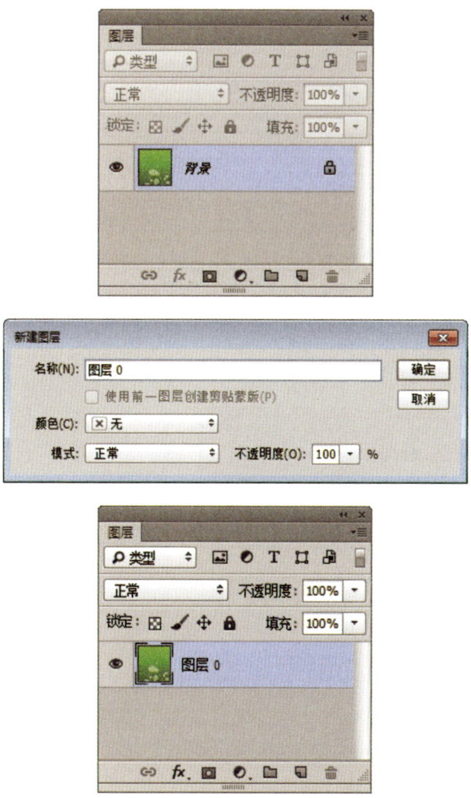

图7.40 将背景层转换为普通层的操作过程

- 普通层转换为背景层。选择一个普通层，执行菜单栏中的“图层”|“新建”|“图层背景”命令，即可将普通层转换为背景层。但需要指出的是如果已经存在背景图层，则不能再创建新的背景图层。

7.2.2 创建图层组

在大型设计中，由于用到的图层较多，就会在图层的控制上出现问题，因为过多的图层在“图层”面板中，想快速查找到需要的图层会产生困难，这时，就可以将不同类型的图层进行分类，然后放置在指定的图层组中，以便快速查找和修改。

单击“图层”面板底部的“创建新组”按钮，在当前图层上方创建一个图层组，创建的操作过程如图7.41所示。

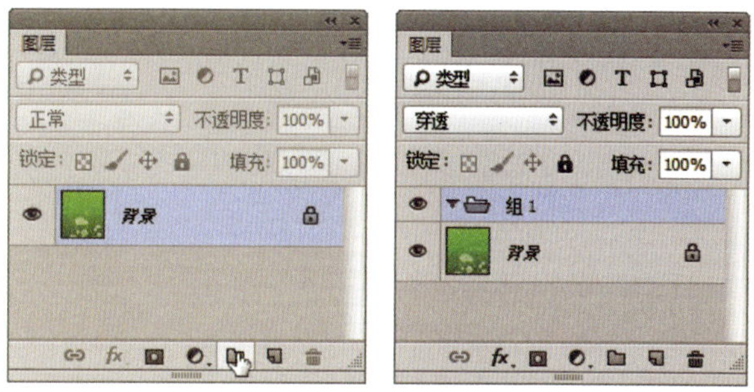

图7.41 创建图层组

如果想将相关的图层放置在图层组中，可以直接拖动相关图层到图层组上，当图层组周围出现黑色边框时释放鼠标左键即可。为了方便滚动浏览“图层”面板中的其他图层，可以单击图层组图标左面的三角形图标来实现展开和折叠图层组。

如果想删除图层组，可以选择要删除的组，然后执行菜单栏中的“图层”|“删除”|“组”命令，或在图层组上单击鼠标右键，从弹出的菜单中选择“删除组”命令，将打开一个询问对话框，如图7.42所示。单击“组和内容”按钮，将删除组及组中的所有图层；如果单击“仅组”按钮，将只删除组，而不删除组中的图层；单击“取消”按钮，不进行任何操作。

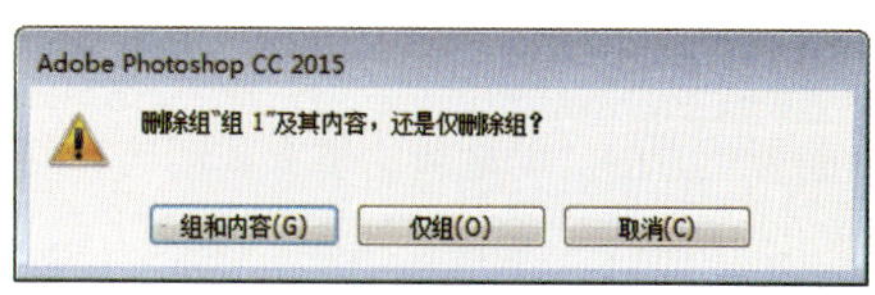

图7.42 询问对话框

7.2.3 从图层建立组

如果在制作过程中，发现图层过多想创建组，而且直接将同类型的图层放置在新创建的组中，可以应用“从图层建立组”命令。

首先在“图层”面板中，选择多个图层，然后执行菜单栏中的“图层”|“新建”|“从图层建立组”命令，打开“从图层新建组”对话框，单击“确定”按钮，即可创建一个新组，并将选择的图层放置在新创建的组中。从图层建立组操作效果，如图7.43所示。

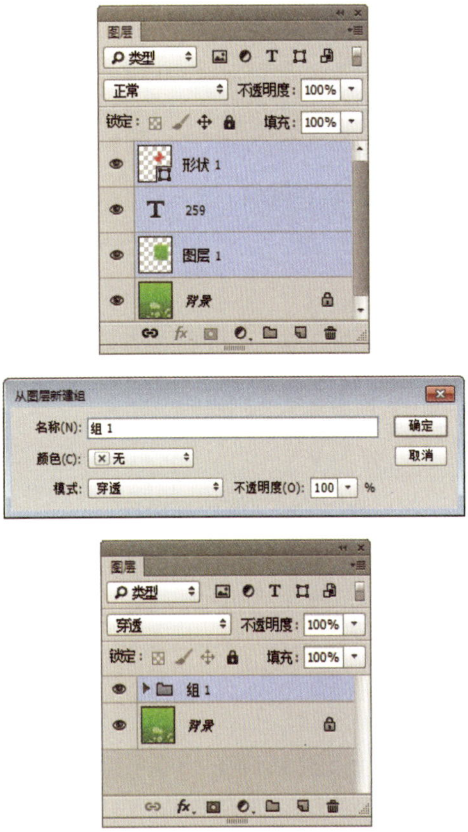

图7.43 从图层建立组操作效果

7.2.4 创建填充图层

填充图层就是创建一个填充一种颜色、渐变或图案的图层。它可以基于选区进行局部填充的创建。单击“图层”面板下方的“创建新的填充或调整图层”按钮，从弹出的菜单中，选择“纯色”“渐变”或“图案”命令，即可创建填充图层。3个命令的不同含义如下。

1. 纯色

选择该命令后，将打开“拾取实色”对话框，用法与“拾色器”用法相同，可以指定填充层的颜色，因为填充的为实色，所以将覆盖下面的图层显示，这里将其不透明度修改为50%，纯色填充的操作效果，如图7.44所示。

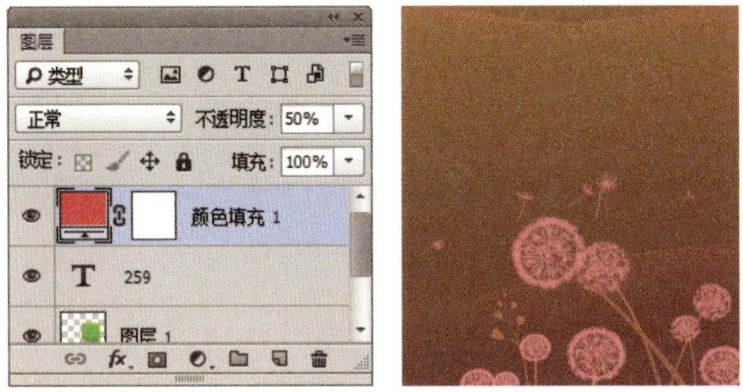

图7.44 纯色填充效果

2. 渐变

选择该命令后，将打开“渐变填充”对话框，如图所示，通过该对话框设置，可以创建一个渐变填充层，并可以随意修改渐变的样式、颜色、角度和缩放等属性。渐变填充的操作效果如图7.45所示。

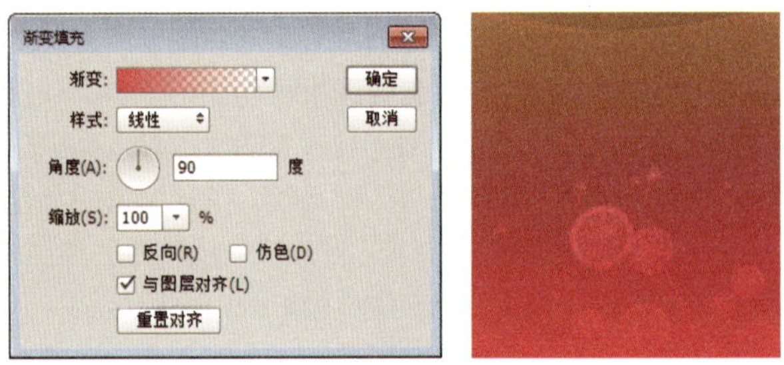

图7.45 渐变填充的操作效果

3. 图案

选择该命令后，将打开“图案填充”对话框，如图所示，可以应用系统默认的图案，也可以应用自定义的图案来填充，并可以修改图案的大小及图层的链接。图案填充的操作效果如图7.46所示。

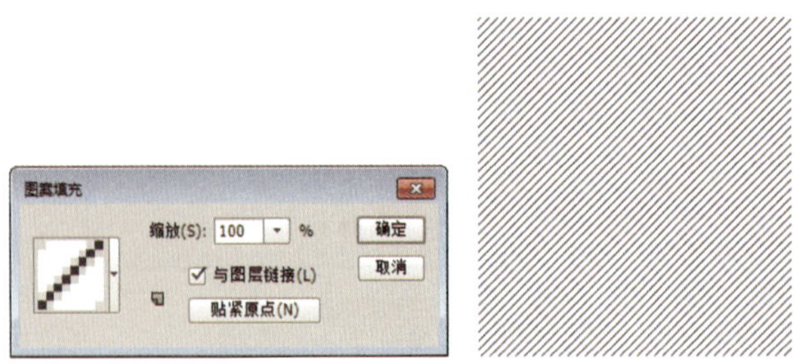

图7.46 “图案填充”对话框

7.2.5 创建调整图层

调整图层主要用来调整图像的色彩，比如曲线、色彩平衡、亮度/对比度、色相/饱和度、可选颜色、通道混合器、渐变映射、照片滤镜、反相、阈值及色调分离等调整层。调整图层单独存在于一个独立的层中，不会对其他层的像素进行改变，所以使用起来相当方便。

01 执行菜单栏中的“文件”|“打开”命令，打开“鲜花.jpg”文件，如图7.47所示。

图7.47　打开的图片

02 在“图层”面板中，单击“创建新的填充或调整图层”按钮，从弹出的菜单中选择一个调整命令，也可以执行菜单栏中的“图层”|“新建调整图层”命令，从子菜单中选择一个调整命令，如选择“色彩平衡”命令，如图7.48所示。

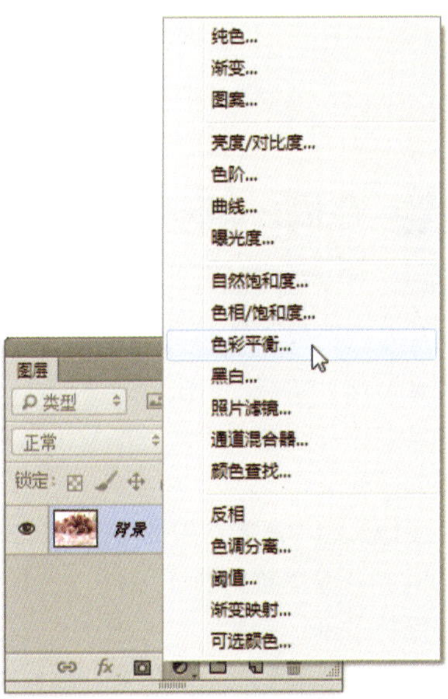

图7.48　选择“色彩平衡”

03 此时，系统将打开“调整”面板，通过“调整”面板修改色彩平衡的参数，如图7.49所示。在“图层”面板中，可以看到新增加了一个色彩平衡1图层，调整后的图片效果如图7.50所示。

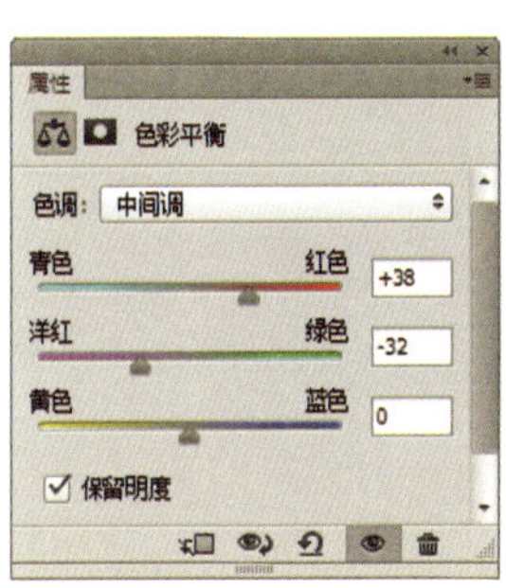

图7.49　修改参数

图7.50　调整后的效果

> **技巧**
>
> 创建调整图层后，如果想再次修改调整图层的参数，可以双击“图层”面板中调整层的图层缩览图，再次打开“调整”面板进行参数的修改。

技术延伸　使用调整图层的优点

使用调整图层具有以下优点。

- 不会造成图层图像的破坏。可以尝试不同的设置并随时重新编辑调整图层。也可以通过降低该图层的不透明度来减轻调整的效果。
- 编辑具有选择性。在调整图层的图像蒙版上绘画可将调整应用于图像的一部分。稍后，通过重新编辑图层蒙版，可以控制调整图像的哪些部分。通过使用不同的灰度色调在蒙版上绘画，可以改变调整。
- 能够将调整应用于多个图像。在图像之间复制和粘贴调整图层，以便应用相同的颜色和色调调整。

7.2.6 创建形状图层

选择工具箱中的“钢笔工具”或“自定形状工具”，在选项栏中选择“形状”，如图7.51所示。然后在文档中绘制图形，此时将自动产生一个形状图层。

图7.51　选项栏

形状图层与填充图层很相似，在“图层”面板中会出现一个图层，在图层上的缩览图中，左侧为“图层缩览图”，右侧为“图层蒙版缩览图”，中间有一个“指示矢量蒙版链接到图层”图标，如图7.52所示。

如果要删除形状图层，可以直接拖动“图层缩览图”到“图层”面板下方的“删除图层”按钮；如果只是想删除蒙版形状，则只需要拖动“图层蒙版缩览图”到“图层”面板下方的“删除图层”按钮上即可。

图7.52 形状图层

图7.53 选择“海马”图层

7.3 图层的基本操作

进行实际的图形设计创作时，都会使用大量的图层，因此熟练地掌握图层的操作就变得极为重要。例如，图层的新建，调整图层位置和大小，改变叠放次序，调整混合模式和不透明度、合并图层等。下面来详细讲解图层的各种操作方法。

7.3.1 移动图层

在编辑图像时，移动图层的操作是很频繁的，可以通过“移动工具”来移动图层中的图像。移动图层图像时，如果是移动整个图层的图像内容，不需要建立选区，只需将要移动的图层设为当前图层，然后使用“移动工具”，也可以在使用其他工具的情况下，按住Ctrl键将其临时切换到移动工具，拖动就可以移动图像，另外，还可以通过键盘上的方向键来操作。

- 方法1：执行菜单栏中的“文件”|“打开”命令，打开“图层操作.psd”。在“图层”面板中，单击选择“海马”图层，如图7.53所示。然后选择工具箱中的“移动工具”，或者按V键。
- 方法2：将鼠标指针放在图像中，按住鼠标左键向右进行拖动。在这里要特别注意移动的图层不能锁定，操作效果如图7.54所示。

技巧

在移动图层时，按住Shift键拖动图层，可以使图层中的图像按45度倍数方向移动。如果创建了链接图层、图层组或剪贴组，则图层内容将一起移动。

图7.54 移动图层

7.3.2 在同一图像文档中复制图层

复制图层是在图像文档内或在图像文档之间复制内容的一种便捷方法。图层的复制分为两种情况：一种是在同一图像文档中复制图层，另一种是在两个图像文档中进行图层图像的复制。

在同一图像文档中复制图层的操作方法如下。

- 方法1：执行菜单栏中的“文件”|“打开”命令，打开“图层复制.psd”文件。
- 方法2：拖动法复制。在“图层”面板中，选择要复制的图层即“小熊”图层，将其拖动到“图层”面板底部的“创建新图层”按钮上，然后释放鼠标左键即可生成“小熊 拷贝”图层，复制图层的操作效果，如图7.55所示。

提示

拖动复制时，复制出的图层名称为“被复制图层的名称+拷贝”组合。

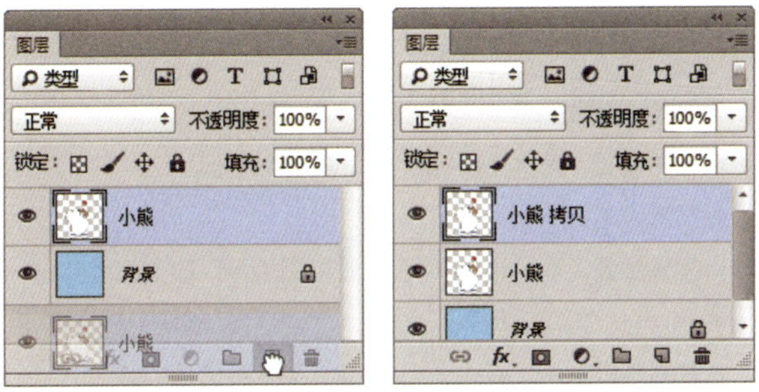

图7.55 复制图层的操作效果

• 方法3：菜单法复制。选择要复制的图层如“小熊拷贝”层，然后执行菜单栏中的“图层”|“复制图层”命令，或从“图层”面板菜单中选择“复制图层”命令，打开“复制图层”对话框，如图7.56所示。在该对话框中可以对复制的图层进行重新命名，设置完成后单击“确定”按钮，即可完成图层复制，如图7.57所示。

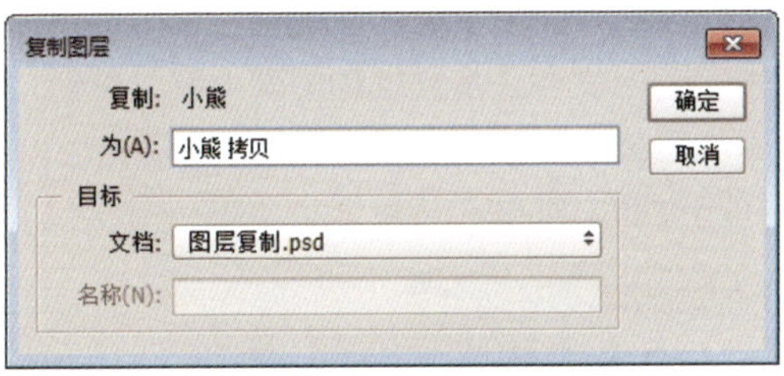

图7.56 “复制图层”对话框

图7.57 复制图层

7.3.3 在不同图像文档之间复制图层

在不同图像之间复制图层，首先要打开两个文档，源图像和复制所在的目标图像文档，然后在源图像文档中选择要复制的图层。然后可以用多种方法进行不同图像之间复制图层。

• 方法1：文档拖动法。使用移动工具将源图像中的图像直接拖动到目标图像文档中，操作过程如图7.58所示。

图7.58 直接拖动法

• 方法2：面板拖动法。在“图层”面板中，直接拖动图层到目标图像文档中，操作方法如图7.59所示。

图7.59 面板拖动法

提示

在复制图层时，如果图层复制到具有不同分辨率的文件中，图层内容将会在显得更大或更小。

• 方法3：菜单法。选择要复制的图层，执行菜单栏中的“图层”|“复制图层”命令，打开“复制图层”对话框，在“文档”下拉菜单中，选择目标图像文档，然后单击“确定”按钮，即可将选择文档中的图像复制到目标文档中，如图7.60所示。

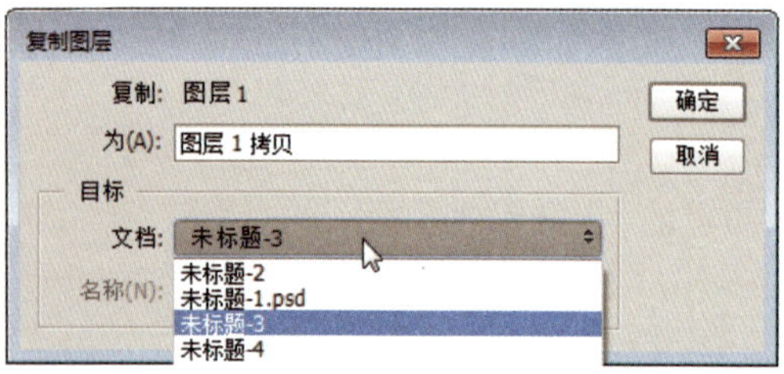

图7.60 选择目标文档

7.3.4 删除图层

不需要的图层就要删除，删除图层的操作非常简单，具体有3种方法来删除图层，分别介绍如下。

- 方法1：拖动删除法。在“图层”面板中选择要删除的图层，然后拖动该图层到“图层”面板底部的“删除图层”按钮上，释放鼠标左键即可将该图层删除。删除图层操作效果，如图7.61所示。

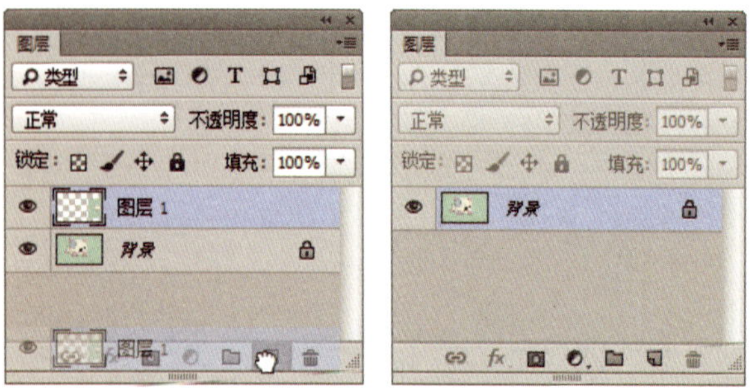

图7.61 删除图层操作效果

- 方法2：直接删除法。在“图层”面板中，选择要删除的图层，然后单击“图层”面板底部的“删除图层”按钮，将弹出一个询问对话框，如图7.62所示，单击“是”按钮即可将该层删除。

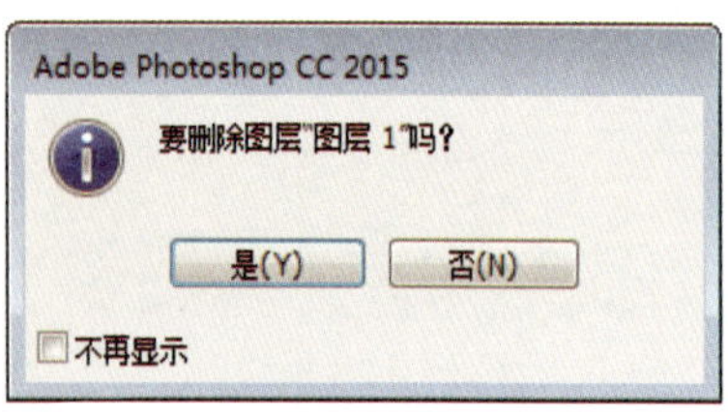

图7.62 询问对话框

- 方法3：菜单法。在“图层”面板中选择要删除的图层，执行菜单栏中的“图层”|“删除”|“图层”命令，或从“图层”面板菜单中选择“删除图层”命令，在弹出的询问对话框中单击“是”按钮，也可将选择的图层删除。

7.3.5 实战案例：改变图层的排列顺序

- **素材位置** | 素材文件\第7章\图层顺序.psd
- **案例位置** | 无
- **视频位置** | 多媒体教学\7.3.5 实战案例 改变图层的排列顺序.avi
- **难易指数** | ★☆☆☆☆

在新建或复制图层时，新图层一般位于当前图层的上方，图像的排列顺序不同直接影响图像的显示效果，位于上层的图像会遮盖下层的图层，所以在实际操作中，经常会进行图层的重新排列，本例讲解图层顺序的更改方法。

操作步骤

01 执行菜单栏中的“文件”|“打开”命令，打开“图层顺序.psd”文件。从文档和图层中可以看到，“红花”层位于最上方，“小熊”层位于最下方，“小熊2”层位于中间，如图7.63所示。

图7.63 图层效果

02 在“图层”面板中，在“小熊”图层上按住鼠标左键，将图层向上拖动，当图层到达需要的位置时，将显示一条黑色的实线效果，释放鼠标左键后，图层会移动到当前位置，操作过程及效果如图7.64所示。

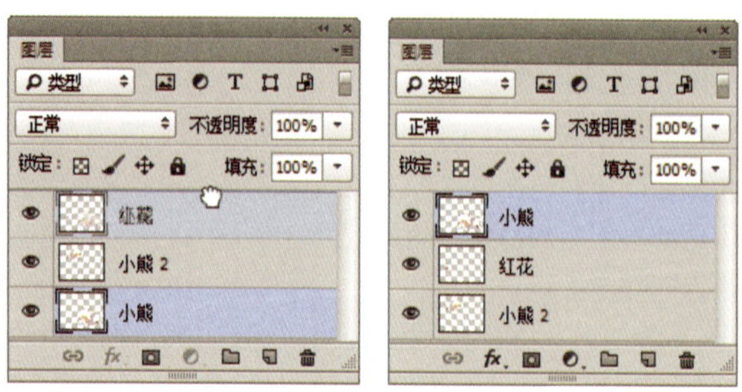

图7.64 图层排列的操作过程

技巧

按 Shift + Ctrl +] 组合键可以快速将当前图层置为顶层；按 Shift + Ctrl +[组合键可以快速将当前图层置为底层；按 Ctrl +] 组合键可以快速将当前图层前移一层；按 Ctrl + [组合键可以快速将当前图层后移一层。

03 此时，在文档窗口中，可以看到“小熊”图片位于其他图像上方，如图7.65所示。

图7.65　改变图层顺序

提示

如果“图层”面板中存在背景图层，那么背景图层始终位于“图层”面板的最底层。此时，对其他图层执行“置为底层”命令，也只能将当前选取的图层置于背景图层的上一层。

技术延伸　更改图层属性

为了便于图层的区分与修改，还可以根据需要对当前图层的名称和显示颜色进行修改。选择需要修改属性的图层，然后单击图层面板上方的“类型”，在弹出的菜单中选择“颜色”，再单击“颜色”后面的“无”按钮；在弹出的“颜色”下拉菜单中，可以指定当前图层的颜色，如图7.66所示。

图7.66　“颜色”菜单

7.3.6　图层的链接

链接图层与使用图层组有相似的地方，可以更加方便多个图层的操作，比如可以同时对多个图层进行旋转、缩放、对齐、合并等。

1. 链接图层

创建链接图层的操作方法很简单，具体操作如下。

01 在“图层”面板中选择要进行链接的图层，如图7.67所示。使用Shift键可以选择连续的多个图层，使用Ctrl键可以选择任意的多个图层。

02 单击“图层”面板底部的“链接图层”按钮，或执行菜单栏中的“图层”|“链接图层”命令，即可将选择的图层进行链接，如图7.68所示。

图7.67　选择多个图层

图7.68　链接多个图层

2. 选择链接图层

要想一次选择所有链接的图层，可以在“图层”面板中，单击选择其中的一个链接层，然后执行菜单栏中的“图层”|“选择链接图层”命令，或单击“图层”面板菜单中的“选择链接图层”命令，即可将所有的链接图层同时选中。

3. 取消链接图层

如果想取消某一层与其他层的链接，可以单击选择链接层，然后单击“图层”面板底部的“链接图层”按钮即可。

如果想取消所有图层的链接，可以应用“选择链接图层”命令选择所有链接图层后，执行菜单栏中的“图层”|“取消图层链接”命令，或单击“图层”面板菜单中的“取消图层链接”命令，也可以直接单击“图层”面板底部的“链接图层”按钮，取消所有图层的链接。

7.4　对齐与分布图层

在处理图像时，有时需要将多个图像进行对齐或分布。分布或对齐图层，其实就是将图层中的图像进行对齐或分布，下面就来讲解对齐与分布图层的方法。

7.4.1　对齐图层

图层对齐其实就是图层中的图像对齐。在操作多个图层时，经常会用到图层的对齐。要想对齐图层，首先要选择或链接相关的图层，对齐对象至少有两个对象才

可以应用，图层选择与图像效果如图7.69所示。确认选择工具箱中的“移动工具”，在选项栏中，可以看到对齐按钮处于激活状态，这时就可以应用对齐命令，也可以通过菜单“图层”|“对齐”子菜单命令，来进行图层对象的对齐。

图7.69 图层选择与图像效果

对齐操作各按钮的含义如下，各种对齐方式如图7.70所示。

顶对齐　垂直居中对齐　底对齐

左对齐　水平居中对齐　右对齐

图7.70 各种对齐方式

- “顶对齐”：所有选择的对象以最上方的像素对齐。
- “垂直居中对齐”：所有选择的对象以垂直中心像素对齐。
- “底对齐”：所有选择的对象以最下方的像素对齐。
- “左对齐”：所有选择的对象以最左边的像素对齐。
- “水平居中对齐”：所有选择的对象以水平中心像素对齐。
- “右对齐”：所有选择的对象以最右边的像素对齐。

7.4.2 分布图层

图层分布其实就是图层中的图像分布，主要用于设置当前选择对象的间距分布对齐。要想分布图层，首先要选择或链接相关的图层，分布对象至少有3个对象才可以应用，确认选择工具箱中的“移动工具”，在工具选项栏中，可以看到分布按钮处于激活状态，这时就可以应用分布命令，也可以通过菜单“图层”|“分布”子菜单命令，来进行图层对象的分布。

分布操作各按钮的含义如下，各种分布方式如图7.71所示。

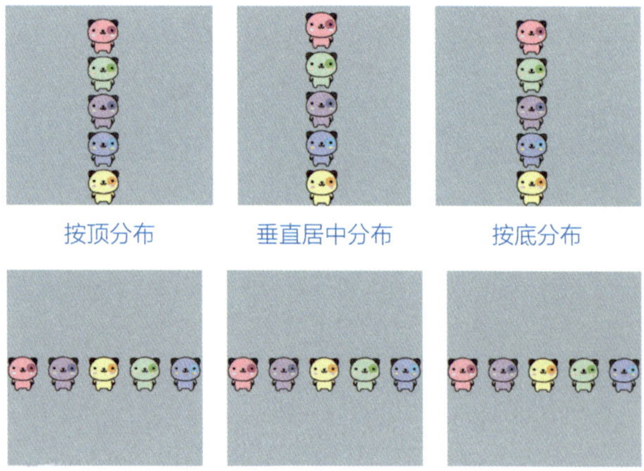

按顶分布　垂直居中分布　按底分布

按左分布　水平居中分布　按右分布

图7.71 不同分布效果

- “按顶分布”：所有选择的对象以最上方的像素进行分布对齐。
- “垂直居中分布”：所有选择的对象以垂直中心像素进行分布对齐。
- “按底分布”：所有选择的对象以最下方的像素进行分布对齐。
- “按左分布”：所有选择的对象以最左边的像素进行分布对齐。
- “水平居中分布”：所有选择的对象以水平中心像素进行分布对齐。
- “按右分布”：所有选择的对象以最右边的像素进行分布对齐。

7.5 管理图层

图层的类型有很多，其中像文字、矢量蒙版、形状等矢量图层，这些图层在处理时，如果不进行栅格化，则不能进行其他绘图的操作。当然，设计中由于过多的图层，会增加操作的难度，此时可以将完成效果的图层进行合并，下面就来详细讲解栅格化与合并图层的方法。

7.5.1 栅格化图层

Photoshop主要是一个处理位图图像的软件，绘图工具或滤镜命令对于包含矢量数据的图层是不起作用的，当遇到文字、矢量蒙版、形状等矢量图层时，需要将它们栅格化，转化为位图图层，才能进行处理。

选择需要一个矢量图层，执行菜单栏中的“图层”|“栅格化”命令，然后在其子菜单中，选择相应的栅格命令即可，栅格化后的图层缩略图将发生变化，如文字层的图层栅格化前后效果如图7.72所示。

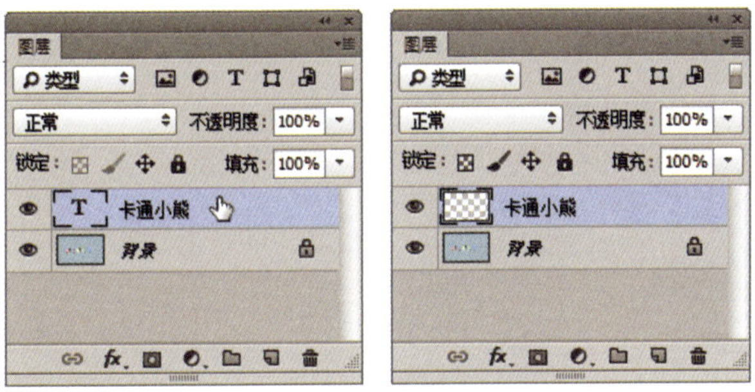

图7.72 文字层栅格化前后效果对比

7.5.2 合并图层

在编辑图像时，当图层过多时文件所占磁盘空间就会过大，对一些确定的图层内容可以不必单独存放在独立的图层中，这时可以将它们合并成一个层，以节省空间，提高操作速度。

从“图层”菜单栏中选择合并命令，或单击“图层”面板菜单中的合并图层命令，可以对图层进行合并，具体的方法有以下3种。

- “向下合并”：该命令将当前图层与其下一图层图像合并，其他图层保持不变，合并后的图层名称为下一图层的名称。应用该命令的前后效果如图7.73所示。

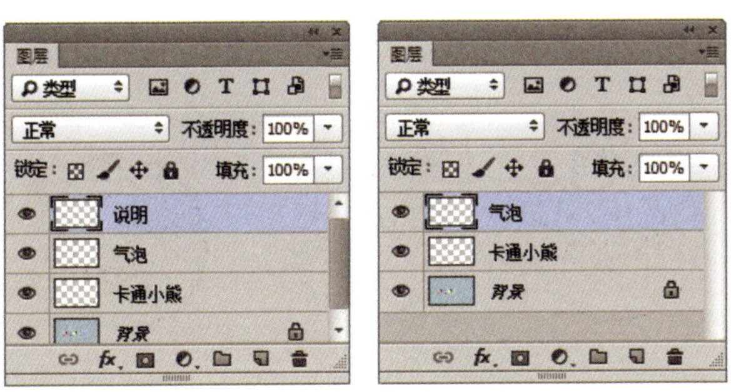

图7.73 向下合并图层的前后效果对比

> **提示**
>
> 当只选择一个图层时，该命令将显示为“向下合并”；如果选择多个图层，该命令将显示为“合并图层”，但用法是一样的，请读者注意。
>
> 在编辑较复杂的图像文件时，图层太多会增加图像的大小，从而增加系统处理图像的时间。因此，建议将不需要修改的图像所在的图层合并为一个图层，从而提高系统的运行速度。

- “合并可见图层”：该命令可以将图层中所有显示的图层合并为一个图层，隐藏的图层保持不变。在合并图层时，当前层不能为隐藏层，否则该命令将处于灰色的不可用状态。合并可见图层前后效果如图7.74所示。

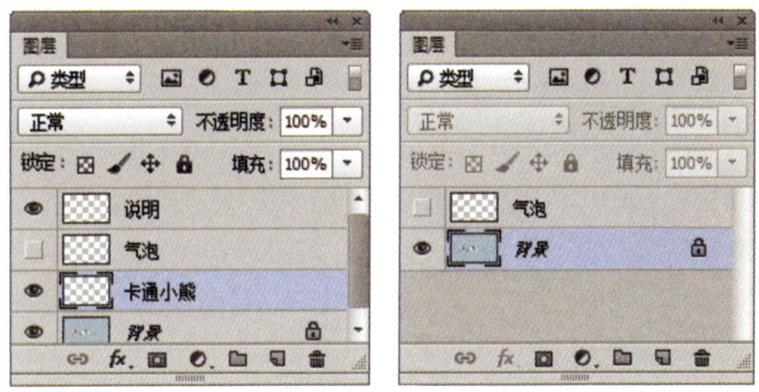

图7.74 合并可见图层前后效果对比

- “拼合图像”：该命令将所有图层进行合并，如果有隐藏的图层，系统会弹出一个如图7.75所示的提示对话框，询问是否扔掉隐藏的图层，合并后的图层名称将自动更改为背景层。单击“确定”按钮，将删除隐藏的图层，并将其他图层合并为一个图层。单击“取消”按钮，则不进行任何操作。

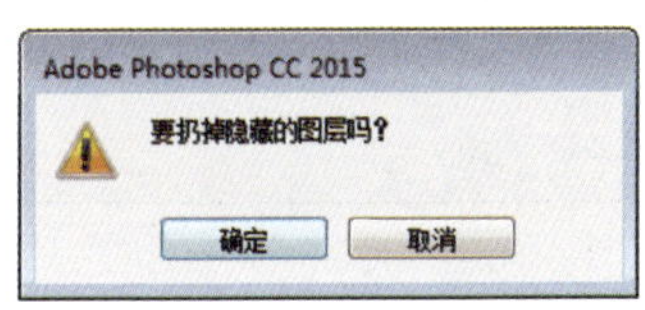

图7.75 提示对话框

> **技巧**
>
> 按 Ctrl + E 组合键可以快速向下合并图层或合并选择的图层；按 Shift + Ctrl +E 组合键可快速合并可见图层。

7.6 设置图层样式

图层样式是Photoshop最具特色的功能之一，在设计中应用相当广泛，是构成图像效果的关键。Photoshop提供了众多的图层样式命令，包括投影、内阴影、外发光、内发光、斜面和浮雕、光泽、颜色叠加等。

要想应用图层样式，执行菜单栏中的“图层”|“图层样式”命令，从其子菜单中选择图层样式相关命令，或单击“图层”面板底部的“添加图层样式”fx按钮，从弹出的菜单中选择图层样式相关命令，打开“图层样式”对话框，设置相关的样式属性即可为图层添加样式。

提示

图层样式不能应用在背景层、锁定全部的图层或图层组。

7.6.1 设置“混合选项”

Photoshop 中有大量不同的图层效果，可以将这些效果任意组合应用到图层。执行菜单栏中的“图层”|“图层样式”|“混合选项”命令，或单击“图层”面板底部的“添加图层样式”fx按钮，从弹出的菜单中选择“混合选项”命令，弹出“图层样式”|“混合选项”对话框，如图7.76所示，在其中可以对图层的效果进行多种样式的调整。

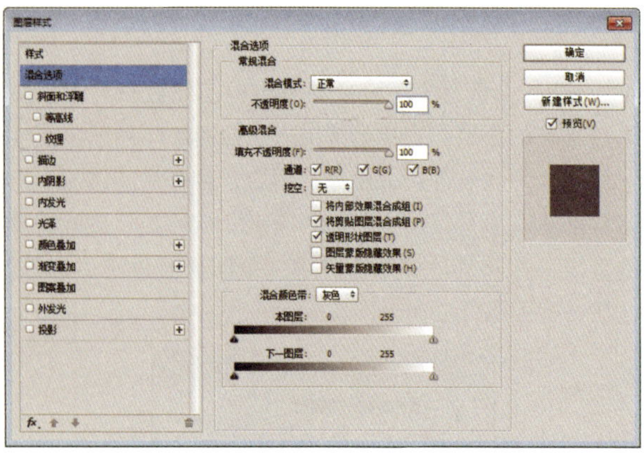

图7.76 “图层样式”|“混合选项”对话框

“图层样式”|“混合选项”对话框中各选项的含义说明如下。

1. “常规混合”

- “混合模式”：设置当前图层与其下方图层的混合模式，可产生不同的混合效果。混合模式只有多实践，才能掌握得娴熟，使用时才能得心应手，制作出需要的效果。
- “不透明度”：可以设置当前图层产生效果的透明程度，可以制作出朦胧效果。

2. “高级混合”

- “填充不透明度”：拖动“填充不透明度”右侧的滑块，设置填充颜色或图案的不透明度；也可以直接在其后的数值框中输入定值。
- “通道”：通过勾选其下方的复选框，R（红）、G（绿）、B（蓝）通道，用以确定参与图层混合的通道。
- “挖空”：用来控制混合后图层色调的深浅，通过当前层看到其他图层中的图像。包括无、浅和深3个选项。
- “将内部效果混合成组”：可以将混合后的效果编为一组，将图像内部制作成镂空效果，以便以后使用、修改。
- “将剪贴图层混合成组”：勾选该复选框，挖空效果将对编组图层有效，如果不勾选将只对当前层有效。
- “透明形状图层”：添加图层样式的图层有透明区域时，勾选该复选框，可以产生蒙版效果。
- “图层蒙版隐藏效果”：添加图层样式的图层有蒙版时，勾选该复选框，生成的效果如果延伸到蒙版中，将被遮盖。
- “矢量蒙版隐藏效果”：添加图层样式的图层有矢量蒙版时，勾选该复选框，生成的效果如果延伸到图层蒙版中，将被遮盖。

3. “混合颜色带”

- “混合颜色带”：在“混合颜色带”后面的下拉列表中可以选择和当前图层混合的颜色，包括灰色、红、绿、蓝4个选项。
- “本图层”和“下一图层”颜色条的两侧都有由两个小直角三角形组成的三角形，拖动可以调整当前图层的颜色深浅。按下Alt键，三角形会分开为两个小三角形，拖动其中一个，可以缓慢精确地调整图层颜色的深浅。

7.6.2 投影和内阴影

“图层样式”功能提供了两种阴影效果的制作，分别为“投影”和“内阴影”，这两种阴影效果区别在于：投影是在图层对象背后产生阴影，从而产生投影的视觉；而内阴影则是内投影，即在图层以内区域产生一个图像阴影，使图层具有凹陷外观。原图、投影和内阴影效果，如图7.77所示。

原图　投影　内阴影

图7.77 原图、投影和内阴影效果对比

“投影”和“内阴影”这两种图层样式只是产生的图像效果不同，但参数设置基本相同，只有“扩展”和“阻塞”不同，但用法几乎相同，所以下面以“投影”为例讲解参数含义，如图7.78所示。

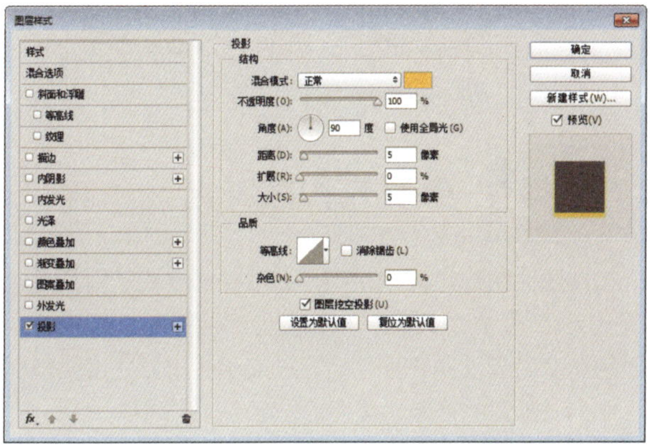

图7.78　“图层样式”|“投影”对话框

“图层样式”|“投影”对话框中各选项的含义说明如下。

1. 投影结构

- “混合模式”：设置投影效果与其下方图层的混合模式。在“混合模式”右侧有一个颜色框，单击该颜色块可以打开“选择阴影颜色”对话框，以修改阴影的颜色。
- “不透明度”：设置阴影的不透明度，值越大则阴影颜色越深。图7.79所示为不透明度分别为30%和100%时的效果对比。

不透明度为30%　　不透明度为100%

图7.79　不同不透明度的比较

- “角度”：设置投影效果应用于图层时所采用的光照角度，阴影方向会随着角度变化而发生变化。图7.80所示为角度分别为30度和120度时的效果对比。

角度为30度　　角度为120度

图7.80　不同角度的对比

- “使用全局光”：勾选该复选框，可以为同一图像中的所有图层样式设置相同的光线照明角度。
- “距离”：设置图像的投影效果与原图像之间的相对距离，变化范围为0~30000的整数，数值越大，投影离原图像越远。图7.81所示为距离分别为5像素和30像素的效果对比。

距离为5像素　　距离为30像素

图7.81　不同距离值的效果对比

- “扩展”：设置投影效果边缘的模糊扩散程度，变化范围为0~100%的整数，值越大投影效果越强烈。但它与下方的“大小”选项相关联，如果“大小”值为0时，此项不起作用。设置不同扩展与大小值的投影效果，如图7.82所示。

图7.82　设置不同扩展与大小的投影效果

- “大小”：设置阴影的柔化效果，变化范围为0~250，值越大柔化程度越大。

2. 设置投影品质

- “等高线”：此选项可以设置阴影的明暗变化。在“等高线”选项右侧区域单击，可以打开“等高线编辑器”对话框，自定义等高线；单击“等高线”选项右侧的“点按可打开‘等高线’拾色器”按钮，可以弹出“‘等高线’拾色器”，可以从中选择一个已有的等高线应用于阴影，预置的等高线有线性、锥形、高斯、半圆、环形等12种，如图7.83所示。应用不同等高线效果如图7.84所示。

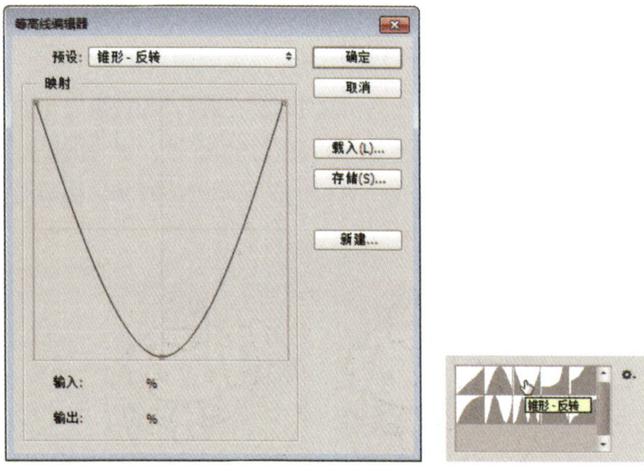

图7.83 “等高线”拾色器

线性　　锥形　　环形

图7.84 不同等高线效果

> **提示**
>
> 在“‘等高线’拾色器”中，通过“‘等高线’拾色器”菜单，可以进行新建、存储、复位、替换、视图等高线等操作，操作方法比较简单，这里不再赘述。

- “消除锯齿”：勾选该复选框，可以将投影边缘的像素进行平滑，以消除锯齿现象。
- “杂色”：通过拖动右侧的滑块或直接输入数值，可以为阴影添加随机杂点效果。值越大，杂色越多。添加杂色的前后效果如图7.85所示。

图7.85 添加杂色的前后效果对比

- “图层挖空投影”：可以根据下层图像对阴影进行挖空设置，以制作出更加逼真的投影效果。不过只有当“图层”面板中当前层的“填充”不透明度设置为小于100时才会有效果。当“填充”的值为60%，使用与不使用图层挖空投影前后效果对比，如图7.86所示。

图7.86 使用与不使用图层挖空投影前后效果对比

7.6.3 外发光和内发光

在图像制作过程中，经常会用到文字或是物体发光的效果，“发光”效果在直觉上比“阴影”效果更具有电脑色彩，而其制作方法也比较简单，可以使用图层样式中的“外发光”和“内发光”命令。

“外发光”主要在图像的外部创建发光效果，而“内发光”是在图像的内边缘或图像中心创建发光效果，其对话框中的参数设置与“外发光”选项的基本相同，只是“内发光”多了“居中”和“边缘”两个选项，用于设置内发光的位置。下面以“外发光”为例讲解参数含义，如图7.87所示。

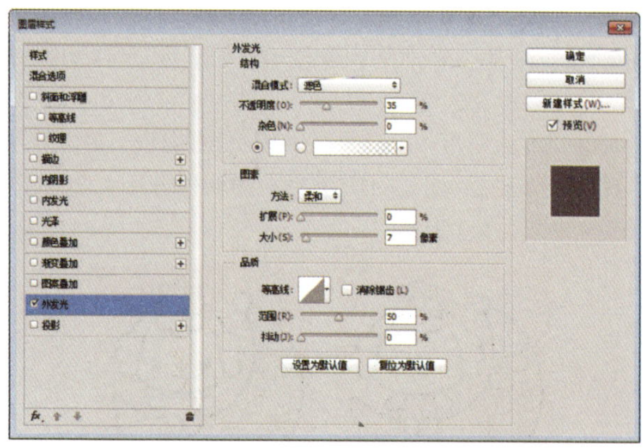

图7.87 “图层样式”|“外发光”对话框

“图层样式”|“外发光”对话框中各选项的含义说明如下。

1. 设置发光结构

- “混合模式”：设置发光效果与其下方图层的混合模式。
- “不透明度”：设置发光的不透明度，值越大则发光颜色越不透明。
- “杂色”：设置在发光效果中添加杂点的数量。
- “单色发光”：选择此单选按钮后，单击单选框右侧的色块，可以打开“拾色器”对话框来设置发光的颜色。
- “渐变发光”：选择此单选按钮后，

单击其右侧的三角形“点按可打开‘渐变’拾色器”按钮，可打开“‘渐变’拾色器”对话框，选择一种渐变样式，可以在发光边缘中应用渐变效果；在“点按可编辑渐变”上单击，可以打开“渐变编辑器”对话框，用来选择或编辑需要的渐变样式。图7.88所示为原图、单色发光与渐变发光的不同显示效果。

图7.88 原图、单色发光与渐变发光的不同显示

2. 设置发光图素

- “方法”：指定创建发光效果的方法。单击其右侧的柔和按钮，可以从弹出的下拉菜单中，选择发光的类型。当选择“柔和”选项时，发光的边缘产生模糊效果，发光的边缘根据图形的整体外形发光；当选择“精确”选项时，发光的边缘会根据图形的细节发光，根据图形的每一个部位发光，效果比“柔和”生硬。柔和与精确发光效果对比，如图7.89所示。

图7.89 柔和与精确发光效果对比

- “扩展”：设置发光效果边缘模糊的扩散程度，变化范围为0~100%的整数，值越大，发光效果越强烈。它与“大小”选项相关联，如果“大小”的值为0，此项不起作用。
- “大小”：设置发光效果的范围及模糊程度，变化范围为0~250的整数，值越大模糊程度越大。不同扩展与大小值的发光效果对比，如图7.90所示。

图7.90 不同扩展与大小值的发光效果对比

图7.90 不同扩展与大小值的发光效果对比（续）

> **提示**
>
> “内发光”比“外发光”多了两个选项，用于设置内发光的光源位置。“居中”表示从当前图层图像的中心位置向外发光；“边缘”表示从当前图层图像的边缘向里发光。

3. 设置发光品质

- “等高线”：当使用单色发光时，利用“等高线”选项可以创建透明光环效果。当使用渐变填充发光时，利用“等高线”选项可以创建渐变颜色和不透明度的重复变化效果。
- “范围”：控制发光中作为等高线目标的部分或范围。相同的等高线不同范围值的效果如图7.91所示。
- “抖动”：控制随机化发光中的渐变。

图7.91 相同的等高线不同范围值的效果

7.6.4 斜面和浮雕

利用“斜面和浮雕”选项可以为当前图层中的图像添加不同组合方式的高光和阴影区域，从而产生斜面浮雕效果。“斜面和浮雕”效果可以很方便地制作有立体感的文字或是按钮效果，在图层样式效果设计中经常会用到它，其参数设置区如图7.92所示。

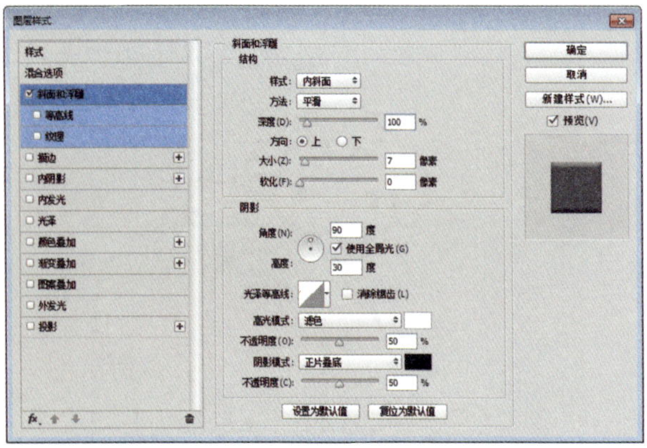

图7.92 “图层样式”|“斜面和浮雕”对话框

“图层样式”|“斜面和浮雕”对话框中各选项的含义说明如下。

1. 设置斜面和浮雕结构

- “样式”：设置浮雕效果生成的样式，包括“外斜面”“内斜面”“浮雕效果”“枕状浮雕”和“描边浮雕”5种浮雕样式。选择不同的浮雕样式会产生不同的浮雕效果。原图与不同的斜面浮雕效果如图7.93所示。

原图　　外斜面　　内斜面

浮雕效果　　枕状浮雕　　描边浮雕

图7.93 原图与不同的斜面浮雕效果

- “方法”：用来设置浮雕边缘产生的效果。包括“平滑”“雕刻清晰”和“雕刻柔和”3个选项。“平滑”表示产生的浮雕效果边缘比较柔和；“雕刻清晰”表示产生的浮雕效果边缘立体感比较明显，雕刻效果清晰；“雕刻柔和”表示产生的浮雕效果边缘在平滑与雕刻清晰之间。设置不同方法效果如图7.94所示。
- “深度”：设置雕刻的深度，值越大，雕刻的深度也越大，浮雕效果越明显。不同深度值的浮雕效果如图7.95所示。

图7.94 设置不同方法效果

图7.95 不同深度值的浮雕效果

- “方向”：设置浮雕效果产生的方向，主要是高光和阴影区域的方向。选择“上”选项，浮雕的高光位置在上方；选择“下”选项，浮雕的高光位置在下方。
- “大小”：设置斜面和浮雕中高光和阴影的面积大小。不同大小值的高光和阴影面积显示效果如图7.96所示。

图7.96 不同大小值的高光和阴影面积显示效果

- “软化”：设置浮雕高光与阴影间的模糊程度，值越大，高光与阴影的边界越模糊。不同软化值效果如图7.97所示。

图7.97 不同软化值效果

2. 设置斜面和浮雕阴影

- “角度”和“高度”：设置光照的角度和高度。高度接近0时，几乎没有任何浮雕效果。
- “光泽等高线”：可以设定如何处理斜面的高光和暗调。
- “高光模式”和“不透明度”：设置浮雕效果高光区域与其下一图层的混合模式和透明程度。单击右侧的色块，可在弹出的“拾色器”对话框中修改高光区域的颜色。
- “阴影模式”和“不透明度”：设置浮雕效果阴影区域与其下一图层的混合模式和透明程度。单击右侧的色块，可在弹出的“拾色器”对话框中修改阴影区域的颜色。

“斜面和浮雕”选项下还包括“等高线”和“纹理”两个选项。利用这两个选项可以对斜面和浮雕制作出更多的效果。

- “等高线”：选择“等高线”选项后，其右侧将显示等高线的参数设置区。利用等高线的设置可以让浮雕产生更多的斜面和浮雕效果。应用“等高线”前后效果对比如图7.98所示。

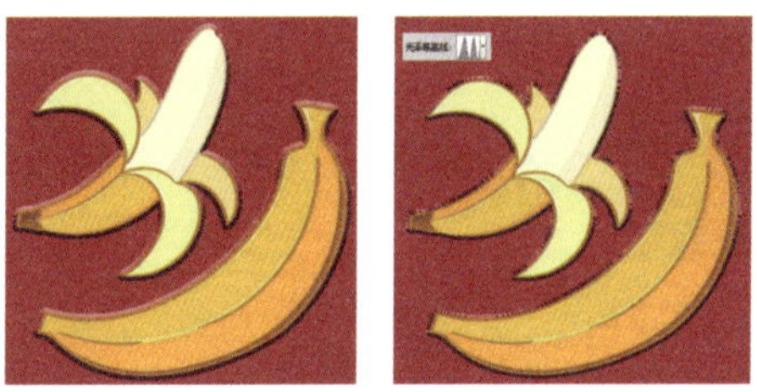

图7.98 应用“等高线”前后效果对比

- “纹理”：选择“纹理”选项后，其右侧将显示纹理的参数设置区。选择不同的图案可以制作出具有纹理填充的浮雕效果，并且可以设置纹理的缩放和深度。应用“纹理”前后效果对比如图7.99所示。

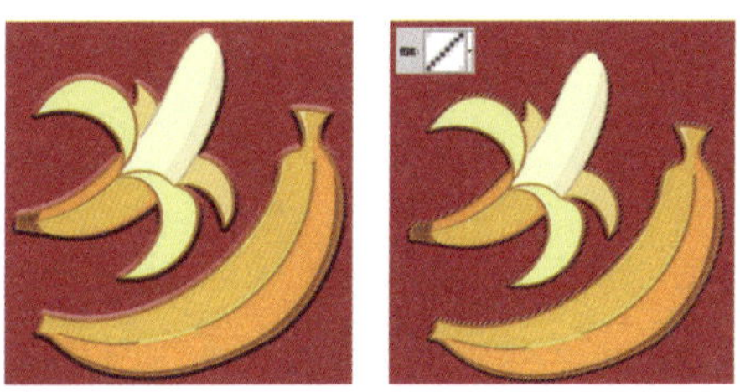

图7.99 应用“纹理”前后效果对比

7.6.5 光泽

“光泽”选项可以在图像内部产生类似光泽的效果。选择此选项后，由于该参数区中的参数与前面讲过的参数相似，这里不再赘述。为图像设置光泽效果对比如图7.100所示。

图7.100 为图像设置光泽效果对比

7.6.6 颜色叠加

利用“颜色叠加”选项可以在图层内容上填充一种纯色，与使用“填充”命令填充前景色功能相似，不过更方便，可以随意更改填充的颜色，还可以修改填充的混合模式和不透明度，选择该选项后，右侧将显示颜色叠加的参数。应用颜色叠加的前后效果及参数设置如图7.101所示。

图7.101 应用颜色叠加的前后效果及参数设置

7.6.7 渐变叠加

利用“渐变叠加”可以在图层内容上填充一种渐变颜色。此图层样式与在图层中填充渐变颜色功能相似，与建立一个渐变填充图层用法类似，选择该选项后参数效果如图7.102所示。

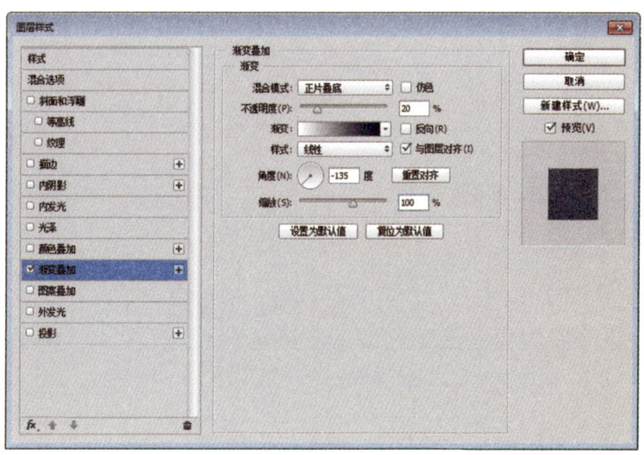

图7.102 “图层样式”|“渐变叠加”对话框

“图层样式”|“渐变叠加”对话框中各选项的含义

说明如下。

- “样式”：设置渐变填充的样式。从右侧的渐变选项面板中，可以选择一种渐变样式，包括“线性”“径向”“角度”“对称的”和“菱形”5种不同的渐变样式，选择不同的选项可以产生不同的渐变效果，具体使用方法与渐变填充用法相同。
- “与图层对齐”：勾选该复选框，将以图形为中心应用渐变叠加效果；不勾选该复选框，将以图形所在的画布大小为填充中心应用渐变叠加效果。
- “角度”：拖动或直接输入数值，可以改变渐变的角度。
- “缩放”：用来控制渐变颜色间的混合过渡程度。值越大，颜色过渡越平滑；值越小，颜色过渡越生硬。

原图与图像应用不同“渐变叠加”效果的前后对比如图7.103所示。

图7.103 原图与添加“渐变叠加”后的图像效果

7.6.8 图案叠加

利用“图案叠加”可以在图层内容上填充一种图案。此图层样式与使用“填充”命令填充图案相同，与建立一个图案填充图层用法类似，选择该选项后参数效果如图7.104所示。

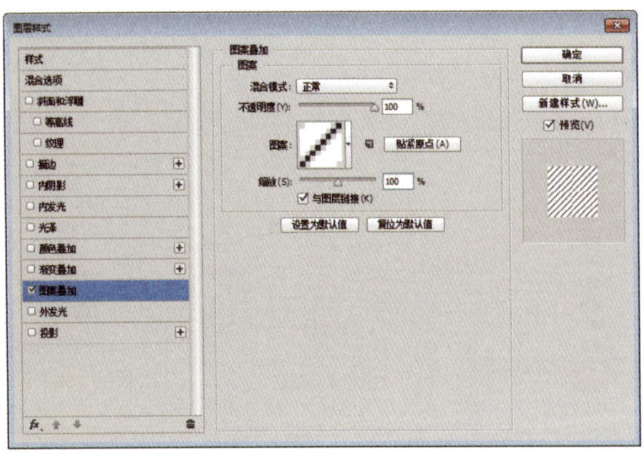

图7.104 “图层样式”|“图案叠加”对话框

“图层样式”|“图案叠加”对话框中各选项的含义说明如下。

- “图案”：单击“图案”右侧的▨区域，将弹出图案选项面板，从该面板中可以选择用于叠加的图案。
- “从当前图案创建新的预设”▣：单击此按钮，可以将当前图案创建成一个新的预设图案，并存放在“图案”选项面板中。
- “贴紧原点”：单击此按钮，可以以当前图像左上角为原点，将图案贴紧左上角原点对齐。
- “缩放”：设置图案的缩放比例。取值范围为1~1000%，值越大，图案也越大；值越小，图案越小。
- “与图层链接”：勾选该复选框，以当前图形为原点定位图案的原点；如果取消该复选框，则将以图形所在的画布左上角定位图案的原点。

原图与图像应用“图案叠加”效果的前后对比，如图7.105所示。

图7.105 原图与应用“图案叠加”效果的前后对比

7.6.9 描边

可以使用颜色、渐变或图案为当前图形描绘一个边缘。此图层样式与使用“编辑”|“描边”命令相似。选择该选项后，参数效果如图7.106所示。

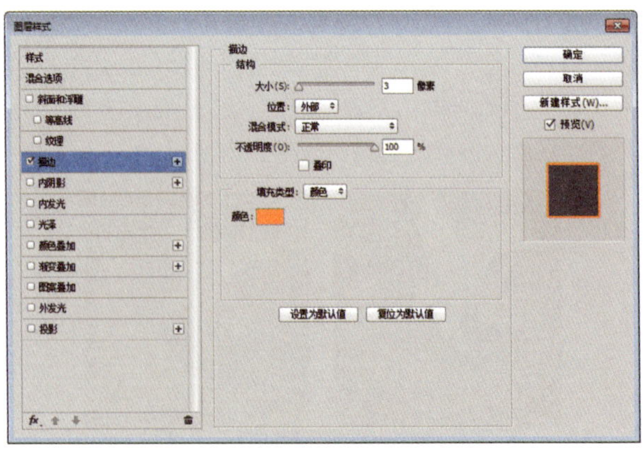

图7.106 “图层样式”|“描边”对话框

“图层样式”|“描边”对话框中各选项的含义说明如下。

- “大小”：设置描边的粗细程度。值越大，描绘的边缘越粗；值越小，描绘的边缘越细。
- “位置”：设置描边相对于当前图形的位置，右侧的下拉列表中供选择的选项包括外部、内部和居中3个选项。

- “填充类型”：设置描边的填充样式。右侧的下拉列表中供选择的选项包括颜色、渐变和图案3个选项。
- “颜色”：设置描边的颜色。此项根据选择“填充类型”的不同，会产生不同的变化。

原图与图像应用不同“描边”效果的前后对比，如图7.107所示。

图7.107　原图与应用不同“描边”效果的前后对比

7.7 编辑图层样式

创建完图层样式后，可以对图层样式进行详细的编辑，比如快速复制图层样式，修改图层样式的参数，删除不需要的图层样式或隐藏与显示图层样式。

7.7.1 更改图层样式

为图层添加图层样式后，如果对其中的效果不满意，可以再次修改图层样式。在“图层”面板中，双击要修改样式的名称，比如“投影”，双击“投影”样式后，将打开“图层样式”|“投影”对话框，可以对“投影”的参数进行修改，修改完成后，单击“确定”按钮即可。修改图层样式的操作效果如图7.108所示。

图7.108　修改图层样式的操作

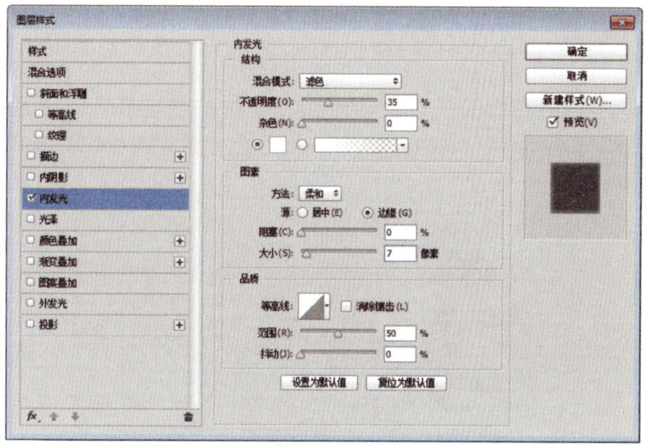

图7.108　修改图层样式的操作（续）

> **提示**
>
> 应用图层样式后，在“图层”面板中当前选择的图层的右侧会出现一个 *fx* 图标，双击该图标，打开“图层样式”对话框，这时可修改图层样式的参数设置。

7.7.2 使用命令复制图层样式

在设计过程中，有时可能会出现多个图像应用相同样式的情况，在这种情况下，如果单独为各个图层添加样式并修改相同的参数就显得相当麻烦，而这时就可以应用复制图层样式的方法，快速将应用相同样式的图层应用相同的样式。

要使用命令复制图层样式，具体的操作方法如下。

01 执行菜单栏中的“文件”|“打开”命令，打开“图层样式.psd”文件。

02 在“图层”面板中，选择包含要复制样式的图层如图7.109所示，然后执行菜单栏中的“图层”|“图层样式”|“拷贝图层样式”命令。

图7.109　选择花生图层

03 在“图层”面板中，选择要应用相同样式的目标图

层，如“笨瓜”图层。然后执行菜单栏中的“图层”|“图层样式”|“粘贴图层样式”命令，即可将样式应用在选择的图层上。使用命令复制图层样式的前后对比效果如图7.110所示。

图7.110 粘贴图层样式

7.7.3 通过拖动复制图层样式

除了使用菜单命令复制图层样式外，还可以在“图层”面板中，通过拖动来复制图层样式，或直接将效果从“图层”面板中拖动到图像，也可以复制图层样式，具体的操作方法讲解如下。

01 执行菜单栏中的“文件”|“打开”命令，打开“复制图层样式.psd”文件。

02 在“图层”面板中，按住Alt键将“蓝象”图层的描边样式拖动到“粉象”图层上。释放鼠标左键即可完成图层样式的复制，拖动法复制图层样式的操作效果如图7.111所示。

> **提示**
>
> 在“图层”面板中，如果拖动效果到其他图层时不按住Alt键，则会将原图层中的样式应用到目标图层上，而原图层的样式将被移走。

图7.111 拖动法复制图层样式的操作效果

图7.111 拖动法复制图层样式的操作效果（续）

> **技巧**
>
> 复制图层样式，还可以将一个或多图图层的效果，从“图层”面板中，直接拖动到文档的图像上，以应用图层样式，图层样式将应用于鼠标放置点处的最上层图像上。

7.7.4 缩放图层样式

利用“缩放”效果命令，可以对图层的样式效果进行缩放，而不会对应用图层样式的图像进行缩放。具体的操作方法如下。

01 在“图层”面板中，选择一个应用了样式的图层，然后执行菜单栏中的“图层”|“图层样式”|“缩放效果”命令，打开“缩放图层效果”对话框，如图7.112所示。

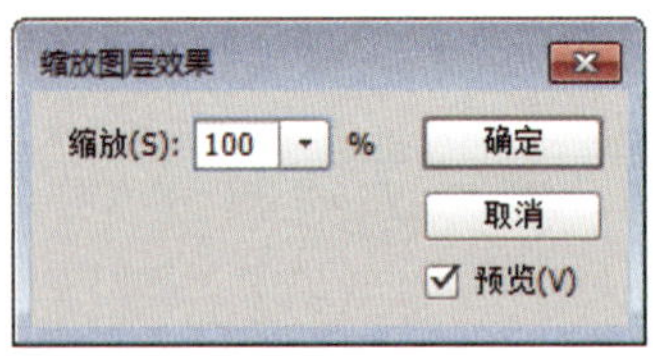

图7.112 “缩放图层效果”对话框

02 在“缩放图层效果”对话框中，输入一个百分比或拖动滑块修改缩放图层效果，如果勾选了“预览”复选框，可以在文档中直接预览到修改的效果。设置完成后，单击“确定”按钮，即可完成缩放图层效果的操作。

技术延伸 隐藏与显示图层样式

为了便于设计人员查看添加或不添加样式的前后效果对比，Photoshop为用户提供了隐藏或显示图层样式的方法。不但可以隐藏或显示所有的图层样式，还可以隐藏或显示指定的图层样式，具体的操作如下。

- 如果想隐藏或显示图层中的所有图层样式，可以在该图层样式的“效果”左侧单击，当眼睛图标显示时，表示显示所有图层样式；当眼睛图标消失时，表示隐藏所有图层样式。

- 如果想隐藏或显示图层中指定的样式，可以在该图层样式的指定样式名称左侧单击，当眼睛图标显示时，表示显示该图层样式；当眼睛图标消失时，表示隐藏该图层样式。原图、隐藏所有图层样式和隐藏指定图层样式效果如图7.113所示。

图7.113 原图、隐藏所有样式和隐藏指定样式

7.7.5 删除图层样式

创建的图层样式不需要时，可以将其删除。删除图层样式时，可以删除单一的图层样式，也可以从图层中删除整个图层样式。

1. 删除单一图层样式

要删除单一的图层样式，可以执行如下操作。

01 在“图层”面板中，确认展开图层样式。

02 将需要删除的某个图层样式，拖动到“图层”面板底部的“删除图层”按钮上，即可将单一的图层样式删除。删除单一图层样式的操作效果如图7.114所示。

图7.114 删除单一图层样式的操作效果

2. 删除整个图层样式

要删除整个图层样式，在“图层”面板中，选择包含要删除样式的图层，然后可以执行下列操作之一。

- 在“图层”面板中，将“效果”栏拖动到“删除图层”按钮上，即可将整个图层样式删除。删除操作效果如图7.115所示。

图7.115 拖动删除整个图层样式操作效果

> **技巧**
>
> 执行菜单栏中的“图层”|“图层样式”|“清除图层样式”命令，可以快速清除当前图层的所有图层样式。

7.7.6 将图层样式转换为图层

创建图层样式后，只能通过“图层样式”对话框对样式进行修改，却不能对样式使用其他的操作，比如使用滤镜功能，这时就可以将图层样式转换为图像图层，以便对样式进行更加丰富的效果处理。

> **提示**
>
> 图层样式一旦转换为图像图层，就不能再像编辑原图层上的图层样式那样进行编辑，而且更改原图像图层时，图层样式将不再更新。

要将图层样式创建图层，操作方法非常简单。

01 执行菜单栏中的“文件”|“打开”命令，打开“创建图层.psd”文件。

02 在“图层”面板中，选择包含图层样式的“小动物”图层。

03 执行菜单栏中的“图层”|“图层样式”|“创建图层”命令，即可将图层样式转换为图层。转换完成后，在“图层”面板中将显示出样式效果所产生的新图层。可以用处理基本图层的方法编辑新图层。创建图层的操作效果如图7.116所示。

图7.116 创建图层的操作效果

> **提示**
>
> 创建图层后产生的图层有时可能不能生成与图层样式完全相同的效果，创建新图层时可能会看到警告，直接单击“确定”按钮就可以了。

7.7.7 实战案例：利用图层样式打造花朵雕刻效果

- **素材位置** | 素材文件\第7章\花朵.psd
- **案例位置** | 案例文件\第7章\利用图层样式打造花朵雕刻效果.psd
- **视频位置** | 多媒体教学\7.7.7 实战案例 利用图层样式打造花朵雕刻效果.avi
- **难易指数** | ★★☆☆☆

本例讲解利用图层样式打造木雕效果的制作。最终效果如图7.117所示。

图7.117 花朵木雕最终效果

操作步骤

01 执行菜单栏中的“文件”|“新建”命令，打开“新建”对话框，设置“宽度”为640像素，“高度”为480像素，“分辨率”为300像素/英寸，“颜色模式”为RGB颜色，“背景内容”设置为白色的画布，如图7.118所示。

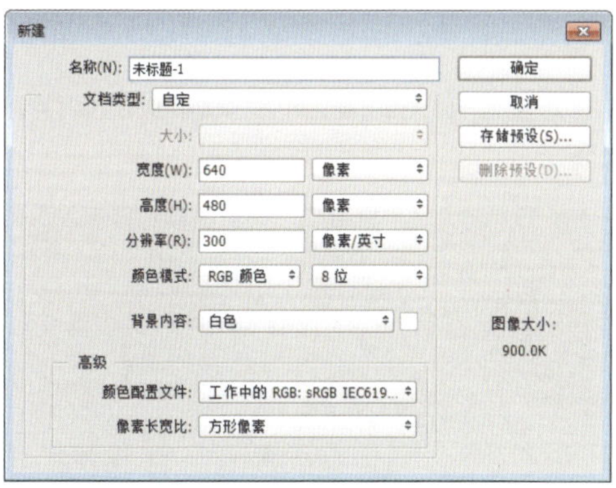

图7.118 新建文件

02 设置前景色为浅黄色（R：187，G：166，B：103），将背景色设置为咖啡色（R：93，G：56，B：25）。执行菜单栏中的“滤镜”|“渲染”|“纤维”命令，打开“纤维”对话框，设置“差异”的值为9，“强度”的值为24，单击“确定”按钮确认，如图7.119所示。

03 执行菜单栏中的“文件”|“打开”命令，打开“花朵.psd”图片。使用“移动工具”，将其拖动到新建的画布中。

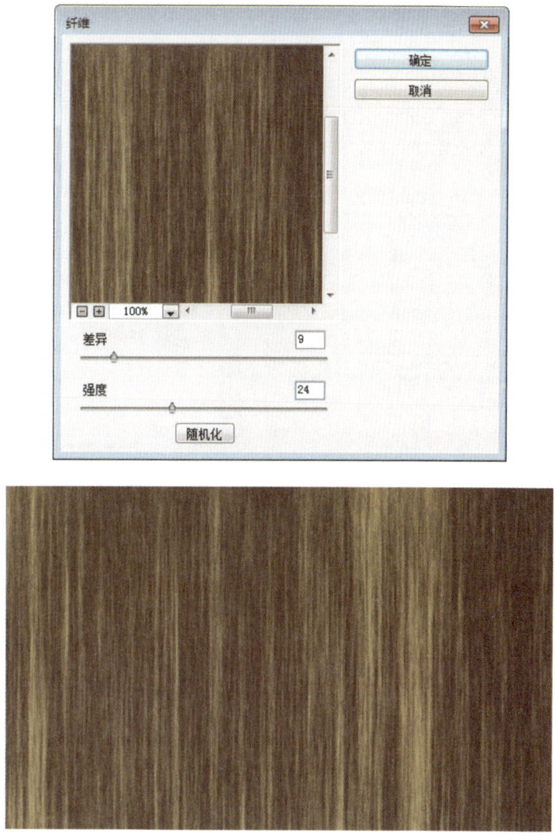

图7.119 “纤维”滤镜与效果

04 将背景层拖动到“图层”面板下方的“创建新图层”按钮上，将背景图层复制一份。然后按Ctrl键在“花朵”层的图层缩览图上单击载入选区，如图7.120所示。选中“背景 拷贝”层，按Delete键将其删除，并将“花朵”图层删除，如图7.121所示。

图7.120 载入选区

图7.121 删除图层

05 在“图层”面板中，选中“背景拷贝”层单击“图层”面板下方的“添加图层样式”fx按钮，在弹出的菜单栏中选择“投影”命令。打开“图层样式”|“投影”对话框，设置“距离”为2像素，“大小”为10像素，如图7.122所示。

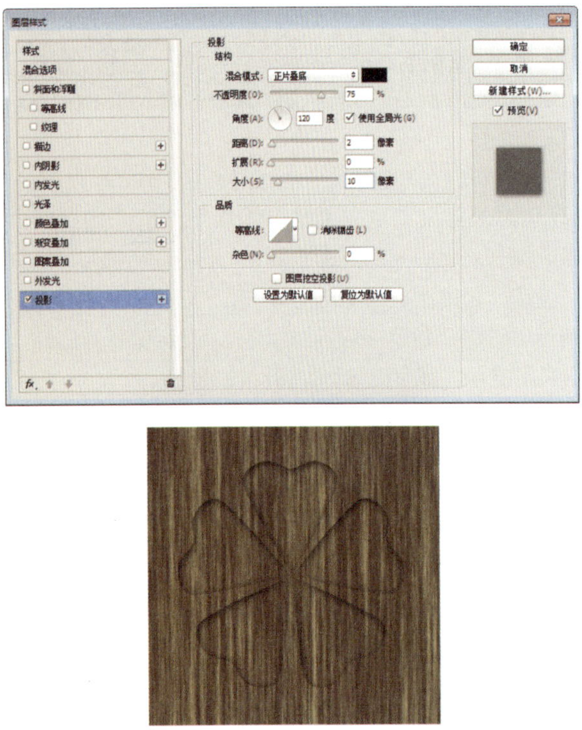

图7.122 “投影”设置与效果

06 勾选“斜面和浮雕”复选框，设置“深度”为217%，“大小”为2像素，单击“确定”按钮确认，如图7.123所示。

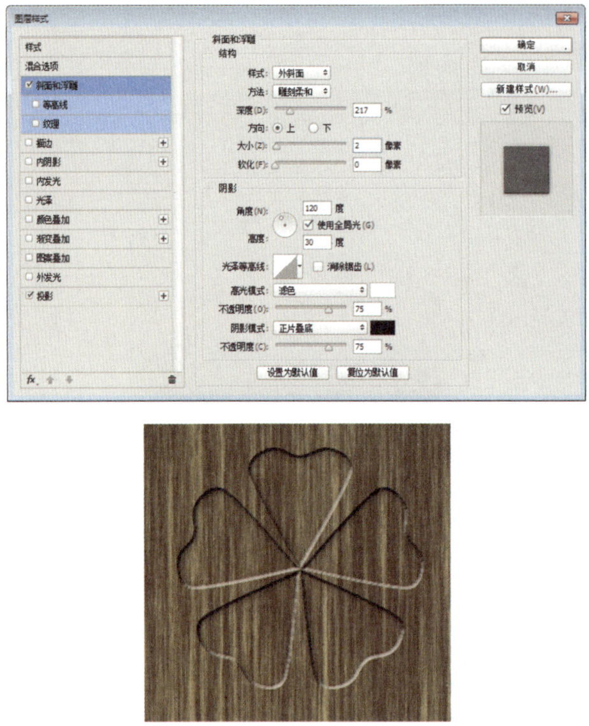

图7.123 “投影”设置与效果

07 最后再配上相关的装饰，完成本例的制作，如图7.124所示。

图7.124 花朵木雕完成效果

第08章

通道和蒙版操作

内容摘要

通道和蒙版是Photoshop中的又一重要命令，Photoshop中的每一幅图像都需要通过若干通道来存储图像中的色彩信息。本章首先介绍了通道和蒙版的基本概念；然后讲解通道面板的使用、蒙版的创建、图层蒙版的操作；最后介绍了通道、选区和蒙版的综合应用以及如何使用“通道”面板并进行通道运算。通过本章的学习，读者应该能够掌握如何使用通道和蒙版功能来保存和应用选区并保护图像。

教学目标

了解通道和蒙版的基础知识
学习通道面板的控制
学习通道的创建、复制与删除
掌握快速蒙版的创建及使用方法
掌握存储选区和载入选区的方法

8.1 通道

通道是存储不同类型信息的灰度图像。每个颜色通道对应图像中的一种颜色。不同的颜色模式图像所显示的通道也不相同。

8.1.1 关于通道

通道主要分为颜色通道、Alpha通道和专色通道。

- 颜色通道：它是在打开新图像时自动创建的。图像的颜色模式决定了所创建的颜色通道的数目。例如，CMYK图像的每种颜色青色、洋红、黄色和黑色都有一个通道，并且还有一个用于编辑图像的复合CMYK通道。
- Alpha 通道：主要用来存储选区的，它将选区存储为灰度图像。可以添加 Alpha 通道来创建和存储蒙版，这些蒙版用于处理或保护图像的某些部分。
- 专色通道：专色通道是一种预先混合的色彩，当需要在部分图像上打印一种或两种颜色时，常常使用专色通道。专色通道常用除CMYK色外的第5色，为徽标或文本添加引人注目的效果。通常，首先从PANTONE或TRUMATCH色样中选择出专色通道，作为一种匹配和预测色彩打印效果的方式。由PANTONE、TRUMATCH和其他公司创建的色彩可以在Photoshop的自定颜色面板中找到。选择Photoshop拾色器中的“颜色库”可访问该面板。

8.1.2 认识“通道”面板

应用通道时，主要通过“通道”面板中的相关命令和按钮来完成。“通道”面板列出图像中的所有通道，对于RGB、CMYK和Lab图像，将最先列出复合通道。通道内容的缩览图显示在通道名称的左侧；在编辑通道时会自动更新缩览图。

执行菜单栏中的“窗口”|“通道”命令，即可打开如图8.1所示的“通道”面板，通过该面板可以完成通道的新建、复制、删除、分离和合并等通道操作。

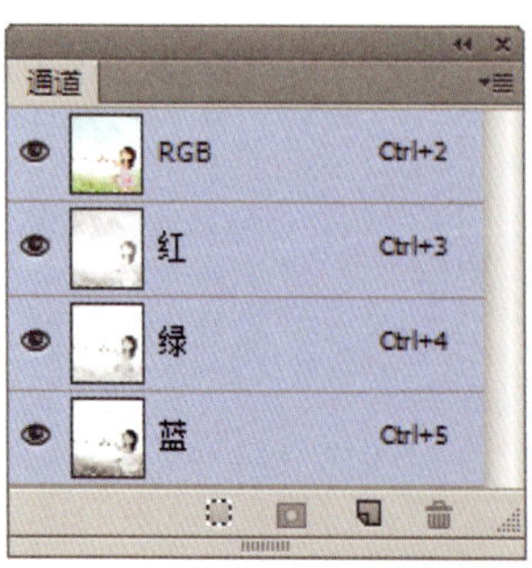

图8.1 “通道”面板

“通道”面板中各项含义说明如下。

- 通道菜单按钮：单击该按钮，可以打开通道菜单，它几乎包含了所有通道操作的命令。
- “指示通道可见性”：控制显示或隐藏当前通道，只需单击该区域即可，当眼睛图标显示时，表示显示当前通道；当眼睛图标消失时，表示隐藏当前通道。
- “通道缩览图”：显示当前通道的内容，可以通过缩览图查看每一个通道的内容。并可以选择“通道”面板菜单中的“面板选项”命令，可以打开“通道面板选项”对话框来修改缩览图的大小。
- “通道名称”：显示通道的名称。除新建的Alpha通道外，其他的通道是不能重命名的。在新建Alpha通道时，如果不为新通道命名，系统将会自动给它命名为Alpha1、Alpha2……
- “将通道作为选区载入”：单击该按钮，可以将当前通道作为选区载入。白色为选区部分，黑色为非选区部分，灰色表示部分被选中。该功能与菜单栏中的“选择”|“载入选区”命令功能相同。
- “将选区存储为通道”：单击该按钮，可以将当前图像中的选区以蒙版的形式保存到一个新增的Alpha通道中。
- “创建新通道”：单击该按钮，可以在“通道”面板中创建一个新的Alpha通道；若将“通道”面板中已存在的通道直接拖动到该按钮上并释放鼠标左键，可为通道创建一个复制通道。
- “删除当前通道”：单击该按钮，可以删除当前选择的通道；如果拖动选择的通道到该按钮上并释放鼠标左键，也可以删除选择的通道。

> **提示**
>
> 一个图像最多包含 56 个通道。要想保存通道，需要支持的格式才可以，如 psd、PDF、TIFF、Raw 或 PICT。如果想保存专色通道，则需要使用 DCS 2.0 EPS 才可以。

8.2 通道的基本操作

要想利用通道完成图像的编辑操作，就需要学习通道的基本操作方法，比如新建通道、复制通道、删除通道、分离通道和合并通道等。

在对通道进行操作时，可以对各原色通道进行亮度和对比度的调整，甚至可以单独为某一单色通道添加滤镜效果，这样，可以制作出很多特殊的效果。

8.2.1 创建通道

在“通道”面板菜单中，选择“新建通道”命令，或直接单击“通道”面板下方的“创建新通道”按钮，打开“新建通道”对话框，如图8.2所示，可以在“名称”文本框中，设置新通道的名称，若不输入，则Photoshop会自动按顺序命名为Alpha 1，Alpha 2……

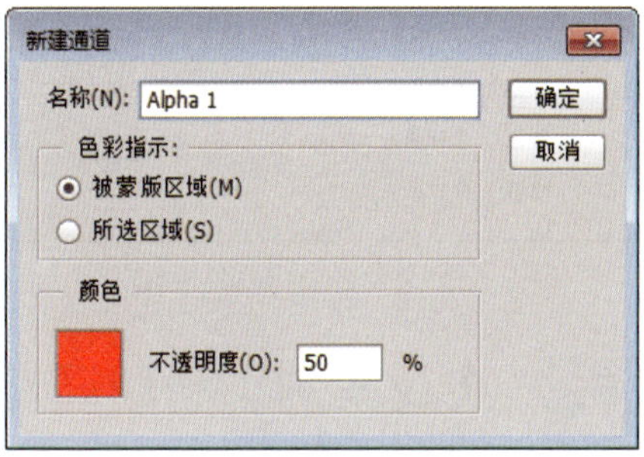

图8.2 “新建通道”对话框

- “名称”：在右侧的文本框中输入通道的名称，如果不输入，Photoshop会自动按顺序命名为Alpha 1，Alpha 2……
- “被蒙版区域”：选择该单选框，可以使新建的通道中，被蒙版区域显示为黑色，选择区域显示为白色。
- “所选区域”：使用方法与“被蒙版区域”正好相反。选择该单选框，可以使新建的通道中，被蒙版区域显示为白色，选择区域显示为黑色。
- “颜色”：单击右侧的颜色块，可以打开“选择通道颜色”对话框，可以在该对话框中选择通道显示的颜色，也可以单击右侧的“颜色库”按钮，打开“颜色库”对话框来设置通道显示颜色。
- “不透明度”：在该文本框输入一个数值，通过它可以设置蒙版颜色的不透明度。

提示

在专色通道中，也可以按照编辑 Alpha 通道的方法对其进行编辑。

8.2.2 复制通道

在“通道”面板中，单击选择要复制的Alpha通道后，按住鼠标左键将该通道拖动到面板下方的“创建新通道”按钮上，然后释放鼠标左键即可复制一个通道，默认的复制通道的名称为“原通道名称 + 拷贝”，拖动法复制通道的操作效果如图8.3所示。

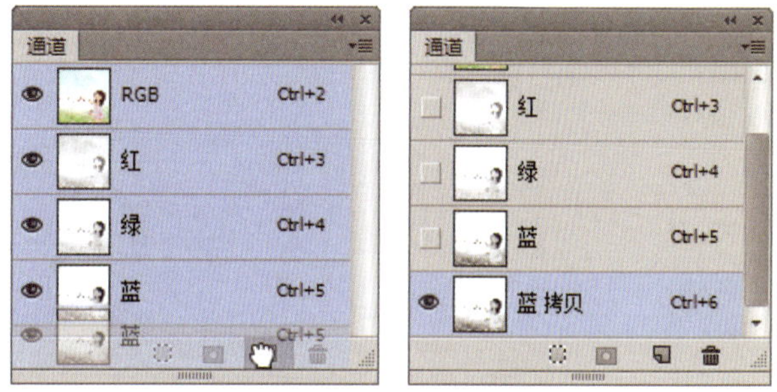

图8.3 拖动复制通道的操作效果

提示

使用拖动法复制通道，一次可以拖动一个或多个通道进行复制。

8.2.3 删除通道

在“通道”面板中，选择要删除的通道后，将其拖动到“通道”面板下方的“删除当前通道”按钮上，释放鼠标左键即可将该通道删除。删除通道的操作效果如图8.4所示。

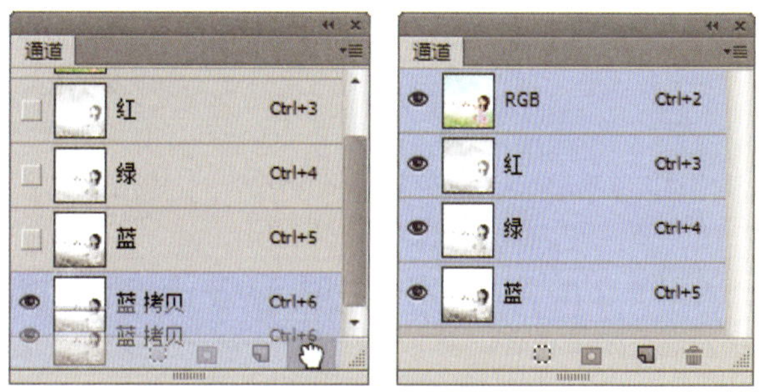

图8.4 删除通道的操作效果

提示

使用拖动法删除通道，一次可以拖动一个或多个通道进行删除。删除通道还可以从“通道”面板菜单中选择“删除通道”命令；单击面板底部的“删除当前通道”图标，然后单击“是”按钮。

8.2.4 分离通道

当需要在不能保留通道的文件格式中保留单个通道信息时，分离通道非常有用。使用“通道”面板菜单中的“分离通道”命令后，可以将各个通道以单独文档窗口的形式分离出来，而且这些图像都以灰度图的形式显示，原文档窗口将关闭。新文档窗口中名称将以原文档名称加通道的名称缩写来显示。

确定一个要分离的图像后，在“通道”面板菜单中选择“分离通道”命令，即可将图像通道分离出来，原图像和通道效果及分离后的通道效果如图8.5所示。

原图像

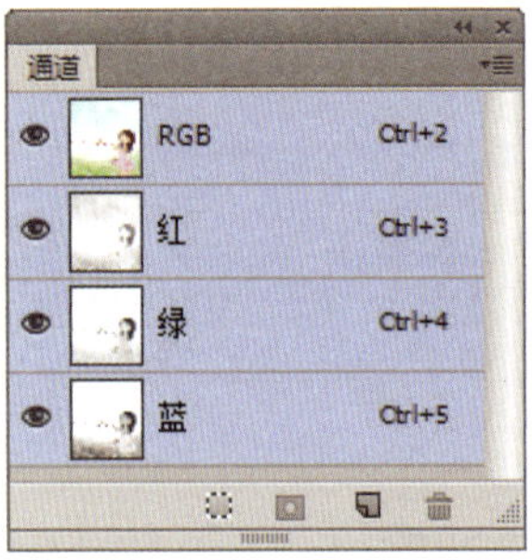

通道效果

R通道

G通道

B通道

图8.5 原图像和通道效果及分离后的通道效果

8.2.5 合并通道

合并通道可以将分离的通道再合并成一个图像。它可以将多个灰度图像合并成一个图像，不过要注意所有需要合并的灰度图像都要具有相同的尺寸并处于打开状态。

在合并通道时，还要注意通道的模式，不同模式分离出来的通道是不能混合合并的，比如从CMYK模式中分离出来的图像不能合并到RGB模式的图像中。合并通道的操作方法如下。

01 确认要合并的通道图像处于打开状态，并使其中一个图像为当前图像。然后在“通道”面板菜单中，选择“合并通道”命令。

02 选择“合并通道”命令后，打开如图8.6所示的“合并通道”对话框，在“模式”下拉列表中，选择需要合并的模式，在“通道”中指定要合并的通道数。

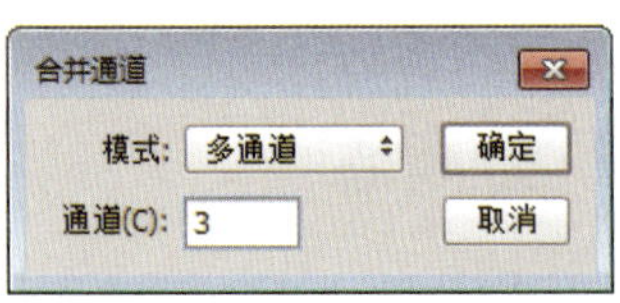

图8.6 “合并通道”对话框

“合并通道”对话框中各选项的含义说明如下。

- “模式”：从右侧的下拉列表中，选择合并的通道模式。包括RGB颜色、CMYK颜色、Lab颜色和多通道4种颜色模式。
- “通道”：用来指定合并的通道数。该项只在多通道时使用，如果要合并的图像中带有Alpha通道或专色通道，可以使用多通道模式来指定多个通道。

03 设置好“合并通道”参数后，单击“确定”按钮，打开如图8.7所示的“合并多通道”对话框，可以从不同通道右侧的下拉列表中，指定当前通道的文档图像。

04 指定通道后，单击“确定”按钮，即可将指定的通道合并成一个新的图像。

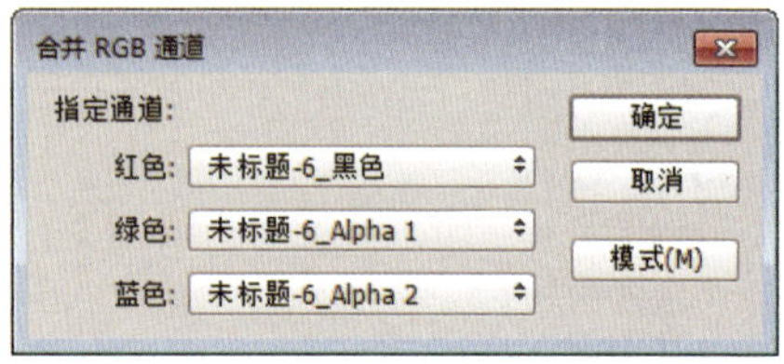

图8.7 “合并RGB通道”对话框

8.2.6 实战案例：利用通道打造梦幻浅色调

- **素材位置** | 素材文件\第8章\牵牛花.jpg
- **案例位置** | 案例文件\第8章\利用通道打造梦幻浅色调.psd
- **视频位置** | 多媒体教学\8.2.6 实战案例 利用通道打造梦幻浅色调.avi
- **难易指数** | ★☆☆☆☆

本例讲解利用通道打造梦幻浅色调的制作。最终效果如图8.8所示。

图8.8 最终效果

操作步骤

01 执行菜单栏中的“文件”|“打开”命令，打开“牵牛花.jpg”文件，如图8.9所示。

02 执行菜单栏中的“窗口”|“通道”命令，打开“通道”面板，在“通道”面板中，单击“红”通道将其选中，如图8.10所示。

03 执行菜单栏中的“选择”|“全选”命令，将“红”通道中的图像选中，按Ctrl + C组合键，将其复制；如图8.11所示。在“通道”面板中，单击选择“蓝”通

道，按Ctrl + V 组合键，将刚才复制的“红”通道图像粘贴到“蓝”通道中，如图8.12所示。

图8.9 打开文件

图8.10 选择红通道

图8.11 复制红通道

图8.12 粘贴至蓝通道

04 在“通道”面板中，单击RGB通道，退出通道模式返回正常，如图8.13所示。最后再配上相关的装饰，完成本例的制作，如图8.14所示。

图8.13 退出通道模式

图8.14 完成效果

8.3 使用蒙版和存储选区

蒙版的使用与选区的存储是Photoshop中非常重要的部分。在进行复杂的图像编辑时使用蒙版，可以隔离并保护图像的其余部分。利用存储选区可以创建蒙版，当然，利用蒙版也可以创建选区。

8.3.1 创建快速蒙版

一般使用“快速蒙版”模式都是从选区开始，然后从中添加或减去选区，以建立蒙版。也可以完全在快速蒙版模式下创建蒙版。受保护区域和未受保护区域以不同颜色进行区分。当离开“快速蒙版”模式时，未受保护区域成为选区。

创建快速蒙版的操作方法很简单，快速蒙版的具体创建过程，可以通过下面的步骤进行操作。

01 使用任意选区工具,选择要更改的图像部分，如图8.15所示。

02 单击工具箱底部的“以快速蒙版模式编辑”按钮，如图8.16所示。

图8.15 选择区域

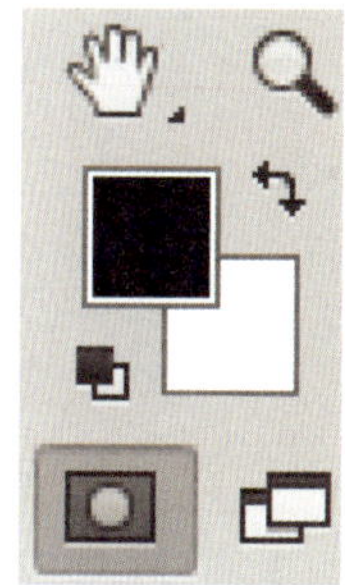

图8.16 以快速蒙版模式编辑

03 进入快速蒙版编辑模式，即可创建快速蒙版。默认状态下，在图像上红色半透明区域代表被保护的区域，为非选区区域；非红色半透明的区域为最初的选区，如图8.17所示。并在“通道”面板中，创建一个新的“快速蒙版”通道，在通道缩览图中，白色的部分为选中的图像，黑色的部分为未选中的图像，如图8.18所示。

图8.17 快速蒙版效果

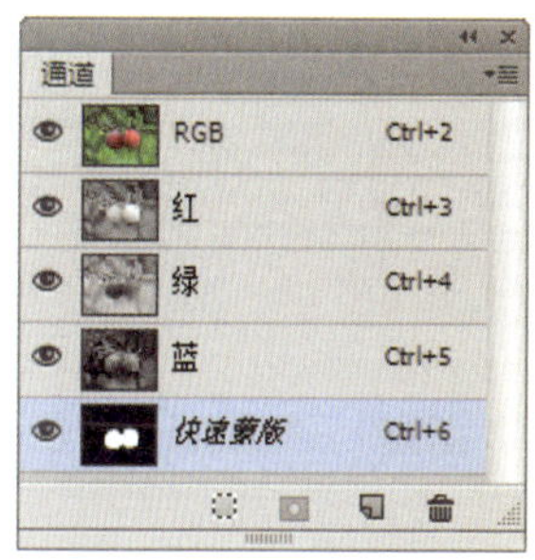

图8.18 “通道”面板

提示

在“通道”面板中添加了快速蒙版通道后，其左侧的眼睛图标显示出来并选择了当前通道，表示快速蒙版通道处于编辑状态，也就是常说的目标通道。默认情况下，“快速蒙版”模式会用红色、50% 不透明的叠加为受保护区域着色。

8.3.2 编辑快速蒙版

使用快速蒙版的最大优点，就是可以通过绘图工具进行调整，以便在快速蒙版中创建复杂的选区。编辑快速蒙版时，可以使用黑、白或灰色等颜色来编辑蒙版选区效果。一般常用修改蒙版的工具为画笔工具和橡皮工具。下面来讲解使用这些工具的方法。

- 将前景色设置为黑色，使用“画笔工具”在非保护区（即选择区域）上拖动，可以增加更多的保护区，即减少选择区域，如图8.19所示。而此时如果使用的是“橡皮擦工具”，则操作正好相反。

图8.19 减少选区效果

- 将前景色设置为白色，使用“画笔工具”在保护区上拖动，可以减少保护区，即增加选择区域，如图8.20所示。而此时如果使用的是“橡皮擦工具”，则操作正好相反。

图8.20 增加选区效果

- 如果将前景色用灰色或其他颜色绘画可创建半透明区域，这对羽化或消除锯齿效果有用。使用“画笔工具”在图像中拖动时，Photoshop 将根据灰度级别的不同产生带有柔化效果的选区，如果将这种选区填充，将根据灰度级别出现半透明效果，如图8.21所示。而此时如果使用的是“橡皮擦工具”，则不管灰度级别，都将增加选择区域。

提示

在工具箱中，双击“以快速蒙版模式编辑”按钮，或在“通道”面板菜单中，选择“快速蒙版选项”命令，将打开“快速蒙版选项”对话框，对蒙版的保护区域及颜色进行设置。

图8.21 使用灰色拖动并填充白色的效果

8.3.3 实战案例：存储选区

- **素材位置** | 无
- **案例位置** | 无
- **视频位置** | 多媒体教学\8.3.3 实战案例 存储选区.avi
- **难易指数** | ★☆☆☆☆

存储选区其实就是将选区存储起来，以备后面的调用或运算使用，存储的选区将以通道的形式保存在“通道”面板中，可以像使用通道那样来调用选区。

操作步骤

01 当在图像中建立好一个选区后，执行菜单栏中的“选择”|“存储选区”命令，打开“存储选区”对话框，如图8.22所示。

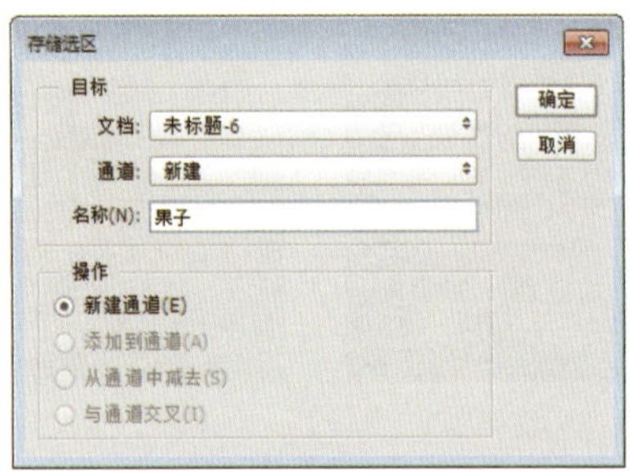

图8.22 “存储选区”对话框

“存储选区”对话框中各选项的含义说明如下。

- “文档”：该下拉列表用来指定保存选区范围时的文件位置，默认为当前图像文件，也可以选择“新建”命令创建一个新图像窗口来保存。
- “通道”：在该下拉列表中可以为当前选区指定一个目标通道。默认情况下，选区会被存储在一个新通道中。如果当前文档中有选区，也可以选择一个原有的通道，以进行操作运算。
- “名称”：用于设置新通道的名称。
- “操作”：在该选项区中可以设定保存时的选区和其他原有选区之间的操作关系，选择“新建通道”选项新载入的通道代替原有通道；选择“添加到通道”将新载入的通道加入到原有通道中；选择“从通道中减去”将新载入通道和原有通道的重合部分从通道中删除；选择“与通道交叉”将新载入通道与原有通道交叉叠加。

02 在存储选区对话框中包含有“目标”和“操作”两个选项。在“目标”项中包含有“文档”“通道”和“名称”；在“操作”项中可指定“新建通道”“添加到通道”“从通道中减去”和“与通道交叉”选项。

03 设定完各项设置以后，单击“确定”按钮即可将选区存储起来。选区存储前后的“通道”面板效果如图8.23所示。

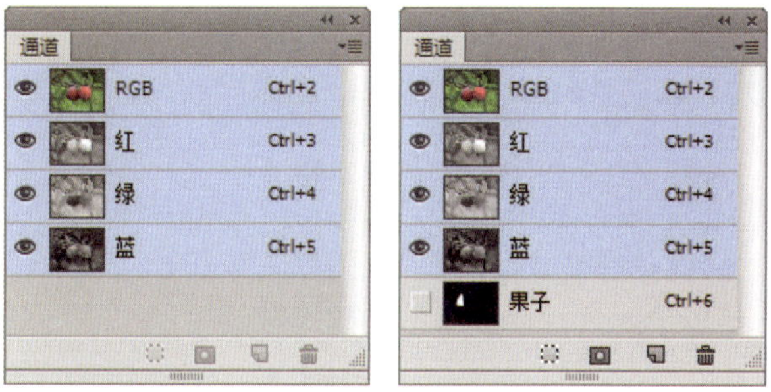

图8.23 选区存储前后的“通道”面板效果

8.3.4 实战案例：载入选区

- **素材位置** | 无
- **案例位置** | 无
- **视频位置** | 多媒体教学\8.3.4 实战案例 载入选区.avi
- **难易指数** | ★☆☆☆☆

将选区存储以后，如果想重新使用存储后的选区，就需要将选区载入，本例讲解选区的载入方法。

操作步骤

01 执行菜单栏中的“选择”|“载入选区”命令，打开如图8.24所示的“载入选区”对话框。

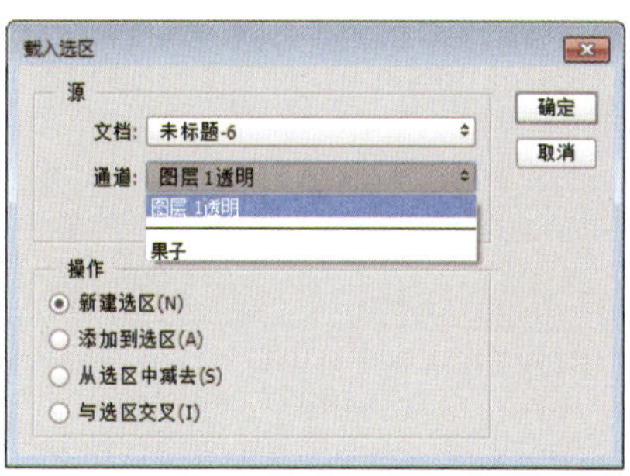

图8.24 “载入选区”对话框

“载入选区”对话框中各选项的含义说明如下。

- “文档”：该下拉列表中指定载入选区范围的文档名称。
- “通道”：在该下拉列表中指定要载入选区的目标通道。
- “反相”：勾选该复选框，可以将选区反选。
- “操作”：设置载入选区时的选区操作。下面的选项除“新建选区”外，要想使用其他的命令，需要保证当前文档窗口中含有其他的选区。选择“新建选区”选项将新载入的选区代替原有选区；选择“添加到选区”将新载入的选区加入到原有选区中；选择“从选区中减去”将新载入选区和原有选区的重合部分从选区中删除；选择“与选区交叉”将新载入选区与原有选区交叉叠加。

> **提示**
>
> “操作”与选区的添加、减去用法非常相似，其应用与前面讲解过的选区的操作相同，详情可参考前面相关内容讲解。

02 在存储选区对话框中包含有“目标”和“操作”两个选项。在“目标”项中包含有“文档”“通道”和“名称”；在“操作”项中可指定“新建通道”“添加到通道”“从通道中减去”和“与通道交叉”选项。

03 各选项设定完毕后，单击“确定”按钮即可将选区载入。

第 09 章

照片修饰与美化工具

内容摘要

本章主要详解了图像的修饰与编修工具的使用，讲解了各种修饰与编修工具，包括照片的修复工具、复制工具，局部修饰及局部调色等，如模糊、锐化、涂抹、减淡、加深和海绵工具。在实际工作过程中这几个工具是非常重要且使用频率极高的工具，灵活掌握其使用方法，可以给图像处理工作带来很大的方便。通过本章的学习，掌握修复工具的使用方法，以便在以后的数码照片编修工作过程中灵活运用。

教学目标

掌握图像修复工具的使用

掌握图像复制工具的使用

掌握图像局部修饰工具的使用

掌握图像局部调色工具的使用

9.1 照片修复工具

修复图像主要使用“污点修复画笔工具”、“修复画笔工具”、“修补工具”、“内容感知移动工具”，和“红眼工具”4种，主要用于对图像的修复与修补。在默认状态下显示的为“污点修复画笔工具”，将光标放置在该工具按钮上，按住鼠标左键稍等片刻或是单击鼠标右键，将显示图像修补工具组，如图9.1所示。

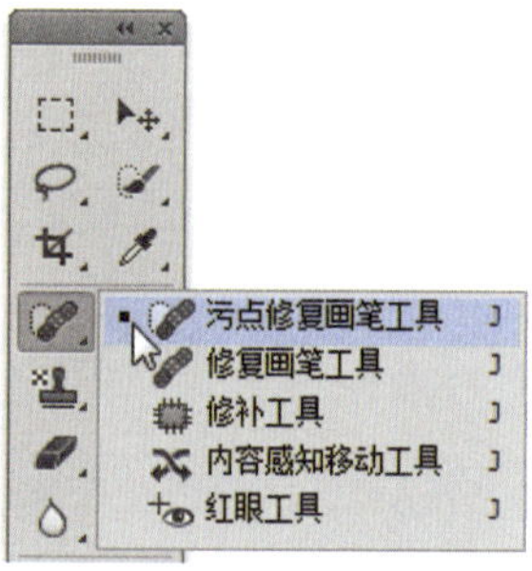

图9.1 图像修补工具组

9.1.1 污点修复画笔工具

“污点修复画笔工具”主要用来修复图像中的污点，一般多用于对小污点的修复，该工具的神奇之处在于，使用该工具在污点上单击或拖动，它可以根据污点周围图像的像素值来自动分析处理，将污点去除，而且将污点位置的图像自动换成与周围图像相似的像素，以达到修复污点的目的。

选择“污点修复画笔工具”后，工具选项栏中的选项如图9.2所示。

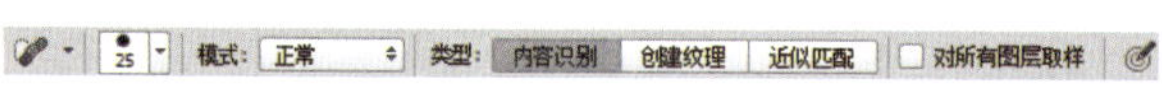

图9.2 污点修复画笔工具选项栏

“污点修复画笔工具”选项栏中各选项的含义说明如下。

- “画笔”：设置污点修复画笔的笔触，如直径、硬度、笔触形状等，与“画笔”工具的应用相同。
- “模式”：设置污点修复画笔绘制时的像素与原来像素之间的混合模式。
- “内容识别”：勾选该单选框，当对图像的某一区域进行污点修复时，软件自动分析周围图像的特点，将图像进行拼接组合，然后填充该区域并进行智能融合，从而达到快速无缝的修复效果。
- “创建纹理”：勾选该单选框，在使用污点修复画笔修改图像时，将在修复污点的同时使图像的对比度加大，以显示出纹理效果。
- “近似匹配”：勾选该单选框，在使用污点修复画笔修改图像时，将根据图像周围像素的相似度进行匹配，以达到修复污点的效果。
- “对所有图层取样”：勾选该复选框，将对所有图层进行取样操作。如果不勾选该复选框，将只对当前图层取样。

“绘图板压力控制大小”：启动该按钮可以模拟绘图板压力控制大小。

9.1.2 实战案例：使用“污点修复画笔工具”去除黑痣

- **素材位置** | 素材文件\第9章\美女.jpg
- **案例位置** | 案例文件\第9章\使用“污点修复画笔工具”去除黑痣.jpg
- **视频位置** | 多媒体教学\9.1.2 实战案例 使用“污点修复画笔工具”去除黑痣.avi
- **难易指数** | ★☆☆☆☆

本例主要讲解使用“污点修复画笔工具”，修复人物面部的黑痣的操作方法和技巧。照片处理前后效果对比如图9.3所示。

图9.3 照片处理前后效果对比

操作步骤

01 执行菜单栏中的“文件” | “打开”命令，打开“美女.jpg”文件，如图9.4所示。从图中可以看到，在人物面部有一些黑痣，这里将使用污点修复画笔将其去除。

图9.4 打开的图像

02 选择工具箱中的“污点修复画笔工具”，如图9.5所示。

图9.5 污点修复画笔工具

03 在工具箱中，单击选择“污点修复画笔工具”，然后在选项栏中，设置“画笔”的大小为20像素，并单击“内容识别”按钮，如图9.6所示。

图9.6 选项栏设置

04 使用“污点修复画笔工具”，在图像中人物黑痣处单击，可以看到单击时产生的黑色区域，如图9.7所示。

图9.7 修复黑痣

05 单击完成后，释放鼠标左键以修复图像，去除后的效果如图9.8所示。

图9.8 修复效果

06 使用同样的方法，将其他黑痣全部去除，完成本实例的制作，最终效果如图9.9所示。

图9.9 最终效果

> **提示**
>
> 用户可以根据需要处理的图像大小调整画笔的大小，如果画笔设置得太大，容易擦除要保留的图像区域，如果设置得大小，则会降低工作的效率。

9.1.3 修复画笔工具

“修复画笔工具”可以将图像中的划痕、污点和斑点等轻松去除。与图章工具所不同的是它可以同时保留图像中的阴影、光照和纹理等效果。并且在修改图像的同时，可以将图像中的阴影、光照和纹理等与源像素进行匹配，以达到精确修复图像的作用。

选择“修复画笔工具”后，工具选项栏中的选项如图9.10所示。

图9.10 修复画笔工具选项栏

“修复画笔工具”选项栏中各选项含义说明如下。

- “画笔”：设置修复画笔工具的笔触，如直径、硬度、笔触形状等，与“画笔”工具的应用相同。

> **提示**
>
> “画笔”选项与绘画工具选项相同。

- “模式”：设置修复画笔工具绘制时的像素与原来像素之间的混合模式。
- “源”：设置用来修复图像的源。勾选“取样”单选按钮，表示使用当前图像中定义的像素修复图像；勾选“图案”单选按钮，则可以从右侧的“图案”拾色器中，选择一个图案来修复图像。
- “对齐”：勾选该复选框，每次单击或拖动修复图像时，都将与第一次单击的点进行对齐操作；如果不勾选该复选框，则每次单击或拖动的起点都是取样时的单击位置。
- “样本”：设置当前取样作用的图层。从右侧的下拉列表中，可以选择“当前图层”“当前和下方图层”和“所有图层”3个选项，并且如果按下右侧的“打开以在修复时忽略调整图层”按钮，可以忽略调整的图层。

9.1.4 实战案例：利用“取样”功能去除人物文身

- **素材位置**｜素材文件\第9章\文身美女.jpg
- **案例位置**｜案例文件\第9章\利用“取样”功能去除人物文身.jpg
- **视频位置**｜多媒体教学\9.1.4 实战案例 利用“取样”功能去除人物文身.avi
- **难易指数**｜★☆☆☆☆

“修复画笔工具”有两种使用方法，即使用取样或图案修复，而取样修复在实际应用中应用最为广泛。本例通过去除人物背部的文身，来讲解取样修复图像的操作方法。照片处理前后效果对比如图9.11所示。

图9.11 照片处理前后效果对比

操作步骤

01 执行菜单栏中的“文件”|“打开”命令，打开“文身美女.jpg”文件，从图中可以看到，在人物的背部有一处文身，如图9.12所示。

图9.12 打开的图像

02 选择工具箱中的“修复画笔工具”，如图9.13所示。

03 在工具选项栏中，设置“模式”为“正常”，单击“取样”按钮，如图9.14所示。

04 单击选项栏中的“点按可打开‘画笔’选取器”按钮，打开“‘画笔’选取器”，设置画笔的“大小”为50像素，“硬度”为100%，如图9.15所示。

图9.13 修复画笔工具

图9.14 设置工具参数

图9.15 取样

技巧

在设置画笔大小时，要根据当前修复的污点大小来设置，为了去除得比较柔和，可以设置一定程度的硬度柔化边缘。

05 下面来进行取样，将鼠标光标移动到人物文身图案旁边的皮肤上，按住Alt键的同时单击鼠标左键设置取样点，如图9.16所示。

图9.16 设置取样点

06 设置取样点后，释放Alt键，将鼠标光标移至要消除的文身上，单击鼠标左键或按住鼠标左键拖动，此时，可以看到在取样点位置出现一个“十”字形符号，当拖动鼠标时，该符号将随着拖动的光标进行相对应的移动。“十”字形符号处为复制的源对象，光标位置为复制的目的，如图9.17所示。

图9.17 拖动时的效果

07 如果一次单击不能很好地去除斑点，可以按鼠标左键多次单击或拖动，复制取样点周围的像素，直到将文身去除掉为止，去除后的效果如图9.18所示。

图9.18 去除后的效果

9.1.5 实战案例：利用“图案”功能修复照片污渍

- **素材位置** | 素材文件\第9章\污损照片.jpg
- **案例位置** | 案例文件\第9章\利用“图案”功能修复照片污渍.jpg
- **视频位置** | 多媒体教学\9.1.5 实战案例 利用“图案”功能修复照片污渍.avi
- **难易指数** | ★☆☆☆☆

“修复画笔工具”有两种使用方法，即使用取样或图案修复，本例主要讲解使用“图案修复”来去除照片污渍。照片处理前后效果对比如图9.19所示。

图9.19 照片处理前后效果对比

操作步骤

01 执行菜单栏中的“文件”|“打开”命令，打开“污损照片.jpg”文件，从图中可以看到，在人物的下颌上有一处污渍，如图9.20所示。

图9.20 打开的图像

02 选择工具箱中的“矩形选框工具”，如图9.21所示。

03 在图像中污渍附近的洁净皮肤处拖动鼠标，绘制一个矩形选框，如图9.22所示。

图9.21 矩形选框工具

图9.22 绘制选区

04 执行菜单栏中的“编辑”|“定义图案”命令，如图9.23所示。

图9.23 使用“定义图案”

05 在打开的“图案名称”对话框中输入自定义的图案的名称，这里保持默认名称，单击“确定”按钮将选区中的图像设置为自定义图案，如图9.24所示。

图9.24 设置定义图案名称

06 按Ctrl+D组合键取消选区，选择工具箱中的“修复画笔工具”，如图9.25所示。

图9.25 修复画笔工具

07 在选项栏中设置笔刷为“大小”30像素的柔边缘笔刷，“模式”为“正常”，选中“图案”单选按钮，单击“点按可打开‘图案’拾取器”按钮，在“‘图案’拾取器”面板中选中刚才我们所定义的“图案1”图案，如图9.26所示。

图9.26 设置修复画笔选项

08 使用设置好的“修复画笔工具”在图像中人物下颌处的污渍上方单击，如图9.27所示。

09 涂抹后可以看到污渍被去除了，最终处理效果如图9.28所示。

图9.27 修复图像

图9.28 最终效果

9.1.6 修补工具

“修补工具”以选区的形式选择取样图像或使用图案填充来修补图像。它与修复画笔工具的应用有些相似，只是取样时使用的是选区的形式来取样，并将取样像素的阴影、光照和纹理等与源像素进行匹配处理，以完美修补图像。

选择“修补工具”后，工具选项栏中的选项如图9.29所示。

图9.29 “修补工具”选项栏

“修补工具”选项栏各选项含义说明如下。

- 选区操作：该区域的按钮主要用来进行选区的相加、相减和相交的操作，用法与选区用法相同。
- “修补”：设置修补时选区所表示的内容。选择“源”单选按钮表示将选区定义为想要修复的区域；选择“目标”单选按钮表示将选区定义为取样区域。
- “透明”：不勾选该复选框，在进行修复时，图像不带有透明性质；而勾选该复选框后，修复时图像带有透明性质。比如使用图案填充时，如果勾选“透明”复选框，在填充时图案将有一定的透明度，可以显示出背景图，否则不能显示出背景图。
- “使用图案”：该项只有在使用“修补工具”选择图像后才可以使用，单击该按钮，可以从“图案”拾色器中选择的图案对选区进行填充，以图案的形式进行修补。

9.1.7 实战案例：利用“源”功能修补照片墨滴

- **素材位置** | 素材文件\第9章\狗狗.jpg
- **案例位置** | 案例文件\第9章\利用“源”功能修补照片墨滴.jpg
- **视频位置** | 多媒体教学\9.1.7 实战案例 利用“源”功能修补照片墨滴.avi
- **难易指数** | ★☆☆☆☆

“修补工具”有两种使用方法，即从目标修补源或从源修补目标，本例通过使用从目标修补源来修补一张被墨滴弄脏了的照片，来讲解该工具的操作方法。照片处理前后效果对比如图9.30所示。

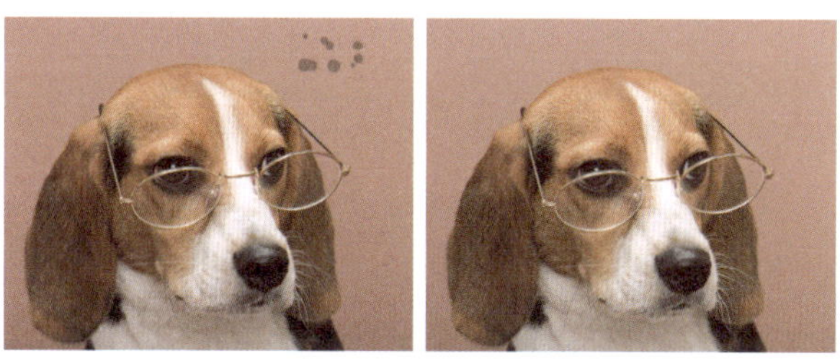

图9.30 照片处理前后效果对比

操作步骤

01 执行菜单栏中的“文件”|“打开”命令，打开“狗狗.jpg”文件，如图9.31所示。从图中可以看到，在照片右上角有一墨滴污点，下面来将其去除。

图9.31 打开的照片

02 选择工具箱中的“修补工具”，如图9.32所示。

图9.32 修补工具

03 在“修补工具”的选项栏中单击选中“新选区”按钮，设置“修补”为“正常”，单击“源”按钮，如图9.33所示。

图9.33 设置修补工具选项

04 使用“修补工具”在照片右上角的墨滴污点区域外围进行拖动框选，如图9.34所示。

图9.34 绘制选区

05 框选完成后释放鼠标左键，可以很直观地看到选区的范围，将鼠标光标放置在选区内，当鼠标光标变为时即可进行拖动修复，如图9.35所示。

图9.35 选区效果

06 将选区拖动到与所要修复的图像相似背景处，如图9.36所示。

图9.36 拖动选区

07 当源选区中的墨滴污点图像全部消失后即可释放鼠标左键，按Ctrl+D组合键取消选区，完成本实例的制作，效果如图9.37所示。

图9.37 修补后的效果

9.1.8 实战案例：利用“目标”功能去除面部装饰

- **素材位置** | 素材文件\第9章\彩妆.jpg
- **案例位置** | 案例文件\第9章\利用“目标”功能去除面部装饰.jpg
- **视频位置** | 多媒体教学\9.1.8 实战案例 利用“目标”功能去除面部装饰.avi
- **难易指数** | ★☆☆☆☆

“修补工具”有两种使用方法，即从目标修补源或从源修补目标，本例通过使用从目标修补源来修补一张被墨滴弄脏了的照片，来讲解该工具的操作方法。照片处理前后效果对比如图9.38所示。

图9.38 照片处理前后效果对比

操作步骤

01 执行菜单栏中的“文件”|“打开”命令，打开“彩妆.jpg”文件，如图9.39所示。从图中可以看到，在人物脸部有一些小装饰，下面来将其去除。

图9.39 打开的照片

02 选择工具箱中的“修补工具”，如图9.40所示。

图9.40 修补工具

03 在“修补工具”的选项栏中单击选中“新选区”按钮，设置“修补”为“正常”，单击“目标”按钮，如图9.41所示。

图9.41 “修补工具”设置

04 使用“修补工具”在人物面部装饰附近的洁净皮肤区域绘制一个封闭选框，如图9.42所示。

05 绘制完成后，将鼠标光标放置在选区内，当鼠标光标变为时即可进行拖动覆盖修复，如图9.43所示。

图9.42 绘制选区

图9.43 选区效果

06 将选区拖动到第一颗小装饰的上方，释放鼠标左键后可以看到小装饰消失了，如图9.44所示。

07 继续拖动选区至第2颗小装饰的上方，将其覆盖修复，如图9.45所示。

图9.44 拖动修复

图9.45 继续修复图像

08 将所有的装饰图案修复完成后，按Ctrl+D组合键取消选区，完成制作，最终效果如图9.46所示。

图9.46 最终效果

9.1.9 内容感知移动工具

“内容感知移动工具”可以使用“内容感知移动工具”选中对象并移动或扩展到图像的其他区域，然后内容感知移动功能会重组和混合对象，产生出色的视觉效果。扩展模式可对头发、树或建筑等对象进行扩展或收缩。移动模式可将对象置于完全不同的位置中，当对象与背景相似时效果最佳。图9.47所示为“内容感知移动工具”选项栏。

图9.47 内容感知移动工具选项栏

- 选区操作：该区域的按钮主要用来进行选区的相加、相减和相交的操作，用法与选区用法相同。
- “模式”：指定选择图像的移动方式，包括“移动”和“扩展”两个选项。选择“移动”选项可以将图像移动到其他位置；如果选择“扩展”选项，则可以达到复制图像的目的。
- “结构”：用于调整源结构的保留严格程度。
- “颜色”：用于调整可修改源色彩的程度。
- “对所有图层取样”：如果要处理的文档中包含

多个图层，选中该复选框，可以对所有图层进行取样修复。

9.1.10 实战案例：使用“内容感知移动工具”制作双胞胎

- **素材位置** | 素材文件\第9章\草地动物.jpg
- **案例位置** | 案例文件\第9章\使用“内容感知移动工具”制作双胞胎.jpg
- **视频位置** | 多媒体教学\9.1.10 实战案例 使用“内容感知移动工具”制作双胞胎.avi
- **难易指数** | ★☆☆☆☆

本例主要讲解利用内容感知移动工具制作双胞胎狗狗效果。照片处理前后效果对比如图9.48所示。

图9.48 照片处理前后效果对比

操作步骤

01 执行菜单栏中的“文件”|“打开”命令，打开“草地动物.jpg”文件，如图9.49所示。

02 选择工具箱中的“内容感知移动工具”，如图9.50所示。

03 在“内容感知移动工具”的选项栏中，单击选中“新选区”按钮，设置“模式”为“扩展”，“结构”为“4”，如图9.51所示。

图9.49 打开的图片

图9.50 内容感知移动工具

图9.51 设置内容感知工具

04 在图像中人物边缘附近拖动绘制选区，将狗狗选中，如图9.52所示。

图9.52 绘制选区

05 将光标放置在选区中，水平拖动选区至左侧，如图9.53所示。

图9.53 拖动选区图像

06 拖动到合适的位置释放鼠标左键，系统绘制自动分析融合，完成后按Ctrl+D组合键取消选区，可以看到画布中得到了双胞胎的效果，如图9.54所示。

图9.54 最终效果

9.1.11 红眼工具

由于光线与一些摄像角度的问题，在照片中出现红眼现象是很普遍的，虽然不少数码相机都有防红眼的功能，但还是不能从根本上解决问题，在Photoshop中，可以使用“红眼工具”非常轻松地去除红眼效果。

选择“红眼工具”后，工具选项栏中的选项如图9.55所示。

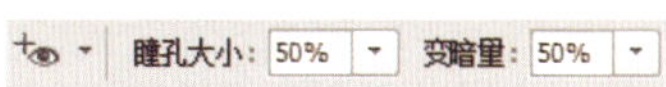

图9.55 “红眼工具”选项栏

“红眼工具”选项栏各选项含义说明如下。

- “瞳孔大小”：设置目标瞳孔的大小。从右侧的文本框中，可以直接输入大小数值，也可以拖动滑块来改变，取值范围为1%~100%的整数。
- “变暗量”：设置去除红眼后的颜色变暗程度。从右侧的文本框中，可以直接输入大小数值，也可以拖动滑块来改变，取值范围为1%~100%的整数。值越大，颜色变得越深、越暗。

9.1.12 实战案例：使用“红眼工具”去除人物红眼

- **素材位置** | 素材文件\第9章\红眼美女.jpg
- **案例位置** | 案例文件\第9章\使用“红眼工具”去除人物红眼.jpg
- **视频位置** | 多媒体教学\9.1.12 实战案例 使用“红眼工具”去除人物红眼.avi
- **难易指数** | ★☆☆☆☆

利用“红眼工具”，只需要设置合适的“瞳孔大小”和“变暗量”，在瞳孔的位置单击鼠标左键，即可去除红眼，本例讲解该工具的使用技巧。照片处理前后效果对比如图9.56所示。

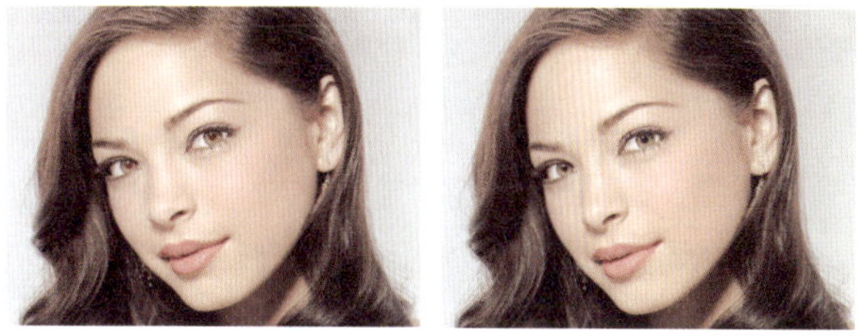

图9.56 照片处理前后效果对比

操作步骤

01 执行菜单栏中的“文件”|“打开”命令，打开“红眼美女.jpg”文件，如图9.57所示。从图中可以看到，人物的眼睛处有红眼，下面利用“红眼工具”将其去除。

图9.57 打开的图像

02 选择工具箱中的“红眼工具”，如图9.58所示。

图9.58 红眼工具

03 在选项栏中，设置“瞳孔大小”为50%，“变暗量”为50%，如图9.59所示。

图9.59 设置“红眼工具”参数

04 移动光标到图像左侧的人物眼睛红色瞳孔上，单击鼠标左键，即可将左侧眼睛的红眼去除，如图9.60所示。

图9.60 去除红眼

提示

在使用“红眼工具”时，注意十字光标与红眼位置的对齐，否则将出现错误。

05 用同样的方法，根据眼睛瞳孔的大小，设置不同的“瞳孔大小”和“变暗量”参数值，在右侧红眼瞳孔部分单击鼠标左键，去除红眼，完成的最终效果如图9.61所示。

图9.61 最终效果

9.2 复制图像

复制图像主要使用图章工具，可以选择图像的不同部分，并将它们复制到同一个文件或其他文件中。这与复制和粘贴功能不同，在复制过程中，Photoshop对原区域进行取样读取，并将其复制到目标区域中。在文档窗口的目标区域里拖动鼠标时，取样文档区域的内容就会逐渐显示出来，这个过程能将旧像素图像和新像素图像混合得天衣无缝。

图章工具包括“仿制图章工具”和“图案图章工具”两个工具，在默认状态下显示为“仿制图章工具”，将光标放置在该工具按钮上，按住鼠标左键稍等片刻或单击鼠标右键，将显示图章工具组，如图9.62所示。下面来讲解这两个工具的使用。

图9.62 图章工具组

9.2.1 仿制图章工具

“仿制图章工具”在用法上有些类似于“修复画笔工具”，利用Alt键进行取样，然后在其他位置拖动鼠标，即可从取样点开始将图像复制到新的位置。其选项栏中的选项前面已经讲解过，这里不再赘述。

9.2.2 实战案例：使用“仿制图章工具”为人物祛斑

- **素材位置** | 素材文件\第9章\彩发美女.jpg
- **案例位置** | 案例文件\第9章\使用“仿制图章工具”为人物祛斑.jpg
- **视频位置** | 多媒体教学\9.2.2 实战案例 使用“仿制图章工具”为人物祛斑.avi
- **难易指数** | ★☆☆☆☆

本例主要讲解使用“仿制图章工具”为人物图像祛斑。照片处理前后效果对比如图9.63所示。

图9.63 照片处理前后效果对比

操作步骤

01 执行菜单栏中的“文件”|“打开”命令，打开“彩发美女.jpg”文件，如图9.64所示。从图中可以看到，人物脸部有一些斑点。

图9.64 打开的图片

02 使用工具箱中的“仿制图章工具”，如图9.65所示。

03 在选项栏中设置“模式”为“正常”，“不透明度”为100%，“流量”为100%，“样本”为“当前图层”，如图9.66所示。

图9.65 仿制图章工具

图9.66 设置仿制图章

04 在选项栏中单击“点按可打开‘画笔预设’选取器”按钮，打开“‘画笔预设’选取器”，设置仿制图章的画笔为“大小”15像素的柔边缘笔刷，“硬度”设置为0，如图9.67所示。

图9.67 设置笔刷

05 将光标移动到人物脸部斑点附近的正常皮肤处，按住Alt键的同时单击鼠标左键，设置取样点，如图9.68所示。

图9.68 单击取样

06 取样完成后，将光标移动到斑点上，按住鼠标左键拖动，在拖动时，注意光标对应的十字光标的位置，以免复制的图形超出范围，如图9.69所示。

图9.69 仿制图像

07 按照上述方法，将其他位置的斑点去除，如图9.70所示。

图9.70 仿制图像

08 去除干净后，完成本实例的制作，最终效果如图9.71所示。

图9.71 最终效果

9.2.3 图案图章工具

应用“图案图章工具”可以使用图案进行描绘，使用该工具前可以先定义需要的图案，并将该图案复制到当前的图像中。图案图章可以用来创建特殊效果、背景网纹以及织物或壁纸等设计。

选择“图案图章工具”后，工具选项栏中的选项如图9.72所示。

图9.72 “图案图章工具”选项栏

“图案图章工具”选项栏中各选项含义说明如下。

- “画笔”：设置图案图章工具的笔触，如直径、硬度、笔触等，与“画笔”工具的应用相同。
- “模式”：设置修复画笔工具绘制时的像素与原来像素之间的混合模式。
- “不透明度”：单击“不透明度”选项右侧的三角形按钮，将打开一个调节不透明度的滑条，通过拖动上面的滑块来修改笔触不透明度，也可以直接在文本框中输入数值修改不透明度。当值为100%时，绘制的图案完全不透明，将覆盖下面的图像；当值小于100%时，将根据不同的值透出背景中的图像，值越小，透明度越大，当值为0时，将完全显示背景图像。
- “流量”：表示笔触颜色的流出量，流出量越大，颜色越深，简单理解可以说成流量控制画笔颜色的深浅。在画笔选项栏中，单击“流量”选项右侧的按钮，将打开一个调节流量的滑条，通过拖动上面的滑块来修改笔触流量，也可以直接在文本框中输入数值修改笔触流量。值为100%时，绘制的颜色最深最浓；当值小于100%时，绘制的颜色将变浅，值越小，颜色越淡。
- “喷枪”：单击该按钮，可以启用喷枪功能。当按住鼠标左键不动时，可以扩展图案填充效果。
- “图案”：单击右侧“点按可打开‘图案’拾色器”区域，将打开“图案”拾色器，可以从中选择需要的图案。
- “对齐”：勾选该复选框，每次单击或拖动绘制图案时，都将与第一次单击的点进行对齐操作；如果不勾选该复选框，则每次单击或拖动的起点都是取样时的单击位置。
- “印象派效果”：勾选该复选框，可以对图案应用印象派艺术效果，使图案变得扭曲、模糊。不勾选和勾选“印象派效果”复选框绘图对比效果，如图9.73所示。

图9.73 不勾选和勾选“印象派效果”绘图对比

9.2.4 实战案例：使用“图案图章工具”为照片替换背景

- **素材位置** | 素材文件\第9章\金发姑娘.jpg
- **案例位置** | 案例文件\第9章\使用“图案图章工具”为照片替换背景.jpg
- **视频位置** | 多媒体教学\9.2.4 实战案例 使用“图案图章工具”为照片替换背景.avi
- **难易指数** | ★☆☆☆☆

图案图章工具与图案填充有些相似，只是比图案填充更加灵活，操作更加方便，适合局部选区的图案填充和图案的绘制，下面以实例的形式，详细讲解图案图章工具的使用方法。照片处理前后效果对比如图9.74所示。

图9.74 照片处理前后效果对比

操作步骤

01 首先来定义图案。执行菜单栏中的“文件”|“打开”命令，打开“金发姑娘.jpg”文件，如图9.75所示。

图9.75 打开的图片

02 选择工具箱中的“魔棒工具”，如图9.76所示。

图9.76 魔棒工具

03 在选项栏中单击选中“添加到选区”按钮，设置“容差”为10，选中“连续”复选框，如图9.77所示。

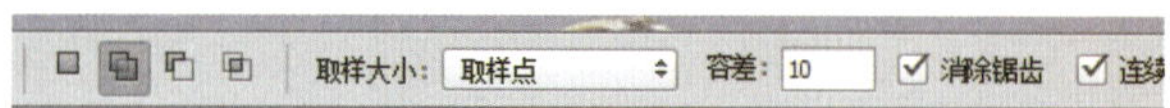

图9.77 设置魔棒工具

04 使用设置好的“魔棒工具”在图像中人物左侧与右侧的背景上分别单击，将图像中所有的背景选中，如图9.78所示。

图9.78 选择图像

05 选择工具箱中的“图案图章工具”，如图9.79所示。

图9.79 图案图章工具

06 在工具选项栏中设置笔刷为“大小”110像素的柔边缘笔刷，设置“模式”为“正常”，“不透明度”为100%，“流量”为100%，选中“对齐”复选框，如图9.80所示。

> **提示**
>
> 在使用“图案图章工具”绘制图案时，要注意选择选项栏中的“对齐”复选框，这样在释放鼠标左键再次绘制时，可以自动沿原来的图案效果对齐绘制，不会产生错乱效果。

图9.80 设置图章笔刷

07 单击选项栏后方的“点按以打开‘图案’拾色器”按钮，在打开的“‘图案’拾色器”面板中，单击选中“黄菊”图案，如图9.81所示。

图9.81 选择图案

08 使用设置好的“图案图章工具”在图像中的选区内涂抹，可以看到涂抹过的区域显示“黄菊”图案，如图9.82所示。

图9.82 绘制图案背景

09 涂抹完成后，完成本实例的制作效果，如图9.83所示。

图9.83 最终效果

9.3 图像的局部修饰

“模糊工具”可以柔化图像中的局部区域，使其显示模糊。而与之相反的“锐化工具”，可以锐化图像中的局部区域，使其更加清晰。这两个工具主要通过调整相邻像素之间的对比度达到图像的模糊或锐化，前者会降低相邻像素间的对比度，后者则是增加相邻像素间的对比度。

“模糊工具”和“锐化工具”通常用于提高数字化图像的质量。有时扫描仪会过分加深边界，使图像显得比较刺眼，这种边界可以使用模糊工具调整得柔和些。“模糊工具”还可以柔化粘贴到某个文档中的图像参差不齐的边界，使之更加平滑地融入背景。

“涂抹工具”以鼠标按下位置为原始颜色，并根据画笔的大小，将其拖动涂抹，类似于在没有干的图画上用手指涂抹的效果。

“模糊工具”、“锐化工具”和“涂抹工具”处于一个工具组中，在默认状态下显示的为“模糊工具”，将光标放置在该工具按钮上，按住鼠标左键稍等片刻或者单击鼠标右键，将显示该工具组，如图9.84所示。

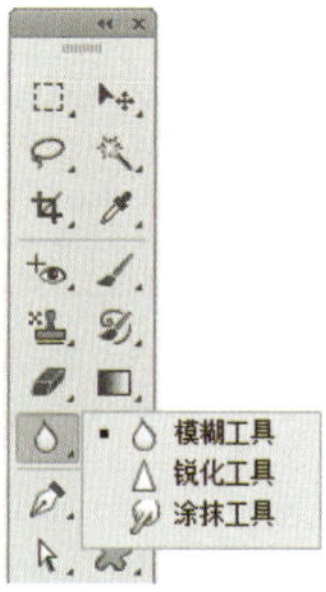

图9.84 工具组效果

9.3.1 模糊工具

使用“模糊工具”可柔化图像中因过度锐化而产生的生硬边界，也可以用于柔化图像的高亮区或阴影区。选择模糊工具后，选项栏效果如图9.85所示。

图9.85 “模糊工具”选项栏

“模糊工具”选项栏中各选项的含义说明如下。

- “画笔”：设置模糊工具的笔触，如直径、硬度、笔触形状等，与“画笔工具”的应用相同。
- “切换画笔面板”：单击此按钮，即可打开“画笔”面板。
- “模式”：设置模糊工具在使用时指定模式与原来像素之间的混合效果。
- “强度”：可以设置模糊的强度。数值越大，使用模糊工具拖动时图像的模糊程度越大。
- “对所有图层取样”：勾选该复选框，将对所有图层进行取样操作。如果不勾选该复选框，将只对当前图层取样。
- “绘图板压力控制大小”：启动该按钮可以模拟绘图板压力控制大小。

使用“模糊工具”在图像中拖动，对图像进行模糊，反复在某处图像上拖动，可以加深模糊的程度。模糊图像前后效果对比如图9.86所示。

图9.86 模糊图像的前后效果对比

9.3.2 实战案例：使用“模糊工具”制作景深效果

- **素材位置** | 素材文件\第9章\荷花.jpg
- **案例位置** | 案例文件\第9章\使用“模糊工具”制作景深效果.jpg
- **视频位置** | 多媒体教学\9.3.2 实战案例 使用“模糊工具”制作景深效果.avi
- **难易指数** | ★☆☆☆☆

本例主要讲解使用“模糊工具”制作照片小景深效果。照片处理前后效果对比如图9.87所示。

图9.87 照片处理前后效果对比

操作步骤

01 执行菜单栏中的“文件”|“打开”命令，打开“荷花.jpg”文件，如图9.88所示。

图9.88 打开的图片

02 选择工具箱中的“模糊工具”，如图9.89所示。

03 在选项栏中设置“模式”为正常，“强度”为100%，如图9.90所示。

图9.89 模糊工具

图9.90 设置模糊工具选项

04 单击“点按可打开‘画笔预设’拾取器”按钮，在“‘画笔预设’拾取器”面板中设置笔刷为“大小”150像素的柔边缘笔刷，如图9.91所示。

图9.91 设置笔刷

05 使用设置好的“模糊工具”在图像中绿叶背景处进行涂抹，制作远景模糊效果，如图9.92所示。

图9.92 设置模糊工具选项

06 读者可以根据实际情况对远近不同景物做不同程度的模糊效果，涂抹完成后，完成本例制作，最终效果如图9.93所示。

图9.93 最终效果

9.3.3 锐化工具

开始锐化图像前，可以在选项栏中设置锐化工具的笔触尺寸，并设置“强度”值和“模式”等，它与“模糊工具”的选项栏相同，这里不再细讲。“锐化工具”可以加强图像的颜色，提高清晰度，以增加对比度的形式来增加图像的锐化程度。

选择“锐化工具”△后，在图像中拖动进行锐化，锐化图像的前后效果如图9.94所示。

图9.94 锐化图像的前后效果

9.3.4 实战案例：使用“锐化工具”清晰丽人

- **素材位置** | 素材文件\第9章\蓝眼女生.jpg
- **案例位置** | 案例文件\第9章\使用“锐化工具”清晰丽人.jpg
- **视频位置** | 多媒体教学\9.3.4 实战案例 使用“锐化工具”清晰丽人.avi
- **难易指数** | ★☆☆☆☆

本例主要讲解使用“锐化工具”制作清晰丽人效果。照片处理前后效果对比如图9.95所示。

图9.95 照片处理前后效果对比

操作步骤

01 执行菜单栏中的“文件”|“打开”命令，打开“蓝眼女生.jpg”文件，如图9.96所示。

图9.96 打开的照片

02 选择工具箱中的“锐化工具”△，如图9.97所示。

图9.97 锐化工具

03 在选项栏中，设置“模式”为“正常”，“强度”为50%，如图9.98所示。

图9.98 设置锐化选项

04 单击“点按可打开‘画笔预设’选取器”按钮，在“‘画笔预设’选取器”中设置笔刷为“大小”100像素的柔边缘笔刷，如图9.99所示。

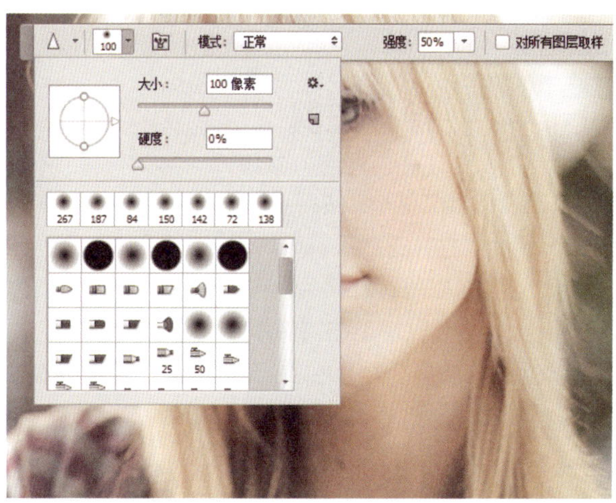

图9.99 设置笔刷

05 使用设置好的“锐化工具”在图像中人物眼睛上涂抹，可以看到涂抹后的眼睛变得更加清晰亮丽了，如图9.100所示。

图9.100 锐化眼睛

06 使用“锐化工具”继续在人物脸颊与嘴巴上涂抹，让人物的面容变得更加清晰，完成本实例的制作，最终效果如图9.101所示。

图9.101 最终效果

9.3.5 涂抹工具

“涂抹工具”就像使用手指搅拌颜料桶一样可以将颜色混合。使用涂抹工具时，由单击处的颜色开始，并将其与鼠标拖动过的颜色进行混合。除了混合颜色外，涂抹工具还可用于在图像中实现水彩般的图像效果。如果图像在颜色与颜色之间的边界生硬，或颜色与颜色之间过渡不好，可以使用涂抹工具，将过渡颜色柔和化。

选择“涂抹工具”后，工具选项栏效果如图9.102所示。

图9.102 “涂抹工具”选项栏

“涂抹工具”选项栏中各选项的含义说明如下。

- “画笔”：设置涂抹工具的笔触，如直径、硬度、笔触形状等，与“画笔工具”的应用相同。
- “模式”：设置涂抹工具在使用时指定模式与原来像素之间的混合效果。
- “强度”：可以设置涂抹的强度。数值越大，涂抹的延续就越长，如果值为100%，则可以直接连续不断地绘制下去。
- “对所有图层取样”：勾选该复选框，将对所有图层进行取样操作。如果不勾选该复选框，将只对当前图层取样。
- “手指绘画”：使用涂抹工具对图像进行涂抹时，如果勾选选项栏中的“手指绘画”复选框，则产生一种类似于用手指蘸着颜料在图像中进行涂抹的效果，它与当前工具箱中前景色有关；如果不勾选此复选框，只是使用起点处的颜色进行涂抹。

图9.103所示为原图、不勾选“手指绘画”和勾选“手指绘画”复选框后的不同涂抹效果对比。

图9.103 不同涂抹效果

9.3.6 实战案例：使用“涂抹工具”书写牙膏字

- **素材位置** | 素材文件\第9章\时尚美女.jpg
- **案例位置** | 案例文件\第9章\使用“涂抹工具”书写牙膏字.psd
- **视频位置** | 多媒体教学\9.3.6 实战案例 使用“涂抹工具”书写牙膏字.avi
- **难易指数** | ★★☆☆☆

本例主要讲解使用“涂抹工具”制作牙膏字效果。照片处理前后效果对比如图9.104所示。

图9.104 照片处理前后效果对比

操作步骤

01 执行菜单栏中的“文件”|“打开”命令，打开“时尚美女.jpg”文件，如图9.105所示。

图9.105 打开的照片

02 按F7键打开“图层”面板，单击面板底部的“创建新图层”按钮，新建一个“图层1”图层，如图9.106所示。

图9.106 新建图层

03 选择工具箱中的“椭圆选框工具”，如图9.107所示。

图9.107 选择“椭圆选框工具”

04 在选项栏中，单击选中“新选区”按钮，设置“羽化”为0像素，“样式”为“正常”，如图9.108所示。

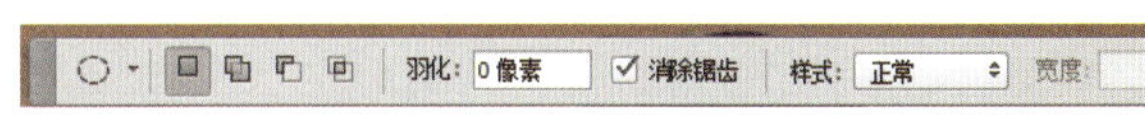

图9.108 设置参数

05 在按住Shift键的同时在图像中左上角绘制一个圆形选区，如图9.109所示。

图9.109 绘制选区

06 选择工具箱中的“渐变工具”，如图9.110所示。

07 在选项栏中，单击“点按可打开‘渐变’拾色器”按钮，在“‘渐变’拾色器”面板中，单击选中“色谱”渐变效果，设置渐变为“角度渐变”，“模式”为“正常”，“不透明度”为100%，单击“角度渐变”按钮，如图9.111所示。

图9.110 选择“渐变工具”

图9.111 设置渐变参数

08 使用“渐变工具”在圆形选区中从中心向外拖动，填充渐变，按Ctrl+D组合键取消选区，如图9.112所示。

图9.112 填充渐变

09 选择工具箱中的“涂抹工具”，如图9.113所示。

图9.113 选择“涂抹工具”

10 在选项栏中，设置“模式”为“正常”，“强度”为100%，读者根据刚才所绘制的圆形选区范围设置相似大小的画笔笔刷，这里是“大小”为25像素的硬边缘笔刷，如图9.114所示。

图9.114 设置参数

11 将设置好的“涂抹工具”放置在圆形渐变图案上，按住鼠标左键并拖动即可绘制出彩条牙膏效果，如图9.115所示。

图9.115 拖动绘制

12 使用上述方法在图像中人物左上方的空白背景处绘制自己喜欢的文字，完成本实例制作如图9.116所示。

图9.116 最终效果

9.4 图像的局部调色

“减淡工具”和“加深工具”模拟了传统的暗室技术。摄像师可以使用减淡工具和加深工具改进其摄影作品，在底片中增加或减少光线，从而增强图像的清晰度。在摄影技术中，加光通常用来加亮阴影区（图像中最暗的部分），遮光通常用来使高亮区（图像中最亮的部分）变暗。这两种技术都增加了照片的细节部分。“海绵工具”可以给图像加色或去色，以增加或降低图像的饱和度。

“减淡工具”、“加深工具”和“海绵工具”处于一个工具组中，在默认状态下显示的为“减淡工具”，将光标放置在该工具按钮上，按住鼠标左键稍等片刻或单击鼠标右键，将显示该工具组，如图9.117所示。

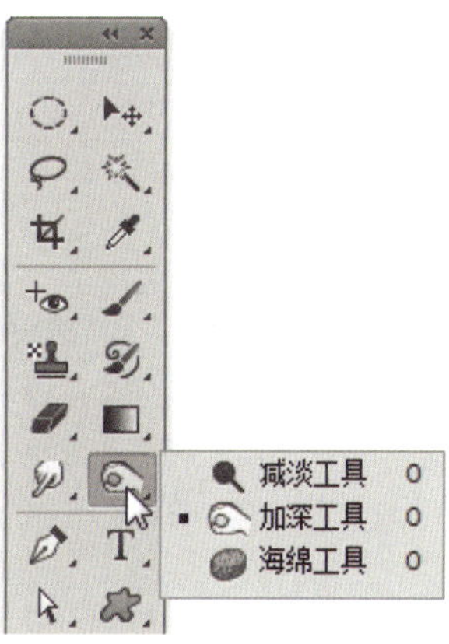

图9.117 工具组效果

> **技巧**
>
> 按 O 键，可以选择当前工具，按 Shift + O 组合键可以在这 3 种图章工具之间进行切换。

9.4.1 减淡工具

“减淡工具”有时也叫加亮工具，使用减淡工具可以改善图像的曝光效果，对图像的阴影、中间色或高光部分进行提亮和加光处理，使之达到强调突出的作用。

选择“减淡工具”后，其选项栏中的选项如图9.118所示。

图9.118 “减淡工具”选项栏

“减淡工具”选项栏各选项含义说明如下。

- “画笔”：设置减淡工具的笔触，如直径、硬度、笔触形状等，与“画笔工具”的应用相同。
- “切换画笔面板”：单击此按钮，即可打开“画笔”面板。
- “范围”：设置减淡工具的应用范围。包括“阴影”“中间调”和“高光”3个选项。选择“阴影”选项，减淡工具只作用在图像的暗色部分；选择“中间调”选项，减淡工具只作用在图像中暗色与亮色之间的颜色部分；选择“高光”选项，减淡工具只作用在图像中高亮的部分。对图像使用减淡工具后的效果对比如图9.119所示。

原图

减淡阴影

减淡中间调

减淡高光

图9.119 不同的范围设置效果

- “曝光度”：设置减淡工具的曝光强度。值越大，拖动时减淡的程度就越大，图像越亮。
- “喷枪”：勾选该复选框，可以使减淡工具在拖动时模拟传统的喷枪手法，即按住鼠标左键不动，可以扩展淡化区域。
- “保护色调”：勾选该复选框，可以保护与前景色相似的色调，不受减淡工具的影响，即在使用“减淡工具”时，与前景色相似的色调颜色将不会淡化。
- “绘图板压力控制大小”：启动该按钮可以模拟绘图板压力控制大小。

使用“减淡工具”在图像中拖动，可以减淡图像色彩，提高图像亮度，多次拖动可以加倍减淡图像色彩，提高图像亮度。

9.4.2 实战案例：使用“减淡工具”制作明亮眼睛

- **素材位置** | 素材文件\第9章\微笑美女.jpg
- **案例位置** | 案例文件\第9章\使用“减淡工具”制作明亮眼睛.jpg
- **视频位置** | 多媒体教学\9.4.2 实战案例 使用“减淡工具”制作明亮眼睛.avi
- **难易指数** | ★☆☆☆☆

本实例主要讲解使用“减淡工具”制作明亮眼睛。照片处理前后效果对比如图9.120所示。

图9.120 照片处理前后效果对比

操作步骤

01 执行菜单栏中的“文件”|“打开”命令，打开“微笑美女.jpg”文件，如图9.121所示。

图9.121 打开的照片

02 选择工具箱中的“减淡工具”，如图9.122所示。

图9.122 减淡工具

03 在选项栏中，设置“范围”为“中间调”，“曝光度”为50%，单击“点按可打开‘画笔预设’选取器”按钮，在“‘画笔预设’选取器中”设置笔刷为“大小”60像素的柔边缘笔刷，如图9.123所示。

图9.123 设置减淡工具

04 使用设置好的“减淡工具”在图像左侧人物眼白区域涂抹，对人物眼白区域进行减淡，如图9.124所示。

图9.124 减淡图像

05 再次使用“减淡工具”在图像右侧人物眼白区域涂抹，如图9.125所示。

图9.125　继续减淡

06 涂抹完成后，可以看到人物的眼睛变亮了，完成本实例的制作，最终效果如图9.126所示。

图9.126　最终效果

9.4.3 加深工具

“加深工具”与“减淡工具”在应用效果上正好相反，它可以通过使图像变暗来加深图像的颜色，对图像的阴影、中间色和高光部分进行变暗处理，多用于对图像中阴影和曝光过度的图像进行加深处理。“加深工具”的选项栏与“减淡工具”选项栏相同，这里不再赘述。

使用“加深工具”在图像中拖动，对图像中的文字进行加深处理的前后效果对比如图9.127所示。

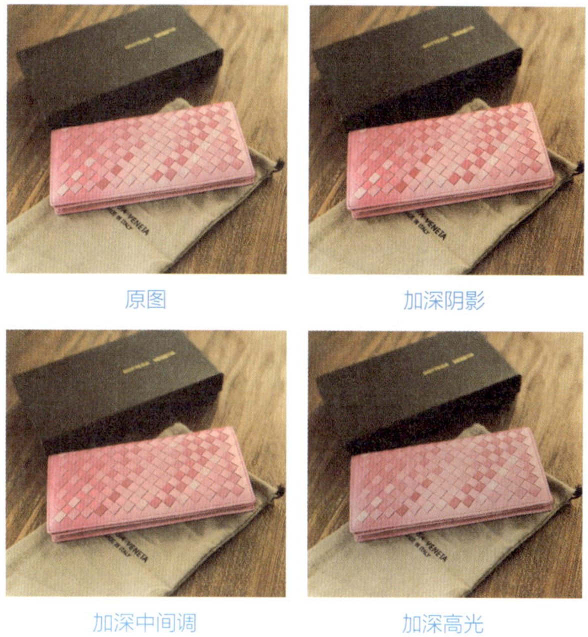

图9.127　不同加深效果

9.4.4 实战案例：使用“加深工具”画出浓黑眉毛

- **素材位置** | 素材文件\第9章\红唇美女.jpg
- **案例位置** | 案例文件\第9章\使用“加深工具”画出浓黑眉毛.jpg
- **视频位置** | 多媒体教学\9.4.4 实战案例 使用“加深工具”画出浓黑眉毛.avi
- **难易指数** | ★☆☆☆☆

本实例主要讲解使用“加深工具”画出浓黑眉毛效果。照片处理前后效果对比如图9.128所示。

图9.128　照片处理前后效果对比

操作步骤

01 执行菜单栏中的“文件”|“打开”命令，打开“红唇美女.jpg”文件，如图9.129所示。

02 选择工具箱中的“加深工具”，如图9.130所示。

图9.129 打开的照片

图9.130 加深工具

03 在选项栏中设置“范围”为“中间调”，“曝光度”为30%，选中“保护色调”复选框，如图9.131所示。

图9.131 设置加深选项

04 单击选项栏中的“点按可打开‘画笔预设’选取器”按钮，在“‘画笔预设’选取器”面板中设置笔刷为“大小”18像素的柔边缘笔刷，如图9.132所示。

图9.132 设置笔刷

05 在图像左侧人物眉毛上涂抹，可以看到涂抹后的眉毛变得更浓更黑了，如图9.133所示。

图9.133 加深人物眉毛

06 继续使用“加深工具”在图像右侧人物眉毛上进行涂抹加深，完成本实例的制作，最终效果如图9.134所示。

图9.134 最终效果

9.4.5 海绵工具

“海绵工具”可以用来增加或减少图像颜色的饱和度。当增加颜色的饱和度时，其灰度就会减少，但对黑白图像处理的效果不明显。当RGB模式的图像显示CMYK超出范围的颜色时，“海绵工具”的去色选项十分有用。使用“海绵工具”在这些超出范围的颜色上拖动，可以逐渐减小其浓度，从而使其变为CMYK光谱中可打印的颜色。

选择“海绵工具”后，其选项栏中的选项如图9.135所示。

图9.135　“海绵工具”选项栏

“海绵工具”选项栏各选项含义说明如下。

- “画笔”：设置海绵工具的笔触，如直径、硬度、笔触形状等，与“画笔工具”的应用相同。
- “模式”：设置海绵工具的应用方式。包括“去色”和“加色”两个选项，选择“加色”选项，可以增加图像的饱和度，有些类似于加深工具，但它只是加深了整个图像的饱和度；选择“去色”选项，可以降低图像颜色的饱和度，将图像的颜色彩色度降低，重复使用可以将彩图处理为黑白图像。
- “流量”：设置海绵工具应用的强度。值越大，海绵工具饱和或降低饱和度的程度就越强。
- “喷枪”：勾选该复选框，可以使“海绵工具”在拖动时模拟传统的喷枪手法，即按住鼠标左键不动，可以扩展处理区域。
- “自然饱和度”：勾选该复选框，可以最小化修剪以获得完全饱和色或不饱和色。

使用“海绵工具”拖动，图9.136所示为原图、去色和加色后的不同拖动修改效果对比。

图9.136　不同拖动修改效果

9.4.6 实战案例：使用“海绵工具”制作局部留色特效

- **素材位置** | 素材文件\第9章\拿水果的美女.jpg
- **案例位置** | 案例文件\第9章\使用“海绵工具”制作局部留色特效.jpg
- **视频位置** | 多媒体教学\9.4.6 实战案例 使用“海绵工具”制作局部留色特效.avi
- **难易指数** | ★☆☆☆☆

本实例主要讲解使用“海绵工具”制作局部留色特效。照片处理前后效果对比如图9.137所示。

图9.137　照片处理前后效果对比

操作步骤

01 执行菜单栏中的“文件” | “打开”命令，打开“拿水果的美女.jpg”文件，如图9.138所示。

图9.138　打开的照片

02 选择工具箱中的“海绵工具”，如图9.139所示。

03 在选项栏中设置“模式”为“去色”，“流量”为100%，选中“自然饱和度”复选框，如图9.140所示。

图9.139 海绵工具

图9.140 设置海绵工具选项

04 单击选项栏中的“点按可打开‘画笔预设’选取器”按钮，在“‘画笔预设’选取器”面板中设置笔刷为“大小”100像素的硬边缘笔刷，如图9.141所示。

图9.141 设置笔刷

05 使用设置好的“海绵工具”在图像中苹果以外的区域涂抹，可以看到涂抹过的区域颜色转换成了黑白，如图9.142所示。

图9.142 涂抹去色

06 在涂抹过程中，读者可以根据实际情况对笔刷进行适当的调整大小，涂抹完成后，完成本实例的制作，最终效果如图9.143所示。

图9.143 最终效果

第10章

调色辅助与色彩校正

内容摘要

本章主要讲解利用直方图分析图像的方法及调整图层的使用技巧，然后讲解图像色调的调整，图像颜色的校正及特殊图像颜色的应用，详细讲解了Photoshop“图像”|“调整”菜单中各项命令的使用方法。通过本章的学习，读者应该能够认识颜色的基本原理，掌握色彩模式的转换及图像色调和颜色的调整方法与技巧。掌握这些知识，可以令作品颜色更绚丽多彩。

教学目标

了解直方图的应用

学习调整图层的创建

学习图像色调的调整

掌握图像颜色的校正

掌握特殊图像的处理

10.1 直方图和调整面板

“直方图”面板是查看图像色彩的关键，利用该面板可以查看图像的阴影、高光和色彩等信息，在色彩调整中占有相当重要的位置。

10.1.1 关于直方图

直方图用图形表示图像的每个亮度级别的像素数量，显示像素在图像中的分布情况。在直方图的左侧部分显示直方图阴影中的细节区域，在中间部分显示中间调区域，在右侧显示较亮的区域或叫高光区域。

直方图可以帮助确定某个图像的色调范围或图像基本色调类型。如果直方图大部分集中在右边，图像就可能太亮，这常称为高色调图像，即日常所说的曝光过度；如果直方图大部分在左边，图像就可能太暗，这常称为低色调图像即日常所说的曝光不足；平均色调整图像的细节集中在中间是由于填充了太多的中间色调值，因此很可能缺乏鲜明的对比度；色彩平衡的图像在所有区域中都有大量的像素，这常称为正常色调图像。识别色调范围有助于确定相应的色调校正。不同图像的直方图表现效果如图10.1所示。

正常曝光图像

曝光不足

曝光过度

图10.1 不同图像的直方图表现效果

10.1.2 直方图面板

直方图描绘了图像中灰度色调的份额，并提供了图像色调范围的直观图。执行菜单栏中的“窗口”|“直方图”命令，打开“直方图”面板，默认情况下，“直方图”面板将以“紧凑视图”形式打开，并且没有控件或统计数据，可以通过“直方图”面板菜单来切换视图，图10.2所示为扩展视图的“直方图”面板效果。

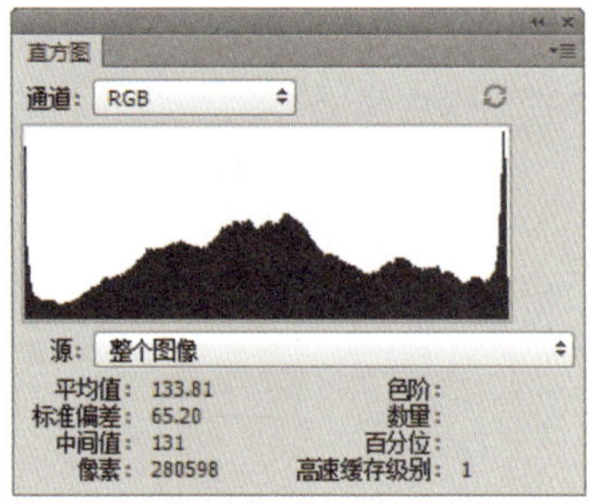

图10.2 扩展视图的“直方图”面板

1. 更改直方图面板的视图

要想更改“直方图”面板的视图模式，可以从面板菜单中选择一种视图，共包括3种视图模式，3种视图模式显示效果如图10.3所示。

紧凑视图

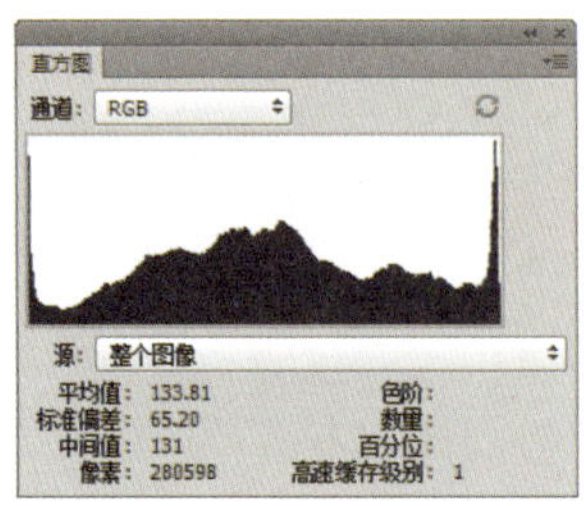

扩展视图

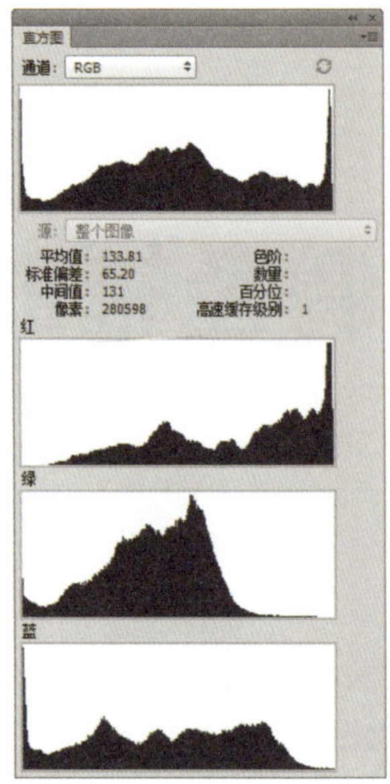

全部通道视图

图10.3 3种视图模式显示效果

- “紧凑视图”：显示不带控件或统计数据的直方图，该直方图代表整个图像。
- “扩展视图”：可显示带有统计数据的直方图。还可以同时显示用于选择由直方图表示的通道的控件、查看“直方图”面板中的选项、刷新直方图以显示未高速缓存的数据以及在多图层文档中选择特定图层。
- “全部通道视图”：除了“扩展视图”所显示的所有选项外，还显示各个通道的单个直方图。需要注意的是单个直方图不包括 Alpha 通道、专色通道或蒙版。

2. 查看直方图中的特定通道

如果在面板菜单中选择“扩展视图”或“全部通道

视图”模式，则可以从“直方图”面板的“通道”菜单中指定一个通道。而且当从“扩展视图”或“全部通道视图”切换回“紧凑视图”模式时，Photoshop 会记住通道设置。RGB模式“通道”菜单如图10.4所示。

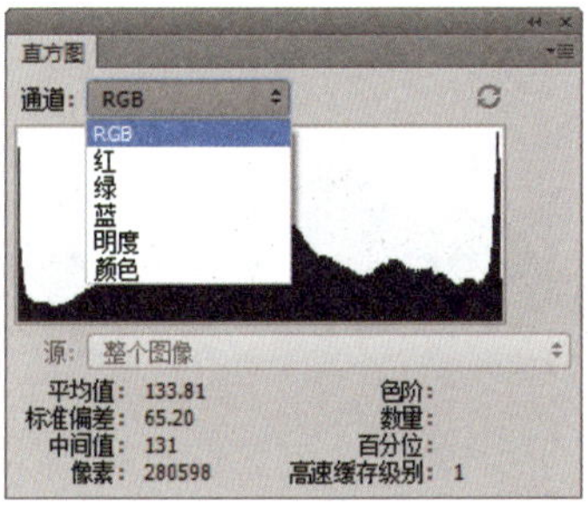

图10.4 RGB模式“通道”菜单

- 选择单个通道可显示通道（包括颜色通道、Alpha 通道和专色通道）的直方图。
- 根据图像的颜色模式，可以选择R、G、B或C、M、Y、K，也可以选择复合通道如RGB或CMYK，以查看所有通道的复合直方图。
- 如果图像处于 RGB 或 CMYK 模式，选择“明度”可显示一个直方图，该图表示复合通道的亮度或强度值。
- 如果图像处于 RGB 或 CMYK 模式，选择“颜色”可显示颜色中单个颜色通道的复合直方图。当第一次选择“扩展视图”或“所有通道视图”时，此选项是 RGB 和 CMYK 图像的默认视图。
- 在“全部通道”视图中，如果从“通道”菜单中进行选择，则只会影响面板中最上面的直方图。

3. 用原色显示通道直方图

如果想从“直方图”面板中用原色显示通道，可以进行以下任一种操作。

- 在“全部通道视图”中，从“面板”菜单中选择“用原色显示通道”。
- 在“扩展视图”或“全部通道视图”中，从“通道”菜单中选择某个单独的通道，然后从“面板”菜单中选择“用原色显示通道”。如果切换到“紧凑视图”，通道将继续用原色显示。
- 在“扩展视图”或“全部通道视图”中，从“通道”菜单中选择“颜色”可显示颜色中通道的复合直方图。如果切换到“紧凑视图”，复合直方图将继续用原色显示。用原色显示红通道的前后效果对比如图10.5所示。

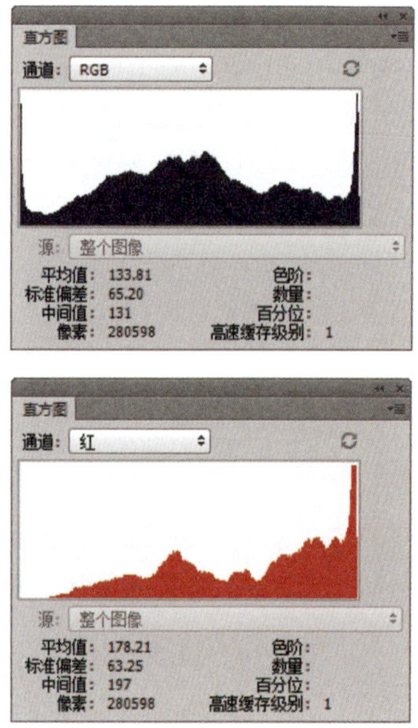

图10.5 用原色显示红通道的前后效果对比

4. 查看直方图统计数据

“直方图”面板显示了图像中与色调范围内所有可能灰度值相关的像素数曲线。水平（X）轴代表0~255的灰度值，垂直（Y）轴代表每一色调或颜色的像素数。X轴下面的渐变条显示了从黑色到白色的实际灰度色阶。每条垂直线的高亮部分代表了X轴上每一色调所含像素的数目，线越高，图像中该灰度级别的像素越多。

要想查看直方图的统计数据，需要从“直方图”面板菜单中选择“显示统计数据”命令，在“直方图”面板下方将显示统计数据区域。如果想看数据可以执行以下任一种操作。

- 将光标放置在直方图中，可以查看特定像素值的信息。在直方图中移动光标时，光标变成一个十字光标。在直方图上移动十字光标时，直方图色阶、数量、百分位值都会随之改变。
- 在直方图中拖动突出显示该区域，可以查看一定范围内的值的信息。

“直方图”面板统计数据显示信息含义说明如下。

- “平均值”：代表了平均亮度。
- “标准偏差”：代表图像中亮度值的偏差变化范围。
- “中间值”：代表图像中的中间亮度值。
- “像素”：代表整个图像或选区中像素的总数。
- “色阶”：代表直方图中十字光标所在位置的灰度色阶，最暗的色阶（黑色）是0，最亮的色阶（白色）是255。
- “数量”：代表直方图中十字光标所在位置处的像素总数。

- “百分位”：代表十字光标位置在X轴上所占的百分数，从最左侧的 0到最右侧的 100%。
- “高速缓存级别”：代表显示当前图像所用的高速缓存值。当高速缓存级别大于 1 时，会快速显示直方图。如果执行菜单栏中的“编辑”|“首选项”|“性能”命令，打开“首选项”|“性能”对话框，在“高速缓存级别”选项中可以设置调整缓存的级别。设置的级别越多则速度越快，选择的调整缓存级别越少则品质越高。

提示

在校正过程中调整图像后，应定期返回直方图，取得所做的改变如何影响色调范围的直观感受。

5. 查看分层文档的直方图

直方图不但可以查看单层图像，还可以查看分层图像，并可以查看指定的图层直方图统计数据，具体操作如下。

01 从“直方图”面板菜单中选择“扩展视图”命令。

02 从“源”菜单中指定一个图层或设置。“源”菜单效果如图10.6所示。

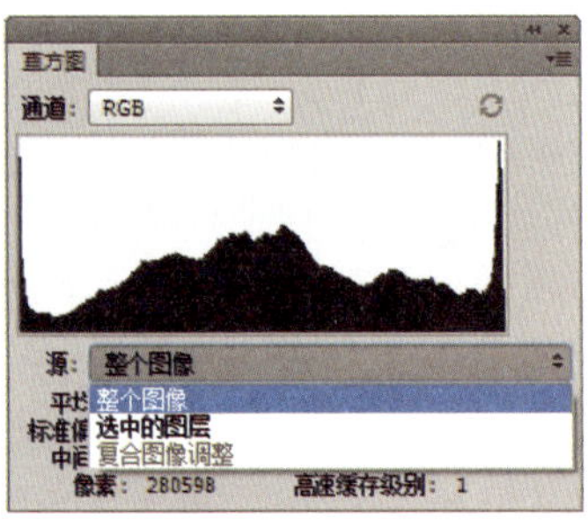

图10.6 “源”菜单

提示

“源”菜单对于单层文档是不可用的。

- “整个图像”：显示包含所有图层的整个图像的直方图。
- “选中的图层”：显示在“图层”面板中选择的图层的直方图。
- “复合图像调整”：显示在“图层”面板中选定的调整图层，包括调整图层下面的所有图层的直方图。

技术延伸 预览直方图调整

通过“直方图”面板可以预览任何颜色或色彩校正对直方图所产生的影响。在调整时只需要在使用的对话框中勾选“预览”复选框。例如使用“色阶”命令调整图像时“直方图”面板的显示效果如图 10.7 所示。

提示

使用“调整”面板进行色彩校正时，所进行的更改会自动反映在“直方图”面板中。

图10.7 使用“色阶”命令调整时直方图变化效果

10.1.3 调整面板

“调整”面板主要用于调整颜色和色调，使用“调整”面板中的命令或预设进行的调整会创建非破坏性调整图层，并可以随时修改调整参数，这也是使用调整命令的最大优点。

Photoshop为用户提供了一系列调整预设和调整命令，可用于色阶、曲线、曝光度、色相/饱和度、黑白、通道混合器以及可选颜色。单击某个预设即可将其应用到图像中。执行菜单栏中的“窗口”|“调整”命令，即可打开“调整”面板，如图10.8所示。

图10.8 “调整”面板

1. 使用调整命令或预设命令

要使用调整或预设命令，方法非常简单，只需要在“调整”面板中，单击某个命令图标或预设命令，或从面板菜单中选择某个命令即可，例如从面板菜单中选择“亮度/对比度”命令，“调整”面板将改变成如图10.9所示的“调整”|“亮度/对比度”面板效果。

图10.9 “调整”|“亮度/对比度”面板

- “单击可剪切到图层”![]: 单击此按钮之后所应用的调整将影响到下方的图层。
- “按此按钮可查看上一状态”: 按该按钮，可以查看调整设置的上一次显示效果。如果想长时间查看可按住该按钮。
- “复位到调整默认值”: 单击此按钮，可以将调整参数恢复到初始设置。
- “切换图层可见性”: 用来控制当前调整图层的显示与隐藏。单击该按钮，图标将变成状，表示隐藏当前调整图层；再次单击图标将恢复成状，表示显示当前调整图层。
- “删除此调整图层”: 单击该按钮，可删除当前调整图层。

2. 使用调整面板存储和应用预设

“调整”面板具有一系列用于常规颜色和色调调整的预设。另外，可以存储和应用有关色阶、曲线、曝光度、色相/饱和度、黑白、通道混合器以及可选颜色的预设。存储预设命令后，它将被添加到预设命令列表。

- 要将调整设置存储为预设命令，可从“调整”面板菜单中选择“存储预设”命令。
- 要应用调整预设命令，可单击三角形展开特定调整的预设命令列表，然后单击某个需要的预设命令即可。

技术延伸　设置调整图层的作用层

默认情况下，添加的调整图层将作用于所有图层上，如果只想作用在其下方的图层上，可以执行4种操作。

- 方法1：在应用调整命令前。在默认的“调整”面板中，即在显示命令图标和预设命令列表时，单击“剪切到图层”按钮，该按钮将变成状，此时应用调整命令时，调整命令只作用在下方的图层上。如果处于“剪切到图层”状态，添加的调整命令将作用于所有图层上。
- 方法2：在应用调整命令后。首先确定在“图层”面板中选择某个调整层，然后在“调整”面板中，单击“剪切到图层”按钮，可以将该调整只作用于其下方图层上，此时该图标将变成状。
- 方法3：使用菜单命令和快捷键。选择调整图层，在菜单栏的“图层”菜单中，选择“创建剪切蒙版”命令，或按Ctrl + Alt+G组合键，可以创建只作用于下方图层的剪切图层效果；选择“释放剪切蒙版”命令，或按Ctrl + Alt+G组合键，可以释放剪切蒙版，即将该效果作用在所有图层上。
- 方法4：使用辅助键加单击。在“图层”面板中，按住Alt键的同时将光标放置在调整图层与其下方图层的交界处，当光标变成状时单击鼠标左键，可以创建剪切图层；如果光标变成状时单击鼠标左键，可以释放剪切图层。
- 在“图层”面板中，剪切到和非剪切到图层效果对比如图10.10所示。

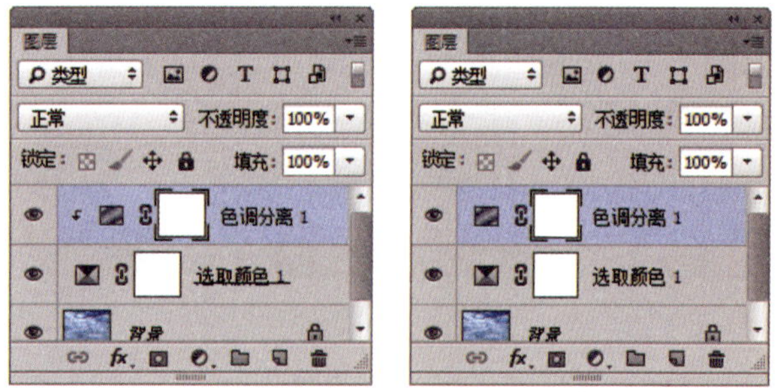

图10.10　剪切到和非剪切到图层效果对比

10.2 图像的明暗色调调整

调整色调时，通常必须增加亮度和对比度。有时需要扩大图像的色调范围，即从图像最亮点到最暗点之间的色调范围。

要改变图像中的最暗、最亮以及中间色调区域，可执行菜单栏中的“图像”|“调整”子菜单中的“色阶”“曲线”或“阴影与高光”命令，具体选择哪一条命令调整图像的这些元素，通常取决于图像本身和使用这些工具的熟练程度。有时可能需要多个命令来完成这些操作。

10.2.1 “自动色调”命令

“自动色调”和“色阶”命令一样，也是对图像中不正常的阴影、中间色调和高光区进行处理，不过“自动色调”命令没有相关的参数调节，该命令自动获取最亮和最暗的像素，并将其改变为白色和黑色，然后按照比例自动分配中间的像素值。当对图像要求不高时，可使用该命令对图像进行色调调整。在默认情况下，“自动色调”会剪切白色和黑色像素的0.5%来忽略一些极端的像素。特别是在处理像素值平均分布的图像需要简单的对比度调节时或图像有总体色偏时，使用“自动色调”命令可以得到较好的效果。

选择要进行“自动色调”处理的图像后，执行菜单栏中的“图像”|“自动色调”命令，即可对图像应用该命令，使用“自动色调”命令改变图像亮度的百分比，是以最近使用“色阶”对话框时的设置为基准的。

调整图像自动色调的前后效果对比如图10.11所示。

> **技巧**
>
> 按 Shift + Ctrl + L 组合键可以快速应用“自动色调”命令。

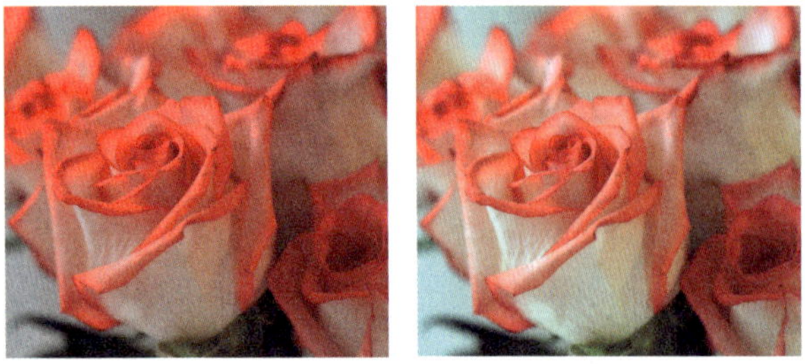

图10.11 调整图像自动色调的前后效果对比

10.2.2 “自动对比度”命令

“自动对比度”主要调节图像像素间的对比程度，它不调整个别颜色通道，只自动调整图像中颜色的整个对比度和混合程度，它将图像中的高光区和阴影区映射为白色和黑色，使高光更加明亮，阴影更加暗淡，以提高整个图像的清晰程度。在默认情况下，“自动对比度”也会剪切白色和黑色像素的0.5%来忽略一些极端的像素。

选择要进行自动对比度调节的图像后，执行菜单栏中的“图像”|“自动对比度”命令，即可对图像应用该命令，图像自动对比度调整前后效果对比如图10.12所示。

> **技巧**
>
> 按 Alt + Shift + Ctrl + L 组合键可以快速应用“自动对比度”命令。

图10.12 图像自动对比度调整前后效果对比

10.2.3 “自动颜色”命令

“自动颜色”命令用于调整图像的对比度和色调，它搜索实际图像而不是某一通道的阴影、半色调和高光区。它可以对一部分高光和阴影区域进行亮度的合并，将处在128级亮度的颜色纠正为128级灰色，并可以剪切白色和黑色中的极端像素，所以它在修正时可能会发生偏色现象。

选择要进行“自动颜色”处理的图像，然后执行菜单栏中的“图像”|“自动颜色”命令，即可对图像应用该命令，图像自动颜色前后效果对比如图10.13所示。

> **技巧**
>
> 按 Shift + Ctrl + B 组合键可以快速应用“自动颜色”命令。

图10.13 图像自动颜色前后效果对比

10.2.4 “亮度/对比度”命令

“亮度/对比度”命令主要用于调节图像的亮度和对比度。它对图像中的每个像素都进行相同的调整。与“曲线”和“色阶”命令不同，该命令只能对图像进行整体调整，对单个通道不起作用。

执行菜单栏中的“图像”|“调整”|“亮度/对比度”命令，将打开“亮度/对比度”对话框。在该对话框中，可设置图像的亮度和对比度。应用“亮度/对比度”命令调整图像的前后效果对比如图10.14所示。

图10.14 “亮度/对比度”调整图像的前后效果对比及参数设置

“亮度/对比度”对话框中各选项的含义说明如下。

- “亮度”：拖动滑块或者在右侧的文本框中输入数值，可以调整图像的亮度，取值范围为-100～100。当值为0时，图像亮度不发生变化。当亮度为负值时，图像的亮度下降；反之，当亮度的数值为正值时，则图像的亮度增加。
- “对比度”：拖动滑块或者在右侧的文本框中输入数值，可以调整图像的对比度，取值范围为-100～

100。当值为0时，图像对比度不发生变化。当对比度为负值时，图像的对比度下降；当对比度的数值为正值时，则图像的对比度增加。

10.2.5 实战案例：使用“亮度对比度”命令调出冰爽饮料效果

- **素材位置** | 素材文件\第10章\啤酒.jpg
- **案例位置** | 案例文件\第10章\使用“亮度对比度”命令调出冰爽饮料效果.jpg
- **视频位置** | 多媒体教学\10.2.5 实战案例 使用“亮度对比度”命令调出冰爽饮料效果.avi
- **难易指数** | ★☆☆☆☆

本例讲解如何利用“亮度/对比度”命令调出冰爽啤酒效果。最终效果如图10.15所示。

图10.15 最终效果

操作步骤

01 执行菜单栏中的“文件”|“打开”命令，打开“啤酒.jpg”文件，如图10.16所示。

图10.16 打开图像

02 执行菜单栏中的“图像”|“调整”|“亮度/对比度”命令，弹出“亮度/对比度”对话框，如图10.17所示。

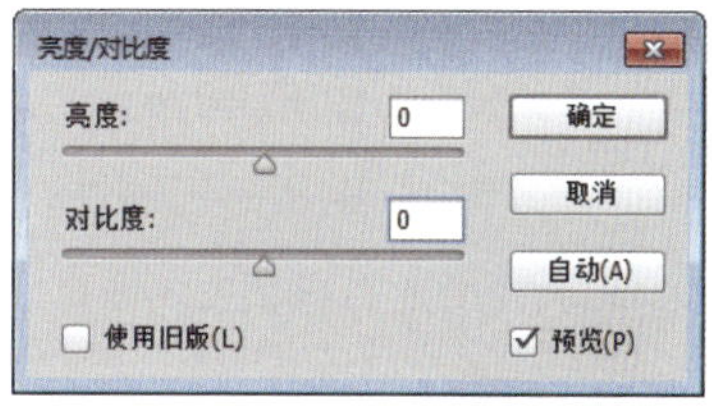

图10.17 “亮度/对比度”对话框

03 将“亮度”更改为50，“对比度”更改为50，如图10.18所示。

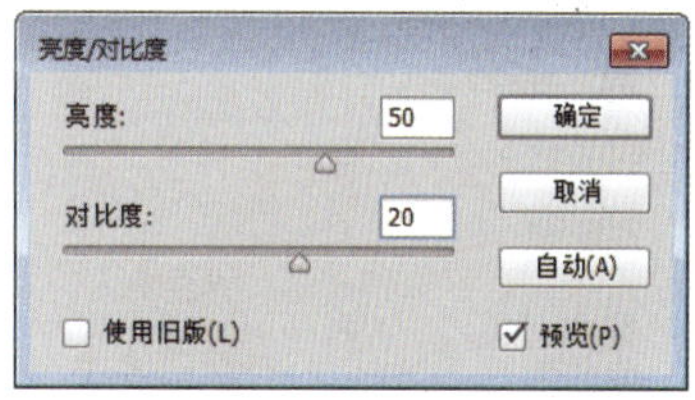

图10.18 更改数值

04 最终的图像效果如图10.19所示。

图10.19 最终效果

10.2.6 “色阶”命令

利用“色阶”命令，可以通过拖动滑块来增强或削弱阴影区、中间色调区和高亮度区。在色阶对话框中可以输入特定的值，在调整色调时它允许读取信息面板的读数。信息面板根据以前和以后的设置来显示这些读数。

执行菜单栏中的“图像”|“调整”|“色阶”命令，“色阶”对话框就会显示图像或选区的直方图。在直方图的下面，沿着底部的轴向的是“输入色阶”滑块，它允许调整阴影区、中间色调区和高亮度区，增加对比

度。右边的白色滑块主要用来调整图像的高亮度值。移动白色滑块时，对话框顶部的“输入色阶”区域右边会显示相应的值0（黑色）~255（白色）。利用“色阶”命令调整图像的前后效果如图10.20所示。

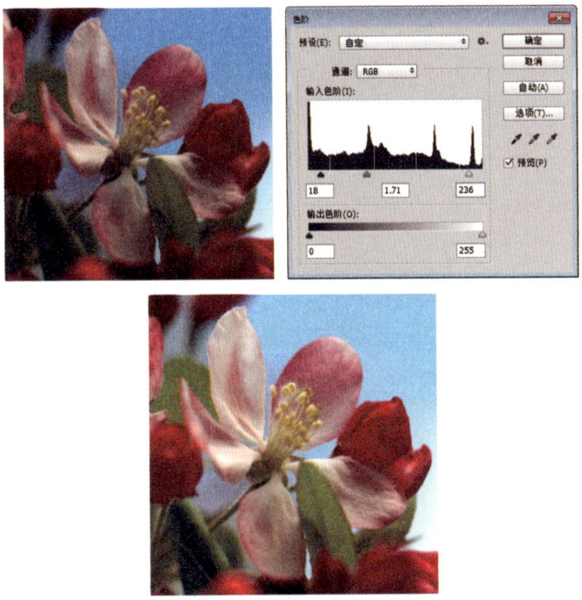

图10.20 利用“色阶”命令调整图像的前后效果

技巧

按 Ctrl + L 组合键可以快速打开“色阶”对话框。

“色阶”对话框中各选项的含义说明如下。

- “预设”：可以从中选择一些默认的色阶设置效果。
- “通道”：指定要进行色调调整的通道。默认情况下为该图像的复合通道，也可以从下拉列表中，选择一个单一通道，只调整某个通道。在使用“色阶”命令前，按住Shift键在“通道”面板中选择多个通道，然后执行菜单栏中的“图像”|“调整”|“色阶”命令，可以同时调整“通道”面板中选择的所有通道。
- “输入色阶”：在“输入色阶”下部有3个按钮并对应3个文本框，分别对应通道的暗调、中间调和高光。拖动左侧的滑块或在左侧的文本框中输入0 ~ 253的数值可以控制图像的暗部色调；拖动中间的滑块或在中间的文本框中输入0.10 ~ 9.99的数值可以控制图像中间的色调；拖动右侧的滑块或在右侧的文本框中输入2 ~ 255的数值可以控制图像亮部色调。缩小输入色阶可以扩大图像的色调范围，提高图像的对比度。
- “输出色阶”：“输出色阶”滑块可减少图像中的白色或黑色，从而降低对比度。向右移动黑色滑块，可以减少图像中的阴影区，从而加亮图像；向左移动白色滑块，可以减少高亮度区，从而加暗图像。当加亮或加暗图像时，Photoshop就根据新的“输出色阶”值重新映射像素。
- “自动”：单击该按钮，Photoshop 将以默认的自动校正选项对图像进行调整。
- “吸管”：在“色阶”对话框中有3个吸管，分别为“设置黑场”、“设置灰场”和“设置白场”。选择任何一个吸管，将鼠标光标移到文档窗口中，鼠标光标变成相应的吸管形状，单击即可进行色调调整。用“黑色吸管”在图像中单击，图像中所有像素的亮度值将减去吸管单击处的像素亮度值，从而使图像变暗；“白色吸管”与黑色吸管相反，Photoshop将所有像素的亮度值加上吸管单击处的像素的亮度值，从而提高图像的亮度；“灰色吸管”所点中的像素的亮度值用来调整图像的色调分布。

10.2.7 实战案例：使用“色阶”命令调出鲜艳玩偶

- **素材位置** | 素材文件\第10章\玩偶.jpg
- **案例位置** | 案例文件\第10章\使用“色阶”命令调出鲜艳玩偶.psd
- **视频位置** | 多媒体教学\10.2.7 实战案例 使用“色阶”命令调出鲜艳玩偶.avi
- **难易指数** | ★☆☆☆☆

本例讲解的是如何利用“色阶”命令调出鲜艳玩偶。最终效果如图10.21所示。

图10.21 最终效果

操作步骤

01 执行菜单栏中的“文件”|“打开”命令，打开“玩偶.jpg”文件，如图10.22所示。

02 在“图层”面板中选中“背景”图层，将其拖动至图层下方的“创建新图层”按钮上，将其复制一个图层 拷贝，如图10.23所示。

图10.22　打开图像

图10.23　复制图层

03 选择“图层 拷贝”图层，将其图层混合模式更改为“滤色”，“不透明度”更改为40%，如图10.24所示，效果如图10.25所示。

图10.24　设置调整图层参数

图10.25　应用效果

04 在“图层”面板中单击面板底部的“创建新的填充或调整图层”按钮，在弹出的菜单中选择“色阶”命令，将其数值更改为（20，1.51，241），如图10.26所示，这样就完成了最终效果制作，如图10.27所示。

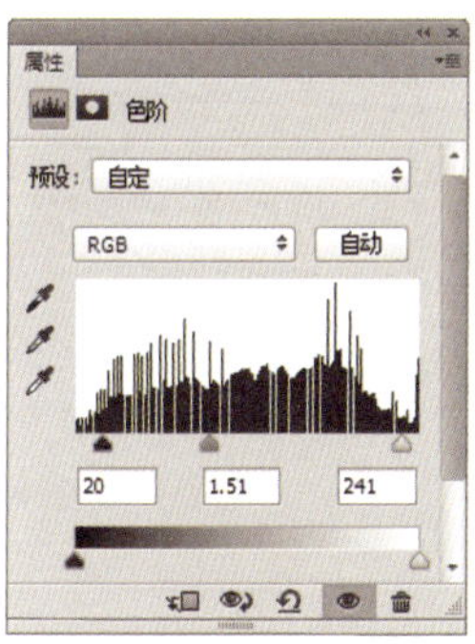

图10.26　更改色阶数值

图10.27　最终效果

10.2.8 实战案例：使用“色阶”命令打造美食效果

- **素材位置** | 素材文件\第 10 章\美食.jpg
- **案例位置** | 案例文件\第 10 章\使用“色阶”命令打造美食效果.jpg
- **视频位置** | 多媒体教学\10.2.8 实战案例 使用“色阶”命令打造美食效果.avi
- **难易指数** | ★☆☆☆☆

本例讲解如何利用“色阶”命令打造美食效果。最终效果如图10.28所示。

图10.28　最终效果

操作步骤

01 执行菜单栏中的“文件”|“打开”命令，打开“美食.jpg”文件，如图10.29所示。

图10.29　打开图像

02 执行菜单栏中的“图像”|“调整”|“色阶”命令，弹出“色阶”命令对话框，如图10.30所示。

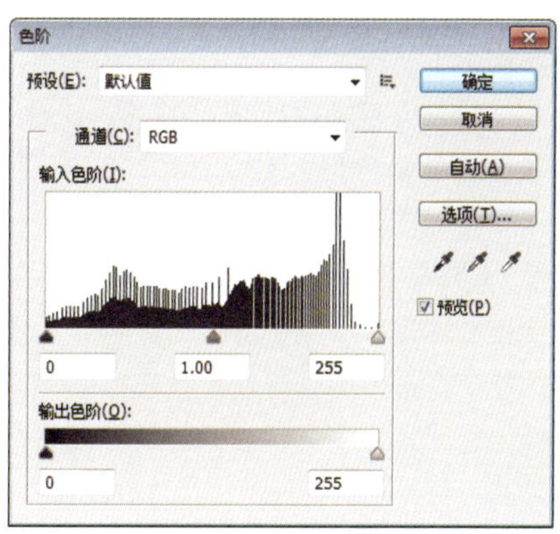

图10.30　“色阶”对话框

03 将“输入色阶”值更改为（20，1.43，227），如图10.31所示。

04 这样就完成了效果制作，最终效果如图10.32所示。

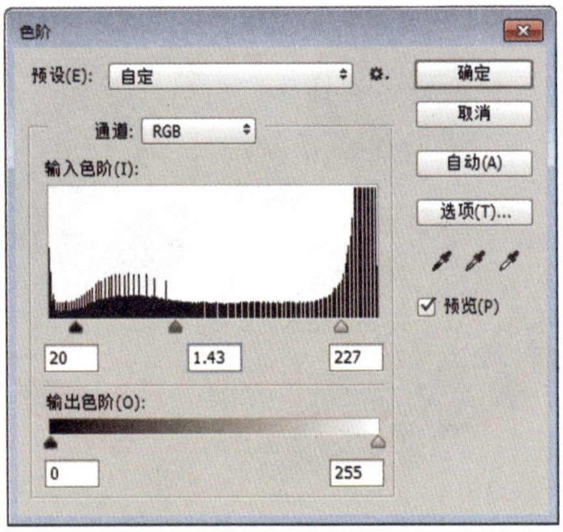

图10.31 更改色阶数值

图10.32 最终效果

10.2.9 “曲线”命令

“曲线”命令是使用率非常高的色调控制命令，它的功能和“色阶”相同，只不过它比“色阶”命令有更多的选项设置，用曲线调整明暗度，不但可以调整图像整体的色调，还可以精确地控制多个色调区域的明暗度。执行菜单栏中的“图像”|“调整”|“曲线”命令，可以打开“曲线”对话框。

“曲线”对话框是独一无二的，因为它能根据曲线的色调范围精确地定出图像中的任何区域。当将鼠标光标定位在图像的某部分上并单击鼠标左键后，曲线上就出现一个圆，它显示了图像像素标定的位置。调整出现白色圆圈的点，就可编辑与曲线上的点相对应的所有图像区域，如图10.33所示。

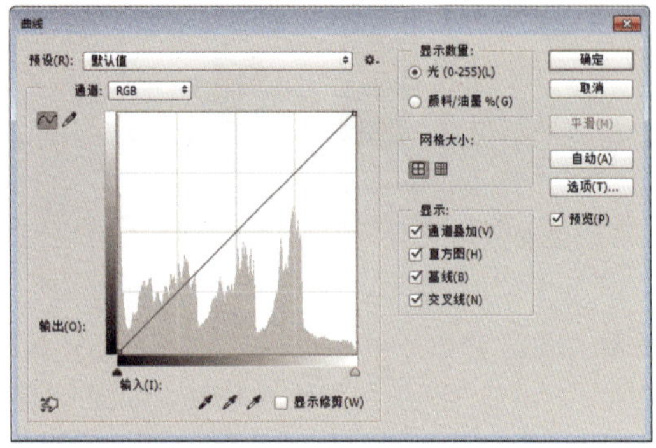

图10.33 “曲线”对话框

技巧

按 Ctrl +M 组合键可以快速打开“曲线”对话框。

“曲线”对话框中各选项的含义说明如下。

- “预设”：在右侧的下拉列表中，可以选择一种预设的曲线调整效果。
- “编辑点以修改曲线”：单击该按钮，激活曲线编辑状态。在编辑区中的曲线上单击可以创建一个点，拖动这个点可以调图像中该点范围内的亮度值。如果想在图像中确定点，可以在按住Ctrl键的同时，在文档窗口中的图像上单击鼠标左键，即可在“曲线”对话框中的曲线上，自动创建一个与之对应的编辑点。

技巧

按住 Shift 键，可以选择多个点；按住 Ctrl 键或者使用鼠标左键将曲线上的某个点拖到编辑区外，可以删除该点。

- “通过绘制来修改曲线”：单击该按钮，可以在编辑区中按住鼠标左键拖动，自由绘制曲线以调整图像。
- “在图像上单击并拖动可修改曲线”：单击该按钮，可以在图像上的任意位置单击并拖动，自由调整图像的曲线效果。

因为曲线允许改变图像的色调范围，所以，单击并拖动曲线图中对角线的下半部分可以调整高亮区，单击并拖动对角线的上半部分可以调整阴影区，单击并拖动对角线的中间部分可以调整中间色调区。曲线命令调整图像的前后效果对比及参数设置如图10.34所示。

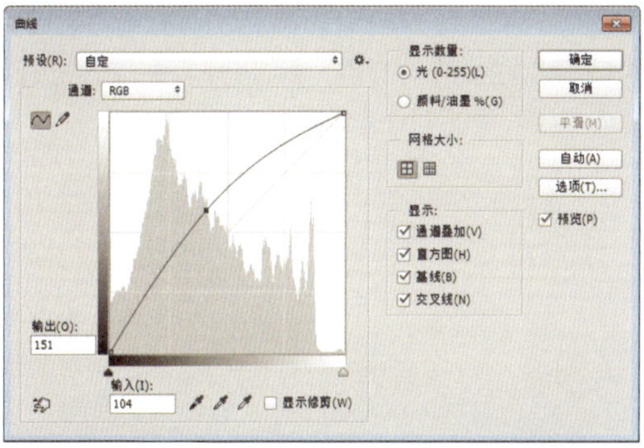

图10.34　曲线命令调整图像的前后效果对比

10.2.10 实战案例：使用“曲线”命令调出漂亮绿叶

- **素材位置** | 素材文件\第 10 章\绿叶.jpg
- **案例位置** | 案例文件\第 10 章\使用“曲线”命令调出漂亮绿叶.jpg
- **视频位置** | 多媒体教学\10.2.10　实战案例　使用“曲线”命令调出漂亮绿叶.avi
- **难易指数** | ★☆☆☆☆

本例讲解的是如何利用“曲线”命令调出漂亮绿叶效果。最终效果如图10.35所示。

图10.35　最终效果

操作步骤

01 执行菜单栏中的“文件”|“打开”命令，打开“绿叶.jpg”文件，如图10.36所示。

图10.36　打开图像

02 执行菜单栏中的“图像”|“调整”|“曲线”命令，弹出“曲线”命令对话框，如图10.37所示。

03 在“曲线”调整对话框中的直方图中将曲线向上提，将照片提亮，如图10.38所示。

04 这样就完成了最终效果，如图10.39所示。

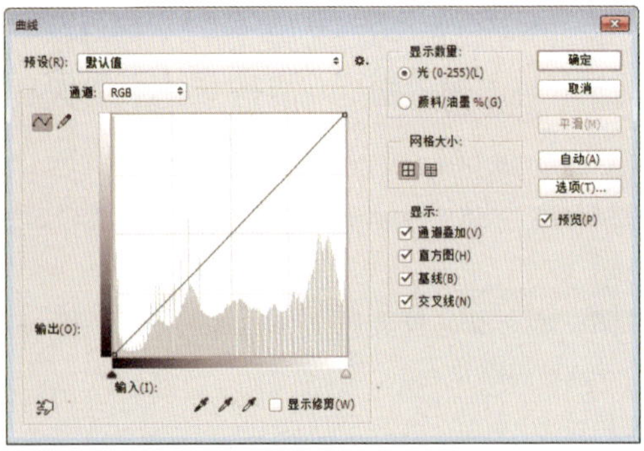

图10.37 “曲线”对话框

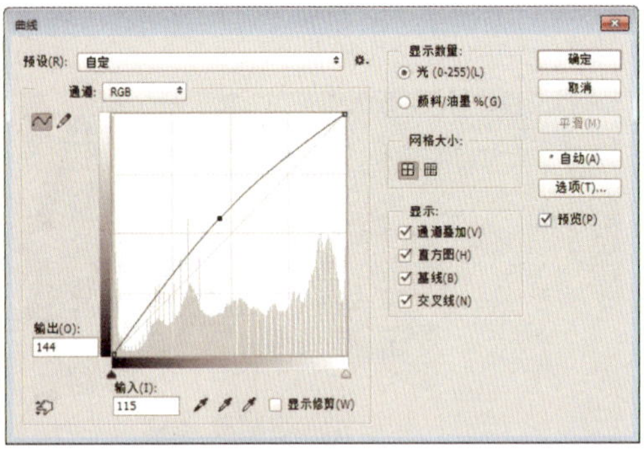

图10.38 调整曲线

图10.39 最终效果

10.2.11 实战案例：使用“曲线”命令调出湖泊美景

- **素材位置** | 素材文件\第10章\湖泊.jpg
- **案例位置** | 案例文件\第10章\使用“曲线”命令调出湖泊美景.jpg
- **视频位置** | 多媒体教学\10.2.11 实战案例 使用“曲线”命令调出湖泊美景.avi
- **难易指数** | ★☆☆☆☆

本例讲解的是如何使用“曲线”命令调出湖泊美景效果。最终效果如图10.40所示。

图10.40 最终效果

操作步骤

01 执行菜单栏中的“文件”|“打开”命令，打开“湖泊.jpg”文件，如图10.41所示。

图10.41 打开图像

02 执行菜单栏中的“图像”|“调整”|“曲线”命令，弹出“曲线”命令对话框，如图10.42所示。

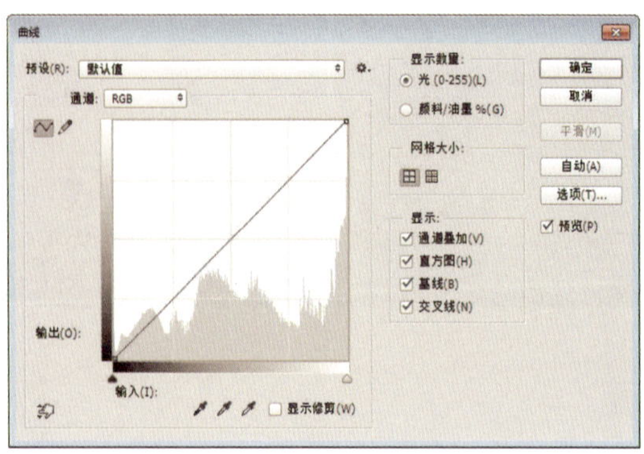

图10.42 “曲线”对话框

03 单击“自动”按钮，如图10.43所示。

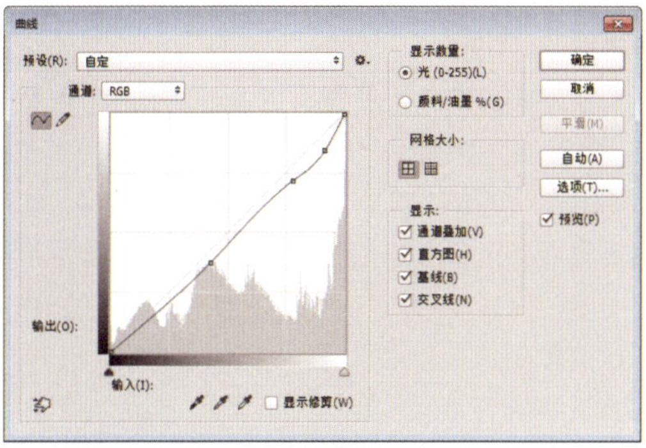

图10.43 调整曲线

04 这样就完成了最终效果，如图10.44所示。

图10.44 最终效果

10.2.12 “曝光度”命令

利用“曝光度”命令，可以将拍摄中产生的曝光过度或曝光不足的图片处理成正常效果。执行菜单栏中的“图像”|“调整”|“曝光度”命令，打开“曝光度”对话框，可以对曝光度进行详细的调整。

应用“曝光度”命令调整图像的前后效果对比如图10.45所示。

图10.45 应用“曝光度”调整图像的前后效果

图10.45 应用“曝光度”调整图像的前后效果（续）

“曝光度”对话框中各选项的含义说明如下。

- “曝光度”：修改图像的曝光程度。值越大，图像的曝光度也越大。
- “位移”：指定图像曝光范围。
- “灰度系数校正”：用来指定图像中的灰度程度，校正灰度系数。

10.2.13 实战案例：使用“曝光度”命令挽救曝光不足的照片

- **素材位置** | 素材文件\第 10 章\蔬菜.jpg
- **案例位置** | 案例文件\第 10 章\使用“曝光度”命令挽救曝光不足的照片.jpg
- **视频位置** | 多媒体教学\10.2.13 实战案例 使用“曝光度”命令挽救曝光不足的照片.avi
- **难易指数** | ★☆☆☆☆

本例讲解的是如何利用“曝光度”命令挽救曝光不足的蔬菜照片。最终效果如图10.46所示。

图10.46 最终效果

操作步骤

01 执行菜单栏中的“文件”|“打开”命令，打开“蔬菜.jpg”文件，如图10.47所示。

图10.47 打开图像

02 执行菜单栏中的“图像”|“调整”|“曝光度”命令，弹出“曝光度”命令对话框，如图10.48所示。

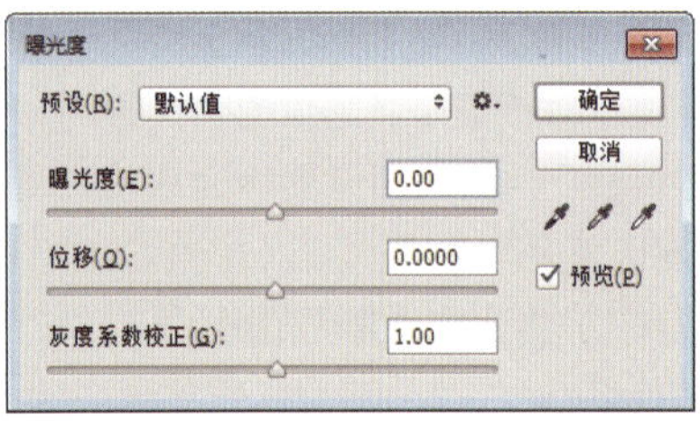

图10.48 “曝光度”对话框

03 将“曝光度”更改为1，“灰度系数校正”更改为1.24，如图10.49所示。

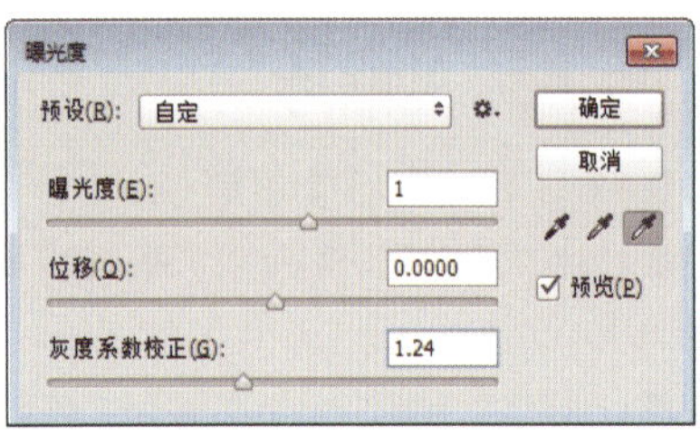

图10.49 调整数值

04 这样就完成了效果制作，最终效果如图10.50所示。

图10.50 最终效果

10.2.14 “阴影/高光”命令

“阴影/高光”命令适合纠正严重逆光但具有轮廓的图片，以及纠正因为离相机闪光较近导致有些褪色（苍白）的图片。该命令也应用于使阴影局部发亮，但不能调整图像的高光和黑暗，它仅照亮或变暗图像中黑暗和高光的周围像素（邻近的局部），使用户可以分开来控制阴影和高光。

选择要应用该命令的图像，然后执行菜单栏中的“图像”|“调整”|“阴影/高光”命令，打开“阴影和高光”对话框。应用“阴影/高光”命令调整图像的前后效果对比如图10.51所示。

图10.51 应用“阴影/高光”调整图像的前后效果

“阴影/高光”对话框中各选项的含义说明如下。

- “阴影”：用来调整图像中暗部区域。通过修改“数量”“色调宽度”和“半径”这3个选项的参数，可以将图像暗部区域的明度提高且不会影响图像中高光区域的亮度。
- “高光”：用来调整图像中高光区域。通过修改

“数量”“色调宽度”和“半径”这3个选项的参数，可以将图像高光区域的明度降低且不会影响图像中暗部区域的明暗度。

- “调整”：用来设置图像中间色调区域，可以对图像的色彩进行校正，并且可以调整图像中间调的对比度。

10.2.15 实战案例：使用“阴影与高光”命令展现图像细节

- **素材位置** | 素材文件\第10章\花草.jpg
- **案例位置** | 案例文件\第10章\使用“阴影与高光”命令展现图像细节.jpg
- **视频位置** | 多媒体教学\10.2.15　实战案例　使用“阴影与高光”命令展现图像细节.avi
- **难易指数** | ★☆☆☆☆

本例讲解如何使用“阴影/高光”命令展现图像的细节。最终效果如图10.52所示。

图10.52　最终效果

操作步骤

01 执行菜单栏中的“文件”|“打开”命令，打开“花草.jpg”文件，如图10.53所示。

图10.53　打开图像

02 执行菜单栏中的“图像”|“调整”|“阴影/高光”命令，弹出“阴影/高光”命令对话框，如图10.54所示。

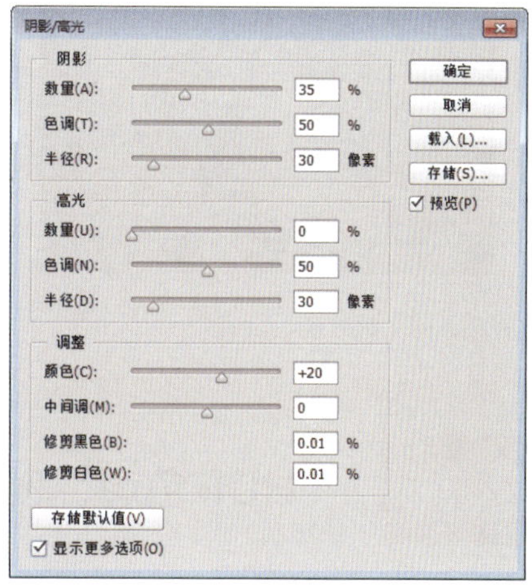

图10.54　“阴影/高光”对话框

03 “阴影/高光”命令会自动计算图像中的阴影及高光图像像素，此时的图像效果如图10.55所示。

图10.55　图像效果

04 在“阴影/高光”对话框中将“数量”更改为60%，将“半径”更改为50像素，如图10.56所示。

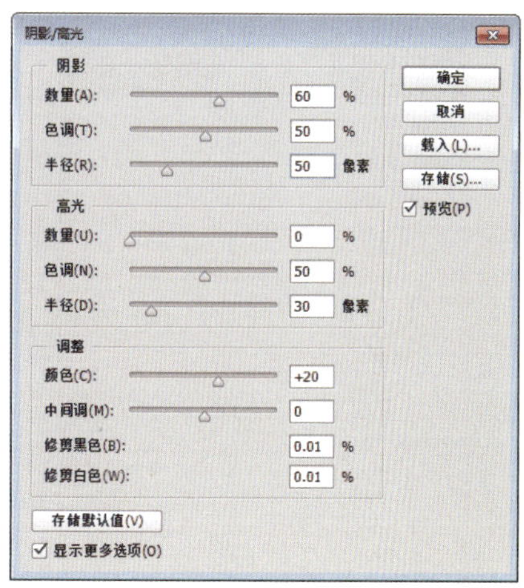

图10.56　更改“阴影/高光”数值

05 更改之后就完成了最终效果，如图10.57所示。

图10.57 最终效果

10.2.16 “HDR色调”命令

HDR的全称是High Dynamic Range，即高动态范围。动态范围是指信号最高和最低值的相对比值。目前的16位整型格式使用从0（黑）到1（白）的颜色值，但是不允许所谓的“过范围”值，比如说金属表面比白色还要白的高光处的颜色值。

HDR 色调调整主要针对 32 位的 HDR 图像，但是也可以将其应用于 16 位和 8 位图像以创建类似 HDR 的效果。简单来说，HDR效果主要有3个特点：亮的地方可以非常亮；暗的地方可以非常暗；亮暗部的细节非常明显。应用“HDR色调”命令调整图像的前后效果对比如图10.58所示。

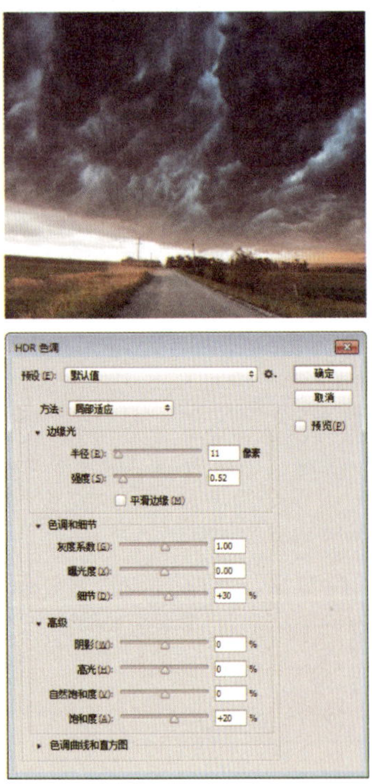

图10.58 应用“HDR色调”调整图像的前后效果

图10.58 应用“HDR色调”调整图像的前后效果（续）

“HDR色调”对话框中各选项的含义说明如下。

- “局部适应”：通过调整图像中的局部亮度区域来调整HDR色调。
- “边缘光”：“半径”指定局部亮度区域的大小。“强度”指定两个像素的色调值相差多大时，它们属于不同的亮度区域。
- “色调和细节”：“灰度系数”设置为1.0时动态范围最大；较低的设置会加重中间调，而较高的设置会加重高光和阴影。“曝光度”值反映光圈大小。拖动“细节”滑块可以调整锐化程度，拖动“阴影”和“高光”滑块可以使这些区域变亮或变暗。
- “高级”：“自然饱和度”可以调整细微颜色强度，同时尽量不剪切高度饱和的颜色。“饱和度”调整从－100（单色）到+100（双饱和度）的所有颜色的强度。
- “色调曲线”：在直方图上显示一条可调整的曲线，从而显示原始的32位HDR图像中的明亮度值。横轴的红色刻度线以一个EV（约为一级光圈）为增量。
- “色调均化直方图”：在压缩HDR图像动态范围的同时，尝试保留一部分对比度。无须进一步调整；此方法会自动进行调整。
- “曝光度和灰度系数”：允许手动调整HDR图像的亮度和对比度。移动“曝光度”滑块可以调整增益，移动“灰度系数”滑块可以调整对比度。
- “高光压缩压缩”：HDR图像中的高光值，使其位于8位/通道或16位/通道的图像文件的亮度值范围内。无须进一步调整；此方法会自动进行调整。

10.2.17 实战案例：使用“HDR色调”命令打造惊艳黄昏风景

- **素材位置** | 素材文件\第10章\黄昏草原.jpg
- **案例位置** | 案例文件\第10章\使用“HDR色调”命令打造惊艳黄昏风景.jpg
- **视频位置** | 多媒体教学\10.2.17 实战案例 使用“HDR色调”命令打造惊艳黄昏风景.avi
- **难易指数** | ★☆☆☆☆

本例讲解的是如何利用“HDR色调”命令打造惊艳风景照效果。最终效果如图10.59所示。

图10.59 最终效果

操作步骤

01 执行菜单栏中的“文件”|“打开”命令，打开“黄昏草原.jpg”文件，如图10.60所示。

图10.60 打开图像

02 执行菜单中的“图像”|“调整”|“HDR色调”命令，弹出“HDR色调”对话框，如图10.61所示。

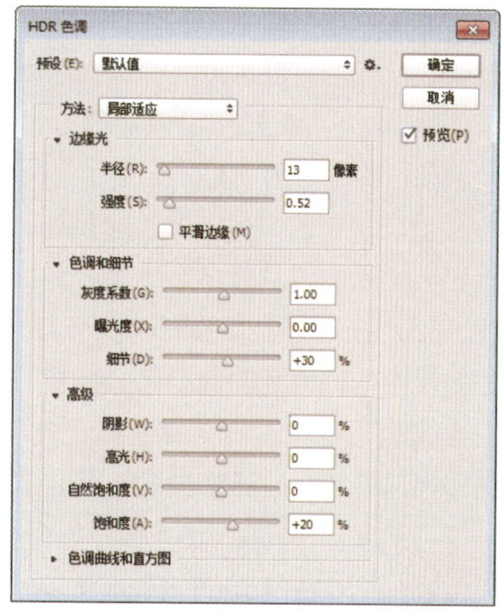

图10.61 “HDR色调”对话框

03 将“半径”更改为100像素，“强度”更改为1，单击“确定”按钮，如图10.62所示。

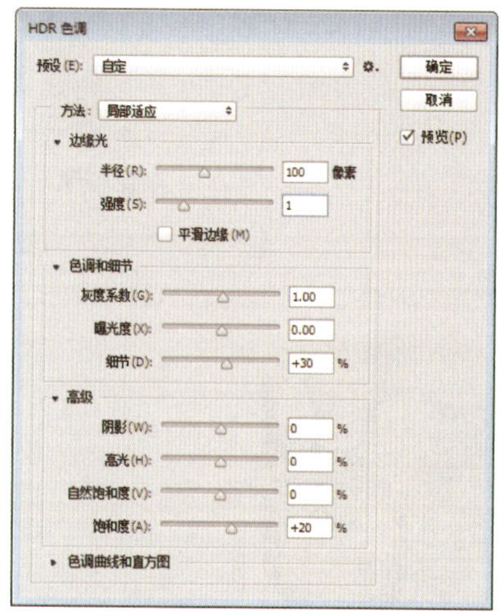

图10.62 更改数值

04 这样就完成了效果制作，最终效果如图10.63所示。

图10.63 最终效果

10.3 图像的基本色彩调整

图像颜色的校正主要包括色彩平衡、色相/饱和度、替换颜色、匹配颜色、可选颜色和通道混合器的调整，下面来详细讲解这些命令的使用。

颜色校正包括改变图像的色相、饱和度、阴影、中间色调或高亮区，使最终的输出结果尽可能达到最令人满意的效果。颜色校正经常需要补偿颜色品质的损失，颜色校正在确保图像的颜色与原来的颜色相符方面非常重要，并且事实上可能产生一个超过原色的改进颜色。颜色校正和修描还需要一些经过实践练出的艺术技巧。

10.3.1 “自然饱和度”命令

“自然饱和度”命令主要用来调整图像的饱和度，以便在颜色接近最大饱和度时最大限度地减少修剪。该调整可以增加与已饱和的颜色相比，并增加不饱和的颜色的饱和度。“自然饱和度”命令还可防止肤色过度饱和。应用“自然饱和度”命令调整图像饱和度的前后效果对比如图10.64所示。

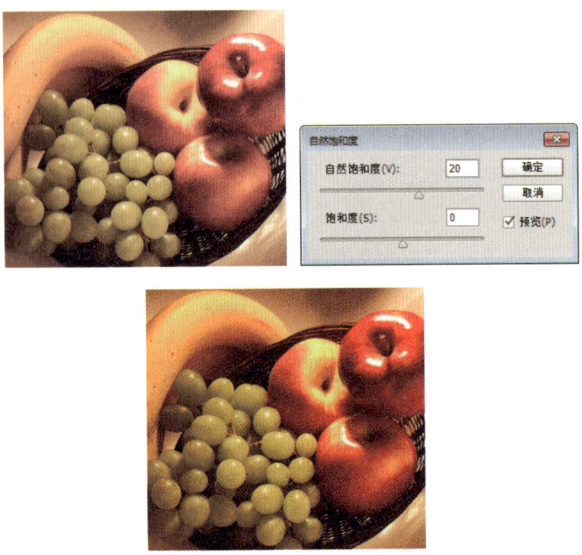

图10.64 应用“自然饱和度”调整图像的前后效果

10.3.2 实战案例：使用“自然饱和度”命令调出美丽花朵

● **素材位置** | 素材文件\第10章\花朵.jpg

● **案例位置** | 案例文件\第10章\使用“自然饱和度”命令调出美丽花朵.jpg

● **视频位置** | 多媒体教学\10.3.2 实战案例 使用“自然饱和度”命令调出美丽花朵.avi

● **难易指数** | ★☆☆☆☆

本例讲解的是如何利用“自然饱和度”命令调出美丽花朵效果。最终效果如图10.65所示。

图10.65 最终效果

操作步骤

01 执行菜单栏中的“增加”|“打开”命令，打开“花朵.jpg”文件，如图10.66所示。

图10.66 打开图像

02 执行菜单栏中的“图像”|“调整”|“自然饱和度”命令，弹出“自然饱和度”命令对话框，如图10.67所示。

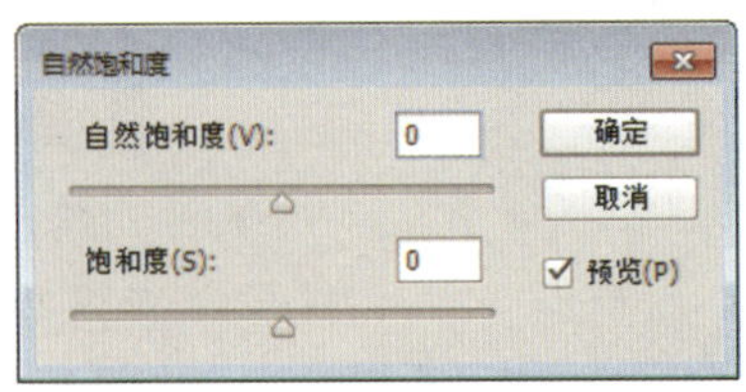

图10.67 “自然饱和度”对话框

03 将“自然饱和度”的值更改为80，“饱和度”的值更改为20，如图10.68所示。

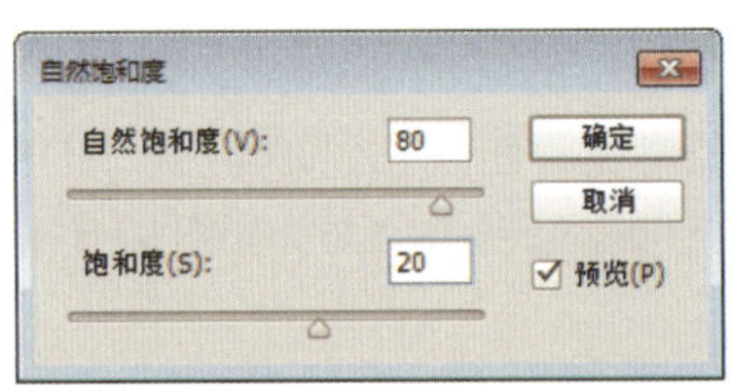

图10.68 调整数值

04 这样就完成了最终效果，如图10.69所示。

图10.69　最终效果

10.3.3　“色相/饱和度”命令

“色相/饱和度”命令主要用于改变像素的色相及饱和度，而且它还可以通过给像素指定新的色相和饱和度，从而为灰度图像添加色彩。执行菜单栏中的“图像”|“调整”|“色相/饱和度”命令，打开“色相/饱和度”对话框，可以改变特定颜色的色相、饱和度或亮度值。应用“色相/饱和度”命令调整图像的前后效果对比如图10.70所示。

图10.70　“色相/饱和度”命令调整前后效果

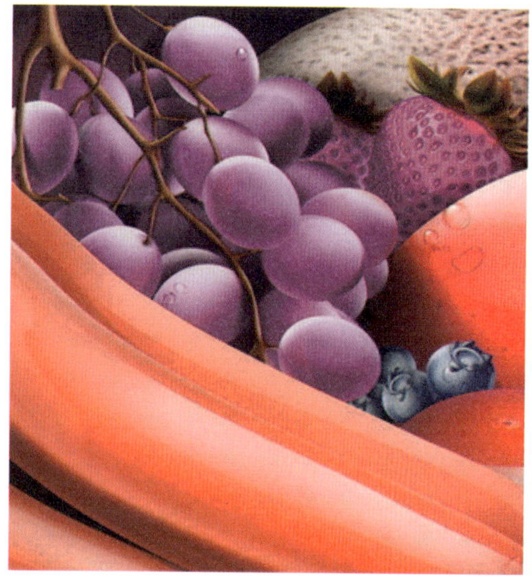

图10.70　“色相/饱和度”命令调整前后效果（续）

> **技巧**
>
> 按 Ctrl + U 组合键可以快速打开“色相/饱和度”对话框。

“色相/饱和度”对话框中各选项的含义说明如下。

- “预设”：可以从中选择一些默认的色相/饱和度的设置效果。
- “编辑”：在编辑的下拉列表框中可以选择校正的颜色，可以选择“红色”“黄色”“绿色”“青色”“蓝色”或“洋红色”。如果要编辑所有的颜色，可选择“编辑”下拉列表中的“全图”。
- “色相”：要调整色相，只需拖动“色相”滑块。向右拖动可模拟在颜色轮上顺时针旋转，向左拖动可模拟在颜色轮上逆时针旋转。
- “饱和度”：要增大饱和度，可向右拖动“饱和度”滑块，而向左拖动会降低饱和度。
- “明度”：要增加亮度，可向右拖动“明度”滑块；要减小亮度，可向左拖动。
- “吸管”：只要选择了一种颜色，对话框中的“吸管工具”按钮就会激活。可用“吸管工具”单击屏幕上的区域以设置要校正的特定区域。如果要扩大该区域，可单击“添加到取样”按钮并单击取样；如果要缩小该区域，可单击“从取样中减去”按钮并单击取样。
- “着色”：勾选该复选框，可以为一幅灰色或黑白的图像添加彩色，变成一幅单色彩图像。也可以将一幅彩色图像，转换为单一色彩的图像。

10.3.4 实战案例：使用“色相/饱和度”命令调出质感汽车

● **素材位置** | 素材文件\第10章\汽车.jpg

● **案例位置** | 案例文件\第10章\使用“色相/饱和度”命令调出质感汽车.jpg

● **视频位置** | 多媒体教学\10.3.4 实战案例 使用“色相/饱和度”命令调出质感汽车.avi

● **难易指数** | ★☆☆☆☆

本例讲解的是如何利用“色相饱和度”命令调出质感汽车。最终效果如图10.71所示。

图10.71 最终效果

操作步骤

01 执行菜单栏中的“文件”|“打开”命令，打开“汽车.jpg”文件，如图10.72所示。

图10.72 打开图像

02 执行菜单栏中的“图像”|“调整”|“色相/饱和度”命令，弹出“色相/饱和度”对话框，如图10.73所示。

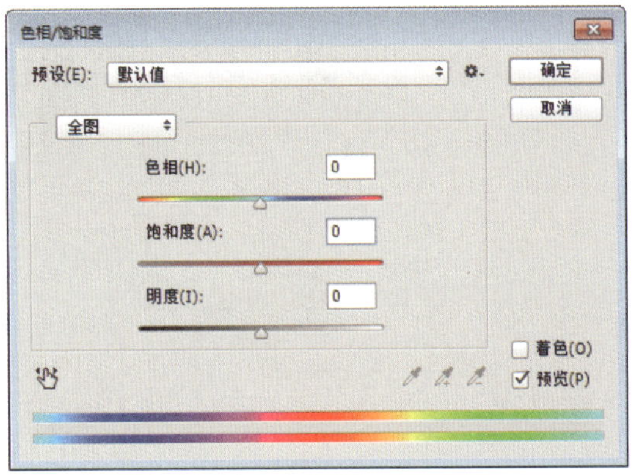

图10.73 “色相/饱和度”对话框

03 将“饱和度”的值更改为50，单击“确定”按钮，如图10.74所示。

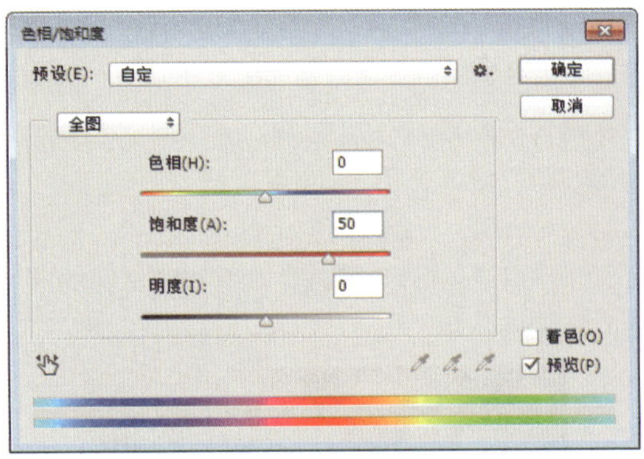

图10.74 修改参数

04 这样就完成了最终效果，如图10.75所示。

图10.75 最终效果

10.3.5 实战案例：使用“色相/饱和度”命令调整天空颜色

- **素材位置** | 素材文件\第 10 章\热气球.jpg
- **案例位置** | 案例文件\第 10 章\使用“色相/饱和度”命令调整天空颜色.jpg
- **视频位置** | 多媒体教学\10.3.5 实战案例 使用“色相/饱和度”命令调整天空颜色.avi
- **难易指数** | ★☆☆☆☆

本例讲解的是如何利用“色相/饱和度”命令更换天空颜色的效果。最终效果如图10.76所示。

图10.76 最终效果

操作步骤

01 执行菜单栏中的“文件”|“打开”命令，打开“热气球.jpg”文件，如图10.77所示。

图10.77 打开图像

02 执行菜单栏中的“图像”|“调整”|“色相/饱和度”命令，弹出“色相/饱和度”命令对话框，如图10.78所示。

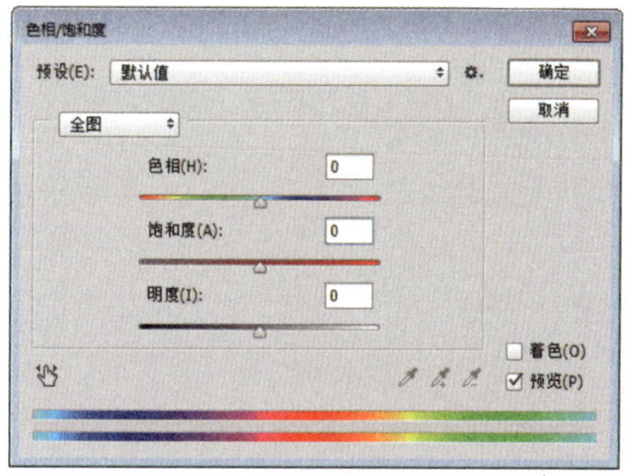

图10.78 “色相/饱和度”对话框

03 将“色相”的值更改为31，如图10.79所示。

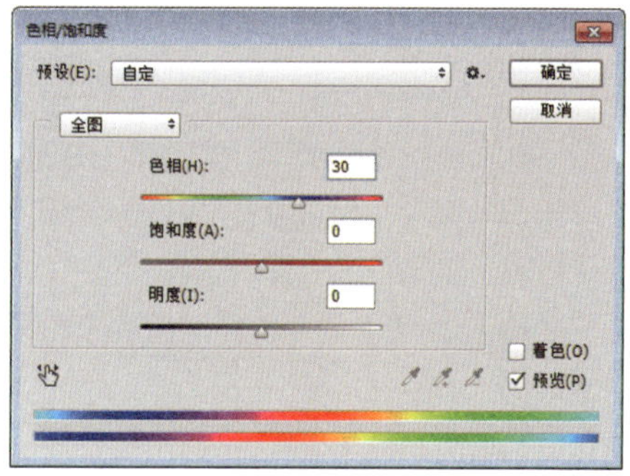

图10.79 修改参数

04 单击“确定”按钮后就完成了最终效果，如图10.80所示。

图10.80 最终效果

技术延伸 色相/饱和度颜色条应用

在“色相/饱和度”对话框中拖动滑块时，应注意到变化的范围受显示在两个颜色条之间灰色调整滑块的限制。允许的变化百分数显示在滑块的上方。调整滑块可控制变化的范围和速度（变化的快慢）。调整滑块的中间（暗区）是受调整影响的颜色范围。左边较亮的区域和较暗部分的右边表示变化的速度。下面是调整滑块的4种方式：

- 要选择图像中需调整的另一种颜色区域，可单击并拖动灰色滑块的中间。
- 要调整颜色校正的范围和速度，可单击白色条并左右拖动。
- 要调整颜色校正的范围，但不调整其速度，可单击并拖动颜色条中较亮的区域。
- 要调整颜色校正的速度，而不调整其范围，可单击并拖动一个白色三角形。

10.3.6 “色彩平衡”命令

“色彩平衡”命令允许在图像中混合各种颜色，以增加颜色均衡效果。执行菜单栏中的“图像”|“调整”|“色彩平衡”命令，就会打开“色彩平衡”对话框。

如果将滑块向右移动，将为图像添加该滑块对应的颜色。将滑块向左移动，可为图像添加该滑块对应的补色。

单击并拖动滑块，可在每一种RGB颜色范围中移动，也可移动到它的CMYK补色的范围中。RGB值的范围是从0到100，CMYK值将以负值显示，范围是从－100到0。应用“色彩平衡”命令调整图像的前后效果对比如图10.81所示。

> **技巧**
>
> 按Ctrl＋B组合键可以快速打开“色彩平衡”对话框。

图10.81 “色彩平衡”调整图像的前后效果

“色彩平衡”对话框中各选项的含义说明如下。

- 青色—红色：第1个滑竿的范围是从“青色”到“红色”。
- 洋红—绿色：第2个滑竿的范围是从“洋红”到“绿色”。
- 黄色—蓝色：第3个滑竿的范围是从“黄色”到“蓝色”。
- “保持明度”：在调整颜色均衡时，可以使“保持明度”复选框保持为选中状态，以确保亮度值不变。

10.3.7 实战案例：使用“色彩平衡”命令修正偏色照片

- **素材位置** | 素材文件\第10章\抹茶蛋糕.jpg
- **案例位置** | 案例文件\第10章\使用“色彩平衡”命令修正偏色照片.jpg
- **视频位置** | 多媒体教学\10.3.7 实战案例 使用“色彩平衡”命令修正偏色照片.avi
- **难易指数** | ★☆☆☆☆

本例讲解的是使用“色彩平衡”命令修正偏色照片。最终效果如图10.82所示。

图10.82 最终效果

操作步骤

01 执行菜单栏中的“文件”|“打开”命令，打开“抹茶蛋糕.jpg”文件，如图10.83所示。

图10.83 打开图像

02 执行菜单栏中的“图像”|“调整”|“色彩平衡”命令，弹出“色彩平衡”命令对话框，如图10.84所示。

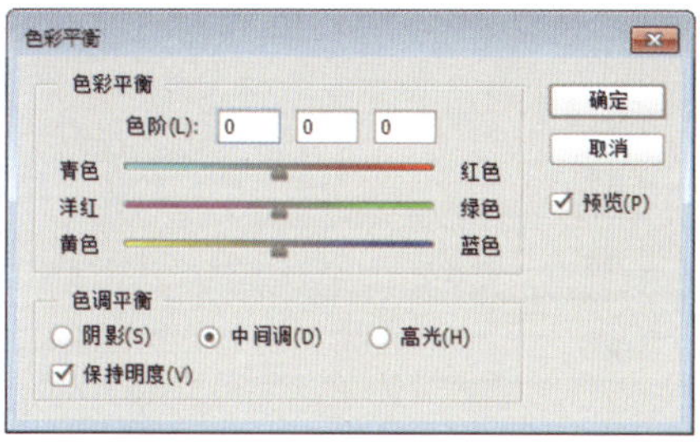

图10.84 “色彩平衡”对话框

03 将“阴影”中的“色阶”值更改为（0，-10，-20），如图10.85所示。

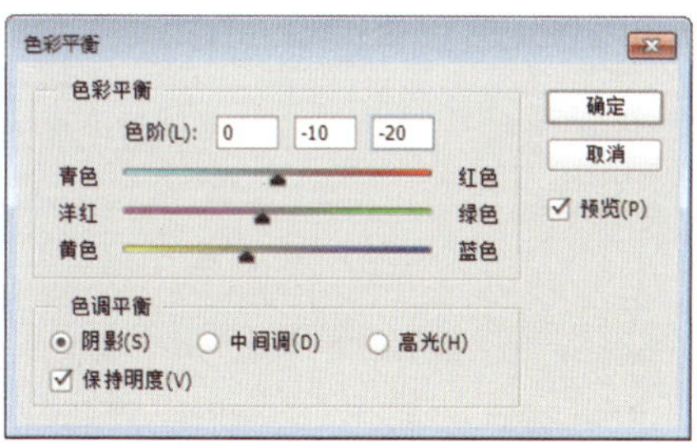

图10.85 调整“阴影”参数

04 将“中间调”中的“色阶”值更改为（11，-5，13），如图10.86所示。

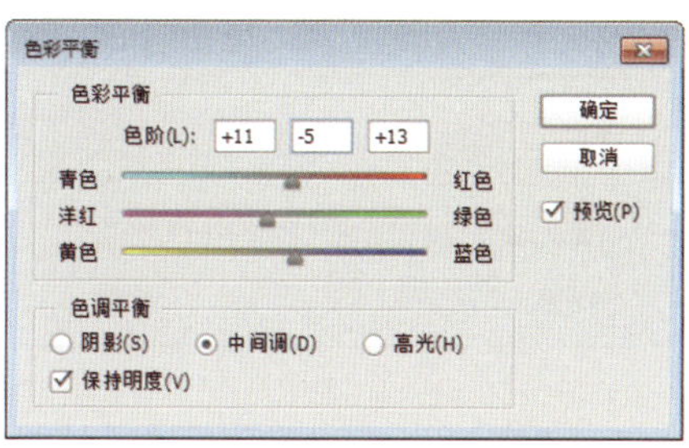

图10.86 调整“中间调”参数

05 单击“确定”按钮后就完成了效果制作，最终效果如图10.87所示。

图10.87 最终效果

10.3.8 “通道混合器”命令

使用“通道混合器”命令，可以使用当前图像的颜色通道的混合来修改图像的颜色通道，达到修改图像颜色的目的。

选择要应用该命令的图像，然后执行菜单栏中的“图像”|“调整”|“通道混合器”命令，打开“通道混合器”对话框。应用“通道混合器”命令调整图像的前后效果对比如图10.88所示。

图10.88 “通道混合器”调整图像的前后效果

"通道混合器"对话框中选项的含义说明如下。

- "预设"：从右侧的下拉列表中，可以选择一个预设的通道混合器颜色调整。
- "输出通道"：指定要调整的通道。从右侧的下拉列表中，选择一个要调整的通道，不同的颜色模式显示的通道效果将不同。
- "源通道"：通过拖动不同的颜色滑块，可以调整该颜色在图像中的颜色成分。对图像的颜色进行调整。
- "常数"：拖动滑块或在文本框中输入数值，可以改变当前指定通道的不透明度。当值为负值时，通道的颜色偏向黑色；当值为正值时，通道的颜色偏向白色。
- "单色"：勾选该复选框，可以将彩色图像转换成灰色图像，即图像中只包含灰度值。

10.3.9 实战案例：使用"通道混合器"命令调出艺术色彩效果

- **素材位置** | 素材文件\第10章\玩具猪.jpg
- **案例位置** | 案例文件\第10章\使用"通道混合器"命令调出艺术色彩效果.jpg
- **视频位置** | 多媒体教学\10.3.9 实战案例 使用"通道混合器"命令调出艺术色彩效果.avi
- **难易指数** | ★☆☆☆☆

本例讲解的是如何利用"通道混合器"命令调出艺术色彩效果。最终效果如图10.89所示。

图10.89 最终效果

操作步骤

01 执行菜单栏中的"文件" | "打开"命令，打开"玩具猪.jpg"文件，如图10.90所示。

图10.90 打开图像

02 执行菜单栏中的"图像" | "调整" | "通道混合器"命令，弹出"通道混合器"命令对话框，如图10.91所示。

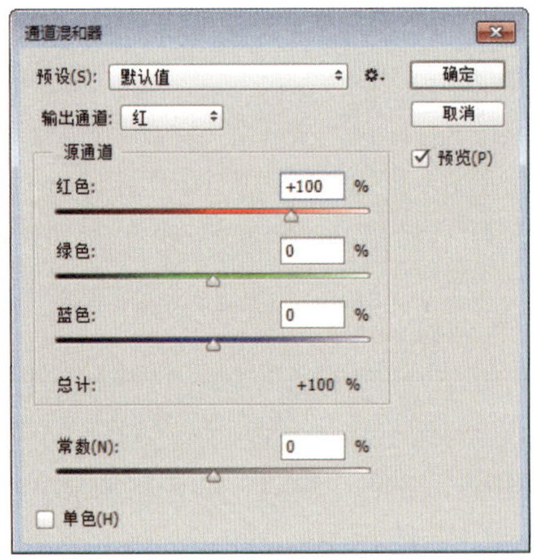

图10.91 "通道混合器"对话框

03 选择"输出通道"为"红"，将其数值更改为"红色"76%，"绿色"43%，"蓝色"45%，如图10.92所示。

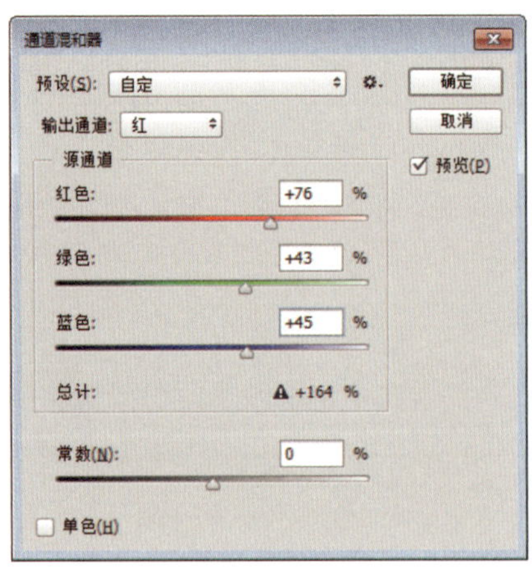

图10.92 更改数值

04 这样就完成了效果制作，最终效果如图10.93所示。

图10.93　最终效果

10.3.10　“可选颜色”命令

使用“可选颜色”可以对图像中指定的颜色进行校正，以调整图像中不平衡的颜色，该命令的最大好处是可以单独调整某一种颜色，而不影响其他的颜色。特别适合CMYK色彩模式的图像调整。

选择要应用该命令的图像，然后执行菜单栏中的“图像”|“调整”|“可选颜色”命令，打开“可选颜色”对话框。应用“可选颜色”命令调整图像的前后效果对比如图10.94所示。

图10.94　“可选颜色”调整的前后效果对比

“可选颜色”对话框中各选项的含义说明如下。

- “颜色”：指定要修改的颜色。可以从右侧的下拉列表中，指定一种要修改的颜色。并可以拖动下方的颜色滑块，来修改颜色值。
- “方法”：设置相对还是绝对修改颜色值。勾选“相对”单选框，表示修改时相对于原来的值进行修改，比如原图像中现有的青色为50%，如果增加了10%，那么实际增加的青是5%，即增加了55%的青；勾选“绝对”单选框，使用绝对值进行修改，比如原图像中有的青色为50%，如果增加了10%，那么增加后的青色就是60%。

10.3.11　实战案例：使用“可选颜色”命令调出可爱娃娃

- **素材位置**｜素材文件\第10章\娃娃.jpg
- **案例位置**｜案例文件\第10章\使用“可选颜色”命令调出可爱娃娃.jpg
- **视频位置**｜多媒体教学\10.3.11　实战案例　使用“可选颜色”命令调出可爱娃娃.avi
- **难易指数**｜★☆☆☆☆

本例讲解的是如何利用“可选颜色”命令调出可爱娃娃效果。最终效果如图10.95所示。

图10.95　最终效果

操作步骤

01 执行菜单栏中的“文件”|“打开”命令，打开“娃娃.jpg”文件，如图10.96所示。

02 执行菜单中的“图像”|“调整”|“可选颜色”命令，弹出“可选颜色”命令对话框，如图10.97所示。

图10.96 打开图像

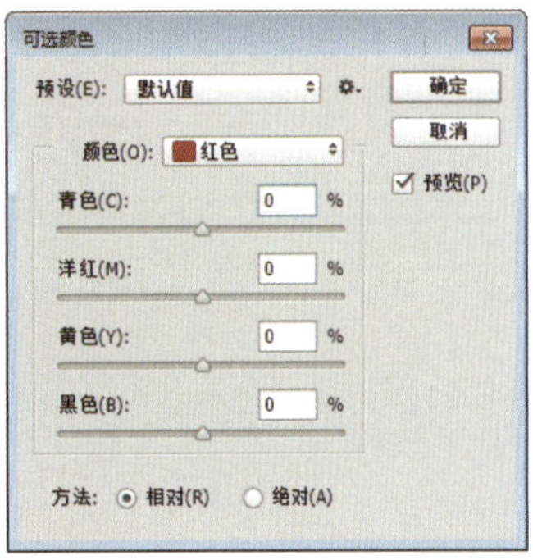

图10.97 “可选颜色”对话框

03 选择“颜色”为“黄色”，将其数值更改为“黄色”80%，如图10.98所示。

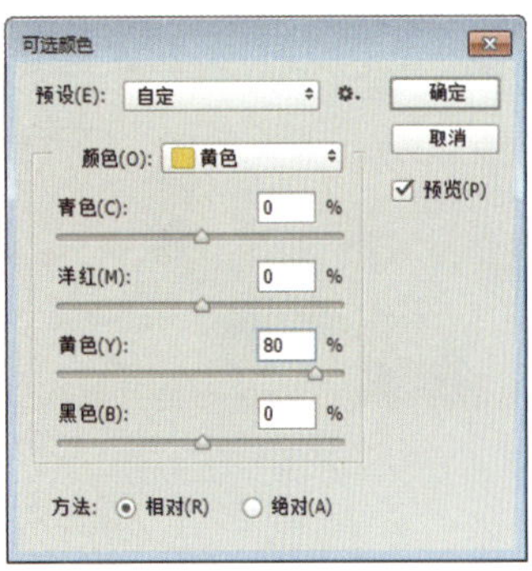

图10.98 设置“黄色”参数

04 选择“颜色”为“青色”，将其数值更改为“青色”100%，“黑色”35%，如图10.99所示。

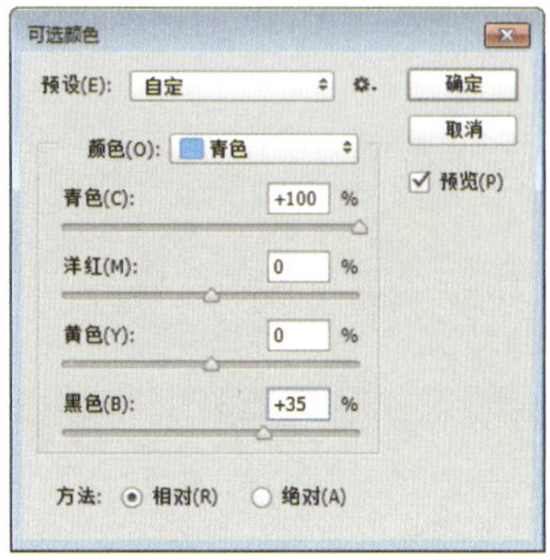

图10.99 设置“青色”参数

05 选择“颜色”为“蓝色”，将其数值更改为“青色”100%，“黄色”-100%，“黑色”40%，如图10.100所示。

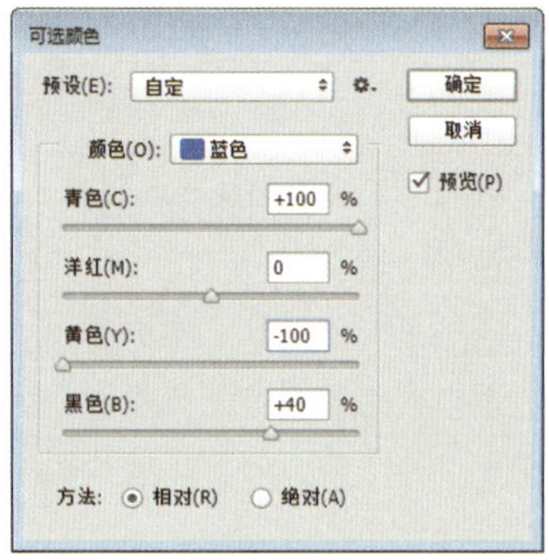

图10.100 设置“蓝色”参数

06 这样就完成了效果制作，最终效果如图10.101所示。

图10.101 最终效果

10.3.12 “匹配颜色”命令

“匹配颜色”命令可以让多个图像、多个图层，或者多个颜色选区的颜色一致。这在使不同照片外观一致时，以及当一个图像中特殊元素外观必须匹配另一图像元素颜色时非常有用。匹配颜色命令也可以通过改变亮度、颜色范围以及消除色偏来调整图像中的颜色。该命令仅工作于RGB模式。

选择要进行变化调整的图像后，执行菜单栏中的“图像”|“调整”|“匹配颜色”命令，打开“匹配颜色”对话框，如图10.102所示。

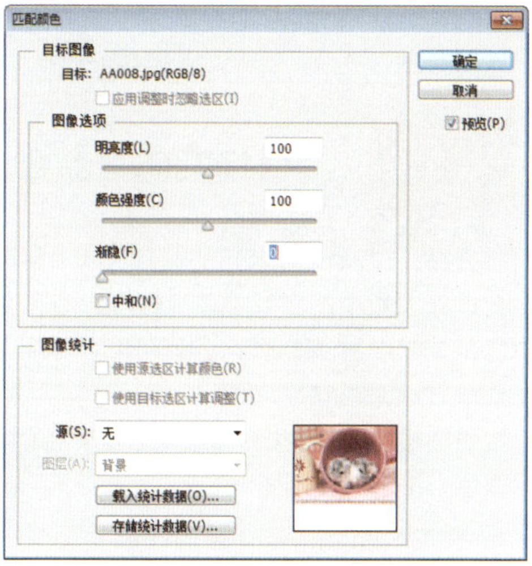

图10.102　“匹配颜色”对话框

“匹配颜色”对话框中各选项的含义说明如下。

- “目标”：显示目标图像文档，即要应用“匹配颜色”命令的文档。如果当前文档中带有选区，勾选“应用调整时忽略选区”复选框，则匹配颜色将对所有图像应用匹配颜色命令；否则将只对选区内的图像应用匹配颜色。
- “明亮度”：拖动滑块，可以调整图像的明亮程度。向右拖动图像变亮；向左拖动图像变暗。
- “颜色强度”：拖动滑块，可以调整图像颜色的强度。向右拖动图像的颜色加强；向左拖动图像的颜色减弱。
- “渐隐”：如果调整渐隐滑块，则可以控制该效果最终应用到图像的总量。值越大，图像效果应用的量越少。
- “使用源选区计算颜色”：只有当源文档中带有选区时，此项才可以应用。勾选该复选框，将使用源选区中的颜色对目标图像进行颜色匹配。
- “使用目标选区计算调整”：勾选该复选框，将使用目标选区中的颜色对当前文档进行颜色匹配。
- “源”：在右侧的下拉列表中，选择源图像进行颜色匹配。如果源图像为分层文件，还可以通过“图层”右侧的下拉列表，选择某个层进行颜色匹配。
- “预览”：显示源图像的缩览图。

> **提示**
>
> 如果要匹配同一个图像中不同的两个图层之间的颜色，可在“图层”面板中选择后，打开“匹配颜色”对话框，在“源”下拉列表中选择源图像（此时的源图像与目标图像是同一个图像），在“图层”下拉列表中选择要匹配其颜色的图层，再调整图像选项设置即可。

10.3.13 实战案例：使用“匹配颜色”命令制作暗青色电影画面效果

- **素材位置** | 素材文件\第10章\青苹果.jpg、柠檬.jpg
- **案例位置** | 案例文件\第10章\使用“匹配颜色”命令制作暗青色电影画面效果.jpg
- **视频位置** | 多媒体教学\10.3.13　实战案例　使用“匹配颜色”命令制作暗青色电影画面效果.avi
- **难易指数** | ★☆☆☆☆

本例讲解的是如何利用“匹配颜色”命令制作暗青色电影画面效果。最终效果如图10.103所示。

图10.103　最终效果

操作步骤

01 执行菜单栏中的“文件”|“打开”命令，打开“青苹果.jpg”“柠檬.jpg”文件，如图10.104所示。

02 选择“青苹果.jpg”画布，执行菜单栏中的“图像”|“调整”|“匹配颜色”命令，如图10.105所示。

图10.104 打开图像

图10.105 “匹配颜色”对话框

03 将“明亮度”更改为100，将“颜色强度”更改为100，将“渐隐”更改为10，选择“源”里的柠檬.jpg，单击“确定”按钮，如图10.106所示。

图10.106 更改数值

04 这样就完成了效果制作，最终效果如图10.107所示。

图10.107 最终效果

10.3.14 “替换颜色”命令

“替换颜色”命令可在特定的颜色区域上创建一个蒙版，允许在蒙版中的区域上改变色度、饱和度和亮度。执行菜单栏中的“图像”|“调整”|“替换颜色”命令，打开“替换颜色”对话框。

开始创建蒙版时，必须为图像中想要蒙盖的区域选择一种颜色。首先在对话框中单击“吸管工具”，将图标移动至图像中希望替代的颜色上，然后单击鼠标左键。

蒙版中显示出图像的所需区域后，即可用“色相”和“饱和度”滑块校正或改变颜色。注意色样板中的颜色为创建的颜色。

如果要再次使用自己的设置，以便以后可重新加载它们，可单击“存储”按钮，为其命名并存至磁盘上。按“载入”按钮可在需要时重新加载这些设置。

“替换颜色”对话框中各选项的含义说明如下。

- “吸管”：如果希望添加颜色，可单击“添加到取样”按钮，然后在图像或对话框中的蒙版上单击，该颜色就添加到蒙版中，单击“从取样中减去”按钮可以减少颜色。
- “颜色容差”拖动滑块可以在蒙版内扩大或缩小颜色范围，或在文本框中输入一个从0到250之间的值，可扩大或缩小蒙版。
- “颜色”：显示当前选择的颜色。
- “结果”：显示替换后的颜色，即当前设置的颜色。

应用“替换颜色”命令调整图像的前后效果对比如图10.108所示。

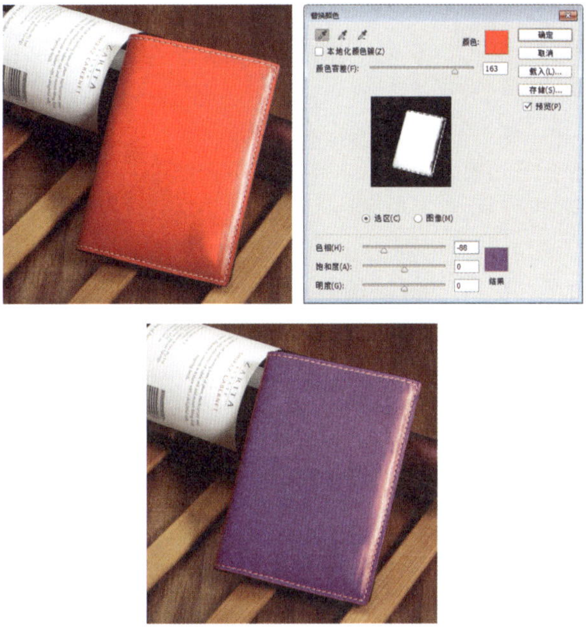

图10.108　应用“替换颜色”调整图像的前后效果

10.3.15 实战案例：使用“替换颜色”命令替换花朵颜色

● **素材位置 |** 素材文件\第10章\红花.jpg

● **案例位置 |** 案例文件\第10章\使用“替换颜色”命令替换花朵颜色.jpg

● **视频位置 |** 多媒体教学\10.3.15 实战案例 使用“替换颜色”命令替换花朵颜色.avi

● **难易指数 |** ★☆☆☆☆

本例讲解的是如何利用“替换颜色”命令替换花朵颜色。最终效果如图10.109所示。

图10.109　最终效果

操作步骤

01 执行菜单栏中的“文件”|“打开”命令，打开“红花.jpg”图片。执行菜单栏中的“图像”|“调整”|“替换颜色”命令，打开“替换颜色”对话框，将光标放置在花朵上，单击鼠标左键进行取样，如图10.110所示。

图10.110　颜色取样

02 在“替换颜色”对话框中，拖动“颜色容差”滑块可以在蒙版内扩大或缩小颜色范围，设置“颜色容差”的值为200，“色相”的值为30，“饱和度”的值为30，“明度”的值为17，如图10.111所示。

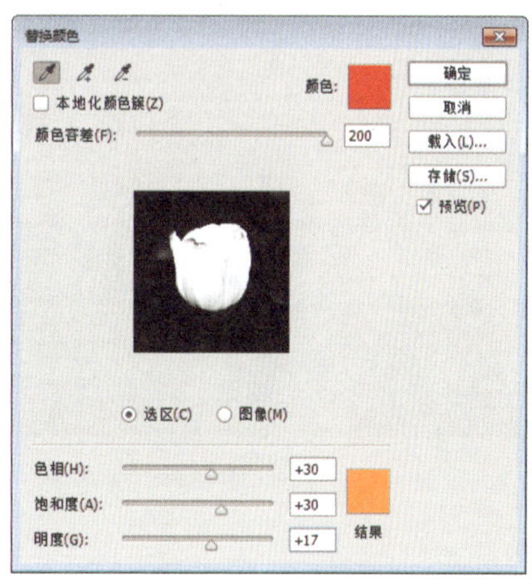

图10.111　参数设置

提示

单击“图像”，可在“替换颜色”对话框中查看图像；单击“选区”单选框，可查看Photoshop在图像中创建的蒙版。

03 此时，在文档窗口中，可以看到花朵替换颜色的效果，可以看出，有些区域并没有被替换，单击“添加到取样”按钮，在没有替换掉的颜色上单击鼠标左键，以添加颜色取样，如图10.112所示。

图10.112 添加到取样

04 用同样的方法可以添加其他没有替换的颜色，可以配合“颜色容差”来修改颜色范围，通过“色相”“饱和度”和“明度”修改替换后的效果，完成颜色的替换，最终效果如图10.113所示。

图10.113 颜色替换效果

10.4 特殊图像处理命令

执行菜单栏中的“图像”|“调整”子菜单中的“渐变映射”“反相”“色调均化”“阈值”和“色调分离”命令可以十分轻松地创建特殊的图像效果。

10.4.1 “黑白”命令

“黑白”命令主要用来处理黑白图像，创建各种风格的黑白效果，这是一个非常特别的滤镜工具，比去色处理的黑白照片有更大的灵活性和可编辑性，它可以利用通道颜色对图像进行黑白的调整。它还可以通过简单的色调应用，将彩色图像或灰色图像处理成单色图像。

选择要进行黑白处理的图像，然后执行菜单栏中的“图像”|“调整”|“黑白”命令，打开“黑白”对话框，对图像进行设置。

应用“黑白”命令调整图像的前后效果对比如图10.114所示。

图10.114 应用“黑白”命令调整图像前后对比

“黑白”对话框中各选项的含义说明如下。

- “预设”：可以从右侧的下拉列表中，选择一个预设的处理黑白图像的方式。
- 颜色调整：通过拖动各颜色滑块，可以调整当前颜色在图像中所占的比重。
- “色调”：勾选该复选框，可以将当前图像转换为单一彩色的图像，并可以通过“色相”和“饱和度”参数来修改图像的颜色和饱和程度。

10.4.2 实战案例：使用“黑白”命令将彩色图像变为单色

- **素材位置** | 素材文件\第10章\甜点.jpg
- **案例位置** | 案例文件\第10章\使用“黑白”命令将彩色图像变为单色.jpg
- **视频位置** | 多媒体教学\10.4.2 实战案例 使用“黑白”命令将彩色图像变为单色.avi
- **难易指数** | ★☆☆☆☆

本例讲解如何利用“黑白”命令将彩色图像变为单色。最终效果如图10.115所示。

图10.115 最终效果

操作步骤

01 执行菜单栏中的“文件”|“打开”命令，打开“甜点.jpg”图片，如图10.116所示。

图10.116 打开的图片

02 执行菜单栏中的“图像”|“调整”|“黑白”命令，打开“黑白”对话框，勾选“色调”复选框，设置“色相”为81，“饱和度”为30%，如图10.117所示。

> **技巧**
>
> 按 Alt + Shift + Ctrl + B 组合键可以快速打开“黑白”对话框。

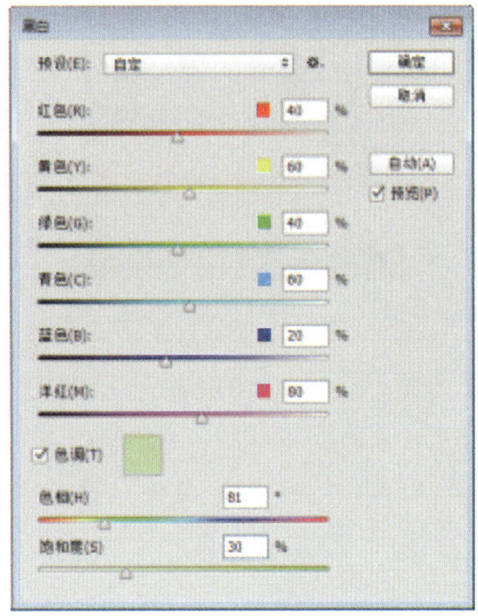

图10.117 “黑白”对话框参数设置

03 单击“确定”按钮，完成彩色图像变单色图像的处理，处理完成的效果如图10.118所示。

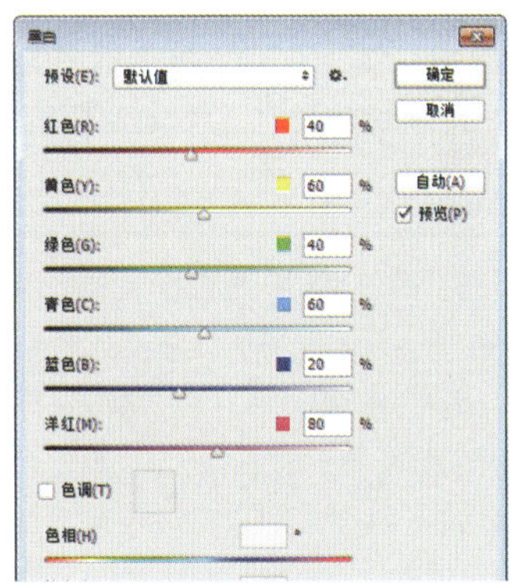

图10.118 完成效果

10.4.3 “照片滤镜”命令

最新的“照片滤镜”命令模拟一个有色滤镜放在相机前面的技术调整色彩平衡，颜色程度透过镜片的光传输。执行菜单栏中的“图像”|“调整”|“照片滤镜”命令，打开“照片滤镜”对话框。

图10.119所示为给照片使用黄，“浓度”设置为100%的前后效果对比。

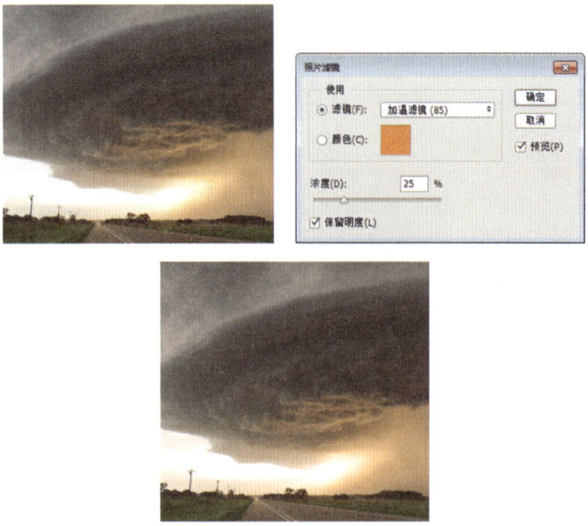

图10.119 应用“照片滤镜”调整图像的前后效果对比

“照片滤镜”对话框中各选项的含义说明如下。

- “使用”：指定照片滤镜使用的颜色。可以在“滤镜”下拉列表中选择一种预设颜色。也可以单击“颜色”右侧的颜色块打开“拾色器”对话框自定义一种颜色来调整图像。
- “浓度”：设置当前颜色应用到图像的总量。值越大，应用的颜色越浓、越重。
- “保留明度”：勾选该复选框，在应用滤镜时，可以保持图像的亮度。

10.4.4 实战案例：使用“照片滤镜”命令打造暖色调

- **素材位置** | 素材文件\第10章\意境.jpg
- **案例位置** | 案例文件\第10章\使用“照片滤镜”命令打造暖色调.jpg
- **视频位置** | 多媒体教学\10.4.4 实战案例 使用“照片滤镜”命令打造暖色调.avi
- **难易指数** | ★☆☆☆☆

本例讲解的是如何利用“照片滤镜”打造暖色调效果。最终效果如图10.120所示。

图10.120 最终效果

操作步骤

01 执行菜单栏中的“文件”|“打开”命令，打开“意境.jpg”图片，如图10.121所示。

图10.121 打开图像

02 执行菜单栏中的“图像”|“调整”|“照片滤镜”命令，弹出“照片滤镜”命令对话框，如图10.122所示。

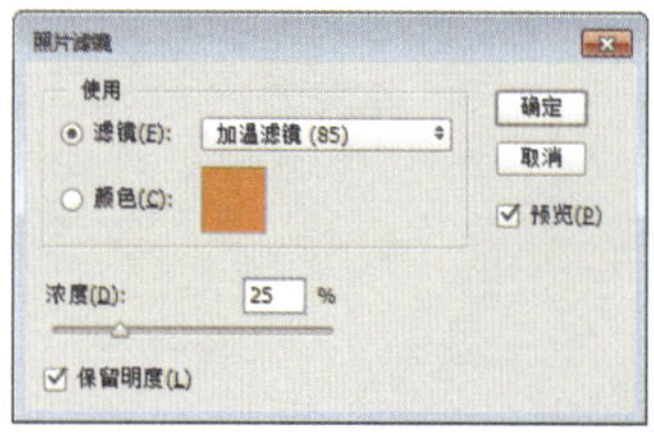

图10.122 “照片滤镜”对话框

03 将“浓度”更改为90%，如图10.123所示。

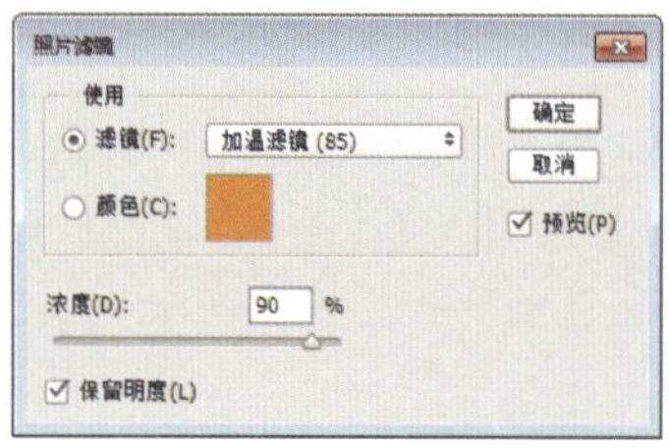

图10.123 更改数值

04 这样就完成了效果制作，最终效果如图10.124所示。

图10.124 最终效果

10.4.5 “反相”命令

执行菜单栏中的“图像”|“调整”|“反相”命令，可使图像反相，将它变成初始图像的负片：所有的黑色值变为白色值，所有的白色值变为黑色值，所有的颜色都转化成它们的互补色。像素值是在0～255的范围内进行反相。数值为0的像素会变为255，数值为10的像素变为245等。可以反相1个选区或整幅图像；如果没有选择任何区域，就反相整个图像。应用“反相”命令调整图像的前后效果对比如图10.125所示。

技巧

按 Ctrl + I 组合键可以快速应用“反相”命令。

图10.125　应用“反相”调整图像的前后效果

10.4.6 实战案例：使用“反相”命令制作紫色调

- **素材位置** | 素材文件\第 10 章\湿地.jpg
- **案例位置** | 案例文件\第 10 章\使用“反相”命令制作紫色调.psd
- **视频位置** | 多媒体教学\10.4.6　实战案例　使用“反相”命令制作紫色调.avi
- **难易指数** | ★☆☆☆☆

本例讲解的是如何利用“反相”命令制作紫色调效果。最终效果如图10.126所示。

图10.126　最终效果

操作步骤

01 执行菜单栏中的“文件”|“打开”命令，打开“湿地.jpg”图片，如图10.127所示。

图10.127　打开图像

02 将背景层复制一份，如图10.128所示。

图10.128　复制图层

03 选中“背景 拷贝”图层，执行菜单栏中的“图像”|“调整”|“反相”命令，这时的图像效果如图10.129所示。

图10.129　将图像反相

04 在图层面板中将“背景 拷贝”图层的图层混合模式更改为“色相”，如图10.130所示。

图10.130　更改图层混合模式

05 这样就完成了效果制作，最终效果如图10.131所示。

图10.131 最终效果

10.4.7 “色调分离”命令

使用“色调分离”命令可以减少彩色或灰阶图像中色调等级的数目。颜色数在“色调分离”对话框中设置，另外还取决于某一色调等级中的像素数。例如，如果把彩色图像的色调等级制定为6级，Photoshop就可以在图像中找出6个最通用的颜色，并将其他颜色强制与这6种颜色匹配。执行菜单栏中的“图像”|“调整”|“色调分离”命令，打开“色调分离”对话框。在“色阶”选项的文本框中可以输入范围在2 ~ 255的数值。此数越小，图像中生成的等级就越少。

> **技巧**
>
> 在“色调分离”对话框中，可以使用上下方向键来快速试用不同的色调等级数值。

应用“色调分离”命令调整图像的前后效果对比如图10.132所示。

图10.132 应用“色调分离”调整图像的前后效果

10.4.8 实战案例：使用“色调分离”命令打造油画效果

- **素材位置** | 素材文件\第10章\风景.jpg
- **案例位置** | 案例文件\第10章\使用“色调分离”命令打造油画效果.jpg
- **视频位置** | 多媒体教学\10.4.8 实战案例 使用“色调分离”命令打造油画效果.avi
- **难易指数** | ★☆☆☆☆

本例讲解的是如何使用“色调分离”命令制作油画效果。最终效果如图10.133所示。

图10.133 最终效果

操作步骤

01 执行菜单栏中的“文件”|“打开”命令，打开“风景.jpg”图片，如图10.134所示。

02 执行菜单栏中的“图像”|“调整”|“色调分离”命令，弹出“色调分离”对话框，如图10.135所示。

图10.134 打开图像

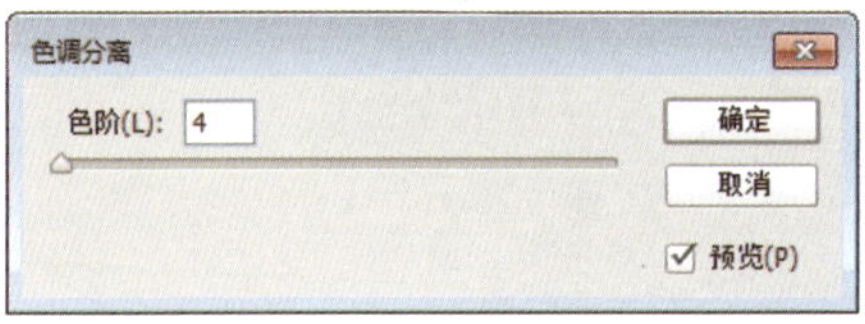

图10.135 “色调分离”对话框

03 将“色阶”值更改为5，如图10.136所示。

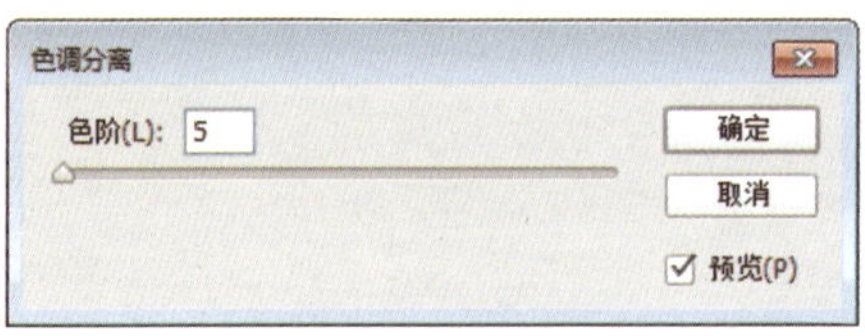

图10.136 更改数值

04 这样就完成了效果制作，最终效果如图10.137所示。

图10.137 最终效果

10.4.9 “阈值”命令

“阈值”命令可以将彩色或者灰度图像转变为高对比度的黑白图像。执行菜单栏中的“图像”|“调整”|“阈值”命令后，打开“阈值”对话框，该对话框允许设定“阈值色阶”的值，即黑白像素之间的分界线。所有比“阈值色阶”值亮或和它同样亮的像素都变为白色；而所有比“阈值色阶”值暗的像素都变为黑色。也可以直接拖动直方图下方的滑块来修改“阈值色阶”。

应用“阈值”命令调整图像的前后效果对比如图10.138所示。

图10.138 应用“阈值”调整图像的前后效果

> **提示**
>
> 在“阈值”对话框中可以看到 1 个直方图，用图解方式表示当前图像或选区中像素的亮度值。直方图中绘制了图像中每种色调等级的像素数目。较暗的值绘制在直方图中的左边，而较亮的值绘制在右边。

10.4.10 实战案例：使用“阈值”命令制作插图效果

- **素材位置** | 素材文件\第 10 章\秋天.jpg
- **案例位置** | 案例文件\第 10 章\使用“阈值”命令制作插图效果.jpg
- **视频位置** | 多媒体教学\10.4.10 实战案例 使用“阈值”命令制作插图效果.avi
- **难易指数** | ★☆☆☆☆

本例讲解的是如何利用“阈值”命令制作插图效果。最终效果如图10.139所示。

图10.139 最终效果

操作步骤

01 执行菜单栏中的“文件”|“打开”命令，打开“秋天.jpg”图片，如图10.140所示。

图10.140 打开图像

02 执行菜单栏中的“图像”|“调整”|“阈值”命令，弹出“阈值”命令对话框，如图10.141所示。

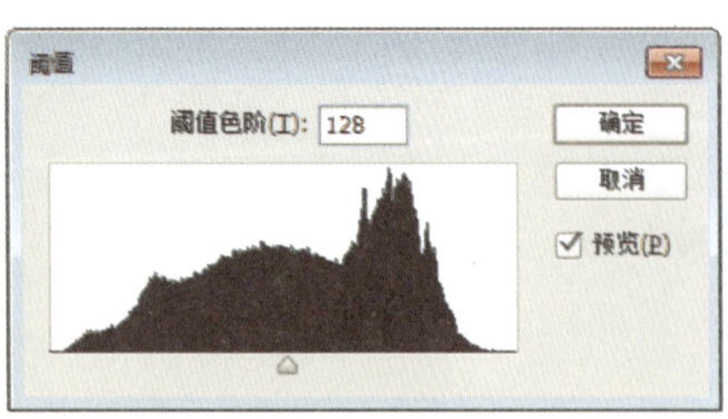

图10.141 “阈值”对话框

03 在弹出的“阈值”“属性”面板中设置“阈值色阶”为165，如图10.142所示。

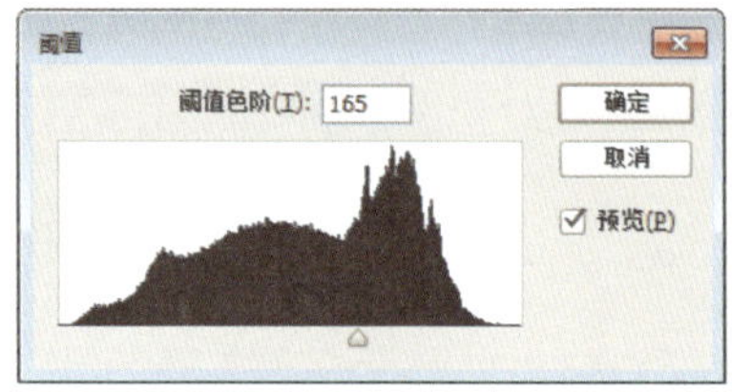

图10.142 设置“阈值”参数

04 这样就完成了效果制作，最终效果如图10.143所示。

图10.143 最终效果

10.4.11 “渐变映射”命令

“渐变映射”可以应用渐变重新调整图像，应用原始图像的灰度图像细节，加入所选渐变的颜色。

选择要进行“渐变映射”的图像后，执行菜单栏中的“图像”|“调整”|“渐变映射”命令，即可打开“渐变映射”对话框，对渐变映射进行详细的设置。

应用“渐变映射”命令调整图像的前后效果对比如图10.144所示。

图10.144 应用“渐变映射”调整前后效果

图10.144 应用“渐变映射”调整前后效果（续）

“渐变映射”对话框中各选项的含义说明如下。

- “灰度映射所用的渐变”：通过单击下方的渐变条，打开“渐变编辑器”对话框，编辑需要的渐变。
- “仿色”：勾选该复选框，可以使渐变过渡更加均匀柔和。
- “反向”：勾选该复选框，可以将编辑的渐变前后颜色反转。比如编辑的渐变为黑到白渐变，勾选该复选框后将变成白到黑渐变。

10.4.12 实战案例：使用“渐变映射”命令快速为黑白图像着色

- **素材位置** | 素材文件\第 10 章\饼干.jpg
- **案例位置** | 案例文件\第 10 章\使用“渐变映射”命令快速为黑白图像着色.jpg
- **视频位置** | 多媒体教学\10.4.12 实战案例 使用“渐变映射”命令快速为黑白图像着色.avi
- **难易指数** | ★☆☆☆☆

本例讲解的是如何利用“渐变映射”命令快速为黑白图像着色。最终效果如图10.145所示。

图10.145 最终效果

操作步骤

01 执行菜单栏中的“文件”|“打开”命令，打开“饼干.jpg”图片，如图10.146所示。

图10.146 打开图片

02 执行菜单栏中的“图像”|“调整”|“渐变映射”命令，即可打开“渐变映射”对话框，选择1种渐变，如图10.147所示。

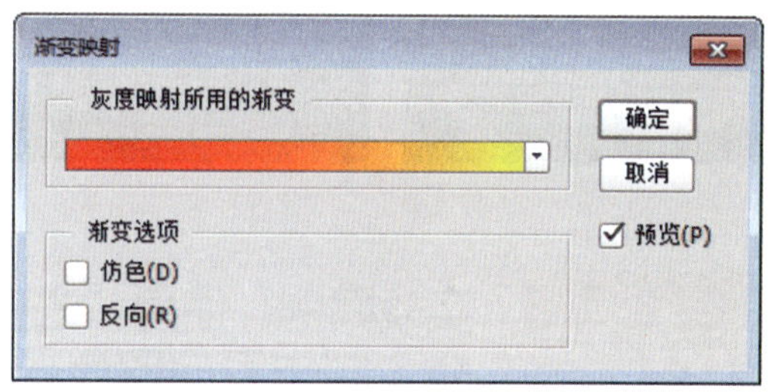

图10.147 渐变映射

03 单击“确定”按钮，即可为图片着色，着色效果如图10.148所示。

图10.148 着色效果

10.4.13 “去色”命令

“去色”命令可以将图像中的彩色去除，将图像所有的颜色饱和度变为0，将彩色图片转换为灰色图像。它与“灰度”模式是不同的，“灰度”模式是模式的转换，在“灰度”模式下再没有彩色显现，而去色只是将当前图像中的彩色去除，并不影响图像的模式，而且还在当前文档中可以利用其他工具绘制出彩色效果。

> **技巧**
>
> 按 Shift + Ctrl + U 组合键可以快速应用“去色”命令。

应用“去色”命令调整图像的前后效果对比如图10.149所示。

图10.149 应用“去色”调整图像的前后效果

10.4.14 实战案例：使用“去色”命令制作局部留色效果

- **素材位置** | 素材文件\第10章\西瓜.jpg
- **案例位置** | 案例文件\第10章\使用“去色”命令制作局部留色效果.psd
- **视频位置** | 多媒体教学\10.4.14 实战案例 使用“去色”命令制作局部留色效果.avi
- **难易指数** | ★☆☆☆☆

本例讲解的是如何利用“去色”命令制作局部留色效果。最终效果如图10.150所示。

图10.150 最终效果

操作步骤

01 执行菜单栏中的“文件”|“打开”命令，打开“西瓜.jpg”图片，如图10.151所示。

图10.151 打开图像

02 选中“背景”图层将其复制一份，如图10.152所示。

03 执行菜单栏中的“图像”|“调整”|“去色”命令，这时图像效果如图10.153所示。

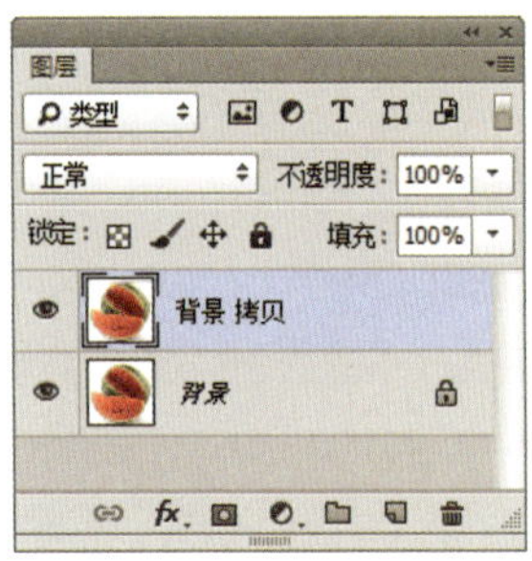

图10.152 复制图层

图10.153 去色效果

04 选中“背景 拷贝”图层，将其图层混合模式更改为“深色”，如图10.154所示。

05 这样就完成了效果制作，最终效果如图10.155所示。

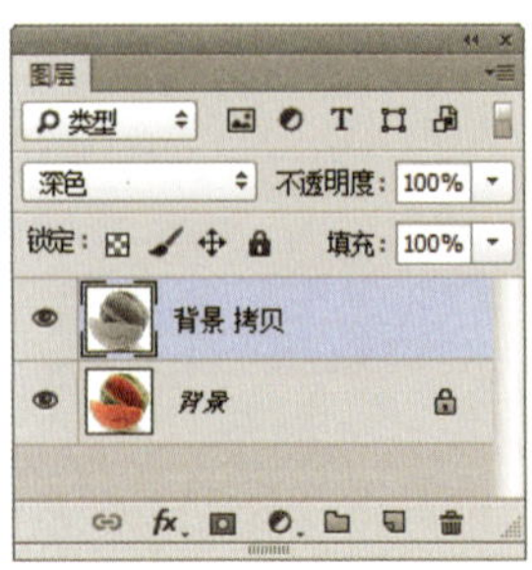

图10.154 更改图层混合模式

图10.155 最终效果

第11章

神奇的滤镜特效

内容摘要

滤镜是Photoshop非常强大的工具，它能够在强化图像效果的同时遮盖图像的缺陷，并对图像效果进行优化处理，制作出炫丽的艺术作品。在Photoshop软件中根据不同的艺术效果，提供了100多种滤镜命令，还提供了特殊滤镜组。本章首先讲解了滤镜的应用技巧及注意事项，并讲解滤镜库的使用方法，然后讲解特殊滤镜的使用，风格化、画笔描边、模糊、扭曲、锐化、视频、素描、纹理、像素化、渲染、艺术效果、杂色和其他滤镜组的使用，对滤镜组中的每个滤镜进行了详细的介绍。通过本章的学习，读者应该能够掌握如何使用滤镜来为图像添加特殊效果，这样才能真正掌握滤镜的使用，创作出令人称赞的作品。

教学目标

了解滤镜的应用技巧及注意事项

掌握特殊滤镜的使用

掌握各种滤镜组的使用

11.1 滤镜的整体把握

滤镜是Photoshop中最强大的功能，但在使用上也需要有整体的把握能力，需要注意滤镜的使用规则及注意事项。

11.1.1 滤镜的使用方法

Photoshop为用户提供了上百种滤镜，都放置在“滤镜”菜单中，而且各有不同的作用。在使用滤镜时，注意以下几个技巧。

1. 使用滤镜

要使用滤镜，首先在文档窗口中，指定要应用滤镜的文档或图像区域，然后执行“滤镜”菜单中的相关滤镜命令，打开当前滤镜对话框，对该滤镜进行参数的调整，然后确认即可应用滤镜。

2. 重复滤镜

当执行完一个滤镜操作后，在“滤镜”菜单的第1行将出现刚才使用的滤镜名称，选择该命令，或按Ctrl + F组合键，可以以相同的参数再次应用该滤镜。如果按Alt + Ctrl + F组合键，则会重新打开上一次执行的滤镜对话框。

3. 复位滤镜

在滤镜对话框中，经过修改后，如果想复位当前滤镜到打开时的设置，可以按住Alt键，此时该对话框中的“取消”按钮将变成“复位”按钮，单击该按钮可以将滤镜参数恢复到打开该对话框时的状态。

4. 滤镜效果预览

在所有打开的“滤镜”命令对话框中，都有相同的预览设置。比如执行菜单栏中的“滤镜”|“风格化”|“扩散”命令，打开“扩散”对话框，如图11.1所示。下面对相同的预览进行详细的讲解。

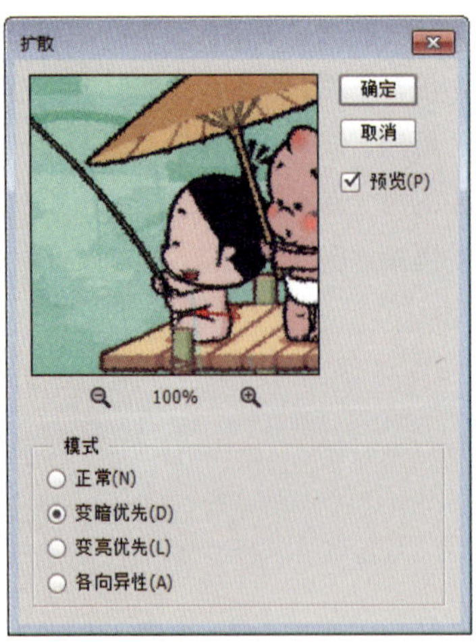

图11.1 “扩散”对话框

- “预览窗口”：在该窗口中，可以看到图像应用滤镜后的效果，以便及时调整滤镜参数，达到满意效果。当图像的显示大于预览窗口时，在预览窗口中拖动鼠标，可以移动图像的预览位置，以查看不同图像位置的效果。
- “缩小”：单击该按钮，可以缩小预览窗口中的图像显示区域。
- “放大”：单击该按钮，可以放大预览窗口中的图像显示区域。
- “缩放比例”：显示当前图像的缩放比例值。当单击“缩小”或“放大”按钮时，该值将随着发生变化。
- “预览”：勾选该复选框，可以在当前图像文档中查看滤镜的应用效果，如果取消该对话框，则只能在对话框中的预览窗口中查看滤镜效果，当前图像文档中没有任何变化。

11.1.2 滤镜应用注意事项

- 如果当前图像中有选区，则滤镜只对选区内的图像作用；如果没有选区，滤镜将作用在整个图像上。如果想使滤镜与原图像更好地结合，可以将选区设置一定的羽化效果后再应用滤镜效果。
- 如果当前的选择为某一层、某一单一的色彩的通道或Alpha通道，滤镜只对当前的图层或通道起作用。
- 有些滤镜的使用会很费内存，特别是应用在高分辨率的图像。这时可以先对单个通道或部分图像使用滤镜，将参数设置记录下来，然后再对图像使用该滤镜，避免重复无用的操作。
- 位图是由像素点构成的，滤镜的处理也是以像素为单位，所以滤镜的应用效果和图像的分辨率有直接的关系，不同分辨率的图像应用相同的滤镜和参数设置，产生的效果可能会不相同。
- 在位图、索引颜色和16位或32位的色彩模式下不能使用滤镜。另外，不同的颜色模式下也会有不同的滤镜可用，有些模式下的部分滤镜是不能使用的。
- 使用“历史记录”面板配合“历史记录画笔工具”可以对图像的局部应用滤镜效果。
- 在使用相关的滤镜对话框时，如果不想应用该滤镜效果，可以按Esc键关闭当前对话框。
- 如果已经应用了滤镜，可以按Ctrl + Z组合键撤销当前的滤镜操作。
- 一个图像可以应用多个滤镜，但应用滤镜的顺序不同，产生的效果也会不同。

11.2 特殊滤镜的使用

Photoshop的特殊滤镜较以前的版本有较大改变，下面来讲解这些特殊滤镜的使用。

11.2.1 滤镜库

“滤镜库”是一个集中了大部分滤镜效果的集合库，它将滤镜作为一个整体放置在该库中，利用“滤镜库”可以对图像进行滤镜操作。这样很好地避免了多次单击滤镜菜单，选择不同滤镜的繁杂操作。执行菜单栏中的“滤镜”|“滤镜库”命令，即可打开如图11.2所示的“滤镜库”对话框。

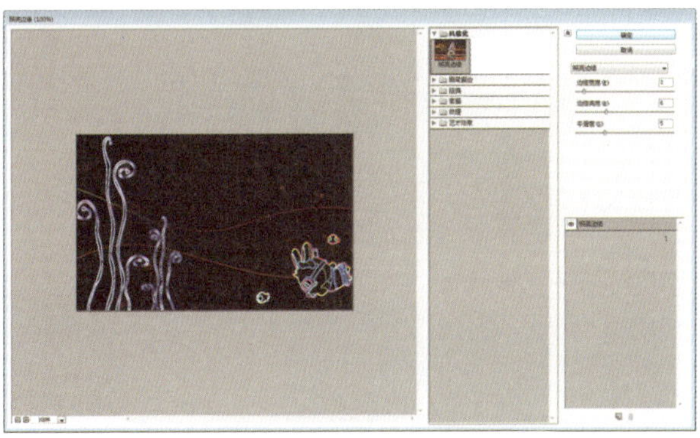

图11.2　“滤镜库”对话框

1. 预览区

在“滤镜库”对话框的左侧，是图像的预览区，如图11.3所示。通过该区域可以看到完成图像的预览效果。

图11.3　预览区

预览区中各选项说明如下。

- “图像预览”：显示当前图像的效果。
- “放大”：单击该按钮，可以放大图像预览效果。
- “缩小”：单击该按钮，可以缩小图像预览效果。
- “缩放比例”：单击该区域，可以打开缩放菜单，从菜单中选择预设的缩放比例。如果选择“实际像素”，则显示图像的实际大小；选择“符合视图大小”则会根据当前对话框的大小缩放图像；选择“按屏幕大小缩放”则会满屏幕显示对话框，并缩放图像到合适的尺寸。

2. 滤镜和参数区

在“滤镜库”的中间显示了6个滤镜组，如图11.4所示。单击滤镜组名称，可以展开或折叠当前的滤镜组。展开滤镜组后，单击某个滤镜命令，即可将该命令应用到当前的图像中，并且在对话框的右侧显示当前选择滤镜的参数选项。还可以从右侧的下拉列表框中，选择各种滤镜命令。

在“滤镜库”右下角显示了当前应用在图像上的所有滤镜列表。单击“新建效果图层”按钮，可以创建一个新的滤镜效果，以便增加更多的滤镜。如果不创建新的滤镜效果，每次单击滤镜命令，会将前面的滤镜替换掉，而不是增加新的滤镜命令。选择一个滤镜，然后单击“删除效果图层”按钮，可以将选择的滤镜删除掉。

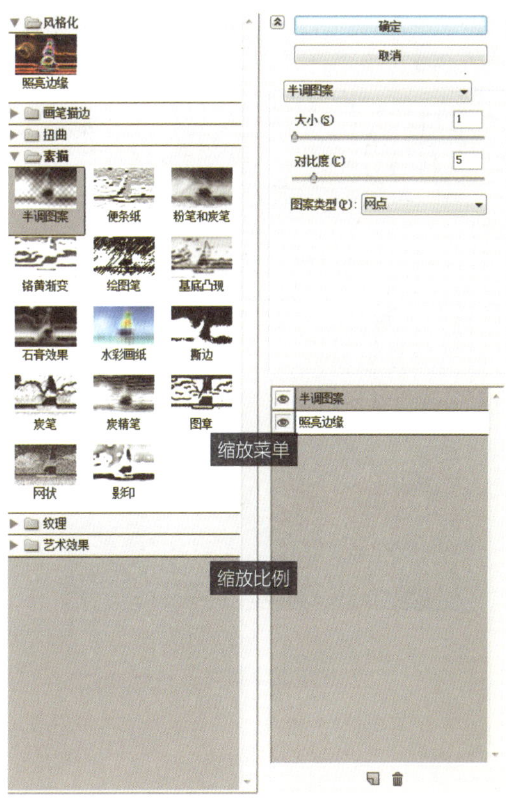

图11.4　滤镜和参数区

11.2.2 自适应广角

“自适应广角”可轻松拉直全景图像或使用鱼眼或广角镜头拍摄的照片中的弯曲对象。运用个别镜头的物理特性自动校正弯曲。“自适应广角”也是Photoshop加入的新功能。

执行菜单栏中的“滤镜”|“自适应广角”命令，打开“自适应广角”对话框。在预览操作图中绘制出一条操作线，单击白点可进行广角调整。

原图与使用“自适应广角”的对比效果如图11.5所示。

图11.5 原图与使用“自适应广角”对比效果

“自适应广角”对话框中各选项说明如下。

- “校正”：单击在下拉菜单中选择投影模型。
- “缩放”：缩放指定图像的比例。
- “焦距”：指定焦距。
- “裁剪因子”：指定裁剪因子。
- “细节”：鼠标放置预览操作区时，按照指针的移动在细节显示区可查看图像操作细节。

11.2.3 镜头校正

该滤镜主要用来修复常见的镜头瑕疵，如桶形或枕形失真、晕影和色差等拍摄出现的问题。执行菜单栏中的“滤镜”|“扭曲”|“镜头校正”命令，打开“镜头校正”对话框。

原图与使用“镜头校正”的对比效果如图11.6所示。

图11.6 原图与使用“镜头校正”对比效果

“镜头校正”对话框中各选项说明如下。

- “设置”：从右侧的下拉菜单中，可以选取一个预设的设置选项。选择“镜头默认值”选项，可以以默认的相机、镜头、焦距和光圈组合进行设置。选择“上一校正”选项，可以使用上一次镜头校正时使用的相关设置。

- “移去扭曲”：用来校正镜头枕形和桶形失真效果。向左拖动滑块，可以校正枕形失真；向右拖动滑块，可以校正桶形失真。另外，通过“边缘”选项，可以处理因失真生成的空白图像边缘。
- “色差”：校正因失真产生的色边。“修复红/青边”选项，可以调整红色或青色的边缘，利用补色原理修复红边或青边效果。同样“修复蓝/黄边”选项，可以调整蓝色或红色边缘。
- “晕影”：用来校正由于镜头缺陷或镜头遮光产生的较亮或较暗的边缘效果。“数量”选项用来调整图像边缘变亮或变暗的程度：“中点”选项用来设置“数量”滑块受影响的区域范围，值越小，受到的影响就越大。
- “垂直透视”：用来校正相机由于向上或由下倾斜而导致的图像透视变形效果，可以使图像中的垂直线平行。
- “水平透视”：用来校正相机由于向左或向右倾斜而导致的图像透视变形效果，可以使图像中的水平线平行。
- “角度”：通过拖动转盘或输入数值以校正倾斜的图像效果。也可以使用“拉直工具”进行校正。
- “边缘”：用来设置由于枕形失真、透视或旋转图像所产生的空白区域。可以从右侧的下拉菜单中，选择一个选项。可以是边缘、透明度或使用背景色。
- “比例”：向前或向后调整图像的比例，主要移去由于枕形失真、透视或旋转图像而产生的图像空白区域，不过图像的最终尺寸不会发生改变。放大比例将导致多余的图像被裁剪掉，并使差值增大到原始像素尺寸。

11.2.4　“液化”滤镜

使用“液化”滤镜的相关工具在图像上拖动或单击，可以扭曲图像进行变形处理。可以将图像看作一个液态的对象，可以对其进行推拉、旋转、收缩和膨胀等各种变形操作。执行菜单栏中的“滤镜”|“液化”命令，即可打开如图11.7所示的“液化”对话框。它与“抽出”滤镜的视图组成非常相似。在对话框的左侧是滤镜的工具栏，显示“液化”滤镜的工具；中间位置为图像预览操作区，在此对图像进行液化操作并显示最终效果；右侧为相关的选项设置区。

图11.7　“液化”对话框

技巧

将鼠标指针移至预览区域中，按住空格键，可以使用抓手工具移动视图。

1. 液化工具的使用

在“液化”对话框的左侧，系统为用户提供了7个工具，如图11.8所示。各个工具有不同的变形效果，利用这些工具可以制作出神奇有趣的变形特效。下面来讲解这些工具的使用方法及技巧。

图11.8　工具栏

技巧

“液化”对话框中的参数默认状态下显示的只是简单的参数，只有在选项设置区中选中“高级模式”复选框时，才会显示较全面的参数。

“向前变形工具”：使用该工具在图像中拖动，可以将图像向前或向后进行推拉变形。图11.9所示为原图与变形后的图像效果。在弯月上向下拖动鼠标，弯月变长了。

图11.9　应用“向前变形工具”变换图像对比效果

技巧

使用“向前变形工具”拖动变形时，如果一次拖动不能达到满意的效果，可以多次单击或拖动来修改，以达到目的。

- “重建工具”：使用该工具在变形图像上拖动，可以将光标经过处的图像恢复为变形前的状态。
- “褶皱工具”：使用该工具在图像上按住鼠标左键不动或拖动鼠标左键，可以使图像产生收缩效果。它与“膨胀工具”变形效果正好相反。
- “膨胀工具”：使用该工具在图像上按住鼠标左键不动或拖动鼠标左键，可以使图像产生膨胀效果。它与“褶皱工具”变形效果正好相反。

原图和分别使用“褶皱工具”和“膨胀工具”对小狗狗的左眼按住鼠标左键不动图像收缩和膨胀的效果，如图11.10所示。

图11.10 原图、收缩和膨胀效果

- “左推工具”：主要用来移动图像像素的位置。使用该工具在图像上垂直向上拖动，可以将图像向左推动变形，如果垂直向下拖动，则可以将图像向右推动变形。如果按住Alt键推动，将发生相反的效果。原图与向左推动图像效果如图11.11所示。

图11.11 原图与向左推动图像效果

- “抓手工具”：当放大到一定程度后，预览操作区中不能完全显示图像时，利用该工具可以移动图像的预览位置。
- “缩放工具”：在图像中单击或拖动，可以放大预览操作区中的图像。如果按住Alt键单击，可以缩小预览操作区中的图像。

2. 预览操作区

预览操作区除有具有预览功能，还是进行图像液化的主要操作区，使用“液化”工具栏中的工具在操作区中的图像上编辑，即可对图像进行变形操作。

3. 选项设置区

在“液化”对话框的右侧是选项设置区，主要用来设置液化的参数，并分为4个小参数区：工具选项、重建选项、蒙 版选项和视图选项。下面来分别讲解这4个小参数区中选项的应用。

工具选项区如图11.12所示，选项参数说明如下。

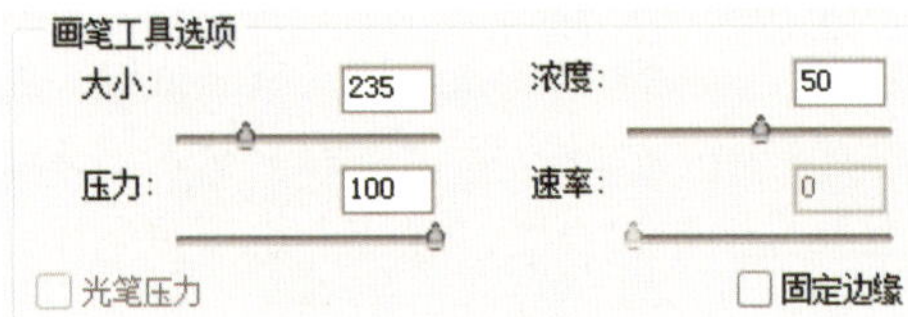

图11.12 画笔工具选项

- “大小”：设置变形工具的笔触大小。可以直接在列表框中输入数值，也可以在打开的滑竿中拖动滑块来修改。
- “浓度”：可以将其理解为画笔的硬度，用来设置画笔的羽化程度，值越大边缘越硬，变形效果越强；值越小边缘羽化程度越大，变形效果越弱。
- “压力”：设置变形工具对图像变形的程度。画笔的压力值越大，图像的变形越明显。
- “速率”：设置画笔在变形时产生的速度，值越小变形时的速度越慢；值越大变形时的速度越快。
- “光笔压力”：如果安装数字绘图板，勾选该复选框，可以启动光笔压力效果。

重建选项区如图11.13所示，选项参数说明如下。

图11.13 重建选项

- “重建”：单击该按钮，可以打开“恢复重建”对话框，通过拖动还可以指定恢复的程度。
- “恢复全部”：单击该按钮，可以将整个图像不管是否冻结都将恢复到变形前的效果。类似于按Alt键的同时单击“复位”按钮。

技巧

要想将图像的变形效果全部还原，直接单击“恢复全部”按钮，图像便立刻恢复到原来的状态。

蒙版选项区如图11.14所示，该区域可以对图像预存的选区、透明度和图层蒙版进行运算，以制作冻结区域。用法与选区的操作相似。选项参数说明如下。

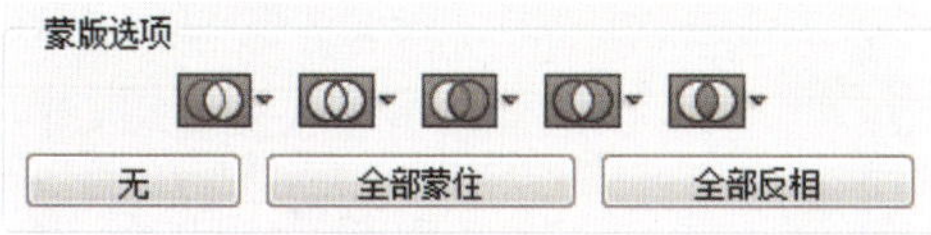

图11.14　蒙版选项

- “替换选区”：用来显示原始图像中的选区、透明度或图层蒙版。
- “添加到选区”：显示原图像中的蒙版，以便使用冻结蒙版工具添加到选区。将通道中的选定像素添加到当前的冻结区域中。
- “从选区中减去”：从当前的冻结区域中减去通道中的像素。
- “与选区交叉”：只使用当前处于冻结状态的选定像素。
- “反相选区”：使用选定像素使当前的冻结区域反相。
- “无”：单击该按钮，可以将蒙版去除，解冻所有冻结区域。
- “全部蒙版”：单击该按钮，可以将图像所有区域创建蒙版冻结。
- “全部反相”：单击该按钮，可以将当前冻结区变成未冻结区，而原来的未冻结区变成冻结区，以反转当前图像中的冻结与未冻结区。

视图选项区如图11.15所示，选项参数说明如下。

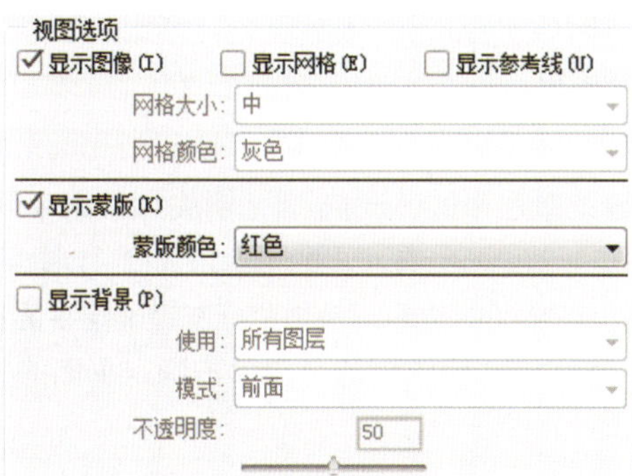

图11.15　视图选项

- “显示图像”：勾选该复选框，在预览操作区中显示图像。
- “显示网格”：勾选该复选框，将在预览操作区中显示辅助网格。可以在“网格大小”右侧的下拉列表中选择网格的大小；在“网格颜色”右侧的下拉列表中，选择网格的颜色。
- “显示参考线”：勾选该复选框，将在预览操作区中显示参考线。
- “显示蒙版”：勾选该复选框，在预览操作区中将显示冻结区域，并可以在“蒙版颜色”右侧的下拉列表中，指定冻结区域的显示颜色。
- “显示背景”：默认情况下，不管图像有多少层，“液化”滤镜只对当前层起作用。如果想变形其他层，可以在“使用”右侧的下拉列表中，指定分层图像的其他层。并可以为该层通过“模式”下拉列表来指定图层的模式。还可以通过“不透明度”来指定图像的不透明程度。

> **提示**
>
> 载入和存储网格按钮，可以将当前图像的扭曲变形网格保存起来，应用到其他图像中去。设置好网格的扭曲变形后，单击“存储网格”按钮，打开“另存为”对话框，以 *.msh 格式的形式将其保存起来，如果后面的图像要引用该网格，可以单击“载入网格”命令，将其载入使用。

11.2.5 “消失点”滤镜

“消失点”滤镜对带有规律性透视效果的图像，可以极大地加速和方便克隆复制操作。它还填补了修复工具不能修改透视图像的空白，可以轻松将透视图像修复。如建筑的加高、广场地砖的修复等。

选择要应用消失点的图像，执行菜单栏中的“滤镜”|“消失点”命令，打开如图11.16所示的“消失点”对话框。在对话框的左侧是消失点工具栏，显示了消失点操作的相关工具；对话框的顶部为工具参数栏，显示了当前工具的相关参数；工具参数栏的下方是工具提示栏，显示当前工具的相关使用提示；在工具提示下方显示的是预览操作区，在此可以使用相关的工具对图像进行消失点的操作，并可以预览到操作的效果。

图11.16　“消失点”对话框

“消失点”对话框中各选项说明如下。

- “编辑平面工具”：用来选择、编辑、移动平面的节点以及调整平面的大小。

- “创建平面工具” ：用来定义透视平面的4个角节点，在创建4个角节点后，可以移动、缩放平面或重新确定该形状；按住Ctrl键拖动平面的边节点可以拉出一个垂直平面，如果节点的位置不正确，可以按下Back Space键将该节点删除。
- “选框工具” ：在平面上单击并拖动鼠标可以选择平面上的图像。在选择图像后，按住Alt键拖动该区域可以复制图像；按住Ctrl键拖动选区，可以用源图像填充该区域。
- “图章工具” ：使用该工具时，按住Alt键在图像中单击可以为仿制设置取样点，在其他区域拖动鼠标可复制图像，按住Shift键单击可以将描边扩展到上一次单击处。在对话框顶部的选项中可以选择一种“修复”模式。如果需要绘画而不与周围像素的颜色、光照和阴影混合，可以选择“关”；如需要绘画并将描边与周围像素的光照混合，同时保留样本像素的颜色，可以选择“明亮度”；如果需要绘画并保留本图像的纹理，同时与周围像素的颜色、光照和阴影混合，可以选择“开”。
- “画笔工具” ：可在图像上绘制选定的颜色。
- “变换工具” ：使用该工具可以通过一定的界框的控制点来缩放、旋转和移动浮动选区，就类似于选区上使用“自由变换”命令。
- “吸管工具” ：可以拾取图像中的颜色作为画笔工具的绘画颜色。
- “测量工具” ：可以在透视平面中测量项目的距离和角度。
- “抓手工具” ：用来移动画面在窗口中的位置。
- “缩放工具” ：用于缩放窗口的显示比例。

11.2.6 实战案例：利用“消失点”滤镜修复图像

- **素材位置** | 素材文件\第11章\消失点.jpg
- **案例位置** | 案例位置：案例文件\第11章\利用“消失点”滤镜修复图像.jpg
- **视频位置** | 多媒体教学\11.2.6 实战案例 利用“消失点”滤镜修复图像.avi
- **难易指数** | ★★★☆☆

本例主要讲解“消失点”滤镜的使用方法和技巧。最终效果如图11.17所示。

图11.17 最终效果

操作步骤

01 执行菜单栏中的“文件”|“打开”命令，打开“消失点.jpg”文件，如图11.18所示。从图中可以看到，在图片中有茶具，而地板从纹理来看带有一定的透视性，如果使用前面讲过的修复或修补工具，是不能修复带有透视性的图像的，这里使用“消失点”滤镜来完成。

图11.18 打开的图像

02 执行菜单栏中的“滤镜”|“消失点”命令，打开“消失点”对话框，在工具栏中确认选择“创建平面工具” ，在合适的位置，单击鼠标左键确定平面的第1个点，然后沿地板纹理的走向单击确定平面的第2个点，如图11.19所示。

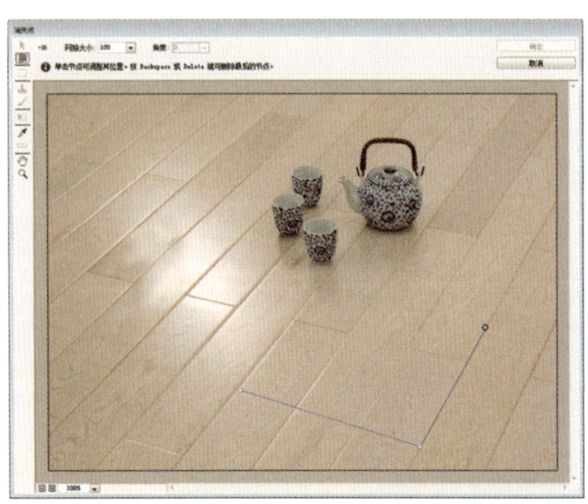

图11.19 绘制第1点和第2点

03 使用“创建平面工具”继续创建其他两个点，注意创建点时的透视平面，创建第3点和第4点后，完成平面的创建，完成的效果如图11.20所示。

图11.20 创建平面

04 创建平面网格后，可以使用工具栏中的“编辑平面工具”，对平面网格进行修改，可以拖动平面网格的4个角节点来修改网格的透视效果，也可以拖动中间的4个控制点来缩放平面网格的大小。通过工具参数栏中的“网格大小”选项，可以修改网格的格子的大小，值越大，格子也越大；通过“角度”选项，可以修改网格的角度。图11.21所示为修改后的网格大小。

图11.21 修改平面网格大小

05 首先来看一下使用“选框工具”修改图像的方法。在“消失点”对话框的工具栏中，选择“选框工具”，在图像的合适位置按住鼠标左键拖动绘制一个选区，可以看到绘制出的选区会根据当前平面产生透视效果。在工具参数栏中，设置“羽化”的值为3，“不透明度”的值为100，“修复”设置为“开”，“移动模式”设置为目标，如图11.22所示。

图11.22 绘制矩形选区

提示

在工具参数栏中，显示了该工具的相关参数，“羽化”选项可以设置图像边缘的柔和效果；“不透明度”选项可以设置图像的不透明程度，值越大越不透明；“修复”选项可以设置图像修复效果，选择“关”选项将不使用任何效果，选择“明亮度”选项将为图像增加亮度，选择“开”选项将使用修复效果；“移动模式”选项设置拖动选区时的修复模式，选择“目标”选项将使用选区中的图像复制到新位置，不过在使用时要辅助 Alt 键；选择“源”选项将使用源图像填充选区。

06 这里要将选区中的图像覆盖茶具，所以按住Alt键的同时拖动选区到茶具位置，注意地板纹理的对齐，达到满意的效果后，释放鼠标左键即可，修复效果如图11.23所示。

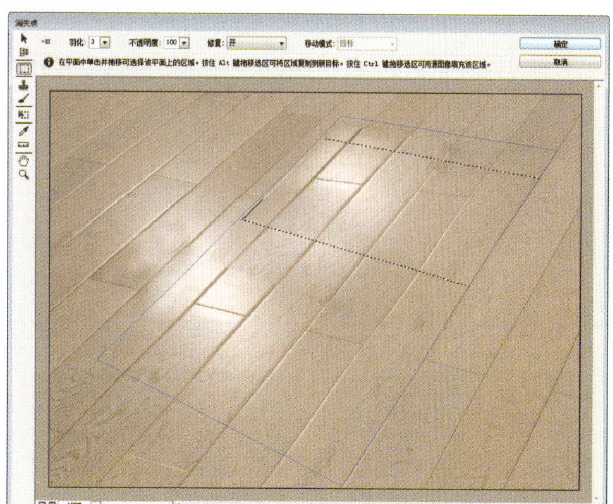

图11.23 修复效果

07 下面来讲解使用“图章工具” 修复图像的方法。连续按Ctrl + Z组合键，恢复刚才的选区修改前的效果，直到选区消失。效果如图11.24所示。

技巧

在“消失点”对话框中，按 Ctrl + Z 组合键，可以撤销当前的操作；按 Ctrl + Shift + Z 组合键，可以还原当前撤销的操作。

图11.24 撤销后的效果

08 在工具栏中选择“图章工具” ，然后按住Alt键，在图像的合适位置单击，以提取取样图像，如图11.25所示。

图11.25 单击鼠标左键取样

提示

选择“图章工具”后，可以在工具参数栏中，设置相关的参数选项。“直径”控制图章的大小，也可以直接按键盘中的 [键和] 键来放大或缩小图章。“硬度”用来设置图章的柔化程度；“不透明度”设置图章仿制图像的不透明程度；如果勾选“对齐”复选框，可以以对齐的方式仿制图像。

09 取样后释放辅助键移动鼠标，可以看到根据直径大小显示的取样图像，并且移动光标时，可以看到图像根据当前平面的透视产生不同的变形效果。这里注意地板纹理的对齐，然后按住鼠标左键拖动，即可将图像修复，修复完成后，单击“确定”按钮，即可完成对图像的修改。修复完成的效果如图11.26所示。

图11.26 修复后的效果

11.3 “风格化”滤镜组

“风格化”滤镜组通过转换像素或查找并增加图像的对比度，创建生成绘画或印象派的效果。下面来分别进行详细讲解。

11.3.1 查找边缘

“查找边缘”滤镜主要用来搜索颜色像素对比度变化强烈的边界，将高反差区变亮，低反差区变暗，其他区域则介于这两者之间。强化边缘的过渡像素，产生类似彩笔勾画轮廓的素描图像效果。原图与使用“查找边缘”的对比效果如图 11.27 所示。

图11.27 原图与使用“查找边缘”对比效果

11.3.2 实战案例：利用“查找边缘”滤镜制作丝线般润滑效果

- **素材位置** | 无
- **案例位置** | 案例文件\第11章\利用“查找边缘”滤镜制作丝线般润滑效果.psd
- **视频位置** | 多媒体教学\11.3.2 实战案例 利用“查找边缘”滤镜制作丝线般润滑效果.avi
- **难易指数** | ★★☆☆☆

本例讲解丝线般润滑效果的制作。最终效果如图11.28所示。

图11.28 最终效果

操作步骤

01 执行菜单栏中的“文件”|“新建”命令，在弹出的对话框中设置“宽度”为840像素，“高度”为680像素，“分辨率”为300像素，“颜色模式”为RGB颜色，“背景内容”设置为白色的画布，如图11.29所示。

02 执行菜单栏中的“滤镜”|“杂色”|“添加杂色”命令，打开“添加杂色”对话框，设置“数量”的值为400%，选中“高斯分布”单选按钮。单击“确定”按钮确认，如图11.30所示。

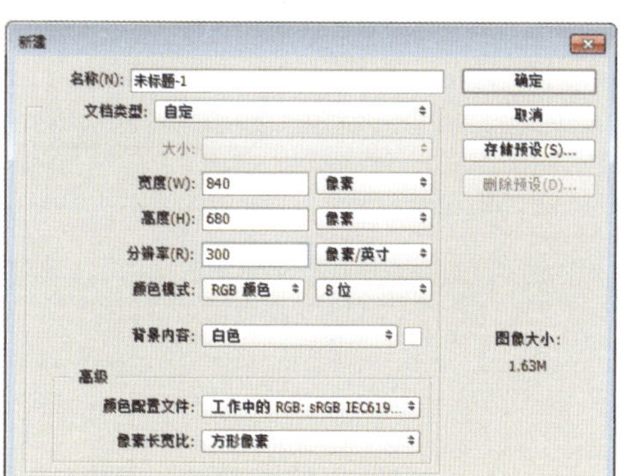

图11.29 新建文件

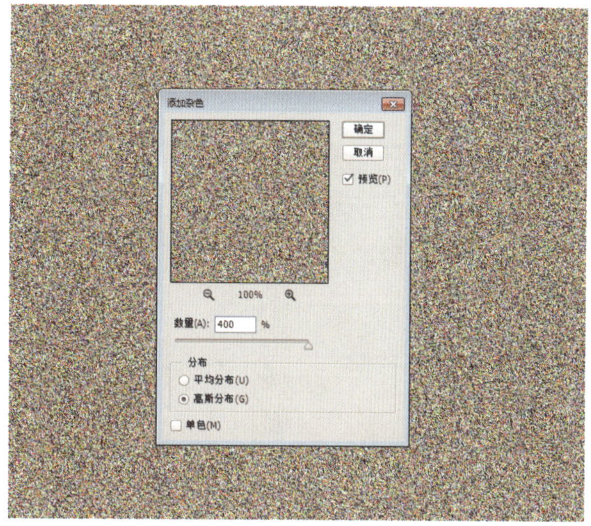

图11.30 “添加杂色”滤镜

03 执行菜单栏中的“滤镜”|“像素化”|“点状化”命令，打开“点状化”对话框，设置“单元格大小”的值为28。单击“确定”按钮确认，如图11.31所示。

图11.31 “点状化”滤镜

04 执行菜单栏中的“滤镜”|“杂色”|“中间值”命令，打开“中间值”对话框，设置“半径”的值为17，如图11.32所示。

图11.32 “中间值”滤镜

05 执行菜单栏中的“滤镜”|“风格化”|“查找边缘”命令，打开“查找边缘”对话框，设置参数。单击“确定”按钮确认。最后添加装饰物完成该效果的制作，如图11.33所示。

图11.33 完成效果

11.3.3 等高线

“等高线”滤镜可以查找主要亮度区域的轮廓，将其边缘位置勾画出轮廓线，以此产生等高线效果。执行菜单栏中的“滤镜”|“风格化”|“等高线”命令，可以打开“等高线”对话框。原图与使用“等高线”的对比效果如图11.34所示。

图11.34 原图与使用“等高线”的对比效果

11.3.4 风

“风”滤镜通过在图像中添加一些小的方向线制作成起风的效果。执行菜单栏中的“滤镜”|“风格化”|“风”命令，打开“风”对话框。原图与使用“风”的对比效果如图11.35所示。

图11.35 原图与使用“风”的对比效果

图11.35 原图与使用“风”的对比效果（续）

11.3.5 浮雕效果

该滤镜主要用来制作图像的浮雕效果，它将整个图像转换成灰色图像，并通过勾画图像的轮廓，从而使图像产生凸起或凹陷以制作出浮雕效果。执行菜单栏中的“滤镜”|“风格化”|“浮雕效果”命令，打开“浮雕效果”对话框。原图与使用“浮雕效果”的对比效果如图11.36所示。

图11.36 原图与使用“浮雕效果”的对比效果

11.3.6 扩散

该滤镜可以根据设置的选项移动像素的位置，使图像看起来像聚焦不足，产生油画或毛玻璃的分离模糊效果。执行菜单栏中的“滤镜”|“风格化”|“扩散”命令，打开“扩散”对话框。原图与使用“扩散”的对比效果如图11.37所示。

图11.37 原图与使用“扩散”的对比效果

11.3.7 拼贴

该滤镜可以根据设置的拼贴数，将图像分割成许多的小方块，通过最大位移的设置，让每个小方块之间产生一定的位移。执行菜单栏中的“滤镜”|“风格化”|“拼贴”命令，将打开“拼贴”对话框。这里将背景色设置为白色，原图与使用“拼贴”的对比效果如图11.38所示。

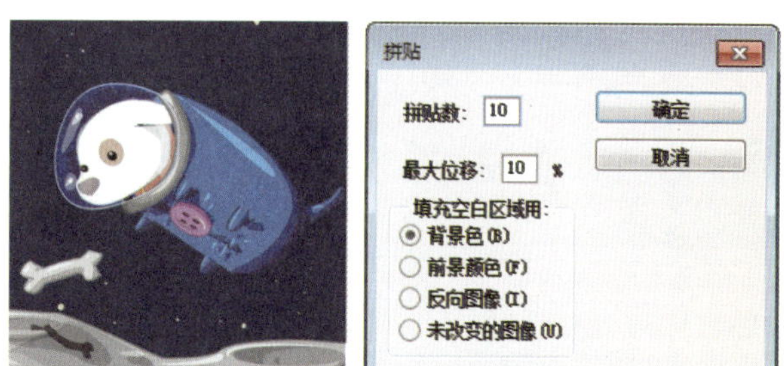

图11.38 原图与使用“拼贴”的对比效果

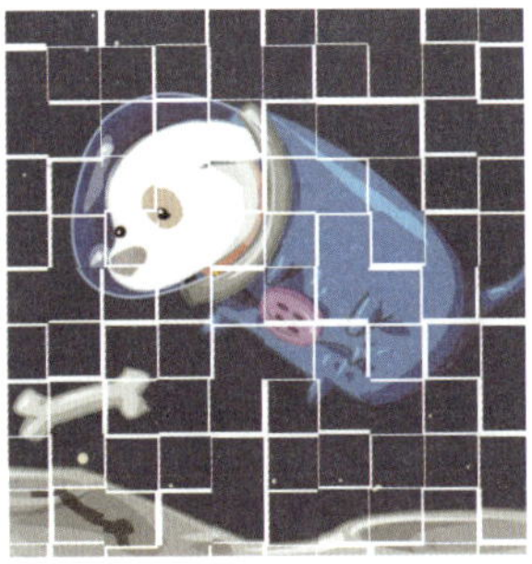

图11.38 原图与使用“拼贴”的对比效果（续）

11.3.8 曝光过度

该滤镜将图像的正片和负片进行混合，将图像进行曝光处理，产生过度曝光的效果。执行菜单栏中的“滤镜”|“风格化”|“曝光过度”命令，即可对图像应用曝光过度滤镜。原图与使用“曝光过度”的对比效果如图11.39所示。

图11.39 原图与使用“曝光过度”的对比效果

11.3.9 凸出

该滤镜可以根据设置的类型，将图像制作成三维块状立体图或金字塔状立体图。执行菜单栏中的“滤镜”|“风格化”|“凸出”命令，打开“凸出”对话框。原图与使用“凸出”的对比效果如图11.40所示。

图11.40 原图与使用“凸出”的对比效果

图11.40 原图与使用“凸出”的对比效果（续）

11.3.10 实战案例:利用“凸出”滤镜打造水晶放射视觉效果

● **素材位置** | 无

● **案例位置** | 案例文件\第11章\利用“凸出”滤镜打造水晶放射视觉效果.psd

● **视频位置** | 多媒体教学\11.3.10 实战案例 利用“凸出”滤镜打造水晶放射视觉效果.avi

● **难易指数** | ★☆☆☆☆

本例讲解利用“凸出”滤镜打造水晶放射视觉效果的制作。最终效果如图11.41所示。

图11.41 最终效果

操作步骤

01 执行菜单栏中的“文件”|“新建”命令，在弹出的对话框中设置“宽度”为640像素，“高度”为480像素，“分辨率”为300像素，“颜色模式”为RGB颜色，“背景内容”设置为白色的画布，如图11.42所示。

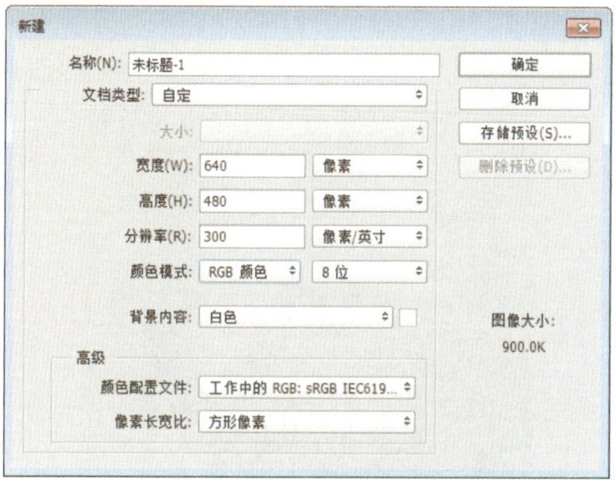

图11.42 新建文件

02 将画布填充为黑色，执行菜单栏中的“滤镜”|“渲染”|“镜头光晕”命令，打开“镜头光晕”对话框，设置“亮度”为100%，“镜头类型”设置为50-300毫米变焦。单击“确定”按钮确认，如图11.43所示。

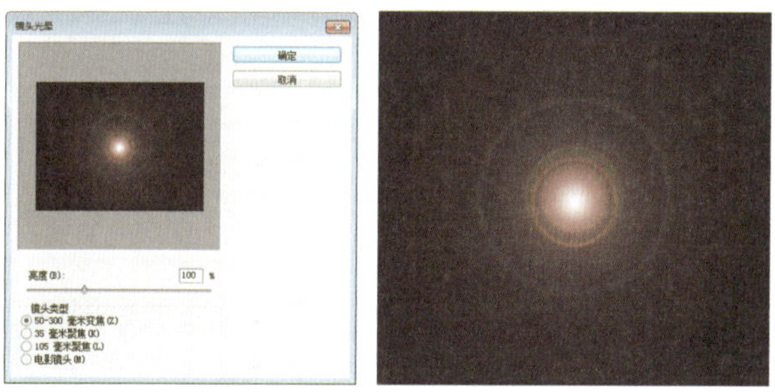

图11.43 “镜头光晕”设置与效果

03 执行菜单栏中的“滤镜”|“滤镜库”|“艺术效果”|“壁画”命令，打开“壁画”对话框，设置“画笔大小”为2，“画笔细节”为8，“纹理”为1。单击“确定”按钮确认，如图11.44所示。

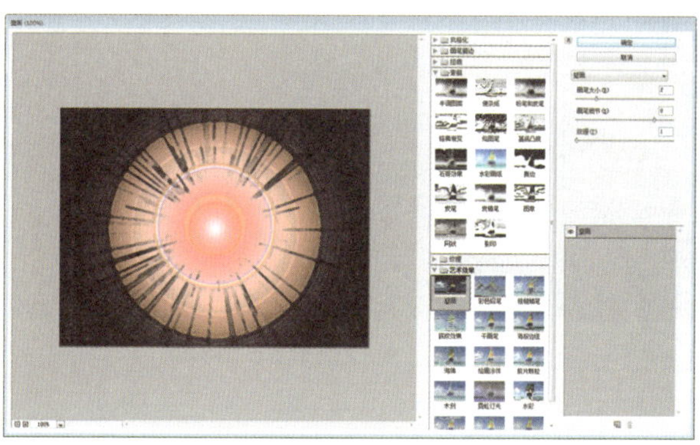

图11.44 “壁画”滤镜效果

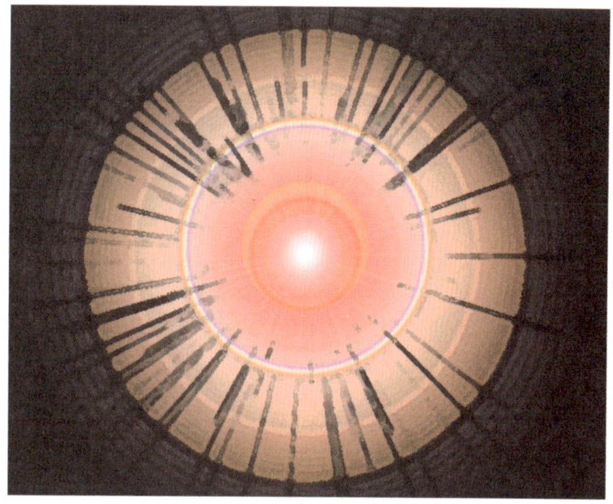

图11.44 “壁画”滤镜效果（续）

04 执行菜单栏中的“滤镜”|“风格化”|“凸出”命令，打开“凸出”对话框，设置“类型”为金字塔，“大小”为20像素，“深度”为255。单击“确定”按钮确认，如图11.45所示。

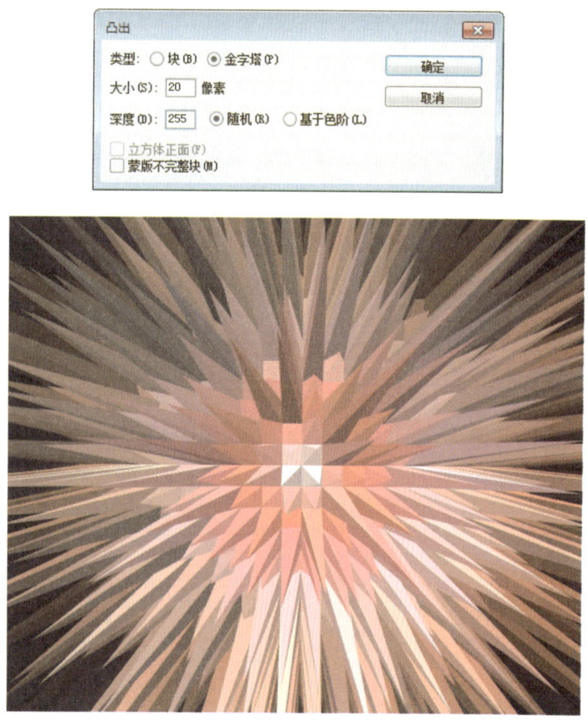

图11.45 “凸出”滤镜效果

05 单击“图层”面板下方的“创建新的填充或调整图层”按钮，在弹出的菜单中选择“渐变”命令，打开“渐变填充”对话框，渐变颜色选择为“色谱”。单击“确定”按钮确认，如图11.46所示。

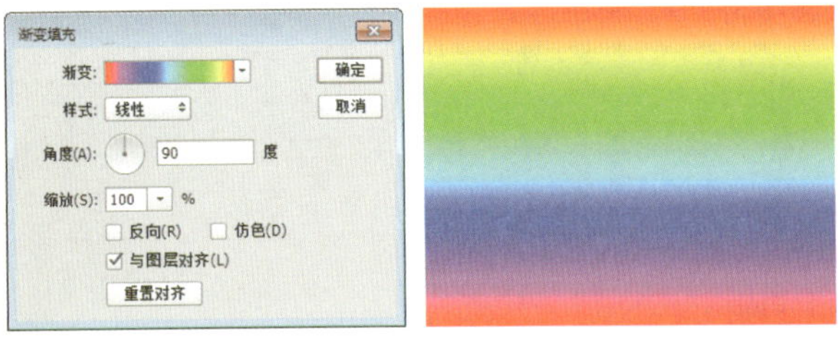

图11.46 “渐变填充”设置

06 在“图层”面板中，将渐变叠加的“混合模式”设置为“饱和度”，如图11.47所示。应用混合模式后图像再配上相关的装饰，完成本例的制作，完成效果如图11.48所示。

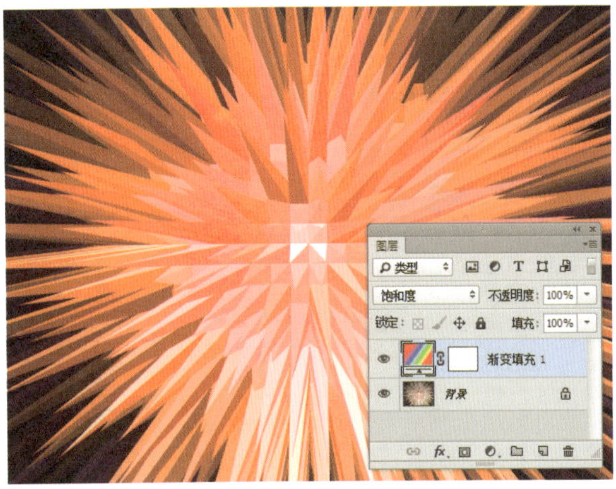

图11.47 设置图层混合模式

图11.48 完成效果

11.3.11 照亮边缘

该滤镜有些类似于“查找边缘”滤镜，只不过它在查找边缘的同时，将边缘照亮，制作出类似霓虹灯管的效果。执行菜单栏中的“滤镜”|“滤镜库”|“风格化”|“照亮边缘”命令，打开“照亮边缘”对话框。原图与使用“照亮边缘”的对比效果如图11.49所示。

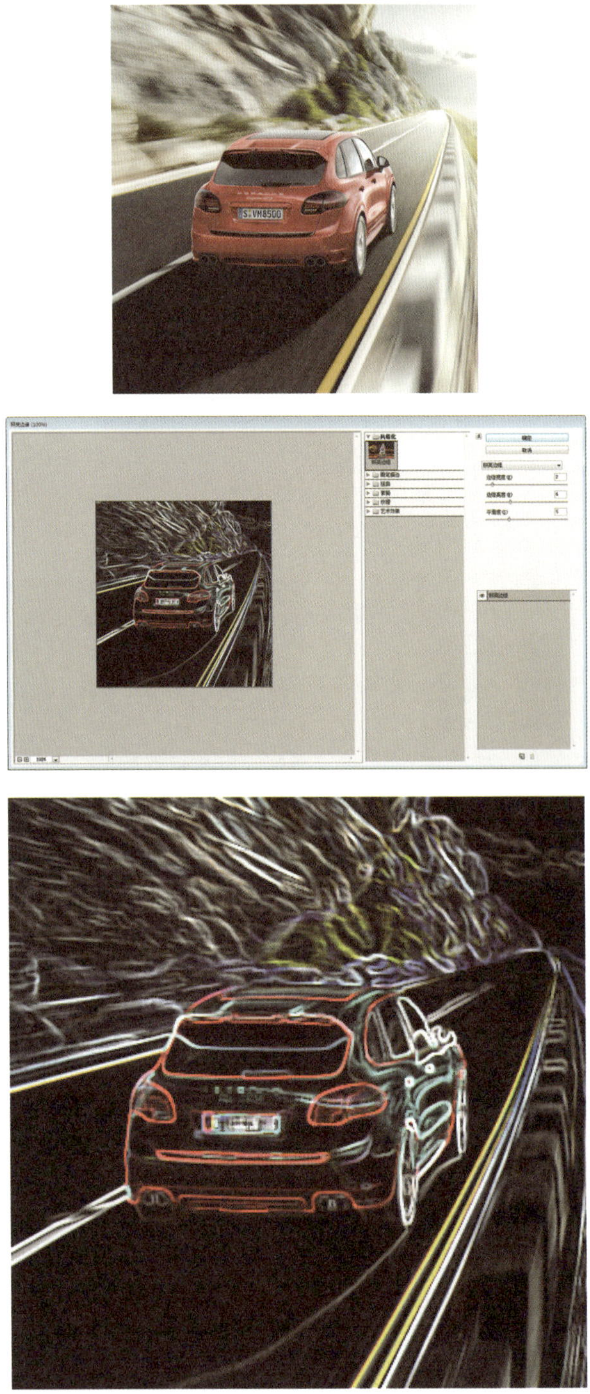

图11.49 原图与使用“照亮边缘”的对比效果

“照亮边缘”对话框中各选项说明如下。

- “边缘宽度”：设置发光轮廓线的宽度。值越大，发光的边缘宽度就越大。取值范围为1~14。
- “边缘亮度”：设置发光轮廓线的发光强度。值越大，发光边缘的亮度越大。取值范围为0~20。

- “平滑度”：设置发光轮廓线的柔和程度。值越大，边缘越柔和。取值范围为。

11.3.12 实战案例：利用“照亮边缘”滤镜打造冰上划痕的自然特效

- **素材位置** | 无
- **案例位置** | 案例文件\第11章\利用“照亮边缘”滤镜打造冰上划痕的自然特效.psd
- **视频位置** | 多媒体教学\11.3.12 实战案例 利用“照亮边缘”滤镜打造冰上划痕的自然特效.avi
- **难易指数** | ★★☆☆☆

本例讲解利用“照亮边缘”打造冰上划痕的自然特效的制作。最终效果如图11.50所示。

图11.50 最终效果

操作步骤

01 执行菜单栏中的“文件”|“新建”命令，在弹出的对话框中设置“宽度”为640像素，“高度”为480像素，“分辨率”为300像素，“颜色模式”为RGB颜色，“背景内容”设置为白色的画布，如图11.51所示。

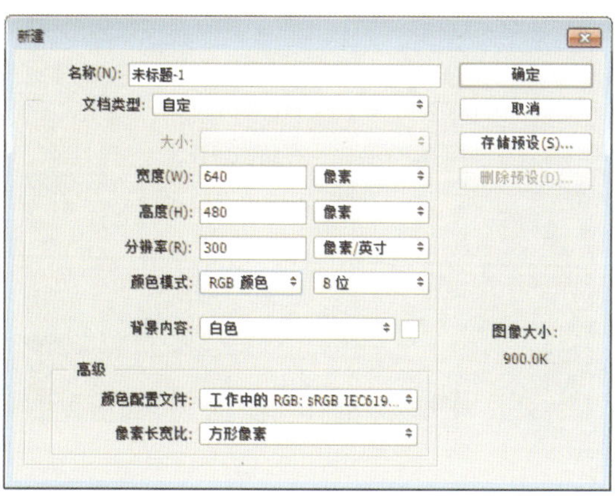

图11.51 新建文件

02 设置前景色为黑色，背景色为白色。执行菜单栏中的“滤镜”|“渲染”|“云彩”命令添加云彩效果，如图11.52所示。执行菜单栏中的“滤镜”|“渲染”|“分层云彩”命令，如图11.53所示。

图11.52 “云彩”

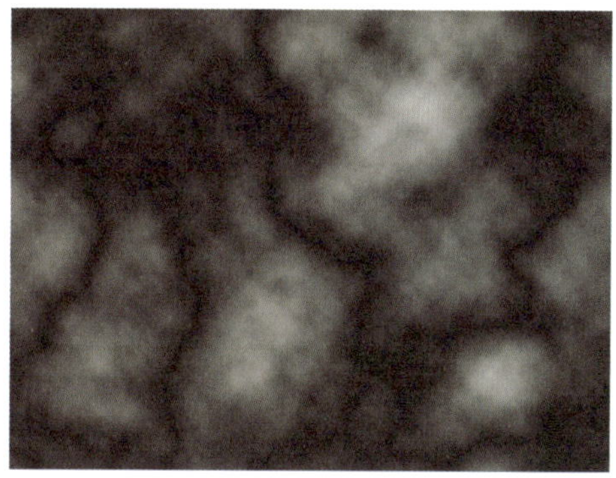

图11.53 “分层云彩”

> **提示**
>
> 按Ctrl+F组合键数次可变换云彩效果。

03 执行菜单栏中的“滤镜”|“滤镜库”|“艺术效果”|“塑料包装”命令，打开“塑料包装”对话框，设置“高光强度”为20，“平滑度”为15。单击“确定”按钮确认，如图11.54所示。

04 按Ctrl + I组合键将其反相，如图11.55所示。

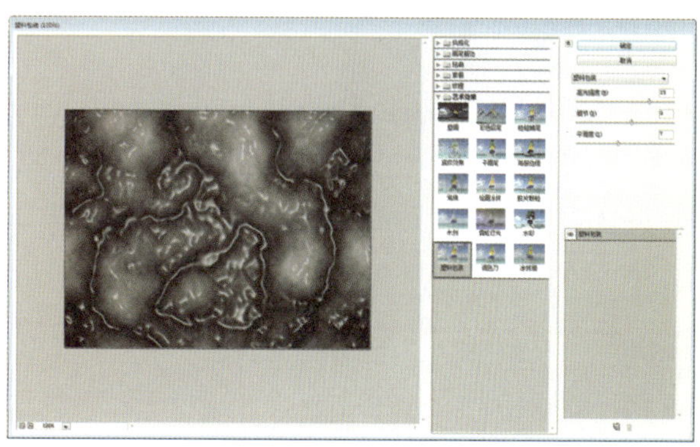

图11.54 “塑料包装”设置与效果

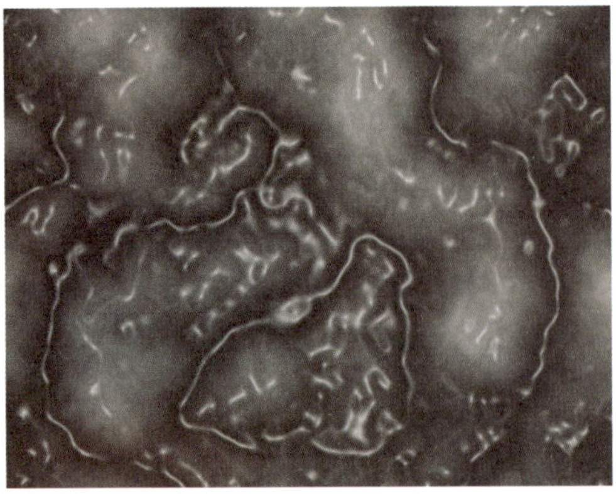

图11.54 “塑料包装”设置与效果（续）

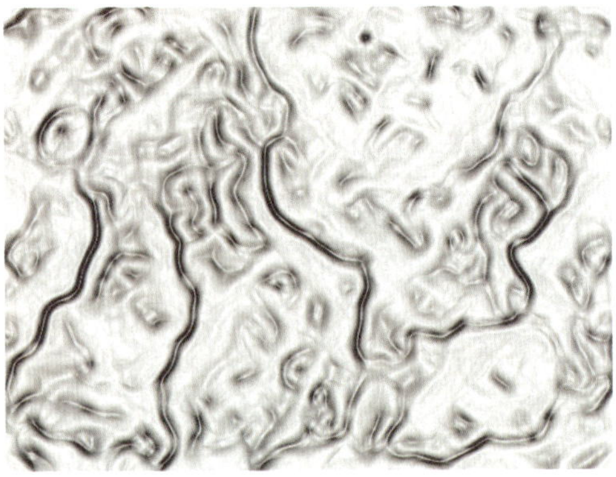

图11.55 反相

05 执行菜单栏中的“滤镜”|“风格化”|“查找边缘”命令，如图11.56所示。

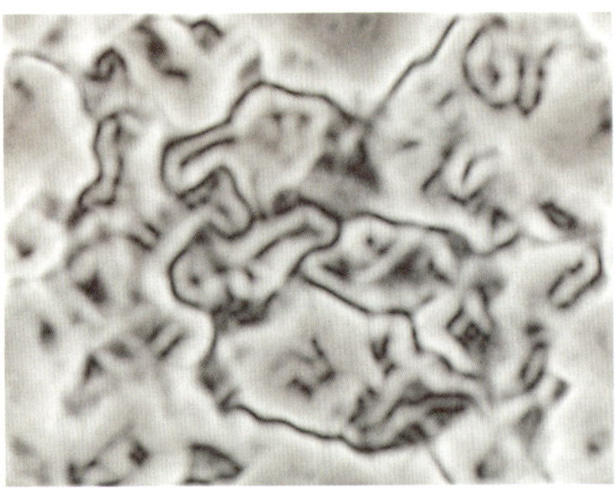

图11.56 “查找边缘”滤镜

06 按Ctrl + I组合键使图像再次反相，如图11.57所示。

07 执行菜单栏中的“滤镜”|“风格化”|“照亮边缘”命令，打开“照亮边缘”对话框，设置“边缘宽度”为1，“边缘亮度”为10，“平滑度”为1。单击“确定”按钮确认，如图11.58所示，

08 执行菜单拉中的“滤镜”|“艺术效果”|“塑料包装”命令，打开“塑料包装”对话框，设置“高光强度”为5，“细节”为15，“平滑度”为15，单击“确定”按钮确认，如图11.59所示。

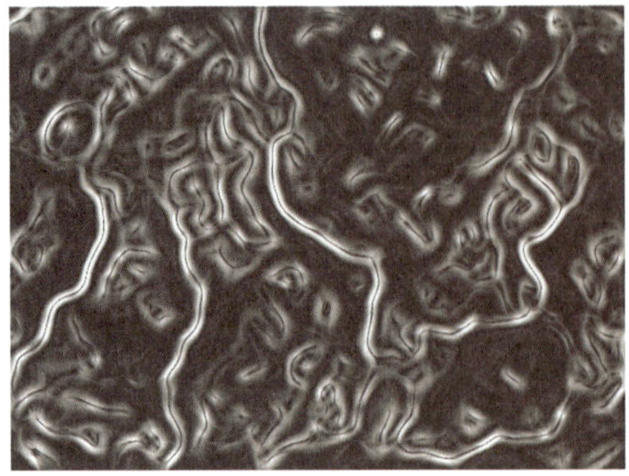

图11.57 反相

图11.58 “边缘亮度”设置

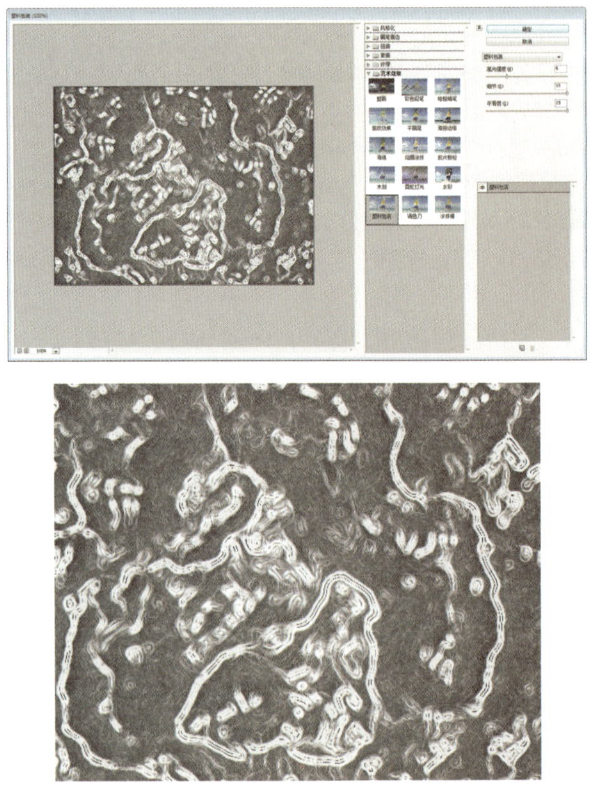

图11.59 “塑料包装”设置与效果

09 执行菜单栏中的“图像”|“调整”|“色相/饱和

度”命令，打开“色相/饱和度”对话框并设置参数，单击“确定”按钮确认，如图11.60所示。最后再配上相关的装饰，完成本例的制作，如图11.61所示。

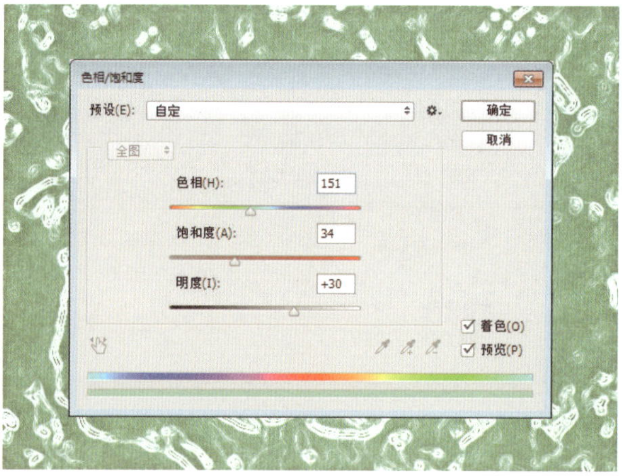

图11.60　调整参数

图11.61　完成效果

11.4 “模糊”滤镜组

“模糊”滤镜组中的命令主要对图像进行模糊处理，用于平滑边缘过于清晰和对比度过于强烈的区域，通过削弱相邻像素之间的对比度，达到柔化图像的效果。“模糊”滤镜组也是设计中最常用的滤镜组之一，通常用于模糊图像背景，突出前景对象，或创建柔和的阴影效果。

11.4.1 表面模糊

该滤镜可以在保留边缘的同时对图像进行模糊处理。执行菜单栏中的“滤镜”|“模糊”|“表面模糊”命令，打开“表面模糊”对话框。原图与使用“表面模糊”的对比效果如图11.62所示。

图11.62　原图与使用“表面模糊”的对比效果

“表面模糊”对话框中各选项说明如下。

- “半径”：设置模糊取样的范围大小。取值范围为1~100。
- “阈值”：设置相邻像素色调值与中心像素色调值相差多大时才能成为模糊的一部分。色调值差小于阈值的像素不进行模糊处理。取值范围为2~255。

11.4.2 动感模糊

该滤镜可以对图像像素进行线性位移操作，从而产生沿某一方向运动的模糊效果。就像拍摄处于运动状态的物体照片一样，使静态图像产生动态效果。执行菜单栏中的“滤镜”|“模糊”|“动感模糊”命令，打开“动感模糊”对话框。原图与使用“动感模糊”的对比效果如图11.63所示。

图11.63　原图与使用“动感模糊”的对比效果

图11.63 原图与使用“动感模糊”的对比效果（续）

“动感模糊”对话框中各选项说明如下。

- “角度”：设置动感模糊的方向。可以直接在文本框中输入角度值，也可以拖动右侧的指针来调整角度值。取值范围为-360~360。
- “距离”：设置像素移动的距离。这里的移动并非为简单的位移，而是在“距离”限制范围内，按照某种方式复制并叠加像素，再经过对透明度的处理才得到的，取值越大，模糊效果也就越强。取值范围为1~999。

11.4.3 实战案例：利用“动感模糊”滤镜制作拉丝艺术字

- **素材位置**｜无
- **案例位置**｜案例文件\第11章\利用“动感模糊”滤镜制作拉丝艺术字.psd
- **视频位置**｜多媒体教学\11.4.3 实战案例 利用“动感模糊”滤镜制作拉丝艺术字.avi
- **难易指数**｜★★☆☆☆

本例讲解利用“动感模糊”滤镜进行拉丝艺术字的制作。最终效果如图11.64所示。

图11.64 最终效果

操作步骤

01 执行菜单栏中的“文件”|“新建”命令，在弹出的对话框中设置“宽度”为700像素，“高度”为400像素，“分辨率”为300像素，“颜色模式”为RGB颜色，“背景内容”设置为白色的画布，如图11.65所示。

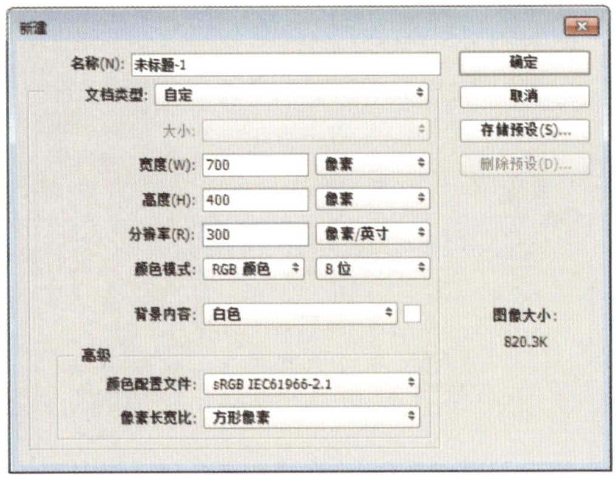

图11.65 新建文件

02 执行菜单栏中的“滤镜”|“杂色”|“添加杂色”命令，为画布添加杂点，设置“数量”为60%，并选中“平均分布”和“单色”复选框。单击“确定”按钮确认，如图11.66所示。

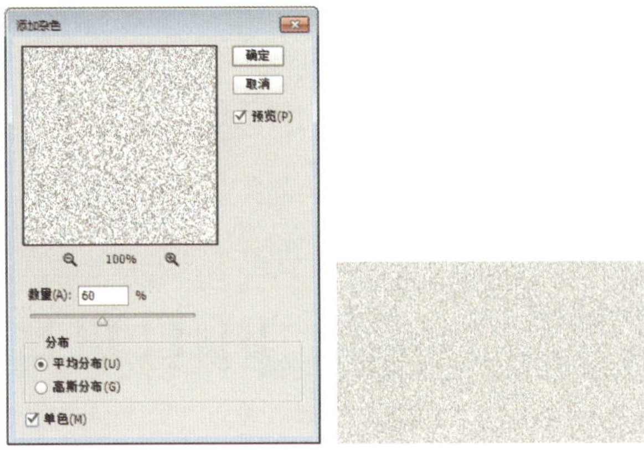

图11.66 “添加杂色”设置与效果

03 执行菜单栏中的“滤镜”|“模糊”|“动感模糊”命令，打开“动感模糊”对话框，设置“角度”为0度，“距离”为998像素，单击“确定”按钮确认，如图11.67所示。

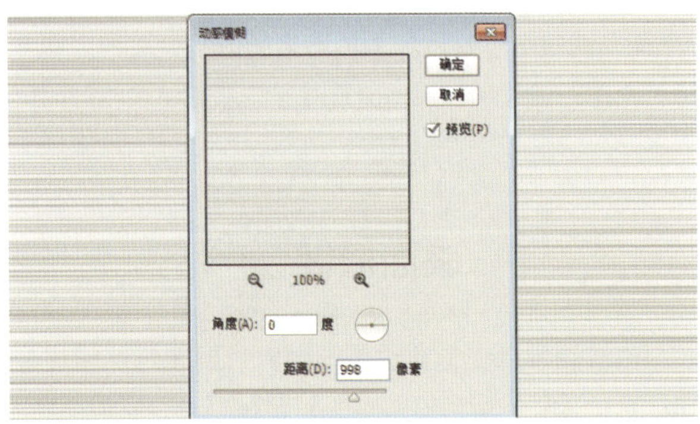

图11.67 “动感模糊”设置

04 选择工具箱中的“横排文字蒙版工具”，在画布中单击输入文字“METAL”，设置字体为Book Antiqua，如图11.68所示。

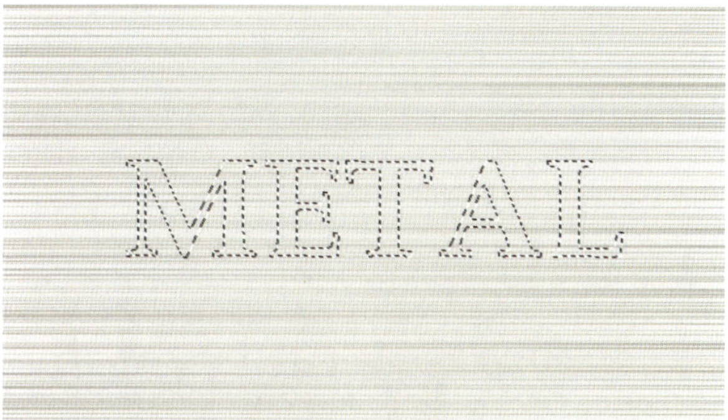

图11.68 文字蒙版

05 执行菜单栏中的“图层”|“新建”|“通过拷贝的图层”命令，或按Ctrl + J组合键，通过选区复制的图层——图层1，如图11.69所示。

图11.69 复制图层

06 确认选择图层1，单击“图层”底部的“添加图层样式”fx按钮，在打开的菜单栏中选择“内阴影”命令，打开“内阴影”对话框，设置“内阴影”的颜色为黑色，“距离”为0像素，“阻塞”为0，“大小”为5像素，其他使用默认参数。单击“确定”按钮确认，如图11.70所示。

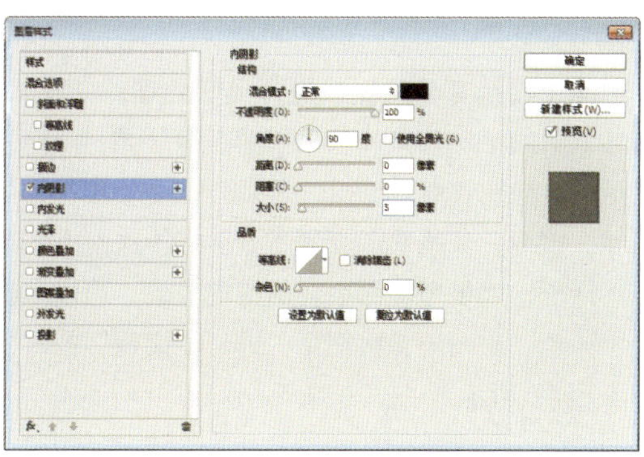

图11.70 “内阴影”设置

07 勾选“投影”复选框，设置“投影”的颜色为黑色，“距离”为6像素，单击“确定”按钮确认，如图11.71所示。

08 勾选“描边”复选框，设置“大小”为2像素，“位置”为“外部”，“颜色”为白色，单击“确定”按钮确认，如图11.72所示。

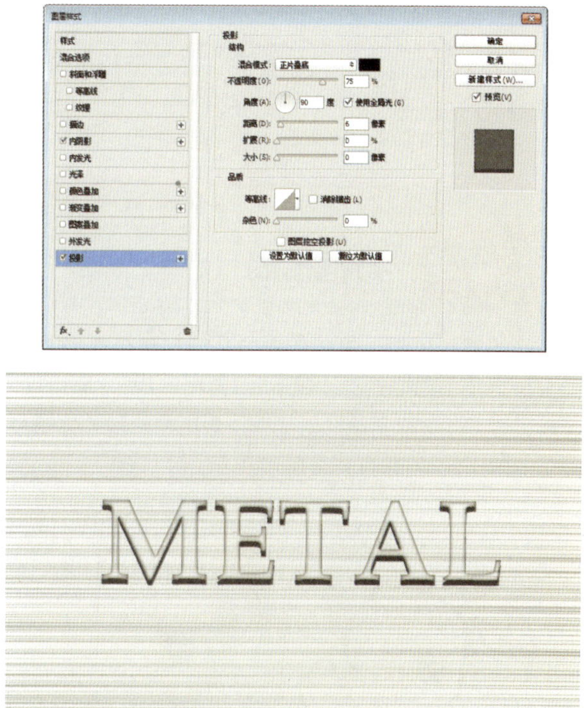

图11.71 “投影”设置与效果

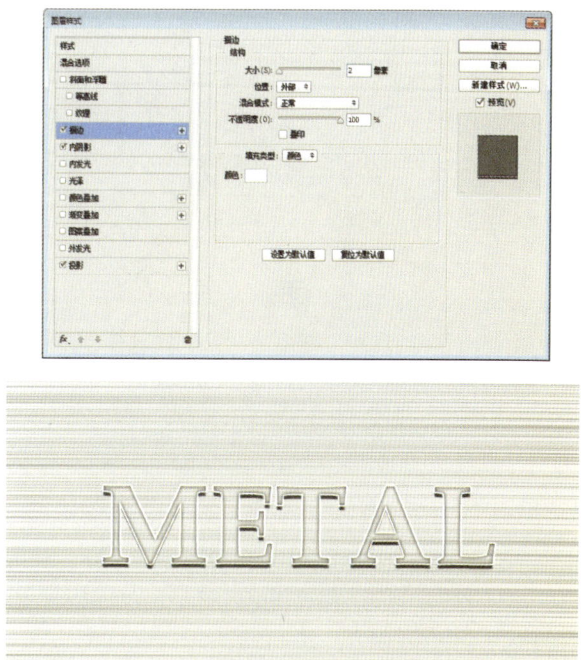

图11.72 “描边”设置与效果

09 最后添加装饰完成效果，完成效果如图11.73所示。

图11.73 完成效果

11.4.4 方框模糊

该滤镜可以基于相邻像素的平均颜色值来模糊图像。执行菜单栏中的“滤镜”|“模糊”|“方框模糊”命令，打开“方框模糊”对话框。原图与使用“方框模糊”的对比效果如图11.74所示。

图11.74 原图与使用“方框模糊”的对比效果

“方框模糊”对话框中的选项说明如下。

- “半径”：设置方框模糊的区域大小。值越大，产生的模糊效果范围越大。取值范围为1~999。

11.4.5 高斯模糊

该滤镜可以利用高斯曲线的分布模式，有选择地模糊图像。利用半径的大小来设置图像的模糊程度。执行菜单栏中的“滤镜”|“模糊”|“高斯模糊”命令，打开“高斯模糊”对话框。原图与使用“高斯模糊”的对比效果如图11.75所示。

图11.75 原图与使用“高斯模糊”的对比效果

“高斯模糊”对话框中的选项说明如下。

- “半径”：设置图像的模糊程度。值越大，模糊越强烈。取值范围为0.1~250。

11.4.6 模糊和进一步模糊

这两个滤镜都是对图像进行模糊处理。“模糊”利用相邻像素的平均值来代替相似的图像区域，从而达到柔化图像边缘的效果；“进一步模糊”比“模糊”效果更加明显，大概为“模糊”滤镜的3~4倍。这两个滤镜都没有对话框，如果想加深图像的模糊效果，可以多次使用某个滤镜。原图与多次使用“进一步模糊”的对比效果如图11.76所示。

图11.76　原图与多次使用“进一步模糊”的效果

11.4.7　径向模糊

该滤镜不但可以制作出旋转动态的模糊效果，还可以制作出从图像中心向四周辐射的模糊效果。执行菜单栏中的“滤镜”|“模糊”|“径向模糊”命令，打开如图11.77所示的“径向模糊”对话框。

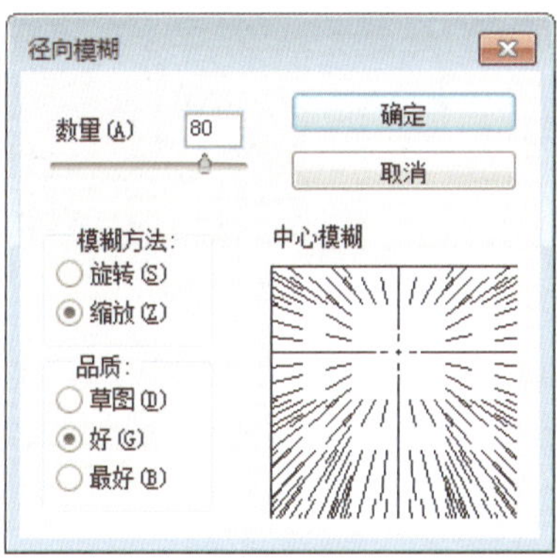

图11.77　“径向模糊”对话框

“径向模糊”对话框中各选项说明如下。

- “数量”：设置径向模糊的强度。值越大，图像越模糊。其取值范围为1~100。
- “模糊方法”：设置模糊的方式。包括“旋转”和“缩放”两种方式。选择“旋转”选项，图像产生旋转的模糊效果；选择“缩放”选项，图像产生放射状模糊的效果。
- “品质”：设置处理图像的质量。由差到好的效果顺序为“草图”“好”和“最好”，品质越好，则处理的速度就越慢。
- “中心模糊”：设置径向模糊开始的位置，即模糊区域的中心位置。在下方的预览框中单击或拖动鼠标，即可修改径向模糊中心位置。

原图与使用“径向模糊”的对比效果如图11.78所示。

图11.78　原图与使用“径向模糊”的效果

11.4.8　实战案例：利用“径向模糊”滤镜打造编织效果的藤蔓纹理

- **素材位置** | 无
- **案例位置** | 案例文件\第11章\利用“径向模糊”滤镜打造编织效果的藤蔓纹理.psd
- **视频位置** | 多媒体教学\11.4.8实战案例 利用“径向模糊”滤镜打造编织效果的藤蔓纹理.avi
- **难易指数** | ★★☆☆☆

本例讲解利用“径向模糊”打造编织效果的藤蔓纹理的制作。最终效果如图11.79所示。

图11.79　最终效果

操作步骤

01 执行菜单栏中的“文件”|“新建”命令，在弹出的对话框中设置“宽度”为640像素，“高度”为480像素，“分辨率”为300像素/英寸，“颜色模式”为RGB颜色，“背景内容”设置为白色的画布，如图11.80所示。

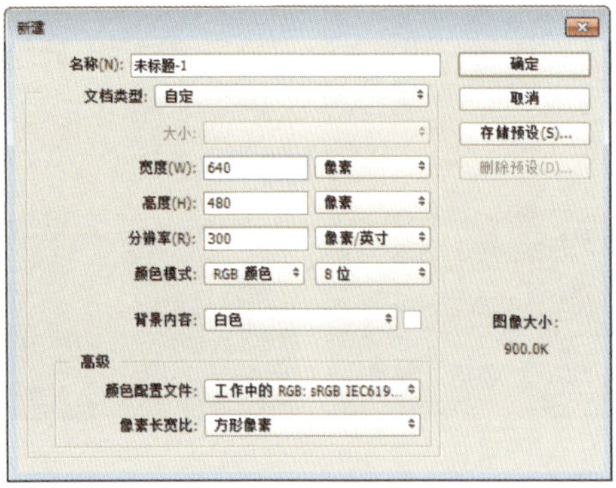

图11.80 新建文件

02 设置前景色为黑色，背景色为白色。执行菜单栏中的“滤镜”|“渲染”|“云彩”命令添加云彩命令，如图11.81所示。

图11.81 “云彩”滤镜

03 执行菜单栏中的“滤镜”|“像素化”|“马赛克”命令，打开“马赛克”对话框，设置“单元格大小”为18方形，单击“确定”按钮确认，如图11.82所示。

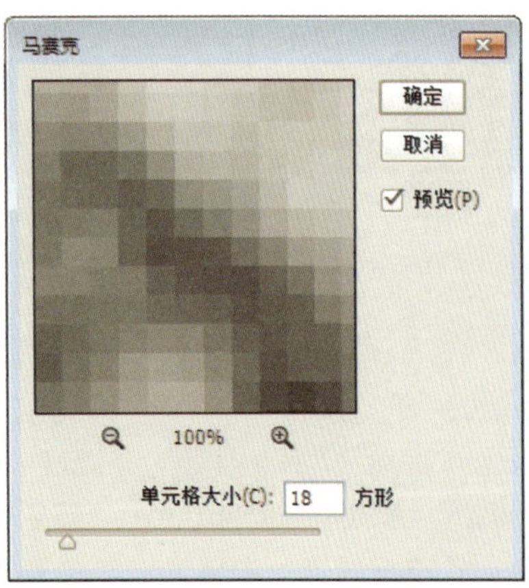

图11.82 “马赛克”设置与效果

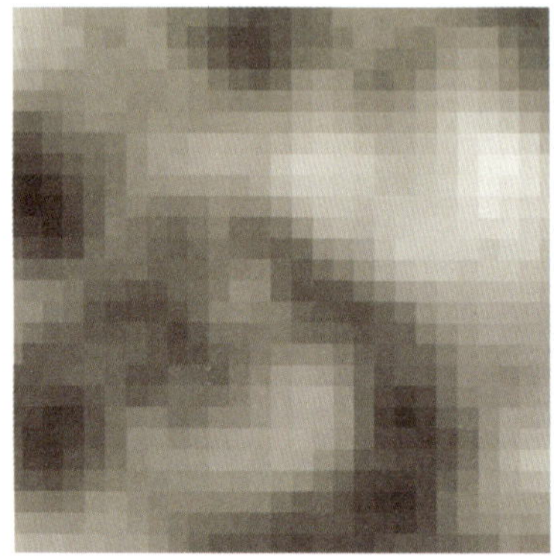

图11.82 “马赛克”设置与效果（续）

04 执行菜单栏中的“滤镜”|“模糊”|“径向模糊”命令，打开“径向模糊”对话框，设置“数量”为25，“模糊方法”为缩放，“品质”为好。单击“确定”按钮确认，如图11.83所示。

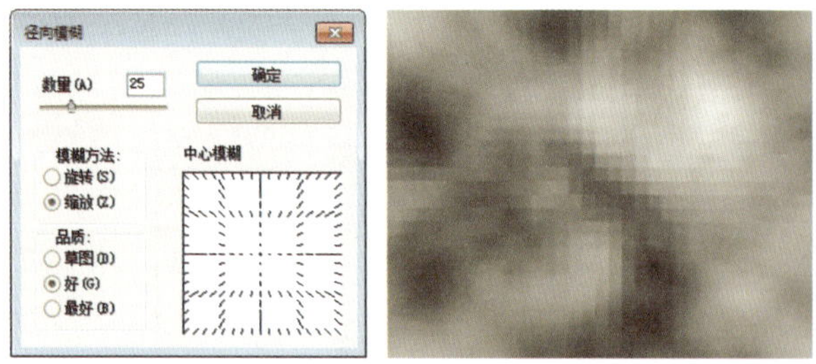

图11.83 “径向模糊”设置与效果

05 执行菜单栏中的“滤镜”|“风格化”|“查找边缘”命令，如图11.84所示。按Ctrl + F组合键3次，使效果更加强烈，如图11.85所示。

图11.84 查找边缘

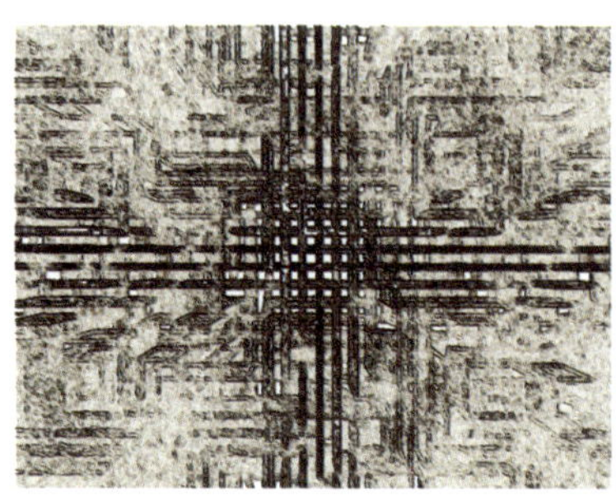

图11.85 多次“查找边缘”

06 按Ctrl + I组合键将其反相，如图11.86所示。执行菜单栏中的“图像”|“调整”|“色相/饱和度”命令，打开“色相/饱和度”对话框，并设置参数，单击“确定”按钮确认，如图11.87所示。

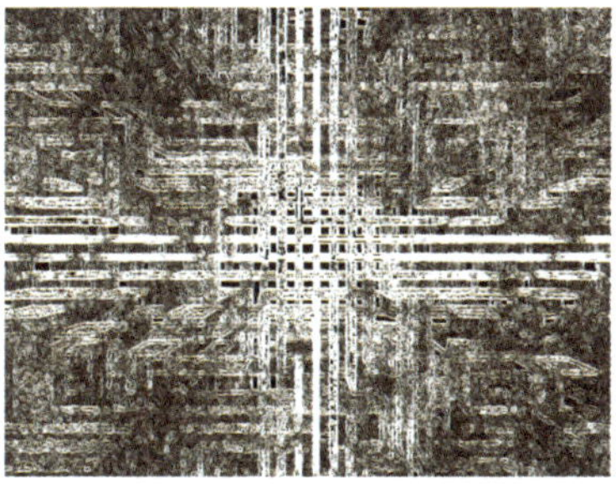

图11.86 反相

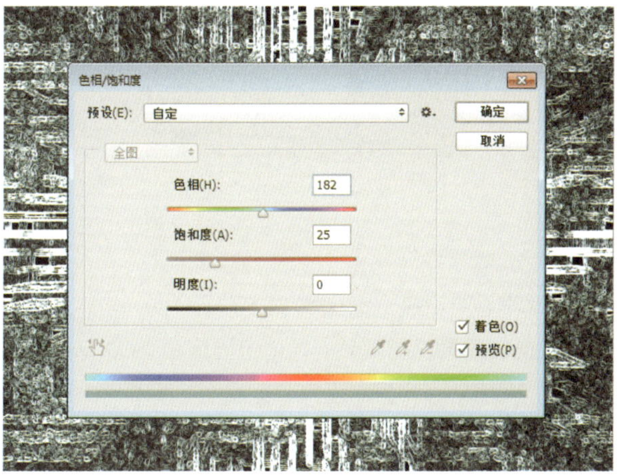

图11.87 调整“色相/饱和度”

07 最后再配上相关的装饰，完成本例的制作，如图11.88所示。

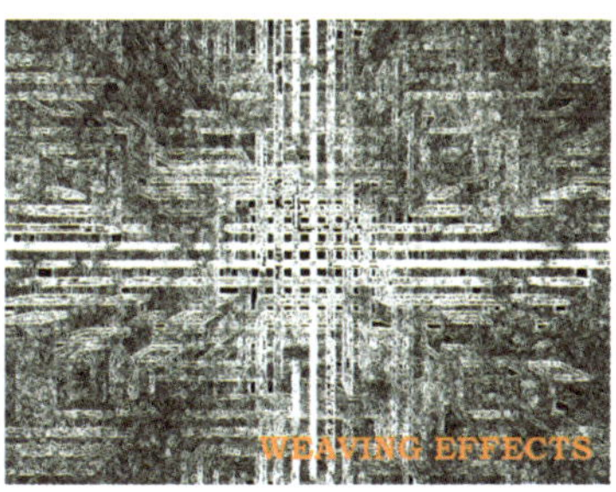

图11.88 完成效果

11.4.9 镜头模糊

该滤镜可以模拟亮光在照相机镜头所产生的折射效果，制作镜头景深模糊效果。执行菜单栏中的“滤镜”|“模糊”|“镜头模糊”命令，打开“镜头模糊”对话框。原图与使用“镜头模糊”的对比效果如图11.89所示。

图11.89 原图与使用“镜头模糊”的对比效果

“镜头模糊”对话框中各选项说明如下。

- “预览”：勾选该复选框，可以在左侧的预览窗口中显示图像模糊的最终效果。选择“更快”选项，可以加快显示图像的模糊；选择“更加准确”选项，可以更加精确地显示图像的模糊，但会更费时。
- “深度映射”：设置模糊的深度映射效果。在“源”右侧的下拉列表中，可以选择“无”“透明度”和“图层蒙版”3个选项，以设置镜头模糊产生的形式。通过“模糊焦距”选项，可以设置模糊焦距范围大小。如果勾选“反相”复选框，则焦距越小，模糊效果越明显。
- “光圈”：设置镜头的光圈。在“形状”右侧的下拉列表中，可以选择光圈的形状，包括“三角形”“方形”“五边形”“六边形”“七边形”和“八边形”6个选项。通过“半径”可以控制镜头模糊程度的大小，值越大，模糊效果越明显；“叶片弯度”控制相机叶片的弯曲程度，值越大，模糊效果越明显；“旋转”控制模糊产生的旋转程度。

- “镜面高光”：设置镜面的高光效果。通过“亮度”可以控制模糊后图像的亮度，值越大，图像越亮；“阈值”控制图像模糊后的效果层次，值越大，图像的层次越丰富。
- “数量”：设置图像中产生的杂色数量。值越大，产生的杂色就越多。
- “分布”：设置图像产生杂色的分布情况。选择“平均”选项，将平均分布这些杂色；选择“高斯分布”选项，将高斯分布这些杂色。
- “单色”：勾选该复选框，将以单色形式在图像中产生杂色。

11.4.10 平均

该滤镜可以将图层或选区中的颜色平均分布产生一种新颜色，然后用该颜色填充图像或选区以创建平滑外观。执行菜单栏中的“滤镜”|“模糊”|“平均”命令，即可对图像应用“平均”滤镜。

原图与使用“平均”的对比效果如图11.90所示。

图11.90 原图与使用“平均”的对比效果

11.4.11 特殊模糊

该滤镜对图像进行精细的模糊处理，它只对有微弱颜色变化的区域进行模糊，能够产生一种清晰边缘的模糊效果。它可以将图像中的褶皱模糊掉，或将重叠的边缘模糊掉。利用不同的选项，还可以将彩色图像变成边界为白色的黑白图像。执行菜单栏中的“滤镜”|“模糊”|“特殊模糊”命令，打开“特殊模糊”对话框。原图与使用“特殊模糊”的对比效果如图11.91所示。

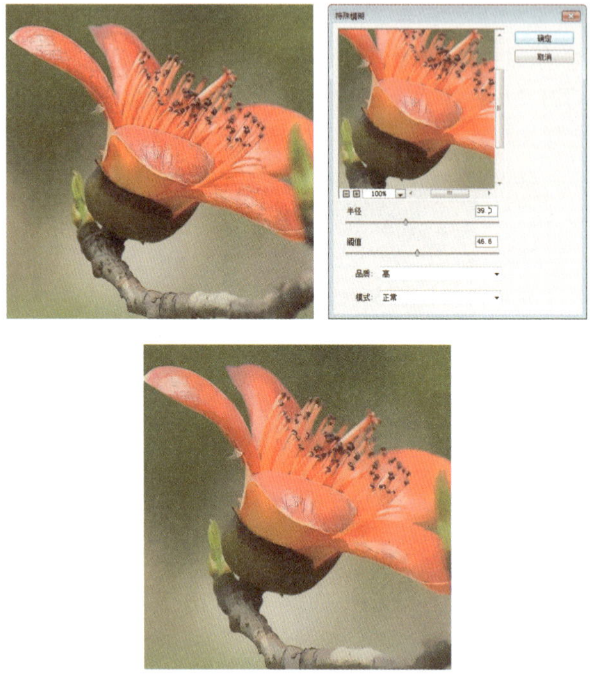

图11.91 原图与使用“特殊模糊”的对比效果

“特殊模糊”对话框中各选项说明如下。

- “半径”：设置滤镜搜索不同像素的范围，取值越大，模糊效果就越明显。取值范围为0.1~100。
- “阈值”：设置像素被擦除前与周围像素的差别，设定一个数值，只有当相邻像素间的亮度之差超过这个值的限制时，才能对其进行模糊处理。取值范围为0.1~100。
- “品质”：设置图像模糊效果的质量。包括“低”“中”和“高”3个选项。
- “模式”：设置模糊图像的模式。可以选择“正常”“仅限边缘”和“叠加边缘”3种模式。选择“正常”模式，模糊后的图像效果与其他模糊滤镜基本相同；选择“仅限边缘”模式，Photoshop会以黑色显示作为图像背景，以白色勾绘出图像边缘像素亮度变化强烈的区域。选择“叠加边缘”模式，则相当于“正常”和“仅限于边缘”模式叠加作用的结果。

11.4.12 形状模糊

该滤镜可以根据预置形状或自定义的形状对图像进行模糊处理。执行菜单栏中的“滤镜”|“模糊”|“形状模糊”命令，打开“形状模糊”对话框。原图与使用“形状模糊”的对比效果如图11.92所示。

图11.92 原图与使用“形状模糊”的对比效果

“形状模糊”对话框中各选项说明如下。

- “半径”：设置模糊的程度。值越大，模糊的效果越明显。取值范围为5~1000的整数。
- “形状”：选择一种模糊的参考形状。

11.5 “模糊画廊”滤镜组

“模糊画廊”滤镜组中的命令主要对图像进行模糊处理，下面来详细讲解这些滤镜的使用。

11.5.1 场景模糊

该滤镜有不同模糊程度的多个图钉，产生渐变模糊效果。执行菜单栏中的“滤镜”|“模糊画廊”|“场景模糊”命令，即可应用场景模糊滤镜。原图与使用“场景模糊”的对比效果如图11.93所示。

图11.93 原图与使用“场景模糊”的对比效果

图11.93 原图与使用“场景模糊”的对比效果（续）

“场景模糊”对话框中各选项说明如下。

- “光源散景”：控制模糊中的高光量。
- “散景颜色”：控制散景的色彩。数值越高，散景颜色的饱和度越高。
- “光照范围”：控制散景出现处的光照范围。

11.5.2 光圈模糊

使用“光圈模糊”可将一个或多个焦点添加到您的照片中。然后，移动图像控件，以改变焦点的大小与形状、图像其余部分的模糊数量以及清晰区域与模糊区域之间的过渡效果。执行菜单栏中的“滤镜”|“模糊画廊”|“光圈模糊”命令，单击拖拽图像上的控制点可调整“光圈模糊”参数。“光圈模糊”设置及效果如图11.94所示。

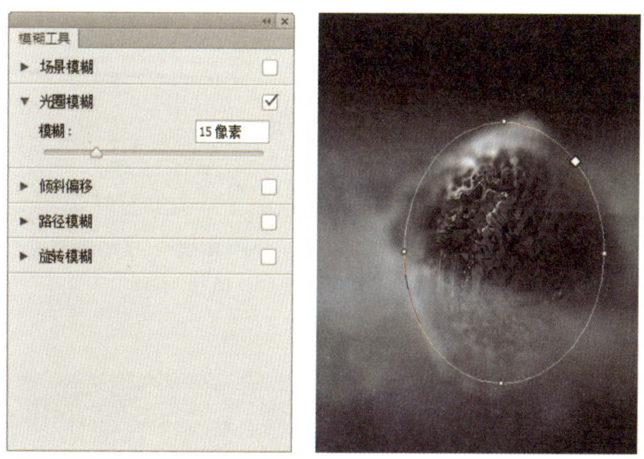

图11.94 “光圈模糊”设置及效果

11.5.3 移轴模糊

该滤镜使模糊程度与一个或多个平面一致。执行菜单栏中的“滤镜”|“模糊画廊”|“移轴模糊”命令，调整图像中的控制点，设置“倾斜偏移”参数。“移轴模糊”设置及调整效果如图11.95所示。

图11.95 “移轴模糊”设置及效果

11.5.4 路径模糊

该滤镜可以通过调整默认的路径来制作出模糊效果。执行菜单栏中的“滤镜”|“模糊画廊”|“路径模糊”命令，调整图像中的控制点，设置模糊效果。“路径模糊”设置及调整效果如图11.96所示。

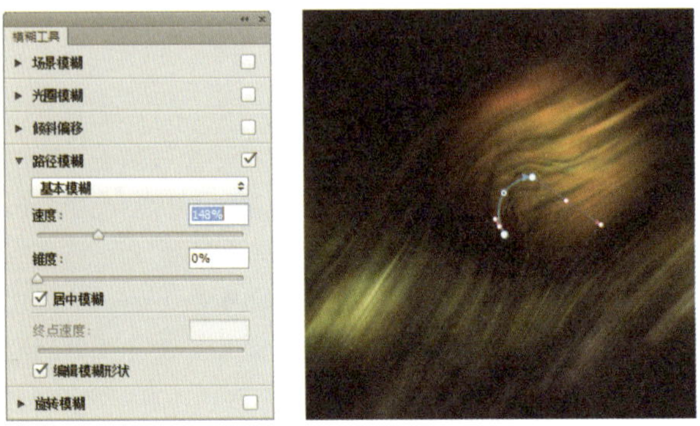

图11.96 “路径模糊”设置及效果

11.5.5 旋转模糊

该滤镜可以通过圆形控制区来制作出旋转模糊效果。执行菜单栏中的“滤镜”|“模糊画廊”|“旋转模糊”命令，调整图像中的控制点，设置模糊效果。“旋转模糊”设置及调整效果如图11.97所示。

图11.97 “旋转模糊”设置及效果

11.6 “扭曲”滤镜组

“扭曲”滤镜组可以将图像进行几何扭曲，以创建波浪、波纹、挤压及切变等各种图像的变形效果。其中既有平面的扭曲效果，也有三维的扭曲效果。

11.6.1 波浪

该滤镜可以根据用户设置的不同波长和波幅产生不同的波纹效果。执行菜单栏中的“滤镜”|“扭曲”|“波浪”命令，打开如图所示的“波浪”对话框。原图与使用“波浪”的对比效果如图11.98所示。

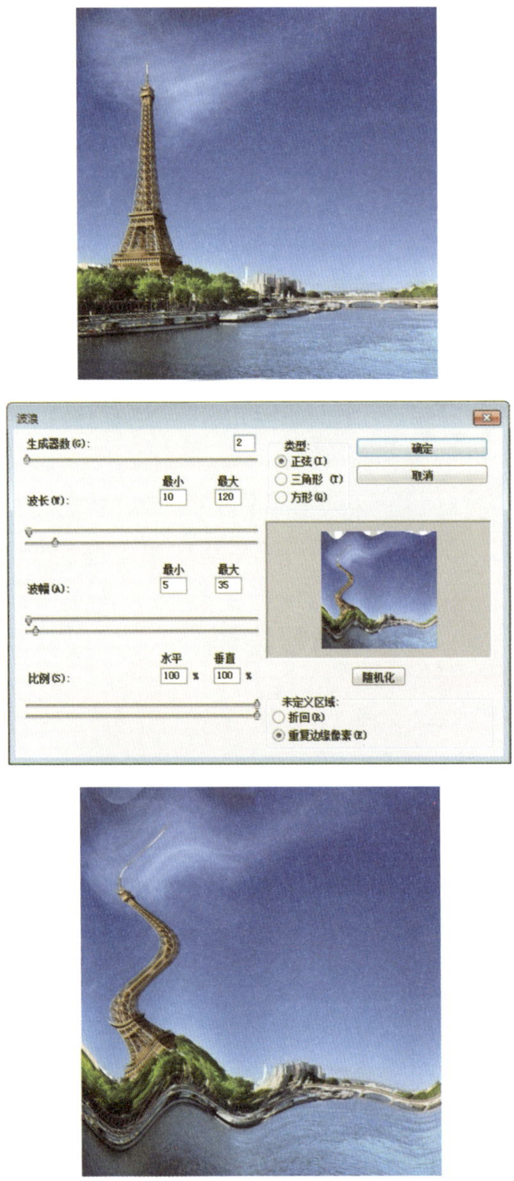

图11.98 原图与使用“波浪”的对比效果

“波浪”对话框中各选项说明如下。

- “生成器数”：设置波纹生成的数量。可以直接输入数值或拖动滑块来修改参数。值越大，波纹产生的波动就越大。取值范围为1~999。
- “波长”：设置相邻两个波峰之间的距离。可以分别设置最小波长和最大波长，而且最小波长不可以超过最大波长。
- “波幅”：设置波浪的高度。可以分别设置最大波幅和最小波幅，同样最小的波幅不能超过最大的波幅。
- “比例”：设置水平和垂直方向波浪波动幅度的缩放比例。
- “类型”：设置生成波纹的类型。包括“正弦”“三角形”和“方形”3个选项。
- “随机化”：单击此按钮，可以在不改变参数的情况下，改变波浪的效果，多次单击可以生成更多的波浪效果。
- “未定义区域”：设置像素波动后边缘空缺的处理方法。选择“折回”选项，表示将超出边缘位置的图像在另一侧折回；选择“重复边缘像素”选项，表示将超出边缘位置的图像重复边缘的像素。

11.6.2 实战案例：利用“波浪”滤镜打造雪景光线四射影像

- **素材位置** | 素材文件\第11章\雪景.jpg
- **案例位置** | 案例文件\第11章\利用“波浪”滤镜打造雪景光线四射影像.psd
- **视频位置** | 多媒体教学\11.6.2 实战案例 利用“波浪”滤镜打造雪景光线四射影像.avi
- **难易指数** | ★☆☆☆☆

本例讲解利用“波浪”滤镜打造雪景光线四射影像的制作。最终效果如图11.99所示。

图11.99 最终效果

操作步骤

01 执行菜单栏中的“文件”|“打开”命令，打开“雪景.jpg”文件，如图11.100所示。

图11.100 打开文件

02 新建图层——图层1。选择工具箱中的“渐变工具”，设置颜色为从白色到黑色的线性渐变，从画布的上方向下方拖动鼠标填充渐变，如图11.101所示。

图11.101 填充渐变

03 执行菜单栏中的“滤镜”|“扭曲”|“波浪”命令，打开“波浪”对话框，设置“生成器数”为2，“最小波长”为5，“最大波长”为50，“最小波幅”为5，“最大波幅”为35。单击“确定”按钮确认，如图11.102所示。

04 执行菜单栏中的“滤镜”|“扭曲”|“极坐标”命令，打开“极坐标”对话框，勾选“平面坐标到极坐标”单选按钮。单击“确定”按钮确认，如图11.103所示。

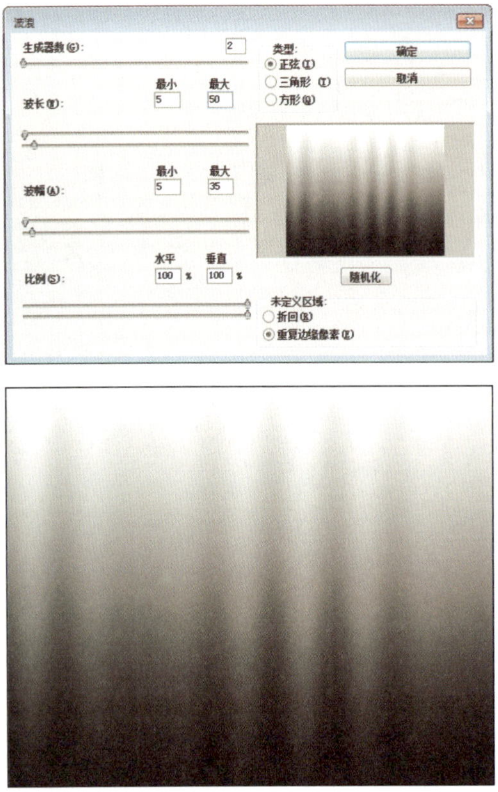

图11.102 “波浪”设置与效果

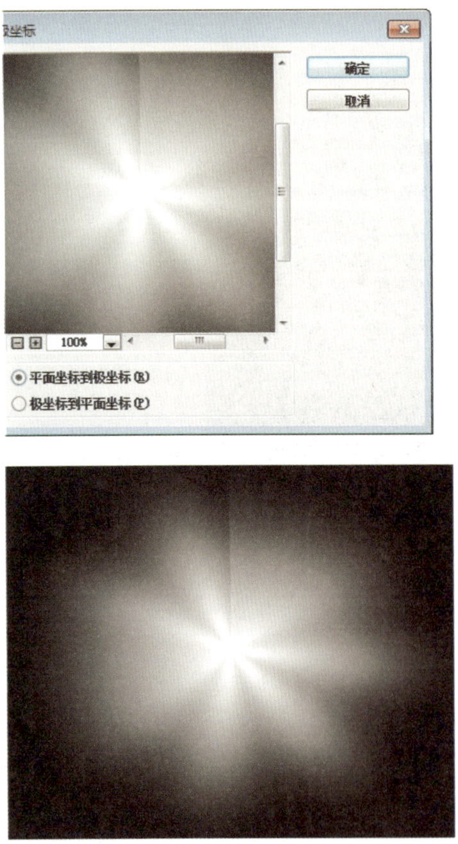

图11.103 “极坐标”设置与效果

05 在“图层”面板中，将“图层1”的混合模式设置为“叠加”，如图10.104所示。

图11.104 设置混合模式

06 新建图层——图层2，选择工具箱中的“渐变工具”■，设置颜色为从白色到橘黄色（R：237，G：109，B：26）的径向渐变，从画布的中心向外拖动填充渐变，如图11.105所示。

图11.105 填充渐变

图11.105 填充渐变（续）

07 在“图层”面板中，将“图层2”的混合模式设置为“叠加”，“不透明度”更改为40%，如图11.106所示。最后添加装饰完成效果，如图11.107所示。

图11.106 设置混合模式

图11.107 完成效果

11.6.3 波纹

该滤镜可以在图像上创建像风吹水面产生起伏的波纹效果。执行菜单栏中的“滤镜”|“扭曲”|“波纹”命令，打开“波纹”对话框。原图与使用“波纹”的对比效果如图11.108所示。

图11.108 原图与使用“波纹”的对比效果

“波纹”对话框中各选项说明如下。

- “数量”：设置生成水纹的数量。可以直接输入数值，也可以拖动滑块来修改参数。取值范围为-999~999。
- “大小”：设置生成波纹的大小。包括“大”“中”和“小”3个选项，选择不同的选项将生成不同大小的波纹效果。

11.6.4 极坐标

该滤镜可以将图像从平面坐标转换到极坐标，或将图像从极坐标转换为平面坐标以生成扭曲图像的效果。执行菜单栏中的“滤镜”|“扭曲”|“极坐标”命令，打开“极坐标”对话框。原图与使用“极坐标”的对比效果如图11.109所示。

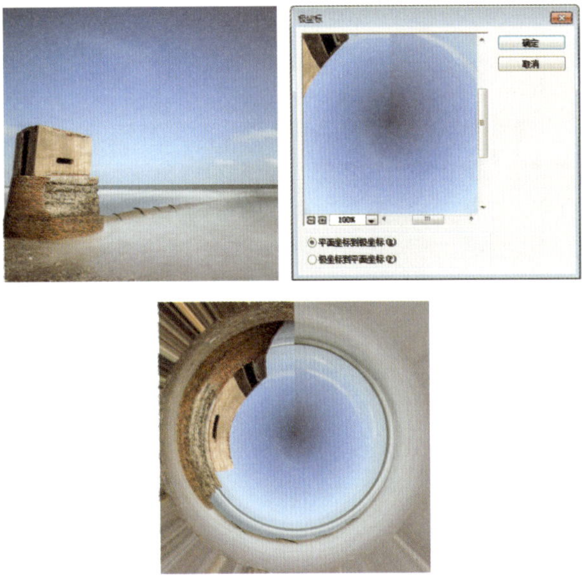

图11.109 原图与使用“极坐标”的对比效果

“极坐标”对话框中各选项说明如下。

- “平面坐标到极坐标”：选择该选项，可以将平面直角坐标转换为极坐标，以此来扭曲图像。
- “极坐标到平面坐标”：选择该选项，可以将极坐标转换为平面直角坐标，以此来扭曲图像。

11.6.5 实战案例：利用“极坐标”滤镜打造浪漫蓝色条纹

- **素材位置** | 无
- **案例位置** | 案例文件\第11章\利用“极坐标”滤镜打造浪漫蓝色条纹.psd
- **视频位置** | 多媒体教学\11.6.5 实战案例 利用“极坐标”滤镜打造浪漫蓝色条纹.avi
- **难易指数** | ★★☆☆☆

本例讲解利用“极坐标”滤镜打造浪漫蓝色条纹的制作。最终效果如图11.110所示。

图11.110 最终效果

操作步骤

01 执行菜单栏中的“文件”|“新建”命令，在弹出的对话框中设置“宽度”为840像素，“高度”为565像素，“分辨率”为300像素，“颜色模式”为RGB颜色，“背景内容”设置为白色的画布，如图11.111所示。

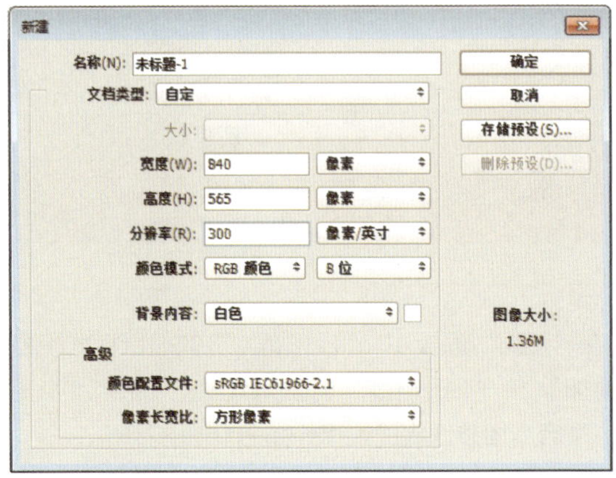

图11.111 新建文件

02 选择工具箱中的“渐变工具”，设置颜色为青色（R：25，G：129，B：189）到深蓝色（R：15，G：53，B：96），如图11.112所示。单击“确定”按钮确认。从画布的中心向外拖动鼠标并填充渐变，如图11.113所示。

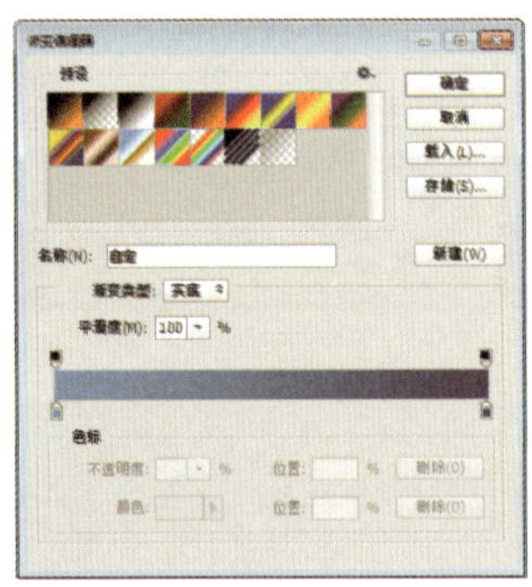

图11.112 调整渐变

图11.113 填充渐变

03 单击“图层”面板下方的“创建新图层”按钮，新建图层——图层1，如图11.114所示。选择工具箱中的“钢笔工具”，在画布中绘制一个封闭路径，如图11.115所示。

图11.114 新建图层

图11.115 绘制路径

04 按Ctrl + Enter组合键将路径转换为选区，如图11.116所示。设置前景色为白色，然后按Alt + Delete组合键填充选区，如图11.117所示。

图11.116 建立选区

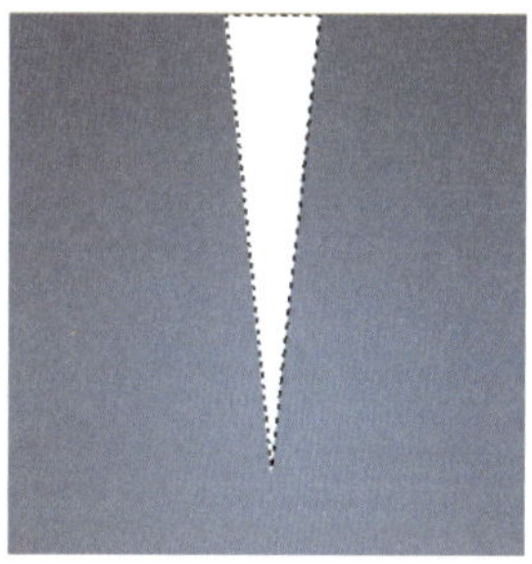

图11.117 填充选区

05 按Ctrl + Alt + T组合键，然后按住Alt键将中心点移至变换框的下方，将形状向右旋转并复制，按Enter键确认应用，如图11.118所示。按住Shift + Ctrl + Alt组合键的同时多次按T键将其复制多份，按Ctrl + D组合键取消选区。再将图像放大，如图11.119所示。

图11.118 旋转并复制

图11.119 复制多份

06 执行菜单栏中的“滤镜”|“扭曲”|“极坐标”命令，打开“极坐标”对话框设置参数，单击“确定”按钮确认，如图11.120所示。

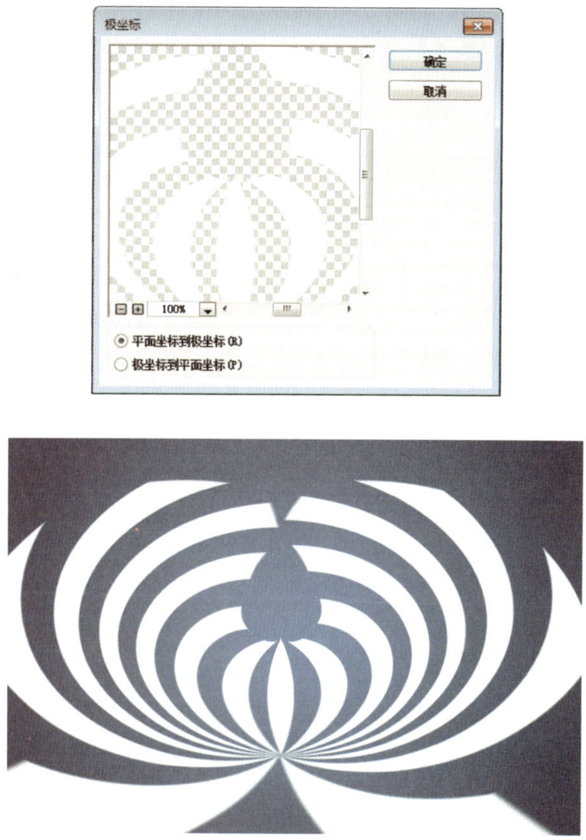

图11.120 “极坐标”设置与效果

07 执行菜单栏中的“滤镜”|“模糊”|“高斯模糊”命令，打开“高斯模糊”对话框，单击“确定”按钮确认，如图11.121所示。

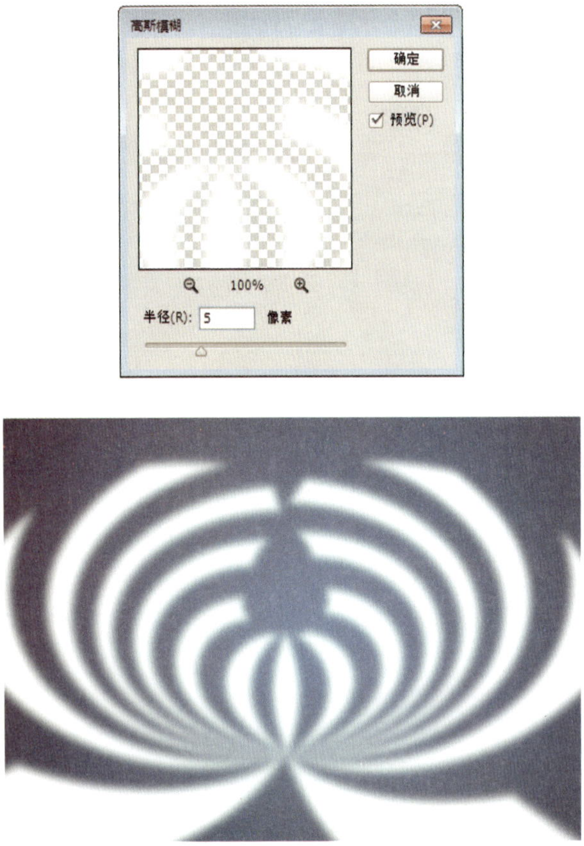

图11.121 “高斯模糊”设置与效果

08 在“图层”面板中将“图层 1”的图层不透明度设置为20%。设置不透明度后的图像效果，如图11.122所示。最后添加装饰完成该效果的制作，如图11.123所示。

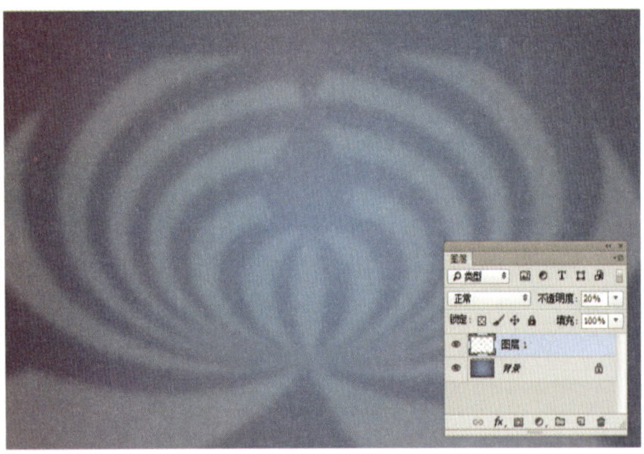

图11.122 降低不透明度

图11.123 完成效果

11.6.6 挤压

该滤镜可以将整个图像向内或向外进行挤压变形。执行菜单栏中的“滤镜”|“扭曲”|“挤压”命令，打开“挤压”对话框。原图与使用“挤压”的对比效果如图11.124所示。

图11.124 原图与使用“挤压”的对比效果

“挤压”对话框中的选项说明如下。

- “数量”：设置图像受挤压的程度。取值范围是－100%～100%。当值为负值时，图像向外挤压变形，且数值越小，挤压程度越大；当值为正值时，图像向内挤压变形，且数值越大，挤压程度越大。

11.6.7 切变

该滤镜允许用户按自己的设置的曲线来扭曲图像。执行菜单栏中的“滤镜”|“扭曲”|“切变”命令，打开“切变”对话框。原图与使用“切变”的对比效果如图11.125所示。

图11.125　原图与使用“切变”的对比效果

技巧

在“切变”对话框中的曲线控制框中，单击鼠标左键可以添加节点，拖动节点可以调整线条的形状。将节点拖动到曲线控制框外，则删除该节点。单击“默认”按钮，将曲线恢复为直线。

“切变”对话框中各选项说明如下。

- “切换控制区”：主要用来控制图像的扭曲变形。在控制区中的直线上或其他方格位置单击，可以为直线添加控制点，拖动控制点即可设置直线变形，同时图像也同步变形。多次单击可以添加更多的控制点，如果想删除控制点，直接将控制点拖动到对话框以外释放鼠标左键即可。
- “未定义区域”：设置像素波动后边缘空缺的处理方法。选择“折回”选项，表示将超出边缘位置的图像在另一侧折回；选择“重复边缘像素”选项，表示将超出边缘位置的图像重复边缘的像素。

11.6.8 球面化

该滤镜可以使图像产生凹陷或凸出的球面或柱面效果，就像图像被包裹在球面上或柱面上一样，产生立体效果。执行菜单栏中的“滤镜”|“扭曲”|“球面化”命令，打开如图所示的“球面化”对话框。原图与使用“球面化”的对比效果如图11.126所示。

图11.126　原图与使用“球面化”的对比效果

“球面化”对话框中各选项说明如下。

- “数量”：设置产生球面化或柱面化的变形程度。取值范围为-100%~100%。当值为正时，图像向外凸出，且值越大凸出的程度越大；当值为负时，图像向内凹陷，且值越小凹陷的程度越大。
- “模式”：设置图像变形的模式。包括“正常”“水平优先”和“垂直优先”3个选项。当选择“正常”时，图像将产生球面化效果；当选择“水平优先”时，图像将产生竖直的柱面效果；当选择“垂直优先”时，图像将产生水平的柱面效果。

11.6.9 水波

该滤镜可以制作出类似涟漪的图像变形效果。多用来制作水的波纹。执行菜单栏中的“滤镜”|“扭曲”|“水波”命令，打开“水波”对话框。原图与使用“球面化”的对比效果如图11.127所示。

图11.127　原图与使用“水波”的对比效果

图11.127 原图与使用“水波”的对比效果（续）

“水波”对话框中各选项说明如下。

- “数量”：设置生成波纹的强度。取值范围为-100~100。当值为负时，图像中心是波峰；当值为正时，图像中心是波谷。
- “起伏”：设置生成水波纹的数量。值越大，波纹数量越多，波纹越碎。
- “样式”：设置置换像素的方式。包括“围绕中心”“从中心向外”和“水池波纹”3个选项。“围绕中心”表示沿中心旋转变形；“从中心向外”表示从中心向外置换变形；“水池波纹”表示向左上或右下置换变形图像。

11.6.10 旋转扭曲

该滤镜以图像中心为旋转中心，对图像进行旋转扭曲。执行菜单栏中的“滤镜”|“扭曲”|“旋转扭曲”命令，打开“旋转扭曲”对话框。原图与使用“旋转扭曲”的对比效果如图11.128所示。

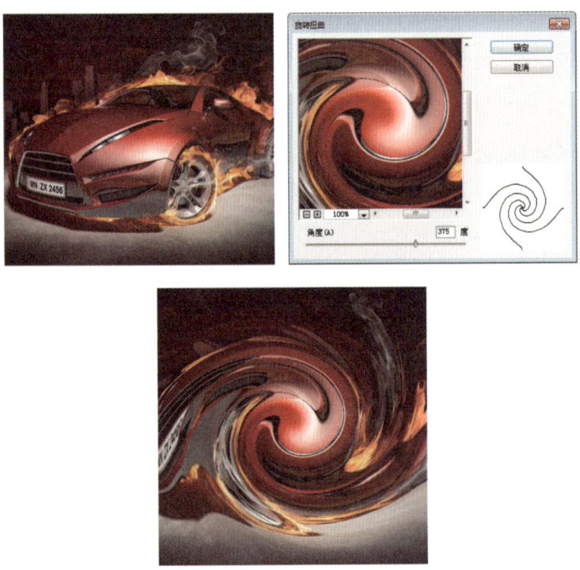

图11.128 原图与使用“旋转扭曲”的对比效果

“旋转扭曲”对话框中的选项说明如下。

- “角度”：设置旋转的强度。取值范围为-999~999。当值为正时，图像按顺时针旋转；当值为负时，图像按逆时针旋转。当数值达到最小值或最大值时，旋转扭曲的强度最大。

11.6.11 置换

该滤镜可以指定一个图像，并使用该图像的颜色、形状和纹理等来确定当前图像中的扭曲方式，最终使两幅图像交错组合在一起，产生位移扭曲效果。这里的另一幅图像被称为置换图，而且置换图的格式必须是psd格式。执行菜单栏中的“滤镜”|“扭曲”|“置换”命令，将打开如图11.129所示的“置换”对话框。

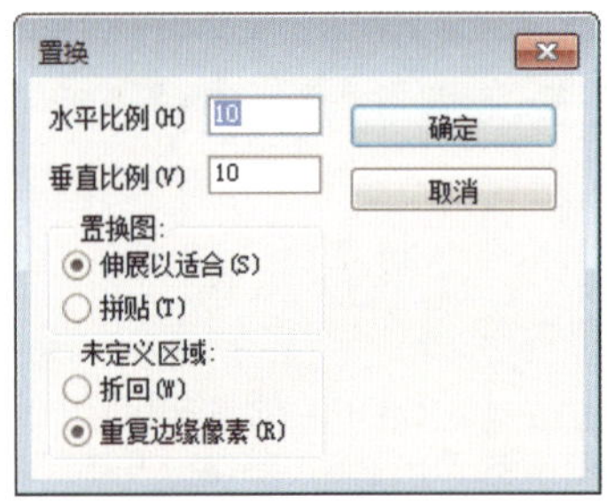

图11.129 “置换”对话框

“置换”对话框中各选项说明如下。

- “水平比例”：设置图像在水平方向上的变形比例。
- “垂直比例”：设置图像在垂直方向上的变形比例。
- “置换图”：当置换图与当前图像区域的大小不同时，设置图像的匹配方式。包括“伸展以适合”和“拼贴”两个选项。选择“伸展以适合”选项，将对置换图进行缩放以适应图像大小；选择“拼贴”选项，置换图将不改变大小，而是通过重复拼贴的方式来适应图像大小。
- 设置像素波动后边缘空缺的处理方法。选择“折回”选项，表示将超出边缘位置的图像在另一侧折回；选择“重复边缘像素”选项，表示将超出边缘位置的图像重复边缘的像素。

提示

在使用“转换”滤镜前，需要事先准备好一张用于置换的PSD格式的图像。

原图、置换图和使用“置换”的对比效果如图11.130所示。

图11.130 原图、置换图和置换后的效果

11.6.12 玻璃

该滤镜可以制作出一系列纹理，模拟透过玻璃观看图像的效果。执行菜单栏中的“滤镜”|“滤镜库”|“扭曲”|“玻璃”命令，打开如图11.131所示的“玻璃”对话框。

图11.131 “玻璃”对话框

“玻璃”对话框中各选项说明如下。

- “扭曲度”：设置图像的扭曲程度。值越大，图像的扭曲越明显。取值范围为0~20。
- “平滑度”：设置图像的平滑程度。值越大，图像越平滑。取值范围为1~15。
- “纹理”：设置图像的扭曲纹理。包括“块状”“画布”“磨砂”和“小镜头”4个选项。另外，还可以单击右侧的三角箭头▾≡，载入.psd格式的图片作为纹理。设置纹理后，可以通过“缩放”参数来修改纹理的大小。如果勾选“反相”复选框，可以将纹理的凹、凸面进行反转。

原图与使用“玻璃”的对比效果如图11.132所示。

图11.132 原图与使用“玻璃”的对比效果

11.6.13 实战案例：利用“玻璃”滤镜制作仿真玻璃砖墙纹理

- **素材位置**｜无
- **案例位置**｜案例文件\第11章\利用“玻璃”滤镜制作仿真玻璃砖墙纹理.psd
- **视频位置**｜多媒体教学\11.6.13 实战案例 利用“玻璃”滤镜制作仿真玻璃砖墙纹理.avi
- **难易指数**｜★★☆☆☆

本例讲解仿真玻璃砖墙纹理的制作。最终效果如图11.133所示。

图11.133 最终效果

操作步骤

01 执行菜单栏中的“文件”|“新建”命令，在弹出的对话框中设置“宽度”为840像素，“高度”为680像素，“分辨率”为300像素/英寸，“颜色模式”为RGB颜色，“背景内容”设置为白色的画布，如图11.134所示。

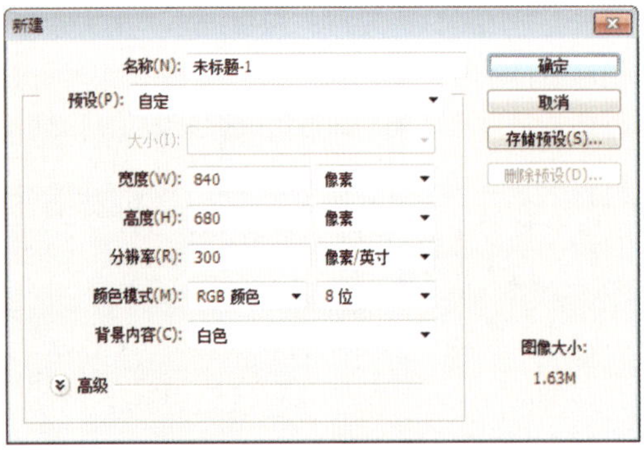

图11.134 新建文件

02 设置前景色为黑色，将背景色设置为白色。执行菜单栏中的“滤镜”|“渲染”|“云彩”命令，添加云彩效果，如图11.135所示。

图11.135 “云彩”滤镜

03 执行菜单栏中的“滤镜”|“滤镜库”|“扭曲”|“玻璃”命令，打开“玻璃”对话框，设置“扭曲度”为15，“平滑度”为3，“纹理”为块状，“缩放”为54%，并选中“反相”复选框，单击“确定”按钮确认，如图11.136所示。

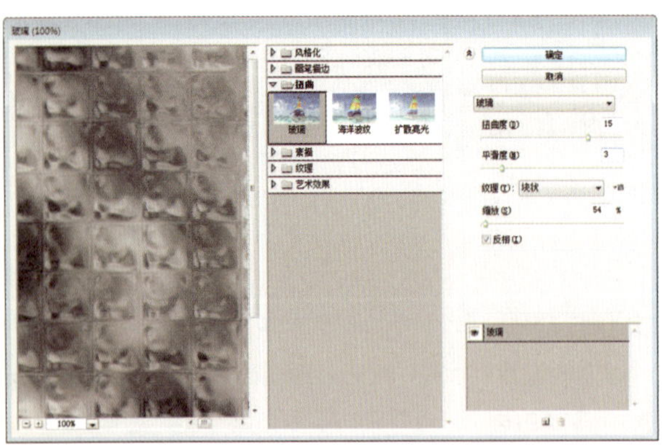

图11.136 “玻璃”设置与效果

图11.136 “玻璃”设置与效果（续）

04 执行菜单栏中的“图像”|“调整”|“色相/饱和度”命令，打开“色相/饱和度”对话框，选中“着色”复选框，设置“色相”的值为140，“饱和度”的值为26，“明度”的值为5，单击“确定”按钮确认，如图11.137所示。

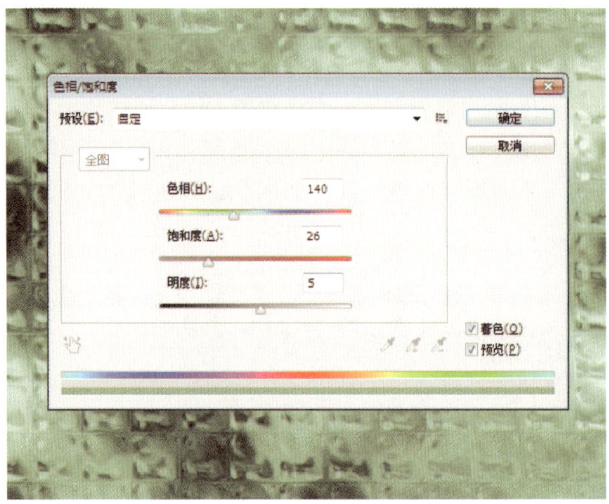

图11.137 调整参数

05 最后再配上相关的装饰，完成本例的制作，如图11.138所示。

图11.138 完成效果

11.6.14　海洋波纹

该滤镜可以模拟海洋表面的波纹效果，它与“波纹”有些相似，但产生的波纹更加细小、杂乱，而且边缘有很多的抖动效果。执行菜单栏中的“滤镜”|“滤镜库”|“扭曲”|“海洋波纹”命令，打开“海洋波纹”对话框。原图与使用“海洋波纹”的对比效果如图11.139所示。

“海洋波纹”对话框中各选项说明如下。

- “波纹大小”：设置生成波纹的大小。值越大，生成的波纹就越大。
- “波纹幅度”：设置生成波纹的幅度大小。值越大，波纹的幅度就越大。取值范围为0~20。

图11.139　原图与使用“海洋波纹”的效果

11.6.15　扩散亮光

该滤镜可以利用工具栏中背景色的颜色将图像中较亮的区域进行扩散，制作出一种柔和的扩散效果。执行菜单栏中的“滤镜”|“滤镜库”|“扭曲”|“扩散亮光”命令，打开“扩散亮光”对话框。原图与使用“扩散亮光”的对比效果如图11.140所示。

图11.140　原图与使用“扩散亮光”的对比效果

“扩散亮光”对话框中各选项说明如下。

- “粒度”：设置光亮中的颗粒密度。值越大，颗粒效果越明显。取值范围为0~10。
- “发光量”：设置光亮的强度。值越大，光芒越强烈。取值范围为0~20。
- “清除数量”；设置图像中受亮光影响的范围。值越大，受影响的范围越小，图像越清晰。取值范围为0~20。

11.7　“锐化”滤镜组

“锐化”滤镜组可以加强图像的对比度，使图像变得更加清晰。

11.7.1 USM锐化

该滤镜可以在图像边缘的每侧生成一条亮线和一条暗线，以此来产生轮廓的锐化效果。多用于校正摄影、扫描、重新取样或打印过程中产生的模糊效果。执行菜单栏中的“滤镜”|“锐化”|“USM锐化”命令，打开“USM锐化”对话框。原图与使用“USM锐化”的对比效果如图11.141所示。

“USM锐化”对话框中各选项说明如下。

- “数量”：设置图像对比强度。数值越大，图像的锐化效果越明显。取值范围为1%~500%。
- “半径”：设置边缘两侧像素影响锐化的像素数目。值越大，锐化的范围就越大。取值范围为0.1~250.0。
- “阈值”：设置锐化像素与周围区域亮度的差值。值越大，锐化的像素越少。取值范围为0~255。

图11.141 原图与使用“USM锐化”的对比效果

11.7.2 进一步锐化和锐化

“锐化”滤镜可以对图像进行锐化处理，但锐化的效果并不是很大；而“进一步锐化”却比“锐化”效果更加强烈，一般是锐化的3到4倍。图11.142所示为原图、3次锐化和3次进一步锐化效果。

图11.142 原图、3次锐化和3次进一步锐化效果

11.7.3 锐化边缘

该滤镜仅锐化图像的边缘轮廓，使不同颜色的分界更为明显，从而得到较清晰的图像效果，而且不会影响到图像的细节部分。图11.143所示为原图和使用8次“锐化边缘”的图像对比效果。

图11.143 原图和8次“锐化边缘”的效果

11.7.4 智能锐化

该滤镜具有“USM 锐化”滤镜所没有的锐化控制功能。可以设置锐化算法或控制在阴影和高光区域中进行的锐化量。执行菜单栏中的“滤镜”|“锐化”|“智能锐化”命令，打开如图11.144所示的“智能锐化”对话框。

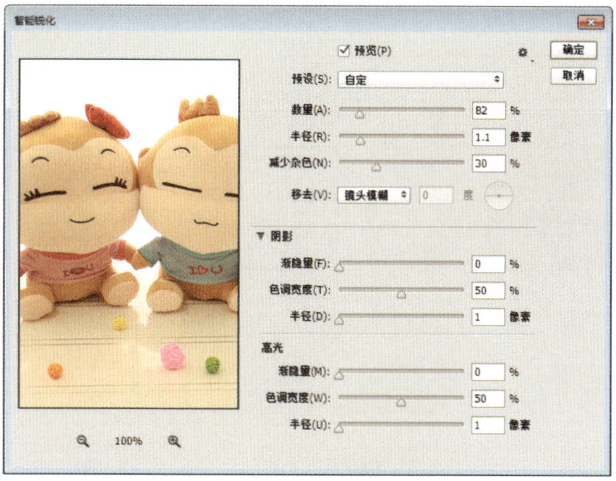

图11.144 “智能锐化”对话框

在“智能锐化”对话框中，如果选择“高级”单选框，将显示高级参数设置，共包括3个选项卡，下面来分别介绍。

1. “锐化”选项卡

在默认状态下，“智能锐化”对话框参数显示的就是“锐化”选项卡。下面来介绍该选项卡中参数的应用。

- “数量”：设置锐化的程度。值越大，图像的简化效果越明显。
- “半径”：设置边缘周围像素的锐化影响范围。值越大，受影响的边缘就越宽，锐化的效果就越明显。
- “减少杂色”：可以减少图像中的杂色部分。
- “移去”：设置图像锐化的锐化算法。“高斯模糊”是“USM 锐化”滤镜使用的方法；“镜头模糊”将更精细地锐化图像中的边缘和细节，并减少了锐化光晕；“动感模糊”可以减少由于相机或主体移动而导致的模糊效果。当选择“动感模糊”选项后，可以通过“角度”值或拖动指针来设置动感模糊的角度。

2. “阴影”选项卡

单击“阴影”选项卡，进行“阴影”参数设置区，如图11.145所示，该区域主要用来设置图像中较暗和较亮区域的锐化设置。

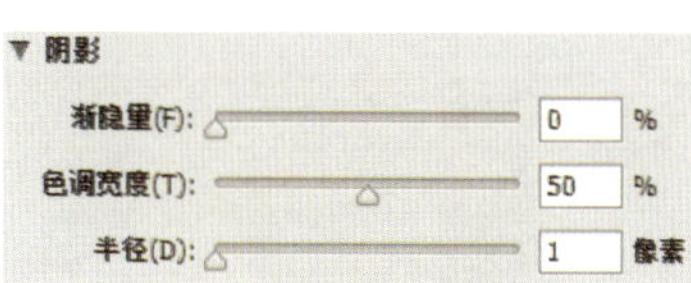

图11.145 “阴影”选项卡

- “渐隐量”：调整图像中高光和阴影区域的锐化程度。取值范围为0~100。
- “色调宽度”：控制阴影或高光中色调的修改范围。向左移动滑块会减小“色调宽度”值，向右移动滑块会增加该值。较小的值会限制只对较暗区域调整，并只对较亮区域高光调整。取值范围为0~100。
- “半径”：设置每个像素周围的区域大小，它决定像素是在阴影还是在高光中。值越小，作用的区域范围也越小；值越大，作用的区域范围也就越大。取值范围为1~100。

> **提示**
>
> “高光”选项卡中的参数与“阴影”选项卡中的相同，这里不再赘述。

原图与使用“智能锐化”的对比效果如图11.146所示。

图11.146 原图与使用“智能锐化”的效果

11.8 “视频”滤镜组

“视频”滤镜组属于Photoshop的外部接口程序，用来从摄像机输入图像或将图像输出到录像带上。包括“NTSC颜色”和“逐行”两个滤镜。它可以将普通图像转换为视频图像，或是将视频图像转换为普通图像。

11.8.1 NTSC颜色

“NTSC颜色”滤镜可以解决当使用NTSC方式向电视机输出图像时，色域变窄的问题，可将色域限制为电视可接收的颜色，将某些饱和度过高的颜色转化成近似的颜色，降低饱和度，以匹配NTSC视频标准色域。

11.8.2 逐行

该滤镜可以消除视频图像中的奇数或偶数交错行，使在视频上捕捉的运动图像变得平滑、清晰。此滤镜用于在视频输入图像时，消除混杂信号的干扰。执行菜单栏中的“滤镜”|“视频”|“逐行”命令，打开如图

11.147所示的“逐行”对话框。

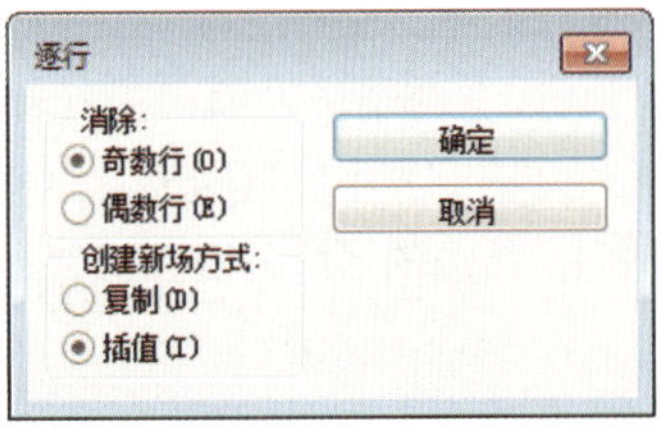

图11.147 “逐行”对话框

“逐行”对话框中各选项说明如下。

- “消除”：该项包括“奇数行”和“偶数行”两个选项。用来消除视频图像中的奇数行或是偶数行。
- “创建新场方式”：该项包括“复制”和“插值”两个选项，设置在创建新场时是使用复制还是插值。

11.9 “像素化”滤镜组

该滤镜组主要通过单元格中颜色值相近的像素结成许多小块，并将这些小块重新组合或有机地分布，形成像素组合效果。

11.9.1 彩块化

该滤镜可以将图像中的纯色或颜色相近的像素集结起来形成彩色色块，从而生成彩块化效果。该滤镜没有任何参数设置，如果效果不明显，可以重复多次操作。

原图与多次使用“彩块化”的对比效果如图11.148所示。

图11.148 原图与多次使用“彩块化”的效果

11.9.2 彩色半调

该滤镜可以模拟对图像的每个通道使用放大的半调网屏的效果。半调网屏由网点组成，网点控制印刷时特定位置的油墨量。执行菜单栏中的“滤镜”|“像素化”|“彩色半调”命令，打开“彩色半调”对话框。原图与使用“彩色半调”的对比效果如图11.149所示。

图11.149 原图与使用“彩色半调”的效果

“彩色半调”对话框中各选项说明如下。

- “最大半径”：指定半调网点的最大半径值。值越大，半调网点就越大。取值范围是4~127像素。
- “网角”：设置每个通道的网点与实际水平线的夹角。不同色彩模式使用的通道数不同。对于灰度模式的图像，只能使用通道1；对于RGB图像，使用通道1为红色通道、2为绿色通道、3为蓝色通道；对于CMYK图像，使用通道1为青色、2为洋红、3为黄色、4为黑色。

11.9.3 点状化

该滤镜可以将图像中的颜色分解为随机分布的网点，并使用背景色作为网点之间的画布颜色，形成类似点状化绘图的效果。执行菜单栏中的“滤镜”|“像素化”|“点状化”命令，打开“点状化”对话框。原图与使用“点状化”的对比效果如图11.150所示。

“点状化”对话框中的选项说明如下。

- “单元格大小”：设置点状化的大小。值越大，点块就越大。取值范围为3~300像素。

图11.150 原图与使用“点状化”的效果

图11.150　原图与使用“点状化”的效果（续）

11.9.4 晶格化

该滤镜可以使图像产生结晶般的块状效果。执行菜单栏中的“滤镜”|“像素化”|“晶格化”命令，打开“晶格化”对话框。原图与使用“晶格化”的对比效果如图11.151所示。

“晶格化”对话框中的选项说明如下。

- “单元格大小”：设置结晶体的大小。值越大，结晶体就越大。取值范围为3~300像素。

图11.151　原图与使用“晶格化”的对比效果

11.9.5 实战案例：利用“晶格化”滤镜表现蜂窝状层次背景

- **素材位置**｜无
- **案例位置**｜案例文件\第11章\利用“晶格化”滤镜表现蜂窝状层次背景.psd
- **视频位置**｜多媒体教学\11.9.5 实战案例 利用“晶格化”滤镜表现蜂窝状层次背景.avi
- **难易指数**｜★☆☆☆☆

本例讲解利用“晶格化”滤镜表现蜂窝状层次背景的制作。最终效果如图11.152所示。

图11.152　最终效果

操作步骤

01 执行菜单栏中的“文件”|“新建”命令，在弹出的对话框中设置“宽度”为802像素，“高度”为338像素，“分辨率”为300像素，“颜色模式”为RGB颜色，“背景内容”设置为白色的画布，如图11.153所示。

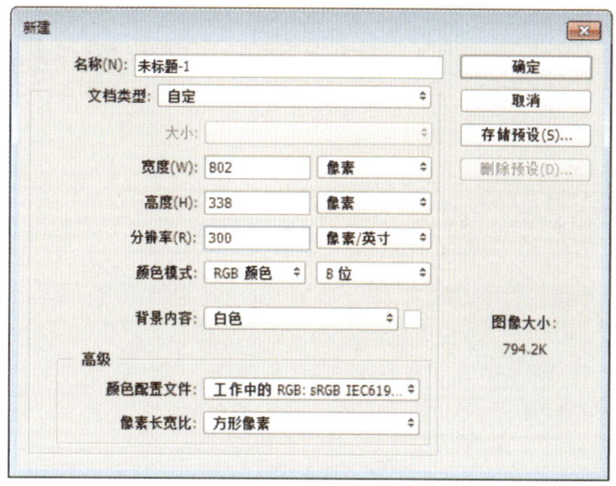

图11.153 新建文件

02 选择工具箱中的“渐变工具”，将渐变的颜色设置为由橘黄色（R：227，G：148，B：41）到黄色（R：228，G：224，B：71）的径向渐变，如图11.154所示。

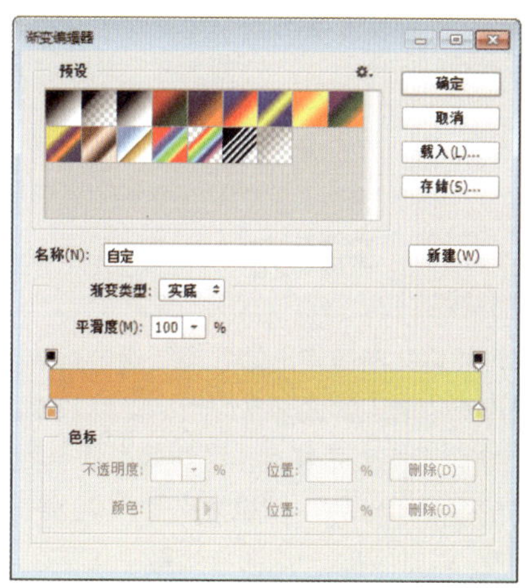

图11.154 设置渐变

03 选择“渐变工具”，从画布的中心向外拖动鼠标填充渐变，如图11.155所示。

图11.155 填充渐变

04 执行菜单栏中的“滤镜”|“像素化”|“晶格化”命令，打开“晶格化”对话框，将“单元格大小”设置为80。单击“确定”按钮确认，如图11.156所示。最后再配上相关的装饰，完成本例的制作，完成效果如图11.157所示。

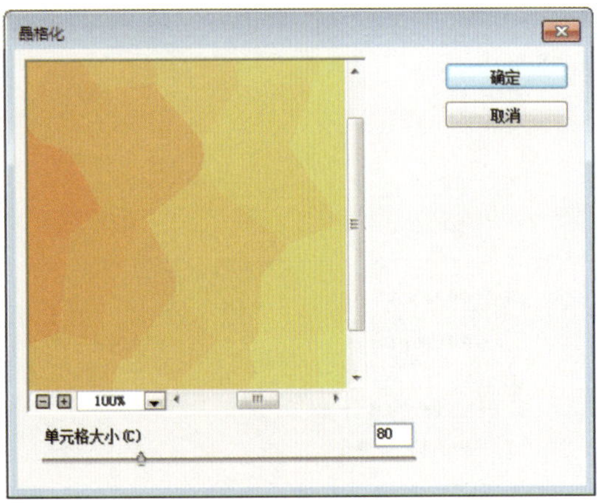

图11.156 晶格化

图11.157 完成效果

11.9.6 马赛克

该滤镜可以让图像中的像素集结成块状效果。平时看电视或电影中的人物面部多应用该滤镜效果，人们常说的给人物面部打个马赛克，说的就是这个滤镜效果。执行菜单栏中的“滤镜”|“像素化”|“马赛克”命令，打开“马赛克”对话框。原图与使用“马赛克”的对比效果如图11.158所示。

图11.158 原图与使用“马赛克”的对比效果

“马赛克”对话框中的选项说明如下。

- “单元格大小”：设置马赛克的大小。值越大，马赛克就越大。取值范围2~200像素。

11.9.7 实战案例：利用“马赛克”滤镜打造艺术栅格

- **素材位置** | 素材文件\第11章\栅格背景.jpg
- **案例位置** | 案例文件\第11章\利用“马赛克”滤镜打造艺术栅格.psd
- **视频位置** | 多媒体教学\11.9.7 实战案例 利用“马赛克”滤镜打造艺术栅格.avi
- **难易指数** | ★☆☆☆☆

本例讲解利用“马赛克”滤镜打造艺术栅格的制作。最终效果如图11.159所示。

图11.159 最终效果

操作步骤

01 执行菜单栏中的“文件”|“打开”命令，打开“栅格背景.jpg”文件，如图11.160所示。

02 在“图层”面板中单击底部的“创建新图层”按钮，创建一个新的图层——图层1，如图11.161所示。

图11.160 打开文件

图11.161 新建图层

03 选择工具箱中的“渐变工具”，在选项栏中单击“点按可编辑”渐变，打开“渐变编辑器”对话框，设置渐变颜色从黄色（R：255G：243，B：63）到橙色（R：240，G：131，B：0）的线性渐变，从画布的上方向下方拖动鼠标并填充渐变，如图11.162所示。

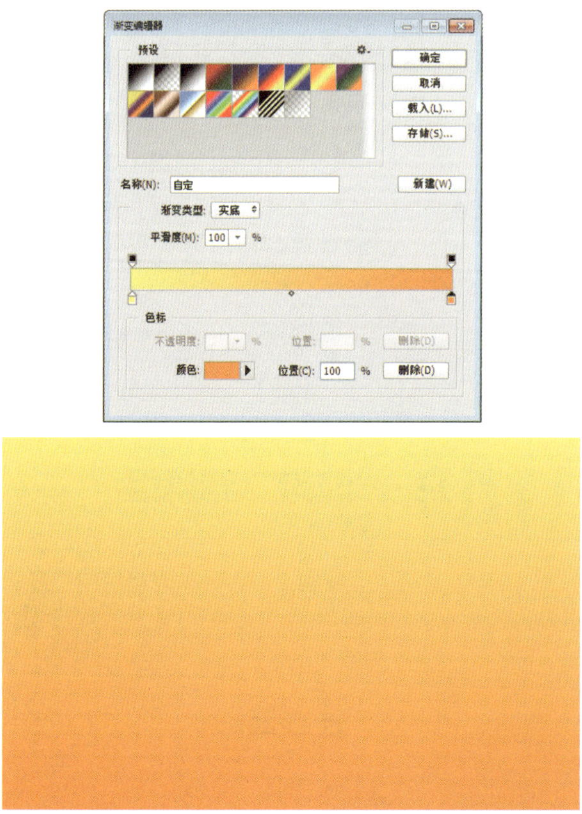

图11.162 设置渐变

04 执行菜单栏中的“滤镜”|“像素化”|“马赛克”命令，打开“马赛克”对话框，设置“单元格大小”为40方形。单击“确定”按钮确认，如图11.163所示。

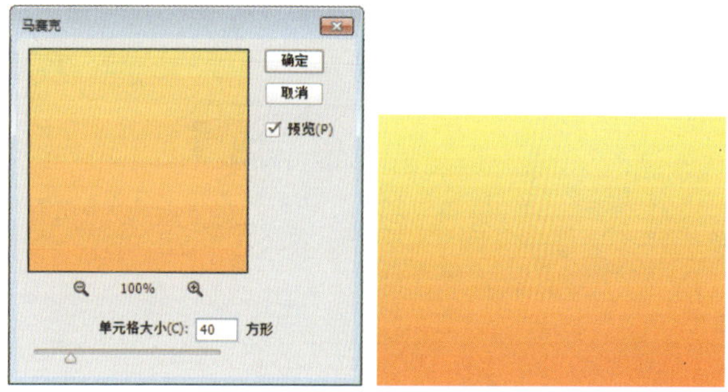

图11.163 “马赛克”设置与效果

05 执行菜单栏中的“滤镜”|“锐化”|“锐化”命令，将图片锐化处理，如图11.164所示。按Ctrl + F组合键5次，多次应用“锐化”命令，使添加马赛克后的方格边缘更加清晰，如图11.165所示。

图11.164 “锐化”滤镜

图11.165 多次“锐化”

06 在“图层”面板中，设置“图层1”的混合模式为“柔光”，如图11.166所示。最后添加装饰物完成效果制作，如图11.167所示。

图11.166 设置混合模式

图11.167 完成效果

11.9.8 碎片

该滤镜可以使图像产生重叠位移的模糊效果。该滤镜没有任何参数设置，如果想将其模糊效果更加明显，可以多次执行该滤镜。原图与使用“碎片”的对比效果如图11.168所示。

图11.168 原图与使用“碎片”的对比效果

11.9.9 铜版雕刻

该滤镜使用点状、短线、长线和长边等多种类型，将图像制作出像在铜版上雕刻的效果。执行菜单栏中的“滤镜”|“像素化”|“铜版雕刻”命令，打开“铜版雕刻”对话框。原图与使用“铜版雕刻”的对比效果如图11.169所示。

图11.169 原图与使用“铜版雕刻”的效果

“铜版雕刻”对话框中的选项说明如下。

- “类型”：设置铜版雕刻的类型。包括“精细点”“中等点”“粒状点”“粗网点”“短线”“中长直线”“长线”“短描边”“中长描边”和“长边”10种类型，选择不同的类型将有不同的效果。

11.10 “渲染”滤镜组

“渲染”滤镜组能够在图像中模拟光线照明、云雾状及各种表面材质的效果。

11.10.1 分层云彩

该滤镜可以根据前景色和背景色的混合生成云彩图像，并将生成的云彩与原图像运用差值模式进行混合。该滤镜没有任何的参数设置。可以通过多次执行该滤镜来创建不同的分层云彩效果。

原图与使用“分层云彩”的对比效果如图11.170所示。

图11.170 原图与使用“分层云彩”的效果

11.10.2 光照效果

执行菜单栏中的“滤镜”|“渲染”|“光照效果”命令，打开如图11.171所示的“光照效果”对话框，我们可以在它的选项栏中进行添加、复位和删除灯光等操作。

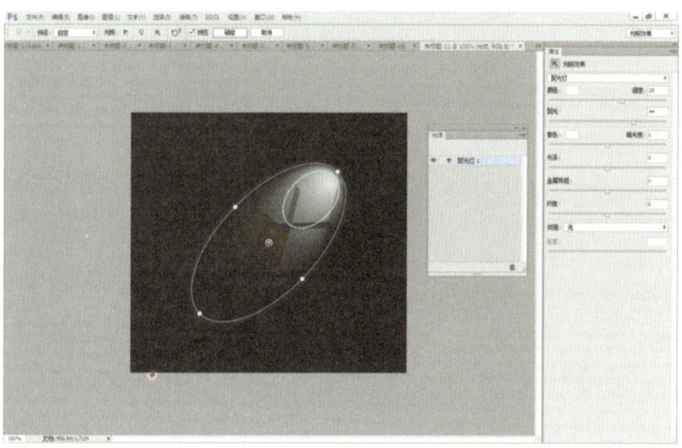

图11.171 “光照效果”对话框。

1. 灯光选项栏

“灯光”：包括“聚光灯”、“点光”、“无限光”3种光照类型，单击其中任意一个按钮，即可在窗口中添加相应的光源效果，这3种光照类型效果如图11.172所示。

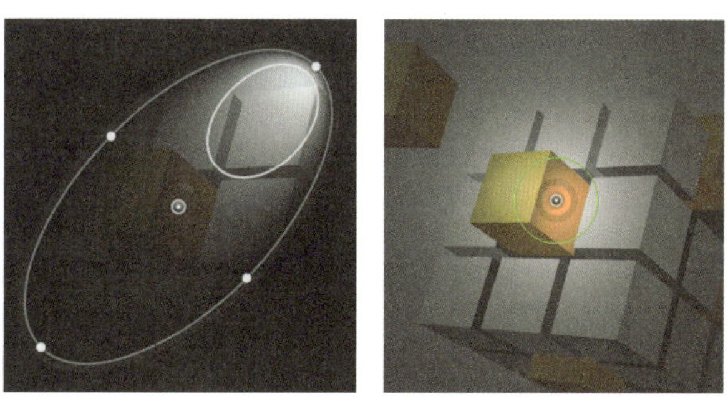

聚光灯　　点光

图11.172 不同光照效果

无限光

图11.172 不同光照效果（续）

“光照效果”对话框中各选项说明如下。

- “复位”：对灯光进行调整后，单击按钮之后可以对灯光进行复位操作。
- “删除”：当在图像中添加一个灯光效果之后可以在“光源”面板中单击右下角的按钮将其删除，如图11.173所示。
- “光照颜色”：单击右侧的色块，可以打开“选择光照颜色”对话框，设置光照的颜色。
- “聚焦”：设置点光源的光照范围。值越大，光照的范围就越大。只有选择“点光”选项时，该项才可以使用。

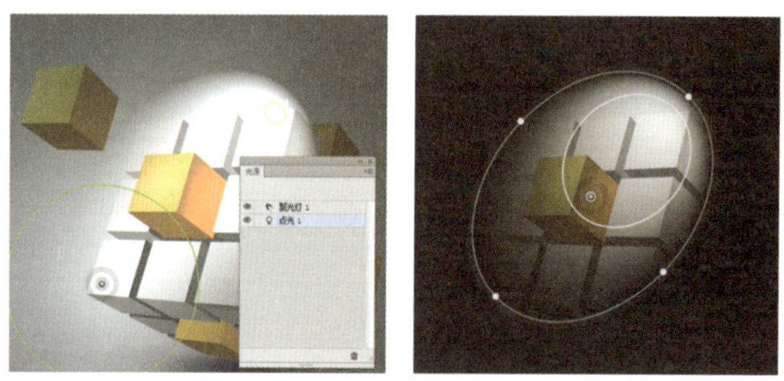

图11.173 删除灯光

2. 灯光预设

在“预设”选项中，包含了Photoshop预设的17种灯光效果，不同的预设灯光效果如图11.174所示。

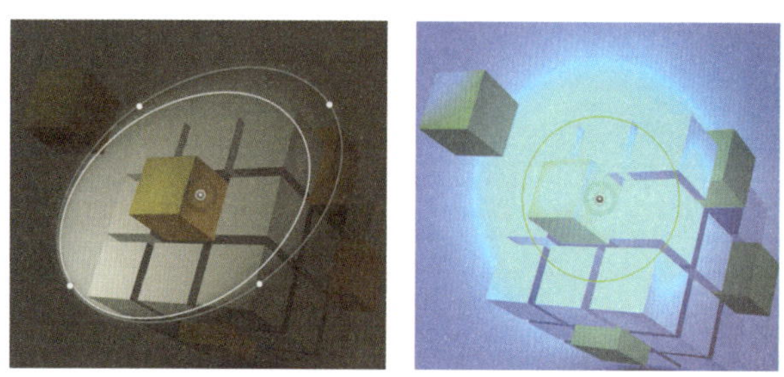

两点钟方向点光　　蓝色全光源

图11.174 不同灯光效果

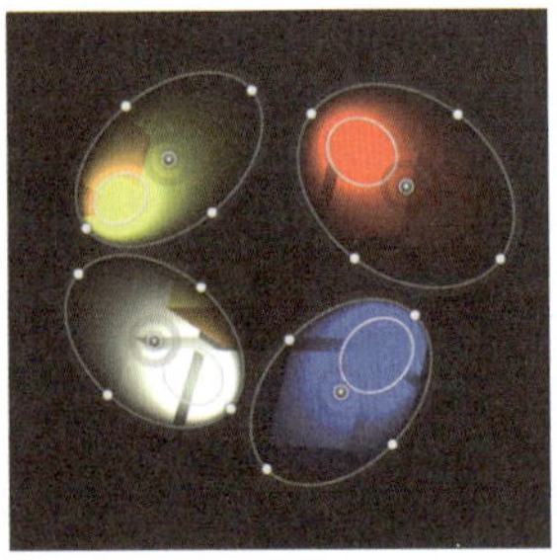

圆形光

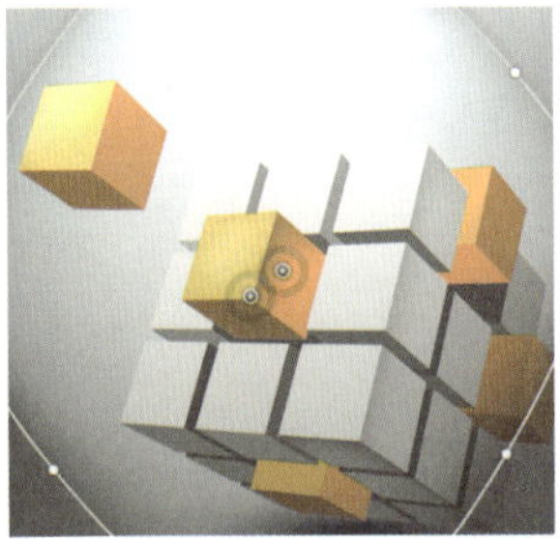

向下交叉光

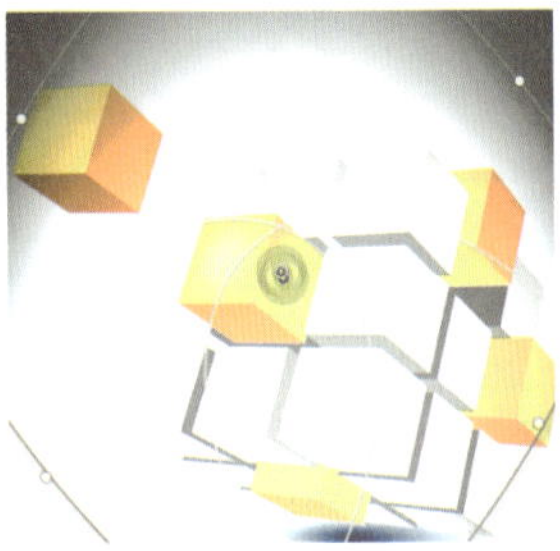

交叉光

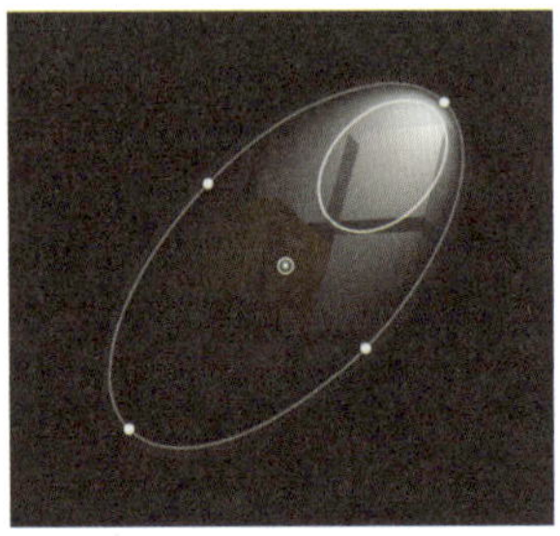

默认

五处下射光

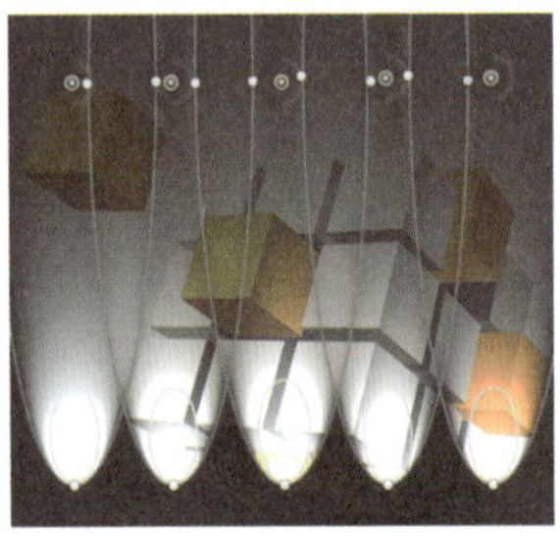

五处上射光

手电筒

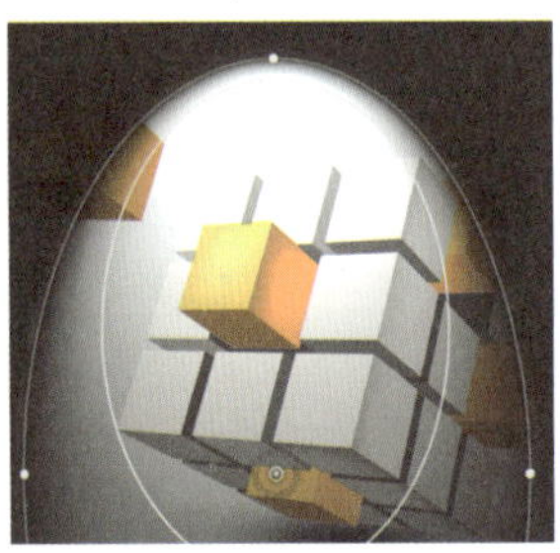

喷涌光

平行光

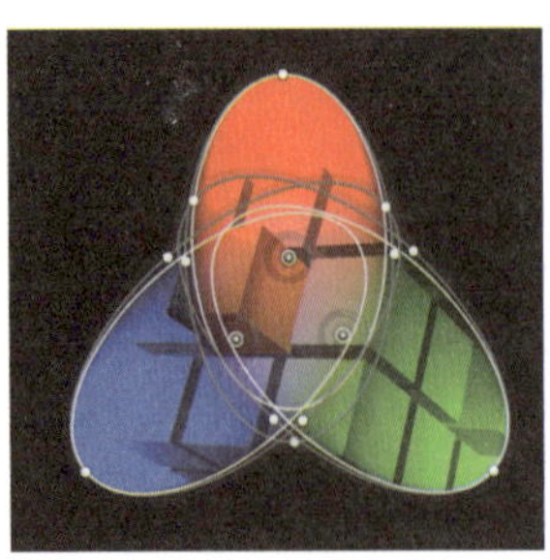

RGB光

图11.174 不同灯光效果（续）

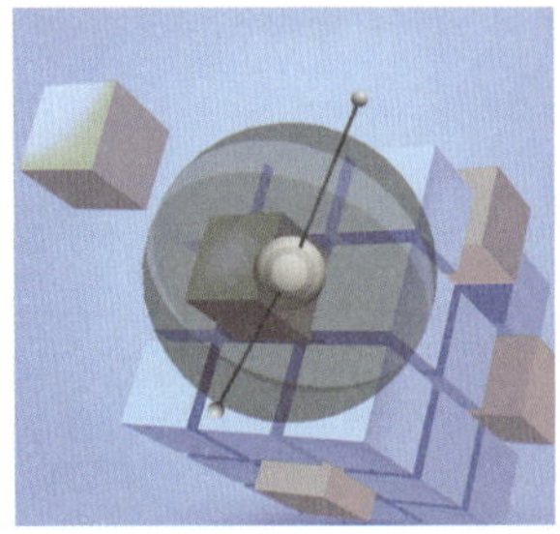

柔化直接光

柔化全光源

柔化点光

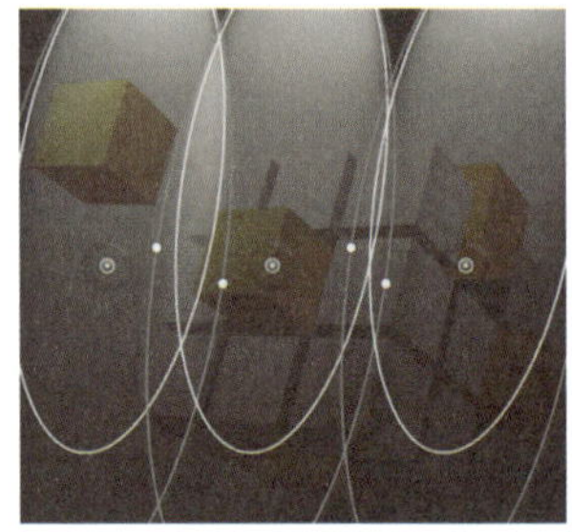

三处下射光

三处点光

图11.174 不同灯光效果（续）

3. 调整聚光灯

- “移动聚光灯”：拖动灯光中心的控制点可以移动灯光，效果如图11.175所示。

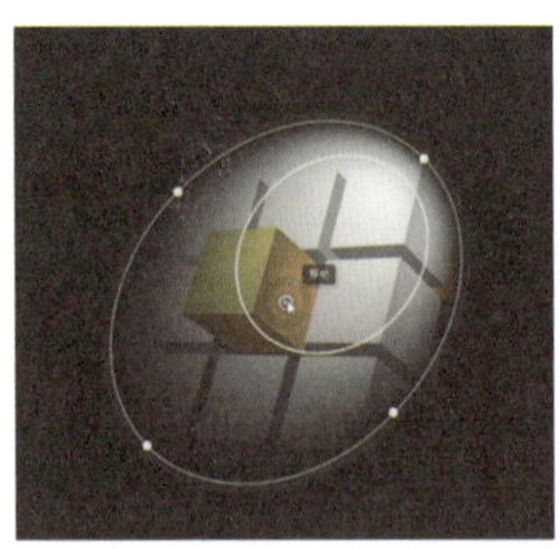

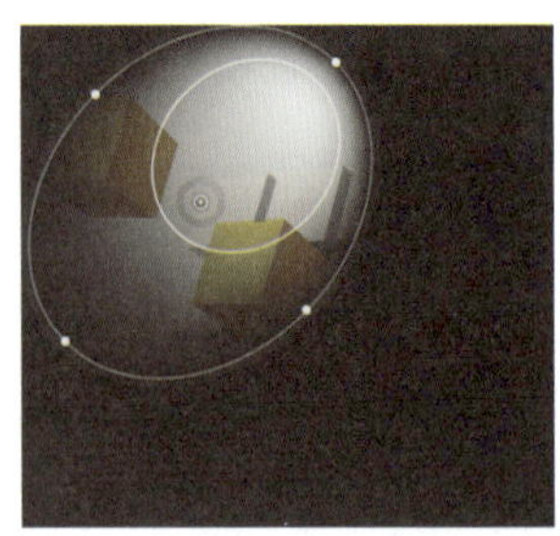

图11.175 移动灯光

- “旋转聚光灯”：将光标放在聚光灯外，单击并拖动鼠标可以旋转聚光灯，调整灯光照射方向，如图11.176所示。
- “调整长度和宽度”：拖动聚光灯顶部或底部的控制点可以调整灯光的宽度，如图11.177所示。
- “调整聚光角度”：拖动灯光中心的白色框，可以调整聚光角度，如图11.178所示。

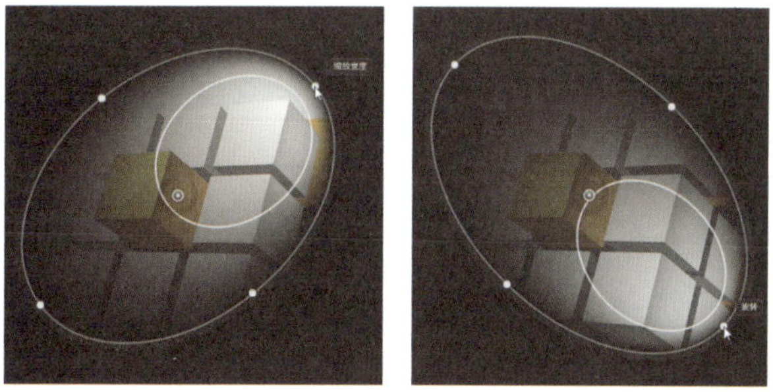

图11.176　旋转灯光

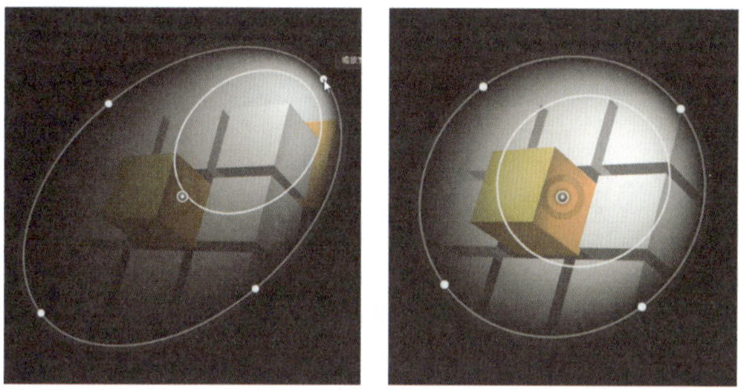

图11.177　调整灯光长宽

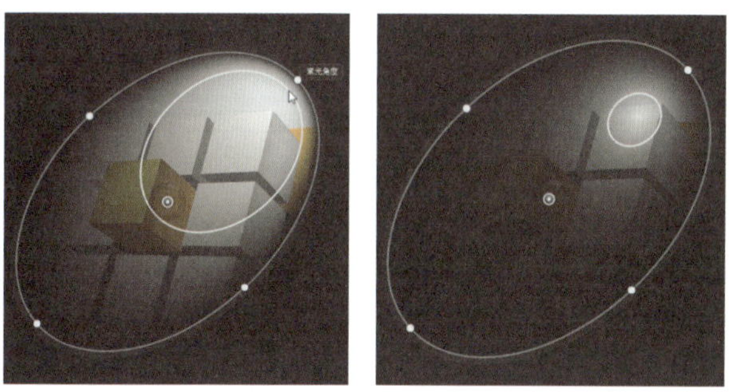

图11.178　调整聚光角度

- “调整灯光强度”：设置图像的环境光效果。可以单击右侧的色块，打开“选择环境颜色”对话框，设置环境光的颜色。取值范围为 - 100 ~ 100，如图11.179所示。

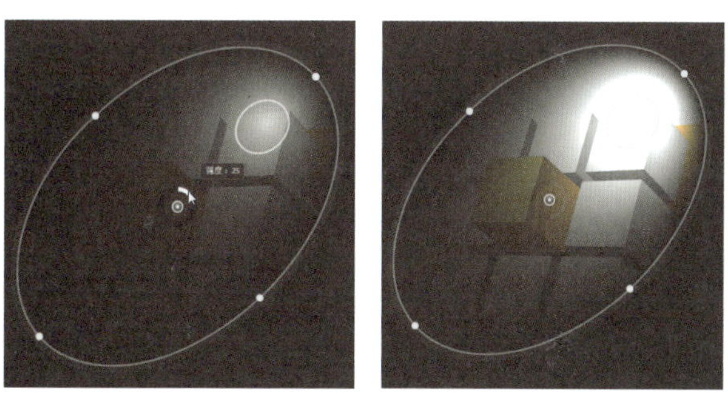

图11.179　调整灯光强度

4．调整点光

点光可以使光在图像的正上方向各个方向照射，创建点光后，拖动点光中心的控制点可以移动灯光的位置。

- “移动点光”：拖动点光中心的控制点可以移动灯光的位置，如图11.180所示。

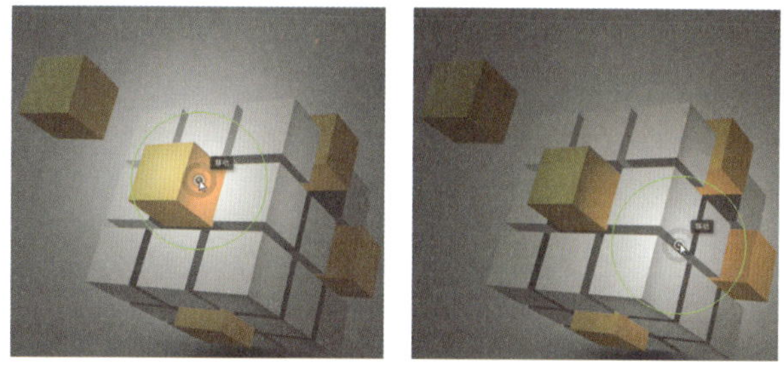

图11.180　调整点光

- “调整光照范围”：将光标放在绿色边框上，此时光标会变为黄色，拖动鼠标可以调整灯光照射范围，如图11.181所示。

图11.181　调整光照范围

- “类型”：单击 ⬍ 按钮，可以在打开的下拉列表中选择灯光类型，该选项与选项栏中的灯光按钮用途相同。
- “颜色”：单击该选项右侧的颜色块，可在打开的“拾色器”中调整灯光的颜色
- “强度”：用来调整灯光的强度，值越高光线越强烈。
- “曝光度”：该值为正值时，可以增强光照；为负值时则减弱光照。
- “光泽”：用来设置灯光在图像表面的反射程度。
- “金属质感”：用来设置反射的光线是光源色彩，还是图像本身的颜色，值越高，反射光越接近反射体本身的颜色；值越低，反射光越接近光源颜色。
- “着色/环境”：单击“着色”选项右侧的颜色块，可以在打开的“拾色器”中设置环境光的颜色，如果要调整环境光的强度可以拖动“环境”选项中的滑块。

11.10.3 实战案例：利用“光照效果”滤镜表现深度的三维管道纹理

- **素材位置** | 无
- **案例位置** | 案例文件\第11章\利用“光照效果”滤镜表现深度的三维管道纹理.psd
- **视频位置** | 多媒体教学\11.10.3 实战案例 利用“光照效果”滤镜表现深度的三维管道纹理.avi
- **难易指数** | ★★☆☆☆

本例讲解利用“光照效果”滤镜表现深度的三维管道纹理的制作。最终效果如图11.182所示。

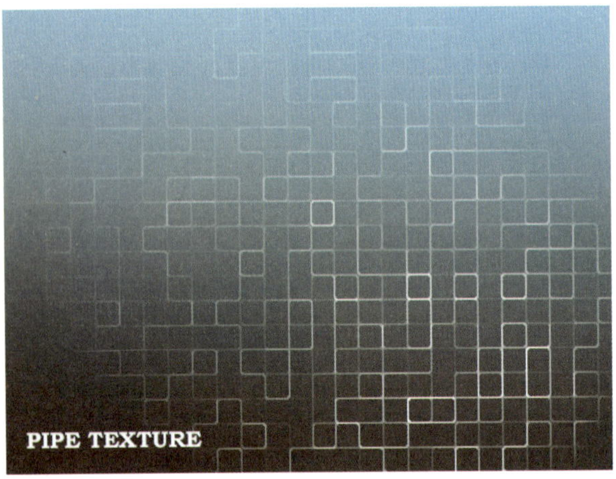

图11.182 最终效果

操作步骤

01 执行菜单栏中的“文件”|“新建”命令，在弹出的对话框中设置“宽度”为640像素，“高度”为480像素，“分辨率”为150像素/英寸，“颜色模式”为RGB颜色，“背景内容”设置为白色的画布，如图11.183所示。

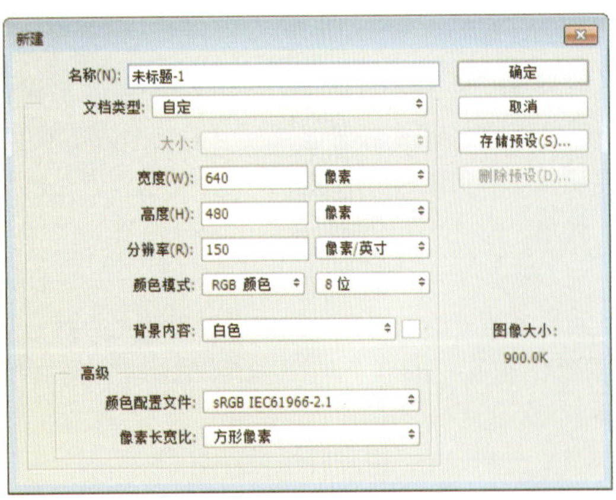

图11.183 新建文件

02 执行菜单栏中的“滤镜”|“杂色”|“添加杂色”命令，打开“添加杂色”对话框，设置“数量”为150，“分布”设置为平均分布，选中“单色”复选框，设置完成后，单击确定按钮，如图11.184所示。

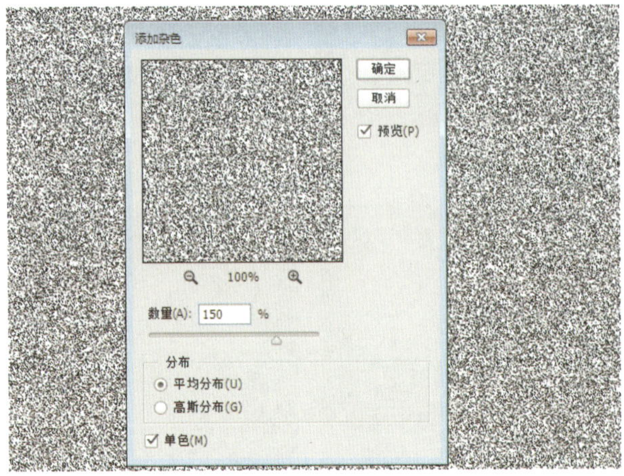

图11.184 “添加杂色”设置

03 执行菜单栏中的“滤镜”|“模糊”|“高斯模糊”命令，打开“高斯模糊”对话框，设置“半径”为5.5像素，单击“确定”按钮确认，如图11.185所示。

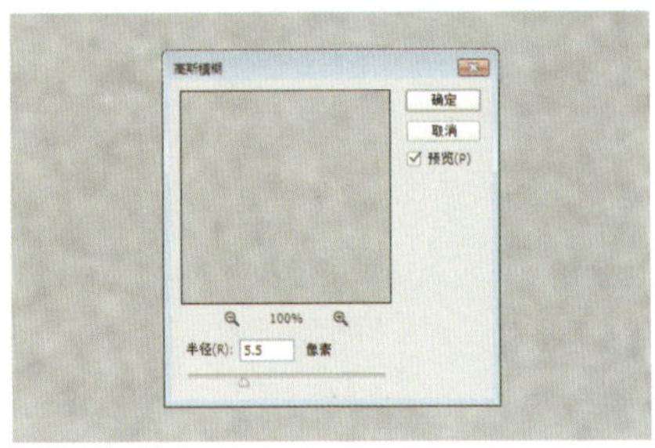

图11.185 高斯模糊

04 执行菜单栏中的“图像”|“调整”|“色阶”命令，打开“色阶”对话框，将设置“输入色阶”的值为（153，1.00，183），单击“确定”按钮确认，如图11.186所示。

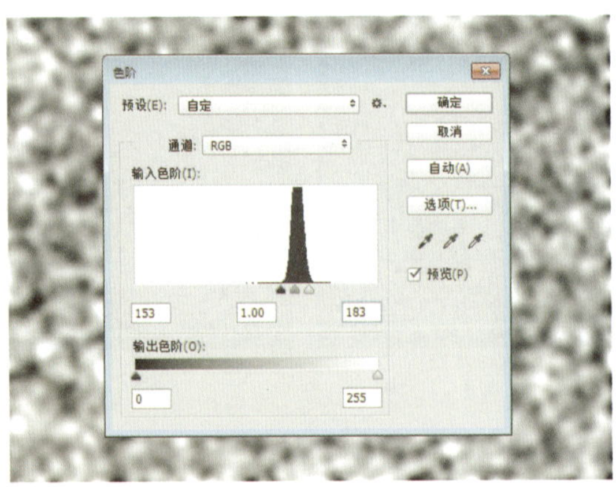

图11.186 调整“色阶”

05 执行菜单栏中的“滤镜”|“像素化”|“马赛克”命令，打开“马赛克”对话框，设置“单元格大小”为25方形，单击“确定”按钮确认，如图11.187所示。

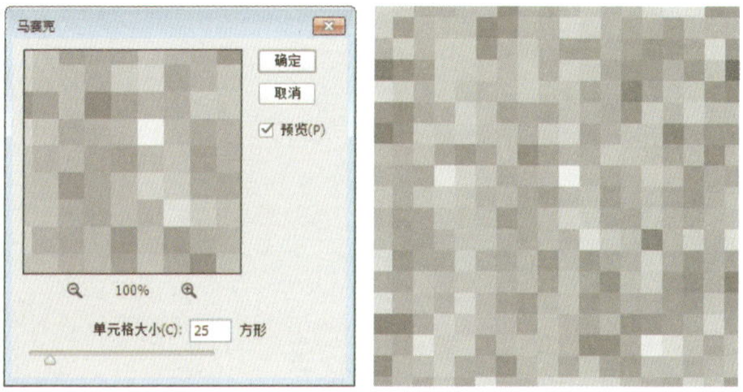

图11.187　“马赛克”设置与效果

06 执行菜单栏中的“滤镜”|“滤镜库”|“风格化”|“照亮边缘”命令，打开“照亮边缘”对话框，设置“边缘宽度”为5，“边缘亮度”为5，“平滑度”为15，如图11.188所示。

图11.188　“照亮边缘”设置与效果

07 执行菜单栏中的“滤镜”|“渲染”|“光照效果”命令，打开“光照效果”对话框并设置参数，设置完成后单击确定按钮，如图11.189所示。

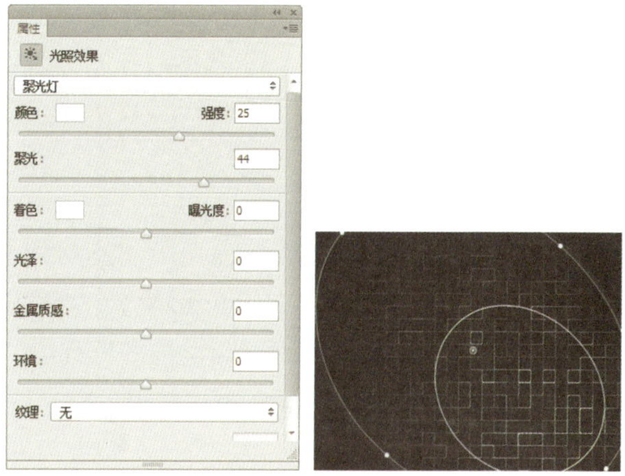

图11.189　“光照效果”设置与效果

08 按Ctrl + J 组合键复制出一个“图层 1”，并执行菜单栏中的“编辑”|“自由变换”命令，将复制的图层适当放大，如图11.190所示。

图11.190　复制并放大

09 在“图层”面板中，将“图层 1”的混合模式设置为“滤色”，如图11.191所示。

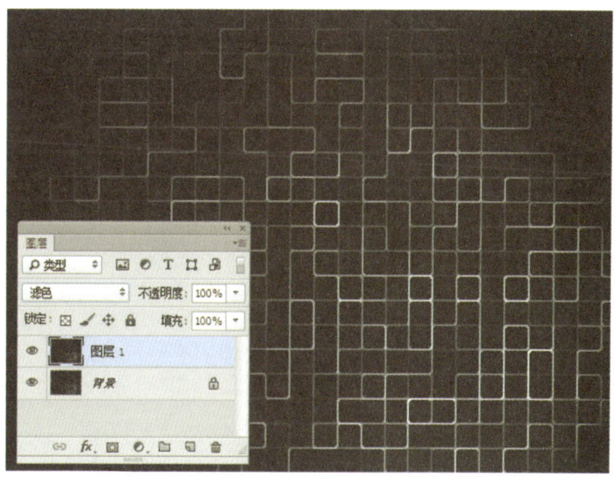

图11.191　混合模式

10 单击“图层”面板下方的“创建新的填充或调整图层”按钮，在弹出的菜单中选择“渐变”命令，打开“渐变填充”面板，设置颜色从黑色到青色（R：30，

G：171，B：221）再到白色的线性渐变，如图11.192所示，填充效果如图11.193所示。

图11.192 设置渐变

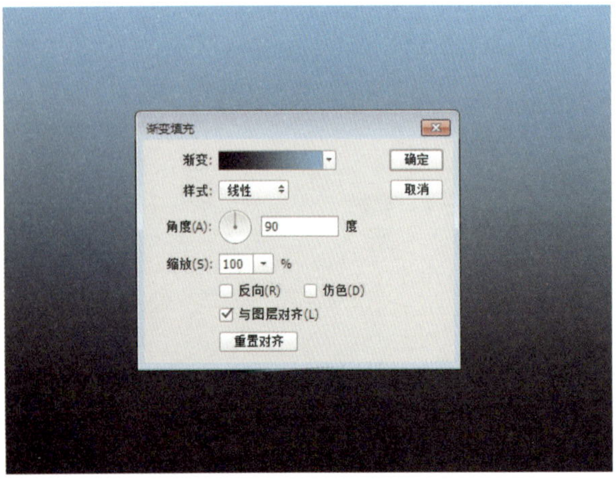

图11.193 渐变填充

11 在“图层”面板中，将“渐变填充 1”图层的混合模式设置为“滤色”，如图11.194所示。

图11.194 设置混合模式

12 最后再配上相关的装饰，完成本例的制作，如图11.195所示。

图11.195 完成效果

11.10.4 镜头光晕

该滤镜可以模拟照相机镜头由于亮光所产生的镜头光斑效果。执行菜单栏中的“滤镜”|“渲染”|“镜头光晕”命令，打开“镜头光晕”对话框。原图与使用“镜头光晕”的对比效果如图11.196所示。

图11.196 原图与使用“镜头光晕”的效果

“镜头光晕”对话框中各选项说明如下。

- “亮度”：设置光晕的亮度。值越大，光晕的亮度也越大。取值范围为10%～300%。
- “镜头类型”设置镜头的类型。包括“50-300毫米变焦”“35毫米聚焦”“105毫米聚焦”和“电影镜头”4个选项，不同的镜头将产生不同的光晕效果。

11.10.5 纤维

该滤镜可以将前景色和背景色进行混合处理，生成具有纤维效果的图像。执行菜单栏中的“滤镜”|“渲染”|“纤维”命令，打开“纤维”对话框。原图与使用“纤维”的对比效果如图11.197所示。

图11.197 原图与使用“纤维”的效果

“纤维”对话框中各选项说明如下。

- “差异”：设置纤维细节变化的差异程度。值越大，纤维的差异性就越大，图像越粗糙。
- “强度”：设置纤维的对比度。值越大，生成的纤维对比度越大，纤维纹理越清晰。
- “随机化”：单击该按钮，可以在相同参数的设置下，随机产生不同的纤维效果。

11.10.6 云彩

该滤镜可以根据前景色和背景色的混合，制作出类似云彩的效果。它与当前图像的颜色没有任何的关系。要制作云彩，只需设置好前景色和背景色即可。将前景色设置为蓝色，背景色设置为白色，执行菜单栏中的“滤镜”|“渲染”|“云彩”命令，即可创建云彩效果。原图与使用“云彩”的对比效果如图11.198所示。

图11.198 原图与使用“云彩”的效果

11.11 “杂色”滤镜组

“杂色”滤镜组主要是为图像增加或删除随机分布色隐晦的像素，在图像中添加或减少杂色，以增加图像的纹理或减少图像的杂色效果。

11.11.1 减少杂色

该滤镜可以通过对整个图像或各个通道的设置减少图像中的杂色效果。除了使用“基本”设置外，还可以使用“高级”设置，对图像中的单个通道进行杂色处理，以减少不需要的杂色。如果杂色在一个或两个颜色通道中较明显，可选择“高级”设置，然后从“通道”下拉列表中选取颜色通道。修改“强度”和“保留细节”选项来减少该通道中的杂色。执行菜单栏中的“滤镜”|“杂色”|“减少杂色”命令，打开“减少杂色”对话框。原图与多次使用“减少杂色”的对比效果如图11.199所示。

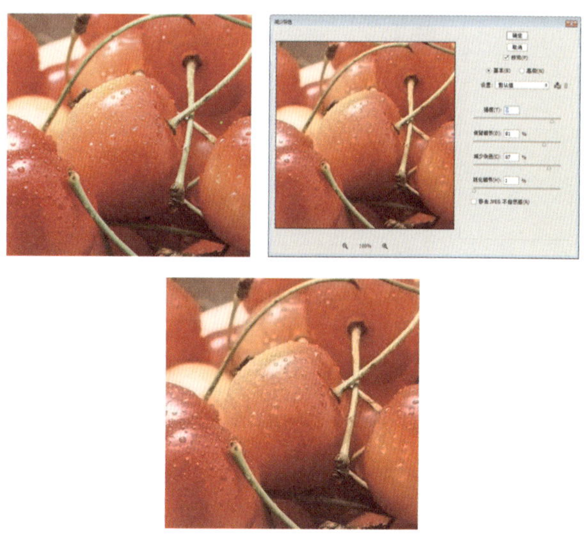

图11.199 原图与使用“减少杂色”效果

“减少杂色”对话框中各选项说明如下。

- “强度”：设置减少杂色的强度。值越大，去除杂色的能力就越大。
- “保留细节”：设置保留边缘和图像细节。值越大，图像细节保留越多，但杂色的去除能力越小。
- “减少杂色”：去除随机的颜色像素。值越大，减少的颜色杂色越多。
- “锐化细节”：对图像的细节进行锐化。值越大，细节锐化越明显，但杂色也越明显。
- “移去 JPEG 不自然感”：勾选该复选框，将去除由于使用低 JPEG 品质设置存储图像而导致的斑驳的图像伪像和光晕。

11.11.2 蒙尘与划痕

该滤镜可以去除像素邻近区差别较大的像素，以减少杂色，修复图像的细小缺陷。执行菜单栏中的“滤镜”|“杂色”|“蒙尘与划痕”命令，打开如图所示的“蒙尘与划痕”对话框。原图与使用“蒙尘与划痕”的对比效果如图11.200所示。

图11.200 原图与使用“蒙尘与划痕”的效果

“蒙尘与划痕”对话框中各选项说明如下。

- “半径”：设置去除缺陷的搜索范围。值越大，图像越模糊。取值范围为 1 ～ 100。
- “阈值”：设置被去掉的像素的与其他像素的差别程度，值越大，去除杂点的能力越弱。取值范围为 0 ～ 128。

11.11.3 去斑

该滤镜用于探测图像中有明显颜色改变的区域，并模糊除边缘区域以外的所有部分。此模糊效果可在去掉杂色的同时保留细节。该滤镜没有对话框，可以多次执行“去斑”命令来加深去斑效果。原图与多次使用“去斑”的对比效果如图11.201所示。

图11.201 原图与使用“去斑”的对比效果

11.11.4 添加杂色

该滤镜可以在图像上随机添加一些杂点，产生杂色的图像效果。执行菜单栏中的“滤镜”|“杂色”|“添加杂色”命令，打开“添加杂色”对话框。原图与使用“添加杂色”的对比效果如图11.202所示。

“添加杂色”对话框中各选项说明如下。

- “数量”：设置图像中生成杂色的数量。值越大，生成的杂色数量就越多。
- “分布”：设置杂色分布的方式。包括“平均分布”和“高斯分布”两种分布方式。
- “单色”：勾选该复选框，将产生单色的杂色效果。

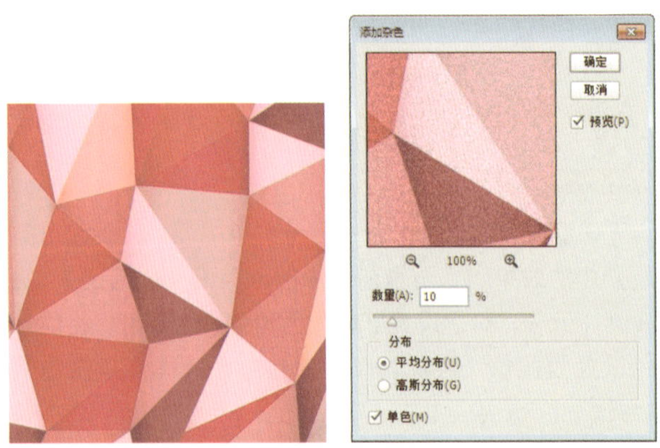

图11.202 原图与使用“添加杂色”的效果

图11.202　原图与使用“添加杂色”的效果（续）

11.11.5　中间值

该滤镜可以在邻近的像素中搜索，去除与邻近像素相差过大的像素，用得到的像素中间亮度来替换中心像素的亮度值，使图像变得模糊。执行菜单栏中的“滤镜”|“杂色”|“中间值”命令，打开“中间值”对话框。原图与使用“中间值”的对比效果如图11.203所示。

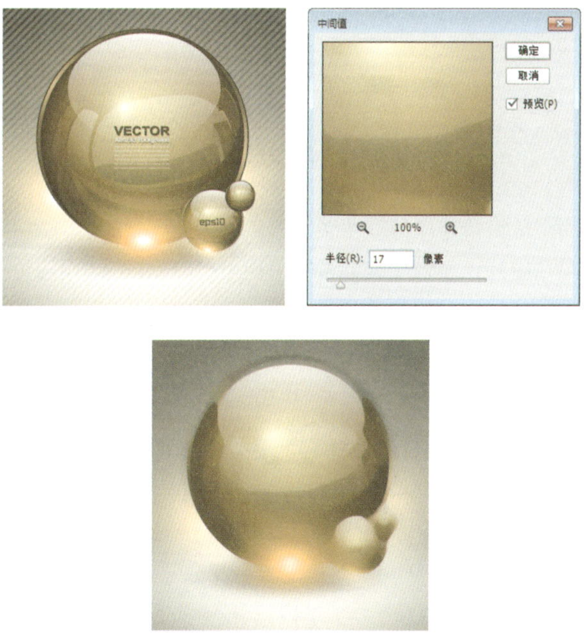

图11.203　原图与使用“中间值”的效果

“中间值”对话框中的选项说明如下。

- “半径”：设置邻近像素亮度的分析范围。值越大，图像越模糊。取值范围为1~100像素。

11.11.6　实战案例　：利用“中间值”滤镜打造时尚个性熔岩插画

- **素材位置** | 无
- **案例位置** | 案例文件\第11章\利用“中间值”滤镜打造时尚个性熔岩插画.psd
- **视频位置** | 多媒体教学\11.11.6　实战案例　利用“中间值”滤镜打造时尚个性熔岩插画.avi
- **难易指数** | ★★☆☆☆

本例讲解利用“中间值”滤镜打造时尚个性熔岩插画的制作。最终效果如图11.204所示。

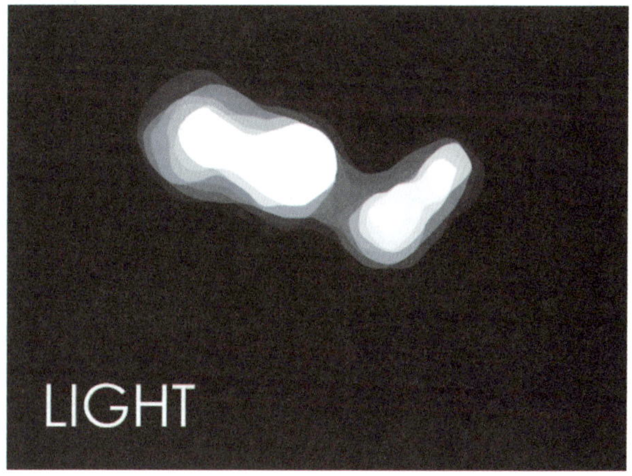

图11.204　最终效果

操作步骤

01 执行菜单栏中的“文件”|“新建”命令，在弹出的对话框中设置“宽度”为640像素，“高度”为480像素，“分辨率”为150像素/英寸的画布，并将其填充为黑色，如图11.205所示。

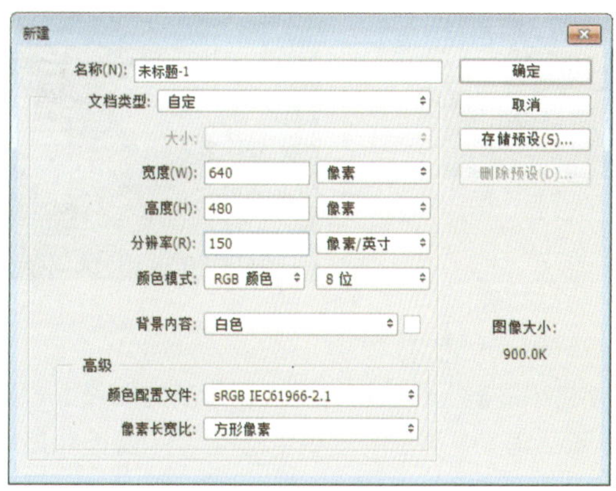

图11.205 新建文件

02 选择工具箱中的“画笔工具”，选择一个合适的笔触大小，将前景色设置为白色，在画布中绘制一个白色区域，如图11.206所示。

03 执行菜单栏中的“滤镜”|“像素化”|“晶格化”命令，打开“晶格化”对话框，设置“单元格大小”为30。单击“确定”按钮确认，如图11.207所示。

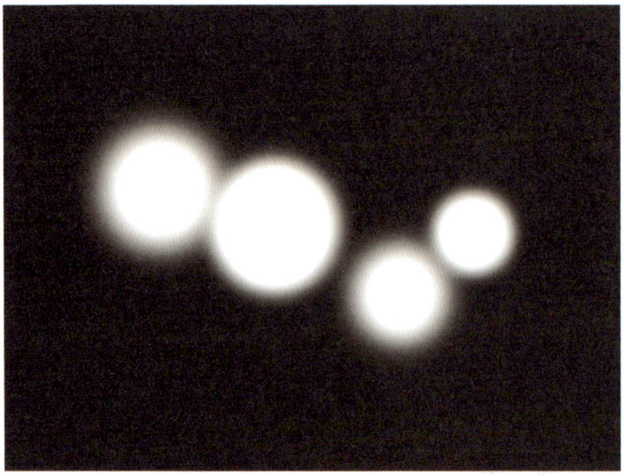

图11.206 绘制白点

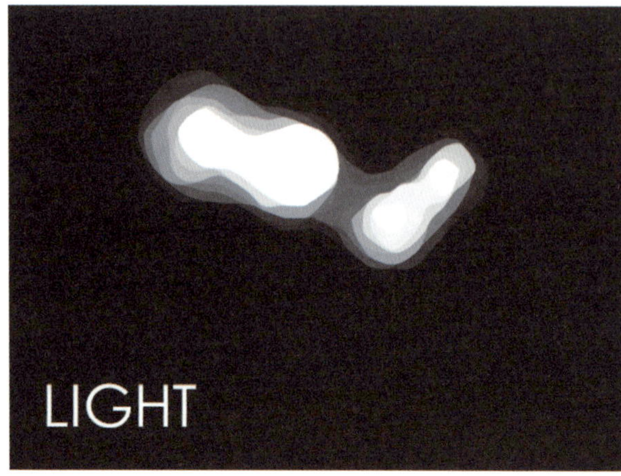

图11.210 完成效果

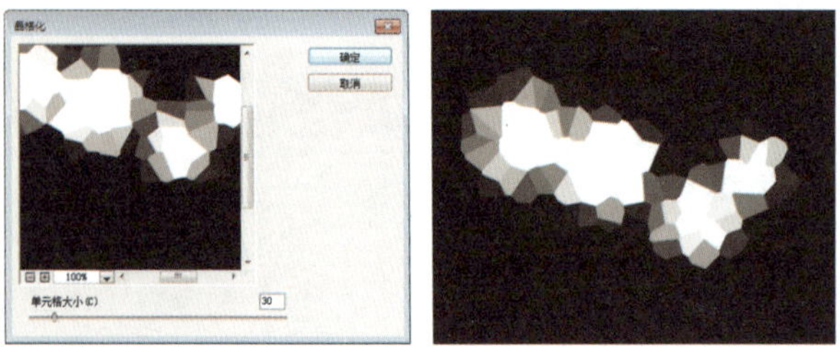

图11.207 “晶格化”滤镜效果

04 执行菜单栏中的“滤镜”|“杂色”|“中间值”命令，打开“中间值”对话框，设置“半径”为25像素。单击“确定”按钮确认，如图11.208所示。

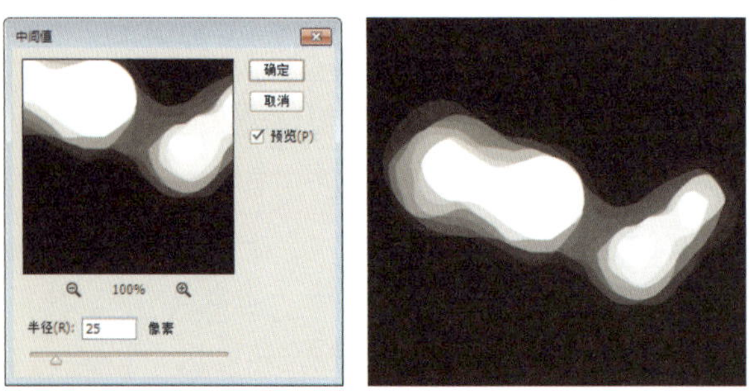

图11.208 “中间值”滤镜效果

05 单击“图层”面板下方的“创建新的填充或调整图层”按钮，从弹出的菜单中选择“色相/饱和度”命令，打开“调整”面板，勾选“着色”复选框，设置“色相”的值为213，“饱和度”的值为25，单击“确定”按钮确认，如图11.209所示。最后添加装饰物，完成了本效果的制作，完成效果如图11.210所示。

图11.209 调整参数

11.12 “其它”滤镜组

“其它”滤镜组可以创建自己的具有独特效果的滤镜、使用滤镜修改蒙版、在图像中使选区发生位移和快速调整颜色。

11.12.1 HSB/HSL参数

该滤镜可以等同于色相饱和度命令，用于调色或转黑白图片，结合图层混合起来使用可以生成意想不到的效果，如图11.211所示。

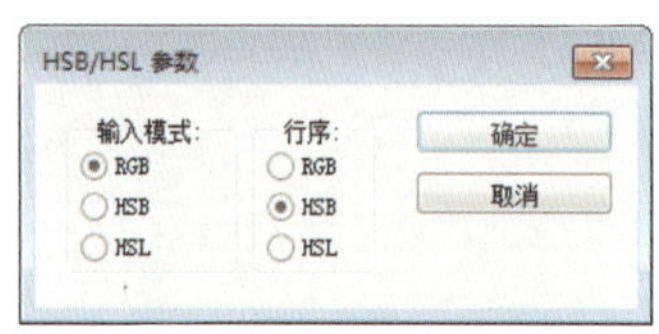

图11.211 “嵌入水印”对话框

“HSB/HSL参数”对话框中各选项说明如下。

- “输入模式”：可以选择输入的图像信息。
- “行序”：更改命令在图像中所应用到的色彩信息。

11.12.2 高反差保留

该滤镜可以在明显的颜色过渡处，删除图像中亮度逐渐变化的低频率细节，保留边缘细节，并且不显示图像的其余部分。执行菜单栏中的“滤镜”|“其它”|“高反差保留”命令，打开“高反差保留”对话框。原图与

使用“高反差保留”的对比效果如图11.212所示。

“高反差保留”对话框中的选项说明如下。

- “半径”：设置画面中的高反差保留大小。取值范围为0.1~250。

图11.212 原图与使用“高反差保留”的效果

11.12.3 位移

该滤镜可以将图像进行水平或垂直移动，并可以指定移动后原位置的图像效果。执行菜单栏中的“滤镜”|“其它”|“位移”命令，打开“位移”对话框。原图与使用“位移”的对比效果如图11.213所示。

图11.213 原图与使用“位移”的对比效果

“位移”对话框中各选项说明如下。

- “水平”：设置图像在水平方向上的位移大小。当值为正值时，图像向右偏移；当值为负值时，图像向左偏移。
- “垂直”：设置图像在垂直方向上的位移大小，当值为正值时，图像向上偏移；当值为负值时，图像向下偏移。
- “未定义区域”：设置图像偏移后空白区域。选择“设置为背景”选项，偏移的空白区域将用背景色填充；选择“重复边缘像素”选项，偏移的空白区域将用重复边缘像素填充。选择“折回”选项，偏移的空白区域将用图像的折回部分填充。

11.12.4 自定

该滤镜可以让您根据自己的需要，设计自己的滤镜，可以根据周围的像素值为每个像素重新指定一个值，产生锐化、模糊、浮雕等效果。执行菜单栏中的“滤镜”|“其它”|“自定”命令，打开“自定”对话框。原图与使用“自定”的对比效果如图11.214所示。

图11.214 原图与使用“自定”的对比效果

“自定”对话框中各选项说明如下。

- “数学运算器”：在对话框中5×5的文本框阵列中输入数值，可以控制所选像素的亮度值。在阵列的中心为当前被计算的像素，相邻的文本框表示相邻的像素。文本框中输入的数值表示像素亮度的倍数，其取值范围为-999~999。
- “缩放”：设置亮度缩小的倍数，其取值范围是1~9999。

• “位移”：设置用于补偿的偏移量，其取值范围是-9999~9999。

11.12.5 最大值

该滤镜具有阻塞的效果，可以扩展白色区域并收缩黑色区域。通过设置查找像素周围最大亮度值的“半径”，在此范围内的像素的亮度值被设置为最大亮度。执行菜单栏中的“滤镜”|“其它”|“最大值”命令，打开“最大值”对话框。原图与使用“最大值”的对比效果如图11.215所示。

图11.215 原图与使用“最大值”的效果

“最大值”对话框中各选项说明如下。

• “半径”：设置周围像素的取样距离。值越大，取样的范围就越大。取值范围为1~100。

11.12.6 最小值

该滤镜具有伸展的效果，可以收缩白色区域并扩展黑色区域。通过设置查找像素周围最小亮度值的“半径”，在此范围内的像素的亮度值被设置为最小亮度。执行菜单栏中的“滤镜”|“其它”|“最小值”命令，打开如图所示的“最小值”对话框。原图与使用“最小值”的对比效果如图11.216所示。

图11.216 原图与使用“最小值”的效果

“最小值”对话框中的选项说明如下。

• “半径”：设置周围像素的取样距离。值越大，取样的范围就越大。取值范围为1~100。

11.13 “画笔描边”滤镜组

“画笔描边”滤镜组下的命令可以创造不同画笔绘画的效果。

11.13.1 成角的线条

该滤镜以对角线方向的线条描绘图像，可以模拟在画布上用油画颜料画出的交叉斜线纹理效果。执行菜单栏中的“滤镜”|“滤镜库”|“画笔描边”|“成角的线条”命令，打开“成角的线条”对话框。原图与使用“成角的线条”的对比效果如图11.217所示。

图11.217 原图与使用“成角的线条”的效果

图11.217　原图与使用“成角的线条”的效果（续）

“成角的线条”对话框中各选项说明如下。

- “方向平衡”：设置生成线条的倾斜角度。取值范围为0~100。当值为0时，线条从左上方向右下方倾斜；当值为100时，线条方向相反，从右上方向左下方倾斜；当值为50时，两个方向的线条数量相等。
- “线条长度”：设置生成线条的长度。值越大，线条的长度越长，取值范围为3~50。
- “锐化程度”：设置生成线条的清晰程度。值越大，笔画越明显，取值范围为0~10。

11.13.2 墨水轮廓

该滤镜根据图像的颜色边界，描绘其黑色轮廓，以画笔画的风格，用精细的细线在原来细节上重绘图像，并强调图像的轮廓。执行菜单栏中的“滤镜”|“滤镜库”|“画笔描边”|“墨水轮廓”命令，打开“墨水轮廓”对话框。原图与使用“墨水轮廓”的对比效果如图11.218所示。

图11.218　原图与使用“墨水轮廓”的效果

图11.218　原图与使用“墨水轮廓”的效果（续）

“墨水轮廓”对话框中各选项说明如下。

- “描边长度”：设置图像中边缘斜线的长度。取值范围为1~50。
- “深色强度”：设置图像中暗区部分的强度。数值越小斜线越明显，数值越大，绘制的斜线颜色越黑。取值范围为0~50。
- “光照强度”：设置图像中明亮部分的强度，数值越小斜线越不明显，数值越大，浅色区域亮度越高。取值范围为0~50。

11.13.3 喷溅

该滤镜可以模拟使用喷枪喷射，在图像上产生飞溅的喷溅效果。执行菜单栏中的“滤镜”|“滤镜库”|“画笔描边”|“喷溅”命令，打开“喷溅”对话框。原图与使用“喷溅”的对比效果如图11.219所示。

图11.219　原图与使用“喷溅”的对比效果

图11.219 原图与使用“喷溅”的对比效果（续）

“喷溅”对话框中各选项说明如下。

- “喷色半径”：设置喷溅的尺寸范围。当该参数值比较大时，图像将产生碎化严重的效果。取值范围为0~25。
- “平滑度”：设置喷溅的平滑程度。设置较小的值，将产生许多小彩点的效果。较高的数值，适合制作图像水中倒影效果。取值范围为1~15。

11.13.4 喷色描边

该滤镜可以模拟用某个方向的笔触或喷溅的颜色进行绘图的效果。执行菜单栏中的“滤镜”|“滤镜库”|“画笔描边”|“喷色描边”命令，打开“喷色描边”对话框。原图与使用“喷色描边”的对比效果如图11.220所示。

图11.220 原图与使用“喷色描边”的效果

图11.220 原图与使用“喷色描边”的效果（续）

“喷色描边”对话框中各选项说明如下。

- “描边长度”：设置图像中描边笔画的长度。取值范围为0~20。
- “喷色半径”：决定图像颜色溅开的程度。设置图像颜色喷溅的程度。取值范围为0~25。
- “描边方向”：设置描边的方向。包括右对角线、水平、左对角线和垂直4个选项。

11.13.5 强化的边缘

该滤镜可以对图像中不同颜色之间的边缘进行强化处理，并给图像赋以材质。执行菜单栏中的“滤镜”|“滤镜库”|“画笔描边”|“强化的边缘”命令，打开“强化的边缘”对话框。原图与使用“强化的边缘”的对比效果如图11.221所示。

“强化的边缘”对话框中各选项说明如下。

- “边缘宽度”：设置强化边缘的宽度大小。值越大，边缘的宽度就越大。取值范围为1~14。
- “边缘亮度”：设置强化边缘的亮度。值越大，边缘的亮度也就越大。取值范围为0~50。
- “平滑度”：设置强化边缘的平滑程度。值越大，边缘的数量就越少，但边缘就越平滑。取值范围为1~15。

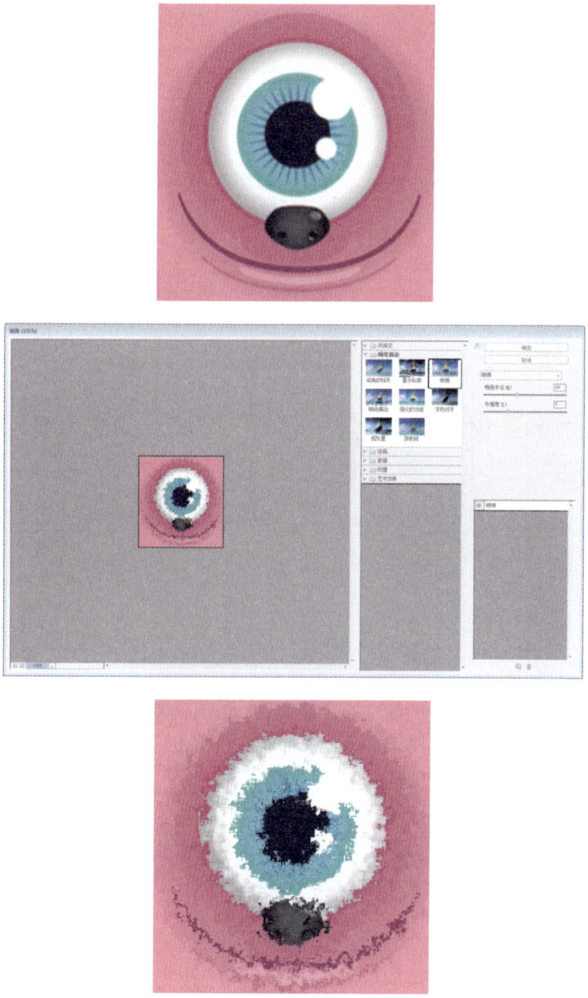

图11.221　原图与使用“强化的边缘”的对比效果

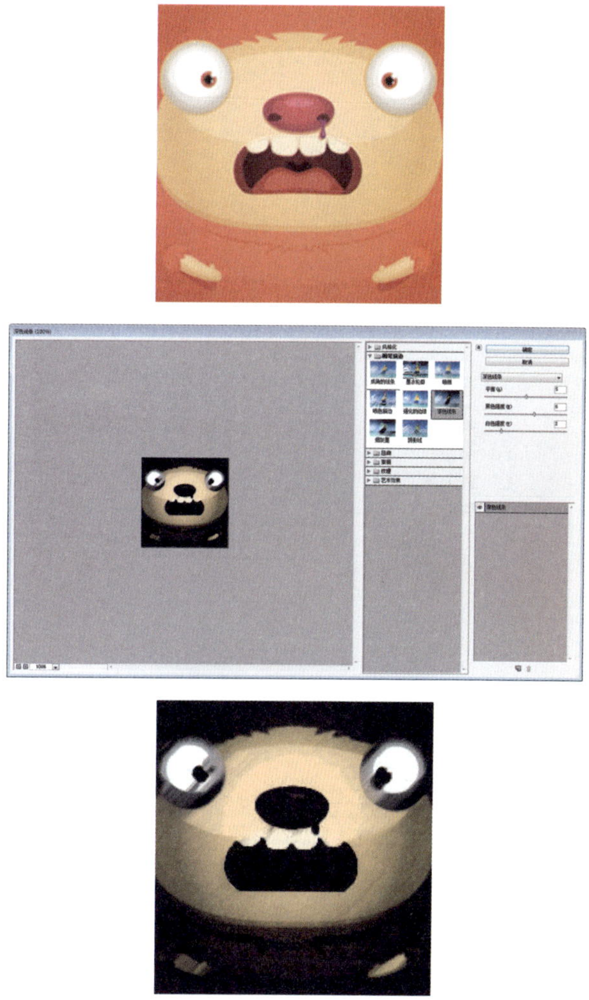

图11.222　原图与使用“深色线条”的对比效果

11.13.6　深色线条

该滤镜可以用短而黑的线条绘制图像中接近黑色的深色区域，用长而白的线条绘制图像中浅色区域，以产生强烈的对比效果。执行菜单栏中的“滤镜”|“滤镜库”|“画笔描边”|“深色线条”命令，打开“深色线条”对话框。原图与使用“深色线条”的对比效果如图11.222所示。

“深色线条”对话框中各选项说明如下。

- “平衡”：设置线条的方向。当值为0时，线条从左上方向右下方倾斜绘制；当值为10时，线条方向相反，从右上方向左下方倾斜绘制；当值为5时，两个方向的线条数量相等。取值范围为0~10。
- “黑色强度”：设置图像中黑色线条的颜色深度。值越大，绘制暗区时的线条颜色越黑。取值范围为0~10。
- “白色强度”：设置图像中白色线条的颜色显示强度。值越大，浅色区变得越亮。取值范围为0~10。

11.13.7　烟灰墨

该滤镜可以在图像上产生一种类似蘸满黑色油墨的湿画笔在宣纸上绘画，产生柔和的模糊边缘的效果。执行菜单栏中的“滤镜”|“滤镜库”|“画笔描边”|“烟灰墨”命令，打开的“烟灰墨”对话框。原图与使用“烟灰墨”的对比效果如图11.223所示。

“烟灰墨”对话框中各选项说明如下。

- “描边宽度”：设置笔画的宽度。值越小，线条越细，图像越清晰。取值范围为3~15。
- “描边压力”：设置画笔在绘画时的压力。压力越大，图像中产生的黑色就越多。取值范围为0~15。
- “对比度”：设置图像中亮区与暗区之间的对比度。值越大，图像中的浅色区域越亮。取值范围为0~40。

图11.223 原图与使用“烟灰墨”的对比效果

图11.224 原图与使用“阴影线”的对比效果

11.13.8 阴影线

该滤镜可以使图像产生用交叉网格线描绘或雕刻的网装阴影效果，使图像中彩色区域的边缘变粗糙，并保留原图像的细节和特征。执行菜单栏中的“滤镜”|“滤镜库”|“画笔描边”|“阴影线”命令，打开“阴影线”对话框。原图与使用“阴影线”的对比效果如图11.224所示。

“阴影线”对话框中各选项说明如下。

- “描边长度”：设置图像中描边线条的长度。值越大，描边线条就越长。取值范围为3~50。
- “锐化程度”：设置描边线条的清晰程度。值越大，描边线条越清晰。取值范围为0~20。
- “强度”：设置生成阴影线的数量。值越大，阴影线的数量也越多。取值范围为1~3。

11.14 “素描”滤镜组

“素描”滤镜组主要用于给图像增加纹理，模拟素材、速写等艺术效果，制作出各种素描绘制图像效果。该滤镜组中的命令基本上都和前景色和背景色的颜色设置有关，可以利用前景色或背景色来参与绘图，制作出精美的艺术图像。

11.14.1 半调图案

该滤镜使用前景色和背景色将图像处理为带有圆形、网点或直线形状的半调图案效果。执行菜单栏中的“滤镜”|“滤镜库”|“素描”|“半调图案”命令，打开如图11.225所示的“半调图案”对话框。

图11.225 “半调图案”对话框

“半调图案”对话框中各选项说明如下。

- “大小”：设置半调图案的密度。值越大，图案密度越小，半调图案的网纹就越大。取值范围为1~12。
- “对比度”：设置添加到图像中的前景色与背景色的对比度。值越大，层次感越强，对比越明显。
- “图案类型”：设置生成半调图案的类型。包括“圆形”“网点”和“直线”3个选项。

原图与使用“半调图案”的对比效果如图11.226所示。

图11.226 原图与使用“半调图案”的对比效果

11.14.2 实战案例：利用“半调图案”滤镜制作编织抽象方格背景

- **素材位置** | 无
- **案例位置** | 案例文件\第11章\利用“半调图案”滤镜制作编织抽象方格背景.psd
- **视频位置** | 多媒体教学\11.14.2 实战案例 利用“半调图案”滤镜制作编织抽象方格背景.avi
- **难易指数** | ★★☆☆☆

本例讲解利用“半调图案”滤镜进行编织抽象方格背景的制作。最终效果如图11.227所示。

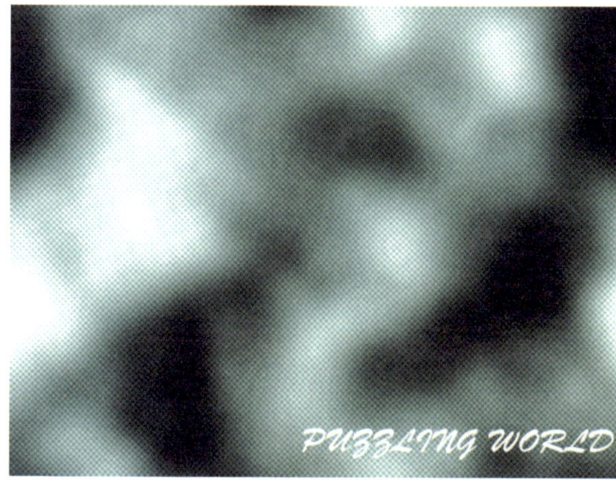

图11.227 最终效果

操作步骤

01 执行菜单栏中的“文件”|“新建”命令，在弹出的对话框中设置“宽度”为640像素，“高度”为480像素，“分辨率”为300像素，“颜色模式”为RGB颜色，“背景内容”设置为白色的画布，如图11.228所示。

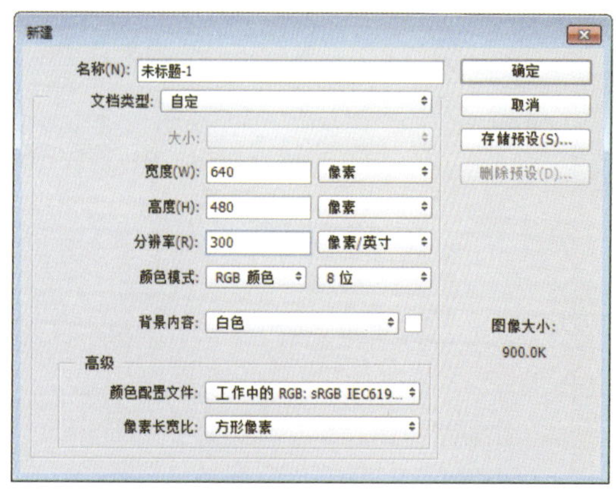

图11.228 新建文件

02 在工具箱中设置前景色为黑色，背景色为白色。执行菜单栏中的“滤镜”|“渲染”|“云彩”命令，添加云彩效果，如图11.229所示。

图11.229 “云彩”滤镜

03 执行菜单栏中的“滤镜”|“模糊”|“高斯模糊”命令，打开“高斯模糊”对话框，设置“半径”为10像素。单击“确定”按钮确认，如图11.230所示。

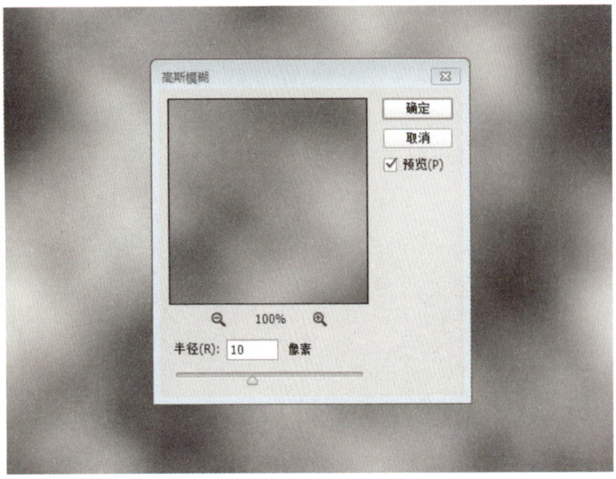

图11.230 高斯模糊

04 执行菜单栏中的“图像”|“调整”|“色相/饱和度”命令，打开“色相/饱和度”对话框，设置参数然后单击“确定”按钮确认，如图11.231所示。

图11.231 调整参数

05 将背景层拖动到“图层”面板下方的“创建新图层”按钮上，将背景图层复制一份，如图11.232所示。

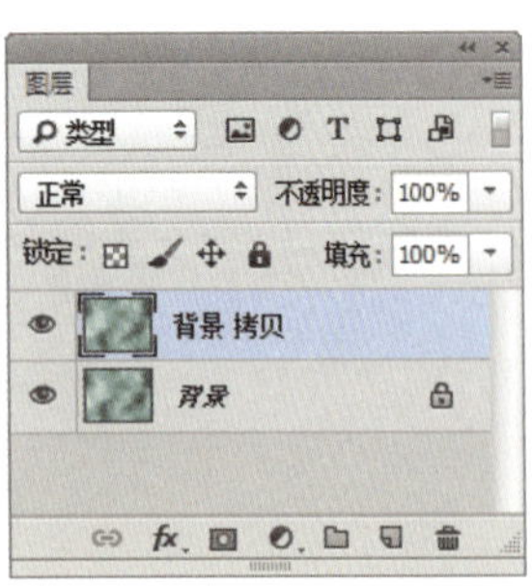

图11.232 复制图层

06 在工具箱中，将前景色设置为黑色，背景色设置为白色，执行菜单栏中的“滤镜”|“滤镜库”|“素描”|“半调图案”命令，打开“半调图案”对话框，设置“大小”为1，“对比度”为5，“图案类型”选择网点。单击“确定”按钮确认，如图11.233所示。

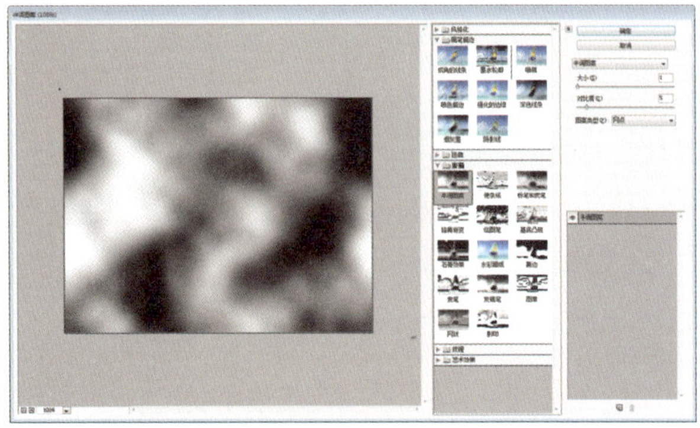

图11.233 “半调图案”滤镜参数设置

07 在“图层”面板中，将“背景 拷贝”的图层混合模式设置为“明度”，如图11.234所示。最后再配上相关的装饰，完成本例的制作，完成效果如图11.235所示。

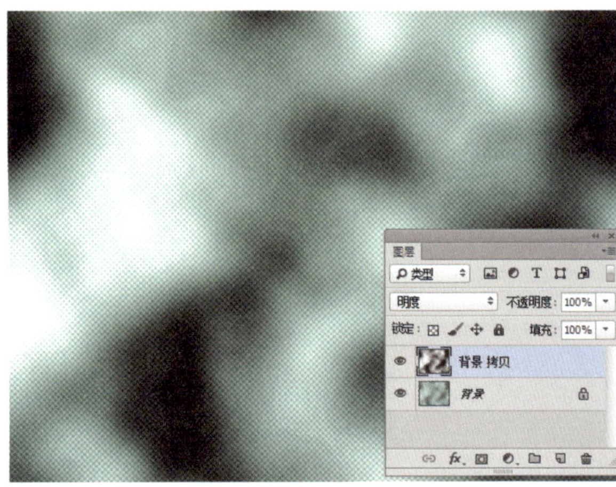

图11.234 调整图层混合模式

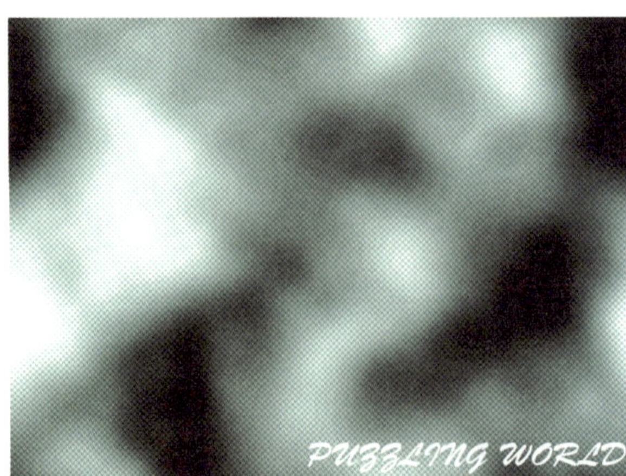

图11.235 完成效果

11.14.3 便条纸

该滤镜可以使图像产生类似浮雕的凹陷压印效果。执行菜单栏中的“滤镜”|“滤镜库”|“素描”|“便条纸”命令，打开“便条纸”对话框。原图与使用“便条纸”的对比效果如图11.236所示。

图11.236 原图与使用“便条纸”的对比效果

“便条纸”对话框中各选项说明如下。

- “图像平衡”：设置图像中前景色和背景色的比例。值越大，前景色所占的比例就越大。取值范围为1~50。
- “粒度”：设置图像中颗粒的明显程度。值越大，图像中的颗粒点就越突出。取值范围为1~20。
- “凸现”：设置图像的凹凸程度。值越大，凹凸越明显。取值范围为1~25。

11.14.4 粉笔和炭笔

该滤镜可以制作出粉笔和炭笔绘制图像的效果。使用前景色在图像上绘制出粗糙的高亮区域，使用背景色在图像上绘制出中间色调，而且粉笔使用背景色绘制，炭笔使用前景色绘制。执行菜单栏中的“滤镜”|“滤镜库”|“素描”|“粉笔和炭笔”命令，打开“粉笔和炭笔”对话框。原图与使用“粉笔和炭笔”的对比效果如图11.237所示。

图11.237 原图与使用“粉笔和炭笔”的对比效果

“粉笔和炭笔”对话框中各选项说明如下。

- “炭笔区”：设置炭笔绘制的区域范围。值越大，炭笔画特征越明显，前景色就越多。取值范围为0~20。
- “粉笔区”：设置粉笔绘制的区域范围。值越大，粉笔画特征越明显，背景色就越多。取值范围为0~20。
- “描边压力”：设置粉笔和炭笔边界的明显程度。值越大，边界越明显。取值范围为0~5。

11.14.5 铬黄

该滤镜可以模拟发光的液体金属，就像是擦亮的铬黄表面效果。执行菜单栏中的“滤镜”|“滤镜库”|“素描”|“铬黄”命令，打开“铬黄渐变”对话框。原图与使用“铬黄渐变”的对比效果如图11.238所示。

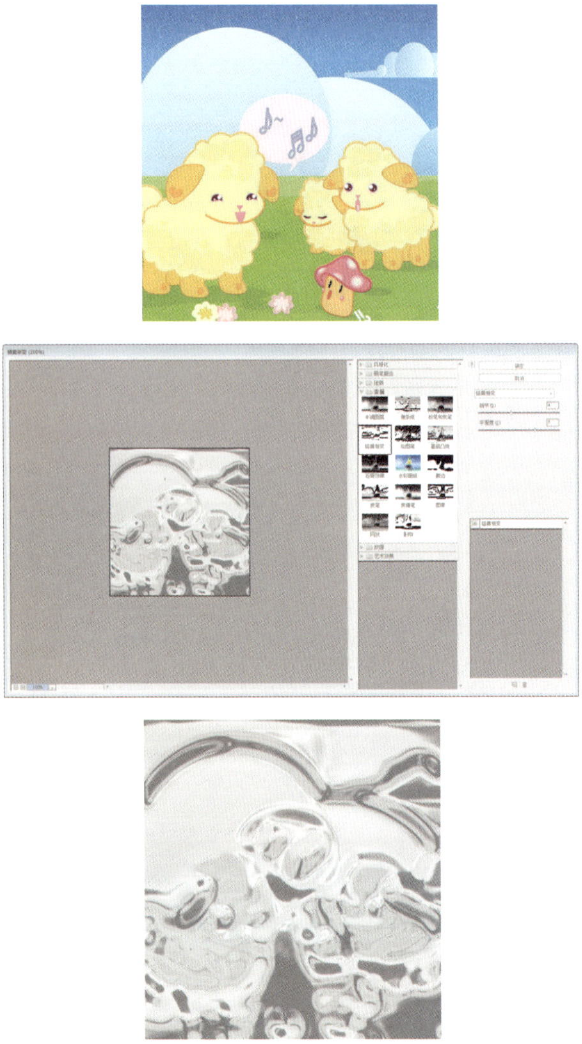

图11.238 原图与使用“铬黄渐变”的对比效果

“铬黄”对话框中各选项说明如下。

- “细节”：设置图像细节保留程度。值越大，图像细节越清晰。取值范围为0~10。
- “平滑度”：设置图像的光滑程度。值越大，图像的过渡越光滑。取值范围为0~10。

11.14.6 绘图笔

该滤镜可以模拟铅笔素描效果，使用细线状的油墨对图像进行细节描绘。它使用前景色作为油墨，背景色作为纸张。执行菜单栏中的“滤镜”|“滤镜库”|“素描”|“绘图笔”命令，打开“绘图笔”对话框。原图与使用“绘图笔”的对比效果如图11.239所示。

图11.239 原图与使用“绘图笔”的对比效果

“绘图笔”对话框中各选项说明如下。

- “线条长度”：设置图像中笔画的线条长度。当取值为1时，笔画由线条变为点。其取值范围为1~15。
- “明/暗平衡”：设置前景色和背景色的平衡程度。值越大，图像中的前景色就越多。取值范围为1~100。
- “描边方向”：设置笔画的描绘方向。包括“右对角线”“水平”“左对角线”和“垂直”4个选项。

11.14.7 基底凸现

该滤镜可以根据图像的轮廓，使图像产生凹凸起伏的浮雕效果。执行菜单栏中的“滤镜”|“滤镜库”|“素

描”|“基底凸现”命令，打开“基底凸现”对话框。原图与使用“基底凸现”的对比效果如图11.240所示。

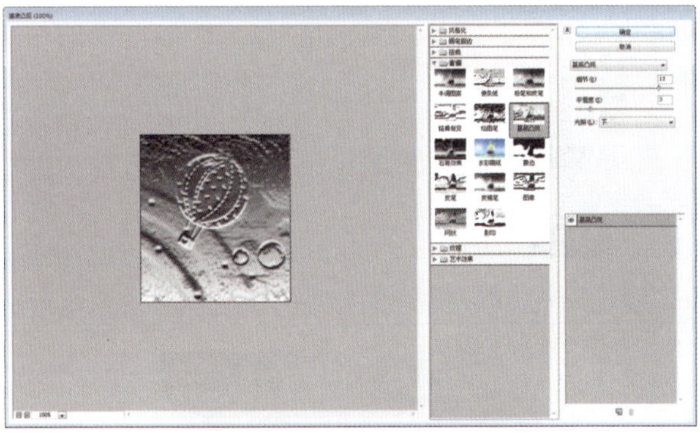

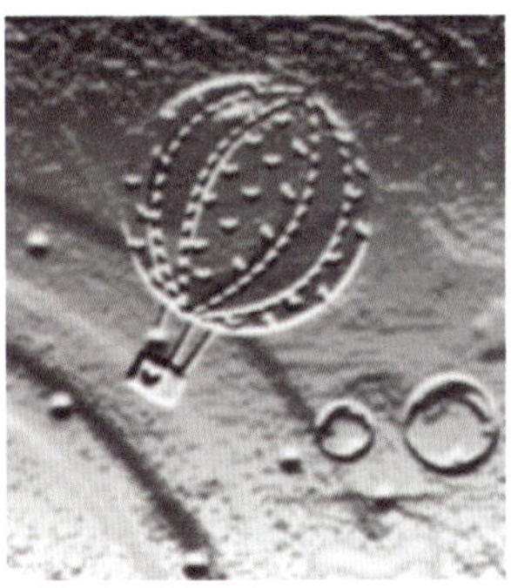

图11.240　原图与使用“基底凸现”的对比效果

“基底凸现”对话框中各选项说明如下。

- “细节”：设置图像细节的保留程度。值越大，图像的细节表现就越多。取值范围为1~15。
- “平滑度”：设置图像的光滑程度。值越大，图像越光滑。取值范围为1~15。
- “光照”：设置光源的照射方向。包括“下”“左下”“左”“左上”“上”“右上”“右”和“右下”8个选项。

11.14.8　石膏效果

该滤镜使用前景色和背景色为结果图像着色，让亮区凹陷，让暗区凸出，形成三维石膏效果。执行菜单栏中的“滤镜”|“滤镜库”|“素描”|“石膏效果”命令，打开如图所示的“石膏效果”对话框。原图与使用“石膏效果”的对比效果如图11.241所示。

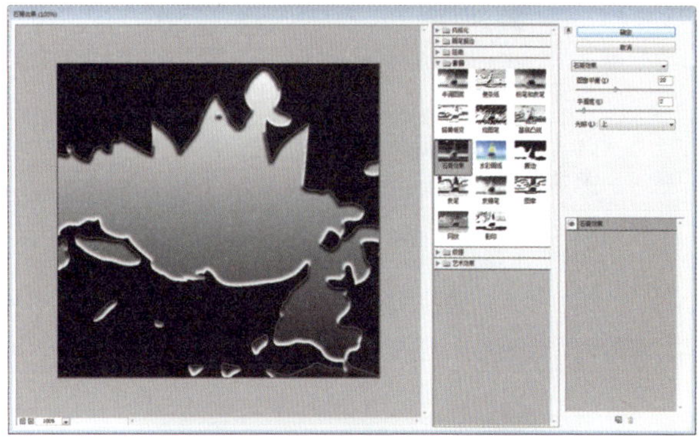

图11.241　原图与使用“石膏效果”的对比效果

“石膏效果”对话框中各选项说明如下。

- “图像平衡”：设置前景色和背景色之间的平衡程度。值越大，图像越凸出。取值范围为1~50。
- “平滑度”：设置图像凸出与平面部分的光滑程度。值越大，越光滑。取值范围为1~15。
- “光照方向”：设置光照的方向。包括“下”“左下”“左”“左上”“上”“右上”“右”和“右下”8个方向。

11.14.9　水彩画纸

该滤镜可以产生一种在潮湿纸张上作画，在颜色的边缘出现浸润的混合效果。执行菜单栏中的“滤镜”|“滤镜库”|“素描”|“水彩画纸”命令，打开“水彩画纸”对话框。原图与使用“水彩画纸”的对比效果如图11.242所示。

图11.242 原图与使用“水彩画纸”的对比效果

“水彩画纸”对话框中各选项说明如下。

- “纤维长度”：设置图像颜色的扩散程度。值越大，扩散和程度就越大。取值范围为3~50。
- “亮度”：设置图像的亮度。值越大，图像越亮。取值范围为0~100。
- “对比度”：设置图像暗区和亮区的对比程度。值越大，图像的对比度就越强烈，图像越清晰。取值范围为0~100。

11.14.10 撕边

该滤镜可以用前景色和背景色重绘图像，并用粗糙的颜色边缘模拟碎纸片的毛边效果。执行菜单栏中的“滤镜”|“滤镜库”|“素描”|“撕边”命令，打开“撕边”对话框。原图与使用“撕边”的对比效果如图11.243所示。

图11.243 原图与使用“撕边”的对比效果

“撕边”对话框中各选项说明如下。

- “图像平衡”：设置前景色和背景色之间的平衡。值越大，前景色部分就越多。取值范围为1~40。
- “平滑度”：设置前景色和背景色之间的平滑过渡程度。值越大，过渡效果越平滑。取值范围为1~15。
- “对比度”：设置前景色与背景色之间的对比程度。值越大，图像越亮。取值范围为1~20。

11.14.11 炭笔

该滤镜可以使用前景色作为炭笔，背景色作为纸张，将图像重新绘制出来，边缘用粗线绘制，中间调用对角线条绘制，产生色调分离的炭笔画效果。执行菜单栏中的“滤镜”|“滤镜库”|“素描”|“炭笔”命令，打开“炭笔”对话框。原图与使用“炭笔”的对比效果如图11.244所示。

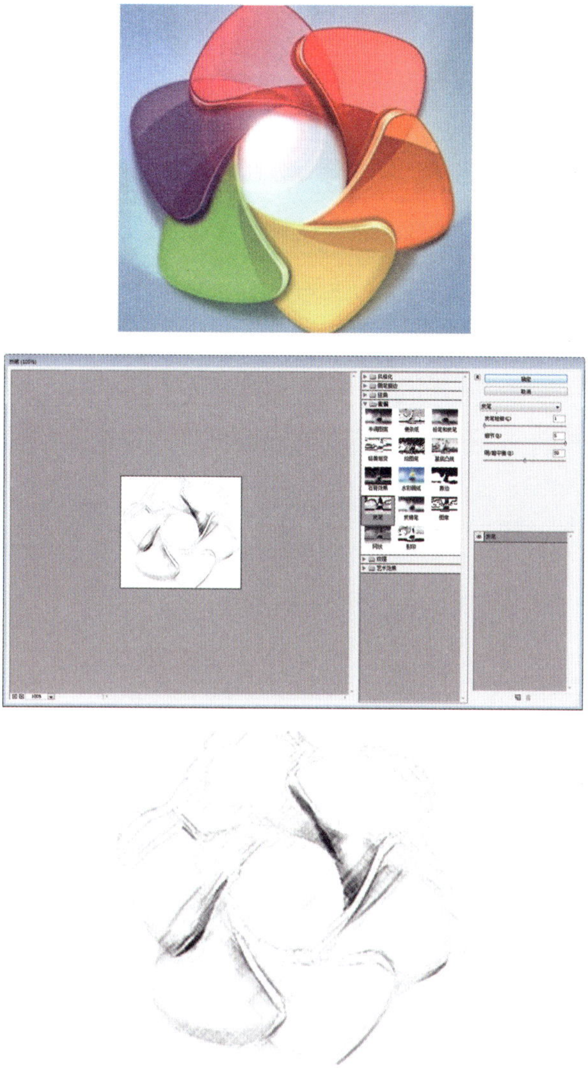

图11.244　原图与使用“炭笔”的对比效果

“炭笔”对话框中各选项说明如下。

- “炭笔粗细”：设置炭笔线条的粗细。值越大，笔触的宽度就越大。取值范围为1~7。
- “细节”：设置图像的细节清晰程度。值越大，图像的细节表现越清晰。取值范围为0~5。
- “明/暗平衡”：设置前景色与背景色的明暗对比程度。值越大，对比程度越明显。取值范围为0~100。

11.14.12　炭精笔

该滤镜使用前景色绘制图像中较暗的部分，用背景色绘制图像中较亮的部分，可以模拟使用浓黑和纯白的炭精笔纹理。执行菜单栏中的“滤镜”|“滤镜库”|“素描”|“炭精笔”命令，打开“炭精笔”对话框。原图与使用“炭精笔”的对比效果如图11.245所示。

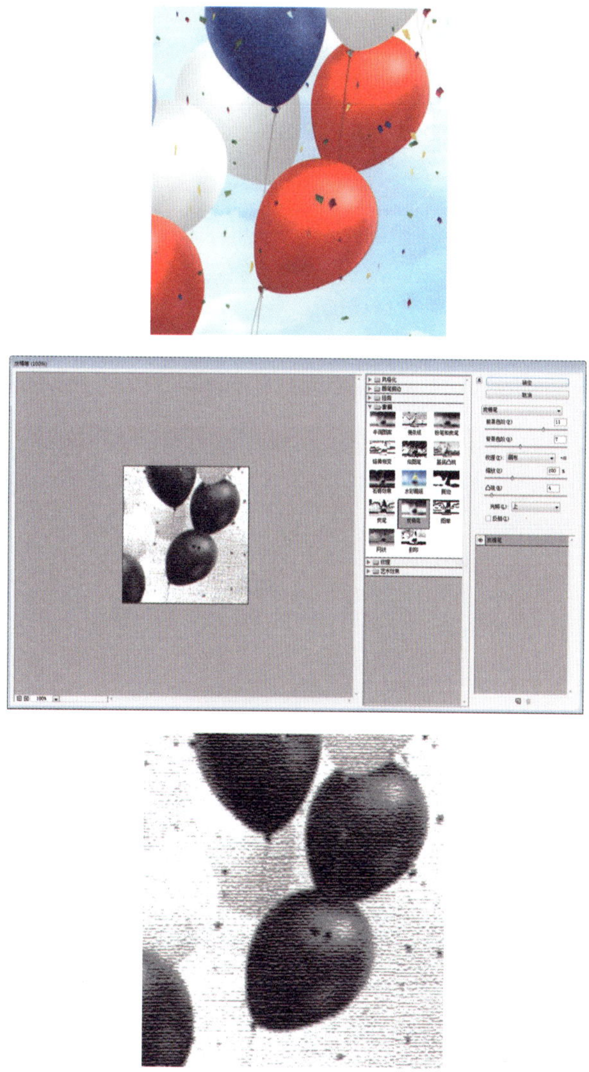

图11.245　原图与使用“炭精笔”的对比效果

“炭精笔”对话框中各选项说明如下。

- “前景色阶”：设置前景色使用的数量。值越大，数量越多。取值范围为1~15。
- “背景色阶”：设置背景色使用的数量。取值较低时，图像中出现大片的前景色以及灰色与材质纹理的混合色；取值较高时，若前景色阶高，则图像中出现的纹理多，若前景色阶低，则图像中出现的纹理少。取值范围为1~15。
- “纹理”：设置图像的纹理。包括“砖形”“粗麻布”“画布”和“砂岩”4种纹理。
- “缩放”：设置纹理的大小缩放。取值范围为50%~200%。
- “凸现”：设置纹理的凹凸程度。值越大，图像的凹凸感越强。取值范围为0~50。
- “光照”：设置光线照射的方向。包括“下”“左下”“左”“左上”“上”“右上”“右”和“右下”8个方向。

• “反相”：勾选该复选框，可以反转图像的凹凸区域。

11.14.13 图章

该滤镜可以将图像简化，使用图像的轮廓制作成图章印戳效果，并使用前景色作为图章部分，其他的部分为背景色。执行菜单栏中的“滤镜”|“滤镜库”|“素描”|“图章”命令，打开“图章”对话框。原图与使用“图章”的对比效果如图11.246所示。

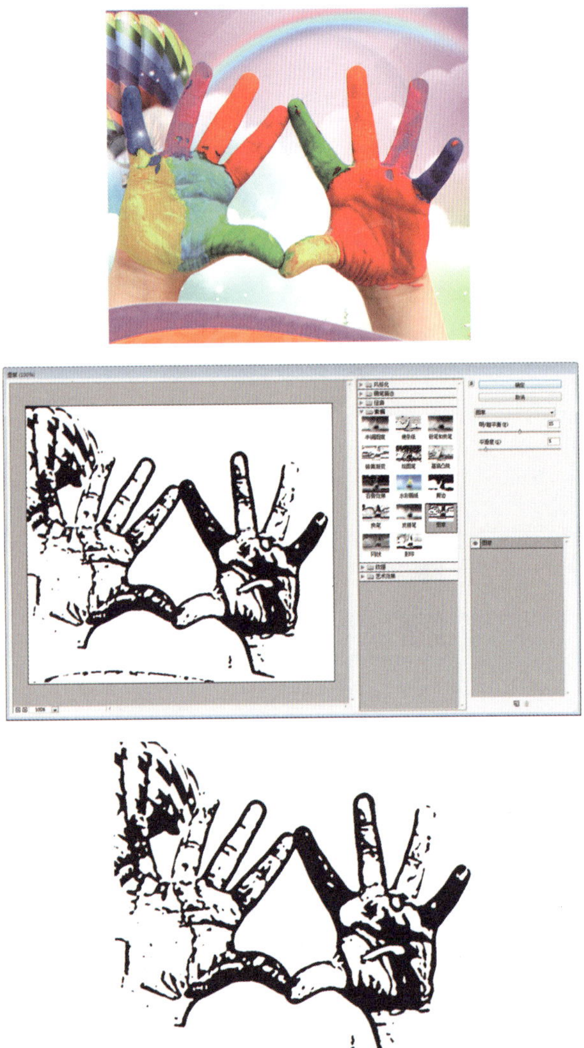

图11.246 原图与使用“图章”的对比效果

“图章”对话框中各选项说明如下。

• “明/暗平衡”：设置前景色和背景色的比例平衡程度。取值范围为1~50。

• “平滑度”：设置前景色和背景色之间的边界平滑程度。值越大，越平滑。取值范围为1~50。

11.14.14 网状

该滤镜可以模拟胶片乳胶的可控收缩和扭曲来创建图像，并使用前景色替代暗区部分，背景色替代亮区部分。在暗区呈结块状，在亮区呈轻微颗粒化。执行菜单栏中的“滤镜”|“滤镜库”|“素描”|“网状”命令，打开“网状”对话框。原图与使用“网状”的对比效果如图11.247所示。

图11.247 原图与使用“网状”的对比效果

“网状”对话框中各选项说明如下。

• “浓度”：设置网格中网眼的密度。值越大，网眼的密度就越大。取值范围为0~50。

• “前景色阶”：设置前景色所占的比重。值越大，前景色所占的比重就越大。取值范围为0~50。

• “背景色阶”：设置背景色所占的比重。值越大，背景色所占的比重就越大。取值范围为0~50。

11.14.15 影印

该滤镜可以模拟影印图像效果，使用前景色勾画主要轮廓，其余部分使用背景色。执行菜单栏中的“滤镜”|“滤镜库”|“素描”|“影印”命令，打开“影印”对话框。原图与使用“影印”的对比效果如图11.248所示。

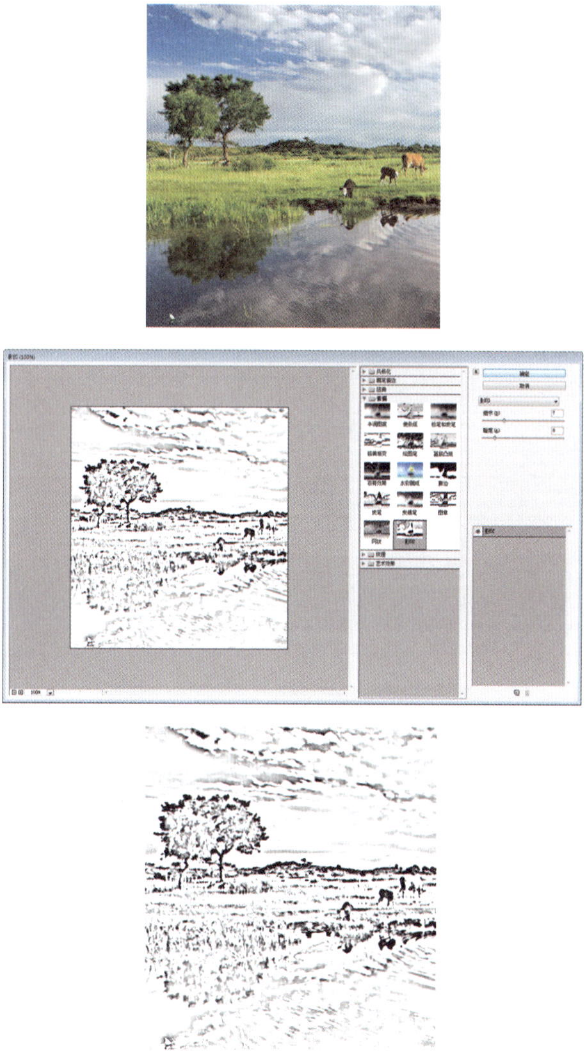

图11.248 原图与使用“影印”的对比效果

“影印”对话框中各选项说明如下。

- “细节”：设置图像中细节的保留程度。值越大，图像细节保留就越多。取值范围为1~24。
- “暗度”：设置图像的暗部颜色深度。值越大，暗区的颜色越深。取值范围为1~50。

11.15 “纹理”滤镜组

“纹理”滤镜组主要为图像加入各种纹理效果，赋予图像一种深度或物质的外观。

11.15.1 龟裂缝

该滤镜可以将图像制作出类似乌龟壳裂纹的效果。执行菜单栏中的“滤镜”|“滤镜库”|“纹理”|“龟裂缝”命令，打开“龟裂缝”对话框。原图与使用“龟裂缝”的对比效果如图11.249所示。

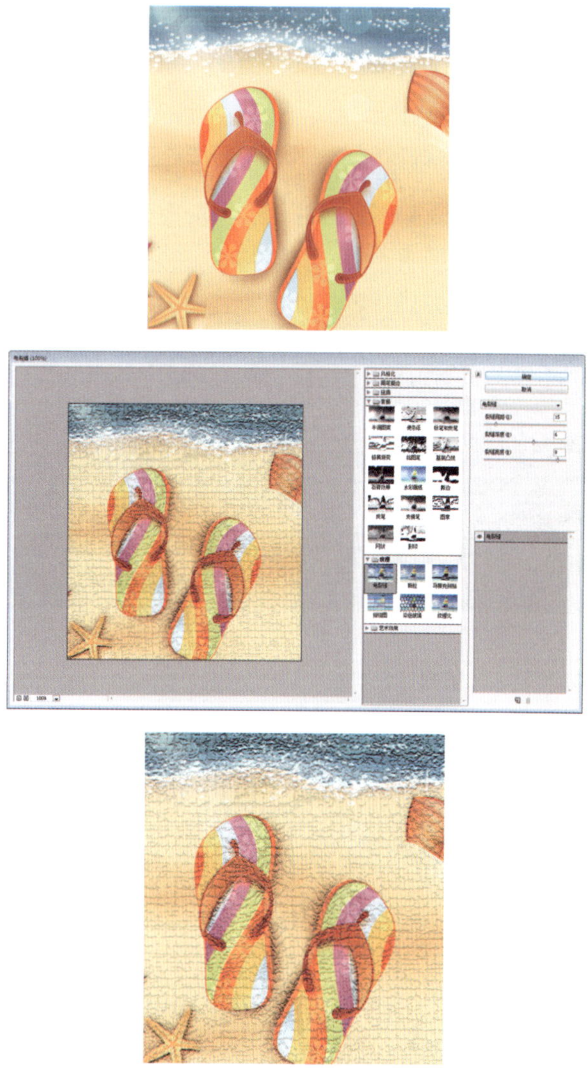

图11.249 原图与使用“龟裂缝”的对比效果

“龟裂缝”对话框中各选项说明如下。

- “裂缝间距”：设置生成裂缝之间的间距。值越大，裂缝的间距就越大。取值范围为2~100。
- “裂缝深度”：设置生成裂缝的深度。值越大，裂缝的深度就越深。取值范围为0~10。
- “裂缝亮度”：设置裂缝间的亮度。值越大，裂缝间的亮度就越大。取值范围为0~10。

11.15.2 实战案例：利用“龟裂缝”滤镜制作具有古董风格的龟裂纹效果

- **素材位置** | 无
- **案例位置** | 案例文件\第11章\利用“龟裂缝”滤镜制作具有古董风格的龟裂纹效果.psd
- **视频位置** | 多媒体教学\11.15.2 实战案例 利用“龟裂缝”滤镜制作具有古董风格的龟裂纹效果.avi
- **难易指数** | ★★☆☆☆

本例讲解具有古董风格的龟裂纹效果的制作。最终效果如图11.250所示。

图11.250 最终效果

操作步骤

01 执行菜单栏中的“文件”|“新建”命令，在弹出的对话框中设置“宽度”为840像素，“高度”为680像素，“分辨率”为300像素，“颜色模式”为RGB颜色，“背景内容”设置为白色的画布，如图11.251所示。

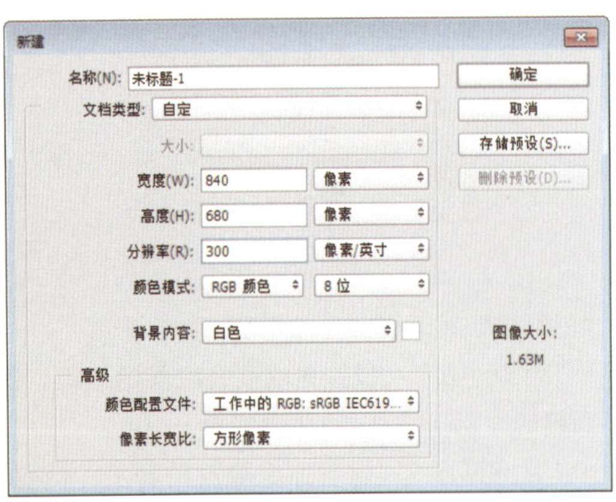

图11.251 新建文件

02 选择工具箱中的“渐变工具”，设置颜色为暗红色（R：108；G：19；B：24）到黑色的线性渐变，从画布的左侧向右侧拖动鼠标并填充渐变，如图11.252所示。

图11.252 填充渐变

03 执行菜单栏中的“滤镜”|“滤镜库”|“纹理”|“龟裂缝”命令，打开“龟裂缝”对话框并设置参数，单击“确定”按钮确认，如图11.253所示。

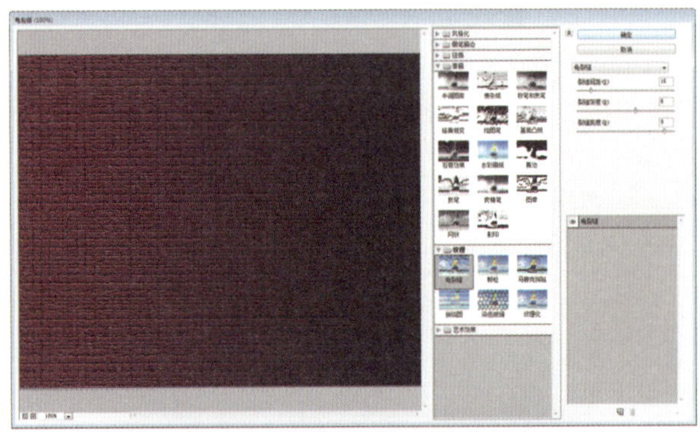

图11.253 “龟裂缝”滤镜效果

04 选择工具箱中的“横排文字工具”T，在画布中输入文字，利用“字符”面板设置文字参数，如图11.254所示。

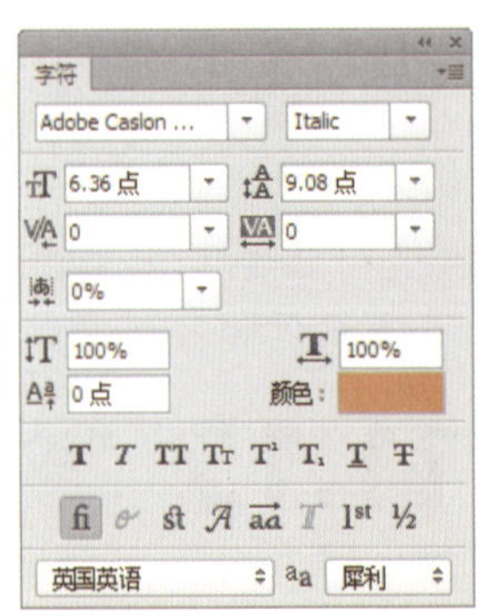

图11.254 添加文字效果

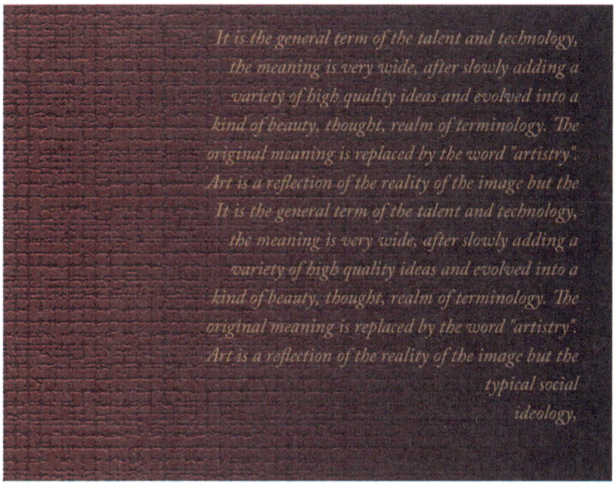

图11.254　添加文字效果（续）

05 在“图层”面板中，单击“图层”面板下方的“添加图层样式”fx按钮，在弹出的菜单栏中选择“斜面和浮雕”命令，打开“图层样式”|“斜面和浮雕”对话框并设置参数，单击“确定”按钮确认，如图11.255所示。

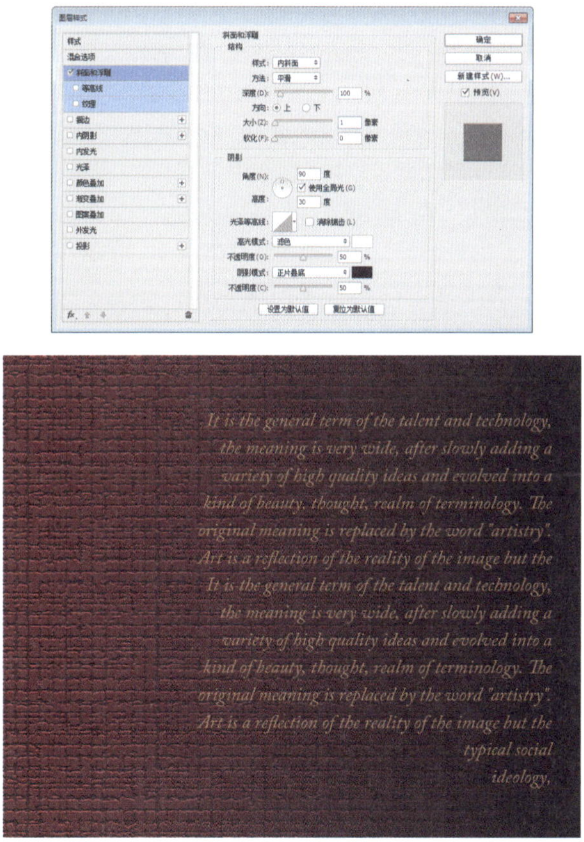

图11.255　“斜面和浮雕”设置与效果

06 在“图层”面板中，将文字层的图层不透明度设置为50%，如图11.256所示。最后再配上相关的装饰，完成本例的制作。完成效果如图11.257所示。

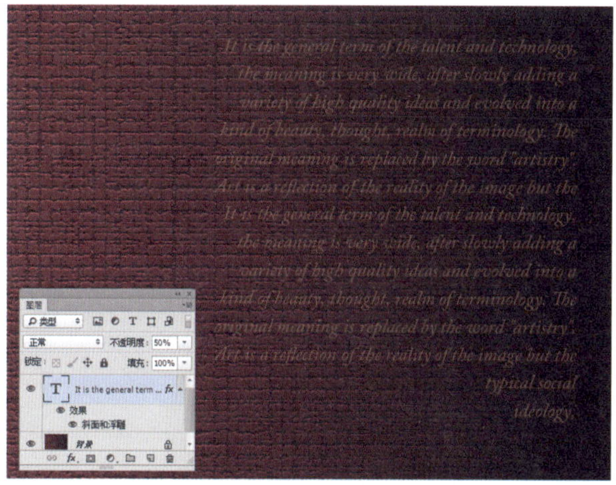

图11.256　调整图层透明度

图11.257　完成效果

11.15.3 颗粒

可以用不同状态的颗粒改变图像的表面纹理，使图像产生颗粒般的效果。执行菜单栏中的“滤镜”|“滤镜库”|“纹理”|“颗粒”命令，打开如图所示的“颗粒”对话框。原图与使用“颗粒”的对比效果如图11.258所示。

图11.258　原图与使用“颗粒”的对比效果

图11.258 原图与使用“颗粒”的对比效果（续）

“颗粒”对话框中各选项说明如下。

- “强度”：设置图像中产生颗粒的数量。值越大，颗粒的密度就越大。取值范围为0~100。
- “对比度”：设置图像中生成颗粒的对比度。值越大，颗粒的效果越明显。取值范围为0~100。
- “颗粒类型”：设置生成颗粒的类型。包括“常规”“柔和”“喷洒”“结块”“强反差”“扩大”“点刻”“水平”“垂直”和“斑点”10种类型。

11.15.4 马赛克拼贴

该滤镜可以使图像分割成若干不规则的小块组成马赛克拼贴效果。该滤镜与“龟裂缝”滤镜有些相似，但产生的效果比“龟裂缝”滤镜更加的规则。执行菜单栏中的“滤镜”|“滤镜库”|“纹理”|“马赛克拼贴”命令，打开“马赛克拼贴”对话框。原图与使用“马赛克拼贴”的对比效果如图11.259所示。

图11.259 原图与使用“马赛克拼贴”的效果

图11.259 原图与使用“马赛克拼贴”的效果（续）

“马赛克拼贴”对话框中各选项说明如下。

- “拼贴大小”：设置图像中生成马赛克小块的大小。值越大，块状马赛克就越大。取值范围为2~100。
- “缝隙宽度”：设置图像中马赛克之间裂缝的宽度。值越大，裂缝就越宽。取值范围为1~15。
- “加亮缝隙”：设置马赛克之间裂缝的亮度。值越大，裂缝就越亮。取值范围为0~10。

11.15.5 拼缀图

该滤镜可以将图像分解为许多的正方形，并使用该区域的主色填充，同时随机增大或减小拼贴的深度。执行菜单栏中的“滤镜”|“滤镜库”|“纹理”|“拼缀图”命令，打开“拼缀图”对话框。原图与使用“拼缀图”的对比效果如图11.260所示。

“拼缀图”对话框中各选项说明如下。

- “平方大小”：设置图像中生成拼缀图块的大小。值越大，拼缀图块就越大。取值范围为0~10。
- “凸现”：设置拼缀图块的凸现程度。值越大，拼缀图块凸现越明显。取值范围为0~25。

图11.260 原图与使用“拼缀图”的对比效果

图11.260　原图与使用“拼缀图”的对比效果（续）

11.15.6 染色玻璃

该滤镜可以将图像分成不规则的彩色玻璃格子效果，产生彩色玻璃效果，而且染色玻璃中的边框颜色是由前景色决定的。执行菜单栏中的“滤镜”|“滤镜库”|“纹理”|“染色玻璃”命令，打开“染色玻璃”对话框。原图与使用“染色玻璃”的对比效果如图11.261所示。

“染色玻璃”对话框中各选项说明如下。

- “单元格大小”：设置生成彩色玻璃格子的大小。值越大，生成的格子就越大。取值范围为2~50。
- “边框粗细”：设置玻璃格子之间的边框宽度。值越大，边框的宽度就越大，边框就越粗。取值范围为1~20。
- “光照强度”：设置生成彩色玻璃的亮度。值越大，图像越亮。取值范围为0~10。

图11.261　原图与使用“染色玻璃”的对比效果

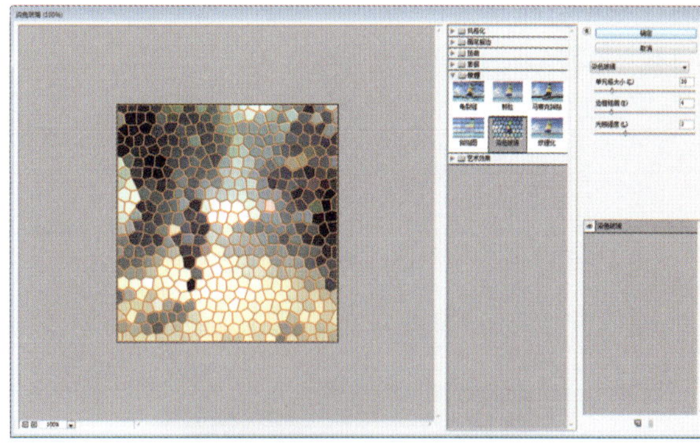

图11.261　原图与使用“染色玻璃”的对比效果（续）

11.15.7 纹理化

该滤镜可以使用预设的纹理或自定义载入的纹理样式，从而在图像中生成指定的纹理效果。执行菜单栏中的“滤镜”|“滤镜库”|“纹理”|“纹理化”命令，打开“纹理化”对话框。原图与使用“纹理化”的对比效果如图11.262所示。

“纹理化”对话框中各选项说明如下。

- “纹理”：指定图像生成的纹理。包括“砖形”“粗麻布”“画布”和“砂岩”4个选项。还可以单击右侧的，载入一个psd格式的图片作为纹理。
- “缩放”：设置生成纹理的大小。值越大，生成的纹理就越大。取值范围为50%~200%。
- “凸现”：值越大，纹理的凸现越明显。取值范围为0~50。
- “光照”：设置光源的位置，即光照的方向。包括“下”“左下”“左”“左上”“上”“右上”“右”和“右下”8个方向。
- “反相”：勾选该复选框，可以反转纹理的凹凸部分。

图11.262　原图与使用“纹理化”的对比效果

图11.262 原图与使用“纹理化”的对比效果（续）

11.15.8 实战案例：利用“纹理化”滤镜制作个性的麻布背景纹理效果

- **素材位置** | 无
- **案例位置** | 案例文件\第11章\利用“纹理化”滤镜制作个性的麻布背景纹理效果.psd
- **视频位置** | 多媒体教学\11.15.8 实战案例 利用“纹理化”滤镜制作个性的麻布背景纹理效果.avi
- **难易指数** | ★☆☆☆☆

本例讲解个性的麻布背景纹理效果的制作。最终效果如图11.263所示。

图11.263 最终效果

操作步骤

01 执行菜单栏中的“文件”|“新建”命令，在弹出的对话框中设置“宽度”为840像素，“高度”为600像素，“分辨率”为300像素，“颜色模式”为RGB颜色，“背景内容”设置为白色的画布，如图11.264所示。

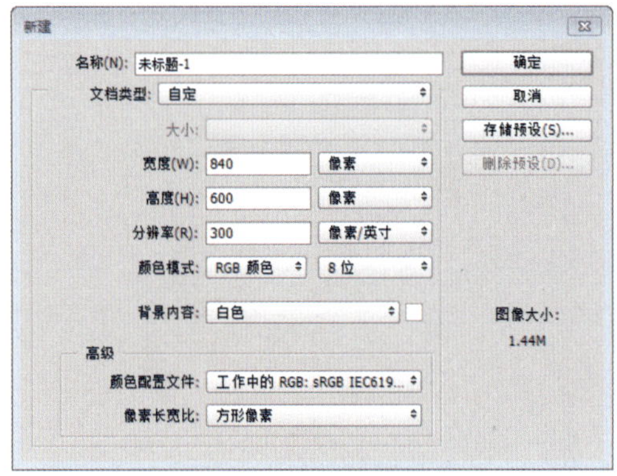

图11.264 新建文件

02 设置前景色为浅黄色（R：245，G：218，B：171），按Alt + Delete组合键将前景填充为浅黄色，如图11.265所示。

图11.265 填充前景色

03 执行菜单栏中的“滤镜”|“滤镜库”|“纹理”|“纹理化”命令，打开“纹理化”对话框，设置“纹理”为粗麻布，“缩放”为100%，“凸现”为10，“光照”为上，单击“确定”按钮确认，如图11.266所示。

04 最后再配上相关的装饰，完成本例的制作，如图11.267所示。

图11.266　“纹理化”设置与效果

图11.267　完成效果

11.16 “艺术效果”滤镜组

该滤镜组主要将摄影图像变成传统介质上的绘画效果，利用这些命令可以使图像产生不同风格的艺术效果。

11.16.1 壁画

该滤镜可以用短的、圆的和潦草的斑点绘制风格粗犷的图像，使图像产生一种壁画的效果。执行菜单栏中的“滤镜”|“滤镜库”|“艺术效果”|“壁画”命令，打开“壁画”对话框。原图与使用“壁画”的对比效果如图11.268所示。

图11.268　原图与使用“壁画”的对比效果

“壁画”对话框中各选项说明如下。

- “画笔大小”：设置画笔笔触的大小。值越大，图像就越清晰。取值范围为0~10。
- “画笔细节”：设置图像的细节保留程度。值越大，细节中保留就越多。取值范围为0~10。
- “纹理”：设置图像中过渡区域所产生的纹理清晰度。值越大，纹理越清晰。取值范围为1~3。

11.16.2 彩色铅笔

该滤镜可以模拟各种颜色的铅笔在纯色背景上绘制图像的效果，绘制的图像中保留重要的边缘，外观呈粗糙阴影线效果，纯色的背景色透过比较平滑的区域显示

出来。执行菜单栏中的“滤镜”|“滤镜库”|“艺术效果”|“彩色铅笔”命令，打开“彩色铅笔”对话框。原图与使用“彩色铅笔”的对比效果如图11.269所示。

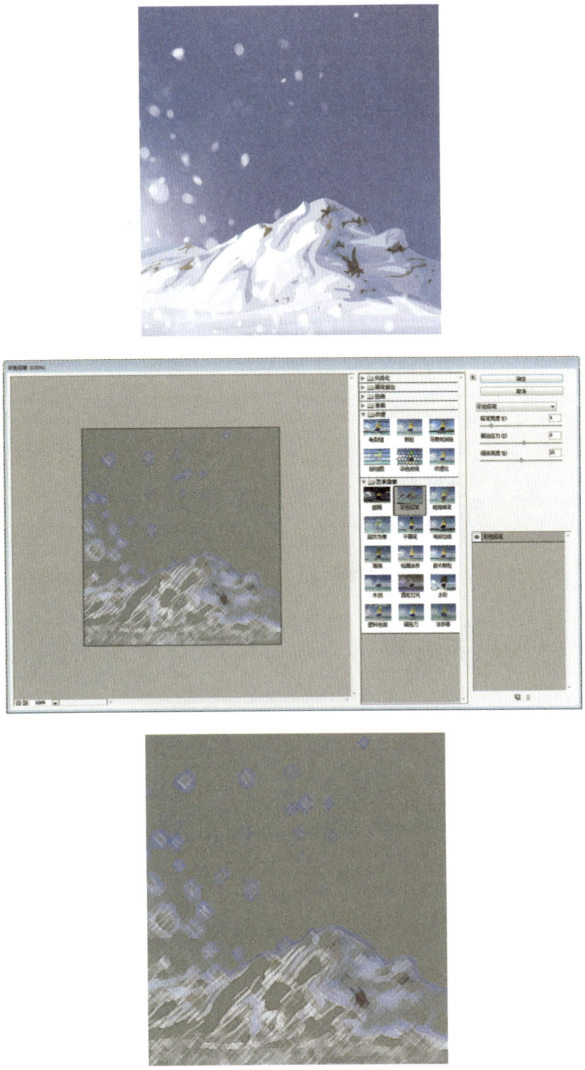

图11.269 原图与使用“彩色铅笔”的对比效果

“彩色铅笔”对话框中各选项说明如下。

- “铅笔宽度”：设置铅笔笔触的宽度。值越大，铅笔绘制的线条越粗。取值范围为1~24。
- “描边压力”：设置铅笔绘图时的压力大小。值越大，绘制出的颜色越明显。取值范围为0~15。
- “纸张亮度”：设置纯色背景的亮度。值越大，纸张的亮度就越大。取值范围为0~50。

11.16.3 粗糙蜡笔

该滤镜可使图像产生类似彩色蜡笔在带纹理的背景上描边的效果，使图像表面产生一种不平整的浮雕纹理。执行菜单栏中的“滤镜”|“滤镜库”|“艺术效果”|“粗糙蜡笔”命令，打开如图所示的“粗糙蜡笔”对话框。原图与使用“粗糙蜡笔”的对比效果如图11.270所示。

图11.270 原图与使用“粗糙蜡笔”的对比效果

“粗糙蜡笔”对话框中各选项说明如下。

- “描边长度”：设置画笔描绘线条的长度。值越大，线条越长。取值范围为0~40。
- “描边细节”：设置粗糙蜡笔的细腻程度。值越大，细节描绘越明显。取值范围为1~20。
- “纹理”：设置生成纹理的类型。在右侧的下拉列表可选择“砖形”“粗麻布”“画布”和“砂岩”4种纹理类型。单击右侧的三角形▾≡按钮，可以载入一个psd格式的图片作为纹理。
- “缩放”：设置纹理的缩放大小。值越大，纹理就越大。取值范围为50%~200%。
- “凸现”：设置纹理凹凸程度。值越大，图像的凸现感越强。取值范围为0~50。
- “光照”：设置光源的照射方向。包括“下”“左

下”“左”“左上”“上”“右上”“右”和“右下”8个选项。

- “反相”：勾选该复选框，可以反转纹理的凹凸区域。

11.16.4 底纹效果

该滤镜可以根据设置纹理的类型和颜色，在图像中产生一种纹理描绘的艺术效果。执行菜单栏中的“滤镜”|“滤镜库”|“艺术效果”|“底纹效果”命令，打开“底纹效果”对话框。原图与使用“底纹效果”的对比效果如图11.271所示。

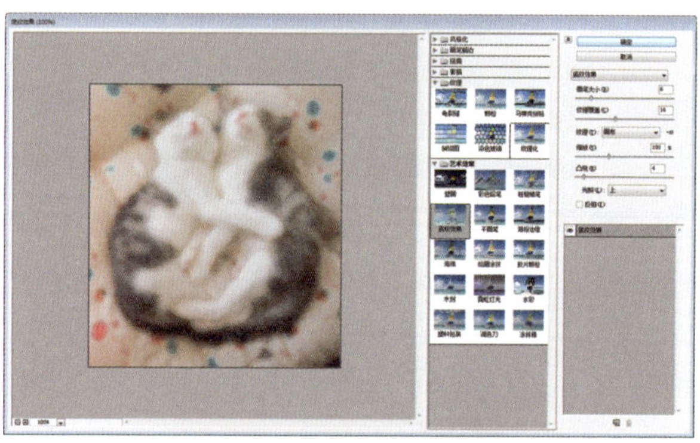

图11.271 原图与使用“底纹效果”的对比效果

“底纹效果”对话框中各选项说明如下。

- “画笔大小”：设置画笔笔触的大小。取值范围为0~40。
- “纹理覆盖”：设置图像使用纹理的范围。值越大，使用的范围越广。取值范围为0~25。
- “纹理”：设置生成纹理的类型。在右侧的下拉列表里包括“砖形”“粗麻布”“画布”和“砂岩”4种纹理类型。单击右侧的三角形▾≡按钮，可以载入一个psd格式的图片作为纹理。
- “缩放”：设置纹理的缩放大小。值越大，纹理就越大。取值范围为50%~200%。
- “凸现”：设置纹理凹凸程度。值越大，图像的凸现感越强。取值范围为0~50。
- “光照”：设置光源的照射方向。包括“下”“左下”“左”“左上”“上”“右上”“右”和“右下”8个选项。
- “反相”：勾选该复选框，可以反转纹理的凹凸区域。

11.16.5 干画笔

该滤镜可以模拟干笔刷技术，通过减少图像的颜色来简化图像的细节，使图像产生一种不饱和、不湿润的油画效果。执行菜单栏中的“滤镜”|“滤镜库”|“艺术效果”|“干画笔”命令，打开“干画笔”对话框。原图与使用“干画笔”的对比效果如图11.272所示。

“干画笔”对话框中各选项说明如下。

- “画笔大小”：设置画笔笔触的大小。值越大，画笔笔触也越大。取值范围为0~10。
- “画笔细节”：设置画笔的细节表现程度。值越大，细节表现越明显。取值范围为0~10。
- “纹理”：设置图像纹理的清晰程度。值越大，纹理越清晰。取值范围为1~3。

图11.272 原图与使用“干画笔”的对比效果

图11.272 原图与使用“干画笔”的对比效果（续）

图11.273 原图与使用“海报边缘”的对比效果（续）

11.16.6 海报边缘

该滤镜可以勾画出图像的边缘，并减少图像中的颜色数量，添加黑色阴影，使图像产生一种海报的边缘效果。执行菜单栏中的“滤镜”|“滤镜库”|“艺术效果”|“海报边缘”命令，打开“海报边缘”对话框。原图与使用“海报边缘”的对比效果如图11.273所示。

“海报边缘”对话框中各选项说明如下。

- “边缘厚度”：设置描绘图像边缘的宽度。值越大，描绘的边缘越宽。取值范围为0~10。
- “边缘强度”：设置图像边缘的清晰程度。值越大，边缘越明显。取值范围为0~10。
- “海报化”：设置图像的海报化程度。值越大，图像最终显示的颜色量就越多。取值范围为0~6。

图11.273 原图与使用“海报边缘”的对比效果

11.16.7 海绵

该滤镜可以创建对比颜色较强的纹理图像，使图像看上去好像用海绵绘制的艺术效果。执行菜单栏中的“滤镜”|“滤镜库”|“艺术效果”|“海绵”命令，打开如图所示的“海绵”对话框。原图与使用“海绵”的对比效果如图11.274所示。

“海绵”对话框中各选项说明如下。

- “画笔大小”：设置海绵笔触的粗细。值越大，笔触就越大。取值范围为0~10。
- “清晰度”：设置海绵绘制颜色的清晰程度。值越大，绘制的颜色越清晰。取值范围为0~25。
- “平滑度”：设置绘制颜色间的光滑程度。值越大，越光滑。取值范围为1~15。

图11.274 原图与使用“海绵”的对比效果

图11.274 原图与使用“海绵”的对比效果（续）

11.16.8 绘画涂抹

该滤镜可以模拟画笔在图像上随意涂抹，使图像产生模糊的艺术效果。执行菜单栏中的“滤镜”|“滤镜库”|“艺术效果”|“绘画涂抹”命令，打开“绘画涂抹”对话框。原图与使用“绘画涂抹”的对比效果如图11.275所示。

“绘画涂抹”对话框中各选项说明如下。

- “画笔大小”：设置涂抹工具的笔触大小。值越大，涂抹的范围越大。取值范围为1~50。
- “锐化程度”：设置涂抹笔触的清晰程度。值越大，锐化程度越大，图像越清晰。取值范围为0~40。
- “画笔类型”：指定涂抹的画笔类型。在右侧的下拉列表中，可以选择“简单”“未处理光照”“未处理深色”“宽锐化”“宽模糊”和“火花”6种类型，使用不同的选项，将产生不同的涂抹效果。

图11.275 原图与使用“绘画涂抹”的对比效果

图11.275 原图与使用“绘画涂抹”的对比效果（续）

11.16.9 胶片颗粒

该滤镜可以为图像添加颗粒效果，制作类似胶片放映时产生的颗粒图像效果。执行菜单栏中的“滤镜”|“滤镜库”|“艺术效果”|“胶片颗粒”命令，打开“胶片颗粒”对话框。原图与使用“胶片颗粒”的对比效果如图11.276所示。

“胶片颗粒”对话框中各选项说明如下。

- “颗粒”：设置添加颗粒的清晰程度。值越大，颗粒越明显。取值范围为0~20。
- “高光区域”：设置高光区域的范围。值越大，高光区域就越大。取值范围为0~20。
- “强度”：设置图像的明暗程度。值越大，图像越亮，颗粒效果越不明显。

图11.276 原图与使用“胶片颗粒”的对比效果

图11.276 原图与使用“胶片颗粒”的对比效果（续）

图11.277 原图与使用“木刻”的对比效果（续）

11.16.10 木刻

该滤镜可以利用版画和雕刻原理，将图像处理成由粗糙剪切彩纸组成的高对比度图像，产生剪纸、木刻的艺术效果。执行菜单栏中的“滤镜”|“滤镜库”|“艺术效果”|“木刻”命令，打开“木刻”对话框。原图与使用“木刻”的对比效果如图11.277所示。

“木刻”对话框中各选项说明如下。

- “色阶数”：设置图像的色彩层次。值越大，图像的颜色各类显示就越多。取值范围为2~8。
- “边缘简化度”：设置产生木刻图像的边缘简化程度。值越大，边缘越简化。取值范围为0~10。
- “边缘逼真度”：设置产生木刻边缘的逼真程度。值越大，生成的图像与原图像越相似。取值范围为1~3。

图11.277 原图与使用“木刻”的对比效果

11.16.11 霓虹灯光

该滤镜可以根据前景色、背景色和指定的发光颜色，使图像产生霓虹灯般发光效果，并可以调整霓虹灯光的大小、亮度和发光的颜色。执行菜单栏中的“滤镜”|“滤镜库”|“艺术效果”|“霓虹灯光”命令，打开“霓虹灯光”对话框。原图与使用“霓虹灯光”的对比效果如图11.278所示。

“霓虹灯光”对话框中各选项说明如下。

- “发光大小”：设置霓虹灯的照射的范围。值越大，照射的范围越广。取值范围为-24~24。正值时为外发光；负值时为内发光。
- “发光亮度”：设置霓虹灯的亮度大小。值越大，亮度越大。取值范围为0~50。
- “发光颜色”：单击右侧的色块，将打开“拾色器”对话框，可以选择一种发光的颜色。

图11.278 原图与使用“霓虹灯光”的对比效果

图11.278　原图与使用“霓虹灯光”的对比效果（续）

图11.279　原图与使用“水彩”的对比效果（续）

11.16.12　水彩

该滤镜可以将图像的细节进行简化处理，使图像产生一种水彩画的艺术效果。执行菜单栏中的“滤镜”|“滤镜库”|“艺术效果”|“水彩”命令，打开“水彩”对话框。原图与使用“水彩”的对比效果如图11.279所示。

“水彩”对话框中各选项说明如下。

- “画笔细节”：设置画笔图画的细腻程度。值越大，图像细节表现就越多。取值范围为1~14。
- “阴影强度”：设置图像中暗区的深度。值越大，暗区就越暗。取值范围为0~10。
- “纹理”：设置颜色交界处的纹理强度。值越大，纹理越明显。取值范围为1~3。

图11.279　原图与使用“水彩”的对比效果

11.16.13　塑料包装

该滤镜可以为图像表面增加一层强光效果，使图像产生质感很强的塑料包装的艺术效果。执行菜单栏中的“滤镜”|“滤镜库”|“艺术效果”|“塑料包装”命令，打开“塑料包装”对话框。原图与使用“塑料包装”的对比效果如图11.280所示。

“塑料包装”对话框中各选项说明如下。

- “高光强度”：设置图像中高光区域的亮度。值越大，高光区域的亮度就越大。取值范围为0~20。
- “细节”：设置图像中高光区域的复杂程度。值越大，高光区域就越多。取值范围为1~15。
- “平滑度”：设置图像中塑料包装的光滑程度。值越大，越光滑。取值范围为1~15。

图11.280　原图与使用“塑料包装”的对比效果

图11.280 原图与使用“塑料包装”的对比效果（续）

图11.281 原图与使用“调色刀”的对比效果（续）

11.16.14 调色刀

该滤镜可以减少图像中的细节，从而产生描绘得很淡的图像效果，类似用油画刮刀作画的风格。执行菜单栏中的“滤镜”|“滤镜库”|“艺术效果”|“调色刀”命令，打开如图所示的“调色刀”对话框。原图与使用“调色刀”的对比效果如图11.281所示。

“调色刀”对话框中各选项说明如下。

- “描边大小”：设置绘图笔触的粗细。值越大，描绘的笔触越粗。取值范围为1~50。
- “描边细节”：设置图像的细腻程度。值越大，颜色相近的范围越大，颜色的混合程度就越明显，图像的细节显示越多。取值范围为1~3。
- “软化度”：设置图像边界的柔和程度。值越大，边界越柔和。取值范围为0~10。

图11.281 原图与使用“调色刀”的对比效果

11.16.15 涂抹棒

该滤镜可以使图像产生一种涂抹、晕开的效果。它使用较短的对角线来涂抹图像的较暗区域，较亮的区域变得更明亮并丢失细节。执行菜单栏中的“滤镜”|“滤镜库”|“艺术效果”|“涂抹棒”命令，打开“涂抹棒”对话框。原图与使用“涂抹棒”的对比效果如图11.282所示。

“涂抹棒”对话框中各选项说明如下。

- “描边长度”：设置涂抹线条的长度。值越大，线条越长。取值范围为0~10。
- “高光区域”：设置图像中高光区域的范围。值越大，高光区域就越大。取值范围为0~20。
- “强度”：设置涂抹的强度。值越大，图像的反差就越明显。取值范围为0~10。

图11.282 原图与使用“涂抹棒”的对比效果

第
12
章

掌握文字的运用

内容摘要

文字是作品的灵魂，所以掌握文字的使用是非常重要的。本章详细讲解文字的创建与编辑，包括点文字和段落文字的创建及编辑、字符和段落的格式化处理，路径文字的创建和使用，变形文字的创建及路径文字的转换。

教学目标

了解文字工具
学习创建和编辑点文字
学习创建和编辑段落文字
掌握字符面板和段落面板的使用
掌握路径文字的创建及编辑方法
掌握文字的变形及栅格化应用

12.1 创建文字

文字是作品的灵魂，可以起到画龙点睛的作用。Photoshop 中的文字由基于矢量的文字轮廓组成，这些形状描述字样的字母、数字和符号。尽管Photoshop是一个图像设计和处理软件，但其文本处理功能也是十分强大的。Photoshop为用户提供了4种类型的文字工具。包括“横排文字工具”T、“直排文字工具”↓T、“横排文字蒙版工具”T和“直排文字蒙版工具”↓T。在默认状态下显示的为“横排文字工具”，将光标放置在该工具按钮上，按住鼠标左键稍等片刻或单击鼠标右键，将显示文字工具组，如图12.1所示。

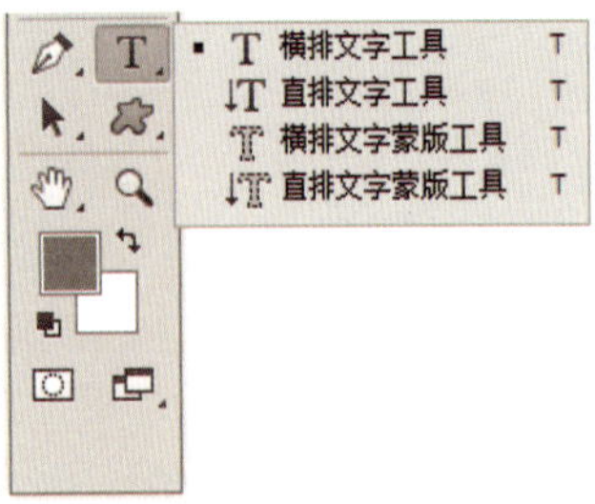

图12.1 文字工具组

技巧

按 T 键可以选择文字工具，按 Shift + T 组合键可以在这 4 种文字工具之间进行切换。

12.1.1 横排和直排文字工具

“横排文字工具”T用来创建水平矢量文字，“直排文字工具”↓T用来创建垂直矢量文字，输入水平或垂直排列的矢量文字后，在“图层”面板中，将自动创建一个新的图层——文字层。横排及直排文字及图层效果如图12.2所示。

图12.2 横排和直排文字及图层效果

12.1.2 横排和直排文字蒙版工具

“横排文字蒙版工具”T与“横排文字工具”的使用方法相似，可以创建水平文字；“直排文字蒙版工具”↓T与“直排文字工具”的使用方法相似，可以创建垂直文字，但这两个工具创建文字时，是以蒙版的形式出现，完成文字的输入后，文字将显示为文字选区，而且在“图层”面板中，不会产生新的图层。横排和直排蒙版文字和图层效果如图12.3所示。

图12.3 横排和直排蒙版文字和图层效果

提示

使用文字蒙版工具创建文字字形选区后，不会产生新的文字图层，因为它不具有文字的属性，所以也无法按照编辑文字的方法对蒙版文字进行各种属性的编辑。

12.1.3 创建点文字

创建点文字时，每行文字都是独立的，单行的长度会随着文字的增加而增长，但默认状态下永远不会换行，只能进行手动换行。创建点文字的操作方法如下。

01 在工具箱中选择文字工具组中的任意一个文字工具，如选择“横排文字工具”T。

02 在图像上单击鼠标左键，为文字设置插入点，此时可以看到图像上有一个闪动的竖线光标，如果是横排文字在竖线上将出现一个文字基线标记，如果是直排文字，基线标记就是字符的中心轴。

03 在选项栏中，设置文字的字体、字号、颜色等参数，也可以通过“字符”面板来设置。设置完成后直接输入文字即可。要强制换行，可以按Enter键。如果想完成文字输入，可以单击选项栏中的“提交所有当前编辑”✔按钮，也可以按数字键盘上的Enter键或直接按Ctrl + Enter组合键。输入点文字后的效果如图12.4所示。

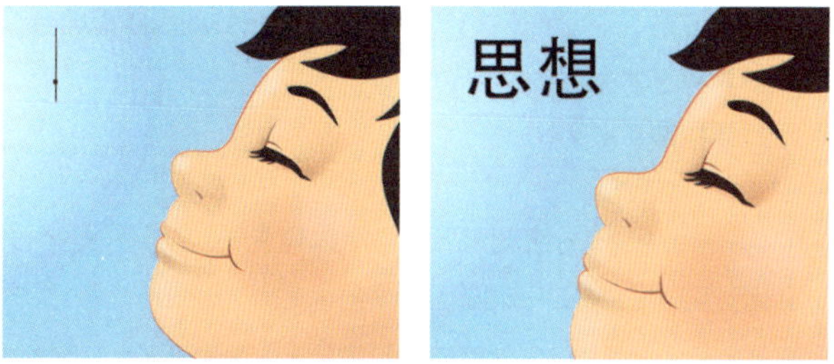

图12.4　输入点文字操作效果

12.1.4　创建段落文字

输入段落文字时，文字会基于指定的文字外框大小进行换行。而且通过Enter键可以将文字分为多个段落，可以通过调整外框的大小来调整文字的排列，还可以利用外框旋转、缩放和斜切文字。下面来详细讲解创建段落文字的方法，具体操作步骤如下。

01 在工具箱中选择文字工具组中的任意一个文字工具，比如选择“直排文字工具”IT。

技术延伸　精确创建段落文字文字框

使用文字工具创建段落文字时，按住Alt键单击或拖动，可以打开如图12.5所示的“段落文字大小”对话框，通过“宽度”和“高度”值可以精确创建段落文字。

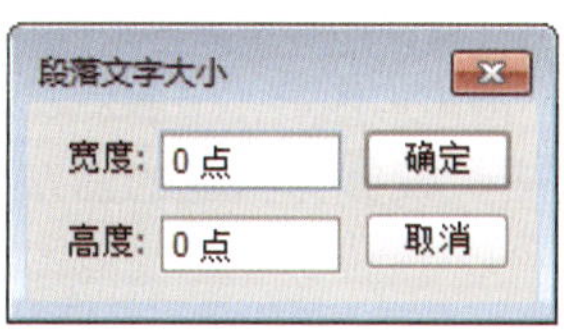

图12.5　“段落文字大小”对话框

02 在文档窗口中的合适位置按下鼠标左键，在不释放鼠标左键的情况下沿对角线方向拖动一个矩形框，为文字定义一个文字框。释放鼠标左键即可创建一个段落文字框，创建效果如图12.6所示。

03 在段落边框中可以看到闪动的输入光标，在选项栏中，设置文字的字体、字号、颜色等参数，也可以通过“字符”或“段落”面板来设置。选择合适的输入法，输入文字即可创建段落文字，当文字达到边框的边缘位置时，文字将自动换行。

04 如果想开始新的段落可以按Enter键，如果输入的文字超出文字框的容纳时，在文字框的右下角将显示一个溢出图标⊞，可以调整文字外框的大小以显示超出的文字。如果想完成文字输入，可以单击选项栏中的“提交所有当前编辑”✔按钮，也可以按数字键盘上的Enter键或直接按Ctrl + Enter组合键。输入段落文字后的效果如图12.7所示。

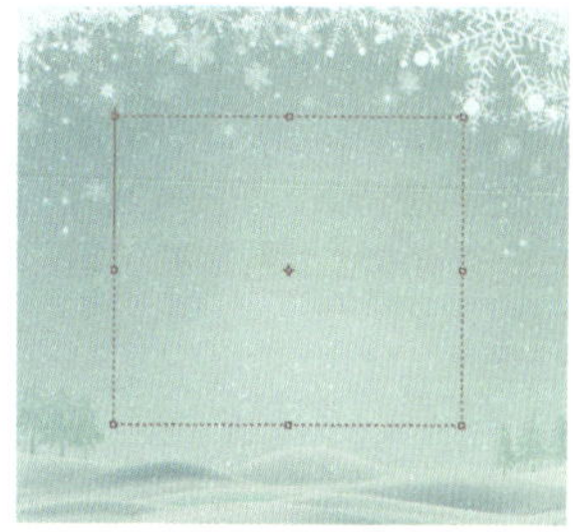

图12.6　拖动段落边框效果

图12.7　段落文字

12.1.5　利用文字外框调整文字

如果文字是点文字，可以在编辑模式下按住Ctrl键显示文字外框；如果是段落文字，输入文字时就会显示文字外框，如果已经是输入完成的段落文字，则可以将其切换到编辑模式中，以显示文字外框。

01 调整外框的大小或文字的大小。将光标放置在文字外框的四个角的任意控制点上，当光标变成双箭头↘时，拖动鼠标即可调整文字外框大小或文字大小。如果是点文字则可以修改文字的大小；如果是段落文字则修改文字外框的大小。调整点文字外框的操作效果如图12.8所示。

> **提示**
>
> 利用文字外框缩放文字或缩放文字外框时，按住 Shift 键可以保持比例进行缩放。在缩放段落文字外框时，如果想同时缩放文字，可以按住 Ctrl 键并拖动；如果想从中心点调整文字外框或文字大小，可以按住 Alt 键并拖动。

图12.8　调整点文字外框的操作效果

02 旋转文字外框。将光标放置在文字外框外，当光标变成弯曲的双箭头↻时，按住鼠标拖动，可以旋转文字，旋转文字的操作效果如图12.9所示。

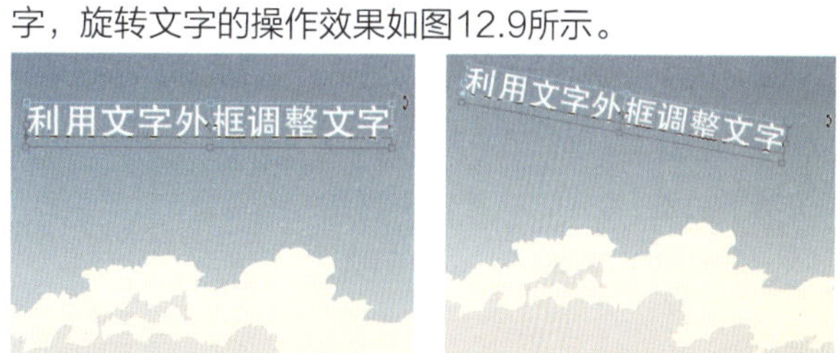

图12.9　旋转文字的操作效果

提示

旋转文字外框时，按住 Shift 键拖动可以使旋转角度限制为按 15 度的增量旋转。如果想修改旋转中心点，可以按住 Ctrl 键显示中心点并拖动中心点到新的位置即可。

03 斜切文字外框。按住Ctrl键的同时将光标放置在文字外框的中间4个任意控制点上，当光标变成一个箭头时，按住鼠标拖动，可以斜切文字。斜切文字的操作效果如图12.10所示。

图12.10 斜切文字的操作效果

技术延伸 点文字与段落文字的转换

创建点文字或段落文字后，如果想在这两种文字间进行转换。值得注意的是将段落文字转换为点文字时，每个文字行的末尾除了最后一行，都会添加一个回车符。点文字与段落文字的转换操作如下。

01 在“图层”面板中，单击选择要转换的文字图层。

02 执行菜单栏中的“图层”|“文字”|“转换为点文本”命令，可以将段落文字转换为点文字；如果执行菜单栏中的“图层”|“文字”|“转换为段落文本”命令，可以将点文字转换为段落文字。

提示

将段落文字转换为点文字时，如果段落文字中有溢出的文字，转换后都将被删除。要避免丢失文字，可以调整文字外框，将溢出的文字显示出来即可。在文本编辑状态下，不能进行段落文本与点文本的转换操作。

12.1.6 实战案例：利用字母组合设计具有艺术效果的文字

- **素材位置** | 无
- **案例位置** | 案例文件\第12章\利用字母组合设计具有艺术效果的文字.psd
- **视频位置** | 多媒体教学\12.1.6 实战案例 利用字母组合设计具有艺术效果的文字.avi
- **难易指数** | ★★☆☆☆

本例讲解利用字母组合进行具有艺术效果的文字设计的制作。最终效果如图12.11所示。

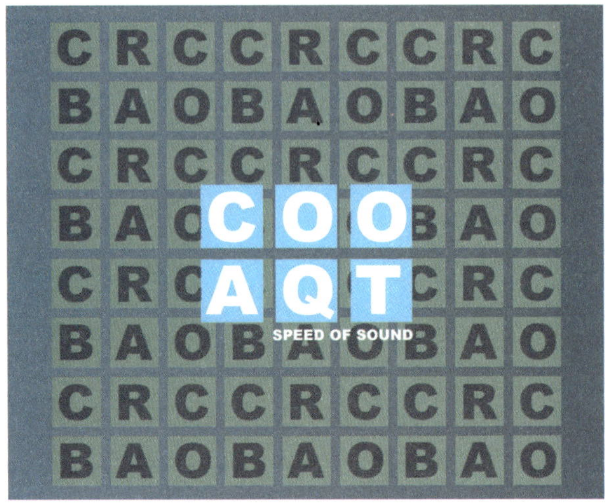

图12.11 最终效果

操作步骤

01 执行菜单栏中的“文件”|“新建”命令，在弹出的对话框中设置“宽度”为840像素，“高度”为680像素，“分辨率”为300像素，“颜色模式”为RGB颜色，“背景内容”设置为白色的画布，如图12.12所示。

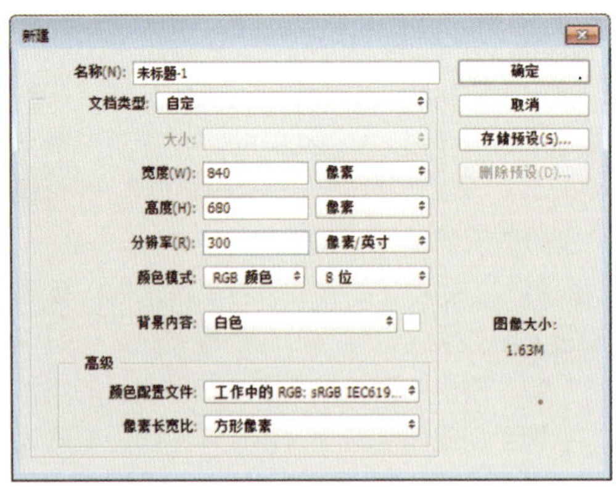

图12.12 新建文件

02 选择工具箱中的“渐变工具”，设置颜色为从浅蓝色（R：18，G：121，B：158）到深蓝色（R：8，G：96，B：126）的线性渐变，从画布左侧向右侧拖动，为画布填充渐变，如图12.13所示。

图12.13 设置渐变

03 在“图层”面板中，新建图层 1，选择工具箱中的“矩形选框工具”，按住Shift键，在画布中绘制一个正方形选区，如图12.14所示。将其填充为墨绿色（R，75，G：149，B：147），然后将此正方形复制几份，如图12.15所示。

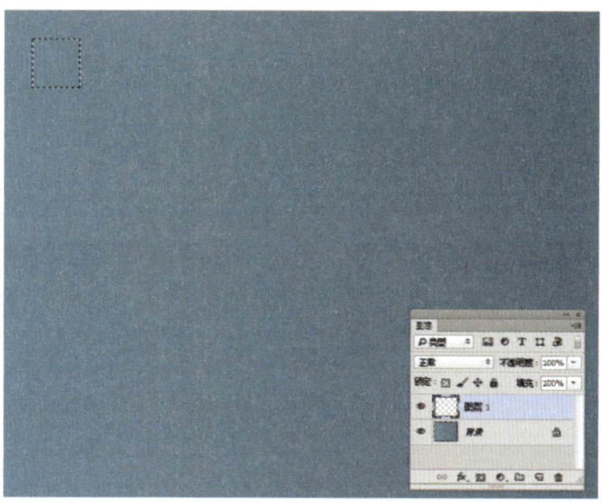

图12.14 绘制选区

图12.15 复制图层

04 选择工具箱中的“横排文字工具”，在画布中输入文字，设置文字的颜色为深蓝色（R：0，G：79，B：102），利用“字符”面板对文字进行设置，如图12.16所示。将“图层1”和文字图层选中，按Ctrl + E组合键合并图层。完成效果如图12.17所示。

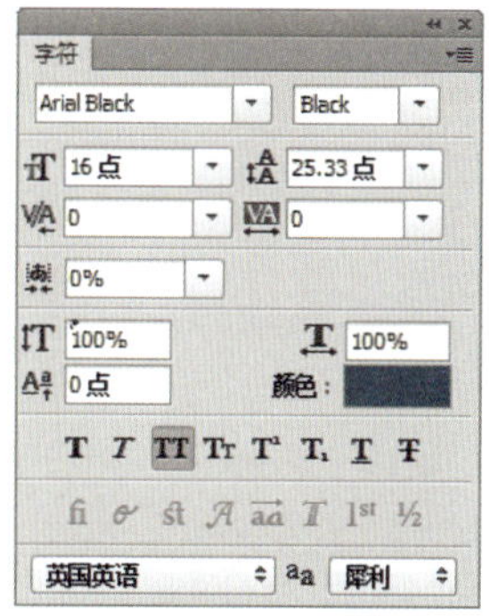

图12.16 文字设置

图12.17 合并图层

05 将刚合并的文字层复制多份，然后将这些图层合并，如图12.18所示。

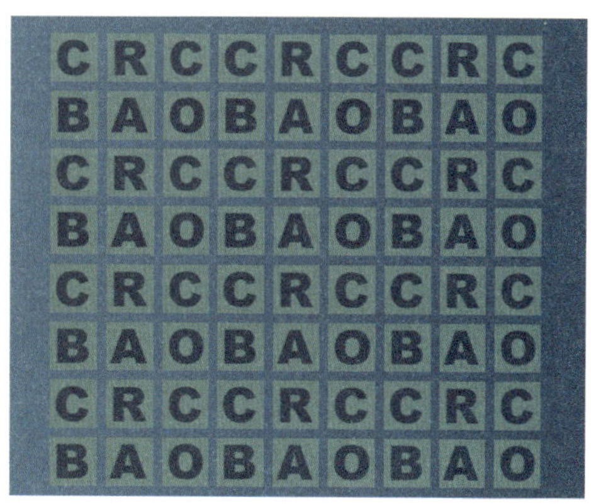

图12.18 复制并合并

06 新建“图层1”，选择工具箱中的“矩形选框工具”，在画布中绘制一个矩形选区，将其填充为青色（R：0，G：199，B：255），按Ctrl + D组合键取消选区。将橘黄色的矩形复制几分，然后放置到合适的位置，如图12.19所示。

图12.19 填充选区并复制

07 在图形位置添加文字，如图12.20所示。最后再配上相关的装饰，完成本例的制作，如图12.21所示。

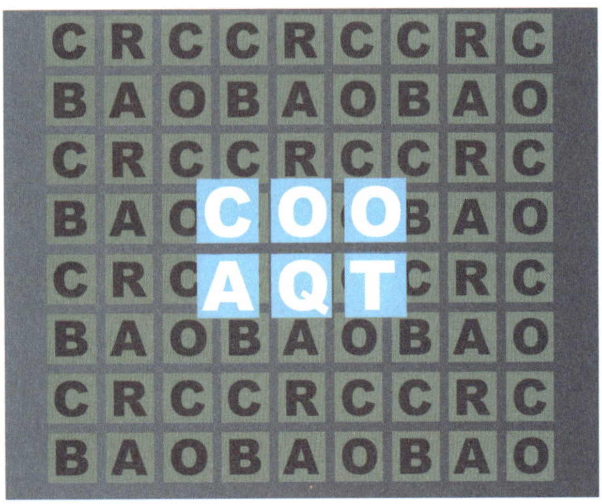

图12.20 更改文字设置

图12.21 完成效果

12.2 编辑文字

本节主要讲解文字的基本编辑方法，如定位和选择文字、移动文字、拼写检查、更改文字方向和栅格文字层等。

12.2.1 定位和选择文字

如果要编辑已经输入的文字，首先在“图层”面板中选中该文字图层，在工具箱中选择相关的文字工具，将光标放置在文档窗口中的文字附近，当光标变为 Ⅰ 时，单击鼠标左键，定位光标的位置，然后输入文字即可，如果此时按住鼠标拖动，可以选择文字，选取的文字将出现反白效果，如图12.22所示。选择文字后，即可应用“字符”或“段落”面板或其他方式对文字进行编辑。

图12.22 定位和选择文字

技巧

除了上面讲解的最基本的拖动选择文字外，还有一些常用的选择方式：在文本中单击，然后按住 Shift 键单击可以选择一定范围的字符；双击一个字可以选择该字，单击 3 次可以选择一行，单击 4 次可以选择一段，单击 5 次可以选择文本外框中的全部文字；在“图层”面板中双击文字层文字图标，可以选择图层中的所有文字。

12.2.2 移动文字

在输入文字的过程中，如果将光标移动到位于文字以外的其他位置，光标将变成 ▸✥ 状，按住鼠标左键可以拖动文字的位置，移动文字操作效果如图12.23所示。如果文字已经完成输入，可以在图层面板中选择该文字层，然后使用“移动工具” ▸✥ 即可移动文字。

图12.23 移动文字操作效果

提示

选择、移动文字只能是横排文字或直排文字，不能是蒙版文字。

技术延伸 指定弯引号或直引号

印刷引号通常称为弯引号或智能引号，它会与字体的曲线混淆。印刷引号传统上用于代表引号和撇号。直引号传统上用作英尺和英寸的省略形式。

01 执行菜单栏中的“编辑”|“首选项”|“文字”命令，打开“首选项”对话框。

02 在“文字选项”选项组中，选中或撤选“使用智能引号”复选框，如图12.24所示。

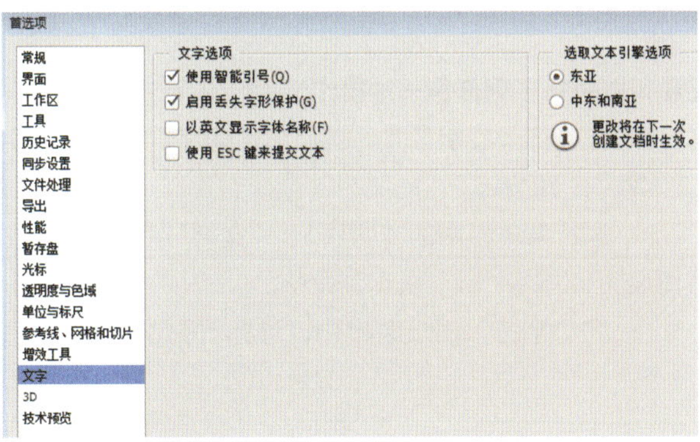

图12.24 “首选项”|“文字”对话框

12.2.3 拼写检查

利用拼写检查可以快速查找拼写错误，方便用户。在拼写检查时，Photoshop会对指定词典中没有的单词进行询问。如果被询问的拼写是正确的，用户还可以通过“添加”按钮将其添加到自己的词典中以备后用；如果确认拼写是错误的，则可以通过“更正”按钮来更正它。要进行拼写检查可进行如下操作。

01 在“图层”面板中，选择要检查的文字图层；如果要检查特定的文本，可以选择这些文本。

02 执行菜单栏中的“编辑”|“拼写检查”命令，此时将打开“拼写检查”对话框，如图12.25所示。

提示

“拼写检查”不能检查隐藏或锁定的图层，所以请检查前将图层显示或解锁。

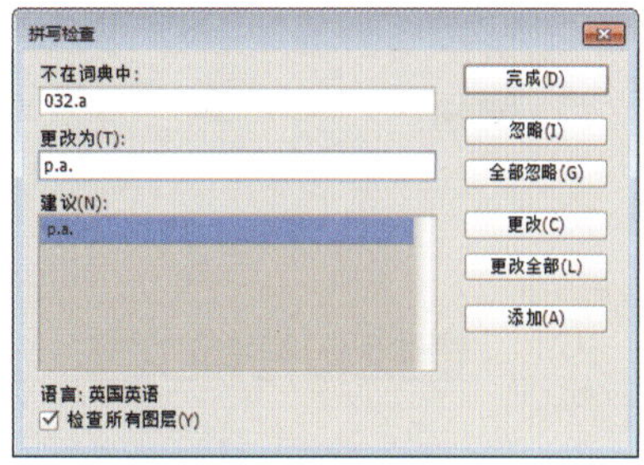

图12.25 “拼写检查”对话框

03 当找到可能的错误后，单击“忽略”按钮可以继续拼写检查而不更改当前可能错误的文本；如果单击“全部忽略”按钮，则会忽略剩余的拼写检查过程中可能的错误。

04 确认拼写正确的文本显示在“更改为”文本框中，单击“更改”则可以校正拼写错误，如果“更改为”文本框中出现的并不是想要的文本，可以在“建议”列表中选择正确的拼写，或在“更改为”文本框中输入正确的文本再单击“更改”按钮；如果直接单击“更改全部”按钮，则将校正文档中出现的所有拼写错误。

05 如果想检查所有图层的拼写，可以勾选“检查所有图层”复选框。

技术延伸 指定检查拼写的词典

Photoshop默认拼写检查的词典为美国英语，如果想更改语言，执行菜单栏中的“窗口”|“字符”命令，打开“字符”面板，单击面板的左下角的拼写语言设置区，在下拉菜单中指定一种语言即可，面板及语言下拉菜单如图12.26所示。

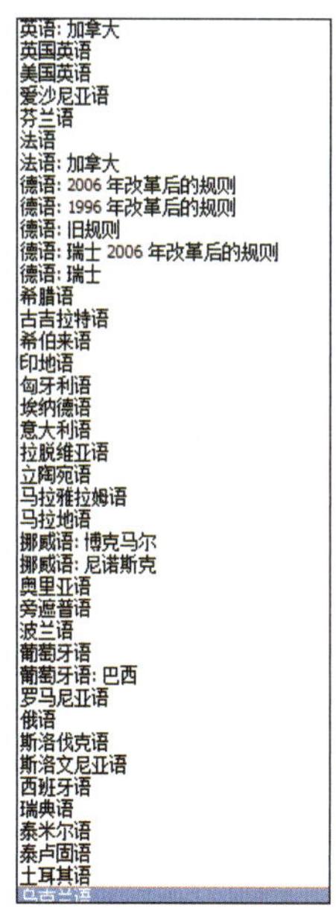

图12.26 面板及语言下拉菜单

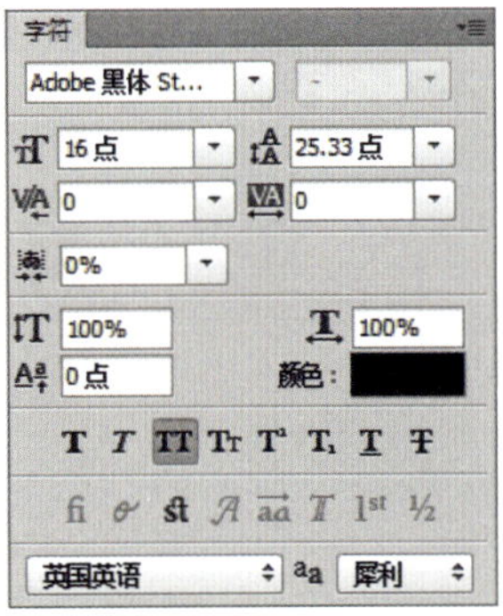

图12.26 面板及语言下拉菜单（续）

12.2.4 查找和替换文本

为了文本操作的方便，Photoshop还为用户提供了查找和替换文本的功能，通过该功能可以快速查找或替换指定的文本。

01 选择要查找或替换的文本图层；或将光标定位在要搜索文本的开头位置。如果要搜索文档中的所有文本图层，选择一个非文本图层。

> **提示**
>
> “查找和替换文本”也不能查找和替换隐藏或锁定的文本图层，所以查找和替换文本前请将文本图层显示或解锁。

02 执行菜单栏中的“编辑”|“查找和替换文本”命令，打开“查找和替换文本”对话框，如图12.27所示。

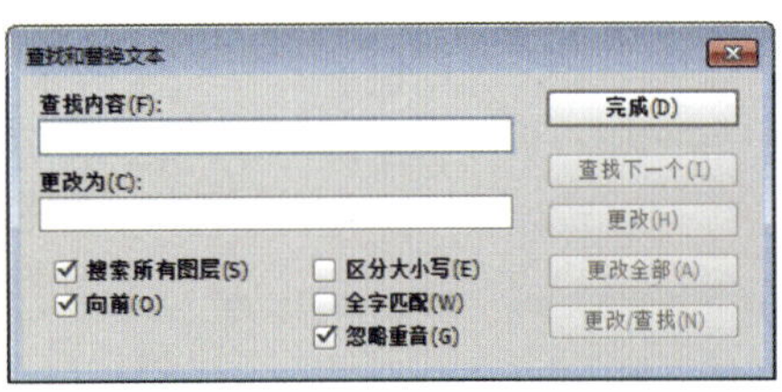

图12.27 “查找和替换文本”对话框

03 在“查找内容”文本框中，输入或粘贴想要查找的文本，如果想更改该文本，可以在“更改为”文本框中输入新的文本内容。

04 指定一个或多个选项可以细分搜索范围。勾选“搜索所有图层”复选框，可以搜索文档中的所有图层。不过只有在“图层”面板中选定了非文字图层时，此选项才可以使用。勾选“区分大小写”复选框，则将搜索与“查找内容”文本框中文本大小写完全匹配的内容；勾选“向前”复选框表示从光标定位点向前搜索；勾选“全字匹配”复选框，则忽略嵌入更长文本中的搜索文本，如要以全字匹配方式搜索“look”则会忽略“looking”。

05 单击“查找下一个”按钮可以开始搜索，单击“更改”按钮则使用“更改为”文本替换查找到的文本，如果想重复搜索，需要再次单击“查找下一个”按钮；单击“更改全部”按钮则探索并替换所有查找匹配的内容；单击“更改/查找”按钮，则会用“更改为”文本替换找到的文本并自动搜索下一个匹配文本。

12.2.5 更改文字方向

输入文字时，选择的文字工具决定了输入文字的方向，“横排文字工具”T用来创建水平矢量文字，“直排文字工具”IT用来创建垂直矢量文字。当文字图层的方向为水平时，文字左右排列；当文字图层的方向为垂直时，文字上下排列。

如果已经输入了文字确定了文字方向，还可以使用相关命令来更改文字方向。具体操作方法如下。

01 在“图层”面板中选择要更改文字方向的文字图层。

02 可以执行下列任意一种操作。

- 选择一个文字工具，然后单击选项栏中的“切换文本取向”按钮。
- 执行菜单栏中的“图层”|“文字”|“水平”或“图层”|“文字”|“垂直”命令。
- 在“字符”面板菜单中，选择“更改文本方向”命令。

12.2.6 栅格化文字层

文字本身是矢量图形，要对其使用滤镜等位图命令，这时就需要文字转换为位图才可以使用，所以首先要将文字转换为位图。

要将文字转换为位图，首先在“图层”面板中单击选择文字层，然后执行菜单栏中的“图层”|“栅格化”|“文字”命令，即可将文字层转换为普通层，文字就被转换为了位图，这时的文字就不能再使用文字工具进行编辑了。栅格化文字操作效果如图12.28所示。

图12.28　栅格化文字操作效果

技巧

在“图层”面板中，在文字层上单击鼠标右键，在弹出的快捷菜单中，选择“栅格化文字”命令，也可以栅格化文字层。

12.3 格式化字符

格式化字符主要通过“字符”面板来操作，默认情况下，“字符”面板是不显示的。要显示它，可执行菜单栏中的“窗口”|“字符”命令，或单击文字选项栏中的“切换字符和段落面板”按钮，可以打开如图12.29所示的“字符”面板。

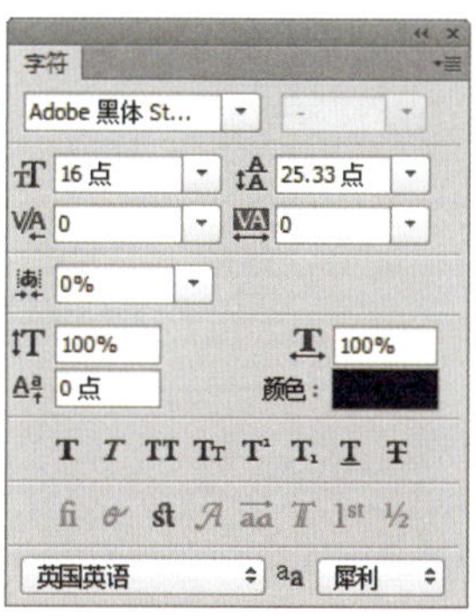

图12.29　“字符”面板

技巧

要在“字符”面板中设置某个选项，可以从该选项右边的下拉菜单中选择一个值。对于具有数字值的选项，可以使用向上或向下箭头来设置值，或者直接在文本框中输入值。直接编辑值时，按 Enter 键可确认应用；按 Shift + Enter 组合键可应用值并随后高光显示刚刚编辑的值；按 Tab 键可应用值并移到面板中的下一个文本框中。

在“字符”面板中可以对文本的格式进行调整，包括字体、样式、大小、行距和颜色等，下面来详细讲解这些格式命令的使用。

12.3.1 设置文字字体

通过“设置字体系列”下拉列表，可以为文字设置不同的字体，一般比较常用的字体有宋体、仿宋、黑体等。

要设置文字的字体，首先选择要修改字体的文字，然后在“字符”面板中单击“设置字体系列”右侧的下三角按钮，从弹出的字体下拉菜单中，选择一种合适的字体，即可将文字的字体修改。不同字体效果如图12.30所示。

图12.30　不同字体效果

12.3.2 设置字体样式

可以在下拉列表中选择使用的字体样式。包括Regular（规则的）和Bold（粗体）等选项。不同的样式显示效果如图12.31所示。

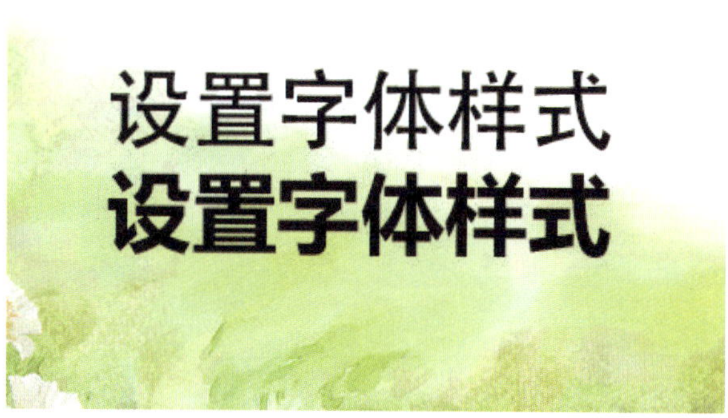

图12.31　不同文字样式效果

提示

有些文字是没有字体样式的，该下拉列表将显示为不可用状态。

12.3.3 设置字体大小

通过“字符”面板中的“设置字体大小”文本框，可以设置文字的大小，可以从下拉列表中选择常用的字符尺寸，也可以直接在文本框中输入所需要的字符尺寸大小。不同字体大小如图12.32所示。

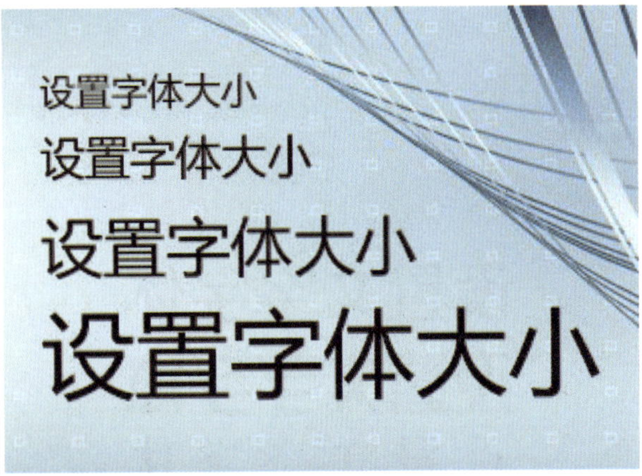

图12.32 不同字体大小

技术延伸 定义点大小单位

执行菜单栏中的“编辑”|“首选项”|“单位和标尺”命令，打开“首选项”|“单位和标尺”对话框，在“点/派卡大小”选项组中，可以进行以下选择，如图12.33所示。

- “PostScript（72点/英寸）”：设置一个兼容的单位大小，以便打印到PostScript设备。
- “传统（72.27点/英寸）”：使用72.27点/英寸（打印中传统使用的点数）。

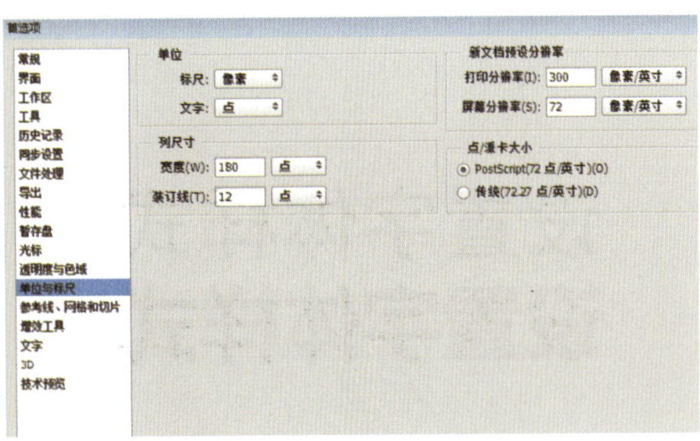

图12.33 “点/派卡大小”选项组

12.3.4 设置行距

行距就是相邻两行基线之间的垂直纵向间距。可以在“字符”面板中的“设置行距”文本框中设置行距。

选择一段要设置行距的文字，然后在“字符”面板中的“设置行距”下拉列表中，选择一个行距值，也可以在文本框中输入新的行距数值，以修改行距。下面是将原行距为30点修改为50点的效果对比如图12.34所示。

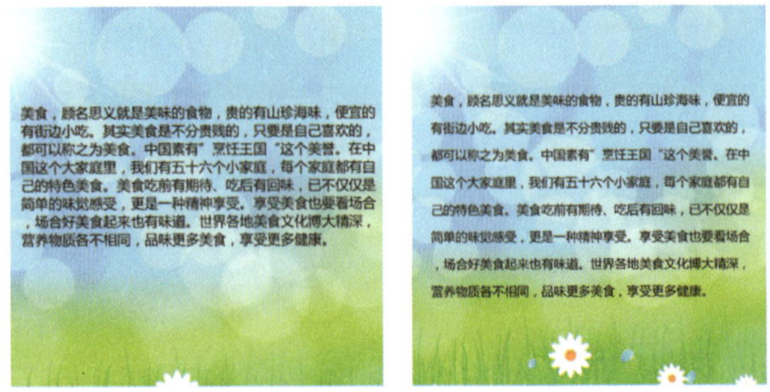

图12.34 修改行距效果对比

技巧

如果需要单独调整其中两行文字之间的行距，可以使用文字工具选取排列在上方的一排文字，然后再设置适当的行距值即可。

12.3.5 水平/垂直缩放文字

除了拖动文字框改变文字的大小外，还可以使用“字符”面板中的“水平缩放”和“垂直缩放”，来调整文字的缩放效果，可以从下拉列表中选择一个缩放的百分比数值，也可以直接在文本框中输入新的缩放数值。文字不同缩放效果如图12.35所示。

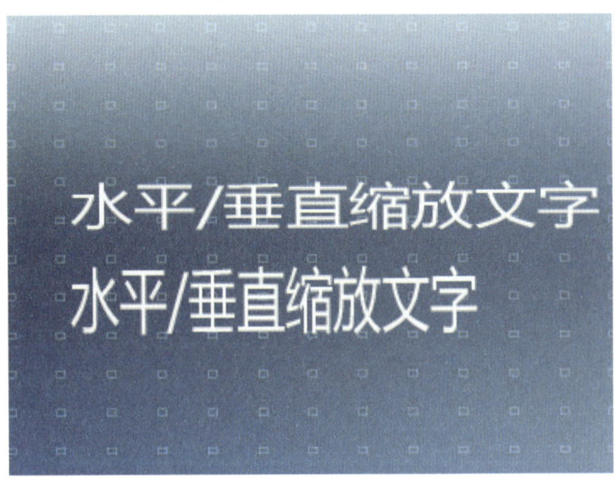

图12.35 文字不同缩放效果

12.3.6 文字字距调整

在“字符”面板中，通过“设置所选字符的字距调整”可以设置选定字符的间距，与“设置两个字符间的字距微调”相似，只是这里不是定位光标位置，而是选择文字。选择文字后，在“设置所选字符的字距调整”下拉列表中选择数值，或直接在文本框中输入数值，即可修改选定文字的字符间距。如果输入的值大于零，则字符间距增大；如果输入的值小于零，则字符的间距减小。不同字符间距效果如图12.36所示。

图12.36　不同字符间距效果

> **提示**
>
> 在“设置所选字符的字距调整”的上方有一个“比例间距”设置，其用法与“设置所选字符的字距调整”的用法相似，也是选择文字后修改数值来修改字符的间距。但“比例间距”输入的数值越大，字符间的距离就越小，它的取值范围为0~100%。

12.3.7　设置字距微调

“设置两个字符间的字距微调”用来设置两个字符之间的距离，与“设置所选字符的字距调整”的调整相似，但不能直接调选择的所有文字，而只能将光标定位在某两个字符之间，调整这两个字符之间的字距微调。可以从下拉列表中选择相关的参数，也可以直接在文本框中输入一个数值，即可修改字距微调。当输入的值为大于零时，字符的间距变大；当输入的值小于零时，字符的间距变小。修改字距微调前后效果对比如图12.37所示。

图12.37　修改字距微调前后效果对比

12.3.8　设置基线偏移

通过“字符”面板中的“设置基线偏移”选项，可以调整文字的基线偏移量，一般利用该功能来编辑数学公式和分子式等表达式。默认的文字基线位于文字的底部位置，通过调整文字的基线偏移，可以将文字向上或向下调整位置。

要设置基线偏移，首先选择要调整的文字，然后在“设置基线偏移”选项下拉列表中，或在文本框中输入新的数值，即可调整文字的基线偏移大小。默认的基线位置为0，当输入的值大于零时，文字向上移动；当输入的值小于零时，文字向下移动。设置文字基线偏移效果如图12.38所示。

图12.38　设置文字基线偏移效果

12.3.9　设置文本颜色

默认情况下，输入的文字颜色使用的是当前前景色。可以在输入文字之前或之后更改文字的颜色。

可以使用下面的任意一种方法来修改文字颜色。文字修改颜色效果对比如图12.39所示。

- 单击选项栏或“字符”面板中的颜色块，打开“选择文本颜色”对话框修改颜色。
- 按Alt + Delete组合键用前景色填充文字；按Ctrl + Delete组合键用背景色填充文字。

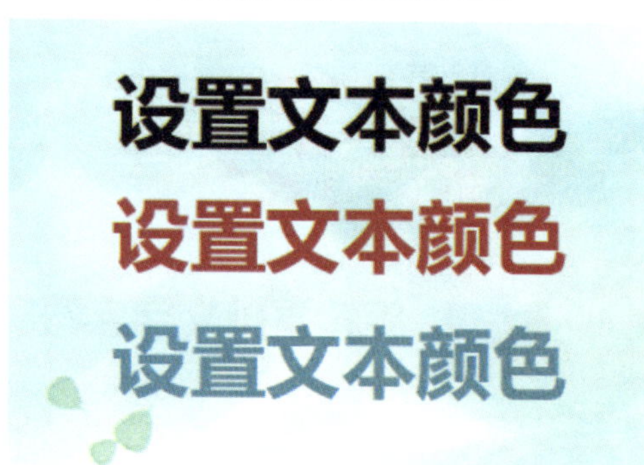

图12.39　“选择文本颜色”对话框

12.3.10 设置特殊字体

该区域提供了多种设置特殊字体的按钮，选择要应用特殊效果的文字后，单击这些按钮即可应用特殊的文字效果，如图12.40所示。

图12.40 特殊字体按钮

不同特殊字体效果如图12.41所示。特殊字体按钮的使用说明如下。

- “仿粗体” T：单击该按钮，可以将所选文字加粗。
- “仿斜体” T：单击该按钮，可以将所选文字倾斜显示。
- “全部大写字母” TT：单击该按钮，可以将所选文字的小写字母变成大写字母。
- “小型大写字母” Tт：单击该按钮，可以将所选文字的字母变为小型的大写字母。
- “上标” T¹：单击该按钮，可以将所选文字设置为上标效果。
- “下标” T₁：单击该按钮，可以将所选文字设置为下标效果。
- “下划线” T：单击该按钮，可以为所选文字添加下划线效果。
- “删除线” T：单击该按钮，可以为所选文字添加删除线效果。

图12.41 不同特殊字体效果

12.3.11 旋转直排文字字符

在处理直排文字时，可以将字符方向旋转90度。旋转后的字符是直立的；未旋转的字符是横向的。

01 选择要旋转或取消旋转的直排文字。

02 从“字符”面板菜单中，选择“标准垂直罗马对齐方式”命令，左侧带有对号标记表示已经选中该命令。旋转直排文字字符前后效果对比如图12.42所示。

> **提示**
>
> 不能旋转双字节字符，比如出现在中文、日语、朝鲜语字体中的全角字符。所选范围中的任何双字节字符都不旋转。

图12.42 旋转直排文字字符前后效果对比

12.3.12 消除文字锯齿

消除锯齿通过部分地填充边缘像素来产生边缘平滑的文字，使文字边缘混合到背景中。使用消除锯齿功能时，小尺寸和低分辨率的文字的变化可能不一致。要减少这种不一致性，可以在“字符”面板菜单中取消选择“分数宽度”命令。消除锯齿设置为无和锐利效果对比如图12.43所示。

01 在“图层”面板中选择文字图层。

02 从选项栏或“字符”面板中的“设置消除锯齿的方法”下拉菜单中选择一个选项，或执行菜单栏中的“图层”|“文字”，并从子菜单中选取一个选项。各选项说明如下。

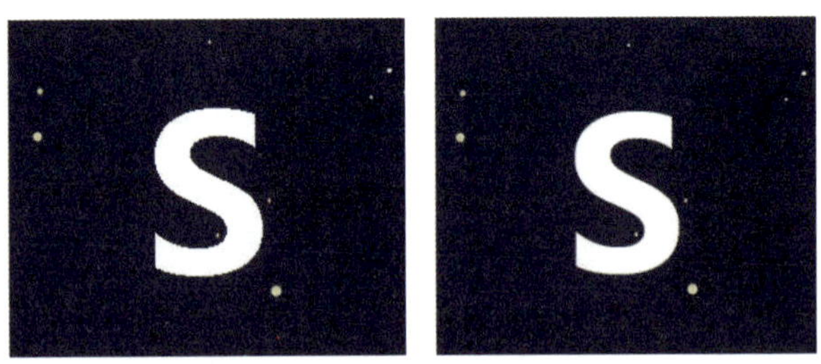

图12.43 消除锯齿设置为无和锐利效果对比

- “无”：不应用消除锯齿。
- “锐利”：文字以最锐利的效果显示。
- “犀利”：文字以稍微锐利的效果显示。
- “浑厚”：文字以厚重的效果显示。
- “平滑”：文字以平滑的效果显示。

12.4 格式化段落

前面主要是介绍格式化字符操作，但如果使用较多的文字进行排版、宣传品制作等操作时，“字符”面板中的选项就显得有些无力了，这时就要应用Photoshop提供的“段落”面板了，“段落”面板中包括大量的功能，可以用来设置段落的对齐方式、缩进、段前和段后间距以及使用连字功能等。

要应用“段落”面板中各选项，不管选择的是整个段落或只选取该段中的任一字符，又或在段落中放置插入点，修改的都是整个段落的效果。执行菜单栏中的“窗口”|“段落”命令，或单击文字选项栏中的“切换字符和段落面板”按钮，可以打开如图12.44所示的“段落”面板。

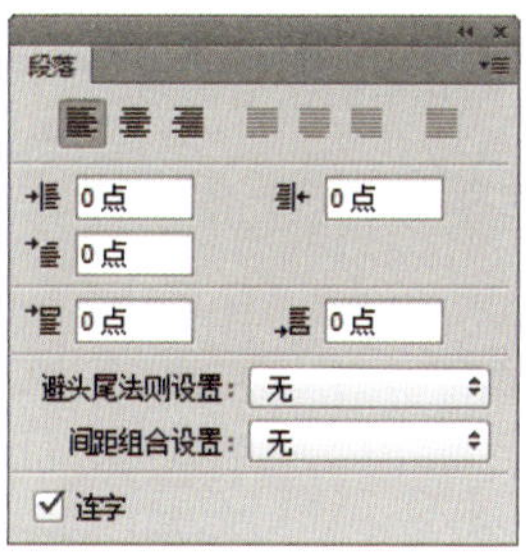

图12.44　“段落”面板

12.4.1 设置段落对齐

“段落”面板中对齐主要控制段落中的各行文字的对齐情况，主要包括左对齐文本、居中对齐文本、右对齐文本、最后一行左对齐、最后一行居中对齐、最后一行右对齐和全部对齐7种对齐方式。在这7种对齐方式中，左、右和居中对齐文本比较容易理解，最后一行左、右和居中对齐是将段落文字除最后一行外，其他的文字两端对齐，最后一行按左、右或居中对齐。全部对齐是将所有文字两端对齐，如果最后一行的文字过少而不能达到对齐时，可以适当地将文字的间距拉大，以匹配两端对齐。7种对齐方法的不同显示效果如图12.45所示。

左对齐文本

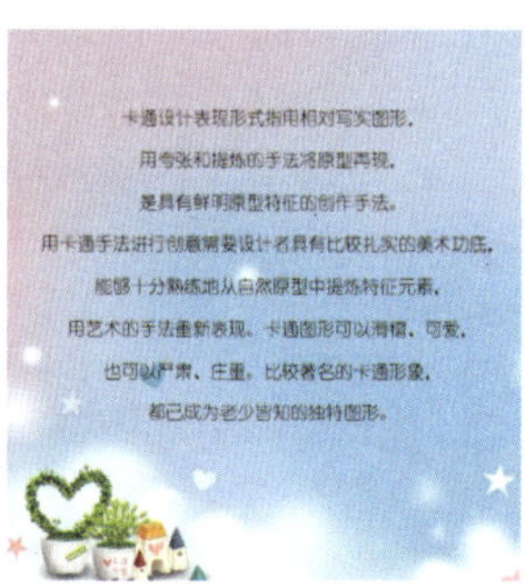

居中对齐文本

图12.45　7种对齐方法的不同显示效果

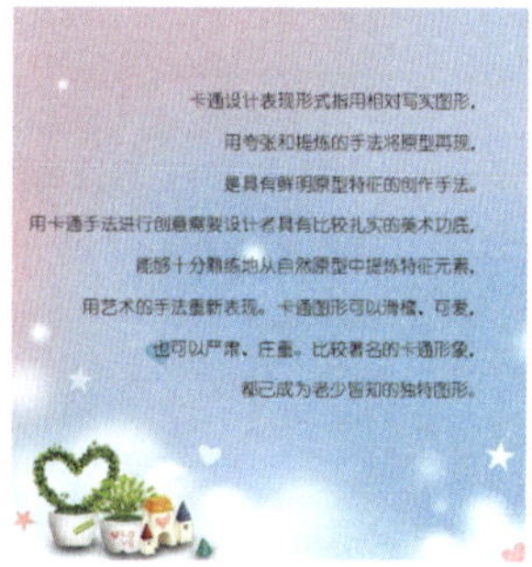

右对齐文本

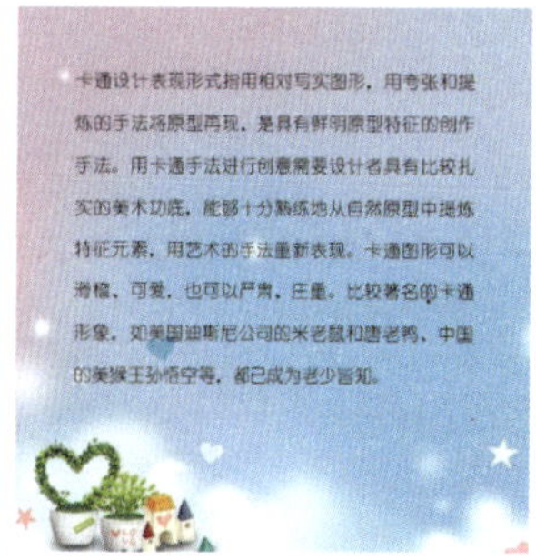

最后一行左对齐

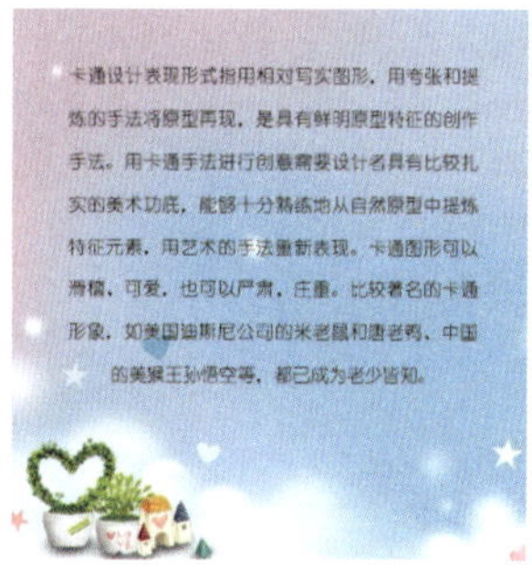

最后一行居中

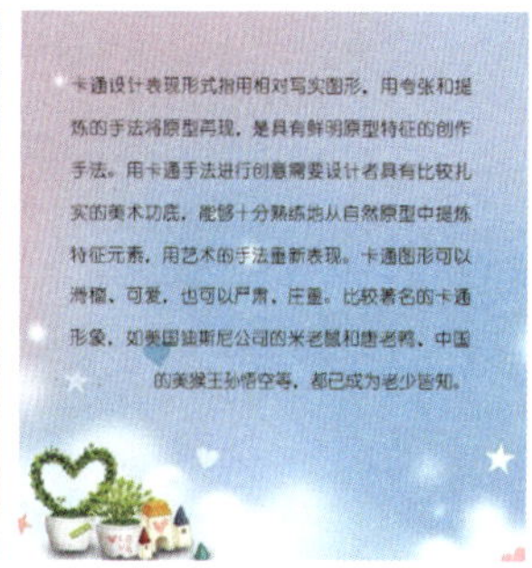

最后一行右对齐

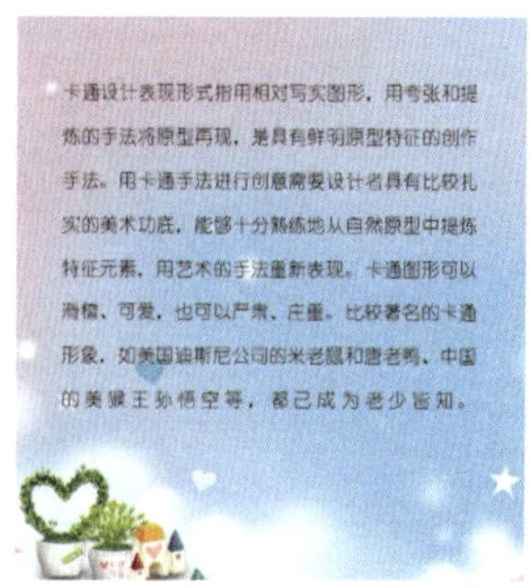

全部对齐

图12.45　7种对齐方法的不同显示效果（续）

> **提示**
>
> 这里讲解的是水平文字的对齐情况，对于垂直文字的对齐，这些对齐按钮将有所变化，但是应用方法是相同的。

12.4.2 设置段落缩进

缩进是指文本行左右两端与文本框之间的间距。利用左缩进和右缩进，可以从文本框的左边或右边缩进。左、右缩进的效果如图12.46所示。

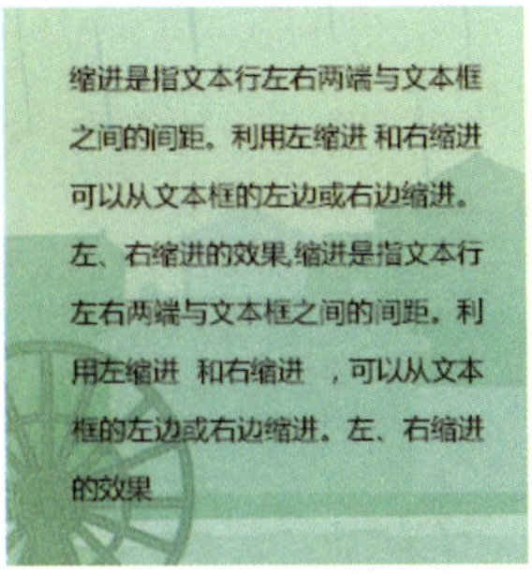

原始效果

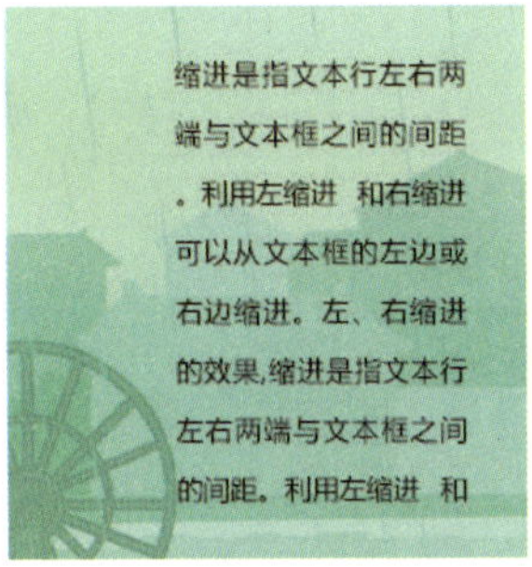

左缩进值为50

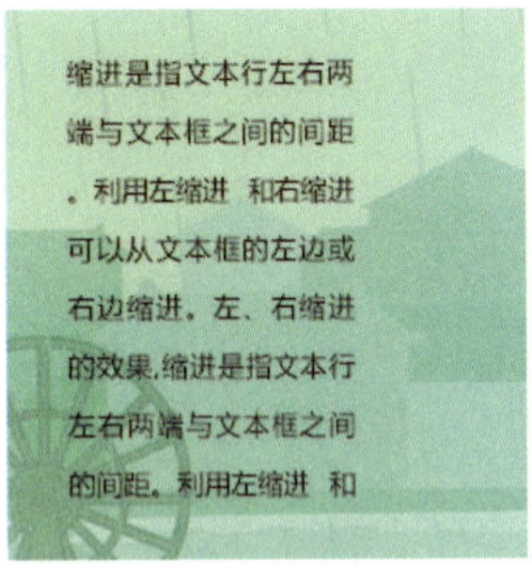

右缩进值为50

图12.46 左、右缩进的效果

12.4.3 设置首行缩进

首行缩进就是为选择段落的第一段的第一行文字设置缩进，缩进只影响选中的段落，因此可以给不同的段落设置不同的缩进效果。选择要设置首行缩进的段落，在首行左缩进文本框中输入缩进的数值即可完成首行缩进。首行缩进操作效果如图12.47所示。

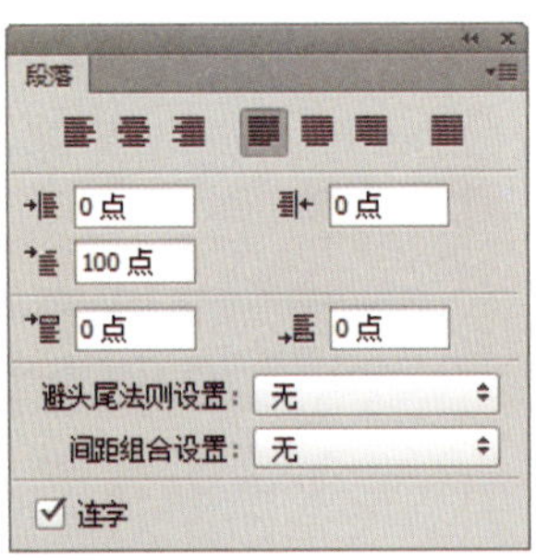

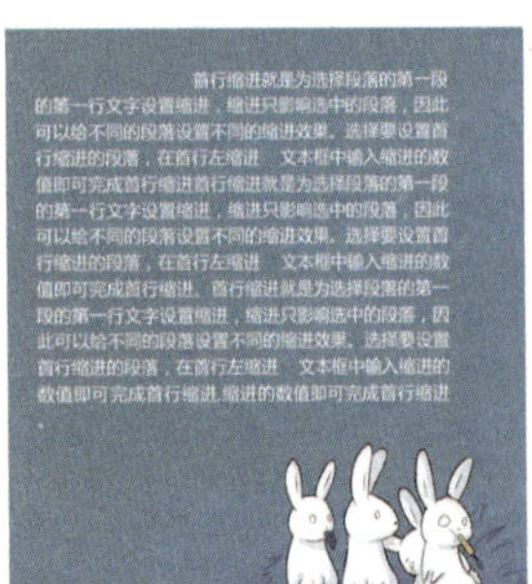

图12.47 首行缩进操作效果

12.4.4 设置段前和段后空格

段前和段后添加空格其实就是段落间距，段落间距用来设置段落与段落之间的间距。包括段前添加空格和段后添加空格，段前添加空格主要用来设置当前段落与上一段之间的间距；段后添加空格用来设置当前段落与下一段之间的间距。设置的方法很简单，只需要选择一个段落，然后在相应的文本框中输入数值即可。段前和段后添加空格设置的不同效果如图12.48所示。

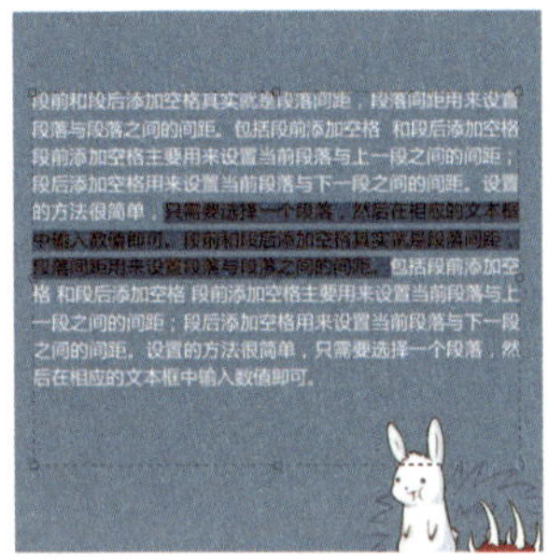

选择文字

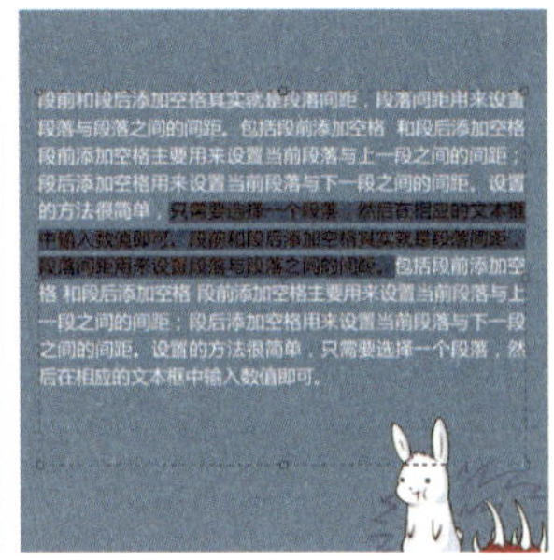

段前间距值为30点

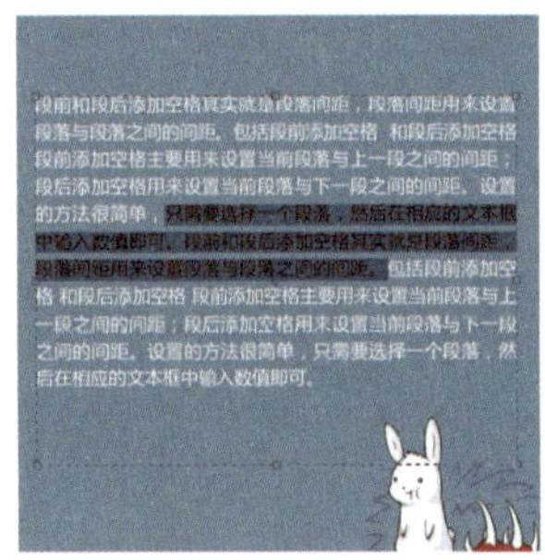

段后间距值为30点

图12.48 段前和段后间距设置的不同效果

技术延伸 段落其他选项设置

在“段落”面板中，其他选项设置包括“避头尾法则设置”“间距组合设置”和“连字”。下面来讲解它们的使用方法。

- “避头尾法则设置”：用来设置标点符号的放置，设置标点符号是否可以放在行首。
- “间距组合设置”：设置段落中文本的间距组合设置。从右侧的下拉列表中，可以选择不同的间距组合设置。
- “连字”：勾选该复选框，将出现单词换行时，将出现连字符以连接单词。

12.5 创建文字效果

使用文字工具还可以创建路径文字，也可以对文字执行各种操作，比如变形文字、将文字转换成形状或路径、添加图层样式等操作。

12.5.1 创建路径文字

使用文字工具可以沿钢笔或形状工具创建的路径边缘输入文字，而且文字会沿着路径起点到终点的方向排列。在路径上输入横排文字会导致字母与基线垂直。在路径上输入直排文字会导致文字方向与基线平行。创建路径文字的方法如下。

01 执行菜单栏中的“文件”|“打开”命令，打开“路径文字背景.jpg”图片。

02 选择“钢笔工具”，沿黄色圆的边缘绘制一条曲线路径，以制作路径文字，如图12.49所示。

03 选择“横排文字工具”T，移动光标到路径上，将文字工具基本靠近路径，当光标变成状时单击鼠标左键，路径上将出现一个闪动的光标，此时即可输入文字，输入后的效果如图12.50所示。

图12.49 绘制路径

图12.50 添加路径文字

> **提示**
>
> 使用“直排文字工具”、“横排文字蒙版工具”和“直排文字蒙版工具”创建路径文字与使用“横排文字工具”是一样的。

12.5.2 移动或翻转路径文字

输入路径文字后，还可以对路径上的文字位置进行移动操作。选择“路径选择工具”或“直接选择工具”，将其放置在路径文字上，光标将变成状，此时按住鼠标沿路径拖动即可移动文字的位置。拖动时要注意光标在文字路径的一侧，否则会将文字拖动到路径另一侧。移动路径文字的操作效果如图12.51所示。

图12.51 移动路径文字的操作效果

如果想翻转路径文字，即将文字翻转到路径的另一侧，当光标将变成状时，将文字向路径的另一侧拖动即可。翻转路径文字的操作效果如图12.52所示。

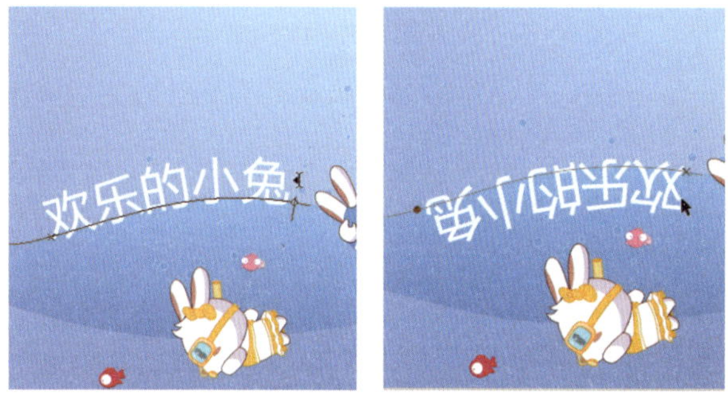

图12.52 翻转路径文字的操作效果

> **提示**
>
> 要在不改变文字方向的情况下将文字移动到路径的另一侧，可以使用“字符”面板中的“基线偏移”选项，在其文本框中输入一个负值，以便降低文字位置，使其沿路径的内侧排列。

12.5.3 移动及调整文字路径

创建路径文字后，不但可以移动路径文字的位置，还可以调整路径的位置，并可以调整路径形状。

要移动路径，选择“路径选择工具”或“移动工具”直接将路径拖动到新的位置。如果使用“路径选择工具”，需要注意工具的图标不能显示为状，否则将沿路径移动文字。移动路径的操作效果如图12.53所示。

图12.53 移动路径的操作效果

要调整路径形状，选择“直接选择工具”，在路径的锚点上单击，然后像前面讲解的路径编辑方法一样改变路径的形状即可。调整路径形状操作效果如图12.54所示。

图12.54 调整路径形状操作效果

提示

当您移动路径或更改其形状时，相关的文字会根据路径的位置和形状自动改变以适应路径。

12.5.4 创建和取消文字变形

要应用文字变形，单击选项栏中的“创建文字变形”按钮，或执行菜单栏中的“图层”|“文字”|“文字变形”命令，打开如图12.55所示的“变形文字”对话框，对文字创建变形效果，并可以随时更改文字的变形样式，变形选项可以更加精确地控制变形的弯曲及方向。

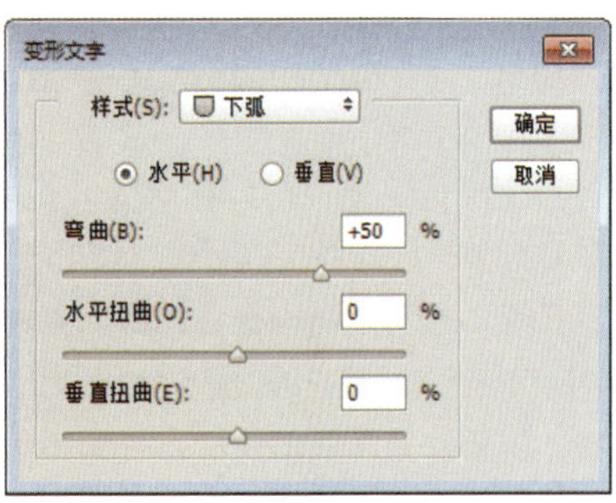

图12.55 “变形文字”对话框

提示

不能变形包含“仿粗体”格式设置的文字图层，也不能变形使用不包含轮廓数据的字体（如位图字体）的文字图层。

“变形文字”对话框各选项含义说明如下。

- “样式”：从右侧的下拉菜单中，可以选择一种文字变形的样式，如扇形、下弧、上弧、拱形和波浪等多种变形，各种变形文字的效果如图12.56所示。

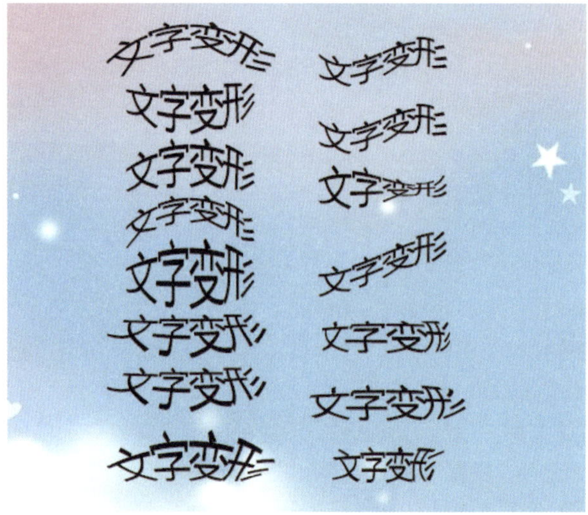
图12.56 各种变形文字的效果

- “水平”和“垂直”：指定文字变形产生的方向。
- “弯曲”：指定文字应用变形的程度。值越大，变形效果越明显。
- “水平扭曲”和“垂直扭曲”：用来设置变形文字的水平或垂直透视变形。

要取消文字变形，直接选择应用了变形的文字图层，然后单击选项栏中的“创建文字变形”按钮，或执行菜单栏中的“图层”|“文字”|“文字变形”命令，打开“变形文字”对话框，从“样式”下拉菜单中选择“无”命令，单击“确定”按钮即可。

12.5.5 基于文字创建工作路径

利用“创建工作路径”命令可以将文字转换为用于定义形状轮廓的临时工作路径，可以将这些文字用作矢量形状。从文字图层创建工作路径之后，可以像处理任何其他路径一样对该路径进行存储和操作。虽然无法以文本形式编辑路径中的字符；但原始文字图层将保持不变并可编辑。

01 选择文字图层。

02 执行菜单栏中的“图层”|“文字”|“创建工作路径”命令，也可以直接在文字图层上单击鼠标右键，从弹出的快捷菜单中选择“创建工作路径”命令，即可基于文字创建工作路径。文字图层没有任何变化，但在“路径”面板中将生成一个工作路径。创建工作路径的前后效果对比如图12.57所示。

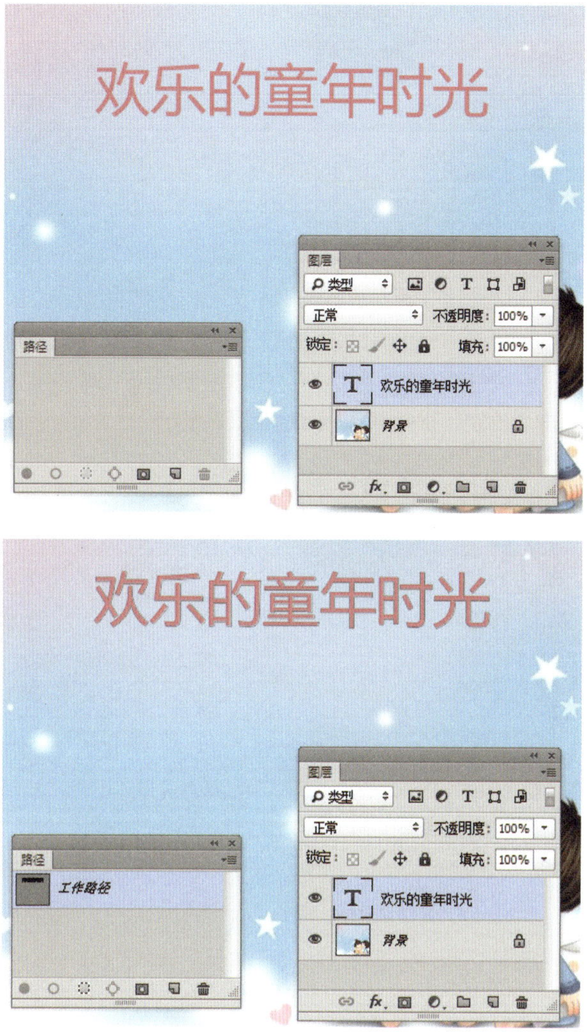

图12.57 创建工作路径的前后效果对比

提示

无法基于不包含轮廓数据的字体（如位图字体）创建工作路径。

12.5.6 将文字转换为形状

文字不但可以创建工作路径，还可以将文字层转换为形状层，与创建路径不同的是，转换为形状后，文字层将变成形状层，文字就不能使用相关的文字命令来编辑了，因为它已经变成了形状路径。

01 选择文字层。

02 执行菜单栏中的“图层”|“文字”|“转换为形状”命令，也可以直接在文字图层上单击鼠标右键，从弹出的快捷菜单中选择“转换为形状”命令，即可将当前文字层转换为形状层，并且在“路径”面板中，将自动生成一个矢量图形蒙版，转换为形状操作效果如图12.58所示。

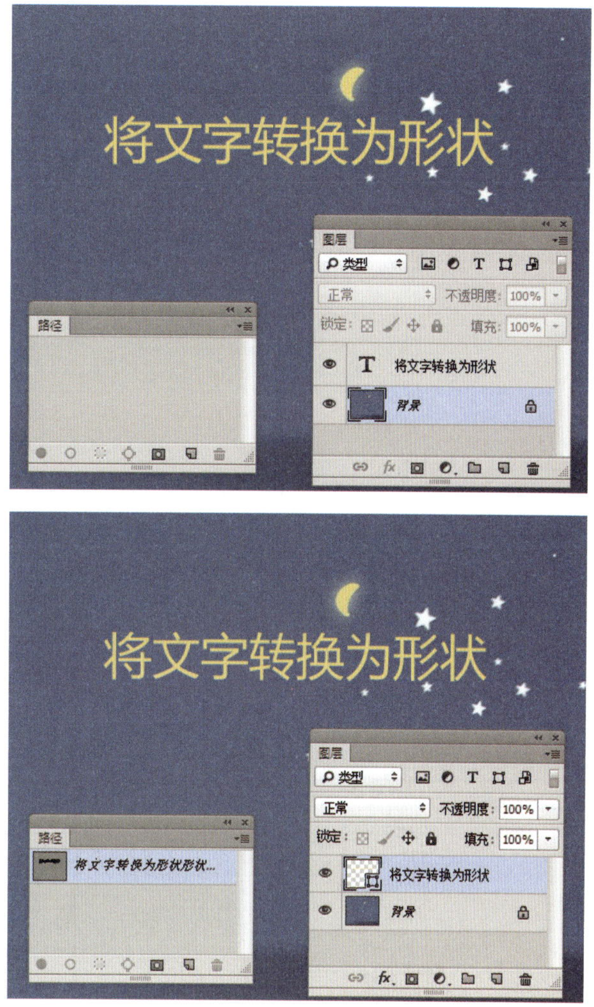

图12.58 转换为形状操作效果

提示

不能基于不包含轮廓数据的字体（如位图字体）创建形状。

12.5.7 实战案例：利用“变形”功能打造扭曲艺术文字

- **素材位置** | 无
- **案例位置** | 案例文件\第12章\利用“变形”功能打造扭曲艺术文字.psd
- **视频位置** | 多媒体教学\12.5.7 实战案例 利用“变形”功能打造扭曲艺术文字.avi
- **难易指数** | ★★★☆☆

本例讲解利用“变形”功能打造扭曲艺术文字的制作。最终效果如图12.59所示。

图12.59 最终效果

操作步骤

01 执行菜单栏中的“文件”|“新建”命令，在弹出的对话框中设置“宽度”为640像素，“高度”为480像素，“分辨率”为300像素，“颜色模式”为RGB颜色，“背景内容”设置为白色的画布，如图12.60所示。

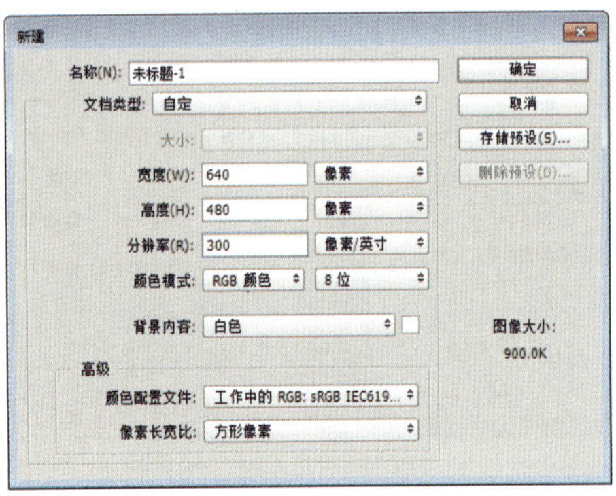

图12.60 新建文件

02 设置前景色为青色（R：120，G：201，B：213）背景色为白色。执行菜单栏中的“滤镜”|“渲染”|“云彩”命令，添加云彩效果，如图12.61所示。

图12.61 “云彩”滤镜

03 执行菜单栏中的“滤镜”|“模糊”|“径向模糊”命令，打开“径向模糊”对话框并设置参数。单击“确定”按钮确认，如图12.62所示。

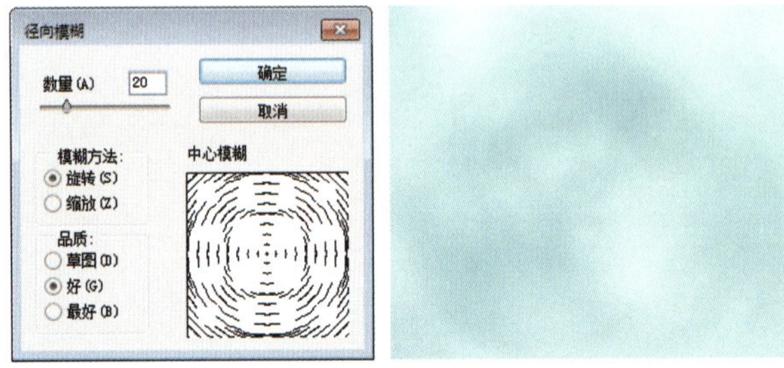

图12.62 “径向模糊”设置与效果

04 执行菜单栏中的“滤镜”|“滤镜库”|“素描”|“基底凸现”命令，打开“基底凸现”对话框。单击“确定”按钮确认，如图12.63所示。

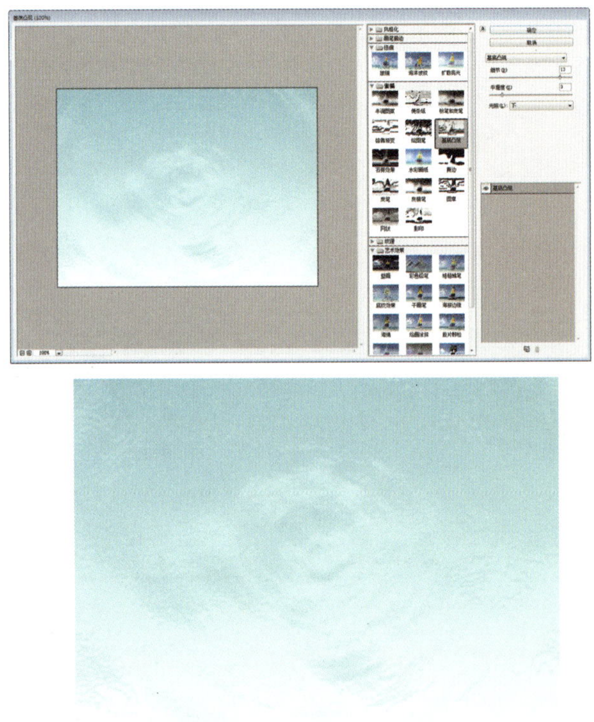

图12.63 “基底凸现”设置与效果

05 执行菜单栏中的“滤镜”|“滤镜库”|“素描”|“铬黄渐变”命令，打开“铬黄”对话框并设置参数。单击“确定”按钮确认，如图12.64所示。

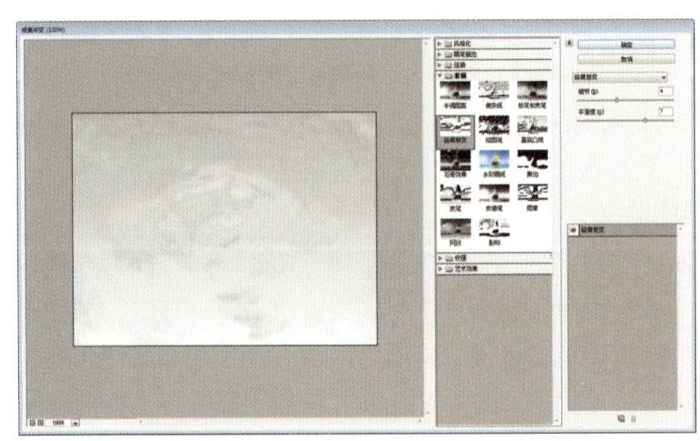

图12.64 “铬黄渐变”设置与效果

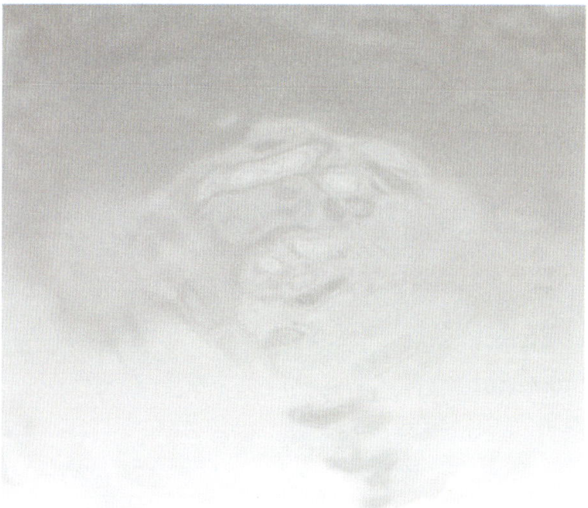

图12.64　“铬黄渐变”设置与效果（续）

06 执行菜单栏中的“滤镜”|“扭曲”|“波纹”命令，打开“波纹”对话框并设置参数，单击“确定”按钮确认，如图12.65所示。

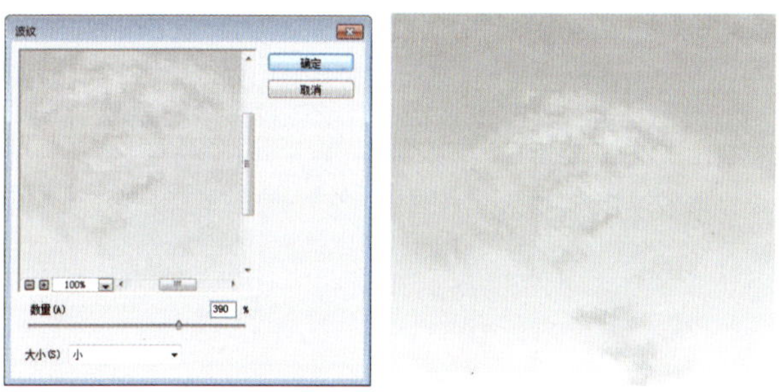

图12.65　“波纹”设置与效果

07 执行菜单栏中的“图像”|“调整”|“色相/饱和度”命令，打开“色相/饱和度”对话框并设置参数。单击“确定”按钮确认，如图12.66所示。

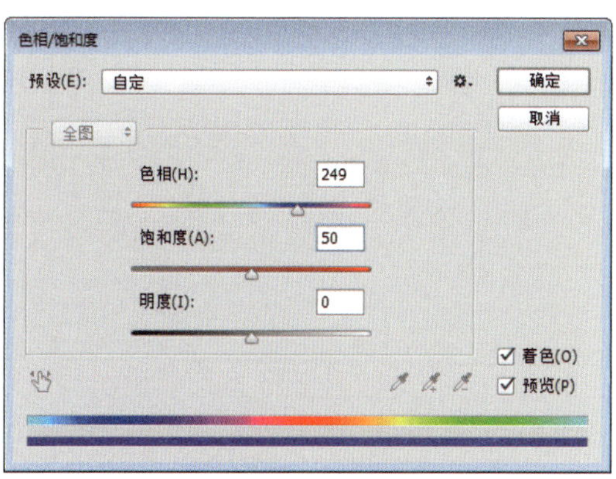

图12.66 调整“色相/饱和度”

08 选择工具箱中的“横排文字工具”T，在画布中输入文字，如图12.67所示。

图12.67 输入文字

09 选中文字图层，单击选项栏中的“变形”按钮，打开“变形文字”对话框，如图12.68所示。在“图层”面板中将文字层的“填充”设置为0，此时文字透明，如图12.69所示。

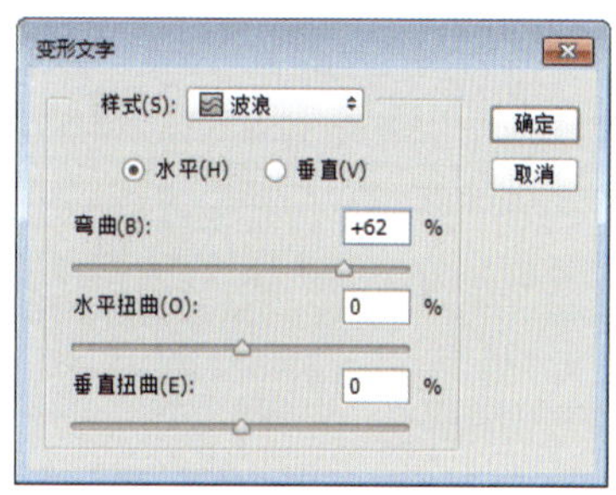

图12.68 变形文字

图12.69 设置“填充”

10 单击“图层”面板下方的“添加图层样式”fx按钮，在弹出的菜单中选择“外发光”，打开“外发光”

对话框，设置外发光参数，单击“确定”按钮确认，如图12.70所示。

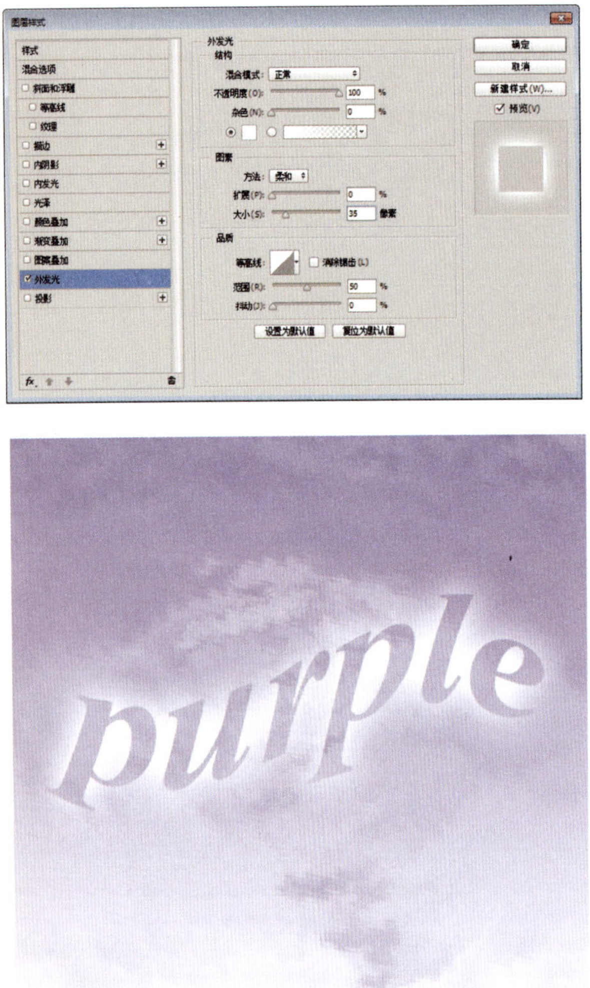

图12.70 “外发光”设置与效果

11 勾选“图案叠加”复选框并设置图案为“右对角线1”，单击“确定”按钮确认。完成本效果制作，如图12.71所示。

图12.71 “图案叠加”设置与完成效果

第13章

Web设计应用

内容摘要

随着互联网的不断发展、网页制作的盛行，许多图像处理软件都加强了网页制作方法的功能，当然Photoshop也不例外。本章专门为网页制作的读者量身打造，主要讲解了网页常用图像格式及网页颜色的设置方法，同时还详细讲解了网页切片的创建及编辑技能，让读者轻松掌握网页制作技巧。

教学目标

了解网页常用的格式
了解十六进制颜色值
学习网格切片的创建
掌握切片的编辑技能

13.1 Web图像

随着Internet的普及，使用Photoshop处理网页图像越来越普遍。Photoshop为用户设计网页提供了一个良好的操作环境。使用切片工具和其他网页制作功能，不仅可以省时，而且可以使网页变得生动活泼。

13.1.1 网页常用格式简介

制作网页不同于印刷品，它对格式有相当严格的要求，一般网页上较常用的图像格式可分别JPEG、GIF和PNG格式。

1. JPEG图像格 式

JPEG格式是由Joint Photographic Experts Group开发的，实际上它并不是一种格式，确切地说是一种压缩算法。其他一些文件格式如PICT格式和EPS格式，都使用了JPEG压缩算法存放数据。通常所说的JPEG格式实际上应该是JFIF（JPEG File Interchange Format）格式，但通常都简称为JPEG。JPEG压缩算法特别适用于色调连续的图像或相片。

JPEG与GIF格式是万维网常用的图像格式，JPEG用于Web图像是因为它可以通过压缩图像而缩小文件大小。但是JPEG并不像GIF格式那样仅仅局限于索引色图像，它也能存放RGB模式和CMYK模式的图像。虽然JPEG文件并不支持附加的Alpha通道，也不支持透明色，但是它可以包含嵌入路径，并且支持CMYK模式，这使得JPEG格式不仅成为电子出版的极好工具，而且也用作校对的预览工具以及在页面布局程序中进行图像分类。

JPEG压缩算法是一种有损失的压缩格式。每次以JPEG格式存放文件都会丢失一些图像数据。反复以JPEG格式保存图像将会降低图像的质量并出现人工处理的痕迹，甚至使图像明显地分裂成碎块。因此，在制作印刷制品的时候最好不要用这种格式。JPEG格式支持RGB、CMYK和灰度颜色模式，但不支持Alpha通道。它主要用于图像预览和制作HTML网页。在保存JPEG格式时，会弹出如图13.1所示的“JPEG选项”对话框。

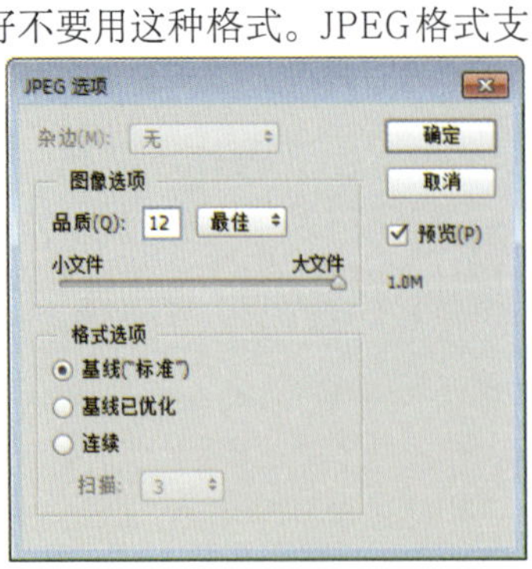

图13.1 “JPEG选项”对话框

“JPEG选项”对话框中各选项的含义如下。

- “品质”：设置图像的品质效果。图像品质等级从1到12。选择的图像等级越高，生成的文件越大，图像的质量也就越好，图像保存时丢失的信息较少。
- “基线（标准）”：选择该单选按钮，生成的JPEG文件可以被所有浏览器和查看器识别。
- “基线已优化”：选择该单选框，可获得优化的颜色和稍小的文件大小。在JPEG对话框中，最好的颜色质量应选择“基线已优化”。
- “连续”：选择该单选框，生成的文件较大。如果希望在Web上看到的图像是通过使用渐进的图像扫描而使图像渐渐地变得清晰，可选择JPEG对话框中的“连续”选项，然后再键入希望的扫描次数。

2. GIF图像格式

GIF（Graphic Interchange Format）是在World Wide Web上应用最广的图像文件格式之一，它是由CompuServe提供的一种图像格式。GIF文件格式要求图像中颜色的数量降低到256或更少，这是缩小文件大小的一个主要因素。由于GIF格式可以使用LZW方式进行压缩，所以它被广泛用于通信领域和HTML网页文档中，Web按钮和徽标通常以GIF格式存储。不过，这种格式只支持8位图像文件。当选用该格式保存文件时，会自动转换成索引颜色模式。GIF格式使用无损失的LZW压缩方式，它非常适于具有大面积同色区域的图像。

3. PNG格式

PNG（Portable Network Graphic）格式结合了GIF和JPEG格式的优点。PNG格式优于GIF格式的是它可以支持索引色和RGB模式。另外，与JPEG格式不同的是，PNG采用了一种无损失的压缩方法，在灰阶图像和RGB图像中，还支持Alpha通道定义的透明区域。

4. BMP格式

它是标准的Windows图像文件格式，是英文Bitmap（位图）的缩写，Microsoft的BMP格式是专门为“画笔”和“画图”程序建立的。这种格式支持1~24位颜色深度，使用的颜色模式可为RGB、索引颜色、灰度和位图等，且与设备无关。但不支持Alpha通道。该文件格式还可以支持1~32位的格式，其中对于4~8位的图像使用RLE，这种压缩方案不会损失数据。但因为这种格式的特点是包含图像信息较丰富，几乎不进行压缩，所以导致了它与生俱来的缺点是占用磁盘空间过大。正因为如此，目前BMP在单机上比较流行。

13.1.2 使用十六进制颜色值

网页颜色的表现一般使用十六进制颜色，它用一串十六进制数来代表某一种颜色，从#000000（白色）到#FFFFFF（黑色）。它是将常用的RGB模式的值转换为十六进制得到的。如白色的RGB值分别为R：255，G：255，B：255。十进制数255对应的十六进制数就是FF，因此，白色的十六进制表示方法就是FFFFFF，为了区别，通常在十六进制颜色前加上“#”号。如#042cfa前二位（04）表示红色，中间二位（2c）表示绿色，最后二位（fa）表示蓝色。Photoshop可以显示图像颜色的十六进制值或复制颜色的十六进制值以便在HTML 文件中使用。

1. 在“信息”面板中查看十六进制颜色值

执行菜单栏中的“窗口”|“信息”命令，打开“信息”面板。从面板菜单中选择“面板选项”命令，打开“面板选项”对话框。在“第一颜色信息”或“第二颜色信息”下，从“模式”下拉菜单中选择“Web 颜色”选项，比如这里选择“第二颜色信息”下的“Web 颜色”选项，单击“确定”按钮。

将光标放置在要查看十六进制值的图像或颜色上，即可在“信息”面板的相应位置看到十六进制颜色值，如图13.2所示光标位置的十六进制颜色值为#505C0E。

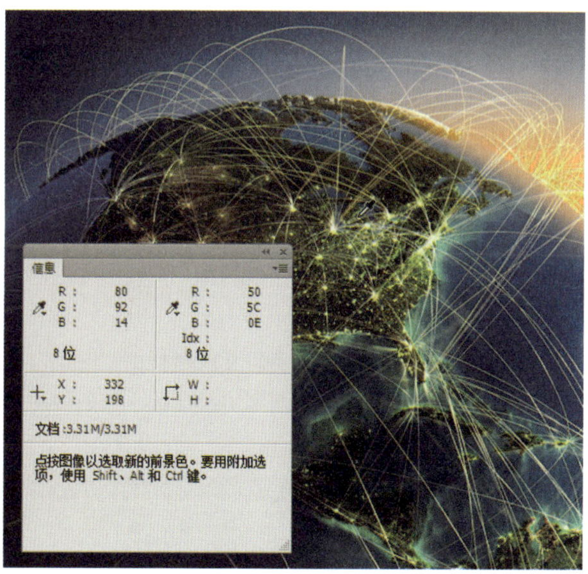

图13.2 “信息”面板查看十六进制颜色值

2. 以十六进制值的形式复制颜色

可以在当前图像中复制十六进制颜色，Photoshop会将颜色复制为 HTML COLOR 属性（包含十六进制值，color=#aabbcc），或只复制为十六进制值。

- 通过执行下列操作之一来复制颜色。
- 使用“颜色”面板、“色板”面板或Adobe 拾色器设置前景色。从“颜色”面板菜单中选取“将颜色拷贝为HTML”或“拷贝颜色的十六进制代码”。
- 选择了“吸管工具”后，将光标移到要复制的颜色上。单击鼠标右键，从弹出的快捷菜单中选择“将颜色拷贝为HTML”或“拷贝颜色的十六进制代码”。
- 在HTML编辑应用程序中打开目标文件，然后执行菜单栏中的“编辑”|“粘贴”命令即可。

13.2 Web页切片

Web切片使用HTML表或CSS图层将图像划分为若干较小的图像，这些图像可在Web页上重新组合。通过划分图像，可以指定不同的URL链接以创建页面导航。还可以使用“存储为Web和设备所用格式”命令来导出和优化切片图像。

13.2.1 切片类型

切片可以按内容类型和创建方式进行分类。内容类型主要包括表格、图像和无图像；创建方式主要包括用户创建、基于图层创建和自动创建。

使用工具箱中的“切片工具”创建的切片叫用户切片；通过图层创建的切片称作基于图层的切片；当创建新的用户切片或基于图层的切片时，将会生成附加自动切片来占据图像的其余区域。所以，每次添加或编辑用户切片或基于图层的切片时，都会重新生成自动切片。

用户切片、基于图层的切片和自动切片的显示是不同的：用户切片和基于图层的切片以实线显示。自动切片以虚线显示。

子切片是创建重叠切片时生成的一种自动切片类型。子切片指示存储优化的文件时如何划分图像。尽管子切片有编号并显示切片标记，但无法独立于底层切片选择或编辑子切片。每次排列切片的堆叠顺序时都重新生成子切片。

13.2.2 实战案例：使用切片工具创建切片

- **素材位置** | 素材文件\第13章\信息时代.jpg
- **案例位置** | 无
- **视频位置** | 多媒体教学\13.2.2 实战案例 使用切片工具创建切片.avi
- **难易指数** | ★☆☆☆☆

使用“切片工具”创建切片是最常用的一种创建方法，本例就来讲解这种方法的创建技巧。最终效果如图13.3所示。

图13.3 最终效果

操作步骤

01 执行菜单栏中的“文件”|“打开”命令，打开“信息时代.jpg”文件。

02 选择工具箱中的“切片工具”。

> **提示**
>
> 选择“切片工具”后，在选项栏可以进行样式设置：“正常”表示用户可以根据拖动来灵活控制切片大小；“固定长度比”通过在右侧的“宽度”和“高度”文本框中输入整数或小数，可以设置长度比例；“固定大小”则可以直接指定切片的“宽度”和“高度”，指定后不需要拖动绘制，只需在图像中单击鼠标左键即可创建切片。

03 在要创建切片的图像区域拖动鼠标，即可创建一个切片，创建效果如图13.4所示。

图13.4 拖动创建切片

> **提示**
>
> 按住 Shift 键并拖动可以创建正方形切片；按住 Alt 键可以从中心创建矩形切片；如果同时按住 Shift + Alt 组合键，可以从中心创建正方形切片。

技术延伸 基于参考线创建切片

如果想根据参考线创建切片，首先在图像中创建参考线，具体操作步骤如下。

01 根据需要在图像中创建参考线。

02 选择工具箱中的“切片工具”，单击选项栏中的“基于参考线的切片”按钮，即可基于参考线创建切片。通过参考线创建切片时，将删除所有现有切片。

13.2.3 实战案例：基于图层创建切片

- **素材位置** | 素材文件\第13章\网页.psd
- **案例位置** | 无
- **视频位置** | 多媒体教学\13.2.3 实战案例 基于图层创建切片.avi
- **难易指数** | ★☆☆☆☆

基于图层创建切片，顾名思义就是根据“图层”面板中的图层来创建切片，下面来讲解这种方法的创建技巧。最终效果如图13.5所示。

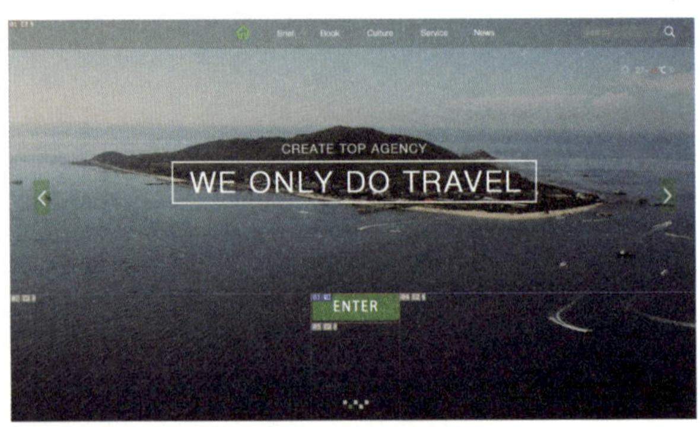

图13.5 最终效果

操作步骤

01 执行菜单栏中的“文件”|“打开”命令，打开“网页.psd”文件。

02 在“图层”面板中，选择要创建切片的图层，如这里选择“ENTER”图层，如图13.6所示。

图13.6 选择图层

03 执行菜单栏中的“图层”|“新建基于图层的切片”命令，即可以当前图层为依据创建切片，创建切片效果如图13.7所示。

图13.7 创建基于图层的切片

04 基于图层新建的切片包含图层中的所有像素数据，所以当移动或编辑图层内容时，切片将自动根据图层的调整而变化。比如这里将切片所在图层放大的前后对比效果如图13.8所示。

图13.8 放大图层像素前后的切片对比效果

图13.8 放大图层像素前后的切片对比效果（续）

13.2.4 查看切片

可以在Photoshop文档窗口或“存储为Web和设备所用格式”对话框中查看切片信息，认识这些切片信息有利于更好地操作切片。

- “切片线条”：定义切片的边界。实线表示切片是用户切片或基于图层的切片；而虚线则表示切片是自动切片。
- “切片颜色”：利用切片颜色可以将用户切片和基于图层的切片与自动切片区分开。默认情况下，用户切片和基于图层的切片带蓝色标记，而自动切片带灰色标记。
- “切片编号”：切片从图像的左上角开始，从左到右、从上而下进行编号01。如果更改切片的排列或切片总数，切片编号将更新以反映新的顺序。

1. 显示或隐藏切片边界

执行菜单栏中的“视图”|“显示”|“切片”命令，可以显示或隐藏切片。

2. 显示或隐藏自动切片

要显示或隐藏自动切片，有两种方法供选择。

- 方法1：选择工具箱中的“切片选择工具”，在选项栏中单击“显示自动切片”或“隐藏自动切片”按钮。
- 方法2：执行菜单栏中的“视图”|“显示”|“切片”命令，自动切片与其他切片一起显示或隐藏。

3. 切片编号及切片线条颜色

执行菜单栏中的“编辑”|“首选项”|“参考线、

网格和切片”命令，打开“首选项”对话框，如图13.9所示。如果要显示或隐藏切片编号，可以在“切片”选项组中勾选“显示切片编号”复选框即可显示切片编号；如果撤选该复选框，将隐藏切片编号。在“线条颜色”下拉菜单中，可以修改切片线条的颜色。

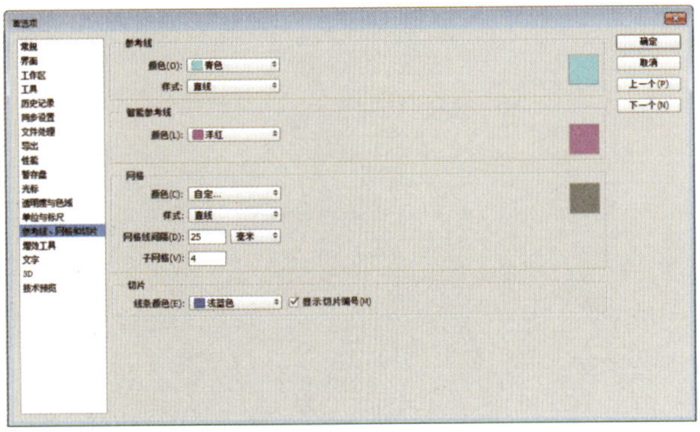

图13.9 “首选项”对话框

13.3 编辑切片

创建切片后，有时还需要对切片进行编辑，比如选择、移动、缩放、删除切片等，下面就来详细讲解切片的一些常用编辑方法。

13.3.1 选择切片

切片的选择需要使用“切片选择工具”，要想选择切片可执行以下操作。

- 选择工具箱中的“切片选择工具”，在图像中单击某个切片，即可将其选中。处理重叠切片时，单击底层切片的可见部分可选择底层切片。
- 如果想选择多个切片，可以在按住Shift键的同时单击要选择的多个切片。
- 在“存储为 Web 和设备所用格式”对话框中选择“切片选择工具”，在图像的切片区域单击鼠标左键，即可选择这个区域的切片；如果想选择多个切片，除了使用Shift键辅助外，还可以以拖动的方法选择多个切片。

当选中某个切片时，切片周围将显示8个控制点，选中和未选中的切片效果如图13.10所示。

技巧

按住 Ctrl 键可以快速在“切片工具”或“切片选择工具”之间切换。

图13.10 选中和未选中的切片效果

13.3.2 实战案例：移动或缩放切片

- **素材位置** | 无
- **案例位置** | 无
- **视频位置** | 多媒体教学\13.3.2 实战案例 移动或缩放切片.avi
- **难易指数** | ★☆☆☆☆

本例主要讲解移动或缩放切片的方法。

要移动切片，首先要选择工具箱中的“切片选择工具”，将光标放置在切片选框内，按住鼠标左键将其拖动到新位置即可。移动切片的操作效果如图13.11所示。

技巧

在移动切片时，如果按住 Shift 键，可以将移动限制在水平、垂直或45度对角线方向上。

图13.11 移动切片的操作效果

要调整切片的大小，首先要选择工具箱中的“切片选择工具”单击将切片选中，然后将光标放置在控制点或控制线上，当光标变成箭头时，按住鼠标左键拖动即可改变切片的大小。拖动改变切片大小的操作如图13.12所示。

提示

如果选择相邻切片并调整其大小，则这些切片共享的公共边缘将一起调整大小。

图13.12 拖动改变切片大小操作效果

技术延伸　精确调整切片位置或大小

除了使用手动修改切片位置和大小外，还可以利用坐标数值或指定宽度和高度的方法来精确调整切片位置或大小。具体操作如下。

01 选择一个或多个切片。

02 单击选项栏右侧的“为当前切片设置选项”按钮，打开“切片选项”对话框，如图13.13所示。即可利用“尺寸”选项组精确调整切片位置或大小。

技巧

使用“切片选择工具”在切片中双击，可以快速打开“切片选项”对话框。

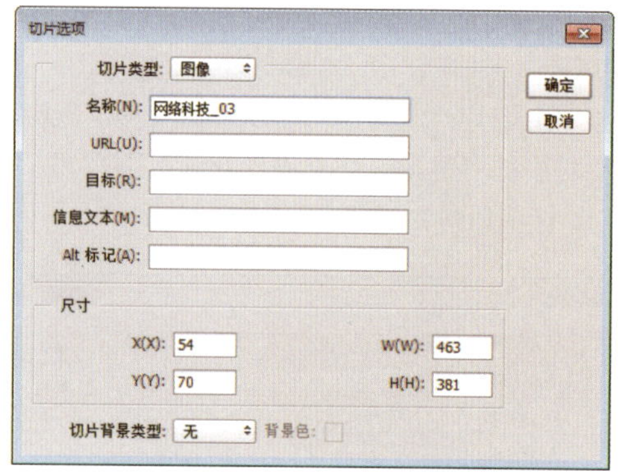

图13.13　“切片选项”对话框

“切片选项”对话框“尺寸”选项组参数含义如下。

- X（水平）：指定切片左侧边缘与文档窗口的标尺原点间的水平距离，单位为像素。
- Y（垂直）：指定切片顶部与文档窗口的标尺原点间的垂直距离，单位为像素。
- W（宽度）：指定切片的宽度。
- H（高度）：指定切片的高度。

提示

标尺的默认原点是图像的左上角。

13.3.3 删除及锁定切片

删除切片的操作方法非常简单，具体操作如下。

01 选择要删除的一个或多个切片。

02 确认选择“切片工具”或“切片选择工具”按键盘上的Backspace键或Delete键，即可将选择的切片删除。

03 如果要删除所有用户切片和基于图层的切片，可以执行菜单栏中的“视图”|“清除切片”命令。

04 如果想锁定切片，可以执行菜单栏中的“视图”|“锁定切片”命令。

提示

删除了用户切片或基于图层的切片后，将会重新生成自动切片以填充文档区域。删除基于图层的切片并不删除相关图层；但是，删除与基于图层的切片相关的图层会删除该基于图层的切片。无法删除自动切片。

13.3.4 切片选项

在“切片选项”对话框中，可以对切片的类型、名称、URL、目标和信息文本等选项进行编辑，要打开“切片选项”对话框，可以使用“切片选择工具”双击图像中的切片，或选择“切片选择工具”后，单击选项栏中的“为当前切片设置选项”按钮。“切片选项”对话框如图13.14所示。

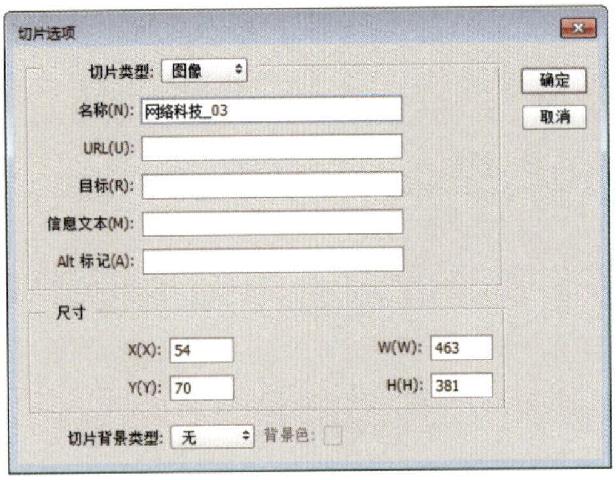

图13.14 “切片选项”对话框

1. 切片类型

要指定切片类型，首先要选择一个切片，然后打开“切片选项”对话框，从“切片类型”下拉菜单中，选择一种类型。

- “无图像”：可以创建没有图像的切片，在切片中输入文本或直接使用空白单元格。在“无图像”切片中输入HTML文本。如果在“存储为 Web 和设备所用格式”对话框中设置了“文本为 HTML”选项，在浏览器中查看文本时，则会将其解释为HTML。类型为“无图像”的切片不会被导出为图像，并且无法在浏览器中预览。
- “图像”：这是默认的一种切片，图像切片包含图像数据，输出后将以图像显示。

2. 重命名切片

在创建切片时，系统会自动为用户命名切片，但在实际制图中，重命名切片可以更好地快速编辑切片，所以要养成重命名的习惯。在“切片选项”对话框中，在“名称”文本框中输入一个名称，即可完成重命名。

3. 为切片指定URL链接信息

为切片指定URL即是为该区域创建网页链接，当输出成网页后，单击该链接将导航到指定的URL和目标框架中。

要指定URL只需要选择某个切片，然后在“切片选项”对话框的URL文本框中输入链接地址，比如输入http://www.baidu.com，输出后单击即可打开百度网。

4. 为链接指定目标

设置完链接后，根据需要还可以通过“目标”文本框来指定目标框架的名称。当用户单击链接时，指定的文件将出现在新框架中。

- _blank：表示在新窗口中显示链接文件，同时保持原始浏览器窗口为打开状态。
- _self：在原始文件的同一框架中显示链接文件。
- _parent：在自己的原始父框架组中显示链接文件。
- _top：用链接的文件替换整个浏览器窗口，移去当前所有帧。

5. 指定浏览器消息和替代文本

可以指定哪些信息出现在浏览器中。这些选项只可用于图像切片，并且只会在导出的HTML文件中出现。

- 消息文本：为选定的一个或多个切片更改浏览器状态区域中的默认消息。
- Alt 标记：指定选定切片的Alt标记。Alt文本出现，取代非图形浏览器中的切片图像。Alt文本还在图像下载过程中取代图像，并在一些浏览器中作为工具提示出现。

第14章

输出打印与印刷知识

内容摘要

本章讲解了输出打印的基础知识及输出设备、印刷输出的知识及印刷的分类和图像输出印刷知识。读者不但可以复习前面章节的基础知识，还可以通过实战实例的制作，吸取一些深层次的平面设计理论和美术设计知识。

教学目标

了解输出打印基础知识

了解印刷输出知识及印刷的分类

14.1 输出打印基本知识

印刷机上印刷输出的图像是由许许多多的点组成的，这种点就称为网点。这些点的大小、形状和角度在视觉上能产生连续灰度和连续颜色过渡的效果。在传统印刷中，网点是通过在图像与印有图像的胶片或负片之间放置一块包含许多栅格点的玻璃或聚酯薄膜网屏而产生的。这种照相制版法是以点的模式重构图像，深色的区域为较大的点，浅色区域则为较小的点。

彩色印刷常用的四种颜色（CMYK）为青色、洋红、黄色和黑色。印刷质量取决于线间的距离，线间距越小则印刷质量越好。最终的效果还与网点产生时的网屏角度有关。为了得到清晰并且过渡连续的颜色，必须使用特定的角度。传统的网屏角度为：青色105 ，洋红75 ，黄色90 ，黑色45 。当角度设置不正确时，将产生斑点或一些意想不到的图案，这些图案称为龟纹。

在印刷过程中，通过在纸上印出由大小不一的青、洋红、黄和黑点组成的图案，这样就可以产生任一种颜色。在近距离用放大镜观察这种彩色印刷图像，就会发现图案是由不同颜色和大小的点组成的。

14.1.1 网点

数字图像输出到印刷机或图像照排机上时也将被分解为网点。输出设备是通过将图像转化为一组更小的开或关状态的点来产生网点，这些点就是通常所说的像素。

如果输出设备是图像照排机，那么它可以输出到胶片和纸张上。输出分辨率为2450点每英寸（dpi）的图像照排机在每平方英寸面积内产生600万个点，标准的300dpi的激光打印机每平方英寸可产生90000个点。图像包含的点越多，图像的分辨率就越高，印刷质量也就越好。

像素不是网点，印刷时，像素组成一系列单元，这些单元形成网点。比如，1200dpi的图像照排机产生的点将被分成每英寸100个单位。通过控制单元内像素点的开或关，印刷机或图像照排机就产生了网点。

每英寸网点的数目被称作屏幕频率、屏幕尺寸或网目线数，以每英寸线数（lpi）计算。高屏幕频率如150lip的点与点非常紧密，可以产生清晰的图像和分明的颜色。屏幕频率较低时，网点彼此分离，图像将显得粗糙且缺乏真实色彩。

14.1.2 图像的印刷样张

用户把Photoshop项目送交印刷前，就检查图像的校样或样张。样张可以帮助预测最终的印刷质量。样张能指出哪些颜色将不能正确输出或是否会出现云纹图案，以及点增益的程度是多大（点增益是指由于油墨在纸上的扩散而造成的网点扩张或收缩）。

如果是印刷灰度图像，用300dpi或600dpi的激光打印机产生样张就足够了。如果是彩色图像，产生样张有几种可选方案：数码样张（非印刷张）和印刷样张。

1. 数码样张

数码样张是直接从Photoshop文件中的数字数据进行输出的。绝大多数数码样张需由热蜡打印机、彩色激光打印机或染料打印机生成。有时也可用高性能的喷墨打印机（比如Sctiex IRIS）或其他诸如Kodak Approval Color Proofer高性能打印机。数码样张在设计阶段是非常有用的。

尽管高性能打印机能产生与胶片输出非常接近的效果，但数码样张毕竟不是从图像照排机的胶片产生的，所以色彩的输出不能做到高保真。通常情况下，数码样张不能作为印刷机所能接受的标准样张。

2. 印刷样张

印刷样张被认为是最精确的样张，因为这是用真正的印刷机印版产生的，而且所采用的纸张也是真正输出时选用的纸张。因此，印刷样张能很好地预测点增溢，并且能给出最终色彩恰当的评价。

印刷样张一般在单张纸印刷机上生成，这种印刷机比实际工作中的印刷机要慢。印刷样张所需要的印刷版和油墨是各种样张生成方法中最贵的，所以多数客户选择非印刷样张。然而，印刷样张在直接印刷工作中越来越流行。在直接印刷中不需胶片，大多数直接印刷工作是用于短期印刷。

14.2 输出设备

一旦开始在Photoshop中工作，就一定想打印出彩色图像，作为成品或校样输出，校样即最终印刷版本的样本。在胶片底片阶段之前，从桌面印刷系统生成的校样通常称为数字校样。若要在纸上打印校样，可以使用黑白或彩色打印机。用于生成彩色校样的输出设置通常包括喷墨打印机、热蜡打印机、彩色热升华打印机、彩色激光打印机以及图像照排机。大多数打印机生产厂家的产品都能接受来自Mac和PC的数据。

在输出时，考虑颜色的质量和输出的清晰度是十分重要的。打印机的分辨率通常是以每英寸多少点（dpi）来衡量的。点数越多，质量就越好。

14.2.1 喷墨打印机

低档喷墨打印机是生成彩色图像的最便宜方式。这些打印机通常采用所谓高频仿色技术，利用从墨盒中喷出的墨水来产生颜色。高频仿色过程一般采用青色、洋红、黄色以及通常使用的黑色（CMYK）等，墨水的色点图案产生上百万种颜色的错觉。在许多喷墨打印机里，色点图案是容易看出的，颜色也不总是高度精确的。虽然许多新的喷墨打印机以300dpi的分辨率输出，但大多数的高频仿色和颜色质量不太精确，因而不能提供屏幕图像的高精度输出。

中档喷墨打印机的新产品采用的技术提供了比低档喷墨打印机更好的彩色保真度。如果想得到更高的速度和更好的彩色保真度，可考虑Epson Stylus Pro5000。

喷墨打印机中最高档的要属Scitex IRISE及IRIS Series 3000打印机了，这些打印机通常用于照排中心和广告代理机构。IRIS通过在产生图像时改变色点的大小生成质量几乎与照片一样的图像。IRIS打印机能输出的最小样张约为11英寸×17英寸，IRIS也能打印广告画大小的图像。

14.2.2 彩色激光打印机

最近，在打印技术方面的进步（特别是由apple和Hewlett-Packard公司生产的）使彩色激光打印机成为高档彩色打印机的一种极有吸引力的替代产品。彩色激光打印技术使用青、洋红、黄和黑色墨粉来创建彩色图像。虽然图像质量不如传统彩色热升华打印机高，但彩色激光打印机的输出速度却比这快，而且耗材的价钱也比它便宜。

14.2.3 照排机

照排机主要用于商业印刷厂，Photoshop设计项目的最后一站便是图像照排机。图像照排机是印前输出中心使用的一种高级输出设备，以1200dpi~3500dpi的分辨率将图像记录在纸上或胶片上。印前输出中心可以在胶片上提供样张（校样），以便精确地预览最后的彩色输出。然后图像照排机的输出被送至商业印刷厂，由商业印刷厂用胶片产生印板。这些印板可用在印刷机上以产生最终产品。

14.3 印刷输出知识

设计完成的作品，还需要将其印刷出来，以做进一步的封装处理。现在的设计师，不但要精通设计，还要熟悉印刷流程及印刷知识，从而使制作出来的设计流入社会，创造其设计的目的及价值。在设计完作品然后进入印刷流程前，还要注意几个问题。

1. 字体

印刷中字体是需要注意的地方，不同的字体有着不同的使用习惯，一般来说，宋体主要用于印刷物的正文部分；楷体一般用于印刷物的批注、提示或技巧部分；黑体由于字体粗壮，所以一般用于各级标题及需要醒目的位置；如果用到其他特殊的字体，注意在印刷前要将字体随同印刷物一齐交到印刷厂，以免出现字体的错误。

2. 字号

字号即是字体的大小，一般国际上通用的是点制，也可称为磅制，在国内以号制为主。一般常见的如三号、四号、五号等。字号标称数越小，字形越大，如三号字比四号字大，四号字比五号字大。常用字号与磅数换算表如表14.1所示。

表14.1 常用字号与磅数换算表

字号	磅数
小五号	9磅
五号	10.5磅
小四号	12磅
四号	16磅
小三号	18磅
三号	24磅
小二号	28磅
二号	32磅
小一号	36磅
一号	42磅

3. 纸张

纸张的大小一般都要按照国家制定的标准生产。在设计时还要注意纸张的开版，以免造成不必要的浪费，印刷常用纸张开数如表14.2所示。

表14.2 印刷常用纸张开数一览表

正度纸张：787×1092mm		大度纸张：889×1194mm	
开数（正）	尺寸单位（mm）	开数（大）	尺寸单位（mm）
2开	540×780	2开	590×880
3开	360×780	3开	395×880
4开	390×543	4开	440×590
6开	360×390	6开	395×440
8开	270×390	8开	295×440
16开	195×270	16开	220×2950
32开	195×135	32开	220×145
64开	135×95	64开	110×145

4. 颜色

在交付印刷厂前，分色参数将对图片转换时的效果好坏起到决定性的作用。对分色参数的调整，将在很大程度上影响图片的转换，所有的印刷输出图像文件，要使用CMYK的色彩模式。

5. 格式

在进行印刷提交时，还要注意文件的保存格式，一般用于印刷的图形格式为EPS格式，当然TIFF也是较常用的，但要注意软件本身的版本，不同的版本有时会出现打不开的情况，这样也不能印刷。

6. 分辨率

通常，在制作阶段就已经将分辨率设计好了，但输出时也要注意，根据不同的印刷要求，会有不同的印刷分辨率设计，一般报纸采用分辨率为125~170dpi，杂志、宣传品采用分辨率为300dpi，高品质书籍采用分辨率为350~400dpi，宽幅面采用分辨率为75~150dpi，如大街上随处可见的海报。

14.4 印刷的分类

印刷也分为多种类型，不同的包装材料也有着不同的印刷工艺，大致可以分为凸版印刷、平版印刷、凹版印刷和孔版印刷4大类。

1. 凸版印刷

凸版印刷比较常见，也比较容易理解，比如人们常用的印章，便利用了凸版印刷。凸版印刷的印刷面是突出的，油墨浮在凸面上，在印刷物上经过压力作用而形成印刷，而凹陷的面由于没有油墨，也就不会产生变化。

凸版印刷又包括活版与橡胶版两种。凸版印刷色调浓厚，一般用于信封、名片、贺卡、宣传单等印刷。

2. 平版印刷

平版印刷在印刷面上没有凸出与凹陷之分，它利用水与油不相融的原理进行印刷，将印纹部分保持一层油脂，而非印纹部分吸收一定的水分，在印刷时带有油墨的印纹部分便印刷出颜色，从而形成印刷。

平版印刷制作简便，成本低，可以进行大数量的印刷，而且色彩丰富，一般用于海报、报纸、包装、书籍、日历、宣传册等的印刷。

3. 凹版印刷

凹版印刷与凸版印刷正好相反，印刷面是凹进的，当印刷时，将油墨装于版面上，油墨自然积于凹陷的印纹部分，然后将凸起部分的油墨擦干净，再进行印刷，这样就是凹版印刷。由于它的制版印刷等费用较高，一般性印刷很少使用。

凹版印刷使用寿命长，线条精美，印刷数量大，不易假冒，一般用于钞票、股票、礼券、邮票等的印刷。

4. 孔版印刷

孔版印刷就是通过孔状印纹漏墨而形成透过式印刷，像学校常用的用钢针在蜡纸上刻字然后印刷学生考卷，这种就是孔版印刷。现在常用的照相制版进行印刷。

孔版印刷油墨浓厚，色调鲜丽，由于其是透过式印刷，所以它可以进行各种弯曲的曲面印刷，这是其他印刷所不能的，一般用于圆形、罐、桶、金属板、塑料瓶等的印刷。

第15章

综合实例进阶

内容摘要

本章属于综合实例进阶，前面讲解了Photoshop的基础知识，本章以全实例的形式，由浅入深、由易到难、由入门到专业，详细讲解Photoshop在多个领域的实战应用，让读者快速掌握Photoshop在相关领域的应用技巧。

教学目标

掌握照片处理秘技
掌握文字的艺术设计
了解常用UI艺术设计
掌握特效合成表现
掌握商业海报设计

15.1 基础实例进阶

15.1.1 鳞状背景设计

- **素材位置** | 无
- **案例位置** | 案例文件\第15章\鳞状背景设计.psd
- **视频位置** | 多媒体教学\15.1.1 鳞状背景设计.avi
- **难易指数** | ★★☆☆☆

本例主要讲解鳞状背景设计，通过应用“圆角矩形工具”绘制矩形路径，然后描边并复制制作出背景效果。通过多重复制功能，制作重复出现的图案效果，掌握多重复制功能的使用。最终效果如图15.1所示。

图15.1 最终效果

操作步骤

01 执行菜单栏中的“文件”|“新建”命令，打开“新建”对话框，设置“宽度”为50毫米，“高度”为50毫米，“分辨率”为300像素/英寸，“颜色模式”为RGB颜色，“背景内容”设置为黑色的画布。

02 新建图层——“图层1”，选择工具箱中的“圆角矩形工具”，在选项栏中设置“选择工具模式”为“路径”，然后在画布中绘制一个圆角矩形路径，效果如图15.2所示。

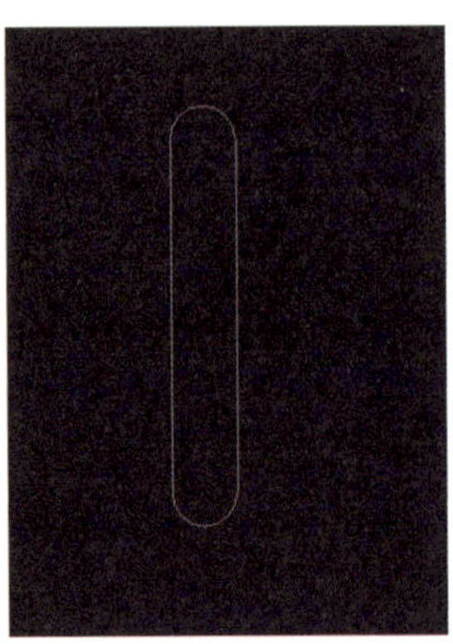

图15.2 绘制圆角矩形

03 按Ctrl + Enter组合键将路径转换为选区，然后执行菜单栏中的“编辑”|“描边”命令，打开“描边”对话框，设置“宽度”为8像素，“颜色”为洋红色（R:212，G:74，B:147），设置的具体参数如图15.3所示。

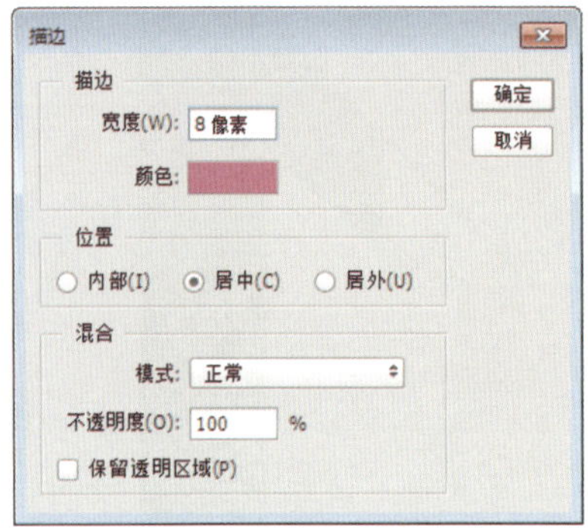

图15.3 “描边”对话框

04 单击“确定”按钮确认。应用描边后的图像效果如图15.4所示。

05 按Ctrl + Alt + T组合键将其选中，然后等比缩小并向上调整位置，将颜色更改为青色（R:74，G:177，B:221），效果如图15.5所示。

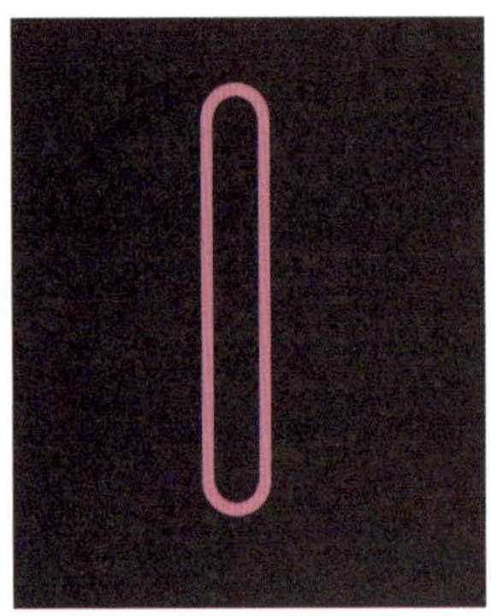

图15.4 描边效果

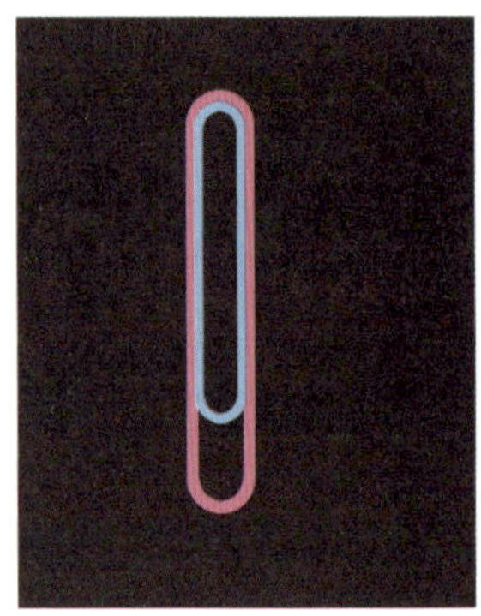

图15.5 复制并更改颜色

06 使用同样的方法将其复制一份缩放并将颜色更改为白色，效果如图15.6所示。

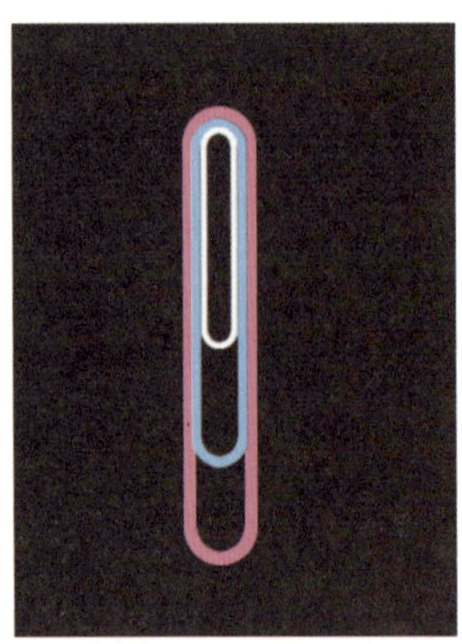

图15.6 复制效果

07 将除背景以外的图层全部选中，然后按Ctrl + E组合键将图层合并，选择工具箱中的“矩形选框工具”，将图像的下半部分选中，效果如图15.7所示。

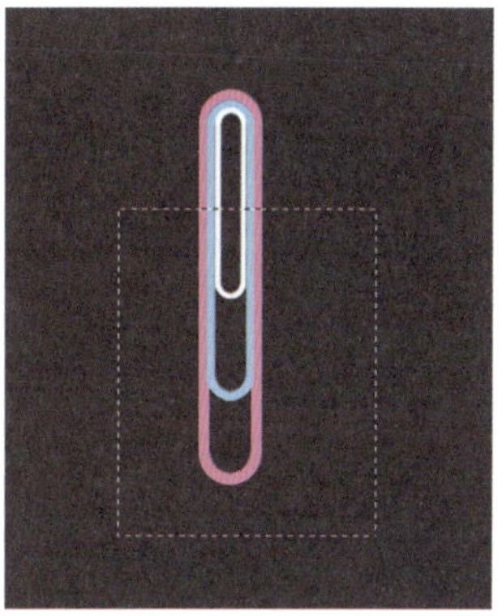

图15.7 绘制选区

08 按Delete键将选中的部分删除，删除后将其移动到画布的左上角，效果如图15.8所示。

09 按Ctrl + Alt + T组合键将其选中，然后将其向右移动并复制一份，效果如图15.9所示。

图15.8 移动位置

图15.9 移动并复制

10 按Enter键确认应用，然后按住Shift + Ctrl + Alt组合键不放的同时，多次按T键将其复制多份，复制后的图像效果如图15.10所示。

11 将除背景以外的图层全部选中，然后按Ctrl + E组合键将图层合并，然后再次Ctrl + Alt + T组合键将其选中，然后向下垂直移动并复制，按Enter键确认应用，效果如图15.11所示。

图15.10 复制多份

图15.11 向下复制

12 按住Shift + Ctrl + Alt 组合键不放的同时，多次按T键将其复制多份，复制后的图像效果如图15.12所示。

13 按Ctrl 键，将图层每隔一个选中，然后将其向左移动，移动后的图像效果如图15.13所示。

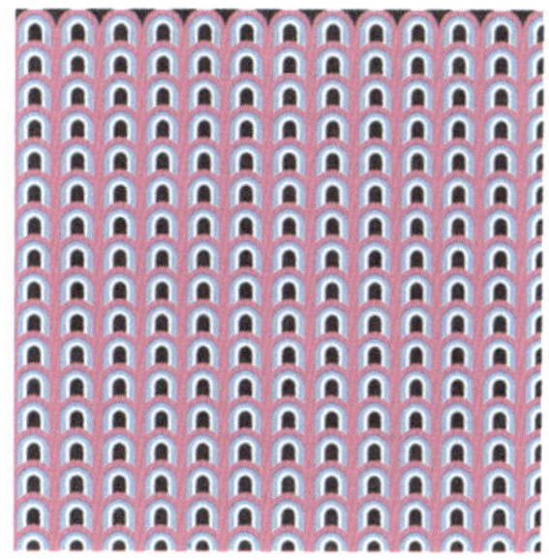

图15.12 复制多份

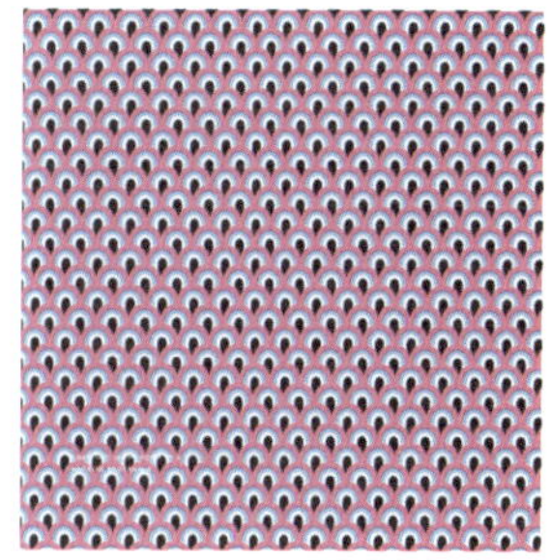

图15.13 向左移动

14 最后在画布中添加装饰，完成叠加背景效果的最终效果，如图15.14所示。

图15.14 鳞状背景最终效果

15.1.2 仿真百叶窗效果

- **素材位置** | 素材文件\第 15 章\仿真百叶窗效果.jpg
- **案例位置** | 案例文件\第 15 章\仿真百叶窗效果.psd
- **视频位置** | 多媒体教学\15.1.2　仿真百叶窗效果.avi
- **难易指数** | ★☆☆☆☆

本例主要讲解仿真百叶窗效果的制作。首先利用“矩形选框工具”绘制矩形选区并填充白色，然后通过多重复制制作出初始效果，最后为其添加图层样式，制作出百叶窗效果。最终效果如图 15.15所示。

图15.15 最终效果

操作步骤

01 执行菜单栏中的“文件”|“打开”命令，打开“夏日海边.jpg”文件，如图15.16所示。

图15.16 打开文件

02 在“图层”面板中，单击底部的“创建新图层”按钮，创建一个新的图层——图层1，如图15.17所示。

图15.17 新建图层

03 选择工具箱中的“矩形选框工具”，在画布中绘制一个矩形选区，如图15.18所示。将其填充为白色。

04 按Ctrl + Alt+ T组合键将其选中，然后垂直向下移动复制，按Enter键确认应用，按住Shift + Ctrl + Alt组合键的同时多次按T键，将矩形垂直向下复制多份。按Ctrl + D组合键取消选区，如图15.19所示。

05 在“图层”面板中，单击“图层”面板下方的“添加图层样式”按钮，在弹出的菜单栏中选择“投影”命令，打开“图层样式”|“投影”对话框，设置投影的颜色为黑色，单击“确定”按钮确认，如图15.20所示。

图15.18 绘制选区

图15.19 多重复制图层

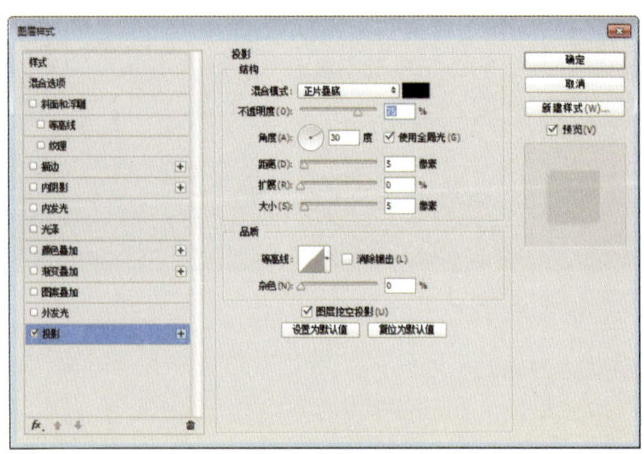

图15.20 添加投影样式

图15.20　添加投影样式（续）

06 在“图层”面板中，将“图层1”的不透明度设置为14%，如图15.21所示。最后再配上相关的装饰，完成本例的制作，如图15.22所示。

图15.21　调整图层不透明度

图15.22　仿真百叶窗完成效果

15.2 照片处理秘技

15.2.1 打造粉色诱人唇彩效果

- **素材位置** | 素材文件\第 15 章\诱人唇彩.jpg
- **案例位置** | 案例文件\第 15 章\诱人唇彩.psd
- **视频位置** | 多媒体教学\15.2.1 打造粉色诱人唇彩效果.avi
- **难易指数** | ★★☆☆☆

本例主要讲解打造诱人的唇彩效果。拥有一张性感的亮唇是大多数女孩所渴望的，本例主要利用调整图层打造出一张亮唇。最终效果如图15.23所示。

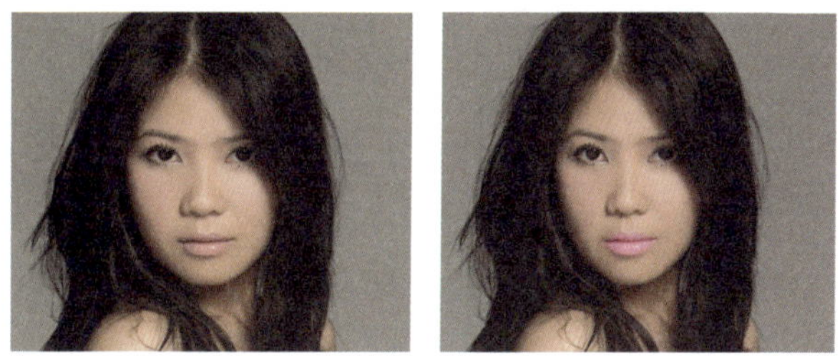

图15.23　照片处理前后效果对比

操作步骤

01 执行菜单栏中的“文件”|“打开”命令，打开“模特01.jpg”文件，如图15.24所示。

02 按F7键打开“图层”面板，单击面板底部的“创建新图层”按钮，创建一个新图层——图层1，如图15.25所示。

03 选择工具箱中的“套索工具”，如图15.26所示。

图15.24　打开的照片

图15.25 新建图层

图15.26 套索工具

04 在选项栏中单击选中“新选区”按钮，设置“羽化”为5像素，如图15.27所示。

图15.27 设置套索工具

05 使用设置好的“套索工具”在图像中沿人物嘴唇边缘绘制一个封闭选框，如图15.28所示。

06 单击工具箱下方的“设置前景色”色块，在打开的“前景色（拾色器）”中设置前景色为粉红色（R:255，G:120，B:230）。

图15.28 绘制选区

07 按Alt+Delete组合键为选区填充前景色，按Ctrl+D组合键取消选区，如图15.29所示。

图15.29 填充颜色

08 在“图层”面板中，设置“图层1”图层的混合模式为“柔光”，如图15.30所示。

图15.30 设置图层混合模式

09 设置完成后，结束本实例的制作，最终效果如图15.31所示。

图15.31 粉色诱人唇彩的最终效果

15.2.2 让头发充满光泽

- **素材位置** | 素材文件\第 15 章\让头发充满光泽.jpg
- **案例位置** | 案例文件\第 15 章\让头发充满光泽.psd
- **视频位置** | 多媒体教学\15.2.2 让头发充满光泽.avi
- **难易指数** | ★★☆☆☆

本例主要讲解将头发处理得更加有光泽。首先创建新图层并填充黑色，然后修改图层混合模式，再使用“画笔工具”并设置合适的笔触，为头发添加高光，完成最终效果。最终效果如图15.32所示。

图15.32 照片处理前后效果对比

操作步骤

01 执行菜单栏中的“文件”|“打开”命令，打开“模特02.jpg”文件，如图15.33所示。

图15.33 打开的照片

02 按F7键打开“图层”面板，单击面板底部的“创建新图层”按钮，创建一个新图层——图层1，如图15.34所示。

03 单击工具箱下方的“设置前景色”色块，在打开的“拾色器（前景色）”对话框中设置前景色为黑色。

04 按Alt+Delete组合键快速将“图层1”图层填充为前景色，在“图层”面板中设置“图层1”图层混合模式为“颜色减淡”，如图15.35所示。

图15.34 新建图层

图15.35 设置混合模式

05 选择工具箱中的“画笔工具”，如图15.36所示。

图15.36 画笔工具

06 在选项栏中设置“画笔工具”的笔刷为“大小”60像素的柔边缘笔刷，设置“不透明度”为30%，“流量”为70%，如图15.37所示。

图15.37 设置画笔工具

07 将前景色设置为白色，使用设置好的“画笔工具”在图像中人物头发的高光区域进行涂抹，可以看到涂抹过的区域变亮了，如图15.38所示。

图15.38 添加高光

08 继续使用“画笔工具”在图像中人物头发上的其他高光区域进行涂抹，添加头发高光效果，完成本实例的制作，最终效果如图15.39所示。

图15.39 最终效果

15.2.3 打造彩色眼影效果

- **素材位置** | 素材文件\第15章\彩色眼影.jpg
- **案例位置** | 案例文件\第15章\彩色眼影.psd
- **视频位置** | 多媒体教学\15.2.3打造彩色眼影效果.avi
- **难易指数** | ★★☆☆☆

本例主要讲解打造彩色眼影效果。首先使用钢笔工具勾选眼部路径，将路径转换为选区后填充不同的颜色，然后修改图层混合模式和不透明度制作出彩色眼影效果。最终效果如图15.40所示。

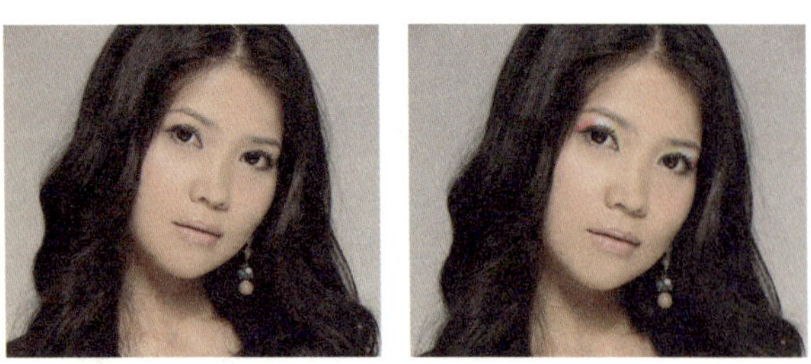

图15.40 照片处理前后效果对比

操作步骤

01 执行菜单栏中的“文件”|“打开”命令，打开“模特03.jpg”文件，如图15.41所示。

图15.41 打开的照片

02 按F7键打开“图层”面板，单击面板底部的“创建新图层”按钮，创建一个新图层——图层1，如图15.42所示。

图15.42 新建图层

03 选择工具箱中的“钢笔工具”，如图15.43所示。

图15.43 钢笔工具

04 在选项栏中设置“选择工具模式”为“路径”，如图15.44所示。

图15.44　设置工具模式

05 使用设置好的“钢笔工具”在图像中人物眼皮上各绘制一个封闭选区，如图15.45所示。

图15.45　绘制路径

06 单击工具箱下方的“设置前景色”色块，在打开的“前景色（拾色器）”中设置前景色为紫色（R:200，G:47，B:139）。

07 按Ctrl+Enter组合键将路径快速转换为选区，如图15.46所示。

图15.46　转换为选区

08 按Alt+Delete组合键将选区填充为前景色，按Ctrl+D组合键取消选区，如图15.47所示。

图15.47　填充颜色

09 使用上述方法在图像中人物眼皮上再次绘制两个封闭选区，并填充颜色为蓝色（R:84，G:195，B:241），如图15.48所示。

图15.48 绘制路径并填充

10 再次在图像人物的眼皮上绘制两条封闭路径，并填充为绿色（R:181，G:194，B:123），如图15.49所示。

图15.49　绘制路径并填充

11 执行菜单栏中的“滤镜”|“模糊”|“高斯模糊”命令，在打开的“高斯模糊”对话框中设置模糊的“半

径”为3像素，单击“确定”按钮，如图15.50所示。

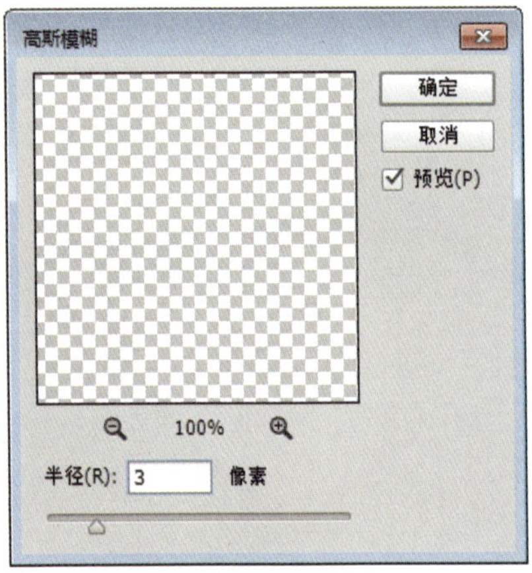

图15.50 设置“高斯模糊”

12 在“图层”面板中设置“图层1”的图层混合模式为“叠加”，“不透明度”为60%，如图15.51所示。

图15.51 设置“混合模式”

13 设置完成后，结束本实例的制作，最终效果如图15.52所示。

图15.52 最终效果

15.2.4 美女艺术写真

- **素材位置 |** 素材文件\第15章\美女艺术写真
- **案例位置 |** 案例文件\第15章\美女艺术写真.psd
- **视频位置 |** 多媒体教学\15.2.4 美女艺术写真.avi
- **难易指数 |** ★★★☆☆

本实例主要制作的是美女艺术写真效果。设计的风格温馨、甜蜜、浪漫，在本实例的制作过程中，学习“色相/饱和度”调整图像色彩，学习使用“橡皮擦工具”以及利用“图层蒙版”抠图方法，掌握利用“图层样式”制作特效的技巧。最终效果如图15.53所示。

图15.53 最终效果

操作步骤

01 执行菜单栏中的“文件”|“打开”命令，打开“背景.jpg”图像文件，如图15.54所示。

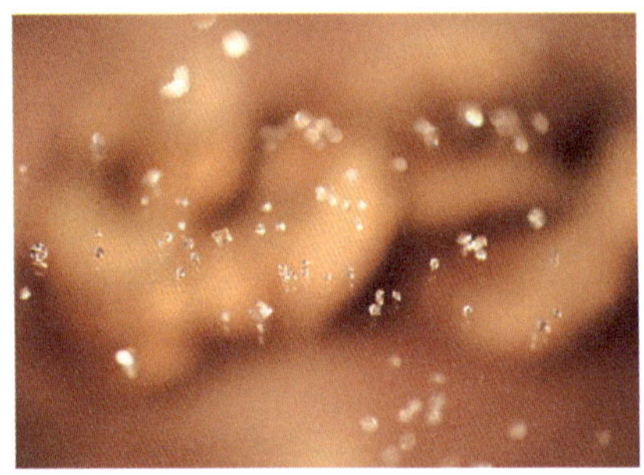

图15.54 打开的背景

02 执行菜单栏中“图像”|“调整”|“色相/饱和度”命令，打开“色相/饱和度”对话框，勾选“着色”复选框，调整“色相”的值为320，“饱和度”的值为80，“明度”的值为55，如图15.55所示。

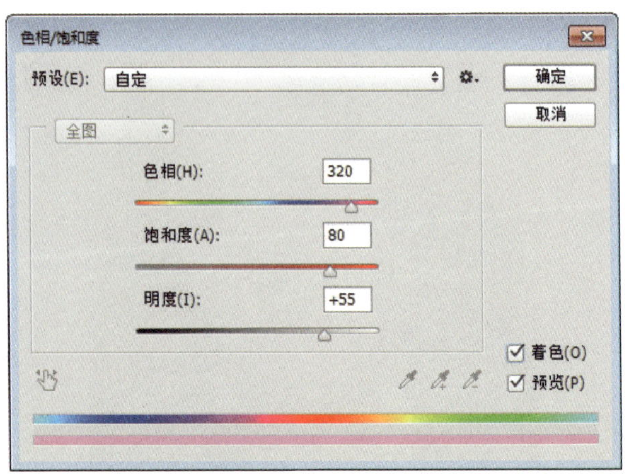

图15.55 设置参数

03 单击“确定”按钮，此时背景的效果如图15.56所示。

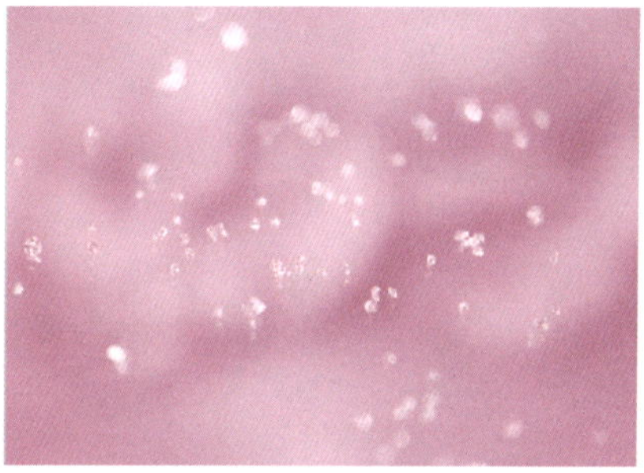

图15.56 调整完成后背景效果

04 执行菜单栏中的“文件”|“打开”命令，打开“美女.jpg”图像文件，如图15.57所示。

图15.57 打开的美女照片

05 在“美女.jpg”画布中，使用工具箱中的“魔术橡皮擦工具”，在魔术橡皮擦工具的选项栏中，设置“容差”值为15，并勾选上“消除锯齿”和“连续”复选框，其他具体设置如图15.58所示。

图15.58 设置魔术橡皮擦工具参数

06 在画布中将光标移至“美女”图的背景处并单击，此时看到的效果如图15.59所示。用同样的方法单击画布中椅子缝隙处，将没有擦除的部分擦除，完成后效果如图15.60所示。

图15.59 单击抠除背景

图15.60 完成效果

07 使用工具箱中的“缩放工具”，将“美女”图放大一些，以便于操作，此时我们看到美女的头发中有没抠除干净的背景，效果如图15.61所示。

图15.61 背景橡皮擦处理前效果

08 使用工具箱中的“背景橡皮擦工具”，在背景橡皮擦工具的选项栏中，设置“画笔”值为8，从“限制”右侧的下拉菜单中选择“连续”，修改“容差”值为50%，并勾选上“保护前景色”选框，其他具体设置如图15.62所示。

图15.62 设置背景橡皮擦工具参数

> **提示**
>
> 勾选“保护前景色”选框后，双击前景色色块，利用吸管将前景色吸取头发的颜色，这样擦除的时候头发的颜色就会被保护下来。

09 使用“吸管工具”在头发的位置吸取头发的颜色，将光标移至画布中，多次单击头发中要扣除的背景，将头发中没有抠掉的背景抠除，完成后效果如图15.63所示。

图15.63 背景橡皮擦处理后效果

> **提示**
>
> 在用背景橡皮擦工具擦除头发缝隙中的背景时候，可根据头发缝隙的大小调整橡皮擦笔触的大小，防止擦除头发，按[键，缩小橡皮笔触直径，按]键，放大橡皮笔触直径。

10 使用“移动工具”，将抠除了背景的“美女.jpg”图片移至“背景.jpg”画布中，按Ctrl + T快捷键，将“美女”图片缩放到合适的大小，然后放置到画布的右下方，效果如图15.64所示。然后在“图层”面板中选择图层，在名称位置双击鼠标左键，将图层重命名为美女，如图15.65所示。

图15.64 添加美女

图15.65 重命名图层

11 执行菜单栏中的“文件”|“打开”命令，打开“甜蜜咖啡.jpg”图像文件，如图15.66所示。

图15.66 甜蜜咖啡图片

12 使用“移动工具”，将“甜蜜咖啡.jpg”移至“背景”画布中，将图片缩放到合适的大小，放置到画布的左下方，并用同样的方法选择图层，单击鼠标右键，打开“图层属性”对话框，将图层重命名为“咖啡”，完成后效果如图15.67所示。

图15.67 移动图片

13 使用工具箱中的“钢笔工具”，在“咖啡”层上，沿着咖啡杯的边缘绘制一个封闭的路径，此路径的形状效果如图15.68所示。按Ctrl + Enter组合键，将路径转换为选区，如图15.69所示。

14 然后执行菜单栏中“选择”|“修改”|“羽化”命令，在“羽化选区”对话框中将“羽化半径”值设置为15，如图15.70所示。

图15.68 描边路径

图15.69　路径转换选区

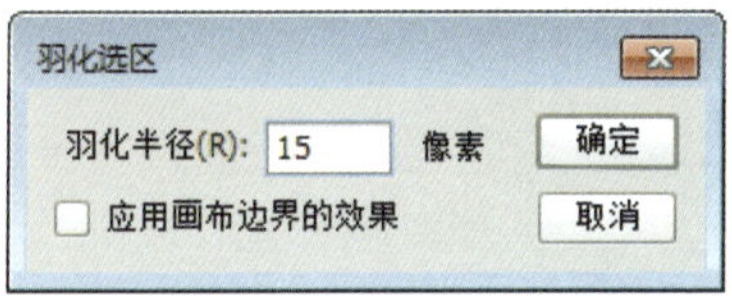

图15.70　羽化选区

15 单击“确定”后，在图层面板的下方单击“添加图层蒙版” ，添加的效果如图15.71所示。

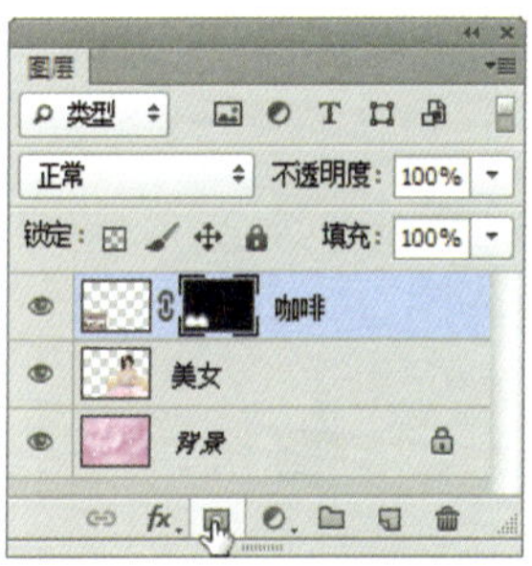

图15.71　添加图层蒙版

16 给“咖啡”层添加图层蒙版后的效果如图15.72所示。

图15.72　添加图层蒙版

17 在图层面板中选择“咖啡”层，单击“添加图层样式” 图标，在弹出的菜单栏中选择“外发光”，此时将打开“图层样式”对话框，设置“外发光”的参数，修改不透明度为88%，杂色为50%，选择外发光颜色为白色，其他具体设置如图15.73所示。

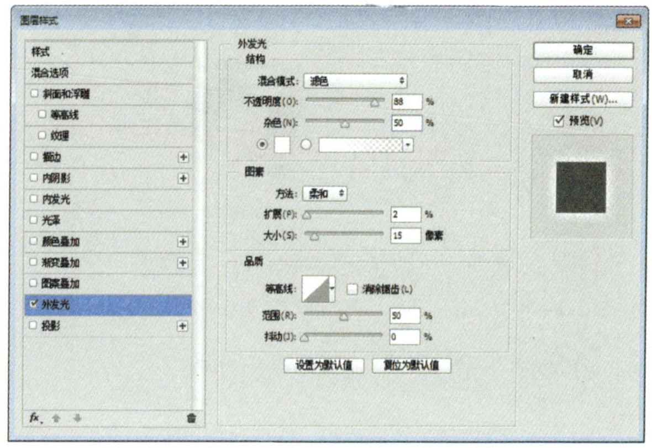

图15.73　设置参数

18 单击“确定”按钮，此时在画布中看到的效果如图15.74所示。

图15.74　设置外发光后的效果

19 执行菜单栏中的“文件”|“打开”命令，打开“花心素材.psd”，效果如图15.75所示。

图15.75　花心素材

20 在“花心素材.psd”图层面板中选择“甜心”层，使用“移动工具” ，将“甜心”层移至“背景”画布中，按Ctrl + T组合键，将“甜心”缩放到合适的大小，然后放置到画布的左方，效果如图15.76所示。

图15.76 将“甜心”放置到画布中

21 选择“甜心”层，在图层面板中单击“添加图层样式”fx图标，在弹出的快捷菜单中选择“外发光”，此时将打开“图层样式”对话框，保持“外发光”默认参数不变，再勾选“投影”选框，设置“投影”的参数，单击混合模式右侧的颜色块，设置投影的颜色为紫色（R：151，G：0，B：100），修改不透明度为75%，角度为140°，其他具体设置如图15.77所示。单击“确定”后的效果如图15.78所示。

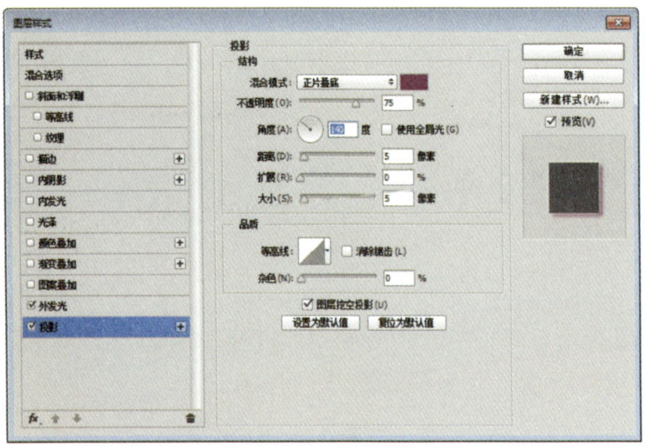

图15.77 图层样式

图15.78 完成效果

22 在“花心素材.psd”图层面板中选择“花儿”层，使用“移动工具”，将“花儿”层移至“背景.jpg”画布中，按Ctrl + T组合键，将“花儿”缩放到合适的大小，然后放置到画布的右侧，效果如图15.79所示。

图15.79 花心素材

23 在图层面板中调整“花儿”层的位置，将“花儿”层拖动到“美女”层的下方，效果如图15.80所示。

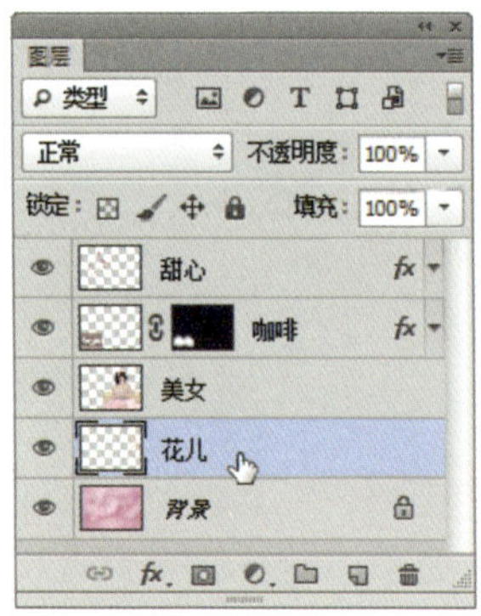

图15.80 调整图层顺序

24 此时在画布中的效果如图15.81所示。选择“花儿”层，调整图像颜色，执行菜单栏中的“图像”|“调整”|“色相/饱和度”命令，打开“色相/饱和度”对话框，调整“色相”的值为-35，“饱和度”的值为45，“明度”的值为65，如图15.82所示。

图15.81 背景

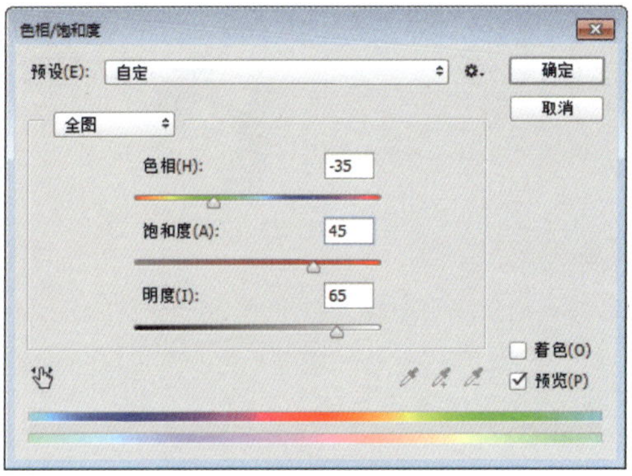

图15.82 设置色相/饱和度参数

25 单击“确定”按钮，此时在画布中看到的效果如图15.83所示。

图15.83 调整“花儿”层色相饱和度后效果

26 新建一个图层，在“图层”面板中单击“创建新图层”图标，然后选择“画笔工具”，打开“画笔”面板，单击“画笔预设”下的“画笔笔尖形状”选项，切换到画笔笔尖形状设置区，在右侧设置各选项，如图15.84所示。

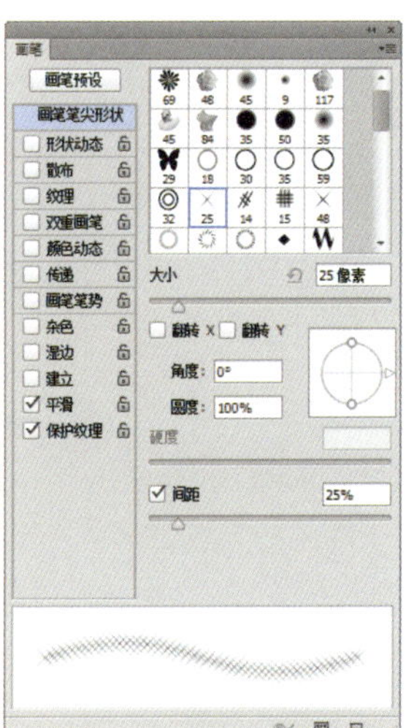

图15.84 “画笔面板”

> **技巧**
>
> F5键是打开“画笔预设”面板的快捷键；在选择画笔后，调节画笔笔触大小，按 [键缩小笔触直径，按] 键，加大笔触直径。

27 按D键，恢复默认前景、背景颜色，然后按X键，将前景色设置为白色，用刚才设置好的画笔通过调整画笔笔触的大小，为图片添加大小不一的星星，添加完成后的效果如图15.85所示。

图15.85 添加星星后效果

28 单击工具箱中的“横排文字工具” T，在选项栏中设置字体为方正琥珀简体，字体大小设置为50点，颜色设置为白色，效果如图15.86所示。

图15.86 设置文字参数

29 在画布中输入“一个人品味甜蜜世界”，打开“字符”面板，单击倾斜 T 按钮，使字体倾斜，其他设置如图15.87所示。设置完成后在画布中的效果如图15.88所示。

30 在图层面板中选择“一个人品味甜蜜世界”文字层，执行菜单栏中“图层”|“栅格化”|“文字”命令，将文字层转换为普通层，然后在图层面板中双击“一个人品味甜蜜世界”层，快速打开“图层样式”对话框，勾选并设置“投影”参数，将投影的颜色设置为紫红色（R：176，G：19，B：123），“角度”为159度，取消勾选“使用全局光”选框，修改“距离”为8像素，其他具体设置如图15.89所示。

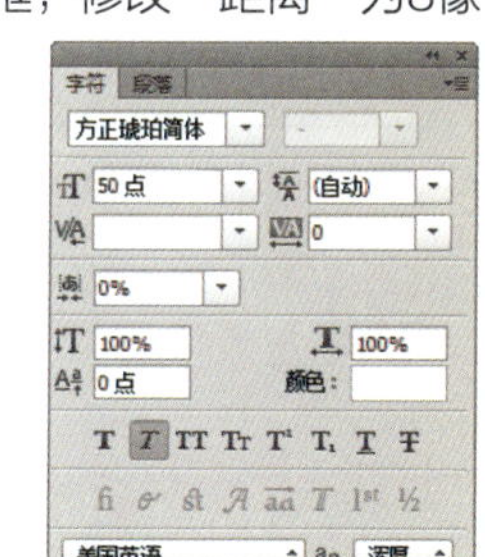

图15.87 字符面板

图15.88 设置文字后效果

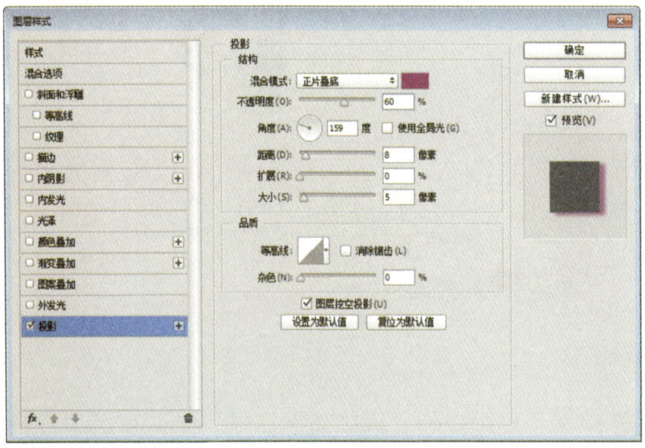

图15.89 设置文字投影效果

31 然后勾选“斜面和浮雕”选项，设置“斜面和浮雕”参数，设置“深度”为100%，阴影“角度”155度，单击“阴影模式”右侧的颜色块，设置阴影的颜色为粉红色（R：245，G：164，B：218），其他具体参数设置如图15.90所示。

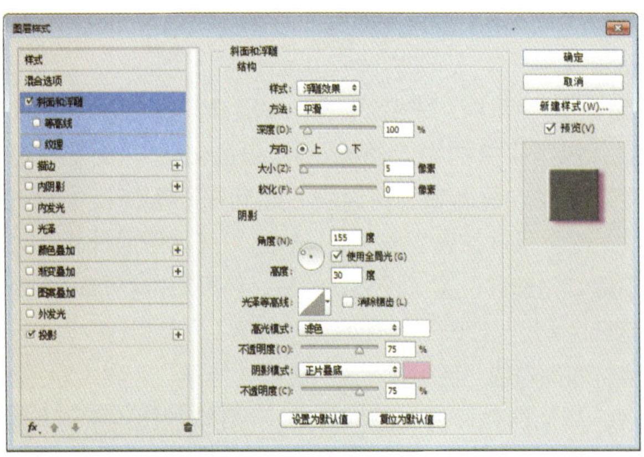

图15.90 设置“斜面和浮雕”参数

32 设置完成后单击“确定”按钮，此时在画布中看到的完成最终效果如图15.91所示。

图15.91 最终效果

15.3 文字的艺术设计

15.3.1 冰块质感清凉结冰字

- **素材位置** | 素材文件\第15章\清凉结冰字.jpg
- **案例位置** | 案例文件\第15章\清凉结冰字.psd
- **视频位置** | 多媒体教学\15.3.1 冰块质感清凉结冰字.avi
- **难易指数** | ★★☆☆☆

本例主要讲解利用填充不透明度制作结冰字效果。首先打开素材并输入文字，然后通过添加图层样式，制作出结冰字效果。最终效果如图15.92所示。

图15.92 最终效果

操作步骤

01 执行菜单栏中的“文件”|“打开”命令，打开“冰效背景.jpg”文件，如图15.93所示。

02 选择工具箱中的“横排文字工具” T，在画布中单击输入文字“结冰字效果”，设置文字的字体为方正水柱简体，字体大小为24点，颜色为白色。在“图层”面板中，选择文字层，然后将其“填充”的不透明度修改为0，以降低填充的不透明度，如图15.94所示。

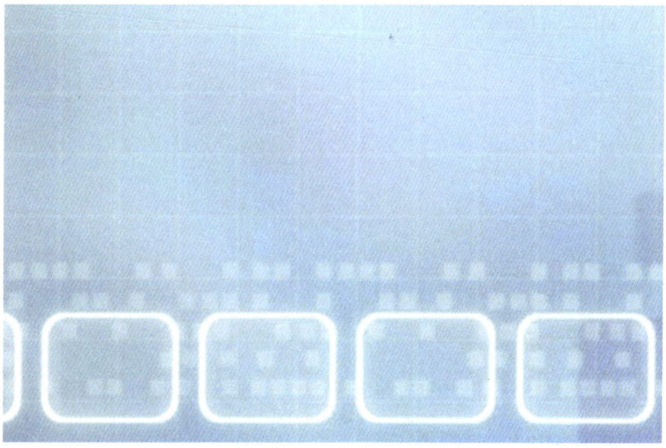

图15.93 打开文件

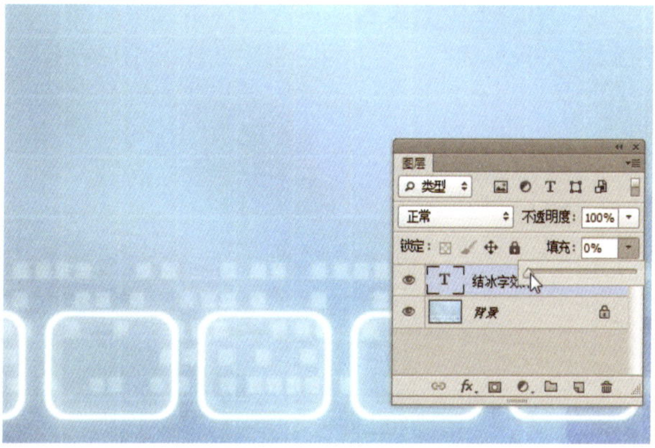

图15.94 调整“填充”不透明度

03 确认选择文字层。单击“图层”面板底部的“添加图层样式”fx按钮，在弹出的菜单中选择“投影”命令，打开“图层样式”|“投影”对话框，设置投影的颜色为黑色，“不透明度”的值为38%，“距离”的值为8像素，“扩展”的值为9%，“大小”的值为9像素，如图15.95所示。

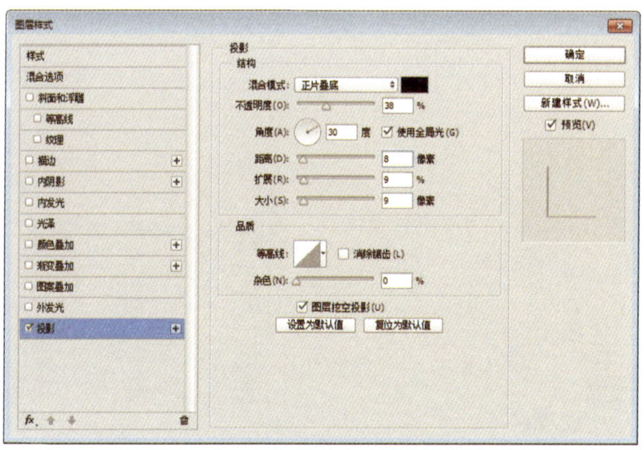

图15.95 “投影”设置

04 选中“斜面和浮雕”复选框，设置“样式”为内斜面，“深度”的值为39%，“大小”为8像素，并设置“光泽等高线”为锥形，单击“确定”按钮确认，如图15.96所示。

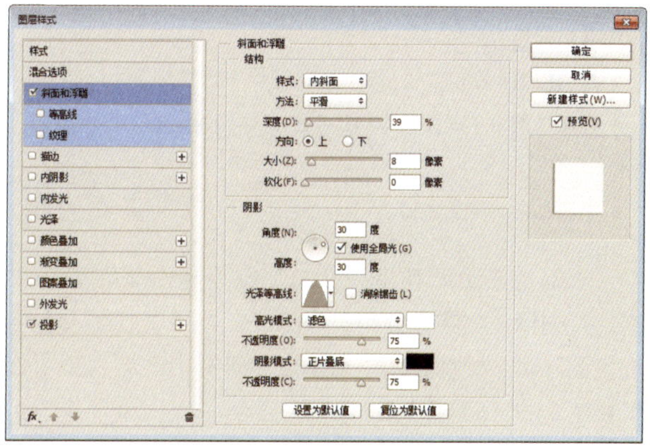

图15.96 “斜面和浮雕”设置

05 在“图层样式”对话框中，选中“描边”复选框，设置“大小”的值为3像素，“混合模式”为强光，“不透明度”为39%，颜色为白色，如图15.97所示。

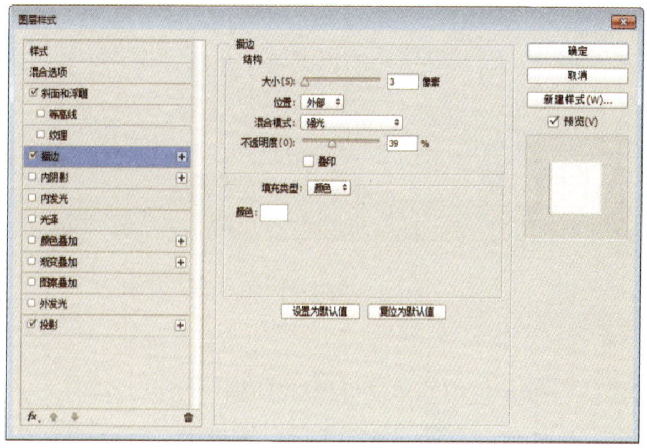

图15.97 完成效果

06 设置完成后，单击“确定”按钮确认，完成本例的制作，如图15.98所示。

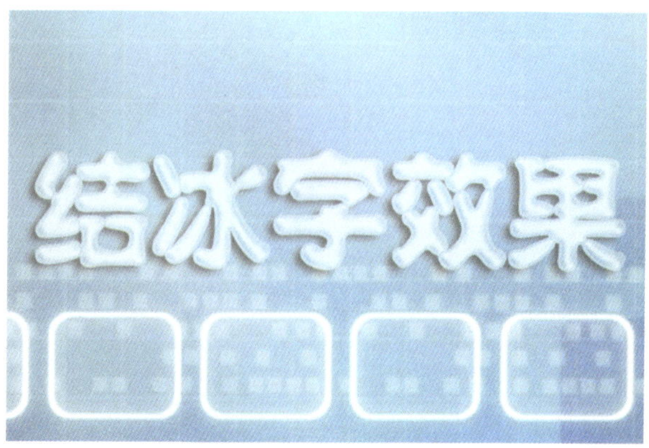

图15.98 结冰字完成效果

15.3.2 奶牛风格的斑点牛奶文字

- **素材位置** | 无
- **案例位置** | 案例文件\第15章\斑点牛奶文字.psd
- **视频位置** | 多媒体教学\15.3.2 奶牛风格的斑点牛奶文字.avi
- **难易指数** | ★★☆☆☆

本例主要讲解利用“反选”删除制作斑点牛奶文字。首先输入文字并绘制斑点路径，然后通过载入文字选区删除多余图像，制作出斑点牛奶文字效果。最终效果如图15.99所示。

图15.99 最终效果

操作步骤

01 执行菜单栏中的“文件”|“新建”命令，打开“新建”对话框，设置“宽度”为640像素，“高度”为480像素，“分辨率”为300像素，“颜色模式”为RGB颜色的画布，如图15.100所示。将其填充为白色到灰色（R：142，G：139，B：138）的线性渐变，如图15.101所示。

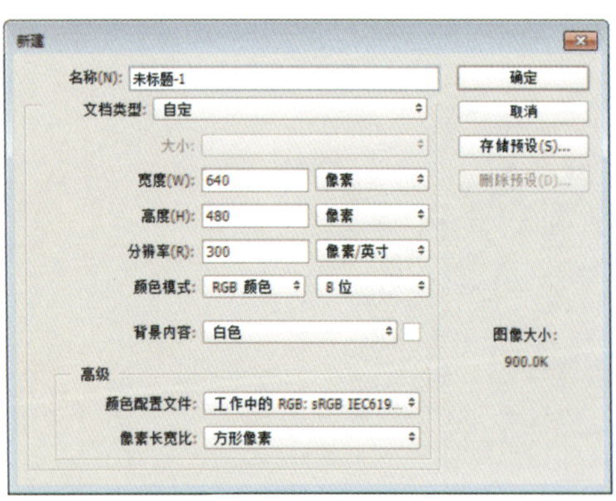

图15.100 新建文件

图15.101 填充渐变

02 选择工具箱中的“横排文字工具” T，在画布中输入文字“IOVE”，设置字体为Arial Rounded MT Bold，大小为48点，颜色为白色，如图15.102所示。

图15.102 输入文字

03 在“图层”面板中，在文字图层上单击鼠标右键，在弹出的菜单中选择“栅格化文字”命令，将文字层转换为普通层，如图15.103所示。

图15.103 栅格化文字

04 选择工具箱中的“钢笔工具”，选择选项栏中的

“路径”选项，在文字上绘制多个不规则的路径，如图15.104所示。

05 在“图层”面板中，创建一个“图层 1”。按Ctrl + Enter组合键将路径转换为选区，然后将其填充为黑色，按Ctrl + D组合键取消选区，如图15.105所示。

图15.104 绘制路径

图15.105 填充选区

06 按住Ctrl键的同时单击文字图层缩览图载入选区，如图15.106所示。执行菜单栏中的“选择”|“反向”命令，确认选择“图层1”层，按Delete键将多余的部分删除，如图15.107所示。

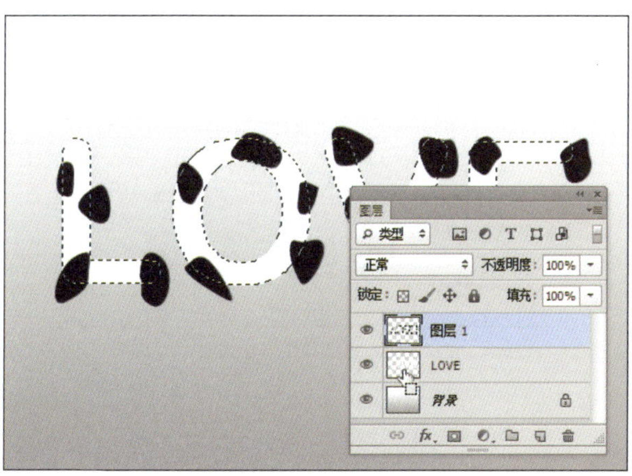

图15.106 载入选区

图15.107 删除多余图像

07 确认选择“LOVE”层，单击“图层”面板下方的“添加图层样式”fx按钮，在弹出的菜单栏中选择“投影”命令。打开“图层样式”|“投影”对话框，设置“颜色”为灰色（R：97，G：95，B：96），“不透明度”为46%，“角度”为135度，“距离”为16像素，“大小”为21像素，如图15.108所示。

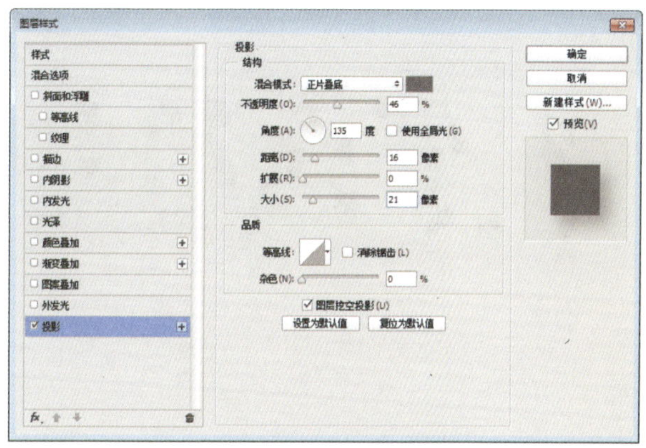

图15.108 “投影”设置

08 勾选“斜面和浮雕”复选框，设置“样式”为浮雕效果，“深度”为190%，“大小”为5像素，“软化”为4像素，单击“确定”按钮确认，如图15.109所示。

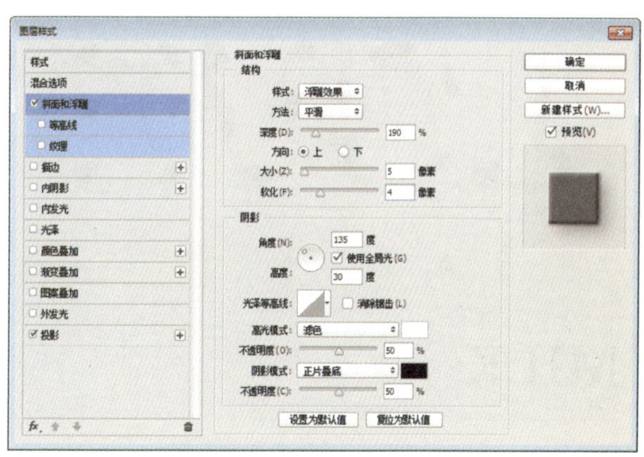

图15.109 “斜面和浮雕”设置

09 将“图层1”和“LOVE”层选中将其合并，然后将合并的图层复制一份并垂直翻转，然后调整两个文字的位置，如图15.110所示。

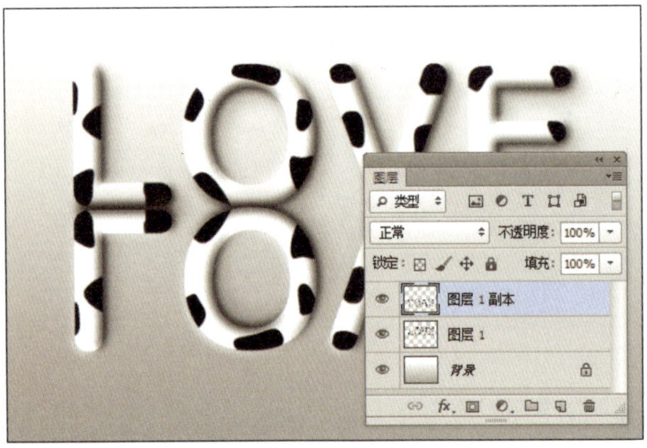

图15.110 复制并翻转图层

10 单击“图层”面板下方的“添加图层蒙版”按钮，为复制的图层添加蒙版。选择工具箱中的“渐变工具”，设置颜色为从白色到黑色的线性渐变，从画布的上方向下方拖动填充渐变，制作出倒影，如图15.111所示。

图15.111 添加蒙版制作倒影

11 最后再配上相关的装饰，完成本例的制作，如图15.112所示。

图15.112 斑点牛奶文字最终效果

15.3.3 真实铸铁卷边字

- **素材位置**｜无
- **案例位置**｜案例文件\第15章\真实铸铁卷边字.psd
- **视频位置**｜多媒体教学\15.3.3 真实铸铁卷边字.avi
- **难易指数**｜★★☆☆☆

本例主要讲解利用旋转扭曲滤镜制作真实铸铁卷边字效果。首先输入文字，通过绘制选区和应用“旋转扭曲”滤镜，制作出卷边字效果。最终效果如图15.113所示。

图15.113 最终效果

操作步骤

01 执行菜单栏中的“文件”|“新建”命令，打开“新建”对话框，设置“宽度”为640像素，“高度”为480像素，“分辨率”为300像素，“颜色模式”为RGB颜色的画布，如图15.114所示。然后将背景填充为白色到黑色的径向渐变，如图15.115所示。

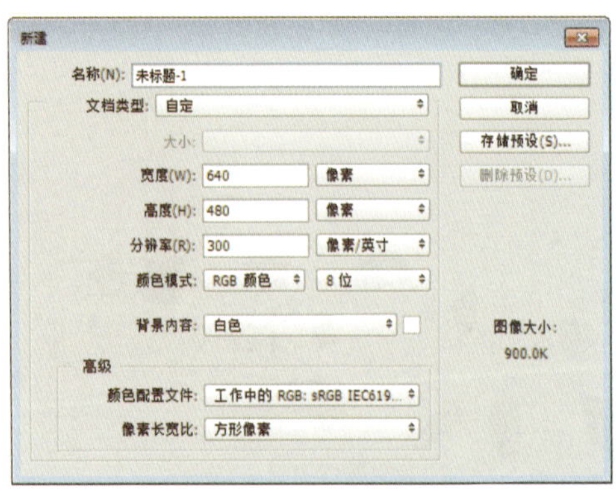

图15.114 新建文件

图15.115　填充渐变

02 选择工具箱中的“横排文字工具” T 在画布中输入文字“GOOD”，设置字体为Bell Gothic Std，设置大小为52点，颜色为白色，如图15.116所示。

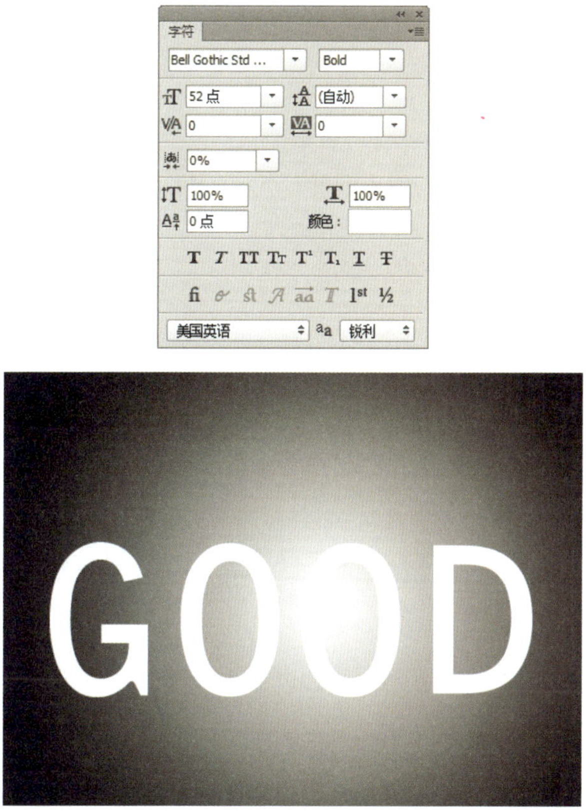

图15.116　输入文字

03 在文字图层上单击鼠标右键，在弹出的菜单中选择“栅格化文字”命令，将文字层栅格化成普通层，如图15.117所示。

图15.117　栅格化文字

04 选择工具箱中的“椭圆选框工具” ，在画布中绘制一个椭圆选区，如图15.118所示。

图15.118　建立选区

05 执行菜单栏中的“滤镜”|“扭曲”|“旋转扭曲”命令，打开“旋转扭曲”对话框，设置“角度”为-500度，单击“确定”按钮确认。按Ctrl + D组合键取消选区，如图15.119所示。

图15.119　“旋转扭曲”设置与效果

06 使用同样的方法，将文字其他地方进行旋转扭曲，如图15.120所示。

07 确认选择文字图层，单击“图层”面板下方的“添加图层样式” fx 按钮，在弹出的菜单栏中选择“投影”命令。打开“图层样式”|“投影”对话框并设置参

数，如图15.121所示。

图15.120 多次“旋转扭曲”

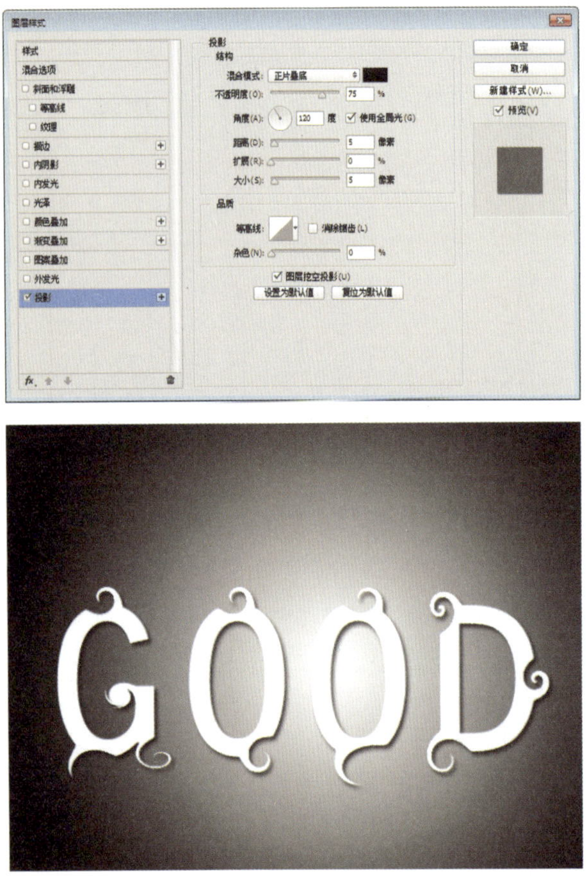

图15.121 “投影”设置与效果

08 勾选“斜面和浮雕”复选框，设置“深度”为100%，“大小”为0像素，“软化”为0像素，如图15.122所示。

09 勾选“光泽”复选框，设置颜色为黑色，“不透明度”为70%，“距离”为11像素，“大小”为14像素，“等高线”为高斯，如图15.123所示。

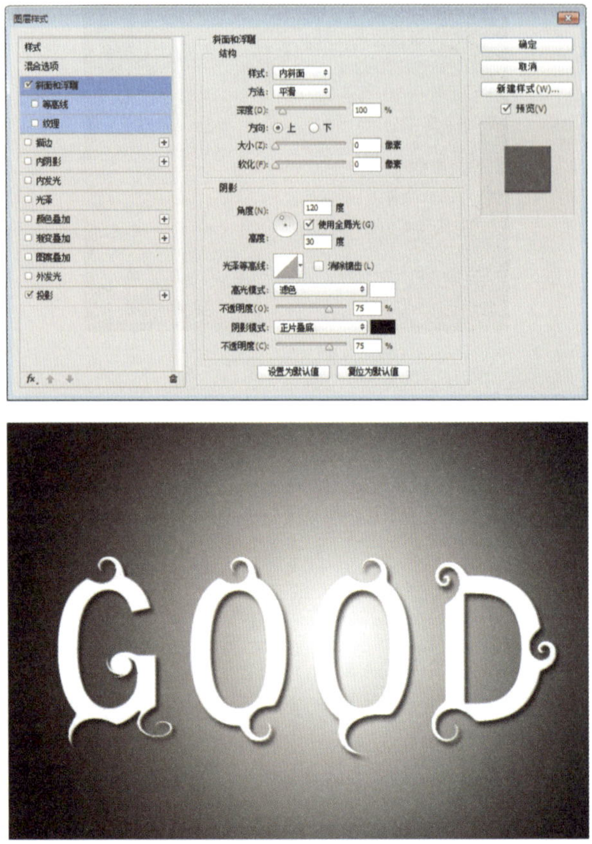

图15.122 “斜面和浮雕”设置与效果

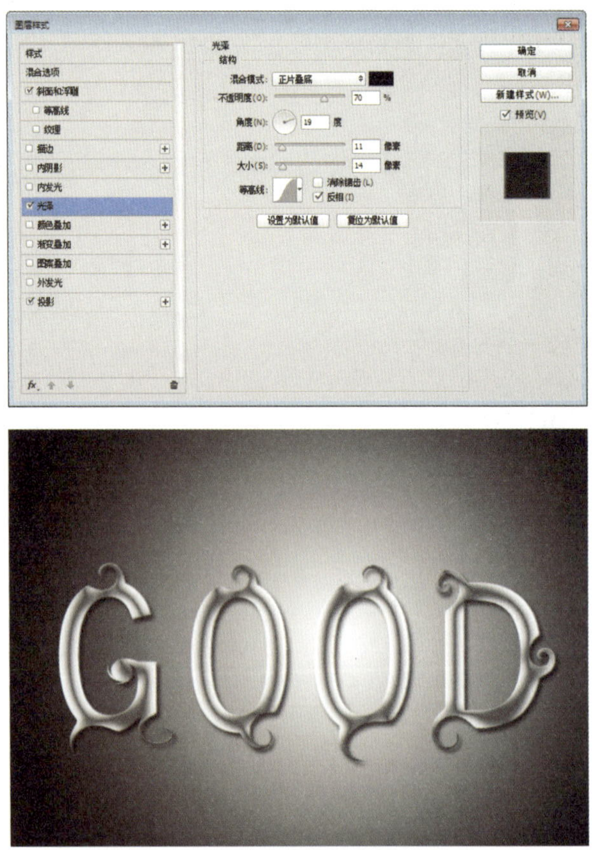

图15.123 “光泽”设置与效果

10 勾选“图案叠加”复选框，设置“不透明度”为100%，选择“图案”|“褶皱”图案，如图15.124所示。

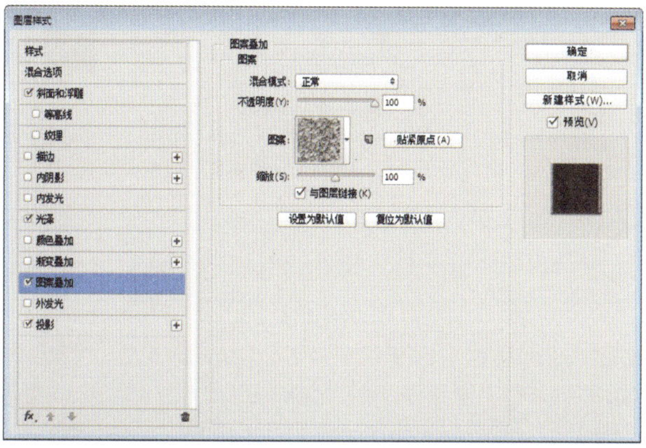

图15.124　“图案叠加”设置与效果

11 勾选“描边”复选框，设置“大小”为1像素，“颜色”为黑色，单击“确定”按钮确认，如图15.125所示。

12 最后再配上相关的装饰，完成本例的制作，最终效果如图15.126所示。

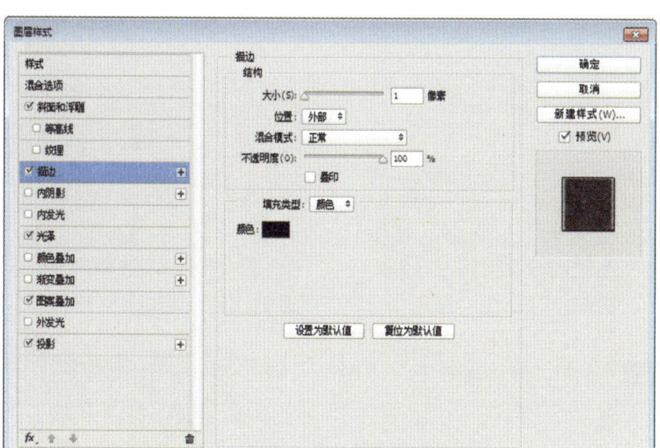

图15.125　“描边”设置与效果

图15.125　“描边”设置与效果（续）

图15.126　真实铸铁卷边字完成效果

15.4 UI艺术设计

15.4.1 邮箱登录控件

- **素材位置** | 无
- **案例位置** | 案例文件\第15章\邮箱登录控件.psd
- **视频位置** | 多媒体教学\15.4.1　邮箱登录控件.avi
- **难易指数** | ★★☆☆☆

本例讲解制作邮箱登录控件，本例中控件以漂亮的标签样式与简洁的按钮搭配，整体表现出很强的控件特征。最终效果如图15.127所示。

图15.127 最终效果

操作步骤

01 执行菜单栏中的“文件”|“新建”命令，在弹出的对话框中设置“宽度”为400像素，“高度”为300像素，“分辨率”为72像素/英寸，新建一个空白画布，将画布填充为蓝色（R：77，G：179，B：227）。

02 选择工具箱中的“圆角矩形工具”，在选项栏中将“填充”更改为蓝色（R：27，G：128，B：176），“半径”为10像素，绘制一个圆角矩形，此时将生成一个“圆角矩形 1”图层，如图15.128所示。

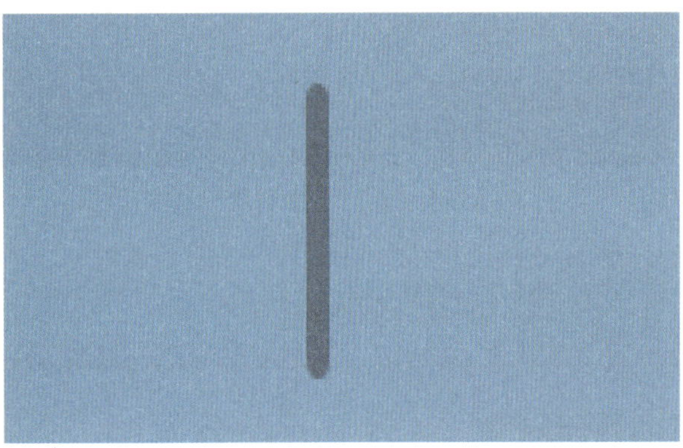

图15.128 绘制圆角矩形

03 在“图层”面板中，选中“圆角矩形 1”图层，单击面板底部的“添加图层样式”fx按钮，在菜单中选择“内阴影”命令。

04 在弹出的对话框中将“混合模式”更改为正常，“颜色”更改为深蓝色（R：3，G：51，B：73），“不透明度”更改为80%，取消“使用全局光”复选框，“角度”更改为180度，“距离”更改为2像素，“大小”更改为6像素，如图15.129所示。

05 勾选“投影”复选框，将“混合模式”更改为叠加，“颜色”更改为白色，“不透明度”更改为100%，取消“使用全局光”复选框，“角度”更改为0度，“距离”更改为1像素，“大小”更改为1像素，完成之后单击“确定”按钮，如图15.130所示。

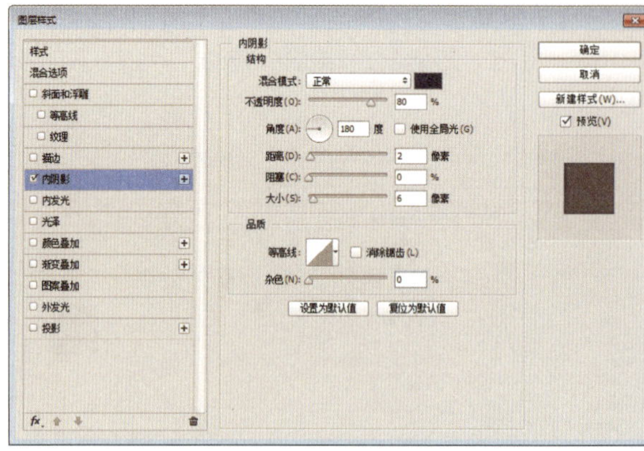

图15.129 设置“内阴影”

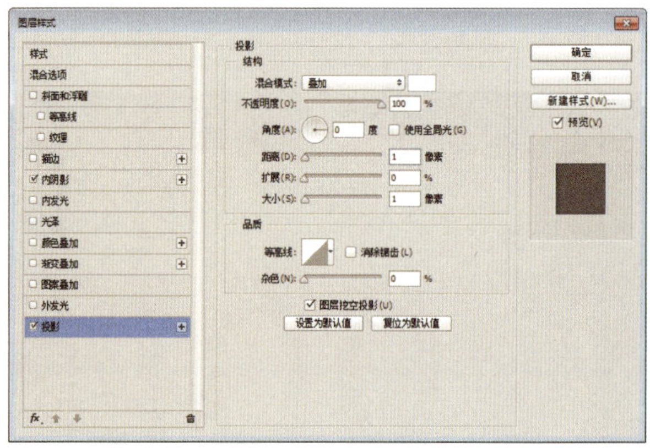

图15.130 设置“投影”

06 选择工具箱中的“矩形工具”，在选项栏中将“填充”更改为灰色（R：235，G：235，B：235），“描边”为无，绘制一个矩形，此时将生成一个“矩形 1”图层，如图15.131所示。

07 选择工具箱中的“添加锚点工具”，在矩形右侧边缘中间位置单击添加锚点，，然后向右侧拖动调整该锚点，形式箭头效果，如图15.132所示。

图15.131 绘制矩形

图15.132 添加锚点并调整

08 选择工具箱中的“直线工具”，在选项栏中将“填充”更改为蓝色（R：122，G：206，B：238），“描边”为无，“粗细”更改为3像素，按住Shift键绘制一条垂直线段，将生成一个“形状1”图层，如图15.133所示。

09 按住Alt键向右侧平移复制1份，将生成1个“形状 1

拷贝”图层，将线段“填充”更改为红色（R：244，G：107，B：113），如图15.134所示。

图15.133　绘制线段

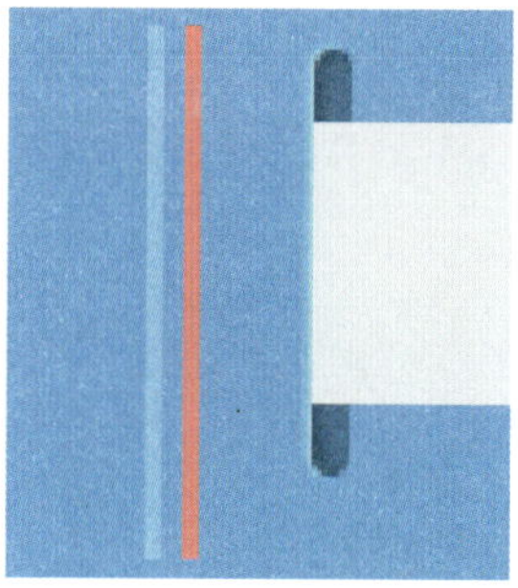
图15.134　复制线段

10 同时选中蓝色和红色线段，将其复制多份完全覆盖下方图形，如图15.135所示。

11 同时选中所有和线段相关图层，按Ctrl+G组合键将其编组，将生成的组名称更改为“条纹”，按Ctrl+E组合键将其合并，将生成1个“条纹”图层，如图15.136所示。

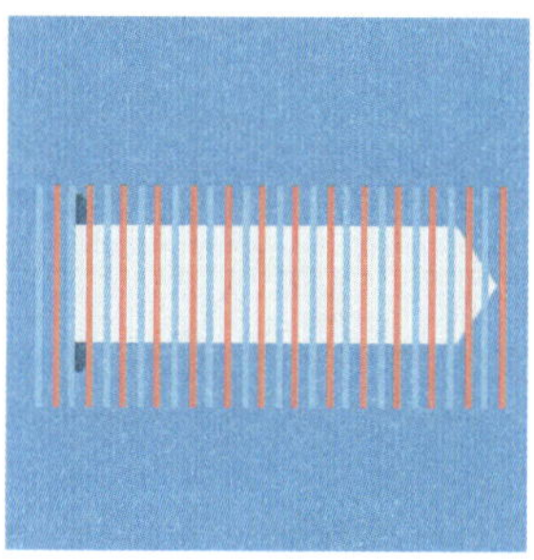
图15.135　复制图形

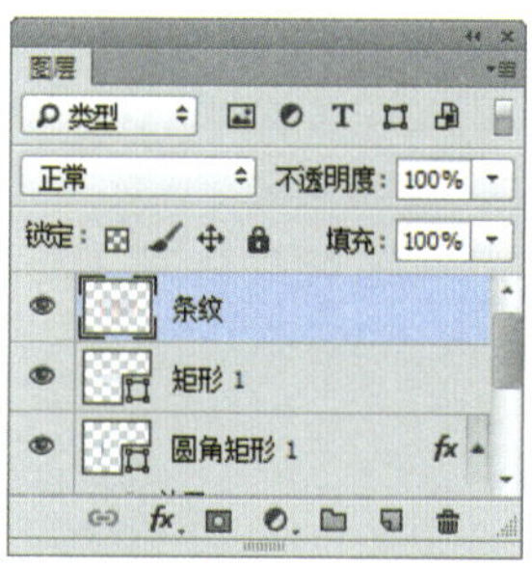

图15.136　合并组

12 按Ctrl+T组合键对其执行“自由变换”命令，将图像适当旋转，完成之后按Enter键确认，如图15.137所示。

13 选择工具箱中的“矩形选框工具”，在标签底部绘制1个矩形以选中部分所需条纹图像，如图15.138所示。

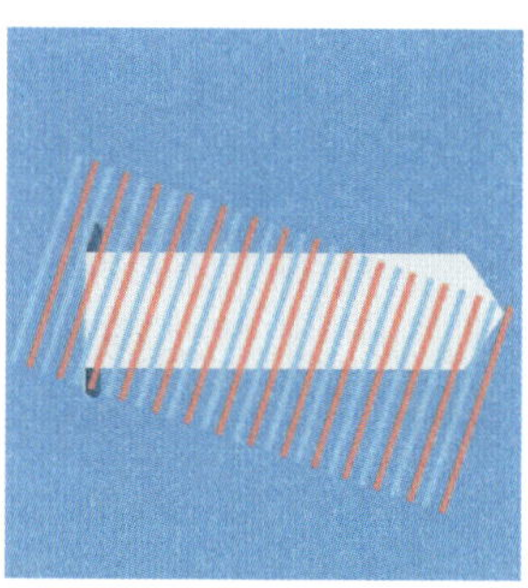
图15.137　旋转图像

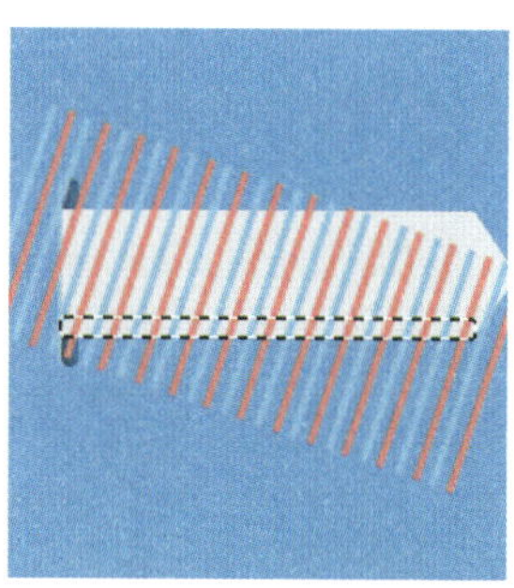
图15.138　绘制选区

14 执行菜单栏中的“选择”|“反选”命令将选区反选，选中“条纹”图层，将多余图像删除，完成之后按Ctrl+D组合键将选区取消，如图15.139所示。

15 按Ctrl+E组合键向下合并，如图15.140所示。

图15.139　删除图像

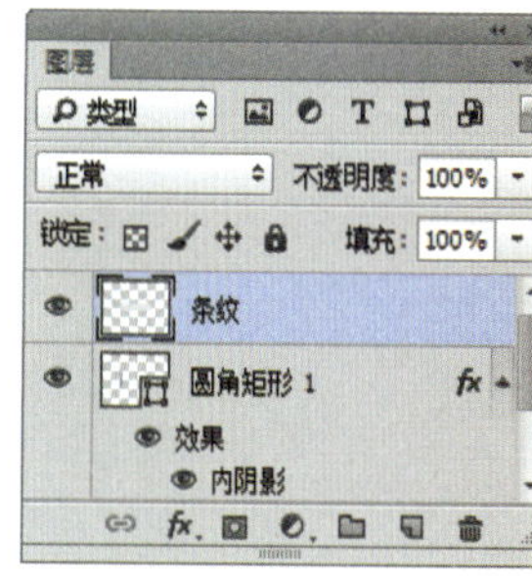

图15.140　合并图层

16 在“图层”面板中，选中“条纹”图层，单击面板底部的“添加图层样式”按钮，在菜单中选择“渐变叠加”命令。

17 在弹出的对话框中将“渐变”更改为深蓝色（R：142，G：174，B：189）到透明，将第2个不透明色标的“不透明度”更改为0，“位置”更改为7%，确定后返回“图层样式”对话框，“角度”更改为0，如图15.141所示。

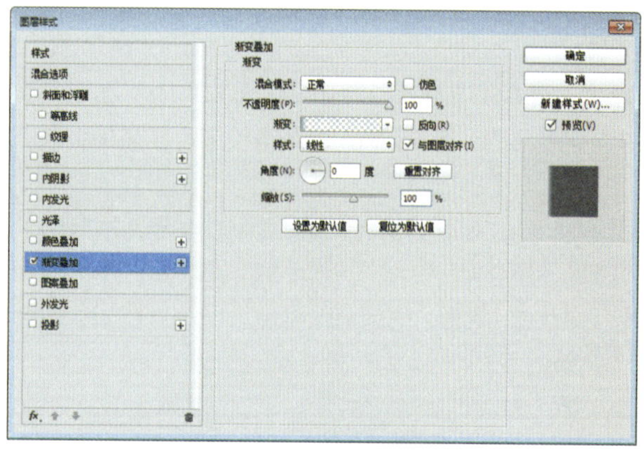
图15.141　设置渐变叠加

18 勾选“投影”复选框，将“混合模式”更改为正常，“颜色”更改为深蓝色（R：37，G：112，B：147），“不透明度”更改为30%，取消“使用全局光”复选框，将“角度”更改为114度，“距离”更改为5像素，“大小”更改为0像素，完成之后单击“确定”按钮，如图15.142所示。

19 选择工具箱中的“横排文字工具”，添加文字（方正兰亭细黑），如图15.143所示。

20 选择工具箱中的“圆角矩形工具”，在选项栏中将“填充”更改为无，“描边”为深蓝色（R：27，G：128，B：176），“宽度”为2点，“半径”为5像素，绘制一个圆角矩形，此时将生成一个“圆角矩形2”图层，如图15.144所示。

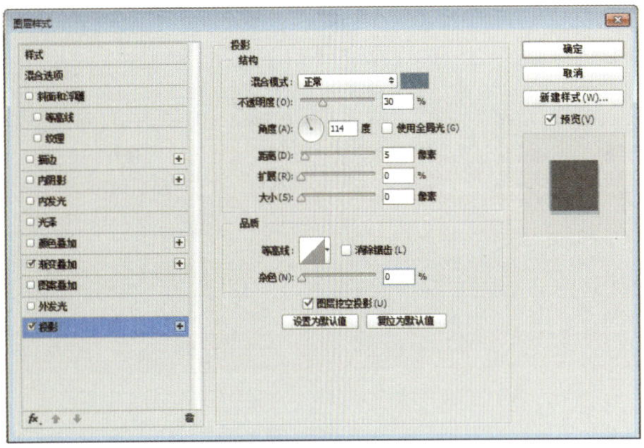

图15.142 设置投影

图15.143 添加文字

图15.144 绘制图形

21 在“图层”面板中，选中“圆角矩形 2”图层，单击面板底部的“添加图层样式”fx按钮，在菜单中选择“投影”命令。

22 在弹出的对话框中将“混合模式”更改为叠加，“颜色”更改为白色，“不透明度”更改为60%，“距离”更改为1像素，完成之后单击“确定”按钮，如图15.145所示。

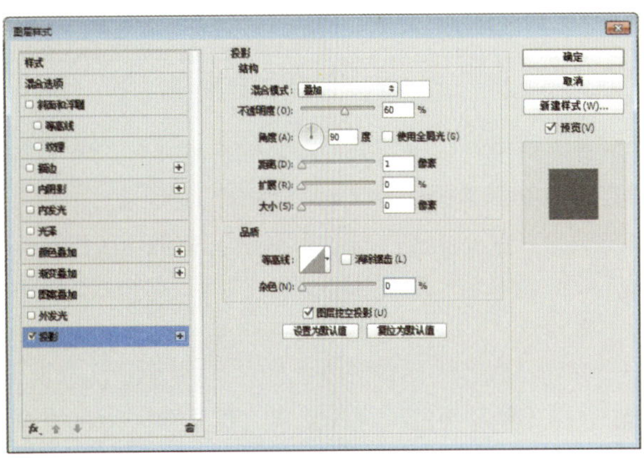

图15.145 设置投影

23 选择工具箱中的“横排文字工具”T，添加文字（方正兰亭黑），如图15.146所示。

24 在“圆角矩形 2”图层名称上单击鼠标右键，从弹出的快捷菜单中选择“拷贝图层样式”命令，在“Sign in”图层名称上单击鼠标右键，从弹出的快捷菜单中选择“粘贴图层样式”命令，这样就完成了效果制作，最终效果如图15.147所示。

图15.146 添加文字

图15.147 最终效果

15.4.2 电量管理图标

- **素材位置** | 无
- **案例位置** | 案例文件\第15章\电量管理图标.psd
- **视频位置** | 多媒体教学\15.4.2 电量管理图标.avi
- **难易指数** | ★★☆☆☆

本例讲解制作电量管理图标，本例中图标在制作过程中模拟出插头效果，以舒适的扁平化形式直观展示，整个图标效果十分自然，具有很高的实用性。最终效果如图15.148所示。

图15.148 最终效果

操作步骤

01 执行菜单栏中的“文件”|“新建”命令，在弹出的对话框中设置“宽度”为400像素，“高度”为350像素，“分辨率”为72像素/英寸，新建一个空白画布。

02 选择工具箱中的“椭圆工具”，在选项栏中将“填充”更改为青色（R：23，G：183，B：184），“描边”为无，按住Shift键绘制一个圆形，此时将生成一个“椭圆 1”图层，如图15.149所示。

03 选择工具箱中的“圆角矩形工具”，在选项栏中将“填充”更改为黄色（R：249，G：191，B：20），“描边”为无，“半径”为50像素，绘制一个圆角矩形，此时将生成一个“圆角矩形 1”图层，如图15.150所示。

图15.149 绘制圆

图15.150 绘制圆角矩形

04 选择工具箱中的“直接选择工具”，选中圆角矩形顶部锚点将其删除，如图15.151所示。

05 同时选中剩余的顶部两个锚点向上拖动将其变形，如图15.152所示。

图15.151 删除锚点

图15.152 拖动锚点

06 选择工具箱中的“圆角矩形工具”，在选项栏中将“填充”更改为深蓝色（R：14，G：87，B：105），“描边”为无，“半径”为50像素，在图形底部再次绘制一个圆角矩形，将生成一个“圆角矩形 2”图层，将其移到“圆角矩形 1”图层下方，如图15.153所示。

07 以同样方法在圆角矩形底部再次绘制1个稍细的浅蓝色（R：138，G：242，B：251）圆角矩形，将生成一个“圆角矩形 3”，将其移到“圆角矩形 2”图层下方，如图15.154所示。

图15.153 绘制图形

图15.154 绘制稍细图形

08 选中“圆角矩形 3”图层，执行菜单栏中的“图层”|“创建剪贴蒙版”命令，为当前图层创建剪贴蒙版将部分图形隐藏，如图15.155所示。

图15.155 创建剪贴蒙版

09 选择工具箱中的“圆角矩形工具”，在黄色图形左上角位置绘制1个细长圆角矩形，将“填充”更改为浅蓝色（R：212，G：251，B：255），将绘制的圆角矩形向右侧平移复制1份，如图15.156所示。

图15.156 绘制图形

10 选择工具箱中的“矩形工具”，在选项栏中将“填充”更改为浅蓝色（R：212，G：251，B：255），“描边”为无，在黄色图形位置绘制一个矩形，此时将生成一个“矩形 1”图层，将图形复制1份，如图15.157所示。

图15.157 绘制图形

11 选择工具箱中的“钢笔工具”，在选项栏中单击“选择工具模式”路径按钮，在弹出的选项中选择“形状”，将“填充”更改为黄色（R：249，G：191，B：20），“描边”更改为无，在图标靠顶部位置绘制1个电量标识图形，这样就完成了效果制作，最终效果如图15.158所示。

图15.158 最终效果

15.4.3 超质感麦克风图标

- **素材位置** | 素材文件\第15章\超质感麦克风图标
- **案例位置** | 案例文件\第15章\超质感麦克风图标.psd
- **视频位置** | 多媒体教学\15.4.3 超质感麦克风图标.avi
- **难易指数** | ★☆☆☆☆

本例讲解制作超质感麦克风图标，此款麦克风图标具有超强的质感，很好的可识别性与极佳的拟物化形象，使这款图标的最终效果相当出色。最终效果如图15.159所示。

图15.159 最终效果

操作步骤

01 执行菜单栏中的“文件”|“新建”命令，在弹出的对话框中设置“宽度”为500像素，“高度”为400像素，“分辨率”为72像素/英寸，新建一个空白画布。将画布填充为蓝色（R：37，G：70，B：90）到深蓝色（R：12，G：26，B：38）的径向渐变。

02 选择工具箱中的“圆角矩形工具”，在选项栏中将“填充”更改为白色，“描边”为无，“半径”为20像素，按住Shift键绘制一个圆角矩形，此时将生成一个“圆角矩形 1”图层，如图15.160所示。

图15.160 绘制圆角矩形

03 在“图层”面板中，单击面板底部的“添加图层样式”fx按钮，在菜单中选择“渐变叠加”命令。

04 在弹出的对话框中将“渐变”更改为灰色系渐变，如图15.161所示。

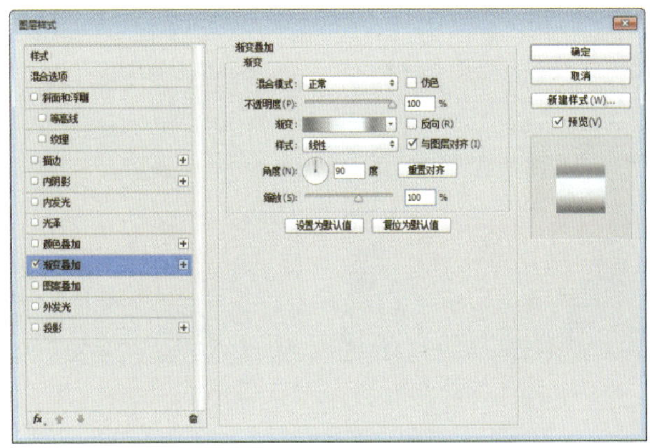
图15.161 设置渐变叠加

提示

此处的渐变颜色可参照下图中进行设置，只需要达到金属过渡质感效果即可。

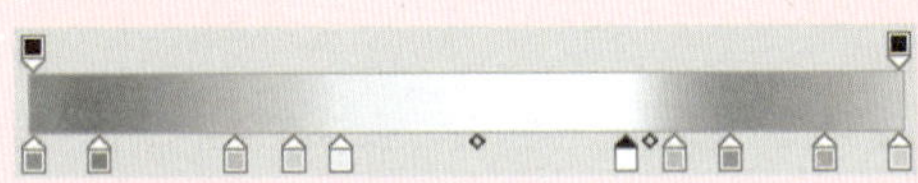

05 勾选“内阴影”复选框，将“混合模式”更改为正常，“颜色”为白色，“不透明度”更改为100%，“距离”更改为2像素，“大小”更改为2像素，完成之后单击“确定”按钮，如图15.162所示。

06 执行菜单栏中的“文件”|“打开”命令，打开“话筒.psd、网状背景.psd”文件，将打开的素材拖入画布中并适当缩小，如图15.163所示。

07 在“图层”面板中，选中“话筒”图层，单击面板底部的“添加图层样式”fx按钮，在菜单中选择“投影”命令。

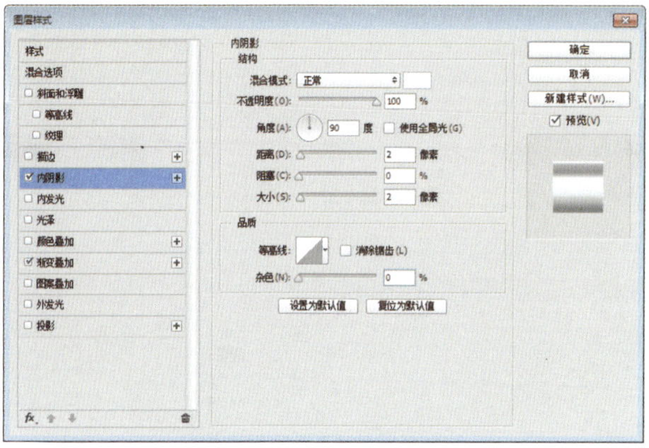

图15.162 设置内阴影

图15.163 添加素材

08 在弹出的对话框中将“混合模式”更改为正常，“颜色”更改为黑色，“不透明度”更改为80%，“距离”更改为2像素，“大小”更改为6像素，完成之后单击“确定”按钮，如图15.164所示。

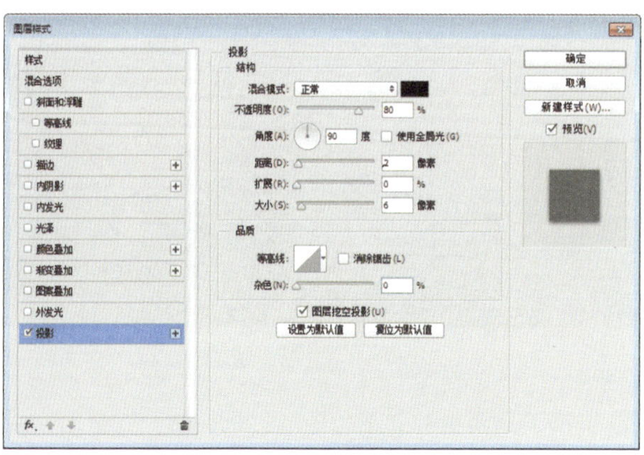

图15.164 设置投影

09 选择工具箱中的“椭圆工具”，在选项栏中将“填充”更改为黑色，“描边”为无，在图标底部绘制1个椭圆图形，此时将生成一个“椭圆 1”图层，如图15.165所示。

10 执行菜单栏中的“滤镜”|“模糊”|“高斯模糊”命令，在弹出的对话框中单击“栅格化”按钮，然后在弹出的对话框中将“半径”更改为4像素，完成之后单击“确定”按钮，如图15.166所示。

11 执行菜单栏中的“滤镜”|“模糊”|“动感模糊”命令，在弹出的对话框中将“角度”更改为0度，“距离”更改为2像素，设置完成之后单击“确定”按钮，这样就完成了效果制作，最终效果如图15.167所示。

图15.165 绘制椭圆

图15.166 添加高斯模糊

图15.167 超质感麦克风最终效果

15.4.4 音乐播放界面设计

- **素材位置** | 素材文件\第 15 章\音乐播放界面设计
- **案例位置** | 案例文件\第 15 章\音乐播放界面设计.psd
- **视频位置** | 多媒体教学\15.4.4 音乐播放界面设计.avi
- **难易指数** | ★★☆☆☆

本例讲解制作音乐播放界面，本例中界面以出色的视觉设计为视觉焦点，将图像与交互式按钮相结合，整体表现出很强的设计感。最终效果如图15.168所示。

图15.168 最终效果

操作步骤

01 执行菜单栏中的“文件”|“新建”命令，在弹出的对话框中设置“宽度”为1080像素，“高度”为1920像素，“分辨率”为72像素/英寸，新建一个空白画布，将画布填充为深紫色（R：50，G：50，B：76）。

02 选择工具箱中的“椭圆工具”，在选项栏中将“填充”更改为白色，“描边”为无，按住Shift键绘制一个圆形，此时将生成一个“椭圆 1”图层，如图15.169所示。

03 执行菜单栏中的“文件”|“打开”命令，打开“DJ图像.jpg”文件，将打开的素材拖入画布中并适当缩小，其图层名称将更改为“图层 1”，如图15.170所示。

图15.169 绘制圆

图15.170 添加素材

04 选中“图层 1”图层，执行菜单栏中的“图层”|“创建剪贴蒙版”命令，为当前图层创建剪贴蒙版将部分图像隐藏，如图15.171所示。

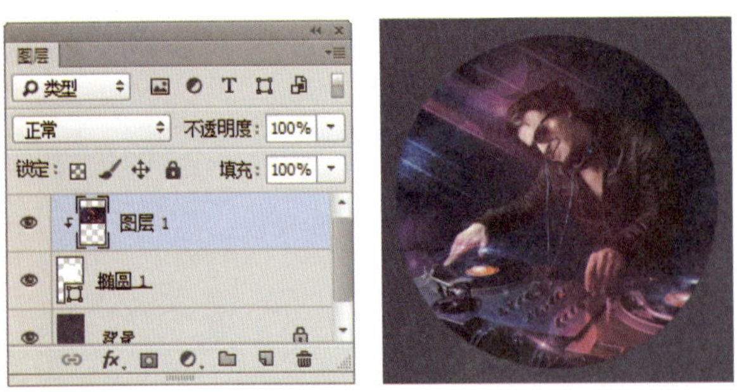

图15.171 创建剪贴蒙版

技巧

创建剪贴蒙版后可适当将图像缩小。

05 在“图层”面板中，选中“椭圆 1”图层，单击面板底部的“添加图层样式”按钮，在菜单中选择“投影”命令。

06 在弹出的对话框中将“混合模式”更改为正常，“颜色”更改为黑色，“不透明度”更改为40%，“距离”更改为20像素，“大小”更改为30像素，完成之后单击“确定”按钮，如图15.172所示。

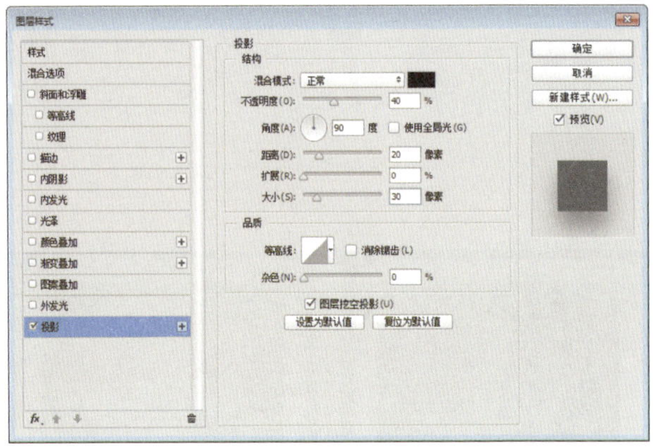

图15.172 设置投影

07 选择工具箱中的“矩形工具”，在选项栏中将“填充”更改为深蓝色（R：43，G：43，B：67），“描边”为无，在界面顶部绘制一个与其相同宽度的矩形，此时将生成一个“矩形 1”图层，如图15.173所示。

图15.173 绘制矩形

08 选择工具箱中的“圆角矩形工具”，在选项栏中将“填充”更改为白色，“描边”为无，“半径”为20像素，在界面左上角绘制一个圆角矩形，此时将生成一个“圆角矩形 1”图层，如图15.174所示。

09 选中“圆角矩形 1”图层，将其向下移动复制两份，如图15.175所示。

10 选择工具箱中的“横排文字工具”，添加文字（Humanst521 BT Ro），如图15.176所示。

11 选择工具箱中的“椭圆工具”，在选项栏中将“填充”更改为红色（R：255，G：41，B：82），“描边”为无，在界面底部位置按住Shift键绘制一个正圆图形，此时将生成一个“椭圆 2”图层，如图15.177所示。

12 在“图层”面板中，选中“椭圆 2”图层，将其拖至面板底部的“创建新图层”按钮上，复制1个“椭圆 2 拷贝”图层，分别将图层名称更改为“进度条”“控制面板”，如图15.178所示。

图15.174 绘制圆角矩形

图15.175 复制图形

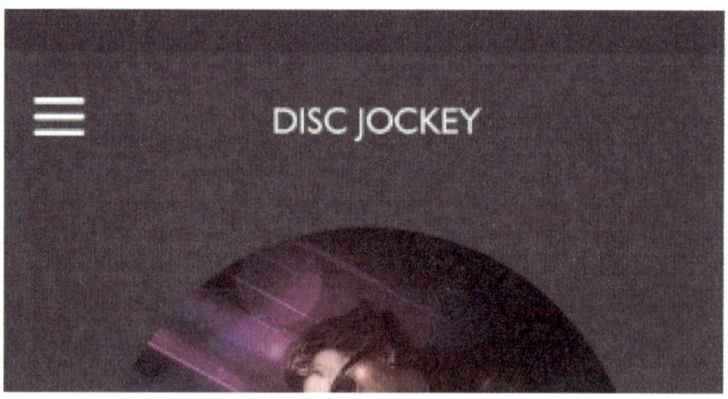

图15.176 添加文字

图15.177 绘制圆

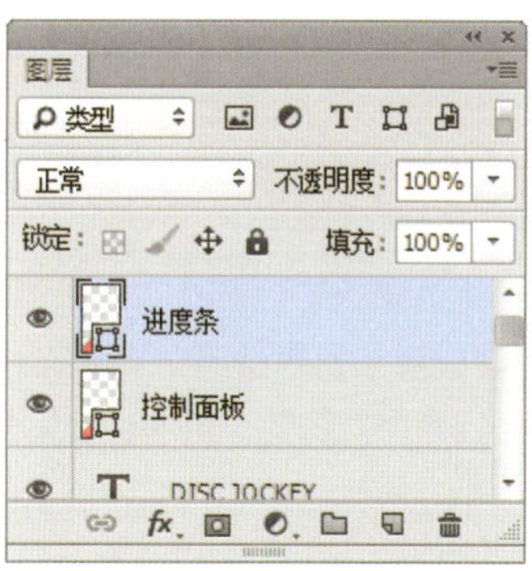

图15.178 复制图层

13 选中“进度条”图层，在选项栏中将“填充”更改为无，“描边”为浅紫色（R：255，G：149，B：207），“宽度”为15点。

14 单击“设置形状描边类型”按钮，在弹出的面板中单击“端点”下方按钮，在弹出的选项中选择第2种端点类型，如图15.179所示。

15 选择工具箱中的“添加锚点工具”，分别在圆形左右两侧添加锚点，如图15.180所示。

图15.179 更改描边

图15.180 添加锚点

16 选择工具箱中的“直接选择工具”，选中“进度条”底部几个锚点将其删除，如图15.181所示。

17 在“图层”面板中，选中“进度条”图层，将其拖至面板底部的“创建新图层”按钮上，复制1个“进度条 拷贝”图层，如图15.182所示。

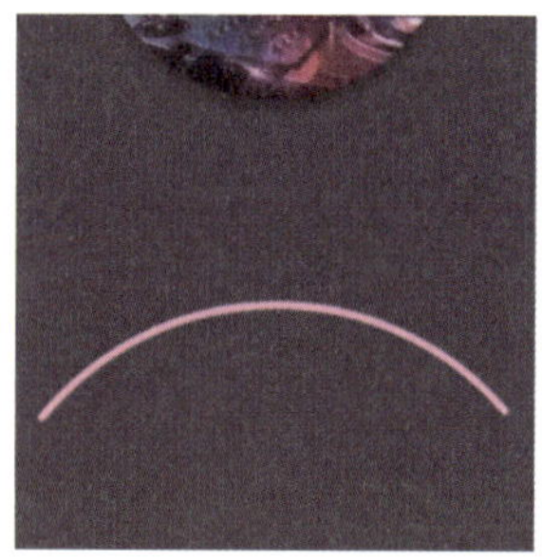

图15.181 删除锚点

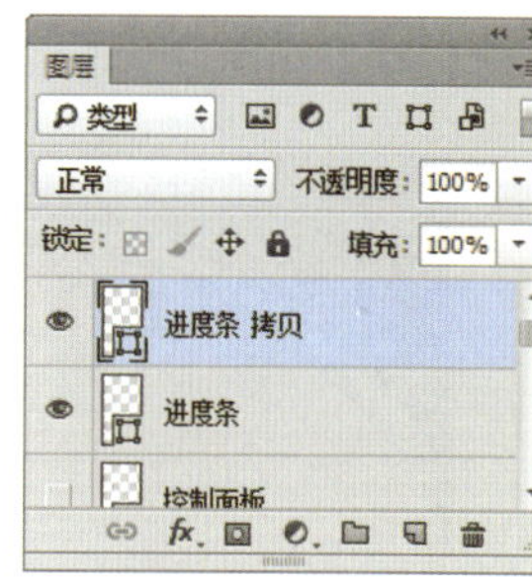

图15.182 复制图层

18 选中“进度条 拷贝”图层，将“描边”更改为白色，如图15.183所示。

19 选择工具箱中的“直接选择工具”，选中“进度条 拷贝”图层中描边右侧锚点将其删除，如图15.184所示。

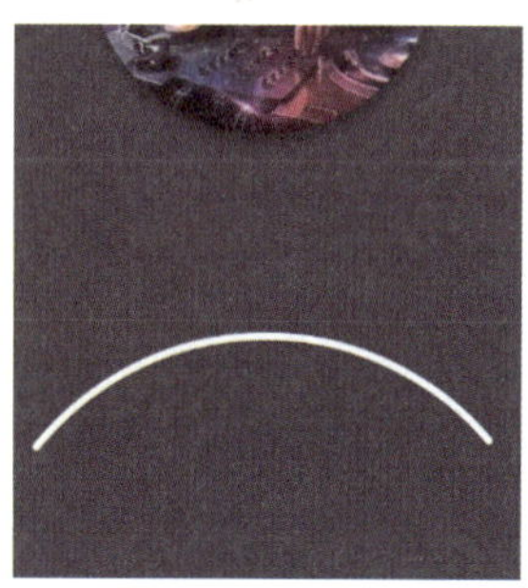

图15.183 更改颜色

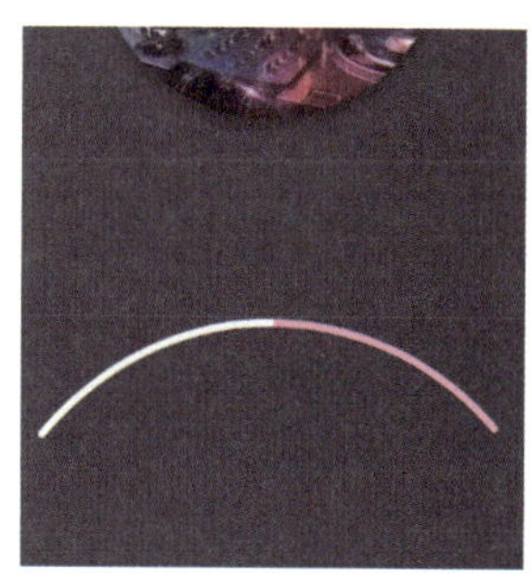

图15.184 删除锚点

20 选择工具箱中的“椭圆工具”，在选项栏中将“填充”更改为白色，“描边”为无，在两个描边交叉位置按住Shift键绘制一个圆形，将生成一个“椭圆 2”图层，如图15.185所示。

21 在“图层”面板中，单击面板底部的“添加图层样式”按钮，在菜单中选择“外发光”命令。

22 在弹出的对话框中将“混合模式”更改为正常，“不透明度”更改为100%，“颜色”更改为浅紫色（R：255，G：149，B：207），“大小”更改为18像素，完成之后单击“确定”按钮，如图15.186所示。

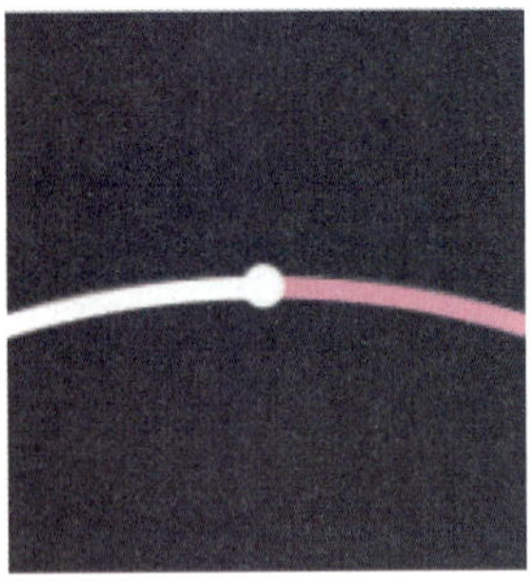

图15.185 绘制圆

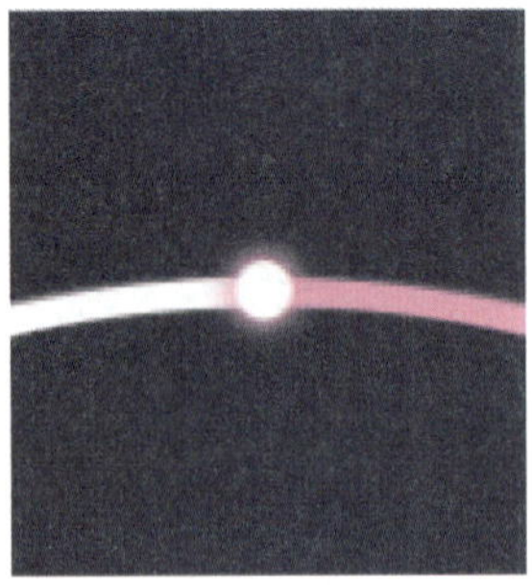

图15.186 添加外发光

23 选中“控制面板”图层，按Ctrl+T组合键对其执行“自由变换”命令，将图形等比缩小，完成之后按Enter键确认，如图15.187所示。

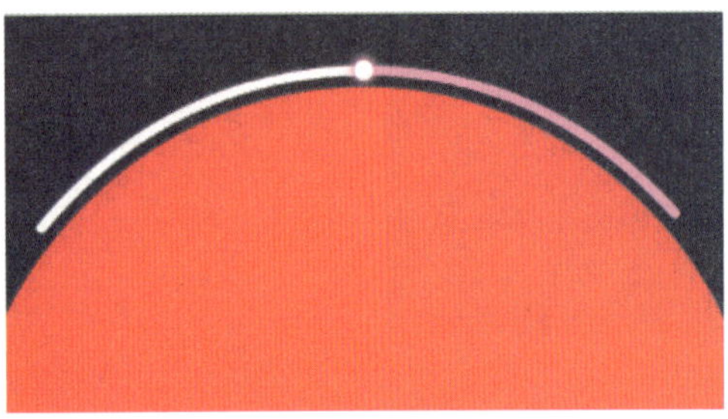

图15.187 缩小图形

24 选择工具箱中的“椭圆工具”，在选项栏中将“填充”更改为红色（R：255，G：41，B：82），“描边”为无，在界面底部位置按住Shift键绘制一个圆形，将生成一个“椭圆 3”图层，如图15.188所示。

25 在“图层”面板中，单击面板底部的“添加图层样式”按钮，在菜单中选择“投影”命令。

26 在弹出的对话框中将“混合模式”更改为正常，“颜色”更改为紫色（R：84，G：19，B：47），“不透明度”更改为30%，“距离”更改为20像素，“大小”更改为30像素，完成之后单击“确定”按钮，如图15.189所示。

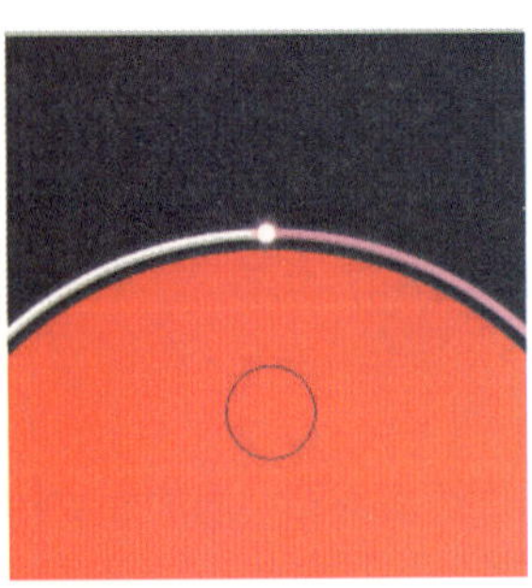

图15.188 绘制圆

图15.189 添加投影

27 选择工具箱中的“圆角矩形工具”，在选项栏中将“填充”更改为白色，“描边”为无，“半径”为20像素，绘制一个圆角矩形，此时将生成一个“圆角矩形2”图层，如图15.190所示。

28 将圆角矩形向右侧平移复制1份，如图15.191所示。

图15.190 绘制圆角矩形

图15.191 复制图形

29 选择工具箱中的“矩形工具”，在选项栏中将“填充”更改为无，“描边”为白色，绘制一个矩形，此时将生成一个“矩形 2”图层，如图15.192所示。

30 按Ctrl+T组合键对其执行“自由变换”命令，当出现框以后在选项栏中“旋转”后方文本框中输入45，完成之后按Enter键确认，如图15.193所示。

图15.192 绘制矩形

图15.193 旋转图形

31 选择工具箱中的“删除锚点工具”，单击矩形右侧锚点将其删除，再适当增加三角形宽度，如图15.194所示。

32 选择工具箱中的“直线工具”，在选项栏中将“填充”更改为白色，“描边”为无，“粗细”为8像素，在三角形左侧按住Shift键绘制一条线段，将生成一个“形状1”图层，如图15.195所示。

33 同时选中“形状 1”及“矩形 2”图层，按住Alt+Shift组合键向右侧平移复制。

34 按Ctrl+T组合键对其执行“自由变换”命令，单击鼠标右键，从弹出的快捷菜单中选择“水平翻转”命令，完成之后按Enter键确认，如图15.196所示。

35 选择工具箱中的“直线工具”，在选项栏中将“填充”更改为白色，“描边”为无，“粗细”为8像素，按住Shift键绘制一条水平线段，将生成一个“形状

2”图层，如图15.197所示。

36 在“图层”面板中，选中“形状 2”图层，将其拖至面板底部的“创建新图层”按钮上，复制1个“形状 2 拷贝”图层，如图15.198所示。

图15.194　删除锚点

图15.195　绘制线段

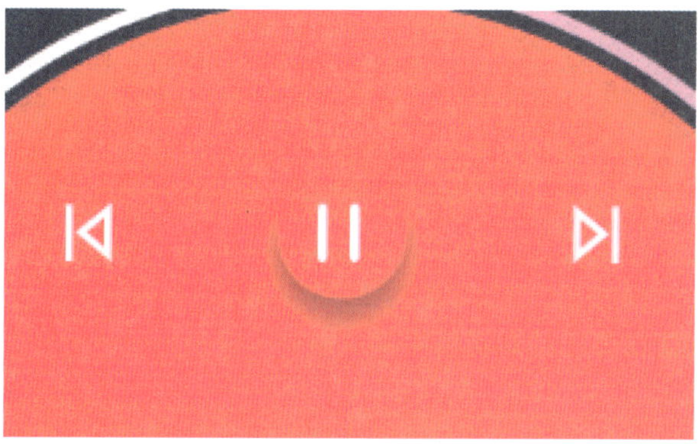

图15.196　复制图形

图15.197　绘制线段

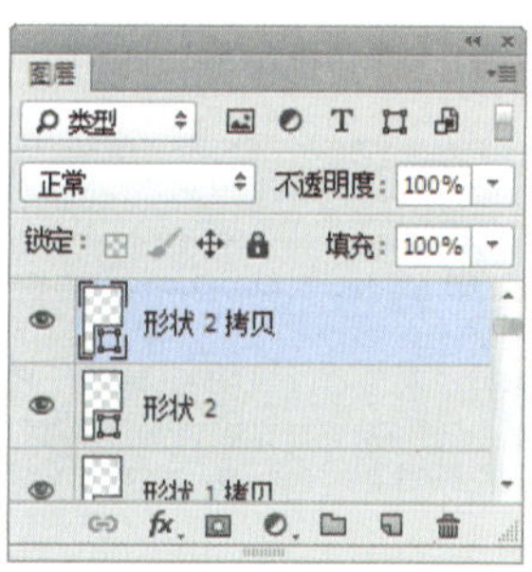

图15.198　复制图层

37 选中“形状 2”图层，将其图层混合模式设置为“柔光”，如图15.199所示。

38 选中“形状 2 拷贝”图层，按Ctrl+T组合键对其执行“自由变换”命令，将线段长度缩小，完成之后按Enter键确认，如图15.200所示。

39 选择工具箱中的“椭圆工具”，在选项栏中将“填充”更改为白色，“描边”为无，在线段右侧 按住Shift键绘制一个圆形，如图15.201所示。

40 执行菜单栏中的“文件”|“打开”命令，打开“图标.psd文件，将打开的素材拖入画布中界面底部适当位置并缩小，如图15.202所示。

图15.199　复制图层

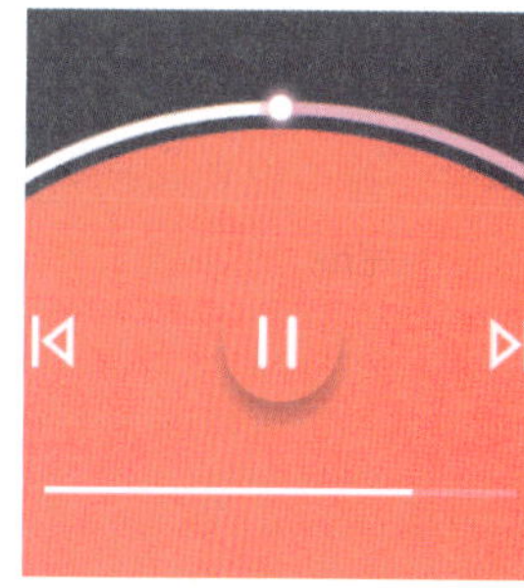

图15.200　缩小长度

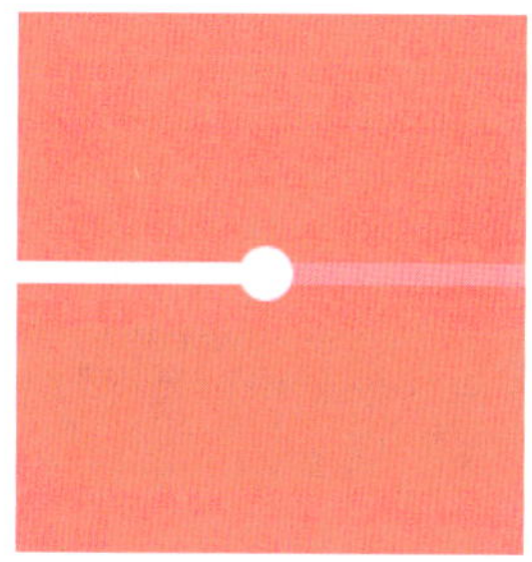

图15.201　绘制圆

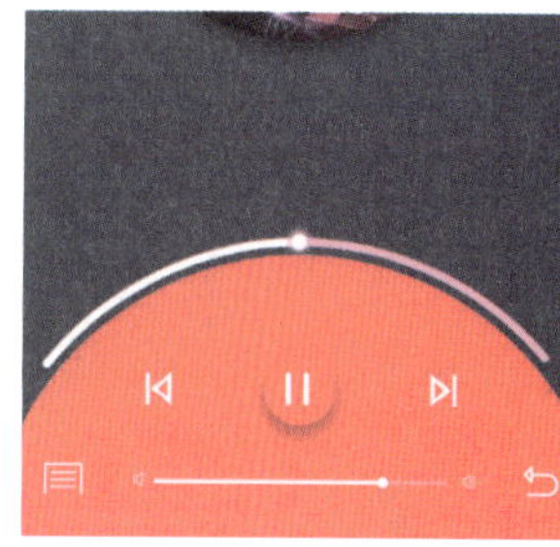

图15.202　添加素材

41 选择工具箱中的“横排文字工具”T，在适当位置添加文字（Humanst521 BT Ro、Helvetica Neue 45 L），这样就完成了效果制作，最终效果如图15.203所示。

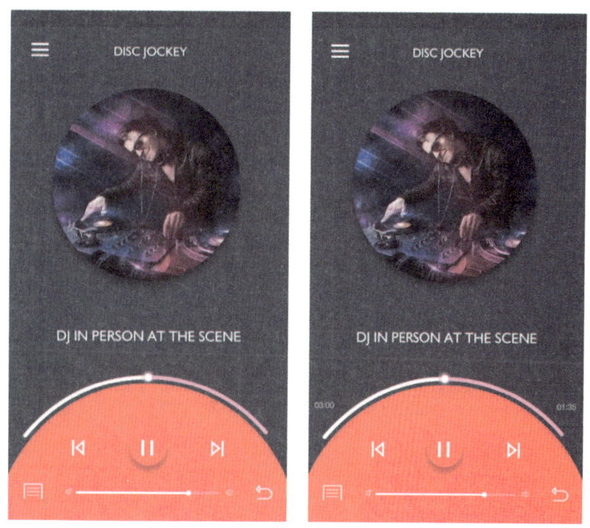

图15.203　最终效果

15.4.5　运动数据界面设计

- **素材位置** | 素材文件\第 15 章\运动数据界面设计
- **案例位置** | 案例文件\第 15 章\运动数据界面设计.psd
- **视频位置** | 多媒体教学\15.4.5　运动数据界面设计.avi
- **难易指数** | ★★☆☆☆

本例讲解制作运动数据界面，此款界面在制作过程中以直观的运动数据为主题，通过文字信息与规范的图形相结合，整体表现出高品质应用的视觉效果。最终效果如图15.204所示。

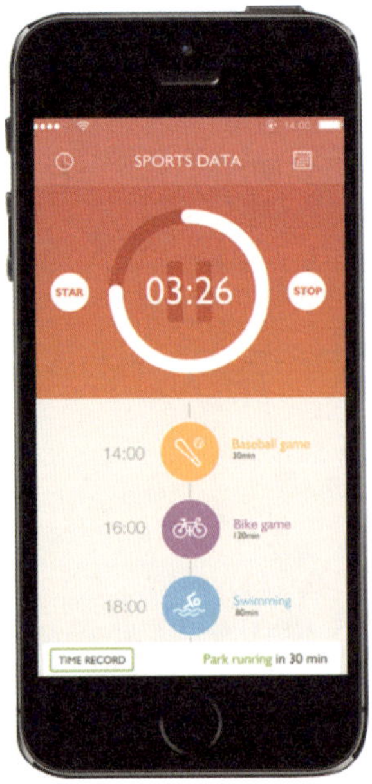

图15.204 最终效果

操作步骤

01 执行菜单栏中的“文件”|“新建”命令，在弹出的对话框中设置“宽度”为1080像素，“高度”为1920像素，“分辨率”为72像素/英寸，新建一个空白画布，将画布填充为浅黄色（R：247，G：242，B：238）。

02 选择工具箱中的“矩形工具”，在选项栏中将“填充”更改为浅红色（R：230，G：94，B：94），“描边”为无，在界面顶部绘制一个矩形，此时将生成一个“矩形 1”图层，如图15.205所示。

03 执行菜单栏中的“文件”|“打开”命令，打开“状态栏.psd”文件，将打开的素材拖入画布中顶部位置并适当缩小，如图15.206所示。

图15.205 绘制矩形

图15.206 添加素材

04 选择工具箱中的“横排文字工具” T，添加文字（Humanst521 BT Ro），如图15.207所示。

05 执行菜单栏中的“文件”|“打开”命令，打开“图标.psd”文件，将打开的素材拖入画布中文字左右两侧位置，如图15.208所示。

图15.207 添加文字

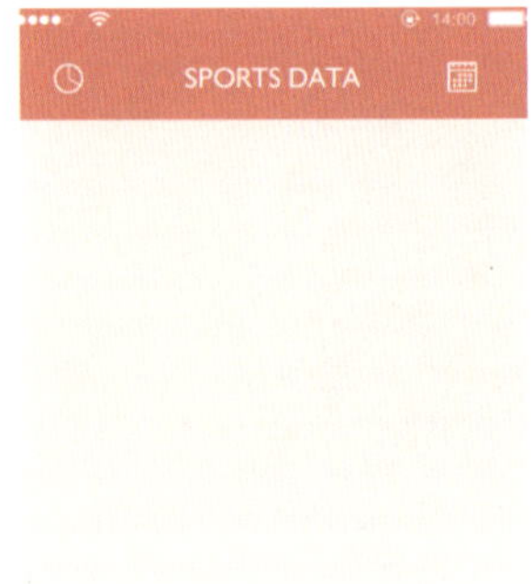

图15.208 添加素材

06 选择工具箱中的“矩形工具”，在选项栏中将“填充”更改为黑色，“描边”为无，绘制一个矩形，此时将生成一个“矩形 2”图层，如图15.209所示。

07 在“图层”面板中，单击面板底部的“添加图层样式” fx按钮，在菜单中选择“渐变叠加”命令。

08 在弹出的对话框中将“渐变”更改为橙色（R：233，G：102，B：48）到红色（R：224，G：68，B：69），完成之后单击“确定”按钮，如图15.210所示。

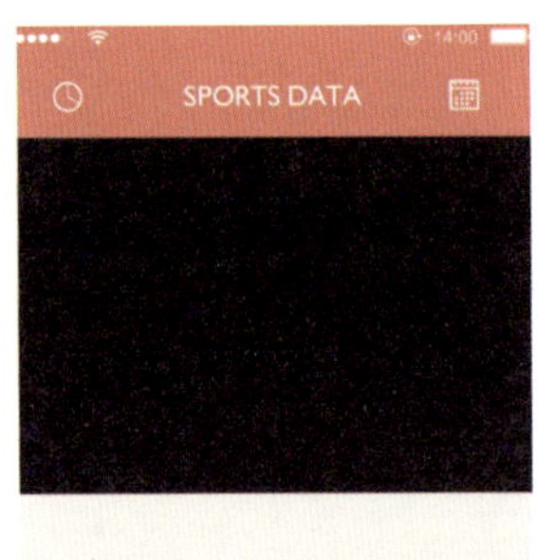

图15.209 绘制矩形

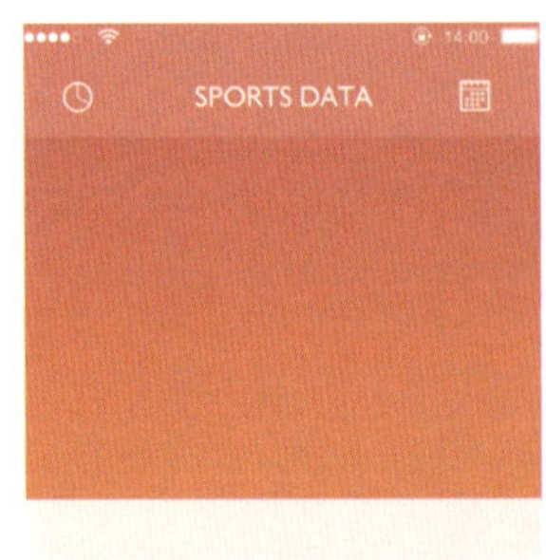

图15.210 添加渐变

09 选择工具箱中的“椭圆工具”，在选项栏中将“填充”更改为无，“描边”为黑色，“宽度”为50点，按住Shift键绘制一个圆形，此时将生成一个“椭圆 1”图层。

10 单击“设置形状描边类型”按钮，在弹出的面板中单击“端点”下方按钮，在弹出的选项中选择第2种端点类型，如图15.211所示。

11 在“图层”面板中，选中“椭圆 1”图层，将其拖至面板底部的“创建新图层”按钮上，复制1个“椭圆 1 拷贝”图层，如图15.212所示。

12 将“椭圆 1 拷贝”图层中图形“描边”更改为白

色，选择工具箱中的“直接选择工具”，选中左上角部分线段将其删除，如图15.213所示。

13 选中“椭圆 1 拷贝”图层，将其图层混合模式设置为“叠加”，“不透明度”更改为50%，如图15.214所示。

图15.211　绘制圆

图15.212　复制图层

图15.213　删除线段

图15.214　设置图层混合模式

14 选择工具箱中的“圆角矩形工具”，在选项栏中将“填充”更改为黑色，“描边”为无，“半径”为10像素，在圆环中间绘制一个圆角矩形，此时将生成一个“圆角矩形 1”图层，如图15.215所示。

15 选中“圆角矩形 1”图层，按住Alt+Shift组合键向右侧平移复制1份，如图15.216所示。

图15.215　绘制圆角矩形

图15.216　复制图形

16 同时选中“圆角矩形 1 拷贝”及“圆角矩形 1”图层，将其图层混合模式设置为“叠加”，“不透明度”更改为50%，如图15.217所示。

17 选择工具箱中的“横排文字工具”T，在画布适当位置添加文字（Humanst521 BT Ro），如图15.218所示。

18 选择工具箱中的“椭圆工具”，在选项栏中将“填充”更改为白色，“描边”为无，在圆环左侧位置按住Shift键绘制一个圆形，此时将生成一个“椭圆 2”图层，如图15.219所示。

19 将圆复制1份移至右侧相对位置，将生成1个“椭圆 2 拷贝”，如图15.220所示。

图15.217　设置图层混合模式

图15.218　添加文字

图15.219　绘制圆

图15.220　复制图形

20 选择工具箱中的“横排文字工具”T，在圆形上添加文字（Humanst521 BT Bold），如图15.221所示。

图15.221　添加文字

21 同时选中“椭圆 2 拷贝”及“椭圆 2”图层，按Ctrl+E组合键将其合并，此时将生成一个“椭圆 2 拷贝”图层，再单击面板底部的“添加图层蒙版”按钮，为其添加图层蒙版，如图15.222所示。

22 按住Ctrl键单击“START”图层缩览图，将其载入选区，再按住Shift+Ctrl组合键单击“STOP”图层缩览图，将其添加至选区。

23 将选区填充为黑色将部分图形隐藏，完成之后按

Ctrl+D组合键将选区取消，再将两个文字图层删除，如图15.223所示。

图15.222 添加图层蒙版

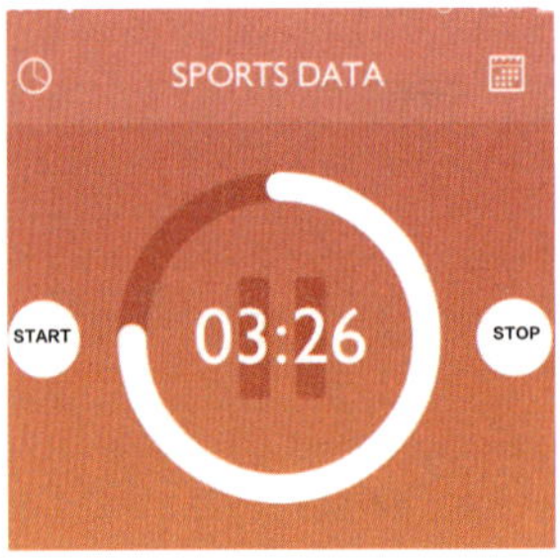

图15.223 隐藏图形

24 选择工具箱中的“椭圆工具”，在选项栏中将“填充”更改为黄色（R：255，G：183，B：49），“描边”为无，按住Shift键绘制一个圆形，此时将生成一个“椭圆 2”图层，如图15.224所示。

25 选中“椭圆 2”图层，向下复制两份，并分别更改为两种不同颜色，如图15.225所示。

图15.224 绘制圆

图15.225 复制图形

> **提示**
>
> 更改颜色的目的是为了区分图形之间的功能化差异，颜色值并非固定，可根据界面整体色调而定。

26 执行菜单栏中的“文件”|“打开”命令，打开“功能图标.psd”文件，将打开的素材拖入画布的圆中并缩小，如图15.226所示。

27 选择工具箱中的“直线工具”，在选项栏中将“填充”更改为灰色（R：196，G：196，B：196），“描边”为无，“粗细”更改为5像素，在功能图标位置按住Shift键绘制线段，将线段复制数份将图形连接，如图15.227所示。

28 选择工具箱中的“横排文字工具”T，在适当位置添加文字（Helvetica Neue 45 L、Humanst521 BT Ro），如图15.228所示。

29 选择工具箱中的“圆角矩形工具”，在选项栏中将“填充”更改为白色，“描边”为无，“半径”为10像素，在界面底部绘制一个圆角矩形，如图15.229所示。

图15.226 添加素材

图15.227 绘制线段

图15.228 添加文字

图15.229 绘制图形

30 选择工具箱中的“圆角矩形工具”，在选项栏中将“填充”更改为无，“描边”为绿色（R：155，G：181，B：22），“半径”为10像素，在圆角矩形左侧绘制一个圆角矩形，如图15.230所示。

31 选择工具箱中的“横排文字工具”T，在适当位置添加文字（Humanst521 BT Ro、Humanst521 BT Ro），这样就完成了效果制作，最终效果如图15.231所示。

图15.230 绘制圆角矩形

图15.231 最终效果

15.5 特效合成表现

15.5.1 撕裂旧照片特效

- **素材位置** | 素材文件\第 15 章\撕裂旧照片特效
- **案例位置** | 案例文件\第 15 章\撕裂旧照片特效.psd
- **视频位置** | 多媒体教学\15.5.1 撕裂旧照片特效.avi
- **难易指数** | ★★★☆☆

本例讲解撕裂的旧照片特效的制作方法，首先应用“色相/饱和度”“色彩平衡”“渐变工具”和“照片滤镜”调整背景图片；然后使用“添加图层样式”与“纹理化”滤镜对图像进行老照片的效果制作；最后应用“自由变换”等命令，对图像进行旋转等操作。最终效果如图15.232所示。

图15.232 最终效果

操作步骤

01 执行菜单栏中的“文件”|“打开”命令，打开“背景.jpg”文件，如图15.233所示。

图15.233 打开文件

02 执行菜单栏中的“图像”|“调整”|“色相/饱和度”命令，打开“色相/饱和度”对话框，设置“饱和度”为-50，如图15.234所示，设置完成后单击“确定”按钮。

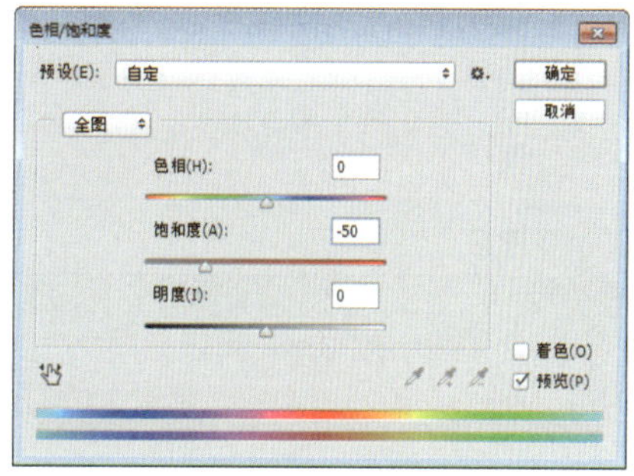

图15.234 调整饱和度

03 执行菜单栏中的“图像”|“调整”|“色彩平衡”命令，打开“色彩平衡”对话框，选择“阴影”单选按钮，勾选“明度”单选按钮，设置“色阶”的参数为（-10，-6，15），如图15.235所示。

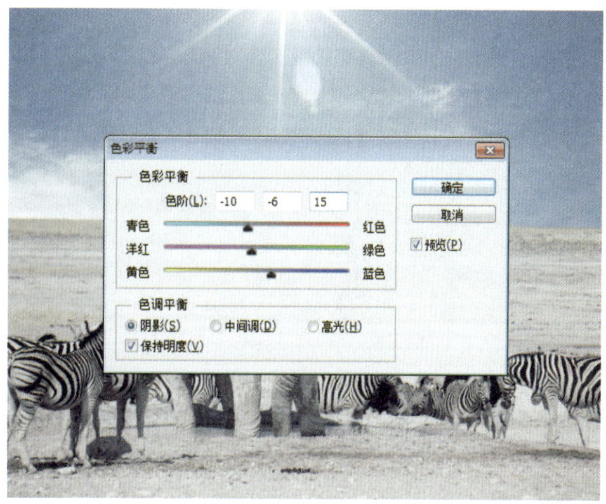

图15.235 调整色彩平衡

04 选择“高光”单选按钮，设置“色阶”的参数为（4，4，-10）。设置完成后单击“确定”按钮，如图15.236所示。

05 单击图层面板下方的“创建新图层”按钮，新建“图层 1”。选择“工具箱”中的“渐变工具”，设置渐变色为灰色（R：166，G：166，B：166）到黑色的渐变，并选择渐变类型为“径向渐变”，在画面中由内向外拖动鼠标填充渐变，如图15.237所示。

06 选择“图层 1”，设置图层混合模式为“正片叠底”，并设置图层“不透明度”为20%，如图15.238所示。

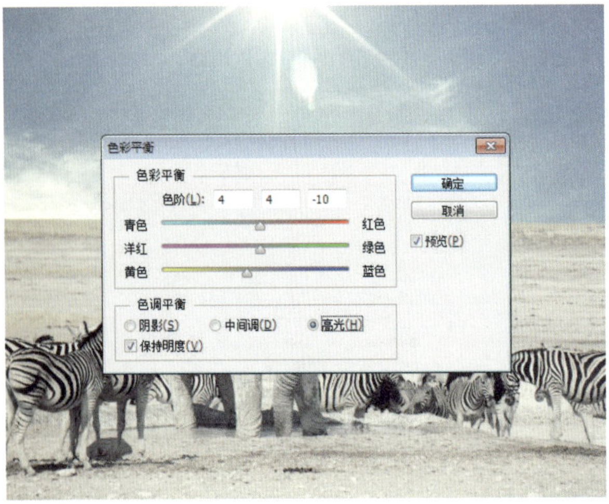

图15.236 调整色彩平衡

图15.237 设置渐变

图15.238 设置混合模式

07 执行菜单栏中的“图像”|“调整”|“照片滤镜”命令，打开“照片滤镜”对话框，选择“颜色”单选按钮，设置颜色为黄绿色（R：153，G：153，B：100），“浓度”为25%，如图15.239所示，设置完成后单击“确定”按钮。

图15.239 设置“照片滤镜”参数

08 选择“工具箱”中的“矩形选框工具”，在画面中绘制矩形选区，如图15.240所示。

图15.240 绘制选区

09 执行菜单栏中的“选择”|“变换选区”命令，调整选区的位置并适当旋转角度，如图15.241所示。

10 使用Shift + Ctrl + Alt + E组合键盖印图层，得到“图层 2”，如图15.242所示。

11 选择“图层 2”，使用Ctrl + J组合键复制图层并复制选区内的图像，得到“图层 3”，如图15.243所示。

12 单击图层面板下方的“添加图层样式”fx按钮，在弹出的菜单中选择“描边”命令，打开“图层样式”对话框，设置描边“大小”为7，“位置”为内部，“颜色”为白色，如图15.244所示。

13 选择“投影”，设置“不透明度”为40%，“角度”为70度，“距离”为7像素，“扩展”为9%，“大小”为8像素，如图15.245所示，设置完成后单击“确定”按钮。

图15.241 调整选区

图15.242 盖印图层

图15.243 复制选区图像

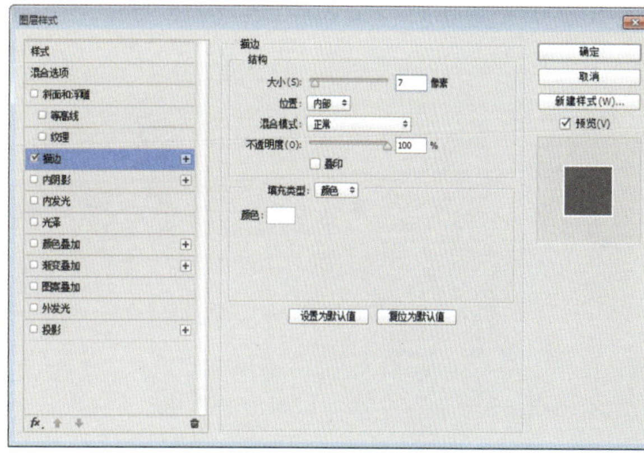

图15.244 设置“描边”参数

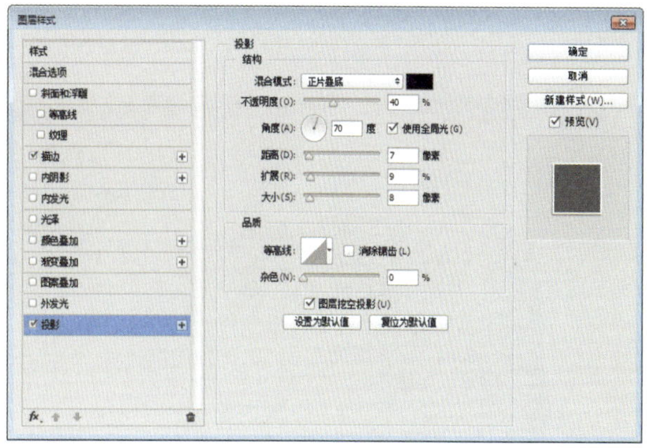

图15.245 设置“投影”参数

14 执行菜单栏中的“滤镜”|“滤镜库”命令，在打开的“滤镜库”对话框中选择“纹理”|“纹理化”滤镜，设置“纹理”为画布，“缩放”为71%，“凸现”为3，如图15.246所示，设置完成后单击“确定”按钮。

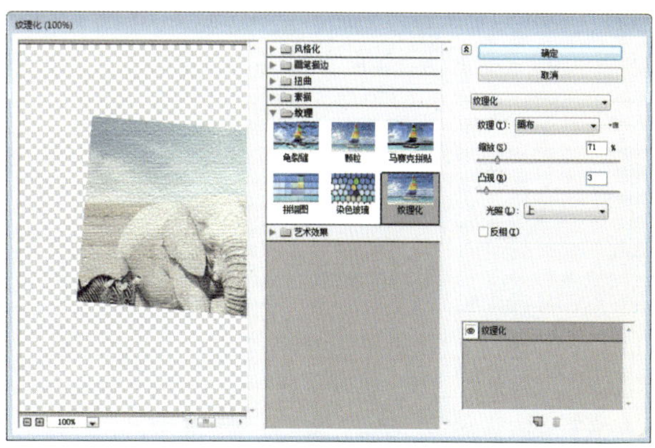

图15.246 设置“纹理化”参数

15 执行菜单栏中的“文件”|“打开”命令，打开“纹理1.jpg”文件，并将其拖至画布中，得到“图层 4”如图15.247所示。

16 选择“图层 4”，使用Ctrl + T组合键对图像进行自由变换，如图15.248所示。

图15.247 打开素材

图15.248 自由变换

17 选择“图层 4”，单击鼠标右键，在弹出的菜单中选择“创建剪贴蒙版”命令，将“图层 4”设置为剪贴蒙版，并设置图层的混合模式为“柔光”，如图15.249所示。

图15.249 创建剪贴蒙版

18 执行菜单栏中的“文件”|“打开”命令，打开“纹理2.jpg”文件，并将其拖至画面中，得到“图层 5”，此时该图层会自动生成剪贴蒙版，如图15.250所示。

19 选择“图层 5”，使用Ctrl + T组合键对图像进行自由变换，如图15.251所示。

图15.250 打开素材

图15.251 自由变换

20 选择“图层 5”，设置图层混合模式为“变暗”，如图15.252所示。

21 执行菜单栏中的“图像”|“调整”|“亮度/对比度”命令，打开“亮度/对比度”对话框，设置“亮度”为50，如图15.253所示，设置完成后单击“确定”按钮。

22 单击图层面板下方的“创建新的填充或调整图层”按钮，在弹出的菜单中选择“色相/饱和度”命令，打开“属性”面板，勾选“着色”复选框，设置“色相”为38，“饱和度”为22，“明度”为0，如图15.254所示。

图15.252 设置图层混合模式

图15.253 调整亮度

图15.254 调整“色相/饱和度”参数

23 选择“色相/饱和度 1”图层，单击鼠标右键，在弹出的菜单中选择“创建剪贴蒙版”命令，将“色相/饱和度 1”图层设置为剪贴蒙版，如图15.255所示。

图15.255 创建剪贴蒙版

24 执行菜单栏中的“文件”|“打开”命令，打开“撕边.jpg”文件，并拖至画布中，得到“图层 6”，如图15.256所示。

图15.256 打开素材

25 选择“图层 6”，单击鼠标右键，在弹出的菜单中选择“释放剪贴蒙版”命令，为“图层 6”释放剪贴蒙版，如图15.257所示。

26 选择“工具箱”中的“矩形选框工具”，在画面中绘制矩形选区，如图15.258所示。

27 使用Shift+Ctrl+I组合键将选区反选，并按Delete键将反选后的选区内容删除，如图15.259所示。

28 使用Ctrl + D组合键将选区取消，选择“工具箱”中的“魔棒工具”，在画面中黑色区域单击选中，并按Delete键将选中的黑色内容删除，如图15.260所示。

29 使用Ctrl + D组合键将选区取消，之后使用Ctrl + T组合键对图像进行自由变换，如图15.261所示。

图15.257 释放“剪贴蒙版”

图15.258 建立选区

图15.259 反选选区

图15.260 删除图像

图15.261 自由变换

30 选中撕边图像，按住键盘上的Alt键拖动鼠标复制出一个撕边图像，得到“图层 6副本”，如图15.262所示。

图15.262 复制图层

31 选择“图层 6副本”，使用Ctrl + T组合键对图像进行自由变换，单击鼠标右键，在弹出的菜单中选择水平翻转命令，如图15.263所示。

图15.263 水平翻转

32 再次单击鼠标右键，在弹出的菜单中选择垂直翻转命令，变换完成后按Enter键确定，如图15.264所示。

图15.264 垂直翻转

33 选择“工具箱”中的“移动工具”，将变换后的图像移动至合适的位置，如图15.265所示。

图15.265 移动图像

34 选择“工具箱”中的“多边形套索工具”，绘制选区，将图像中不需要的撕边图像选中，如图15.266所示。

图15.266 绘制选区

35 分别选中“图层 6副本”和“图层 6”，按Delete键将选区内容删除，如图15.267所示。

图15.267 删除图像

36 使用上述方法将图像下方的多余撕边图像也进行删除，如图15.268所示。

37 执行菜单栏中的“文件”|“打开”命令，打开“手.jpg”文件，并拖至画面中，得到“图层 7”，如图15.269所示。

38 选择“工具箱”中的“魔棒工具”，在选项栏中选中“添加到选区”按钮，在画面中白色区域单击选中，如图15.270所示。

39 按Delete键将选中的白色内容删除，使用Ctrl + D组合键将选区取消，如图15.271所示。

40 使用Ctrl + T组合键对图像进行自由变换，调整手图像的大小并调整位置与旋转角度，如图15.272所示。

图15.268 删除图像

图15.269 打开素材

图15.270 建立选区

图15.271 取消选区

图15.272 自由变换

41 单击图层面板下方的“添加图层蒙版”按钮，为“图层 7”添加蒙版，如图15.273所示。

图15.273 添加蒙版

42 选择“工具箱”中的“钢笔工具”，在画面中绘制一个闭合路径，如图15.274所示。

43 单击路径面板下方的“将路径作为选区载入”按钮，将路径转换为选区，如图15.275所示。

图15.274　绘制路径

图15.275　路径转换为选区

44 单击选择蒙版，为选区填充黑色，可将选区内的图像遮盖，如图15.276所示。

图15.276　填充选区

45 选中“图层 7”，使用Ctrl + J组合键复制和图像，得到“图层 7副本”，如图15.277所示。

图15.277　复制图层

46 将“图层 7副本”放置到“图层 7”的下方，并在按住Ctrl键的同时单击“图层 7副本”缩览图，为其建立选区，如图15.278所示。

图15.278　建立选区

47 将前景色设置为黑色，使用Alt + Delete组合键为选区填充黑色，如图15.279所示。

48 执行菜单栏中的“滤镜”|“模糊”|“高斯模糊”命令，打开“高斯模糊”对话框，设置“半径”为2.5像素，设置完成后单击“确定”按钮，如图15.280所示。

49 选择“工具箱”中的“移动工具”，将“图层 7副本”进行移动，制作手的投影效果，如图15.281所示。

50 选择“工具箱”中的“多边形套索工具”，将图像中不需要的投影图像选中，如图15.282所示。

51 单击选中“图层 7副本”的蒙版，将前景色设置为黑色，使用Alt + Delete组合键为选区填充黑色，如图15.283所示。

图15.279 填充黑色

图15.280 高斯模糊

图15.281 移动图像

图15.282 绘制选区

图15.283 填充选区

52 选中“图层 7副本”，将其图层“不透明度”设置为65%，如图15.284所示。

图15.284 降低不透明度

53 选择“图层 7”，执行菜单栏中的“图像”|“调整”|“色彩平衡”命令，打开“色彩平衡”对话框，

选择“中间调”单选按钮，勾选“保持明度”复选框，设置“色阶”的参数为（-55，-12，+7），如图15.285所示。

图15.285 调整“色彩平衡”参数

54 这样就完成了撕裂旧照片特效的制作，完成效果如图15.286所示。

图15.286 撕裂旧照片完成效果

15.5.2 怒放的油漆特效

- **素材位置** | 素材文件\第 15 章\怒放的油漆特效
- **案例位置** | 案例文件\第 15 章\怒放的油漆特效.psd
- **视频位置** | 多媒体教学\15.5.2 怒放的油漆特效.avi
- **难易指数** | ★★★☆☆

本案例讲解怒放的油漆特效制作。首先填充渐变背景并使用“添加杂点”和“光照效果”滤镜制作出质感的背景；然后通过奶花素材和花朵素材的组合，制作出喷溅的花朵效果。利用奶花和油漆的相似之处，巧妙地组成制作出喷溅的油漆效果，整个画面表现出从油漆桶喷溅而出的油漆形成美丽的花朵艺术。最终效果如图15.287所示。

图15.287 最终效果

操作步骤

01 执行菜单栏中的“文件”|“新建”命令，打开“新建”对话框，设置“宽度”为130毫米，“高度”为160毫米，“分辨率”为300像素/英寸，“颜色模式”为RGB颜色，“背景内容”为白色，如图15.288所示。

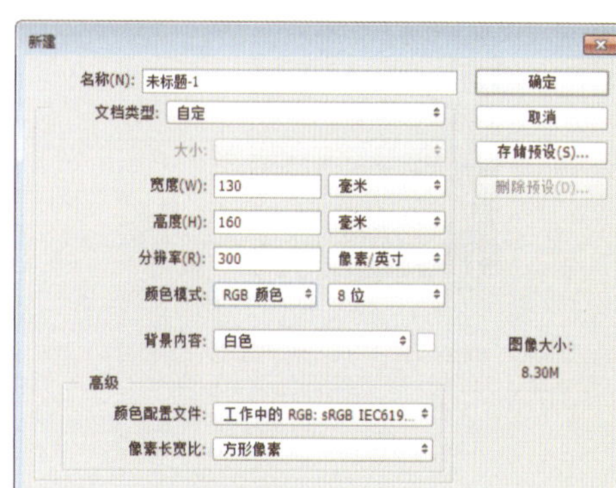

图15.288 “新建”对话框

02 选择工具箱中的“渐变工具”，单击选项栏中的“点按可编辑渐变”区域，打开“渐变编辑器”对话框，编辑从白色到黑色的渐变，如图15.289所示。

03 单击选项栏中的“径向渐变”▣按钮，从画布的中间位置向外拖动，拖动效果如图15.290所示。释放鼠标就可以将画布填充渐变，填充效果如图15.291所示。

图15.289 编辑渐变

图15.290 拖动效果

图15.291 填充渐变

04 执行菜单栏中的“滤镜”|“杂色”|“添加杂色”命令，打开“添加杂色”对话框，设置杂色的“数量”为216，选择“平均分布”单选按钮和“单色”复选框，如图15.292所示。

图15.292 “杂色”参数设置

05 单击“确定”按钮，即可为背景添加杂色，添加杂色后的效果如图15.293所示。

图15.293 添加杂色后效果

06 执行菜单栏中的“滤镜”|“渲染”|“光照效果”命令，打开“光照效果”对话框，选择“光照类型”为“点光”，设置“强度”为17，光照颜色为金黄色（R：243，G：220，B：37），“金属质感”为69，“环境”为3，其他参数设置如图15.294所示。

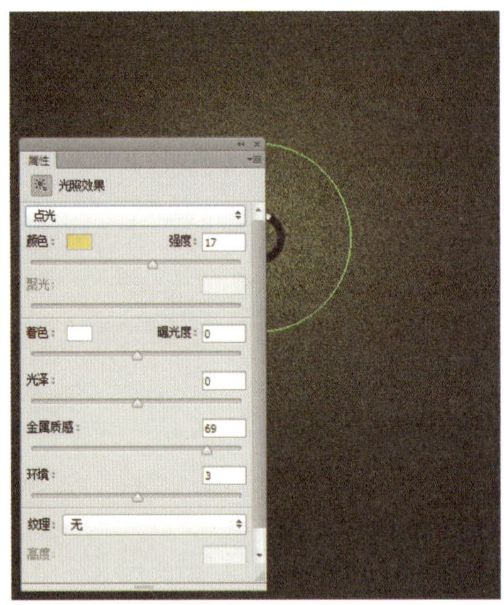

图15.294 “光照效果”对话框

07 光照效果设置完成后，单击“确定”按钮，添加“光照效果”后的效果如图15.295所示。

08 执行菜单栏中的“文件”|“打开”命令，打开“纹理.jpg”文件，如图15.296所示。

09 将“纹理”图片拖动到怒放的油漆画布中，按Ctrl + T组合键将其适当的缩小并放置在合适的位置，如图15.297所示。

图15.295　光照效果

图15.296　打开的纹理图片

图15.297　缩放效果

10 打开“图层”面板，确认选择纹理所在图层，即“图层1”，修改图层的混合模式为“叠加”，如图15.298所示。叠加后的图像效果如图15.299所示。

图15.298　叠加模式

图15.299　叠加后的效果

提示

“叠加”模式可以复合或过滤颜色，具体取决于当前图像的颜色。当前图像与下层图像叠加，保留当前颜色的明暗对比，当前颜色与混合色相混以反映源色的亮度或暗度，叠加后当前图像的亮度区域和阴影区将被保留。

11 执行菜单栏中的“文件”|“打开”命令，打开“黄花.jpg”文件，如图15.300所示。

12 下面将花选中。选择工具箱中的“磁性套索工具”，沿花的边缘将花选中，选中效果如图15.301所示。

图15.300　黄花图片

图15.301　选择花朵

13 使用“移动工具”将花朵拖动到“怒放的油漆”画布中，按Ctrl + T组合键将其适当缩小，如图15.302所示。

14 执行菜单栏中的“文件”|“打开”命令，打开“奶花.psd”文件，如图15.303所示。

图15.302　缩小效果

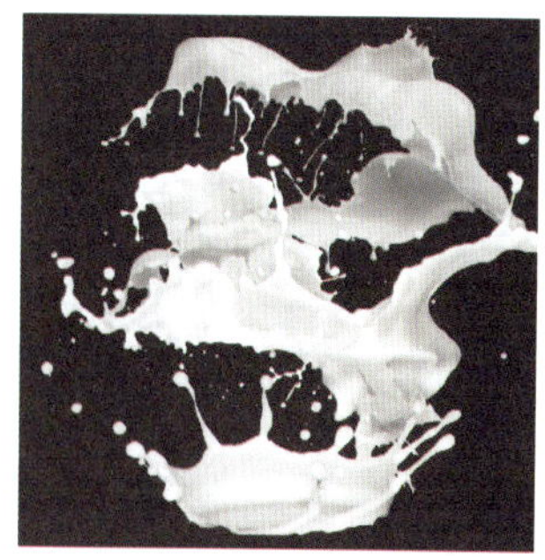

图15.303　奶花图片

提示

奶花素材是一个多层文件，分为 5 个图层：4 个奶花层和一个背景层。

15 为了操作方便，在“图层”面板中，隐藏“奶花2、奶花3、奶花4”这三个图层，如图15.304所示。

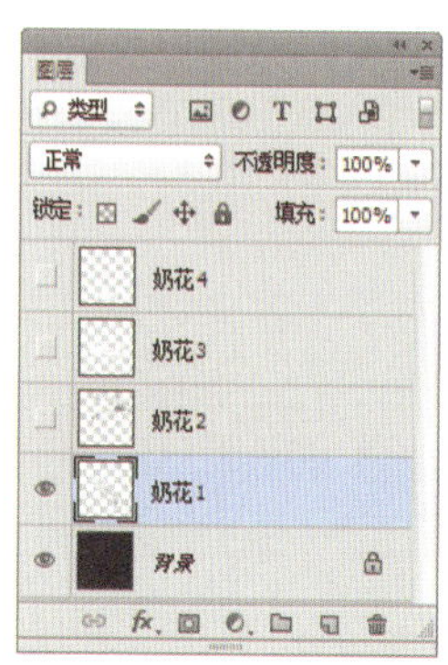

图15.304　隐藏图层

16 选择工具箱中的“套索工具”，在“奶花”画布中，按住鼠标左键选择一部分图像，选择效果如图15.305所示。

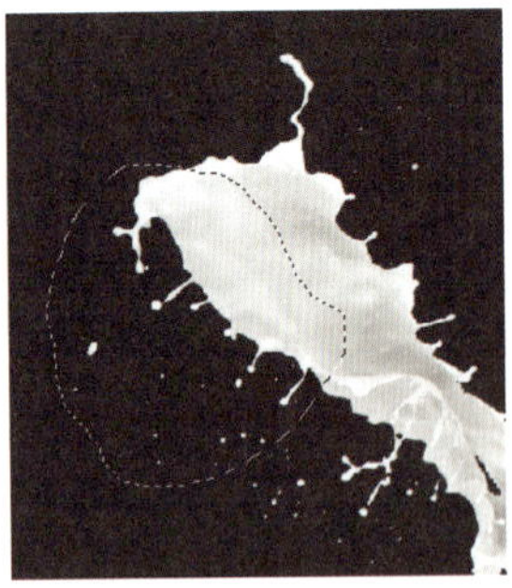

图15.305 选区效果

17 使用“移动工具”将花朵拖动到“怒放的油漆”画布中，按Ctrl + T组合键将其适当缩小，并旋转一定的角度，如图15.306所示。

18 单击鼠标右键，从弹出的快捷菜单中选择“变形”命令，然后根据花朵的形状将“奶花”进行变形处理，变形后的效果如图15.307所示。

图15.306 缩放和旋转

图15.307 变形效果

19 按Enter键确认变形。选择工具箱中的“橡皮擦工具”，按F5键打开“画笔”面板，选择“柔角30”笔触，设置“大小”为100像素，“硬度”为0，如图15.308所示。

20 使用“橡皮擦工具”将奶花多余的部分擦除，注意擦除时边缘要柔和并要注意与花的融合，擦除后的效果如图15.309所示。

提示

在擦除奶花时，可以根据不同的细节，随时调整画笔的大小，并根据边缘的需要调整画笔的硬度，不用完全按指定的这个大小。按 [键可快速缩小画笔大小；按] 键可以快速放大画笔大小。按 Shift + [快捷键可以减小画笔硬度；按 Shift +] 快捷键可以增加画笔硬度。

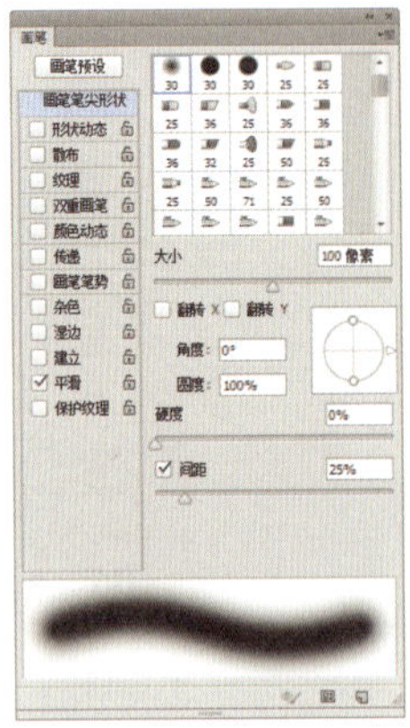

图15.308 画笔设置

图15.309 擦除效果

21 对奶花调色。在“图层”面板中，选择奶花层，即“图层3”，执行菜单栏中的“图像”|“调整”|“色相/饱和度”命令，打开“色相/饱和度”对话框，选择“着色”复选框，设置“色相”的值为50，“饱和度”的值为100，“明度”的值为-45，如图15.310所示。调整后的奶花变成与花朵相同的颜色，如图15.311所示。

技巧

按 Ctrl + U 组合键，可以快速打开“色相 / 饱和度”对话框。

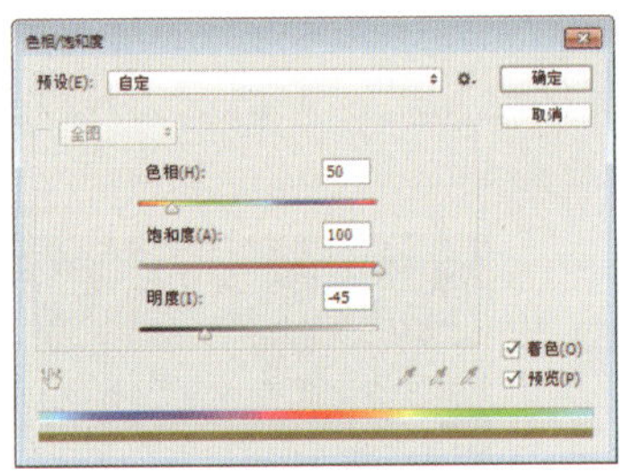

图15.310 设置“色相/饱和度”参数

图15.311 对奶花调色后效果

22 切换到“奶花”画布中，使用“套索工具”，按住鼠标左键选择一部分图像，选择效果如图15.312所示。

23 使用同样的方法。使用“移动工具”将花朵拖动到“怒放的油漆”画布中，按Ctrl + T组合键将其适当缩小，并旋转一定的角度，如图15.313所示。

图15.312 选择部分图像

图15.313 缩小并旋转

24 单击鼠标右键，从弹出的快捷菜单中选择“变形”命令，然后根据花朵的形状将“奶花”进行变形处理，变形后的效果如图15.314所示。

25 使用“橡皮擦工具”将奶花多余的部分擦除，注意擦除时边缘要柔和并要注意与花的融合，擦除后的效果如图15.315所示。

> **提示**
>
> 在进行擦除时，可以在“图层”面板中，调节奶花层的不透明度，这样擦除起来会更加方便。

图15.314 变形后效果

图15.315 擦除后效果

26 对奶花调色。在“图层”面板中，选择奶花层，即“图层4”，执行菜单栏中的“图像”|“调整”|“色相/饱和度”命令，打开“色相/饱和度”对话框，选择“着色”复选框，设置“色相”的值为50，“饱和度”的值为100，“明度”的值为-36，如图15.316所示。调整后的奶花变成与花朵相同的颜色，如图15.317所示。

27 在“图层”面板中，隐藏“奶花1、奶花3、奶花4”这三个图层，将“图层2”显示出来，如图15.318所示。

28 选择工具箱中的“套索工具”，在“奶花”画布中，按住鼠标左键选择一部分图像，选择效果如图15.319所示。

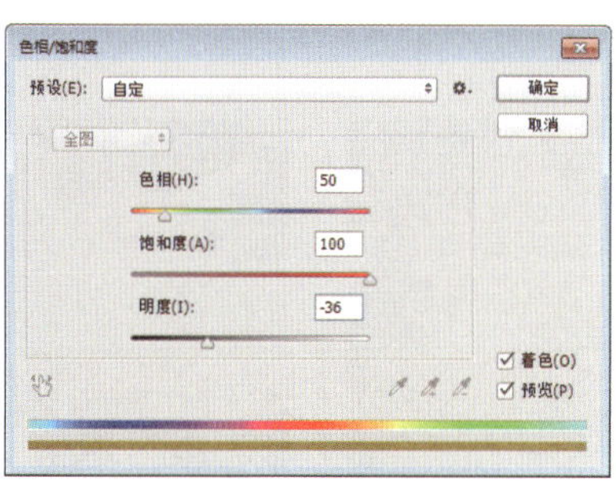

图15.316 调整“色相/饱和度”参数

图15.317 对奶花调色后效果

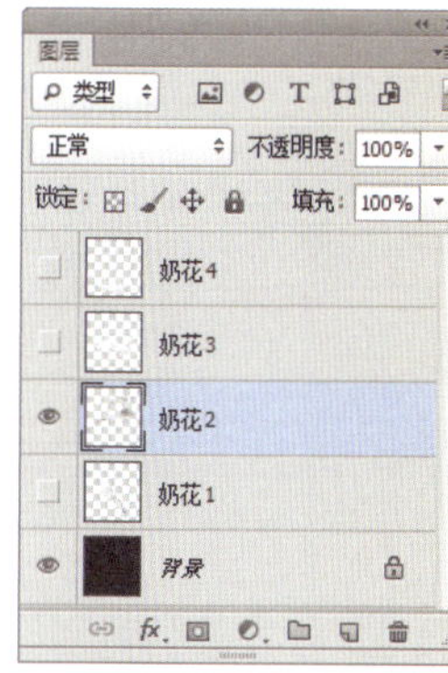

图15.318 隐藏图层

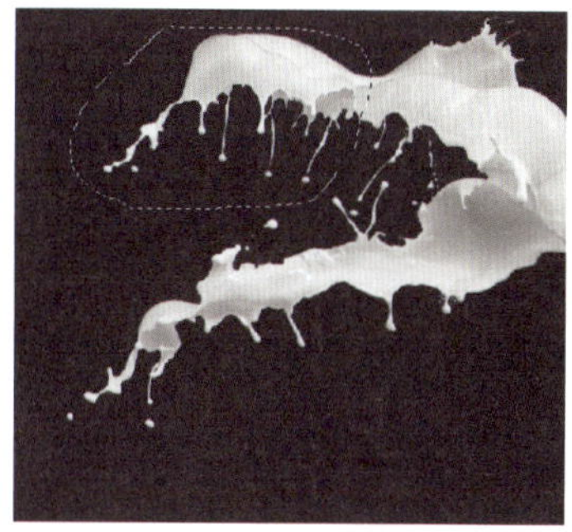

图15.319 选区效果

29 用同样的方法，将花朵拖动到“怒放的油漆”画布中，然后利用变形的方法，将其调整变形，如图15.320所示。

30 使用“橡皮擦工具”将奶花多余的部分擦除，注意擦除时边缘要柔和并要注意与花的融合，擦除后的效果如图15.321所示。

31 对奶花调色。在“图层”面板中，选择奶花层，即“图层5”，执行菜单栏中的“图像”|“调整”|“色相/饱和度”命令，打开“色相/饱和度”对话框，选择“着色”复选框，设置“色相”的值为56，“饱和度”的值为100，“明度”的值为-40，如图15.322所示。调整后的奶花变成与花朵相同的颜色，如图15.323所示。

图15.320 变形后效果

图15.321 擦除后效果

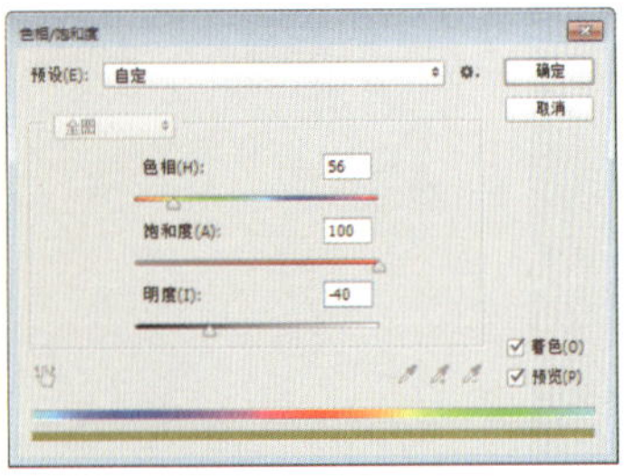

图15.322 调整“色相/饱和度”参数

图15.323 调色后的效果

32 在“图层”面板中，隐藏“奶花1、奶花2、奶花4”这三个图层，将“图层3”显示出来，如图15.324所示。

33 选择工具箱中的“套索工具”，在“奶花”画布中，按住鼠标左键选择一部分图像，选择效果如图15.325所示。

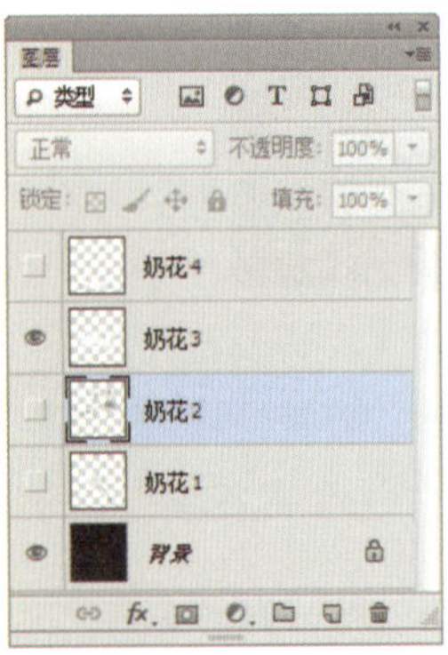

图15.324 隐藏图层

图15.325 选区效果

34 用同样的方法，将花朵拖动到“怒放的油漆”画布中，然后利用变形的方法，将其调整变形，如图15.326所示。

35 使用“橡皮擦工具”将奶花多余的部分擦除，注意擦除时边缘要柔和并要注意与花的融合，擦除后的效果如图15.327所示。

图 5.326 变形效果

图15.327 擦除后效果

36 对奶花调色。在“图层”面板中，选择奶花层，即“图层6”，执行菜单栏中的“图像”|“调整”|“色相/饱和度”命令，打开“色相/饱和度”对话框，选择“着色”复选框，设置“色相”的值为56，“饱和度”的值为100，“明度”的值为-43，如图15.328所示。调整后的奶花变成与花朵相同的颜色，如图15.329所示。

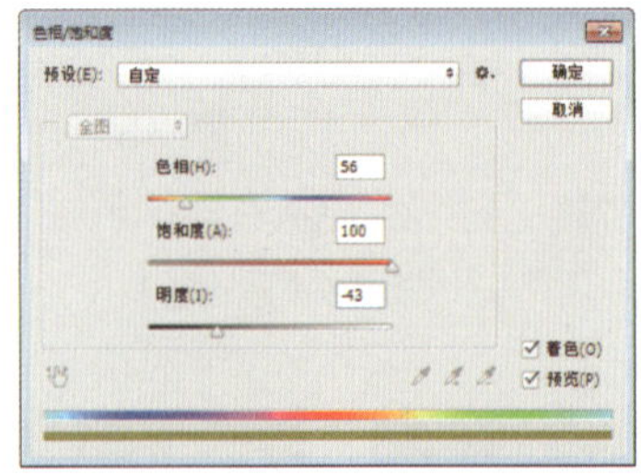

图15.328 设置“色相/饱和度”参数

图15.329 调色后的效果

37 在“图层”面板中，隐藏“奶花1、奶花2、奶花3”这三个图层，将“图层4”显示出来，选择工具箱中的“套索工具”，选择不同的区域图像，将其拖动到“怒放的油漆”画布中，调整不同的位置和大小，如图15.330所示。然后分别利用“色相/饱和度”命令对其调色，并使用“橡皮擦工具”擦除不需要的部分，如图15.331所示。

图15.330 不同的奶花效果

图15.331 调色并擦除

38 将花朵和所有的奶花层选中，按Ctrl + E组合键将其合并，将合并后的图层重命名为“花朵”，如图15.332所示。

39 将花朵复制多份，并分别进行缩放和旋转，制作出一种从下向上逐渐变大并类似喷溅的效果，如图15.333所示。

图15.332 合并图层并重命名

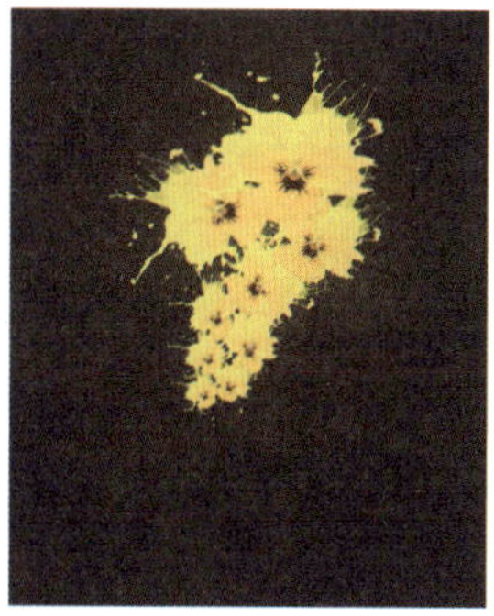

图15.333 复制并旋转

40 执行菜单栏中的“文件”|“打开”命令，打开“油漆桶.jpg”文件，如图15.334所示。

41 选择工具箱中的“魔棒工具”，在选项栏中设置“容差”为32，在画布中白色背景上单击鼠标左键，将白色部分选中，然后执行菜单栏中的“选择”|“反向”命令，将油漆选中，如图15.335所示。

图15.334 打开的图片

图15.335 选择油漆

> **技巧**
>
> 按 Shift + Ctrl + I 组合键，可以快速将选区反选。

42 将油漆图片拖动到怒放的油漆画布中，按Ctrl + T组合键，将其进行适当缩放，然后单击鼠标右键，从弹出的快捷菜单中选择“变形”命令，将其进行变换操作，变形后效果如图15.336所示。

43 在“图层”面板中，将油漆层调整到所有花朵图层的下方，调整后的效果如图15.337所示。

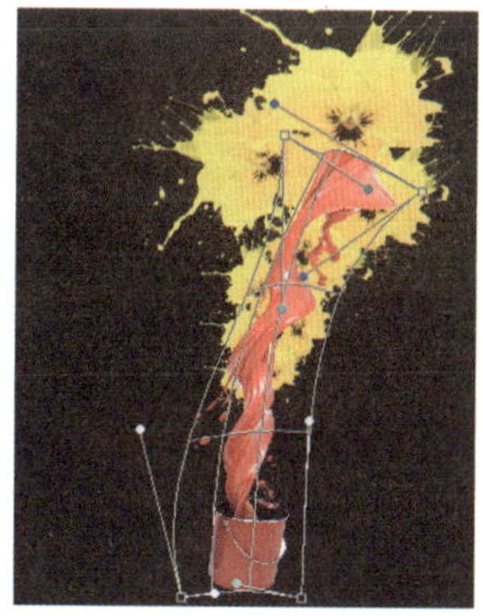

图15.336 变形后效果

图15.337 调整图层顺序

44 对油漆调色。在“图层”面板中，选择油漆层，按Ctrl + U 组合键，打开“色相/饱和度”对话框，选择“着色”复选框，设置“色相”的值为52，“饱和度”的值为100，“明度”的值为-5，如图15.338所示。调整后的油漆颜色，如图15.339所示。

45 分别选择工具箱中的“减淡工具”和“加深工具”对油漆的过深部分和过浅部分进行减淡和加深处理，处理后的效果如图15.340所示。

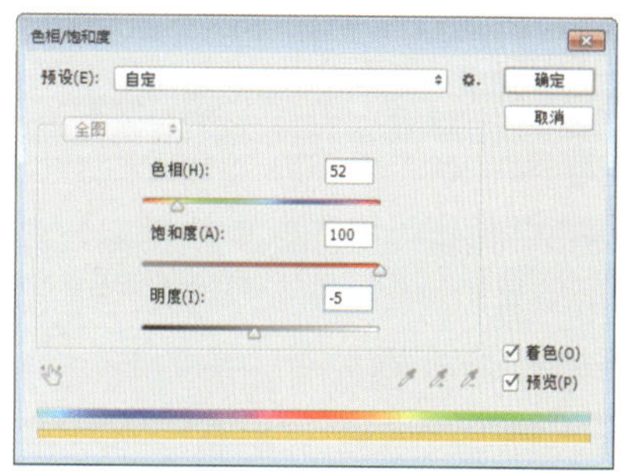

图15.338 调整“色相/饱和度”参数

图15.338 调色后效果

图15.340 处理过深和过浅后的效果

46 使用“横排文字工具”输入文字，并对文字进行适当的修改变换，制作出一个装饰的文字效果，然后对整个画布描边，完成整个怒放的油漆设计制作，最终效果如图15.341所示。

图15.341 怒放的油漆最终效果

15.5.3 爆裂特效艺术表现

- **素材位置** | 素材文件\第 15 章\爆裂特效艺术表现
- **案例位置** | 案例文件\第 15 章\爆裂特效艺术表现.psd
- **视频位置** | 多媒体教学\15.5.3 爆裂特效艺术表现.avi
- **难易指数** | ★★★☆☆

本案例运用夸张表现手法，将舞者的局部处理成爆裂效果，将舞者的狂野、奔放、激情、忘我融为一体，使画面产生很强烈的视觉冲击力，并以此产生联想，有种与画面同舞动的冲动感觉，形成强大的震撼力，使整个创意充满张力和想象力！最终效果如图15.342所示。

图15.342 最终效果

操作步骤

01 打开Photoshop软件。执行菜单栏中的“文件”|“新建”命令，打开“新建”对话框，设置“宽度”为100毫米，“高度”为122毫米，“分辨率”为300像素/英寸，“颜色模式”为RGB颜色，“背景内容”为白色，如图15.343所示。

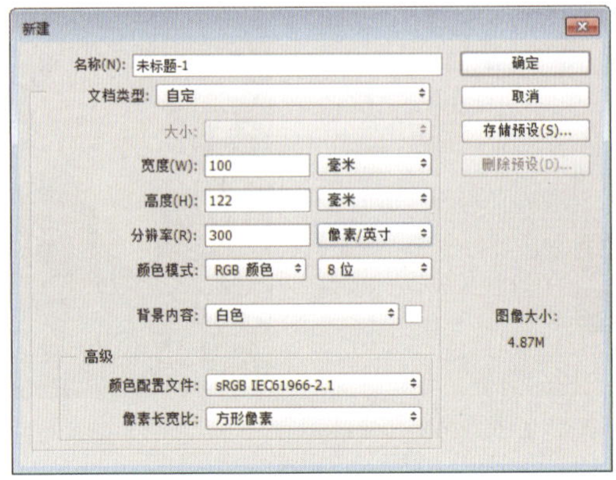

图15.343 “新建”对话框

02 执行菜单栏中的“滤镜”|“杂色”|“添加杂色”命令，打开“添加杂色”对话框，选择“平均分布”单选按钮和“单色”复选框，设置杂色的“数量”为369%，如图15.344所示。

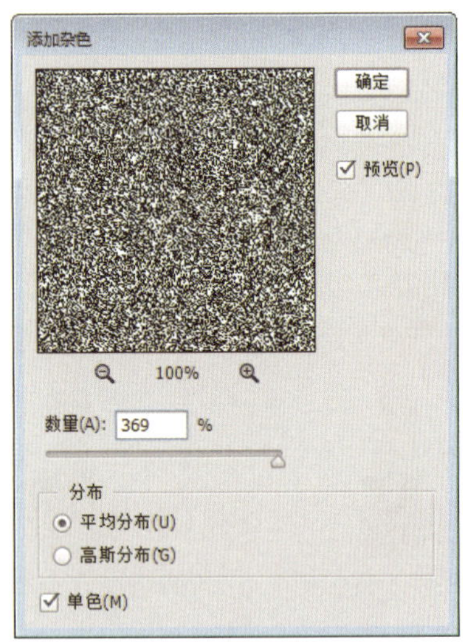

图15.344 “添加杂色”对话框

03 执行菜单栏中的“滤镜”|“模糊”|“动感模糊”命令，打开“动感模糊”对话框，设置模糊的“角度”为90度，“距离”为667像素，如图15.345所示。单击“确定”按钮，应用“动感模糊”后的图像效果，如图15.346所示。

04 在“图层”面板中，单击底部的“创建新图层”按钮，创建一个新的图层，并将该图层重命名为“渐变”，如图15.347所示。

05 选择工具箱中的“渐变工具”，单击选项栏中的“点按可编辑渐变”区域，打开“渐变编辑器”对话框，编辑从白色到黑色的渐变，如图15.348所示。

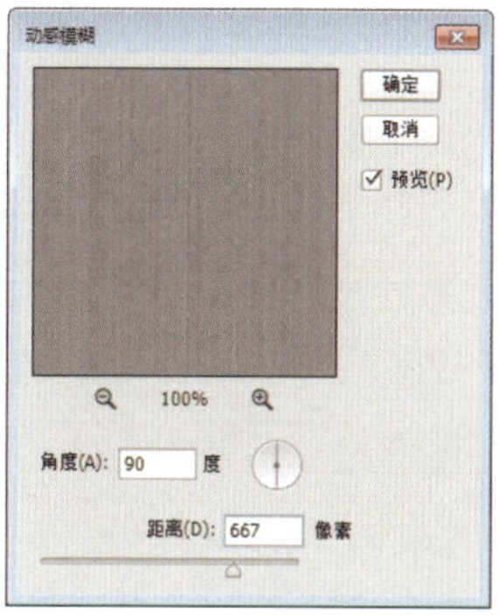

图15.345　“动感模糊”对话框

图15.346　动感模糊效果

图15.347　新建图层

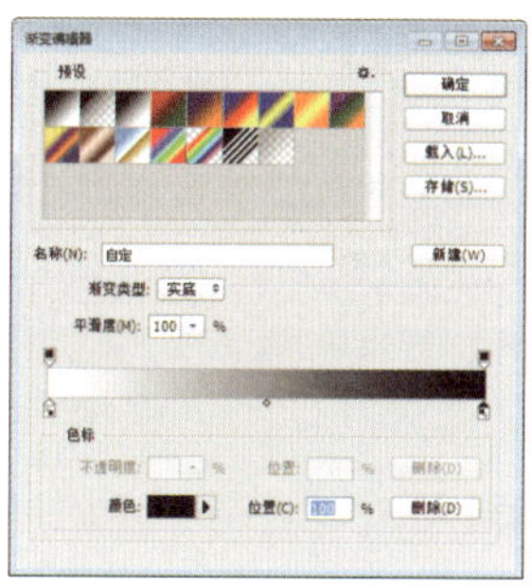

图15.348　编辑渐变

06 单击选项栏中的“径向渐变”按钮，从画布的中心向外拖动，拖动效果如图15.349所示。为其填充径向渐变，填充后的效果如图15.350所示。

07 在“图层”面板中，修改“渐变”图层的“不透明度”为80%，如图15.351所示，以显示出背景的抽线纹理效果，如图15.352所示。

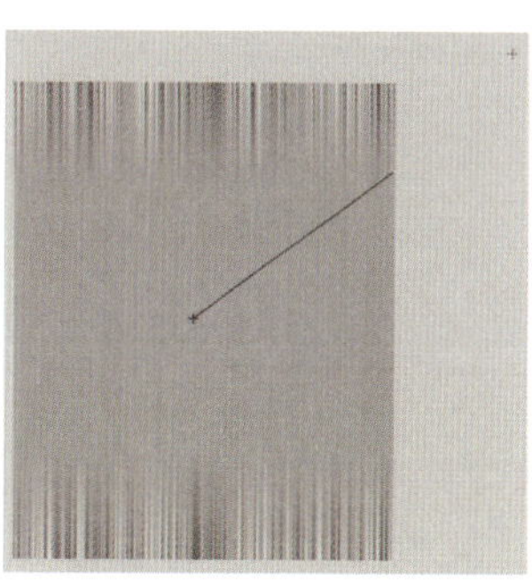

图15.349　拖动填充效果

图15.350　填充后效果

图15.351　调整不透明度

图15.352　调整后的效果

08 为背景调色。单击“图层”面板底部的“创建新的填充或调整图层”按钮，从弹出的菜单中选择“通道混合器”命令，打开“属性”面板，分别从“输出通道”下拉菜单中选择“红”和“蓝”通道，并设置参数，如图15.353所示。调整后的背景效果如图15.354所示。

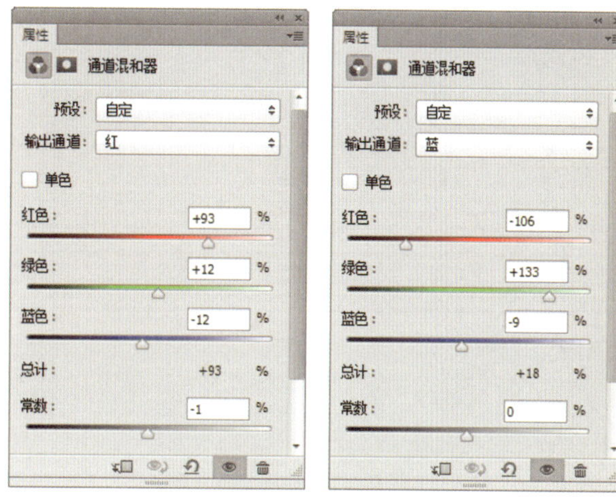

图15.353　红和蓝通道设置

图15.354　调整背景色后的效果

09 执行菜单栏中的“文件”|“打开”命令，打开“人物.psd”文件，如图15.355所示。

10 选择工具箱中的“移动工具”，将选中的人物素材拖动到“爆裂效果”画布中，将该图层重命名为“人物”，并按Ctrl + T组合键将其等比缩小，效果如图15.356所示。

图15.355 打开的素材

图15.356 缩小效果

11 执行菜单栏中的“文件”|“新建”命令，打开“新建”对话框，设置“宽度”为30毫米，“高度”为30毫米，“分辨率”为300像素/英寸，“颜色模式”为RGB颜色，“背景内容”为白色，如图15.357所示。

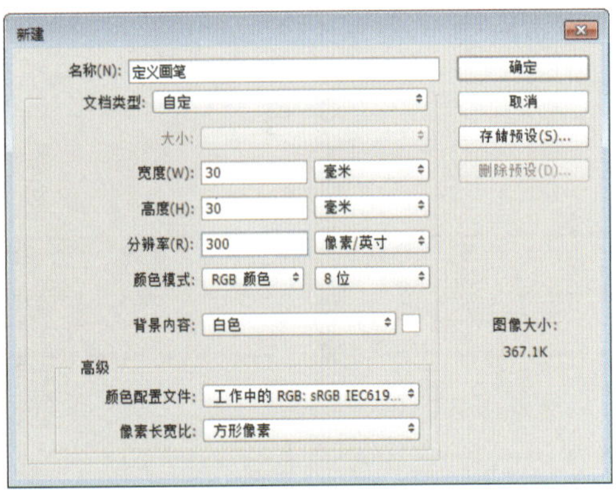

图15.357 新建画布

12 选择工具箱中的“矩形选框工具”，按住Shift键的同时在“定义画笔”画布中绘制一个正方形选区，并将其填充为黑色，如图15.358所示。

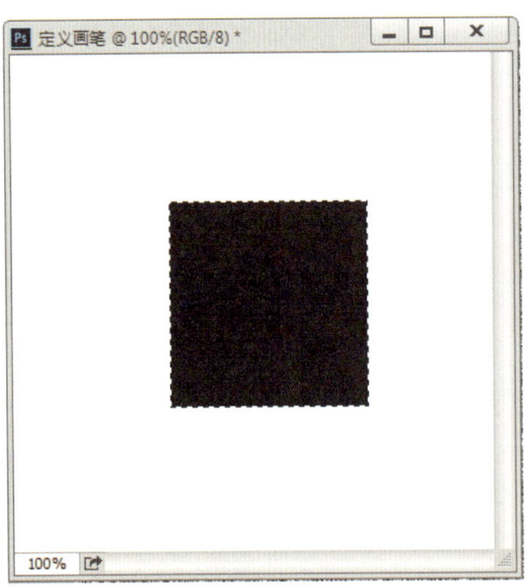

图15.358 绘制选区并填充黑色

13 执行菜单栏中的“编辑”|“定义画笔预设”命令，打开“画笔名称”对话框，设置画笔的名称为“方形画笔”，如图15.359所示。

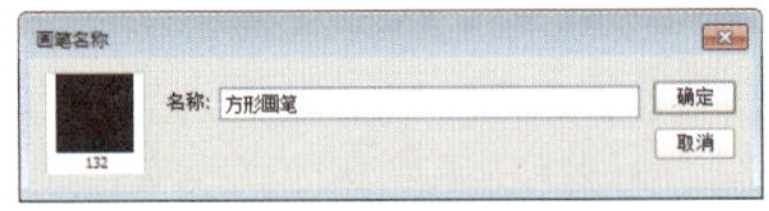

图15.359 定义画笔

14 切换到“爆裂效果”画布中，在“图层”面板中，创建一个新的图层，将其重命名为“方块层”，如图15.360所示。

15 选择工具箱中的“画笔工具”，在选项栏中，单击“点按可打开‘画笔预设’选取器”三角按钮，打开“‘画笔预设’选取器”，在画笔笔触的底部选择刚定义的“方形画笔”笔触，如图15.361所示。

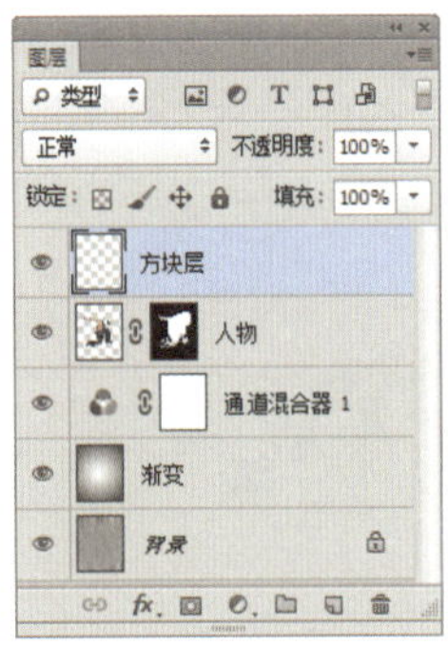

图15.360 新建图层

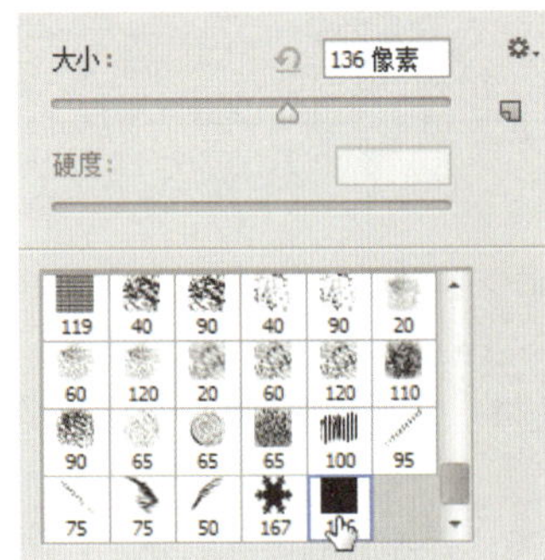

图15.361 选择笔触

16 按F5键打开“画笔”面板，在“画笔笔尖形状”选项组中，设置画笔的“大小”为25像素，“间距”为146%，如图15.362所示。

17 选择“形状动态”复选框，设置“大小抖动”为85%，“最小直径”为9%，“角度抖动”为100%，其他参数设置如图15.363所示。

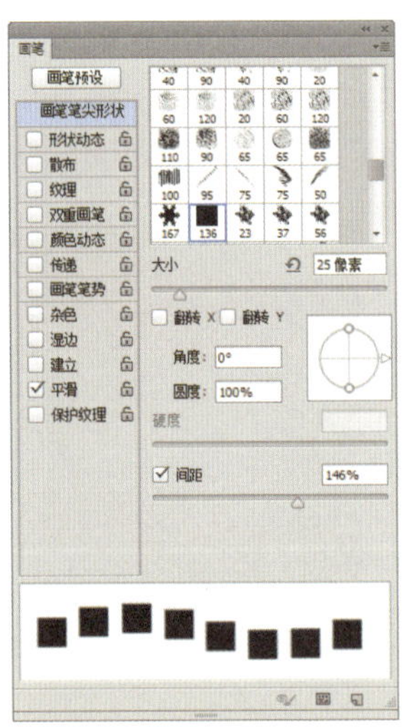

图15.362 “画笔笔尖形状”设置

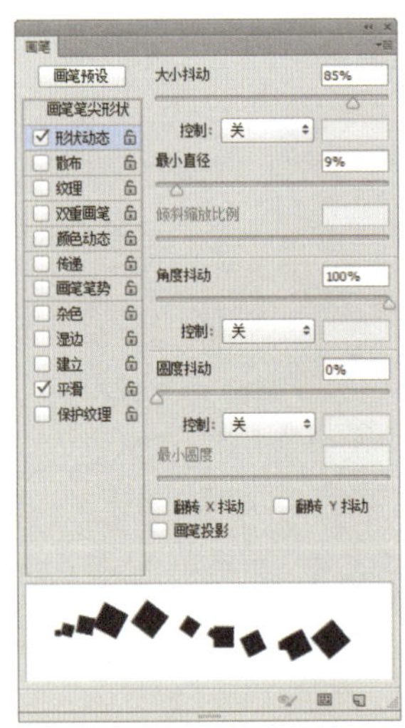

图15.363 “形状动态”设置

18 选择“散布”复选框，选择“两轴”复选框，设置“散布”为1000%，“数量”为2，“数量抖动”为13%，如图15.364所示。

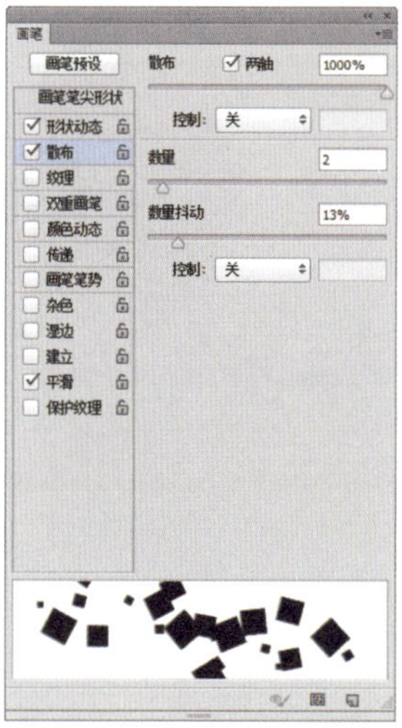

图15.364 “散布”设置

19 将前景色设置为白色，确认选择“方块层”，然后沿人物的两条腿的部位多次拖动鼠标，绘制方块效果，如图15.365所示。

图15.365 绘制腿部方块

20 在“画笔”面板中，将画笔的“大小”修改为17像素，然后在人物的右手位置，拖动鼠标，绘制方块，如图15.366所示。

图15.366 绘制手部方块

> **提示**
>
> 在绘制方块时，要注意将方块绘制得密些，将腿和脚部位的人物图像尽量全面覆盖。

21 在“图层”面板中，按住Ctrl键的同时在“方块层”的图层缩览图位置单击，将“方块层”的选区载入，如图15.367所示。

图15.367 载入选区

> **提示**
>
> 在载入选区时，要注意单击的图层位置为图层缩览图位置，而不是名称或其他位置。

22 载入选区后，在“图层”面板中将“方块层”隐藏，选择“人物”图层，然后单击面板底部的“添加图层蒙版”按钮，如图15.368所示，以选区为界限制作蒙版，蒙版后的效果如图15.369所示。

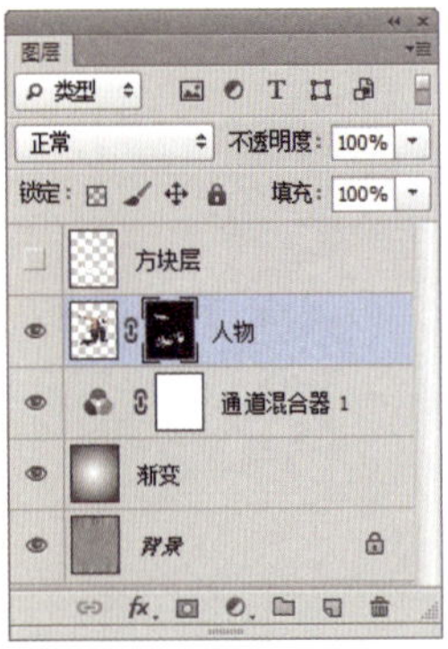

图15.368 添加图层蒙版

图15.369 蒙版后的效果

23 从图中可以看出，蒙版后人物只显示选区中的内容，其他内容消失了，下面来将人物需要的部分显示出来。在“图层”面板中，选择“人物”图层的图层蒙版缩览图，如图15.370所示。

> **提示**
>
> 这里的选择非常重要，注意不是选择“人物”图层，而是选择右侧的图层蒙版缩览图。

24 选择工具箱中的“套索工具”，在画布中拖动一个选区，将人物需要显示的部分包括在选区中即可，如图15.371所示。

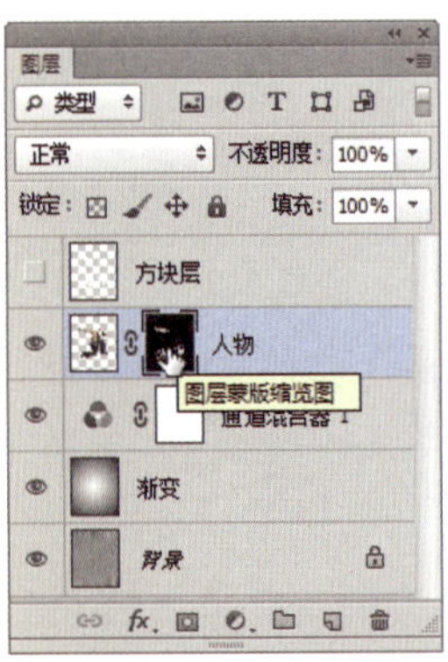

图15.370 选择蒙版缩览图

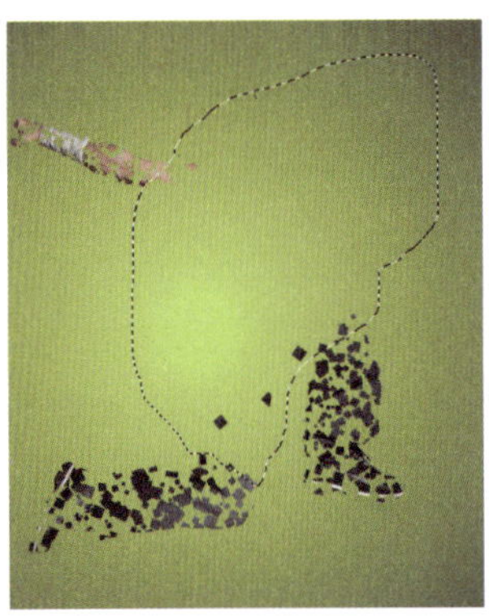

图15.371 绘制选区

25 将前景色设置为白色，按Alt + Delete组合键将蒙版填充白色，按Ctrl + D组合键取消衔区，此时在画布中可以看到选中的人物已显示出来，如图15.372所示。如果此时查看“图层”面板，将看到“人物”层的图层蒙版缩览图位置有填充的白色显示，如图15.373所示。

图15.372 图像效果

> **提示**
>
> 如果读者朋友填充后发现画布中的选区被填充为白色了，说明在“图层”面板中选择的是图层，而不是图层蒙版缩览图。

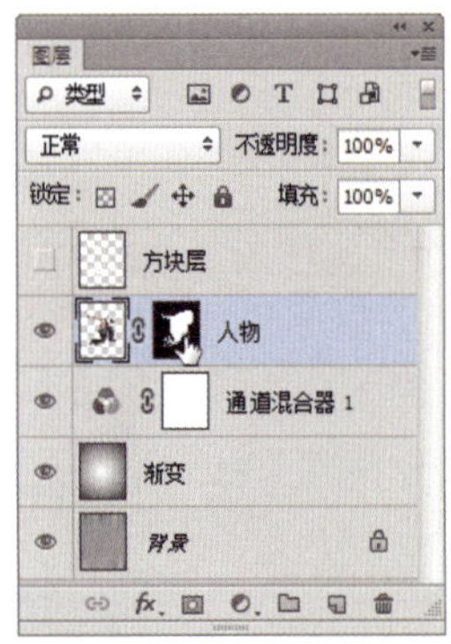

图15.373 蒙版层的填充效果

26 此时在画布中也发现了另外一个问题，在方块与人物的连接位置，出现了非常明显的分段效果，如图15.374所示。

图15.374 出现的分段效果

27 选择工具箱中的“画笔工具”，将“大小”设置为25像素，将前景色设置为白色，然后在“图层”面板中，创建一个新的图层，将其重命名为“辅助层”，在画布的人物边界位置拖动绘制白色方块，如图15.375所示。

图15.375 绘制白色方块

> **提示**
>
> 注意这里使用画笔的参数和前面的设置是一样的，在没有进行其他笔触改变时，画笔会保持上一次的设置，这里要特别注意。

28 在“图层”面板中，按住Ctrl键的同时在“辅助层”的图层缩览图位置单击，将“辅助层”的选区载入，如图15.376所示。

图15.376 载入选区

29 在“图层”面板中隐藏“辅助图”。单击“人物”图层上的图层蒙版缩览图位置选择蒙版，如图15.377所示。

图15.377 选择蒙版

30 将前景色设置为白色，按Alt + Delete组合键将其填充白色，按Ctrl + D组合键取消选区，此时在画布中可以看到边界位置很好地达到融合了，如图15.378所示。

图15.378 蒙版后的效果

31 选择工具箱中的“画笔工具”，注意此时画笔还保留着前面设置的画笔参数，按住Alt键切换到“吸管工具”，在腿部某个点上吸取颜色，如图15.379所示。

32 吸取颜色后释放Alt键，在“图层”面板中创建一个新的图层，将其重命名为“碎片”，使用画笔在腿的外侧拖动绘制方块碎片，如图15.380所示。

图15.379 吸取颜色

图15.380 绘制方块碎片

33 利用同样的方法，在人物不同的位置吸取颜色并利用“画笔工具”拖动绘制碎片，完成效果如图15.381所示。

34 在“图层”面板中，创建一个新的图层，将该图层重命名为“叠加层”，如图15.382所示。

> **提示**
>
> 在吸取颜色时，注意吸取与当前人物位置最接近的地方吸取，这样做出的效果才更加真实。

35 选择工具箱中的“画笔工具”，按F5键打开“画笔”面板，在“画笔笔尖形状”选项组中选择“柔角30”笔触，并设置画笔“大小”为500像素，如图15.383所示。

图15.381 绘制碎片后效果

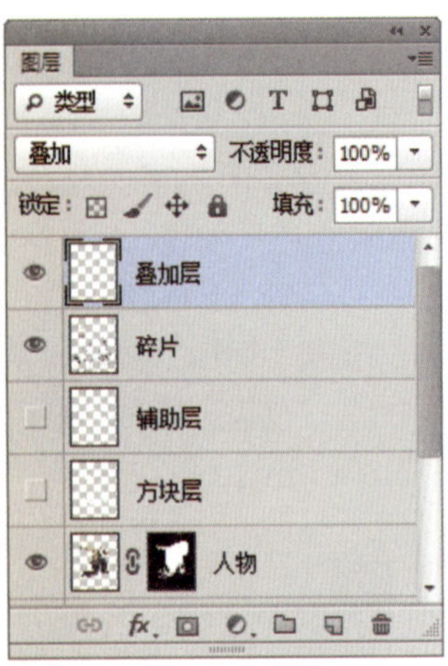

图15.382 创建新图层

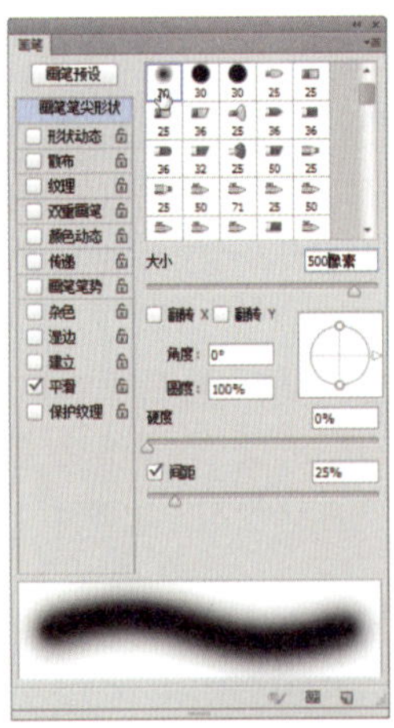

图15.383 设置画笔参数

36 将前景色设置为白色，确认选择“叠加层”，使用“画笔工具”在人物的手和两条腿的爆裂处单击鼠标左键，绘制三个白色笔触，如图15.384所示。

图15.384 绘制白色笔触

37 在“图层”面板中，修改“叠加层”的图层混合模式为“叠加”，“不透明度”为50%，如图15.385所示。修改后在画布中可以看到这几个位置出现高亮效果，如图15.386所示。

图15.385 修改图层属性

图15.386 修改后的效果

38 添加装饰。选择工具箱中的“矩形选框工具”，在画布的左侧拖动绘制一个矩形选区，然后创建一个新的图层，并将图层重命名为“矩形”，将其填充为白色，如图15.387所示。

39 在“图层”面板中，修改“矩形”图层的“不透明度”为20%，如图15.388所示。

图15.387 新建选区并填充白色

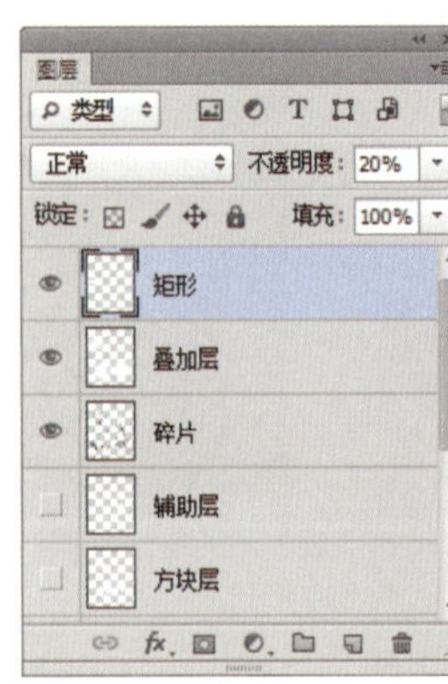

图15.388 设置不透明度

40 选择工具箱中的“横排文字工具”T，在矩形上方输入文字，设置文字的颜色为白色，设置不同的字体，制作出装饰效果，如图15.389所示。这样就完成了爆裂效果的整体制作，完成的最终效果如图15.390所示。

> **提示**
> 读者可以根据自己的爱好，设置自己喜欢的字体。

图15.389 添加文字

图15.390 爆裂特效最终效果

15.6 书籍装帧设计

15.6.1 神秘亚马逊展开面设计

- **素材位置** | 素材文件\第 15 章\神秘亚马逊展开面设计
- **案例位置** | 案例文件\第 15 章\神秘亚马逊展开面设计.psd
- **视频位置** | 多媒体教学\15.6.1 神秘亚马逊展开面设计.avi
- **难易指数** | ★★☆☆☆

本例讲解的是神秘亚马逊展开面设计制作，旅行、摄影类封面设计的重点在于封面素材图像的选择及编辑，通过封面简短的信息并不能够吸引读者目光，选择适合杂志主题的图像作为背景才是整个设计的重点，在本例中以亚马逊热带动、植特为背景，经过适当的调色与杂志名称十分吻合，最终的设计效果十分出色。最终效果如图15.391所示。

图15.391 最终效果

操作步骤

01 执行菜单栏中的“文件”|“新建”命令，在弹出的对话框中设置“宽度”为38厘米，“高度”为24厘米，“分辨率”为150像素/英寸，“颜色模式”为RGB颜色，新建一个空白画布。

02 执行菜单栏中的“视图”|“新建参考线”命令，在弹出的对话框中勾选“垂直”单选按钮，将“位置”更改为20厘米，完成之后单击“确定”按钮，如图15.392所示。

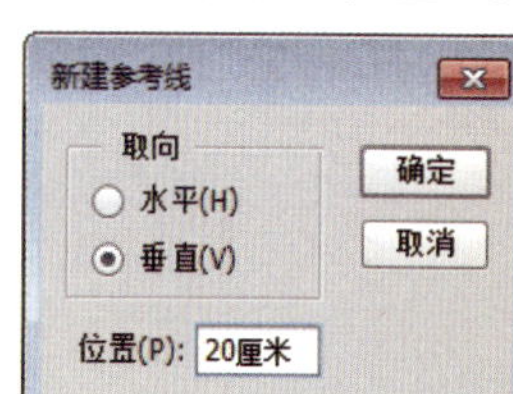

图15.392 设置“新建参考线”

03 选择工具箱中的“矩形工具”，在选项栏中将“填充”更改为灰色（R：233，G：233，B：233），“描边”为无，在参考线右侧绘制一个矩形，此时将生成一个“矩形1”图层，如图15.393所示。

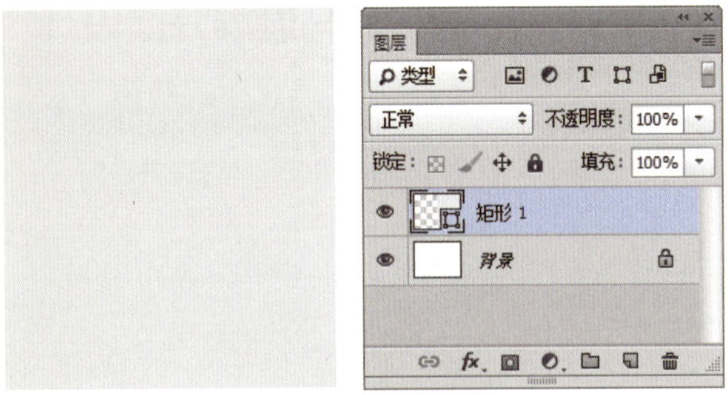

图15.393 绘制图形

04 执行菜单栏中的“文件”|“打开”命令，打开“背景.jpg”文件，将打开的素材拖入画布中靠右侧位置并适当缩小，其图层名称将更改为“图层1”，如图15.394所示。

图15.394 添加素材

05 选中“图层1”图层，执行菜单栏中的“图层”|“创建剪贴蒙版”命令，为当前图层创建剪贴蒙版，将部分图像隐藏再适当移动图像，如图15.395所示。

图15.395 创建剪贴蒙版

06 选择工具箱中的“横排文字工具”，在画布中适当位置添加文字，如图15.396所示。

图15.396 添加文字

07 执行菜单栏中的“视图”|“新建参考线”命令，在弹出的对话框中勾选“垂直”单选按钮，将“位置”更改为18厘米，完成之后单击“确定”按钮，如图15.397所示。

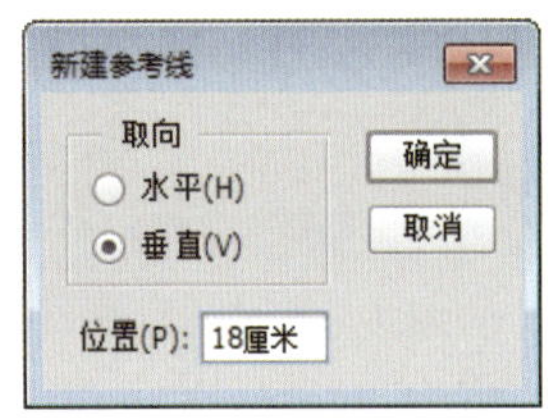

图15.397 设置“新建参考线”

08 选择工具箱中的“矩形工具”，在选项栏中将“填充”更改为灰色（R：246，G：246，B：242），“描边”为无，在参考线左侧绘制一个矩形，此时将生成一个“矩形2”图层，如图15.398所示。

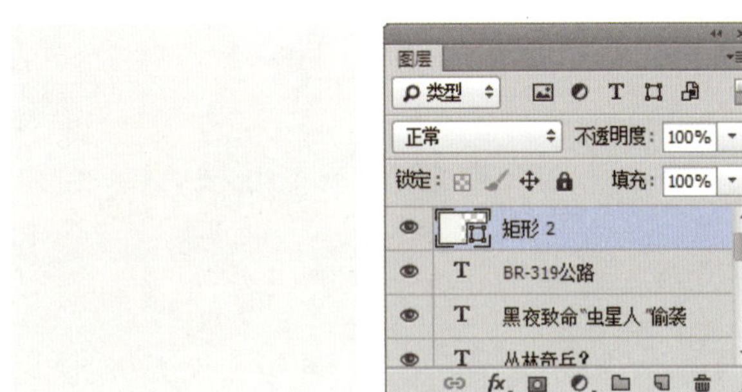

图15.398 绘制图形

09 在“图层”面板中，选中“矩形2”图层，将其拖至面板底部的“创建新图层”按钮上，复制1个“矩形2 拷贝”图层，如图15.399所示。

10 选中“矩形2 拷贝”图层，按Ctrl+T组合键对其执行“自由变换”命令，将图形宽度缩小并移至2个参考线中间位置，如图15.400所示。

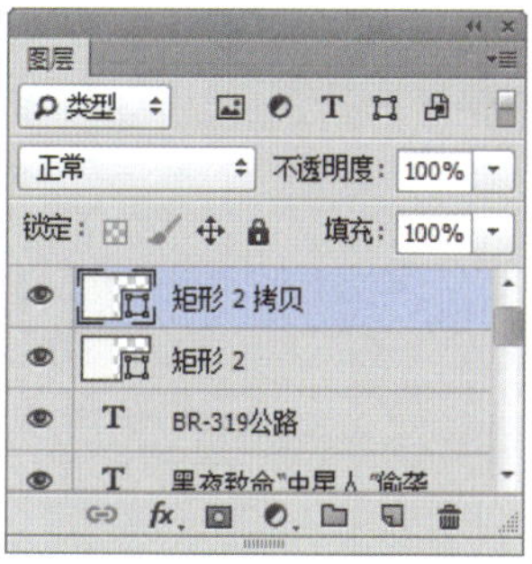

图15.399 复制图层

图15.400 变换图形

11 选择工具箱中的“圆角矩形工具”，在选项栏中将“填充”更改为灰色（R：193，G：193，B：193），“描边”为无，“半径”为250像素，在画布中左侧绘制一个圆角矩形，此时将生成一个“圆角矩形1”图层，如图15.401所示。

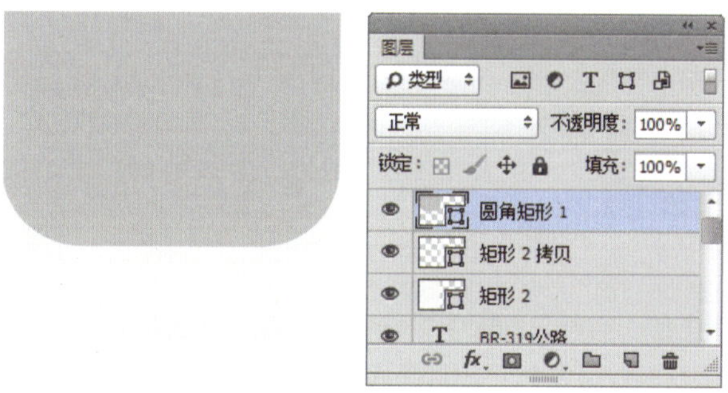

图15.401 绘制图形

12 选择工具箱中的“添加锚点工具”，在圆角矩形靠右下角位置单击添加3个锚点，如图15.402所示。

13 选择工具箱中的“转换成角点”，单击中间锚点将其转换成平滑点，如图15.403所示。

图15.402 添加锚点

图15.403 转换锚点

14 分别选择工具箱中的“直接选择工具”及“转换点工具”，拖动将图形变形，如图15.404所示。

15 执行菜单栏中的“文件”|“打开”命令，打开“背景2.jpg”文件，将打开的素材拖入画布中刚才绘制的图形位置并适当缩小，其图层名称将更改为“图层2”，如图15.405所示。

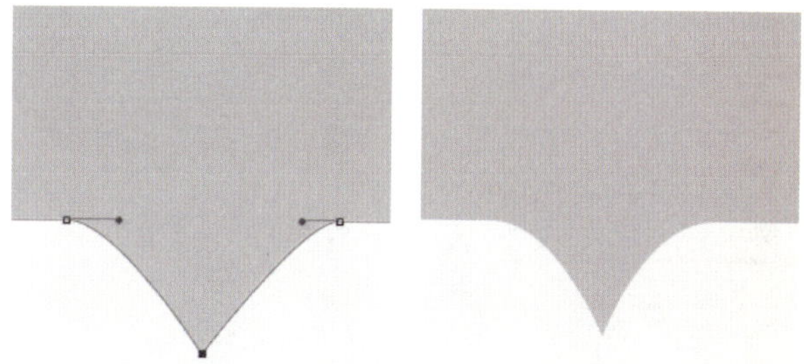

图15.404 转换锚点将图形变形

图15.405 添加素材

16 选中“图层2”图层，执行菜单栏中的“图层”|“创建剪贴蒙版”命令，为当前图层创建剪贴蒙版，将部分图像隐藏，再适当移动图像，如图15.406所示。

图15.406 创建剪贴蒙版

17 在“图层”面板中，单击面板底部的“创建新的填充或调整图层”按钮，在弹出的菜单中选择“色相/饱和度”命令，在弹出的面板中选择“此调整影响下面的所有图层”按钮，将其“饱和度”数值更改为25，如图15.407所示。

图15.407 设置“色相/饱和度”参数

18 在“图层”面板中，单击面板底部的“创建新的填充或调整图层”按钮，在弹出的菜单中选择“色彩平衡”命令，在弹出的面板中选择“此调整影响下面的所有图层”按钮，选择“色调”为阴影，将其数值更改为偏绿色22，偏蓝色14，如图15.408所示。

图15.408 设置“阴影”参数

19 选择“色调”为高光，将其数值更改为偏黄色-15，如图15.409所示。

图15.409 设置“高光”参数

20 选择工具箱中的“横排文字工具”，在画布中适当位置添加文字，如图15.410所示。

21 选择工具箱中的“钢笔工具”，在选项栏中单击“选择工具模式” 路径 按钮，在弹出的选项中选择“形状”，将“填充”更改为绿色（R：155，G：222，B：70），“描边”更改为无，在圆角矩形下方位置绘制一个不规则图形，此时将生成一个“形状1”图层，如图15.411所示。

图15.410 添加文字

图15.411 绘制图形

22 在“图层”面板中，选中“形状1”图层，将其图层混合模式设置为“正片叠底”，如图15.412所示。

图15.412 设置图层混合模式

23 在“图层”面板中，选中“DON’T MOVE!”图层，将其拖至面板底部的“创建新图层”按钮上，复制1个“DON’T MOVE! 拷贝”图层，如图15.413所示。

24 选中“DON’T MOVE! 拷贝”图层，按Ctrl+T组合键对其执行“自由变换”命令，单击鼠标右键，从弹出的快捷菜单中选择“顺时针 旋转90度”命令，完成之后按Enter键确认，并将其移至画布中间位置，如图15.414所示。

图15.413 复制图层

图15.414 变换文字

25 以同样的方法将“DO YOU HAVE MONSTER BENING”图层复制并变换，这样就完成了效果制作，最终效果如图15.415所示。

图15.415 复制变形文字及最终效果

15.6.2 神秘亚马孙立体展示

- **素材位置** | 素材文件\第 15 章\神秘亚马孙立体展示
- **案例位置** | 案例文件\第 15 章\神秘亚马孙立体展示.psd
- **视频位置** | 多媒体教学\15.6.2 神秘亚马孙立体展示.avi
- **难易指数** | ★★★☆☆

本例讲解的是神秘亚马孙立体展示的制作，首先从展开面截图，将封面和封底截取，然后通过旋转及变形将其变换，使用“钢笔工具”绘制立体书籍效果并填充不同的颜色，制作出封面的立体展示效果。最终效果如图15.416所示。

图15.416 最终效果

操作步骤

01 执行菜单栏中的“文件”|“新建”命令，在弹出的对话框中设置“宽度”为20厘米，“高度”为15厘米，“分辨率”为150像素/英寸，“颜色模式”为RGB颜色，新建一个空白画布。

02 选择工具箱中的“渐变工具”，在选项栏中单击“点按可编辑渐变”按钮，在弹出的对话框中将渐变颜色更改为灰色（R：224，G：224，B：224）到灰色（R：230，G：230，B：230），设置完成之后单击“确定”按钮，再单击选项栏中的“线性渐变”按钮，在画布中从左下角向右上角方向拖动，为画布填充渐变效果，如图15.417所示。

图15.417 填充渐变

03 执行菜单栏中的“文件”|“打开”命令，打开“神秘亚马孙展开面设计.psd”文件，选中除背景层以外的所有图层，将其拖至当前文档画布中，按Ctrl+E组合键合并图层，并等比缩小，重命名为“封面”，如图15.418所示。

图15.418 添加图像并合并图层

04 选择工具箱中的“矩形选框工具”，在封面左侧靠顶部位置绘制一个矩形选区，按Delete键将部分图像删除，完成之后按Ctrl+D组合键将选区取消，如图15.419所示。

05 选择工具箱中的“矩形选框工具”，在左侧位置绘制一个矩形选区，以选中封底，如图15.420所示。

06 执行菜单栏中的“图层”|“通过剪切的图层”命令，将生成的图层名称更改为“封底”，原来的图层名称更改为“封面”，如图15.421所示。

图15.419 绘制选区并删除图像

图15.420 绘制选区

图15.421 重命名图层

07 选中“封底”图层，在画布中按Ctrl+T组合键对其执行“自由变换”命令，单击鼠标右键，从弹出的快捷菜单中选择“扭曲”命令，将图形扭曲变形，完成之后按Enter键确认，如图15.422所示。

图15.422 将图像变形

08 选择工具箱中的“矩形选框工具”⬚，在书脊位置绘制一个矩形选区以选中书脊区域图像，如图15.423所示。

09 选中“封面”图层，执行菜单栏中的“图层”|“通过剪切的图层”命令，将生成的图层名称更改为“书脊”，如图15.424所示。

图15.423 绘制选区

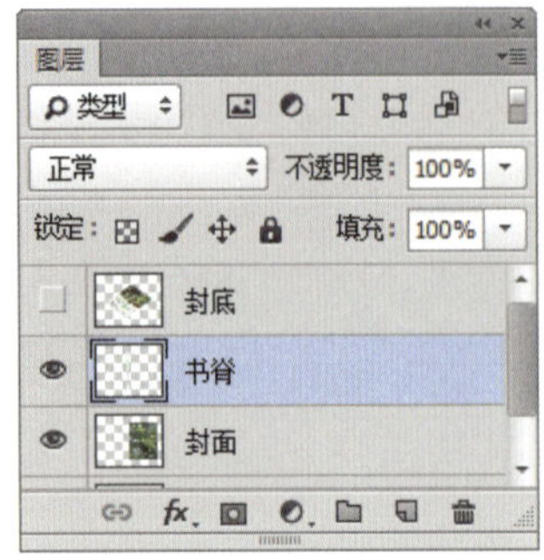

图15.424 通过剪切的图层

10 选中“书脊”图层，按Ctrl+T组合键对其执行“自由变换”命令，单击鼠标右键，从弹出的快捷菜单中选择“变形”命令，将图形扭曲变形，完成之后按Enter键确认，并将其适当下移，如图15.425所示。

图15.425 将图像变形

11 在“图层”面板中，选中“封底”图层，将其拖至面板底部的“创建新图层”按钮上，复制1个“封底 拷贝”图层，如图15.426所示。

12 在“图层”面板中，选中“封底”图层，单击面板上方的“锁定透明像素”按钮，将当前图层中的透明像素锁定，在画布中将图像填充为深黄色（R：125，G：65，B：10），填充完成之后再次单击此按钮将其解除锁定，并将其适当下移，如图15.427所示。

图15.426 复制图层

图15.427 填充颜色

13 在“图层”面板中，选中“封底”图层，单击面板底部的“添加图层蒙版”按钮，为其图层添加图层蒙版，如图15.428所示。

14 选择工具箱中的“画笔工具”，在画布中单击鼠标右键，在弹出的面板 中选择一种圆角笔触，将“大小”更改为150像素，“硬度”更改为0%，如图15.429所示。

图15.428 添加图层蒙版

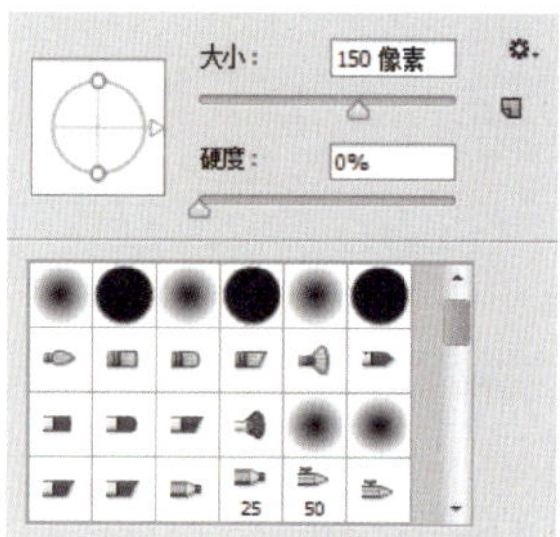

图15.429 设置“笔触”

15 将前景色更改为黑色，在图像上部分区域涂抹将其隐藏，如图15.430所示。

图15.430 隐藏图像

16 选择工具箱中的“钢笔工具”，在选项栏中单击“选择工具模式” 路径 按钮，在弹出的选项中选择“形状”，将“填充”更改为深黄色（R：125，G：65，B：10），“描边”更改为无，在“书脊”图像底部位置绘制一个不规则图形，此时将生成一个“形状1”图层，并将其移至“书脊”图层下方，如图15.431所示。

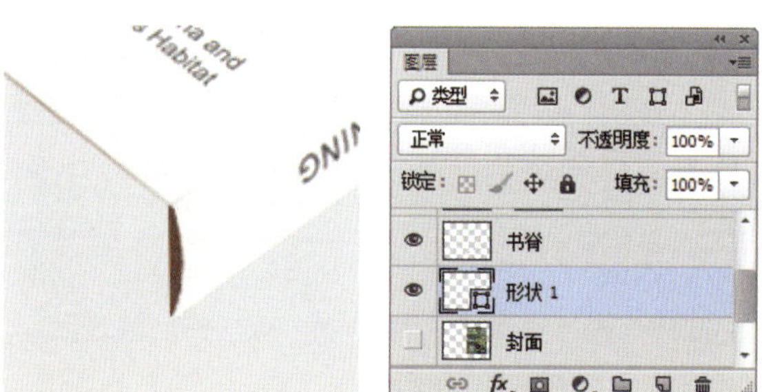

图15.431 绘制图形

17 在“图层”面板中，选中“形状1”图层，单击面板底部的“添加图层样式”按钮，在菜单中选择“渐变叠加”命令，在弹出的对话框中将“渐变”更改为黑色到白色，“角度”更改为180度，“缩放”更改为115%，完成之后单击“确定”按钮，如图15.432所示。

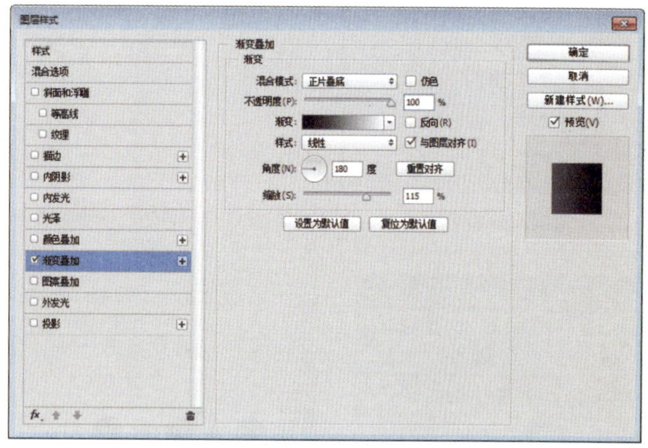

图15.432 设置“渐变叠加”

18 选择工具箱中的“钢笔工具”，在选项栏中单击“选择工具模式” 路径 按钮，在弹出的选项中选择“形状”，将“填充”更改为灰色（R：220，G：215，B：202），“描边”更改为无，在“封底”底部位置绘制一个不规则图形，此时将生成一个“形状2”图层，并将其移至“书脊”图层下方，如图15.433所示。

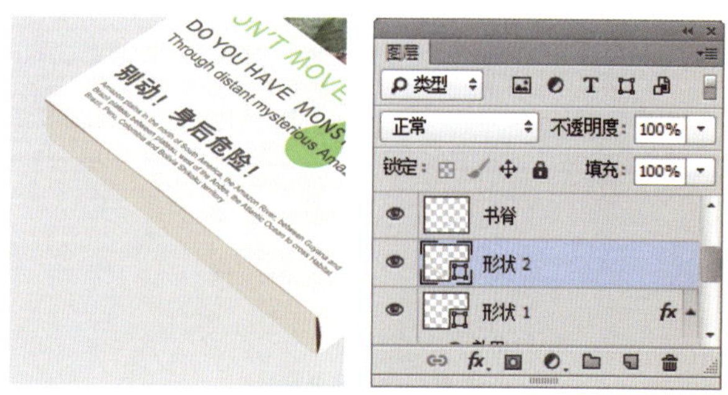

图15.433 绘制图形

19 在“图层”面板中，选中“形状2”图层，将其拖至面板底部的“创建新图层”按钮上，复制1个“形状2拷贝”图层，如图15.434所示。

20 选中“形状2”图层，在画布中将图形颜色更改为深黄色（R：125，G：65，B：10），再向左下角方向移动，如图15.435所示。

21 在“图层”面板中，选中“形状2”图层，单击面板底部的“添加图层蒙版”按钮，为其图层添加图层蒙版，如图15.436所示。

22 选择工具箱中的“画笔工具”，在画布中单击鼠标右键，在弹出的面板中选择一种圆角笔触，将“大小”更改为150像素，“硬度”更改为0%，如图15.437所示。

图15.434 复制图层

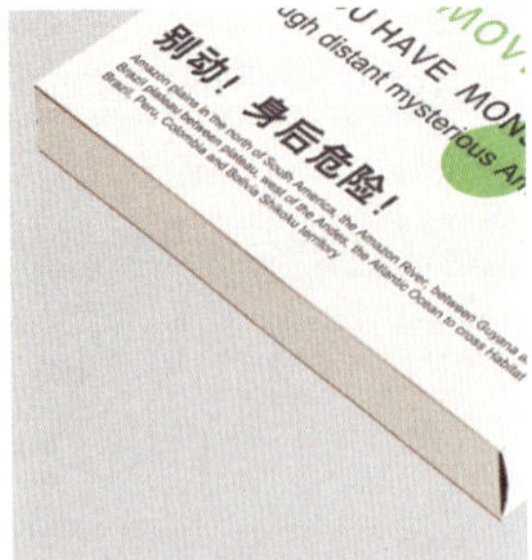

图15.435 更改图形颜色并移动图形

图15.436 添加图层蒙版

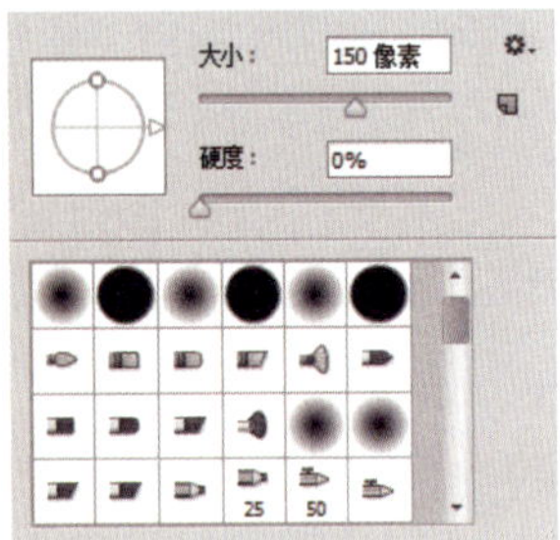

图15.437 设置“笔触”

23 将前景色更改为黑色，在图像上部分区域涂抹将其隐藏，如图15.438所示。

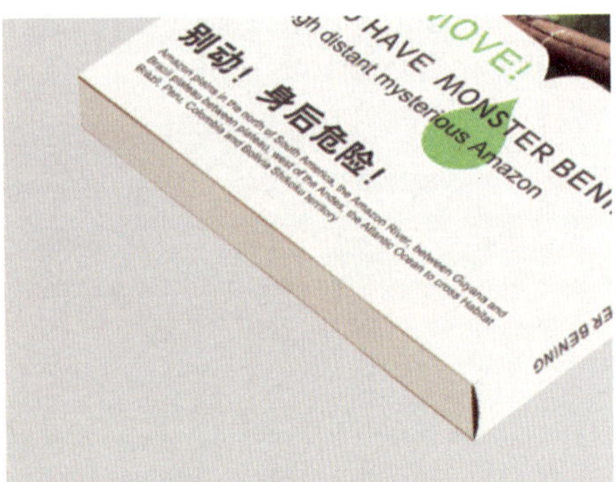

图15.438 隐藏图像

24 在“图层”面板中，选中“形状 2 拷贝”图层，将其拖至面板底部的“创建新图层”按钮上，复制1个“形状 2 拷贝2”图层，如图15.439所示。

25 选择工具箱中的“直接选择工具”，选中“形状 2 拷贝 2”图层中的图形2端锚点向外侧拖动增加图形长度，并将其图形颜色更改为白色，如图15.440所示。

26 选中“形状 2 拷贝 2”图层，执行菜单栏中的“滤镜”|“杂色”|“添加杂色”命令，在弹出的对话框中分别勾选“平均分布”单选按钮及“单色”复选框，将“数量”更改为8%，完成之后单击“确定”按钮，如图15.441所示。

图15.439 复制图层

图15.440 将图形变形

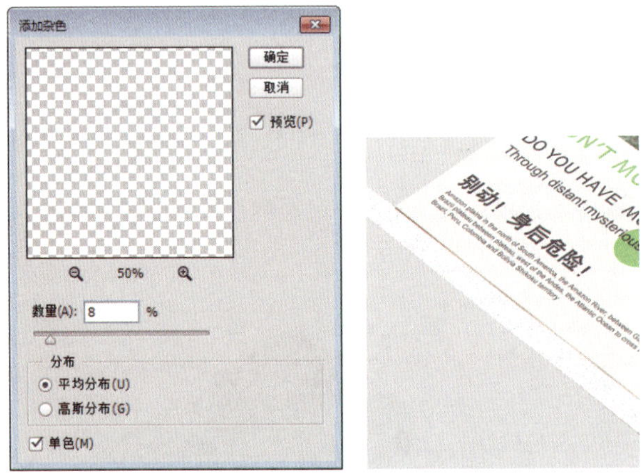

图15.441 设置“添加杂色”及完成效果

27 选中“形状 2 拷贝 2”图层，执行菜单栏中的“滤镜”|“模糊”|“动感模糊”命令，在弹出的对话框中将“角度”更改为-40度，“距离”更改为48像素，设置完成之后单击“确定”按钮，如图15.442所示。

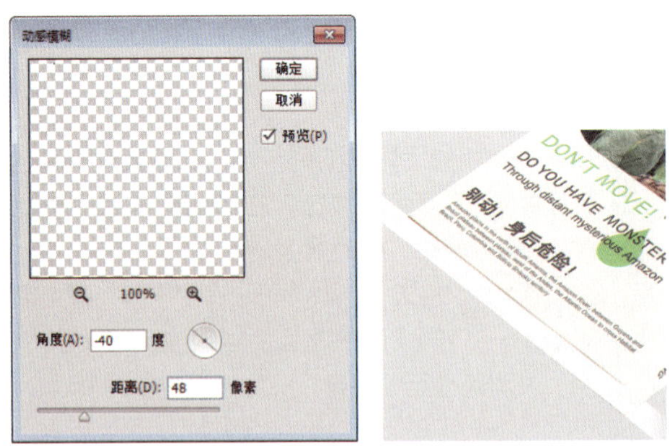

图15.442 设置“动感模糊”及完成效果

28 在“图层”面板中，选中“形状 2 拷贝 2”图层，将其图层混合模式设置为“划分”，如图15.443所示。

29 在“图层”面板中，选中“形状 2 拷贝 2”图层，单击面板底部的“添加图层蒙版”按钮，为其图层添加图层蒙版，如图15.444所示。

30 按住Ctrl键单击“形状 2 拷贝”图层缩览图，将其

载入选区，执行菜单栏中的“选择”|“反选”命令，将选区反选，将选区填充为黑色，将部分图像隐藏，完成之后按Ctrl+D组合键将选区取消，如图15.445所示。

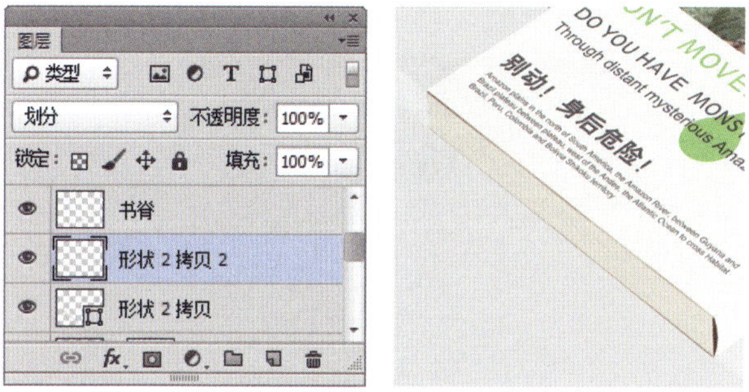

图15.443 设置图层混合模式

图15.444 添加图层蒙版

图15.445 隐藏图像

31 在“图层”面板中，选中“书脊”图层，将其拖至面板底部的“创建新图层”按钮上，复制1个“书脊 拷贝”图层，如图15.446所示。

32 在“图层”面板中，选中“书脊 拷贝”图层，单击面板上方的“锁定透明像素”按钮，将当前图层中的透明像素锁定，在画布中将图像填充为黑色，填充完成之后再次单击此按钮将其解除锁定，如图15.447所示。

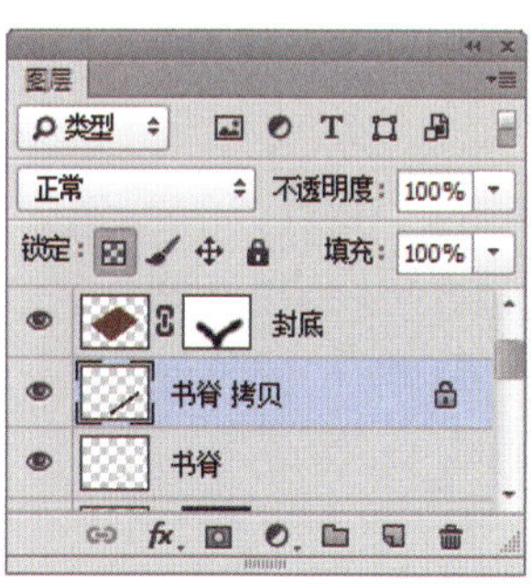

图15.446 复制图层

图15.447 填充颜色

33 选中“书脊 拷贝”图层，将其图层“不透明度”更改为8%，如图15.448所示。

34 选择工具箱中的“模糊工具”，在画布中单击鼠标右键，在弹出的面板中选择一种圆角笔触，将“大小”更改为80像素，“硬度”更改为0%，如图15.449所示。

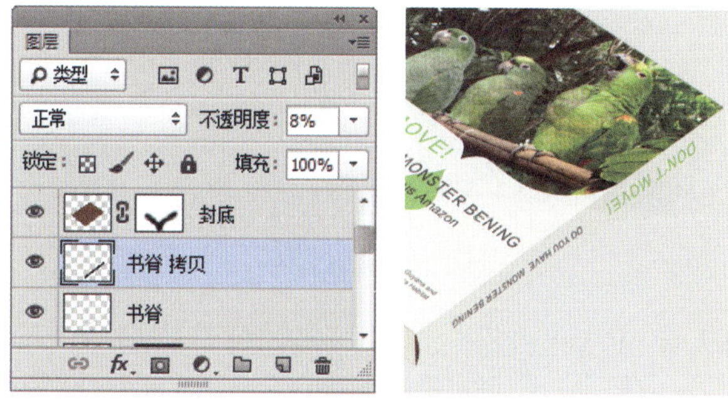

图15.448 更改图层不透明度

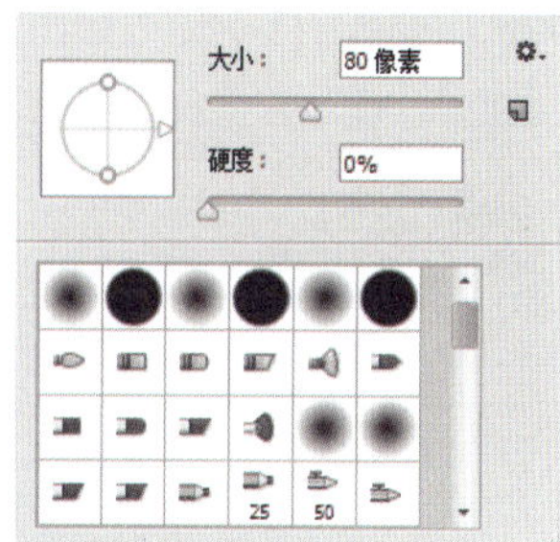

图15.449 设置笔触

图15.450 模糊图像

35 选中“书脊 拷贝”图层，在图像边缘涂抹将其模糊，再将图像向下稍微移动，如图15.450所示。

36 在“图层”面板中，选中“书脊 拷贝”图层，单击面板底部的“添加图层蒙版”按钮，为其图层添加图层蒙版，如图15.451所示。

37 按住Ctrl键单击“书脊”图层缩览图，将其载入选区，执行菜单栏中的“选择”|“反选”命令，将选区反选，将选区填充为黑色，将部分图像隐藏，完成之后按Ctrl+D组合键将选区取消，如图15.452所示。

图15.451 添加图层蒙版

图15.452 隐藏图像

38 选择工具箱中的“钢笔工具”，在选项栏中单击“选择工具模式”路径按钮，在弹出的选项中选择“形状”，将“填充”更改为黑色，“描边”更改为无，在封底图像右侧位置绘制一个不规则图形，此时将生成一个“形状3”图层，并将其移至“背景”图层上方，如图15.453所示。

图15.453 绘制图形

39 选中“形状 3”图层，执行菜单栏中的“滤镜”|“模糊”|“动感模糊”命令，在弹出的对话框中将“角度”更改为-40度，“距离”更改为150像素，设置完成之后单击“确定”按钮，如图15.454所示。

图15.454 设置“动感模糊”及完成后效果

40 在“图层”面板中，选中“形状 3”图层，单击面板底部的“添加图层蒙版”按钮，为其图层添加图层蒙版，如图15.455所示。

41 选择工具箱中的“画笔工具”，在画布中单击鼠标右键，在弹出的面板中选择一种圆角笔触，将“大小”更改为350像素，“硬度”更改为0%，如图15.456所示。

图15.455 添加图层蒙版

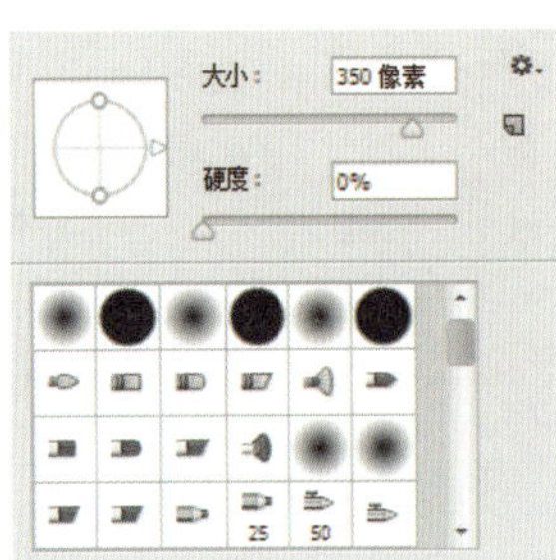

图15.456 设置“笔触”

42 将前景色更改为黑色，在图像上部分区域涂抹将其隐藏，如图15.457所示。

43 选择工具箱中的“钢笔工具”，在选项栏中单击“选择工具模式”路径按钮，在弹出的选项中选择“形状”，将“填充”更改为黑色，“描边”更改为无，在封底图像底部位置绘制一个不规则图形，此时将生成一个“形状4”图层，并将其移至“背景”图层上方，如图15.458所示。

图15.457 隐藏图像

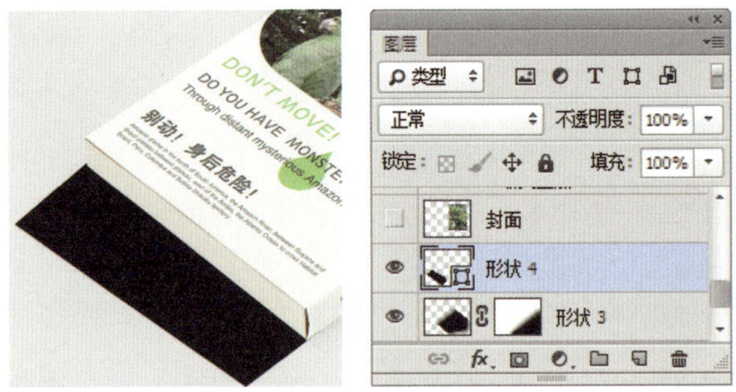

图15.458 绘制图形

44 以同样的方法为绘制的图形添加动感模糊效果并隐藏部分图像制作投影效果，如图15.459所示。

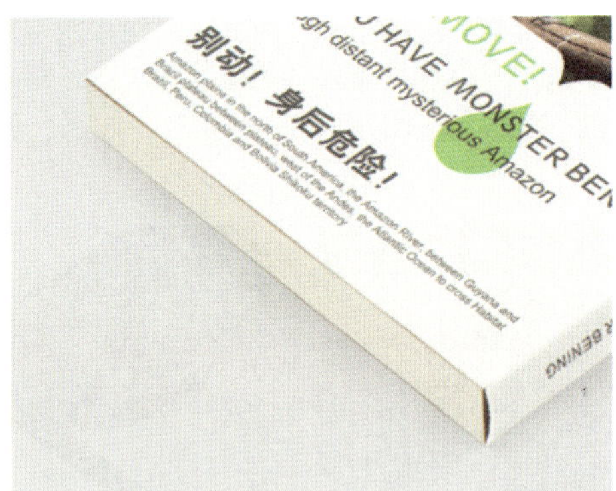

图15.459 制作“投影”

45 单击面板底部的“创建新图层”按钮，新建一个“图层1”图层，如图15.460所示。

46 选择工具箱中的“画笔工具”，在画布中单击鼠标右键，在弹出的面板中选择一种圆角笔触，将“大小”更改为2像素，“硬度”更改为0，如图15.461所示。

图15.460 新建图层

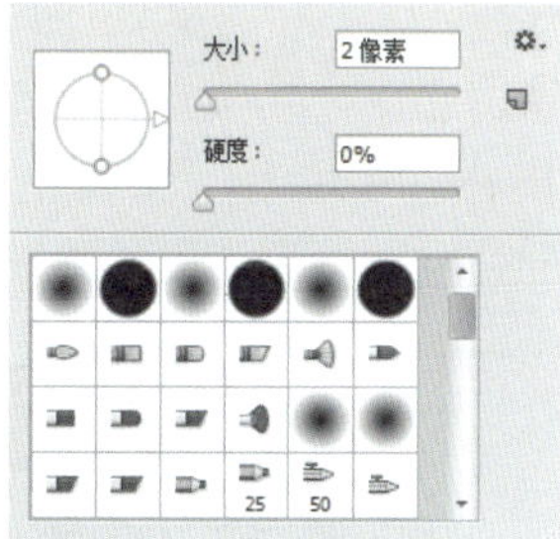

图15.461 设置"笔触"

47 将前景色更改为深黄色（R：125，G：65，B：10），选中"图层1"图层，在封底图像左上角位置单击，按住Shift键在左下角位置再次单击。

48 以同样的方法在封底图像顶部边缘添加修饰图像，如图15.462所示。

图15.462 添加修饰图像

49 执行菜单栏中的"文件"|"打开"命令，打开"神秘亚马孙展开面设计.psd"文件，选中除背景层以外的所有图层，将其拖至当前文档画布中，按Ctrl+E组合键合并并等比缩小后移至画布左上角位置，适当修剪不需要的部分，这样就完成了效果制作，最终效果如图15.463所示。

图15.463 添加图像及最终效果

15.7 商业海报设计

15.7.1 DJ海报设计

- **素材位置** | 素材文件\第 15 章\DJ海报设计
- **案例位置** | 案例文件\第 15 章\DJ海报设计.psd
- **视频位置** | 多媒体教学\15.7.1 DJ海报设计.avi
- **难易指数** | ★★★☆☆

本例讲解的是DJ海报制作，本例中的海报是一款具有特色的国外音乐类风格海报，从实物背景到经典的色调搭配使整个海报呈现出一种具有浓郁特色的DJ风格。最终效果如图15.464所示。

图15.464 最终效果

操作步骤

01 执行菜单栏中的"文件"|"新建"命令，在弹出的对话框中设置"宽度"为7.5厘米，"高度"为10厘米，"分辨率"为300像素/英寸，新建一个画布。

02 执行菜单栏中的"文件"|"打开"命令，打开"打碟机.psd、唱片.psd"文件，将打开的素材拖入画布中并适当缩小，如图15.465所示。

图15.465 新建画布并添加素材

03 选中“唱片”图层，按Ctrl+T组合键对其执行“自由变换”命令，单击鼠标右键，从弹出的快捷菜单中选择“扭曲”命令，将图像稍微缩小并扭曲变形，完成之后按Enter键确认，如图15.466所示。

04 执行菜单栏中的“文件”|“打开”命令，打开“纹理.jpg”文件，将打开的素材拖入画布中并适当缩小，其图层名称将更改为“图层 1”，如图15.467所示。

图15.466 将图像变形

图15.467 添加素材

05 在“图层”面板中，选中“图层1”图层，将其图层混合模式设置为“正片叠底”，“不透明度”更改为80%，如图15.468所示。

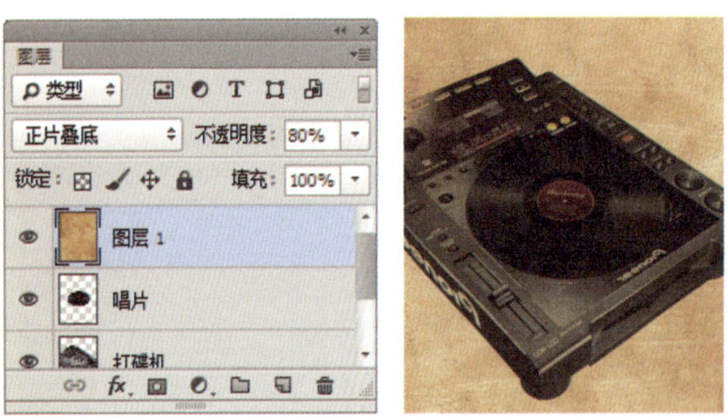

图15.468 设置图层混合模式

06 按住Ctrl键单击“打碟机”图层缩览图将其载入选区，执行菜单栏中的“选择”|“反选”命令，将选区反选，选中“图层1”图层，将选区中多余的图像删除，完成之后按Ctrl+D组合键将选区取消，如图15.469所示。

图15.469 删除图像

07 选择工具箱中的“矩形工具”▭，在选项栏中将“填充”更改为红色（R：103，G：3，B：3），“描边”为无，在画布靠顶部绘制一个矩形，此时将生成一个“矩形1”图层，如图15.470所示。

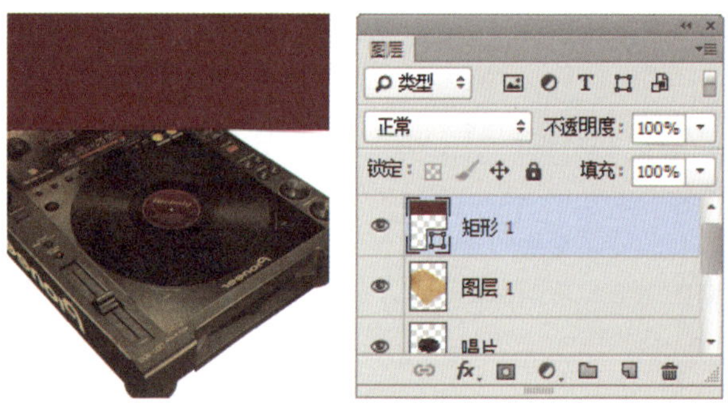

图15.470 绘制图形

08 选择工具箱中的“删除锚点工具”，在矩形右下角锚点上单击将其删除，如图15.471所示。

09 在“图层”面板中，选中“矩形1”图层，将其拖至面板底部的“创建新图层”按钮上，复制1个“矩形1 拷贝”图层，如图15.472所示。

10 选中“形状 1 拷贝”图层，按Ctrl+T组合键对其执行“自由变换”命令，单击鼠标右键，从弹出的快捷菜单中选择“顺时针 旋转90度”命令，完成之后按Enter键确认，将图形移至画布靠右上角位置并缩小，如图15.473所示。

图15.471 删除锚点

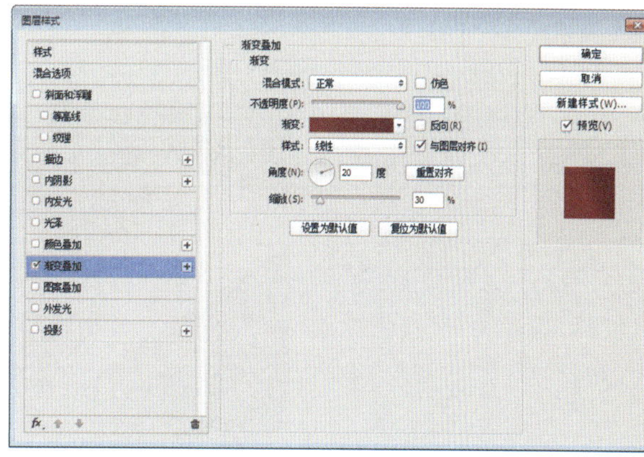

图15.476 设置“渐变叠加”

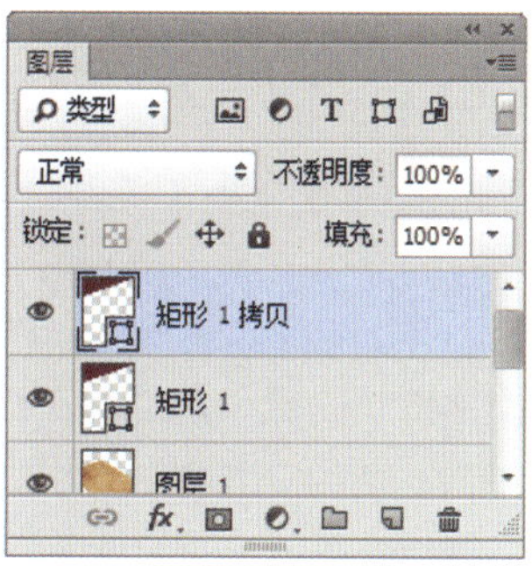

图15.472 复制图层　　图15.473 变换图形

11 在“图层”面板中，选中“矩形1 拷贝”图层，将其拖至面板底部的“创建新图层”按钮上，复制1个“矩形1 拷贝2”图层，如图15.474所示。

12 选中“矩形 1 拷贝 2”图层，在画布中将其图形颜色更改为红色（R：137，G：14，B：16），再按Ctrl+T组合键对其执行“自由变换”命令，将图形等比缩小，完成之后按Enter键确认，如图15.475所示。

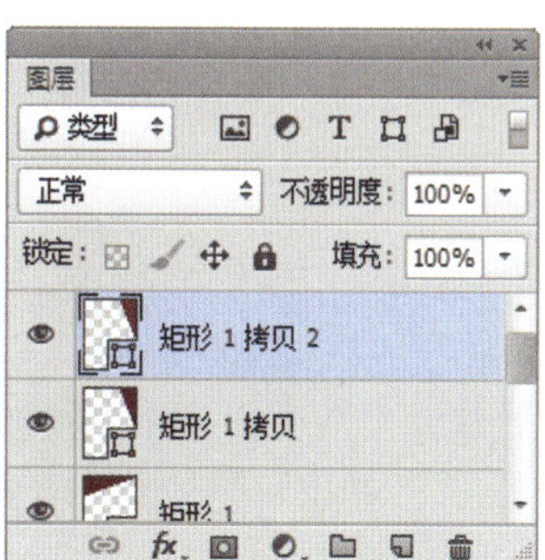

图15.474 复制图层　　图15.475 变换图形

13 在“图层”面板中，选中“矩形1 拷贝”图层，单击面板底部的“添加图层样式”fx按钮，在菜单中选择“渐变叠加”命令，在弹出的对话框中将“渐变”更改为红色（R：157，G：20，B：25）到红色（R：122，G：12，B：11），“角度”更改为20度，“缩放”更改为30%，如图15.476所示。

14 勾选“投影”复选框，取消“使用全局光”复选框，将“角度”更改为10度，“距离”更改为5像素，“大小”更改为10像素，完成之后单击“确定”按钮，如图15.477所示。

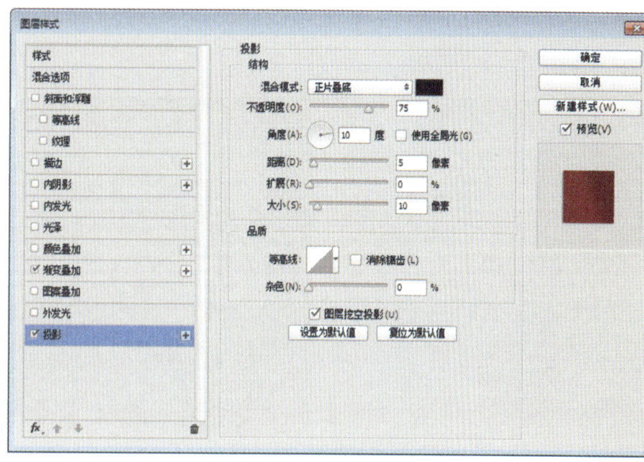

图15.477 设置“投影”

15 在“图层”面板中，选中“矩形1 拷贝”图层，将其图层“填充”更改为75%，如图15.478所示。

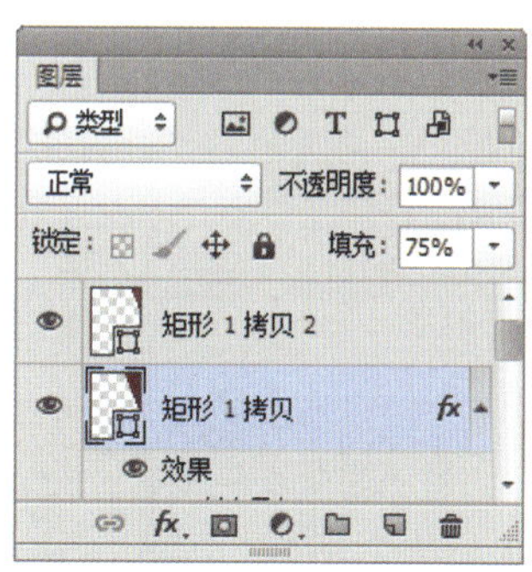

图15.478 更改填充

16 在“矩形1 拷贝”图层上单击鼠标右键，从弹出的快捷菜单中选择“拷贝图层样式”命令，在“矩形1 拷贝2”图层上单击鼠标右键，从弹出的快捷菜单中选择“粘贴图层样式”命令，如图15.479所示。

17 双击“矩形1 拷贝2”图层样式名称，在弹出的对话框中将“渐变叠加”的“缩放”更改为50%，并取消勾选“投影”特效，此时的图像效果如图15.480所示。

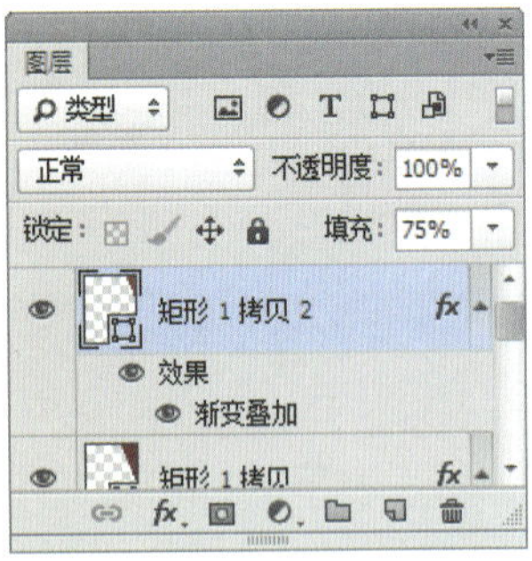

图15.479 拷贝粘贴图层样式　　图15.480 设置图层样式

18 在“图层”面板中，同时选中“图层 1”“唱片”及“打碟机”图层，将其拖至面板底部的“创建新图层”按钮上，复制1个“图层 1 拷贝”“唱片 拷贝”及“打碟机 拷贝”图层，将图层同时移至“背景”图层上方，在画布中将其向右侧移动将空白画布部分覆盖，如图15.481所示。

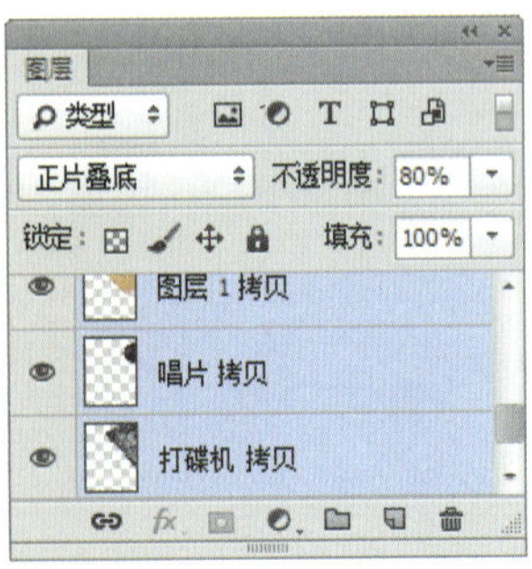

图15.481 复制图层并更改图层顺序

19 在“图层”面板中，选中“矩形1”图层，将其拖至面板底部的“创建新图层”按钮上，复制1个“矩形1 拷贝3”图层，将其图形颜色更改为红色（R：129，G：13，B：14），如图15.482所示。

20 选中“矩形1 拷贝3”图层，按Ctrl+T组合键对其执行“自由变换”命令，将图像稍微等比缩小并向左上角方向稍微移动，完成之后按Enter键确认，如图15.483所示。

图15.482 复制图层　　图15.483 变换图形

21 在“图层”面板中，选中“矩形1 拷贝 3”图层，单击面板底部的“添加图层样式”按钮，在菜单中选择“投影”命令，在弹出的对话框中取消“使用全局光”复选框，将“角度”更改为135度，“距离”更改为13像素，“大小”更改为32像素，完成之后单击“确定”按钮，如图15.484所示。

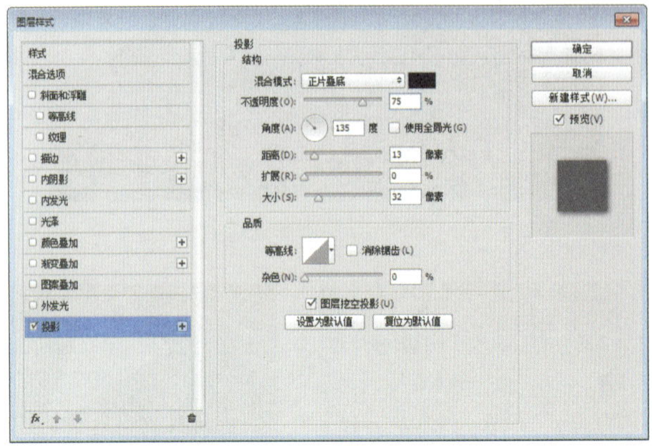

图15.484 设置“投影”

22 选择工具箱中的“矩形工具”，在选项栏中将“填充”更改为橙色（R：225，G：60，B：38），“描边”为无，在画布靠左上角绘制一个矩形，此时将生成一个“矩形2”图层，将“矩形2”移至“矩形1”图层上方，将其适当旋转，如图15.485所示。

图15.485 绘制图形

23 在“图层”面板中，选中“矩形2”图层，单击面板底部的“添加图层样式”按钮，在菜单中选择“投影”命令，在弹出的对话框中选中“使用全局光”复选框，将“角度”更改为75°，“距离”更改为18像素，“大小”更改为25像素，完成之后单击“确定”按钮，如图15.486所示。

24 以同样的方法在刚才绘制的矩形下方位置再次绘制一个矩形，将生成一个“矩形3”图层，如图15.487所示。

25 在“矩形2”图层上单击鼠标右键，从弹出的快捷菜单中选择“拷贝图层样式”命令，在“矩形3”图层上单击鼠标右键，从弹出的快捷菜单中选择“粘贴图层样式”命令，如图15.488所示。

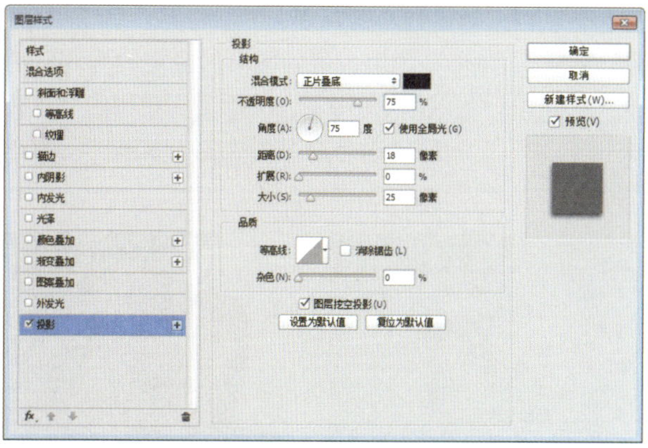

图15.486 设置“投影”

图15.487 绘制图形

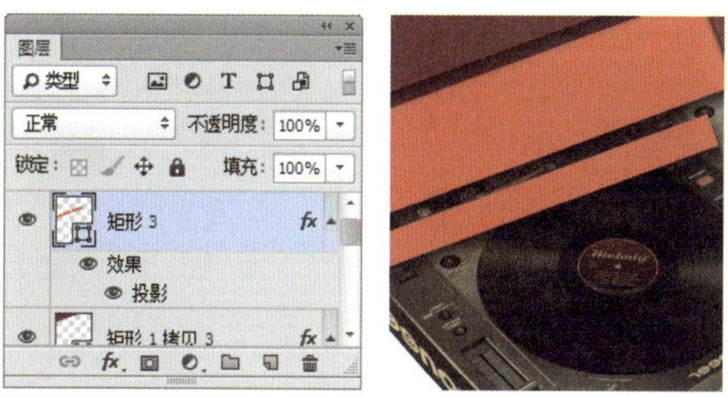

图15.488 复制并粘贴图层样式

26 选择工具箱中的“矩形工具”，在选项栏中将“填充”更改为橙色（R：225，G：60，B：38），“描边”为无，在画布靠左上角绘制一个矩形，并将绘制的图形适当旋转，此时将生成一个“矩形4”图层，如图15.489所示。

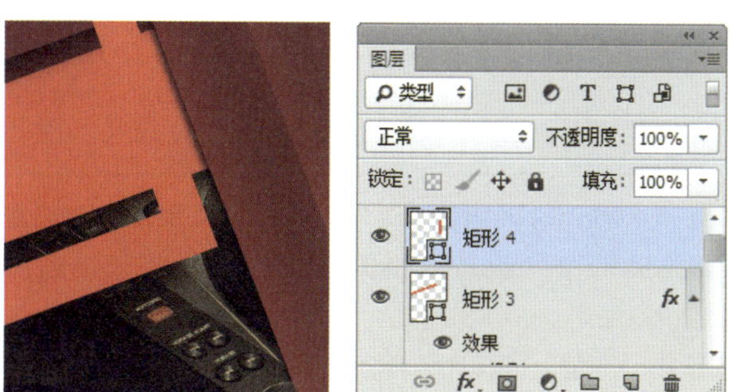

图15.489 绘制图形

27 选择工具箱中的“添加锚点工具”，在“矩形4”图形底部靠右侧位置单击添加锚点，如图15.490所示。

28 选择工具箱中的“直接选择工具”，选中“矩形4”图层中的图形右下角锚点将其删除，如图15.491所示。

图15.490 添加图层锚点

图15.491 删除锚点

29 在“矩形4”图层上单击鼠标右键，从弹出的快捷菜单中选择“粘贴图层样式”命令，双击“矩形4”图层样式名称，在弹出的对话框中将“不透明度”更改为100%，如图15.492所示。

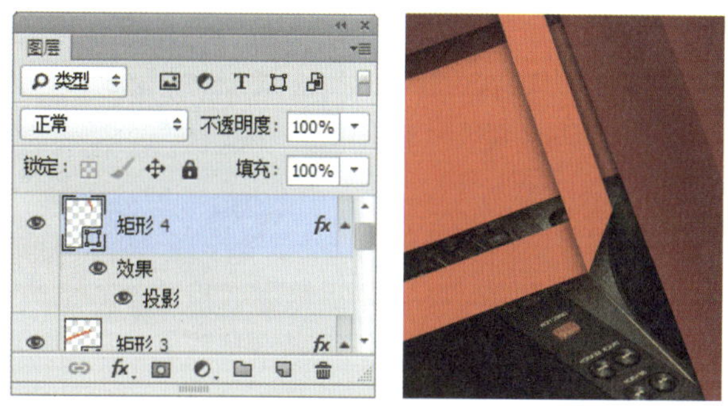

图15.492 粘贴并设置图层样式

30 选择工具箱中的“矩形工具”，在选项栏中将“填充”更改为红色（R：160，G：15，B：20），“描边”为无，在画布靠底部位置绘制一个矩形，并将绘制的图形适当旋转，此时将生成一个“矩形5”图层，如图15.493所示。

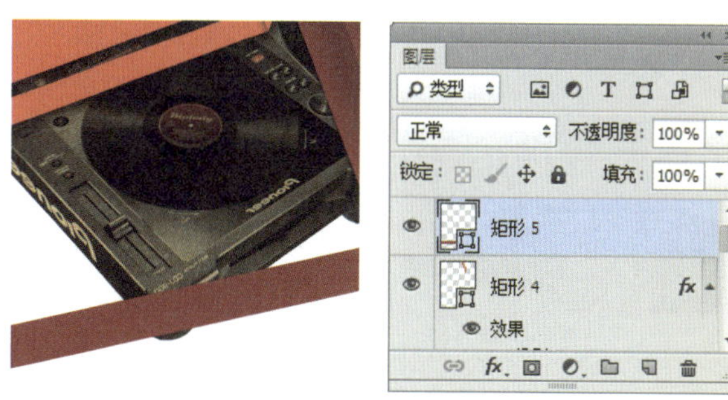

图15.493 绘制图形

31 在“图层”面板中，选中“矩形5”图层，将其拖至面板底部的“创建新图层”按钮上，复制1个“矩形5拷贝”图层，选中“矩形5 拷贝”图层，在画布中将图形向下移动，如图15.494所示。

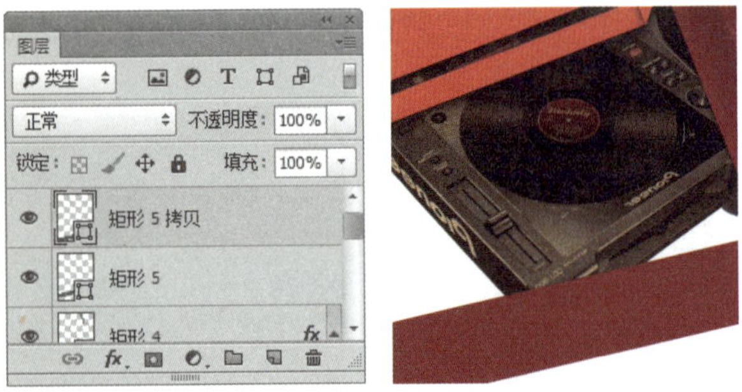

图15.494 复制图层并移动图形

32 在“矩形 1 拷贝”图层上单击鼠标右键，从弹出的快捷菜单中选择“拷贝图层样式”命令，在“矩形 5”图层上单击鼠标右键，从弹出的快捷菜单中选择“粘贴图层样式”命令，双击“矩形 5”图层样式名称，在弹出的对话框中将“渐变叠加”样式的“角度”更改为-80度，完成之后单击“确定”按钮，如图15.495所示。

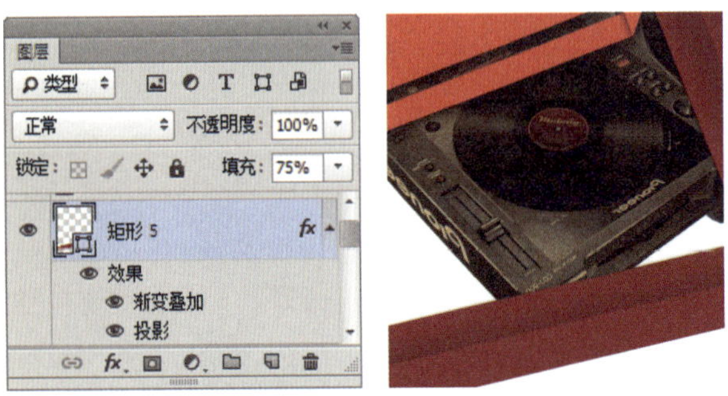

图15.495 复制并粘贴图层样式

33 选择工具箱中的“矩形工具”，在选项栏中将“填充”更改为橙色（R：225，G：60，B：38），“描边”为无，在画布靠左下角位置绘制一个矩形，此时将生成一个“矩形6”图层，如图15.496所示。

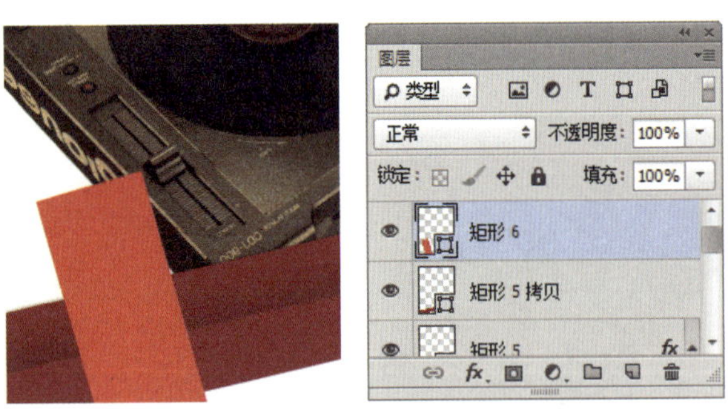

图15.496 绘制图形

34 在“图层”面板中，选中“矩形6”图层，将其拖至面板底部的“创建新图层”按钮上，复制1个“矩形6拷贝”图层，如图15.497所示。

35 选中“矩形6”图层，将其图形颜色更改为深红色（R：104，G：0，B：0），选择工具箱中的“直接选择工具”拖动其锚点将图形变形，如图15.498所示。

图15.497 复制图层

图15.498 变换图形

36 在“图层”面板中，选中“矩形6”图层，单击面板底部的“添加图层样式”按钮，在菜单中选择“渐变叠加”命令，在弹出的对话框中将“混合模式”更改为叠加，“不透明度”更改为80%，“渐变”更改为黑色到透明，如图15.499所示。

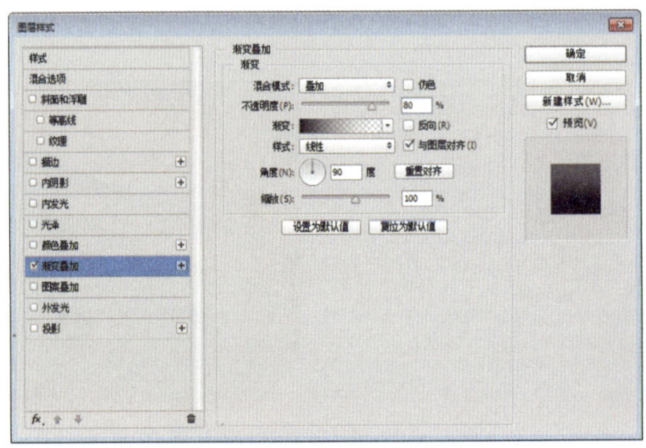

图15.499 设置“渐变叠加”

37 勾选“投影”复选框，取消“使用全局光”复选框，将“角度”更改为98度，“距离”更改为30像素，“大小”更改为30像素，完成之后单击“确定”按钮，如图15.500所示。

38 在“图层”面板中，同时选中“矩形6 拷贝”及“矩形6”图层，将其拖至面板底部的“创建新图层”按钮上，复制2个“矩形6 拷贝2”图层，如图15.501所示。

39 选中“矩形6 拷贝 2”图层，选择工具箱中的“直接选择工具”，拖动其锚点将图形变形，如图15.502所示。

40 在“图层”面板中，同时选中“图层 1 拷贝”“唱片 拷贝”及“打碟机 拷贝”图层，将其拖至面板底部的“创建新图层”按钮上，各复制1个“图层 1 拷贝 2”“唱片 拷贝 2”及“打碟机 拷贝 2”图层，将复制生成的图像移至左侧空白位置，如图15.503所示。

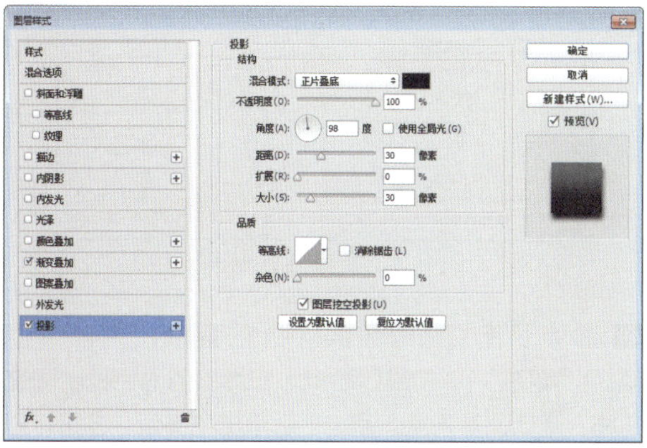

图15.500 设置投影

图15.501 复制图层

图15.502 变换图形

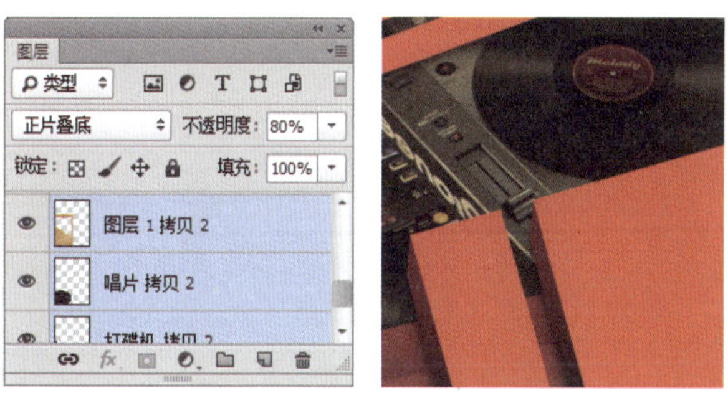

图15.503 复制图层并移动图像

41 选择工具箱中的“横排文字工具” T，在画布中适当位置添加文字，如图15.504所示。

42 执行菜单栏中的“文件”|“打开”命令，打开“图标.psd”文件，将打开的素材拖入画布中靠右下角位置并适当缩小，如图15.505所示。

43 在“图层”面板中，选中“图标”图层，单击面板上方的“锁定透明像素”按钮，将当前图层中的透明像素锁定，在画布中将图像填充为黄色（R：252，G：203，B：147），填充完成之后再次单击此按钮将其解除锁定，如图15.506所示。

图15.504 添加文字

图15.505 添加素材

图15.506 锁定透明像素并填充颜色

44 以同样的方法分别选中“图标2”及“图标3”图层，填充相同的颜色，如图15.507所示。

图15.507 更改图像颜色

45 在“图层”面板中，选中“THE DJING”图层，单击面板底部的“添加图层样式” fx 按钮，在菜单中选择“投影”命令，在弹出的对话框中取消“使用全局光”复选框，将“角度”更改为104度，“距离”更改为3像素，“大小”更改为4像素，完成之后单击“确定”按钮，如图15.508所示。

46 在“THE DJING”图层上单击鼠标右键，从弹出的快捷菜单中选择“拷贝图层样式”命令，同时选中所有的文字及“图标”组，在其名称上上单击鼠标右键，从弹出的快捷菜单中选择“粘贴图层样式”命令，如图15.509所示。

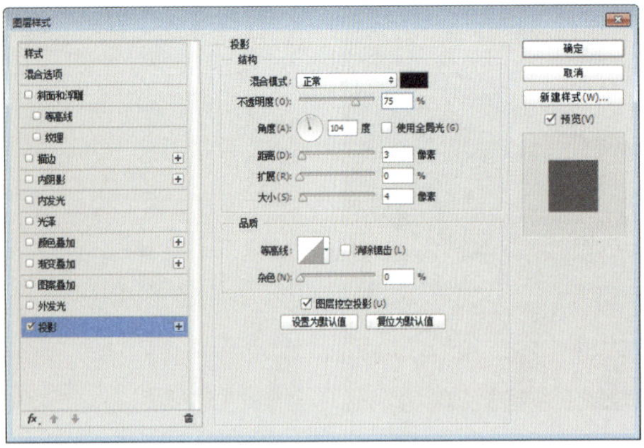

图15.508 设置“投影”

图15.509 复制并粘贴图层样式

> **提示**
>
> 粘贴图层样式之后可以根据图层中文字的不同大小适当调整投影的距离及大小数值使投影效果更加自然。

47 执行菜单栏中的“文件”|“打开”命令，打开“纹理.jpg”文件，将打开的素材拖入画布中并适当缩小至与画布相同大小，其图层名称将更改为“图层2”，如图15.510所示。

图15.510 添加素材

48 选中“图层2”图层，执行菜单栏中的“图像”|“调整”|“色相/饱和度”命令，在弹出的对话框中，将“色相”更改为-12，“饱和度”更改为-40，完成之后单击“确定”按钮，如图15.511所示。

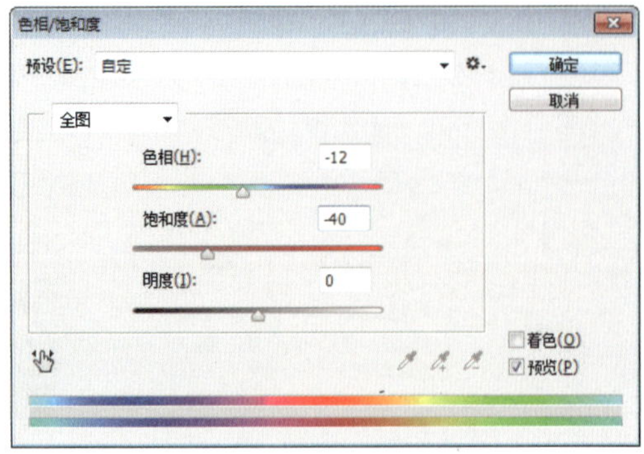

图15.511 调整色相/饱和度

49 选中“图层2”图层，执行菜单栏中的“图像”|“调整”|“曲线”命令，在弹出的对话框中调整曲线，降低图像亮度，完成之后单击“确定”按钮，如图15.512所示。

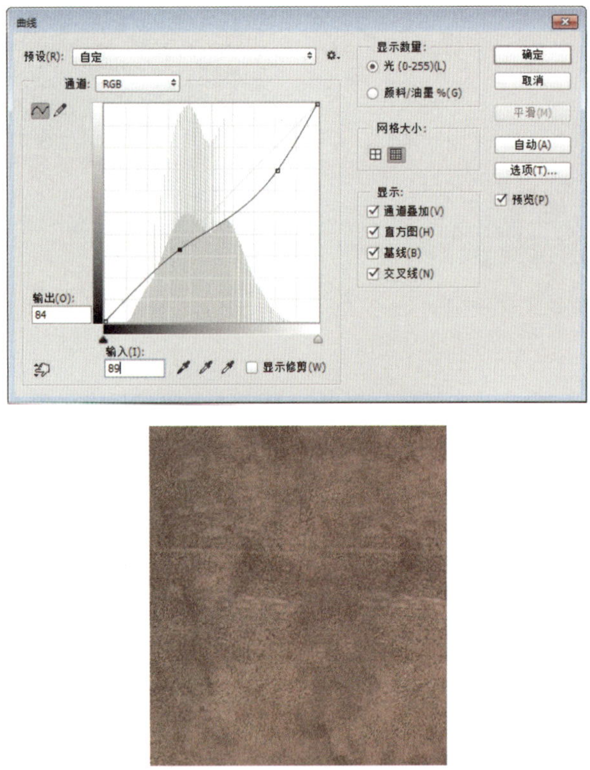

图15.512 调整“曲线”

50 在“图层”面板中，选中“图层 2”图层，将其图层混合模式设置为“叠加”，如图15.513所示。

51 在“图层”面板中，选中“图层2”图层，单击面板底部的“添加图层蒙版”按钮，为其图层添加图层蒙版，如图15.514所示。

52 选择工具箱中的“画笔工具”，在画布中单击鼠标右键，在弹出的面板中选择一种圆角笔触，将“大小”更改为300像素，“硬度”更改为0%，如图15.515所示。

图15.513 设置图层混合模式

图15.514 添加图层蒙版

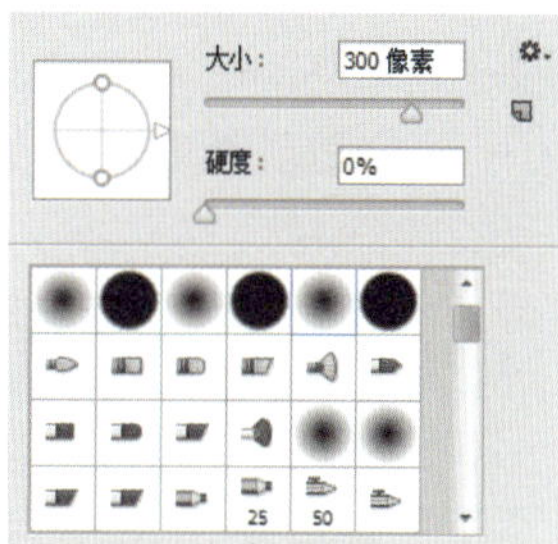

图15.515 设置“笔触”

53 将前景色更改为黑色，在图像上杂点过多的区域涂抹，如图15.516所示。

图15.516 隐藏图像

54 单击面板底部的“创建新图层”按钮，新建一个“图层3”图层，如图15.517所示。

55 选择工具箱中的“画笔工具”，在画布中单击鼠标右键，在弹出的面板中单击右上角菜单图标，在弹出的菜单中选择“载入画笔”命令，在弹出的对话框中选择“污渍笔刷.ABR”，在面板底部选择一款污渍笔触，如图15.518所示。

图15.517 新建图层

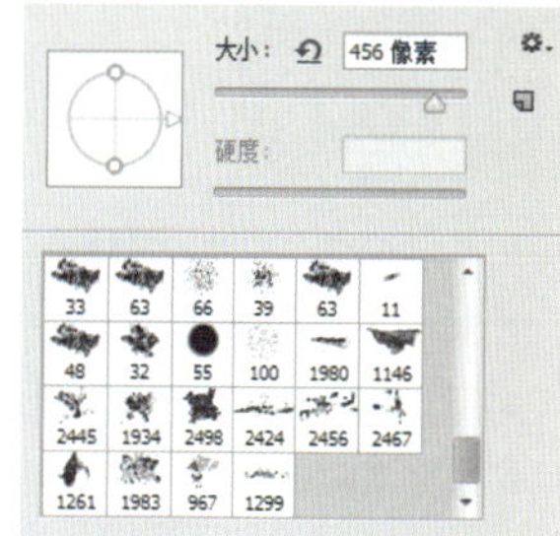

图15.518 设置笔触

56 将前景色更改为黑色，选中“图层3”图层，在画布中适当位置单击添加污渍图像，如图15.519所示。

图15.519 添加图像

57 选中“图层3”图层，将其图层混合模式更改为柔光，这样就完成了效果制作，最终效果如图15.520所示。

图15.520 最终效果

15.7.2 激情时代房产海报设计

- **素材位置** | 素材文件\第 15 章\激情时代房产海报设计
- **案例位置** | 案例文件\第 15 章\激情时代房产海报设计.psd
- **视频位置** | 多媒体教学\15.7.2 激情时代房产海报设计.avi
- **难易指数** | ★★☆☆☆

本实例制作一个激情时代房产海报设计，本实例采用了金黄色为主色调给人以眼前一亮的感觉，通过添加立体方块和楼盘使整个画面看上去更有空间感，最后输入文字并加以装饰，完成最终效果。最终效果如图 15.521 所示。

图15.521 最终效果

操作步骤

01 执行菜单栏中的“文件”|“新建”命令，打开“新建”对话框，将“宽度”设置为164毫米、“高度”设置为56毫米，“颜色模式”设置为“RGB颜色”，“分辨率”设置为300像素/英寸，“背景内容”设置为白色。新建一个画布作为背景。

02 将背景填充为黑红色（R：30，G：9，B：9），填充后的背景效果如图15.522所示。

图15.522 填充背景

03 设置前景色为黄色（R：231，G：182，B：0），选择工具箱中的“画笔工具”，在画布中单击并添加画笔颜色，效果如图15.523所示。

图15.523 画笔颜色

04 执行菜单栏中的“文件”|“打开”命令，打开“楼盘.psd”，效果如图15.524所示。

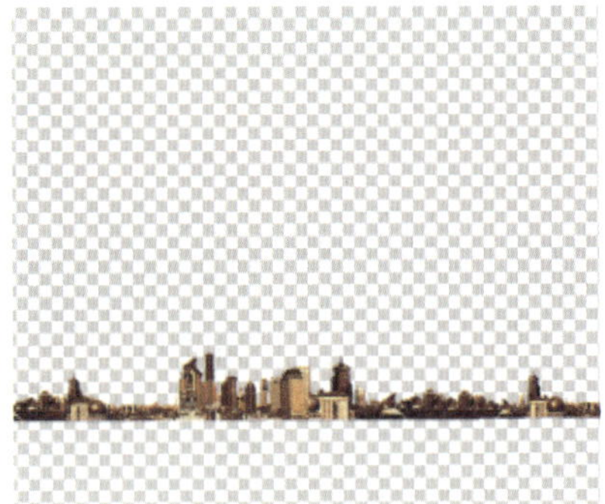

图15.524 打开素材

05 使用“移动工具”，将楼盘移至画布中，然后缩小，并放置到画布的下方位置，效果如图15.525所示。

图15.525 放置到画布中

06 按住Alt键将楼盘复制一份，然后将楼盘选中，按Ctrl + T组合键，单击鼠标右键，在弹出的菜单中选择“垂直翻转”命令。

07 按Enter键确认，在“图层”面板中单击“添加图层蒙版”按钮，为复制的楼盘添加蒙版，然后设置渐变颜色为从黑色到白色的渐变。从画布的下方向上方拖动鼠标并填充渐变，效果如图15.526所示。

图15.526 制作投影

08 新建图层，选择工具箱中的“椭圆选框工具”，按住Shift键，在画布中绘制一个圆形选区，然后填充为橙色（R：235，G：161，B：31），按Ctrl+D组合键取消选区，如图15.527所示。

图15.527　绘制圆

09 将橙色圆的“不透明度”设置为8%，然后复制多份并调整，分别放置到合适的位置，效果如图15.528所示。

图15.528　复制圆

10 执行菜单栏中的“文件”|“打开”命令，打开“立体方块.psd”，效果如图15.529所示。

图15.529　打开素材

11 使用“移动工具”，将立体方块移至画布中，然后缩小，并放置到画布的右上方位置，效果如图15.530所示。

12 选择工具箱中的“横排文字工具”T，在画布中输入英文，设置字体为“Baskerville Old Face”，设置不同的大小，颜色设置为浅黄色（R：255，G：250，B：200），效果如图15.531所示。

13 新建图层，选择工具箱中的“矩形选框工具”，在画布中绘制一个形状选区，然后将其填充为浅黄色（R：255，G：250，B：200），效果如图15.532所示。

图15.530　放置到画布

图15.531　输入文字

图15.532　绘制并填充

14 使用同样的方法在画布中输入相关的文字，设置不同的字体、大小的颜色，将文字栅格化，设置渐变的颜色为从浅黄色（R：255，G：250，B：200）到黄色（R：223，G：172，B：58）的线性渐变，如图15.533所示。

15 单击“确定”按钮确认，使用“渐变工具”，从画布的上方向下方拖动鼠标并填充渐变，效果如图15.534所示。

16 新建图层，选择工具箱中的“矩形选框工具”，在画布中绘制一个形状选区，然后将选区填充为黄色（R：255，G：250，B：200），效果如图15.535所示。

17 在“图层”面板中单击“添加图层蒙版”按钮，为复制的直线添加蒙版，然后设置渐变颜色为从黑色到透明的渐变，使用“渐变工具”，从画布的左侧向右侧拖动鼠标并填充渐变，效果如图15.536所示。

图15.533 设置渐变

图15.534 渐变效果

图15.535 绘制直线

图15.536 渐变效果

18 设置前景色为黄色（R：250，G：213，B：0），选择工具箱中的“画笔工具”，设置需要的大小，然后使用“画笔工具”，在画布中多次单击并添加画笔圆，这样就完成了最终效果，最终效果如图15.537所示。

图15.537 最终效果

15.8 商品包装设计

15.8.1 地瓜干包装设计

- **素材位置** | 素材文件\第15章\地瓜干包装设计
- **案例位置** | 案例文件\第15章\地瓜干包装展开面设计.psd、地瓜干包装立体效果.psd
- **视频位置** | 多媒体教学\15.8.1 地瓜干包装设计.avi
- **难易指数** | ★★★☆☆

本例主要讲解的是地瓜干包装设计的制作方法，打破了传统规则，应用了绿色和浅黄色为主色调，时尚、新潮的设计定能打动消费者。最终效果如图15.538所示。

图15.538 最终效果

图15.538 最终效果（续）

图15.541 绘制矩形

图15.542 复制矩形

操作步骤

01 执行菜单栏中的“文件”|“新建”命令，打开“新建”对话框，设置“宽度”为76毫米，“高度”为100毫米，“分辨率”为150像素，“颜色模式”为RGB颜色，“背景内容”设置为白色的画布。将新建画布填充为浅黄色（R：253，G：237，B：213）。

02 为了方便读者，首先提供了一个展开面尺寸安排，根据展开面尺寸安排，拉出辅助线，设置参考线后的效果如图15.539所示。

03 新建图层——图层1。选择工具箱中的“矩形选框工具”，在画布中绘制一个矩形选区，然后将其填充为绿色（R：88，G：145，B：53），效果如图15.540所示。

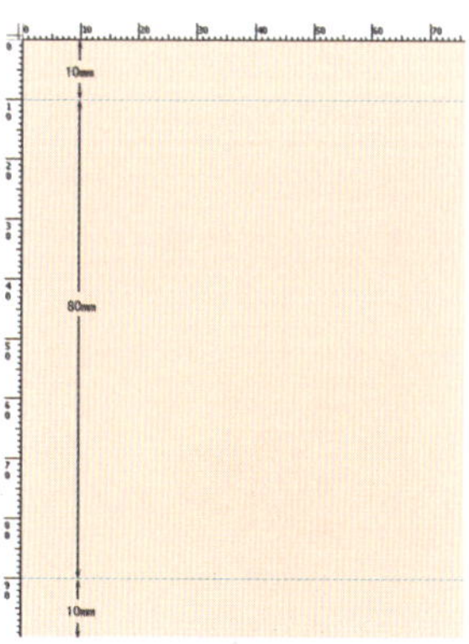

图15.539 拉辅助线图

图15.540 绘制矩形

04 使用同样的方法在画布的上方绘制矩形选区，然后将其填充为绿色（R：88，G：145，B：53），效果如图15.541所示。

05 将此矩形水平向下复制一份，放置到画布的下方，效果如图15.542所示。

06 执行菜单栏中的“文件”|“打开”命令，打开“祥云.psd”，效果如图15.543所示。

图15.543 打开祥云

07 使用“移动工具”将祥云拖动到新建画布中，然后缩小并放置到绿色矩形的上方，复制多份并合并图层，效果如图15.544所示。

图15.544 复制祥云

08 将其不透明度设置为50%，将祥云垂直向下复制一份，然后放置到画布的下方，按Ctrl + T组合键将其选中，然后单击鼠标右键，在弹出的菜单中选择“垂直翻转”命令，效果如图15.545所示。

09 按Enter键确认，应用垂直翻转后的图像效果如图15.546所示。

10 执行菜单栏中的“文件”|“打开”命令，打开“地瓜文字.psd”，效果如图15.547所示。

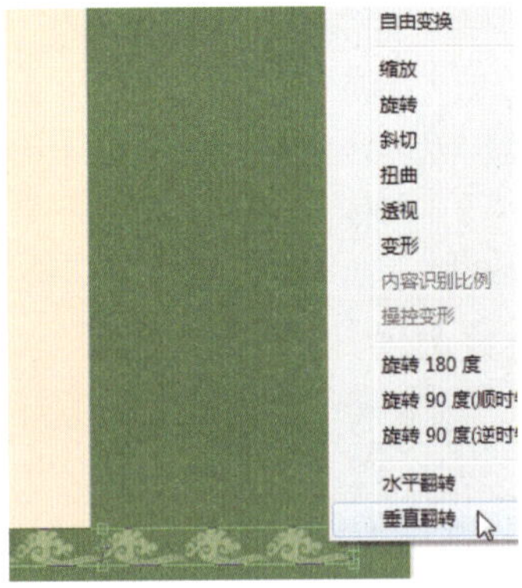

图15.545 水平翻转命令

图15.546 向下复制

图15.547 打开文字

11 使用“移动工具”将地瓜文字拖动到新建画布中，然后缩小并放置到绿色矩形的上方，效果如图15.548所示。

12 执行菜单栏中的“文件”|“打开”命令，打开“花边.psd”文件，使用“移动工具”将花边拖动到新建画布中，然后缩小并放置到绿色矩形的右侧，效果如图15.549所示。

图15.548 放置到画布中

图15.549 添加花边

13 将花边向左复制并移动，放置到画布的左侧，效果如图15.550所示。

14 执行菜单栏中的“文件”|“打开”命令，打开“地瓜.jpg”文件，效果如图15.551所示。

图15.550 复制效果

图15.551 打开“地瓜”图片

15 使用“移动工具”将地瓜拖动到新建画布中，然后缩小并放置到绿色矩形的上方，效果如图15.552所示。

16 单击“图层”面板下方的“添加图层蒙版”按钮，为地瓜图层添加蒙版，设置前景色为黑色，选择工具箱中的“画笔工具”，设置合适的画笔大小，将其不需要的部分擦除，擦除后的图像效果如图15.553所示。

图15.552 放置到画布中

图15.553 擦除效果

17 新建图层——图层4。选择工具箱中的“矩形选框工具”，在画布中绘制一个矩形选区，然后将其填充为暗红色（R：111，G：19，B：24），效果如图15.554所示。

图15.554　绘制矩形

18 新建图层——图层5。使用同样的方法在画布中绘制一个矩形选区，然后执行菜单栏中的“编辑”|“描边”命令，打开“描边”对话框，设置“宽度”为3像素，“颜色”为浅黄色（R：232，G：226，B：163），如图15.555所示。

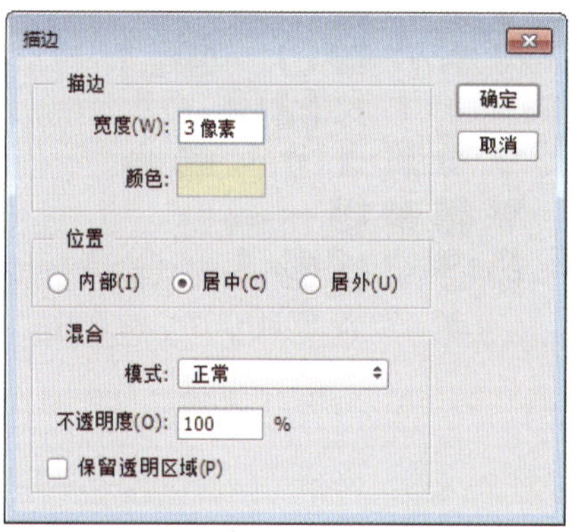

图15.555　“描边”对话框

19 单击“确定”按钮确认，应用描边后的图像效果如图15.556所示。

图15.556　描边效果

20 选择工具箱中的“直排文字工具”，在红色矩形上输入文字，设置字体为汉仪中隶书简，大小为8点，颜色为白色，效果如图15.557所示。

图15.557　输入文字

21 新建图层——图层6。选择工具箱中的“椭圆选框工具”，在画布中绘制一个椭圆选区，然后选择工具箱中的“渐变工具”，设置颜色为从土黄色（R：182，G：157，B：113）到黄色（R：230，G：224，B：163）再到土黄色（R：182，G：157，B：113）的线性渐变，从椭圆选区的左侧向右侧拖动鼠标填充渐变，效果如图15.558所示。

22 选择工具箱中的“横排文字工具”，在画布中输入相关的文字，设置不同的字体和大小，颜色为黑色，分别放置到画布中合适的位置，效果如图15.559所示。

图15.558　渐变效果

图15.559　输入文字

23 执行菜单栏中的“文件”|“打开”命令，打开“标志.jpg”文件，效果如图15.560所示。

图15.560　打开“标志”文件

24 使用“移动工具”将标志拖动到新建画布中，然后缩小并放置到画布的左侧，效果如图15.561所示。这样就完成了地瓜干包装的平面效果制作。

图15.561 添加标志

25 执行菜单栏中的“文件”|“新建”命令，打开“新建”对话框，设置“宽度”为108毫米，“高度”为81毫米，“分辨率”为150像素，“颜色模式”为RGB颜色，新建“背景内容”设置为白色的画布，然后将画布填充为黑色。

26 执行菜单栏中的“文件”|“打开”命令，打开“地瓜干包装展开效果.psd”文件，选择工具箱中的“矩形选框工具”，将地瓜干包装选中，效果如图15.562所示。

27 执行菜单栏中的“编辑”|“合并拷贝”命令，切换到新建画布中，按Ctrl + V组合键将其粘贴，效果如图15.563所示。

图15.562 选中包装

图15.563 放置到新建画布

28 选择工具箱中的“钢笔工具”，在包装上绘制一个形状路径，效果如图15.564所示。

29 按Enter键将路径转换为选区，然后按Shift + Ctrl + I组合键将其反选，再按Delete键将其删除，删除后的图像效果如图15.565所示。

图15.564 绘制路径

图15.565 删除效果

30 新建图层——图层2。选择工具箱中的“自定形状工具”，单击选择项栏中的“点按可打开‘自定形状’拾色器”面板，选择“符号”|“标志3”命令，如图15.566所示。

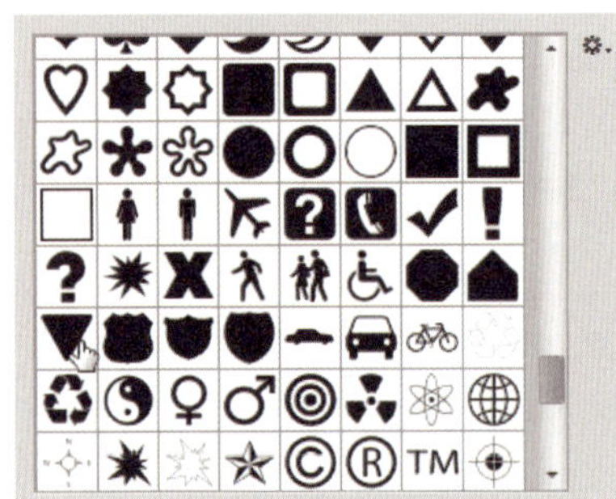

图15.566 选择图案

31 在选项栏中选择“像素”绘制模式，设置前景色为白色，在画布中绘制一个三角形，效果如图15.567所示。

32 按Ctrl + Alt + T组合键将其选中并向右复制并移动，效果如图15.568所示。

图15.567 绘制三角形

图15.568 复制三角形

33 按Enter键确认，按住Shift + Ctrl + Alt组合键的同时多次按T键将三角形向右复制多份并合并图层，效果如图15.569所示。

34 将其向下复制一份，然后按Ctrl + T组合键将其选中，在画布中单击鼠标右键，弹出的菜单中选择“垂直翻转”命令，按Enter键确认，应用垂直翻转后的图像效果如图15.570所示。

图15.569　复制多份

图15.570　垂直翻转效果

35 按Ctrl键在合并后的图层缩览图上单击载入选区，效果如图15.571所示。

36 选中“图层1”，按Delete键将其删除，然后将合并后的图层删除，删除后的图像效果如图15.572所示。

图15.571　载入选区

图15.572　删除效果

37 使用同样的方法将下面的三角形删除，删除后的图像效果如图15.573所示。

38 新建图层——图层2。选择工具箱中的“钢笔工具”，在画布中绘制一个形状路径，效果如图15.574所示。

图15.573　删除效果

图15.574　绘制路径

39 按Ctrl + Enter组合键将路径转换为选区，然后将其填充为白色，效果如图15.575所示。

40 将其不透明度设置为50%，然后向右复制一份并水平翻转，放置到画布的右侧，效果如图15.576所示。

图15.575　填充颜色

图15.576　复制效果

41 选择工具箱中“加深工具”，将部分加深，加深后的图像效果如图15.577所示。

42 将除背景以外的图层全部选中合并图层，然后向下复制一份并垂直翻转，放置到画布的下方，效果如图15.578所示。

43 单击“图层”面板下方的“添加图层蒙版”按钮，为图层副本添加蒙版，单击选择项栏中的“渐变工具”，设置颜色为从白色到黑色的线性渐变，从画布的上方向下方拖动鼠标并填充渐变，制作出倒影效果如图15.579所示。

图15.577　加深效果

图15.578 复制效果

图15.579 制作投影

44 用同样的方法制作另外一个平放的立体效果。这样就完成了地瓜干包装的立体效果，最终效果如图15.580所示。

图15.580 旋转效果

图15.581 最终效果

15.8.2 酸奶包装设计

- **素材位置** | 素材文件\第 15 章\酸奶包装设计
- **案例位置** | 案例文件\第 15 章\酸奶包装展开面设计.psd、酸奶包装设计.psd
- **视频位置** | 多媒体教学\15.8.2 酸奶包装设计 .avi
- **难易指数** | ★★★★☆

本例主要讲解的是酸奶包装设计的制作方法，整体色调以绿色为主色调，体现环保的设计理念，通过添加相关图案和文字，制作出诱人清新的包装效果。最终效果如图 15.581 所示。

操作步骤

01 执行菜单栏中的“文件”|“新建”命令，打开“新建”对话框，设置“宽度”为125毫米，“高度”为84毫米，“分辨率”为150像素，“颜色模式”为RGB颜色，“背景内容”设置为白色的画布。

02 为了方便读者，首先提供了一个展开面尺寸安排，根据展开面尺寸安排，拉出辅助线，设置参考线后的效果如图15.582所示。

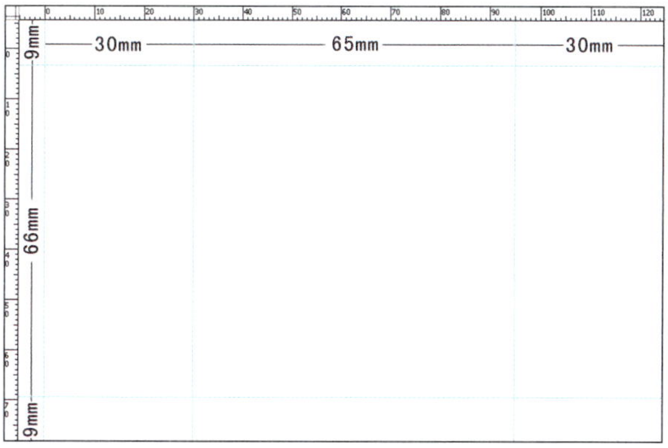

图15.582 拉辅助线图

03 选择工具箱中的“渐变工具”，设置颜色为从黄绿色（R：149，G：191，B：35）到黄色（R：226，G：223，B；40）的线性渐变，从画布的上方向下方拖动鼠标并填充渐变，效果如图15.583所示。

04 执行菜单栏中的“文件”|“打开”命令，打开“奶花.psd、酸奶.psd”文件，使用“移动工具”将奶花拖动到新建画布中，然后缩小并放置到画布中，效果如图15.584所示。

图15.583 填充渐变

图15.584 添加奶花

05 将其混合模式设置为“滤色”，设置混合模式后的图像效果如图15.585所示。

06 使用“移动工具”将酸奶拖动到新建画布中，然后缩小并放置到画布中，效果如图15.586所示。

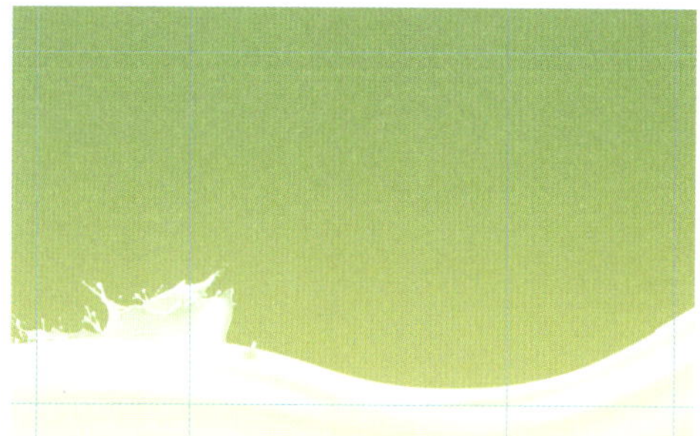

图15.585 设置混合模式

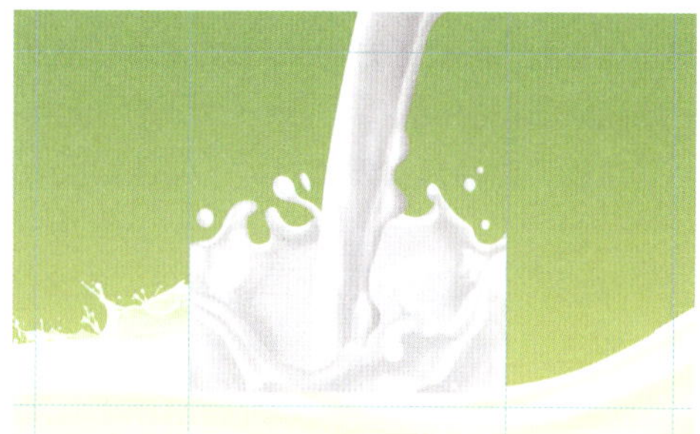

图15.586 添加酸奶

07 将其混合模式设置为“变亮”，设置混合模式后的图像效果如图15.587所示。

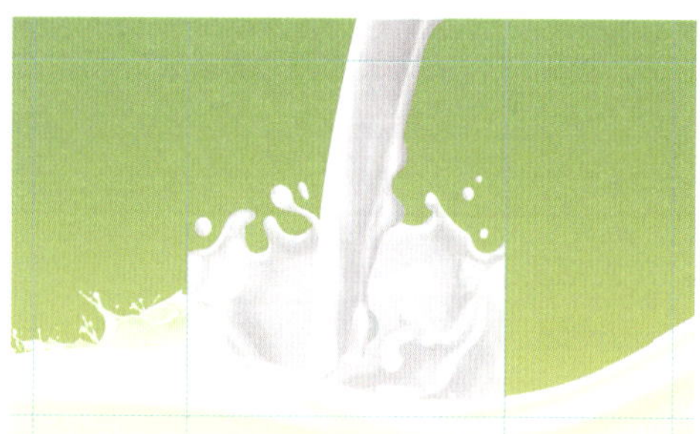

图15.587 设置混合模式

08 执行菜单栏中的“文件”|“打开”命令，打开“酸奶文字.psd”文件效果如图15.588所示。

图15.588 打开文字

09 使用“移动工具”将酸奶文字拖动到新建画布中，然后缩小并放置到画布中，效果如图15.589所示。

图15.589 放置到画布中

10 单击“图层”面板下方的“添加图层样式”按钮，在弹出的菜单栏中选择“投影”命令。打开“图层样式”|“投影”对话框，设置参数，效果如图15.590所示。

11 单击“确定”按钮确认，应用投影后的图像效果如图15.591所示。

12 新建图层——图层1。选择工具箱中的“钢笔工具”，在画布中绘制一个形状路径，效果如图15.592所示。

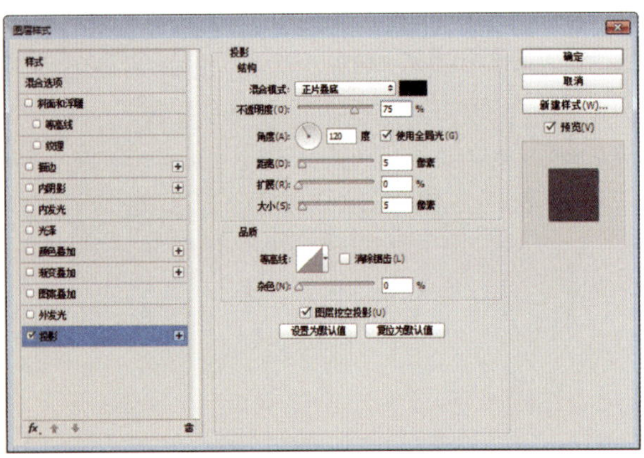

图15.590 设置“投影”参数

图15.591 投影效果

图15.592 绘制路径

13 按Ctrl + Enter组合键将路径转换为选区，然后将其填充为绿色（R：149，G：191，B：35），填充后的图像效果如图15.593所示。

14 选择工具箱中的“横排文字工具”，在画布中输入文字，设置字体为汉仪雪峰体简，大小为14点，颜色为绿色（R：149，G：191，B：35），旋转一定的角度并放置到合适的位置，效果如图15.594所示。

图15.593 填充颜色

图15.594 添加文字

15 执行菜单栏中的“文件”|“打开”命令，打开“质量安全标志.psd”文件，效果如图15.595所示。

图15.595 打开质量安全标志

16 使用“移动工具”将质量安全标志拖动到新建画布中，然后缩小并放置到画布中，效果如图15.596所示。

图15.596 添加质量安全标志

17 选择工具箱中的“横排文字工具”T，在画布中输入相关的文字，设置不同的字体、大小和颜色，分别放置到画布中合适的位置，效果如图15.597所示。

图15.597 输入文字

18 执行菜单栏中的“文件”|“打开”命令，打开“边框底纹.psd”文件使用“移动工具”将边框底纹拖动到新建画布中，然后缩小并放置到画布的右侧，效果如图15.598所示。

19 将酸奶文字复制一份，然后缩小并放置到画布的左侧，效果如图15.599所示。

图15.598 添加花边

图15.599 复制文字

20 选择工具箱中的“横排文字工具”T，在画布中输入文字，设置字体为方正粗圆简体，大小为10点，颜色为白色，放置到画布的右侧，效果如图15.600所示。

图15.600 输入文字

21 执行菜单栏中的“文件”|“打开”命令，打开“条形码.psd”文件，效果如图15.601所示。

图15.601 打开条形码

22 使用“移动工具”将条形码拖动到新建画布中，然后缩小并放置到画布的左侧，效果如图15.602所示。

图15.602 放置到画布中

23 将边框花纹复制一份，然后放置到画布的左侧，效果如图15.603所示。

图15.603 复制边框底纹

24 选择工具箱中的“横排文字工具”T，在画布中输入文字，设置字体为方正大黑简体，大小为7点，颜色为绿色（R：110，G：143，B：49），放置到画布的左侧，效果如图15.604所示。

图15.604 输入文字

25 单击“图层”面板下方的“添加图层样式”按钮，在弹出的菜单栏中选择“描边”命令。打开“图层样式”|“描边”对话框，设置“大小”为2像素，“颜色”为白色，效果如图15.605所示。

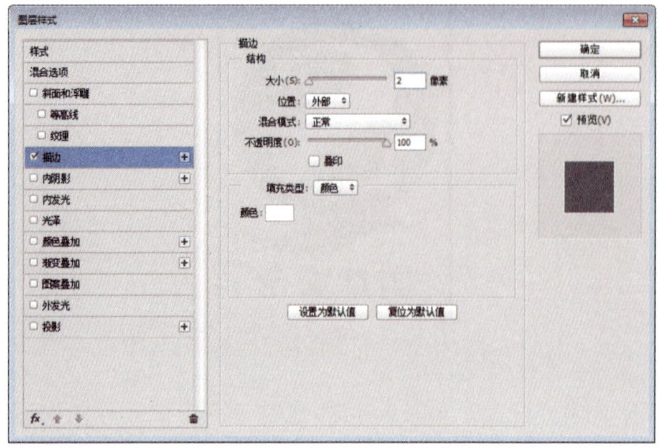

图15.605 设置“描边”

26 单击“确定”按钮确认，应用描边后的图像效果如图15.606所示。

图15.606 描边效果

27 选中文字单击选项栏中的“创建文字变形”按钮，打开“变形文字”面板，设置“样式”为扇形，效果如图15.607所示。

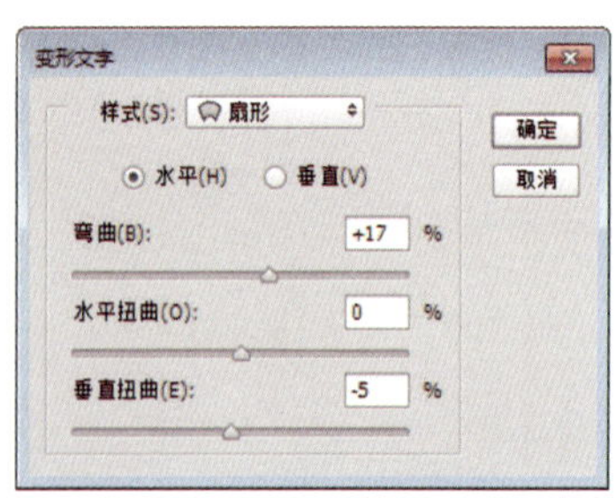

图15.607 “变形文字”对话框

28 单击“确定”按钮确认，应用变形文字后的图像效果如图15.608所示。

29 执行菜单栏中的“文件”|“打开”命令，打开“背面文字.psd”文件，效果如图15.609所示。

图15.610 变形效果

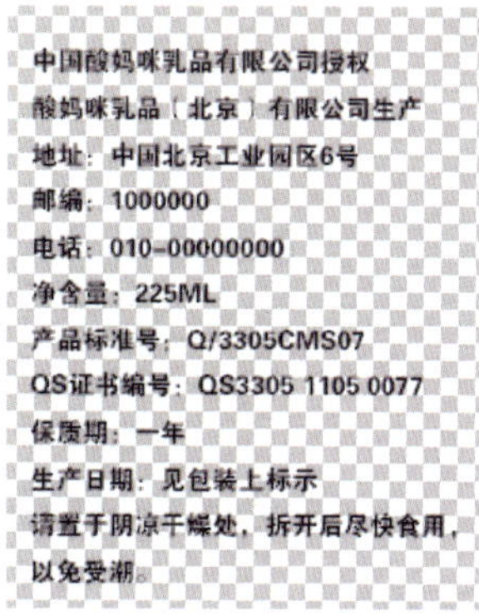

图15.609 打开文字

30 使用“移动工具”将背景文字拖动到新建画布中，然后缩小并放置到画布的左侧，效果如图15.610所示。这样就完成了酸奶包装设计的最终效果。

图15.610 放置到画布中

31 执行菜单栏中的“文件”|“新建”命令，打开“新建”对话框，设置“宽度”为484像素，“高度”为567像素，“分辨率”为150像素，“颜色模式”为RGB颜色，“背景内容”设置为白色的画布。

32 执行菜单栏中的“文件”|“打开”命令，打开“打开”对话框，打开前面制作的“酸奶包装展开效果.psd”文件，选择工具箱中的“矩形选框工具”，将酸奶包装的封面部分选中，效果如图15.611所示。

图15.611 添加文字

33 执行菜单栏中的“编辑”|“合并拷贝”命令，切换到新建画布中，按Ctrl + V组合键将其粘贴，效果如图15.612所示。

图15.612 复制效果

34 按Ctrl + T组合键将其选中，然后在画布中单击鼠标右键，在弹出的菜单中选择扭曲，效果如图15.613所示。

图15.613 选择扭曲

35 将鼠标指针移至控制点上并拖动鼠标进行扭曲，扭曲后的图像效果如图15.614所示。

图15.614 应用扭曲

36 按Enter键确认应用，应用扭曲后的图像效果如图15.615所示。

图15.615 扭曲效果

37 选择工具箱中的“矩形选框工具”，将包装的侧面选中，效果如图15.616所示。

图15.616 选中侧面

38 执行菜单栏中的“编辑”|“合并拷贝”命令，切换到新建画布中，按Ctrl + V组合键将其粘贴，效果如图15.617所示。

图15.617 添加图像

39 参照上面的方法将其扭曲，扭曲后的图像效果如图15.618所示。

图15.618 扭曲效果

40 新建图层——图层3。选择工具箱中的“钢笔工具”，在画布中绘制一个三角形路径效果如图15.619所示。

41 按Ctrl + Enter组合键将路径转换为选区，然后将其填充为白色，效果如图15.620所示。

图15.619 绘制路径

图15.620 填充颜色

42 将“图层1”和“图层2”复制一份并垂直翻转，效果如图15.621所示。

图15.621 复制并翻转

43 按Ctrl + T组合键将“图层 副本”选中，然后在画布中单击鼠标右键，在弹出的菜单中选择“扭曲”命令，效果如图15.622所示。

图15.622 选择扭曲

44 将鼠标指针移至左侧的中心控制点上并向上拖动鼠标进行扭曲，扭曲后的图像效果如图15.623所示。

图15.623 应用扭曲

45 按Enter键确认，应用扭曲后的图像效果如图15.624所示。

图15.624 扭曲效果

46 使用同样的方法将剩下的部分扭曲，扭曲后的图像效果如图15.625所示。

47 将图层副本选中，然后合并图层，单击“图层”面板下方的“添加图层蒙版”按钮，单击选项栏中的“渐变工具”，设置颜色为从白色黑色的线性渐变，制作出倒影，效果如图15.626所示。

图15.625 应用扭曲

图15.626 制作倒影

48 将除背景以外的图层全部选中，然后将其复制一份并合并图层，效果如图15.627所示。

49 选中背景图层，选择工具箱中的“渐变工具”，设置颜色为从灰色（R：150，G：151，B：150）到灰色（R：70，G：74，B：73），从画布的中心向外拖动鼠标并填充渐变，效果如图15.628所示。这样就完成了酸奶包装立体的最终效果。

图15.627 制作投影

图15.628 渐变效果